造价工程师的职业转型与价值创造之路

ZAOJIA GONGCHENG SHI DE
ZHIYE ZHUANXING
YU JIAZHI CHUANGZAO ZHILU

李红波/著

重庆大学出版社

内容提要

在建筑行业大变局的背景下，作为身处其中的从业人员，提升体系化的专业能力，建立差异化的价值优势，打造长远的发展路径，是未来安身立命的基石。基于此，本书以建筑业重要的职业岗位造价工程师为基础，从认识论和方法论两个角度，从职业素养、职业规划、工作方式、思维思路、专业技能、经验总结和未来展望等多个实务方面，对造价工程师自我综合能力的提升、核心竞争力的塑造等进行了全面的阐述。

本书是建立在笔者多年实践经验与教训总结之上的浓缩和沉淀，相关的素材和理念均来自于工程项目实践中的典型案例，既适合于造价工程师和从事审计、成本、合约、商务、招投标和预结算工作的造价专业人员，也适合于建筑业的其他技术人员和管理人员，以及高校工程造价及相关专业学生和其他有志于学习和了解造价工作的相关人员。

图书在版编目（CIP）数据

造价工程师的职业转型与价值创造之路 / 李红波著
. -- 重庆 : 重庆大学出版社, 2024.4
ISBN 978-7-5689-4403-8

Ⅰ. ①造… Ⅱ. ①李… Ⅲ. ①工程造价—基本知识
Ⅳ. ①TU723.3

中国国家版本馆CIP数据核字（2024）第029551号

造价工程师的职业转型与价值创造之路
李红波 著
责任编辑：林青山 版式设计：林青山
责任校对：王 倩 责任印制：赵 晟

*

重庆大学出版社出版发行
出版人：陈晓阳
社址：重庆市沙坪坝区大学城西路21号
邮编：401331
电话：（023）88617190 88617185（中小学）
传真：（023）88617186 88617166
网址：http：//www.cqup.com.cn
邮箱：fxk@cqup.com.cn（营销中心）
全国新华书店经销
重庆升光电力印务有限公司印刷

*

开本：787mm × 1092mm 1/16 印张：26.75 字数：604千
2024年4月第1版 2024年4月第1次印刷
ISBN 978-7-5689-4403-8 定价：89.00元

序 言 XUYAN

初识红波，是在八年前的冬天。那时，我经营一家工程造价咨询事务所已有十年了，主要为房地产开发企业服务，受益于房地产行业发展的黄金时代，正要雄心勃勃扩大规模大干一场。红波作为一名讲师，对我公司新进“学生军”进行岗前培训。

红波儒雅而真诚，一望便知是“读书人”，在台上侃侃而谈，从工程造价行业发展的历史回顾、现状分析、前景展望开始，到耐心地分享工作经验，从细微处着手，从一点一滴做起，比如：如何写工作联系函，如何写工作方案，如何写汇报材料，如何发工作邮件，如何整理电子文档，如何记工作笔记，如何梳理工作清单……甚至讲到了如何接待客户来访，如何应对客户的苛刻要求。红波的授课条分缕析、逻辑性极强，引人入胜，顿时收获不少“迷弟迷妹”，课后纷纷添加微信、留取电话。

室外滴水成冰、室内热气腾腾。我在台下作为听众深受感染，上台分享了自己十七年的职业心路，望着台下一双双渴望的眼睛，深感未来大有可为。在培训结束的公司答谢宴上，“迷弟迷妹”排队来向红波敬酒，三两杯，红波就梦会周公了。自此，我与红波结缘，知道此君“仰望星空思索未来亦会脚踏实地埋头苦干”，未来不可限量，亦知此君不胜酒力，少了一样乐趣。

此后数年，我与红波渐成知音。红波经常在微信朋友圈分享对人生、对读书、对时事、对行业的点滴感悟。每每于地铁上小憩时，于培训课间片刻放松时，于喧嚣街市，于华灯初上归家途中，红波将见闻思索记录于微信，分享给朋友们，或清新活泼，或隽永深刻，读来如涓涓细流、沁人心脾，或会心一笑，或拍案叫绝。一段时间，看红波朋友圈分享的文字成了我的习惯。红波有读书人的赤子之心，亦是踏实肯干的高技术人才，总是脚步匆匆，与我虽不常见面，隔段时间总会电话交流、畅谈一番。

疫情期间，红波辞职创办了自己的咨询公司，取名“知行达”，寓意“知行合一、渡人达己”，可谓志在高远。我深知创业艰辛，经常鼓励红波，提些思路，一有机会也会推荐合作。疫情三年，外部环境和建筑行业发生了翻天覆地的变化，红波与我几次长谈，忧心于行业的未来，忧心于小微企业如何挺过寒冬，忧心于员工们的生存压力。红波提出工程造价咨询企业和执业人员要走出一条新路，要提高个人和企业的修为，将自己的长处发挥得更长，走专注之路，走创新之路，挣自己认知范围内的“钱”，我也深以为然。

红波在这三年中，身体力行，一刻没有松懈，在脚踏实地进行咨询项目实施的同时，外访工程造价行业大咖，与律师和会计师交流，同时为相关企业授课，给行业贡献力所能及的付出，百忙之中，还考取了法律职业资格证书。2021 年 4 月，红波将多年工作经验形成一本专业书籍出版，取名《工程项目利润创造与造价风险控制》，分享施工企业合同管理、利润创效和风险控制之实战经验，初入门者可收事半功倍之效，资深专业人士亦可对照剖析、取长补短，煌煌六十六万余言，令人叹为观止。我第一时间自掏腰包购书一百本，送给员工和专业人士一阅，我在扉页都写上“他山之石，可以攻玉”。

如今，疫情已过，虽世界战乱频发、经济困境未解，但是海内励精图治，个人与国家民族迎来新时代。此时，窗外虽寒气渐渐逼人，室内却有暖暖春意。欣闻红波又有新作欲出版，赶紧索来初样先睹为快。红波在这三年中，行了很多路，访了很多人，读了很多书，讲了很多课，对工程造价咨询行业和从业人员未来之路做了系统思考，形成一家之言，取名《造价工程师的职业转型与价值创造之路》。红波嘱咐我写一点文字，我平常高谈阔论，尚不畏惧，如今要写在书上，不免惴惴。我从业二十五年，也算工程造价咨询行业一名老兵，也见证和经历了三十年城镇化运动突飞猛进、城市和农村都发生了翻天覆地的变化，也曾享受红利，也曾迷茫困顿，却未曾对专业经验和人生思考作总结，甚为遗憾。看到红波第二本书即将出版，深为之高兴，也鞭策我重新再出发。

开卷有益，希望同道诸君读到这本书，能引起共鸣，引发思考，如果能在人生和工作中提供一点帮助，著者和朋友们当深感欣慰。

寥寥数语，是为序。

杨维刚

2023 年 12 月 2 日

认识论与方法论

在 2017 年的某个时候，我觉得对工作中遇到的人和事，经历的感想与体会，进行记录与总结复盘很重要。当我从认识上觉得这件事情很重要又很有价值时，从方法上我就采取了最笨拙的方式，每天记录一点点。我从这一年的 8 月 3 日开始，无论工作有多繁忙，通过编写造价笔记对工作生活进行总结感悟的小习惯，一直在持续。

2021 年 6 月 8 日，我遇到了 Y 总，在与 Y 总交流后的当天，我写了一篇题为《用心眼观察世界，不仅仅是肉眼》的造价笔记。

造价笔记

用心眼观察世界，不仅仅是肉眼

今天，我非常幸运能够拜访到 Y 总，与 Y 总交流。

Y 总与我父亲的年龄相近，平易近人，在这之前，我对 Y 总的传奇故事已经心生向往。用一句话总结 Y 总的传奇故事：Y 总在不同的地区不同的行业，多次将资产上亿甚至数十亿的处于经营困境的企业成功扭亏为盈，成为行业标杆，企业超级救火队长就是 Y 总的代名词。

这次 Y 总以接近花甲之年之身，投入一个全新的领域：建筑行业，让一家施工企业从状况低迷到干劲十足，Y 总只用了不到 10 个月的时间。所以，这种跨区域、跨行业的管理经营理念和工作方式方法，不得不说是最值得我们去深入学习和深刻领悟的。

Y 总与我交流了接近 4 个小时。在整个过程中，Y 总讲得看似很散，看似很平淡很随和，但是细细回顾，所有的交流内容，所有的表达探讨，紧紧地围绕和浓缩在了 3 句话中。

第一句话是“为我所用，并不一定要为我所有”。

Y 总给我举了一个例子，他曾经去管理某一企业，企业开始走的是大而全的路线，与产品相关的所有部门和技术都要亲力亲为，自己研究自己生产。Y 总过去后，采取了化整为简，将产品本身拆分为多个子系统，将子系统交予市场上最好的前三名去合作生产，这样一来，企业的生产效率直接翻番，而且产品的质量非常稳定，市场占有率一下子突飞猛进。

高度的专业化分工是未来发展的一个趋势，这是 Y 总多年工作的切身感悟。

第二句话是“大和小，长和短，要辩证地对待”。

Y总给我举了一个例子，例如，Y总当下管理的企业要与其他某大型企业合作，这是战略方向，也就是所谓的大。那么在合作过程中，就要有大格局、大气魄、大思路，对于费用开支不能扭扭捏捏小家子气，对于事项细节不能斤斤计较，对于工作推进不能瞻前顾后。那什么是小呢？对于自己企业内部经营和管理，每一分钱都要当作两分钱花，每一个工作细节都需要严谨，每一项生产流程都要进行严格控制和把关，从而保证质量。

我在与Y总交流时，重庆的天气已进入夏季，略显闷热，室温也不低。虽然Y总的衣服已经汗迹斑斑，但是Y总办公室却不开空调，这就是Y总大和小理念最为真实真切的体现。

第三句话是“系统论”。

任何事物都是一个有机的整体，所以解决问题不能从单一的角度，应该从系统的角度去思考、去谋划、去解决。

系统论的核心三段论：知道要什么？知道如何去做？知道前行的最终价值取向是什么？

知道要什么？就是要通过深入的调研分析，了解内外部的真实情况，了解市场的真实情况，了解自己的真实情况，分析出自己适合做什么，企业应该做什么。这是战略和定位的问题，也是最关键的问题。

知道如何去做？就是要结合现有的情况、资源去推进和落实，分步骤分阶段，有思路有计划，有快也有慢地去推进。这是企业的组织建设调整、管理方式方法的问题。

知道前行的最终价值取向是什么？这是企业文化培养和打造的范畴，没有企业文化和内在灵魂的发展往往是不长久的，而企业文化和内在灵魂在某种程度上就是领导者和企业家的行为理念和行动准则的体现。所以我们交流到晚上七点，Y总还要继续加班处理工作上的事情；所以Y总提出要把“我的企业”转变为“我们的企业”……

当有人能指导我们，我们除了用肉眼去观察和学习，更重要的是用心去总结和领悟，然后用实际行动去践行和感知。

与Y总交流之后，再回归到自己的造价咨询工作领域，我尝试着用Y总的经营管理理念思考和反思，发现确实有着异曲同工之处。

例如，对于造价咨询资质取消后的行业发展，其实体现的就是Y总的“为我所用，并不一定要为我所有”。一家咨询公司，可以整合各种具有专业核心力量的造价工程师、咨询公司成为平台，专业造价工程师以自己细分的精湛技术进行合作，相得益彰。所以，对于造价工程师，更多的应该是开始思考，自己差异化的专业技术是什么，这是一个非常关键的问题。对于咨询公司而言，同样需要思考，如何在立足于市场需要的所用上，辩证地看待所有的关系，不仅仅是思维的改变，更是管理制度、管理理念、商业模式的改变。

例如，对于工程项目结算的办理，我们既需要考虑细枝末节、斤斤计较，又要考虑整体宏观，组织方向。大和小，长和短，两相结合，才能让项目的结算真正有效益、有效果。

例如，对于咨询工作的开展，以及与他人的交流，可以按照系统论去落实。首先一定要多倾听，多关注对方要什么，先定位于对方，然后才是自己；其次是工作的开展和落实，一定是系统的，而不是片面的；最后，在工作开展和与人交流过程中，一定要有自己鲜明的、正确的、积极向上的价值观取向，这是事物长久的根本。

所以，在与Y总的交流中，在用心的观察和交流落实过程中，我深深感受到了Y总传奇人生体现出来的那种魅力和启发：

人，年轻的时候，日日夜夜地去勤奋努力，扎实地掌握每一项知识技能，才可能从众人中脱颖而出，就如Y总年轻时对每一个新领域深入研究到极致。

人，中年的时候，在危机时扛起重担，力挽狂澜，组织团队完成任务，化不可能为可能，就如Y总面对每一家困境的企业，面对数百职工数百家庭背后的期望，站在台上，始终保持责任感和使命感。

人，年老的时候，窥破人性，高瞻远瞩，算无遗策，为行业为后人开启一片天，为年轻人为他人指明一条路，就如Y总，对身边每一个年轻人的交流、指导，不厌其烦，而又谆谆善诱。

这或许就是人生的价值和意义，也是我们年轻人前行的方向和目标。

2021年6月8日

2022年4月16日，应Y总的邀请，我给Y总公司管理团队进行了一次主题为"有效知识管理与高效工作实务"的分享。课程结束后，Y总从他的角度对课程内容进行了言简意赅而又深刻独到的点评。我接着花了整整两天的时间，去细细琢磨和体会Y总的点评，突然有一种豁然开朗的感觉。我写下了一篇"认识论和方法论"的自我总结。

造价笔记

认识论和方法论

在工作中，当我们遇到各种各样的问题，经历各种各样的事物时，回过头来看，最终问题得到了有效的解决，事物得到了相应的发展，往往都是认识论和方法论得到有效落实和实践的缘故。

所谓认识论，主要是解决认知和思想层面的问题。一个人或者团队的自我认识上去了，才能自我指导，自我约束，才能发挥主观能动性，激发自我创造力。

所谓方法论，是认识论在具体工作中的实践方法，常见的方法论分为六大类。

第一类，人本方法论。首先是选好人搭好班子建好团队，其次是事情，最后才是事物。

第二类，辩证方法论。事物在一定条件和环境下是会转化的，例如主动和被动，例如有利和不利……要积极地营造或者创造事物转化的外在条件，做好催化剂工作。

第三类，系统方法论。对一件事情，要从层次、结构、功能、要素、边界等多个维度，体系地思考和解决问题。不谋全局者，不足谋一域。

第四类，规则方法论。无规矩不成方圆，无五音难正六律，要从平凡的、基础的、普通的、习惯的事物中，去形成规则、固化规则、统一规则、接受规则。

第五类，量质方法论。一个婴儿七坐八爬九走路，事物只有在量变的积累上，才能产生质变。事物都有其内在量变的规律性，要去接受和沉淀。

第六类，动态方法论。事物的发展和演变是动态的，改变是永恒的。从感性认识到理性认识再到感性认识，从基础阶段到高级阶段再到基础阶段，我们要动态地、谦虚地认识事物和接受事物的发展变化。

2022年4月18日

Y总这种跨越行业的认知和思维的指引，告诉我们一个普适的道理，当我们掌握和理解内在规律后，在具体的外在的实践工作中，就会绽放出耀眼的光芒。所以，本书的组成表面上是一篇篇造价的笔记，其内在逻辑却是与造价职业相关的认识论和方法论。借鉴经典的哲学三问：我是谁？我从哪里来？我到哪里去？本书正文部分分为3章，第1章"为什么出发"主要阐述对造价职业的认识论；第2章"行走在路上"主要阐述造价工作的方法论；第3章"将走向何方"主要阐述造价职业价值和职业归宿的认识论。

另外，本书正文涉及部分省份的定额文件，为了便于理解和表述，对于定额文件均按照“省份 + 年份 + 定额”进行表述，不再详细阐述具体专业定额的全称。例如，对于重庆市房屋建筑与装饰工程计价定额（2018）、重庆市市政工程计价定额（2018）、重庆市通用安装工程计价定额（2018）、重庆市装配式建筑工程计价定额（2018）等，统一简称为“重庆 2018 定额”。

目　录 MULU

第1章　为什么出发

第2章　行走在路上

第 1 章　为什么出发

1.1　关于人生

1.1.1　理解世界

1）天上掉馅饼，为什么会是你

——重庆 ×× 大学 ×× 届《管理科学与工程类专业认知和职业发展》讲座分享

首先，感谢学院对这次专业认知讲座的安排，正是由于重庆 ×× 大学的精心筹备，才让我们能在如此晴朗明媚的上午，能够暂时抛却繁杂工作或者学习任务的包围，让秋意的凉爽透过玻璃窗，洒满我们的身上，让我们享受这份难得的放松与惬意。

其次，感谢 Z 老师对我的盛情邀请，正是有了 Z 老师对我的信任，才能让我有这个机会，让我再次跨越岁月和职业成长的长河，重新去回顾作为建筑人那段激情澎湃的学习和成长历程，让今日洒满我们身上的秋意，都有了历史的韵味和岁月的光辉。

再次，感谢各位在座的“00 后”朋友们，你们是祖国发展的未来，是行业前进的后浪。正是有了你们的信任和参与，才让我有机会去梳理、总结、提炼、反思，作为建筑人对专业的理解，对职业发展的认知。也正是由于你们，才能让我自己在作为建筑人的人生文字大厦搭建的过程中，又能留下浓墨重彩可供自己往后人生回顾的一笔。

回到本次讲座，Z 老师给我定了一个主题“管理科学与工程类专业认知和职业发展”，这是一个命题作文或者说是命题讲座。所以说人生就是不断地轮回，距离我当年的高考已过去近二十年，又来重新开始写命题作文，这充分说明了一个道理：“日光之下，并无新事。已有之事，后必再有。已行之事，后必再行。”这也就是说在我们漫长的一生中，一定要时刻保持着高考那种状态，这不仅仅是学习的需要，还是我们今后工作、职业、谋生、成长、发展、追求、理想等种种的需要。

命题作文出题者乐，写作者绞尽脑汁苦，对于我这种追求工作完美强迫症的人来说，更是苦上加苦。给同学们讲些什么呢？讲专业知识专业理解，工作十余年，结构力学弹性力学材料力学，工程经济工程管理工程施工，现在只记得住书名，书中的内容怕是已经归还给了老师。讲职业发展职业方向，经历社会大学的再教育后，《理想之城》终理想，曾经我也有着一颗登顶的心，多年磨历，终究长成了路边自娱自乐的灌木，只能远远仰望着那高高耸立的乔木。

成功的经验没有，失败的感悟还是颇多。我的职业发展引路人曾经教导过我："失败是成功之母，总结是成功之父。"我对这句话深以为然，一直牢记在心，自我勉励。所以，夜以继日地思考了几日后，我决定不让命题作文出题者 Z 老师乐，不掉入 Z 老师以成功者正面解读专业认知和职业发展的这个命题巨坑。我决定以一个彻头彻尾非典型建筑人职业发展 loser 的视角，对自己过往建筑学习和职业发展失败事例深刻剖析后进行自我总结。毛主席说过，敌人的敌人就是朋友。那么通过作为失败者的我的现身说法，同学们就会自己寻找和理解到对自己有用、正确的专业认知和职业发展方向。

高中语文老师教育我们，命题作文方向有了，选择一个与阅卷老师共鸣的主题就非常关键。同学们是这次讲座的阅卷老师，相隔二十年，寻找共鸣还是很不容易。前面不久某报社对大学生做了一个主题为"关于'00'后找工作的那些'秘密'"的调研，其中有一项调研结果上了热搜，这个结果是"超六成大学生认为自己毕业 10 年内会年入百万"。我觉得这个调研结果，让我一下子和同学们找到了共鸣点，同学们认为自己通过努力未来 10 年能年入百万，我虽然作为一个建筑行业的失败者，但是"实迷途其未远，觉今是而昨非"，我和同学们又站在了同一起跑线和追求未来的道路上，我也认为自己通过努力未来十年能向同学们看齐。

年收入上百万，这是我们都梦寐以求的馅饼，所以，这就是这次讲座的主题——"天上掉馅饼，为什么会是你"的由来。故事的背景讲解完毕，接下来就该进入故事的情节部分了。

岁月关山远，终是意难平。每个人在自己的成长道路上，对于自己的选择和抉择，都有其不经意间的偶然和独特的必然。选择成为建筑人，对于我的偶然，是高中时代读到汪国真的诗集《热爱生命》中的一句话"我不去想是否能够成功，既然选择了远方，便只顾风雨兼程"深深打动了我。对于我的必然，出生在湘楚之地，天生就流淌着一股男儿志在四方闯江湖的热血，而建筑专业，满足了学生时代的我对远方和四方的全部憧憬。所以，2003 年，我千里走单骑，从湖南到重庆，在沙坪坝沙杨路，在与同学们相似的年纪，以土木工程专业之名，开启了自己的建筑人生。

建筑人的前两年学习是枯燥而又迷茫的。枯燥是发现大学的学习与高中时代并无多大区别，理论公共课与专业基础课不紧不慢地进行着；迷茫是突然发现在上课之余，有大把大把的空闲时间可供自己去支配和挥霍。我们学校附近是沙坪坝图书馆，那里有种类繁多的藏书，经常开办讲座，无处可去的我，把自己大一、大二几乎全部的闲暇时间贡献给了沙坪坝图书馆。在那里，我对金庸的武侠小说、科幻类、历史类、杂文类、哲学类等书籍，进行了大杂烩式的阅读。让我没有想到的是，15 年后的 2018 年，当我们去参加中建某局的商务创效比赛时，我们以武侠和造价相结合，一鸣惊人，至今为止，当时我们编写的文案、编导的案例，仍旧让参与者和经历者的我们久久不能忘怀。回顾人生成长路，一个人能尽情、不受干扰地自主学习最好的阶段有两个：一个是小学时代，一个是大学时代。小学时代由于自我认知还未形成，因此自我学习也很难形成稳固的知识体系，而大学时代的认知、意识、时间、精力均是成熟和充沛的，所以说这个时候系统的自主学习，会深深地影响自己整个的职业生涯乃至人生追求和发展的高度。

建筑人的后两年学习是繁重和明确的：繁重是专业课程的增加，明确是要开始选择就业方向和就业单位。不走寻常路的我，在后两年的大学时光，做了两个不同寻常的举动。第一个举动是选修了工程造价作为第二专业，从此周一到周日，基本上是从早到晚无休止地上课。到了大四下学期，两个专业的毕业设计和毕业答辩同时进行，那时候还没有出现“996”和“007”的网络用语，如有估计当时的我也已经累得无力吐槽。第二个举动是自己寻找暑期实习单位，通过在学校的校内论坛、外部的相关网站浏览，我找到相关实习信息后，采取发邮件毛遂自荐的方式寻求实习机会。我 2005 年暑期在成都实习，2006 年暑期在深圳实习，均是通过邮件自荐的方式获得。后来我才知道，很大部分实习机会的获得是我邮件自荐信的真诚和内容打动了他们，而自荐信的真诚和内容，很大程度又得益于大一、大二在沙坪坝图书馆大量的阅读和学习。所以，当时的我领悟到了一个道理：一切皆有因果，如果当下的我们没有收获结果，那是因为过去的我们付出还不够。

2007 年毕业后的第一份工作，我选择了国有施工企业，从南方去了北方，作为施工员，参与一座立交桥的修建。这段工作经历不长，由于南北方的生活差异以及工作环境、工作氛围的落差，我第一次选择当了逃兵。但是，正是由于这段时间不长的路桥现场工作经历，让我十年后的两个审计项目做得异常出色。那是 2016 年左右，我作为咨询公司的审核人员对两个项目进行结算审核，其中一个是立交桥项目，另一个是公路工程项目。我把施工现场和造价专业进行了融合，以前没有做过市政和公路工程结算审核的我，第一次经手市政和公路项目，审核结果就远远超出委托方和公司的预期。当时我总结提炼的公路工程审减要点，仍旧作为工作方法论在被同事和朋友们应用。

但是，就如两军交战之初，刚刚选好对战阵地和布置完战略方针，就更换领军大将，这是兵家之大忌。同样地，对于我们建筑人，毕业后第一份职业选择的正确与否，直接决定了自己后续职业生涯的路径、方向和高度。有些事情或许还可以重来，例如考试失利；但是有些事情一旦选择，就很难再有重来的机会。从国有施工企业离职的我，不再是天之骄子，也不再是可以恃才傲物的应届毕业生，只是一名带有一张建筑行业入场券——毕业证书的建筑工人而已，而且还没有实战经验，只能纸上谈兵。很快，我就为自己草率任性的决策买了单，离职后的两个月，我拖着行李，开启了数个月的全国东南西北流浪求职之路。

深夜在北京西站的窗台平躺等待天明的时候，只为去面试一个工程软件销售的职位；

在星城长沙一脸懵懂和九省通衢的武汉迷茫的时候，我一度在自我否定，我除了搬砖还能干什么？在蓉城成都人才市场投掷了大量的简历，差点获得了进入家庭装饰行业的机会，而在最终面试环节由于 CAD 命令的使用不熟导致败北；阴差阳错获得了去周恩来故乡淮安某地规划局实习应聘的机会，终究又是匆匆过客失落在天涯……

回顾人生路，一个人的学习和工作，在开局的时候过于顺利，从长远的角度来看，其实不见得是一件好事情，而适当的挫折和打击反而能让人更清醒地认识自我，认识环境，认识现实。所谓理想是美好的，现实是骨感的，人在认清生活的真相和接受无情的打击之后，还依然热爱生活和追求理想，还能坚持走向远方才是真正的英雄。经历了年少轻狂的无知，经历了社会谷底的碾压，更是经历了人情冷暖和世态炎凉之后，我拖着一箱行李，又回到了建筑人生路起航的地方，我在重庆，选择了一家民营施工企业从头再来。

只不过这一次，自己真正做回了建筑工人，也真正接受了自己从建筑工人重新起航的现实，就如上世纪 90 年代下岗潮时刘欢所唱的："昨天所有的荣誉，已变成遥远的回忆；辛辛苦苦已度过半生，今夜重又走进风雨。我不能随波浮沉，为了我挚爱的亲人，再苦再难也要坚强。只为那些期待眼神，心若在梦就在，天地之间还有真爱，看成败人生豪迈，只不过是从头再来。"

在这家民营施工企业，除了需要企业老板亲自去做的事情和工作，其他的都属于我的工作职责和工作范围。所以，我做过设计画过图，编过预算报过价，写过合同谈过价，做过资料报过验，待过现场放过线，带过班组睡地板，开过发票算过税，办过资质做党建……

哪怕是做咸鱼，也要做一条有梦想的咸鱼。这个时候的我，作为一个没有任何底牌，没有任何资源的建筑工人，凭什么去当一条有梦想的咸鱼，去改变自己的人生，改变自己的处境呢？

任何事物改变的前提，往往取决于我们手中的底牌，这是社会运行的一个基本的底层逻辑。

2007—2009 年，毕业后我花了整整两年的时间，才深刻理解和认清了这个基本的人生道理。于是，我开始去思考，我的底牌是什么？我如何去搭建属于自己的底牌？学历的底牌已经不现实，岁月已过，人生不再；经验的底牌无处可依，无处安身，则会陷入先鸡后蛋还是先蛋后鸡的逻辑困境。最终，还是古人博大精深的智慧让我走出歧途。"书中自有黄金屋"，于是我把自己的底牌锚定在书中，也就是锚定在我们建筑行业的考证之路上。

一入江湖深似海，从此李郎是路人。为了搭建属于我自己的人生底牌，改变建筑工人的处境，我开启了长达 5 年的考证之路。

2008 年，造价员 + 二级建造师考试 + 安全员 B 证通过。

2009 年，一级注册结构工程师基础考试通过。

2010 年，一级建造师考试通过。

2011 年，招标师考试通过。

2012 年，一级造价工程师考试通过。

从今往后，就此封笔，考证岁月从此尘封（注：2021 年通过国家法律职业资格考试）。整整五年的时间，在我人生最曼妙、最青春、最阳光、最明媚的五年时间里，我选择用全部的精力去磨一剑，去磨属于真正人生底牌的那一剑。

尔曹身与名俱灭，不废江河万古流。这是杜甫对初唐四杰王勃、杨炯、卢照邻、骆宾王的感言。天空没有留下翅膀的痕迹，但是我已飞过，这是我对我这五年考证生涯的自我安慰和概括。

这五年的考证岁月，到底建立了属于自己的底牌没有？到底改变了我的人生没有？我无法给出明确的回答，但是后续自我职业发展的道路给出了最好的回复。

正是由于 2010 年考过一级建造师，2011 年让我迎来了人生职业路上的第一次鲤鱼跳龙门，实现了从微型施工企业到大型一级施工企业的职业转变。也正是由于自己前期各种基层工作岗位工作经验的历练，新东家让我去负责一个体育场项目的现场预算工作。我们这个泱泱大国，永远都不缺比我们更优秀的人才，缺少的是能让我们去实践和锻炼的机会与平台。虽然在这之前，我没有专岗专职地做预算工作，不会熟练地软件建模算量，不会系统地软件套价组价，但是设计、现场、施工、管理、资料、财务、合同等各种岗位的经历，让我更深层次、系统地去理解和领悟预算造价的底层逻辑，所以在体育场这个项目，我能和项目经理带领下的项目管理团队进行完美的配合和实践，进行了技术、生产、管理、造价“四融合”，项目取得了成功。与此同时，也正是基于这个项目，我初步建立了施工企业工程项目利润创造的整体框架思路和理论构想。“机会永远是留给有准备的人”，2011 年，这句话让我刻骨铭心。

经过体育场项目的历练，公司开始让我参与和负责造价合约管理，也就是从这个时候开始，我逐渐领会到法律知识的重要性。于是从 2012 年至 2014 年，我又自费去西南政法大学参加了法学专业的进修，每周一到周五正常上班，周六周日去西南政法大学参加专业学习。虽然当时的我不知道这段学习历程对自己未来的职业道路有什么帮助，但是我知道，只要去学习了肯定就会有进步。

正是由于 2012 年考过了一级造价工程师，2014 年我因此迎来了自己的第二次职业转型，我从施工企业进入咨询公司，开始了另外一种截然不同的工作环境和工作职责。

开始到咨询公司时，我从事着按部就班的造价审计传统工作。由于我既有建筑工人的基层工作经验，又有合约管理的高屋建瓴；既有各个岗位工作历练后的务实处事，又有法学学习后的严谨系统，很快就将常见的造价审计工作做出了既循规蹈矩又自我创新的特点。恰逢公司进入业务发展的转型期，于是公司单独为我建立了一个部门——研发中心。在接下来的数年时间里，我配合公司的发展，做了三件看似渺小但传统的咨询公司从来没有做过的事情。

第一件事情，研发中心开发了针对施工企业的专项企业实训课程，从免费实训到按场次收费，我们团队用了2年的时间。我也从一个传统的技术工作者尝试转型为兼职企业实训课程讲师，截止到2021年10月11日，我作为专业讲师共实施和讲解了55场企业实训课程。

第二件事情，在公司领导的大胆设想和系统谋划下，我们将传统的代表建设单位进行审计审减转换为代表施工企业进行审增创效的咨询服务。在五年的时间里，重庆市的中大型施工企业几乎均与公司建立了业务合作关系。

第三件事情，研发中心和公司的人力资源部、技术中心进行合作，一起总结和探索出了造价咨询公司人才培养的标准化、技术咨询工作标准化的相关思路和方法，大大提升了团队人才的成长速度和培养周期，提升了技术工作的效率和价值。

在咨询公司，第一次作为建筑人而跳出建筑本身固有的思路和岗位限制，将一个理念从设想转换为实实在在的咨询服务产品，将一个从来没有人去尝试的事物一点一滴去探索和发展，让我突然开始意识到，我们在大学所学的专业只是一个基础和起点，我们能走到哪里，能去做什么事情，不是大学时代专业介绍和专业课程所能囊括的，而是由每个人在往后漫长的职业道路上的自我解读和经历所决定的。

汪国真在《我喜欢出发》这一篇散文中的结尾写道：

人能走多远？这话不是要问两脚而是要问志向；人能攀多高？这事不是要问双手而是要问意志。于是，我想用青春的热血给自己树起一个高远的目标。不仅是为了争取一种光荣，更是为了追求一种境界。目标实现了，便是光荣；目标实现不了，人生也会因这一路风雨跋涉变得丰富而充实；在我看来，这就是不虚此生。

是的，我喜欢出发，愿你也喜欢。

因此，2020年在职业发展上略有起色的我，又选择了人生豪迈从头再来，组建重庆知行达工程咨询有限公司，开启了创业生涯。

在知行达团队成立的一周年里，我们又做了三件特别的事情。

第一件特别的事情，我们真真切切地落实了和实施了工程索赔咨询业务，打破了只能由律师事务所牵头做索赔咨询或者施工企业自身商务部门做索赔的固有窠臼。

第二件特别的事情，我们怀揣着勇往直前的精神，和律师事务所一起合作处理了建工领域的诉讼纠纷，为客户提供律师+造价师的专业咨询服务，并且取得了不错的效果。而我们能做出这样的实践，又不得不说与当年法学专业学习有莫大的关系。

第三件特别的事情，我们从最为基础的工作开始进行标准化建设，建立了属于知行达团队特色的“PPT模板使用标准化手册”和“咨询报告编制标准化手册”。事情虽小，但是从一开始就围绕团队和组织出发的理念，却对我们影响至深。

这就是一个不成功的建筑人，十几年建筑生涯的真实写照。这其中的道路，有过太多的荆棘和曲折，太多的失败和失误，而这些失误和曲折最开始的根源源自哪里呢？还是源自自己刚刚踏入建筑这个行业求学时，对建筑这个专业没有自我的认知和理解，对自己的职业发展没有规划和坚持，才导致自己弯弯绕绕走了一条自己都意想不到的路。所以，说句内心话，我是真心觉得咱们重庆 ×× 大学在同学们刚刚进校时开设这么一门专业认知课程，Z 老师费尽心思邀请相关的行业人员来进行讲解和分享，是多么的用心良苦，是多么的高瞻远瞩。所以，让我们一起把掌声献给咱们重庆 ×× 大学，献给 Z 老师，献给同学们自己。

往事不可谏，来者犹可追。回到本次的主题，对于咱们管理科学与工程类的专业认知和职业发展，咱们到底如何去理解，到底如何去认知呢？咱们官方对于管理科学与工程类专业的介绍，是培养具有土木工程技术知识及土木工程管理与工程造价相关的管理学、经济学、法律等基础知识和专业知识组成的系统性知识结构，获得工程师基本训练，适应土木工程建设领域（行业）科技及生产发展需要，能在土木工程建设领域及其他工程建设领域从事工程建设管理、各阶段工程造价咨询与管理等工作的应用型高级专门人才。管理科学与工程类专业，实行 1+3 大类招生，分段培养。学生入校后第一年，以管理科学与工程类（简称工管类）培养，第 2 学期末进行专业分流，自第二年开始，分工程管理、工程造价两个专业培养。

毕业以来，我一直走的是非主流路线，那么今天就借这个机会，我从另外一个角度来分享对咱们这个专业的一些非主流的看法。

管理科学与工程类专业毕业之后能做什么呢？一言以蔽之，只要是与建筑相关的岗位和职业都可以做，例如我前后经历过的现场施工、软件销售、设计、资料、合约、合同、造价、审计、培训、咨询、管理、研发等诸多与建筑相关的职责，而我们大学一个寝室毕业的同学，有的在设计院，有的在装配式企业，有的在建设行政主管部门，有的在电信行业，有的自己创办施工企业，百花齐放，不一而足。

管理科学与工程类专业发展的前景如何呢？用我朴素的生活观理解，只要还有人类的存在，哪怕是以后人类移民到火星外太空，有人在的地方就有建筑，有建筑在的地方就有我们建筑人的存在。

工程管理与工程造价有什么区别和联系呢？用形象的语言表达，工程管理偏向于大而全，工程造价注重于小而精；工程管理偏于交流与沟通，是门管理学，工程造价侧重数据与技术，是门技术学；工程管理的职业发展路径广而阔，工程造价的专业发展方向专而深。对于个人，选择或者适合哪条路线，更多的是要结合自己的性格特点，结合自己的长远定位，去思考自己到底适合什么。毕竟鞋到底合不合脚，只有自己才知道。多和老师沟通，和学长沟通，或者去实习亲自感受，这样对自己的理解和选择或许更加深刻更加准确，切忌人云亦云，随波逐流。

最后，回到本次讲座的主题：天上掉馅饼，为什么会是你。

茨威格说过：“所有命运馈赠的礼物，都已在暗中标好了价格。”因此，理想的事物都是美好的，但是美好的获得都需要付出代价的。作为建筑人，要想毕业十年年收入上百万，至少得从学生时代开始努力，如下三个方面是需要自己去实践。

首先是在大学四年里拼尽自己全部的时间和精力，竭尽所能地去学习。这里的学习不只是专业技术的学习，更是专业之外的更广阔领域学习。至于学习的路径和方法，需要同学们每个人自己去设计和坚持，没有人会来督促你，也没有人来奖励你。

其次是开始深刻地去剖析和认识自己，自己到底擅长的是什么？自己到底喜欢的是什么？只有自己真正坚持擅长和喜欢而且想要的，我们进入职场和相应岗位的结合，才能鹤立鸡群，才能迸发出耀眼而持续的光芒。

最后是培养站在对方的角度考虑问题的习惯。时时刻刻面对任何一件事情去思考，你的同学，你的老师，你的搭档，你的对立方……他们会是怎么思考的？他们会做出怎样的决策和行动？当养成了这个习惯，就开始从学生时代的以自我为中心，逐渐自然地过渡到以他人为中心，而这种思维习惯和工作方式的养成，会让自己受益终生，也会让自己不管处在什么样的岗位，处于什么样的环境，都会走得比别人更快，更高，更远。

最后，千言万语不如岁月语，人生百路不如自己路。所有的一切，所有的人生，所有的岁月，所有的经验，所有的教训，所有的成长，所有的过往，浓缩成两首短诗，送给在座的各位同学。

第一首诗，是 2018 年我做的年终工作总结。

关山道远前路且长，
天地众生方乃自我。
做已所说说已所做，
大道至简知行合一。

第二首诗，是借用格隆先生在《日月悠长，山河无恙，行者无疆》一文中的开篇之语，作为 2020 年从头再来的自我勉励。

边关酒觞冷，
渔阳战鼓催。
披甲上战马，
潇潇雨未歇。

真心地祝愿在座的各位同学，能在重庆 ×× 大学度过一生中最值得珍惜和怀念的学习成长时光；真诚地祝福在座的各位同学，能在毕业之后通过努力找到自己心仪的职业方向，十年之后年收入上百万。如有可能，真切地期盼，四年之后咱们知行达咨询能有幸与同学们一路同行，向远方，为梦想。

再次感谢重庆 ×× 大学，感谢 Z 老师，感谢各位同学朋友们！

建筑人生路，愿与朋友们一路同行。

2021 年 10 月 11 日

2）追求自由会落入欲望的圈套，寻求纪律会找到自由的入口

老乡 H 姐一家人，上周六搬到了我们一个小区。H 姐的女儿果果又恰好和我们家大妹在一个学校。于是一经商量，就让果果每天早上 7: 40 到我们家，我开车一起送她们俩去上学。

在往常我们一般是 7: 50 甚至更晚才从家里出发，现在有了果果一起，我们就每天早上 6: 30 准时起床，没有了之前的散漫，每天早上都是准时吃完早餐，准时出发。所以，有了果果的加入，表面上看是我们受到了一定的纪律和约束，但是，这其实让我们的生活安排与行动更具有时间性、有效性，反而让我们的生活更加井井有条。

在上周六晚上，我终于把 ×、×、×、× 四人约到了一起，进行了一次火锅聚餐，并让彼此之间相互认识和交流探讨，履行了上个月与 × 在两路口聚餐时应允的口头承诺：组织一个小范围内行业志同道合朋友们的交流活动。虽然说我最终落实时间上面拖延了一点，但是却时刻把这件事情作为对自己未来需要安排工作的一个约束，时刻惦记着去实施，也终于实施完成。

当我们做出了承诺，就相当于给自己戴上了纪律的枷锁，但是正是这个枷锁，推动自己去践行承诺。表面上自己没有享受到自由自在散漫随意的生活，但是正是承诺的践行，让自己努力去成为一个诚信的、靠谱的人，成为一个可以长期交往和合作的人。到了某个时候，最终自由的仍旧是自己。

在工作中也常常如此。我们有时候喜欢耍点小聪明，在工作上偷工减料，或者对一些纪律和安排便宜行事。看似当时的自己享受到了自由，但是，随着这个自由的开启，往往自己的欲望也会逐渐开启：既然上班时可以打卡后再去吃早餐，那么以后就开始放任自己的上班时间概念，认为散漫是应该自己享受的；既然工作可以拖延，那么以后面对工作就不会尽心尽意，认为不管自己工作成果如何工资是必须按时获得的……

虽然当下的我们，类似的做法让我们看似享受到了自由，但是欲望的圈套却同时在把我们套牢：从此我们慢慢失去奋斗的精神，失去前行的动力，失去职场的竞争力，当某个时候大环境出现一些变化时，那个时候第一个被淘汰的将是我们，第一个被自由抛弃的也会是我们。

作为一个个体，自由不是我们需要刻意去追求的，我们更多的是要关注如何通过给自己增加纪律去约束自己，比如家庭血缘的责任，抚养教育的责任，诚信为人的责任，客户信任的责任，团队建设的责任，自我发展的责任……通过约束和纪律去不断地要求自我，鞭策自我。表面上我们失去了自由的便利，但是到后面，正是由于这些约束和责任，我们才会享受到真正的自由。

因此，有纪律会有责任，有约束才有自由。生活如此，工作是如此，人生更是如此。

2019 年 12 月 17 日

3）我见青山多妩媚，料青山见我应如是

——我的大学程老师

毕业这么多年，一直想写点什么，来怀念我的老师们，尤其是在自己青涩的成长路途上，给予了我学习和生活指引的老师。其中有一位老师，到现在我仍旧是记忆深刻，他的教导仍旧在引导和规范着我在工作当中的一言一行。

在高中时我对物理就缺乏兴趣，这直接或者间接导致我来到了山城重庆。人就是在不断的误会和巧合中，才有了今天。

虽然我有了足够的心理准备，但是我还是没有想到进入大学后我会学这么多门力学课程，听到一长串有点陌生的专有名词，我还是微微抖动了一下：理论力学，材料力学，流体力学，结构力学，土力学，弹性力学……

但是多年来在学习上的感觉让自己有了一种莫名的自信。在我的记忆里，没有我想学还学不会的东西。最终，我喜欢上了力学，这一切和我的第一个力学老师程老师有关。

我现在还能很清晰地回忆起程老师给我们上课的情形：他戴着一副眼镜，长得儒雅，一看就是那种不热衷于世俗而只关注自己专业的书生形象。就算是陌生人，你也会对他产生一种信任，这是没有理由的，因为这些称为气质或者仪度都来自内心，来自多年淡然和平静的生活。

我是属于一见他就被他折服的一个学生。

程老师上课是有教案的，我看过，字迹很工整很漂亮。我不知道在这个很多课程上课就是点击鼠标讲解 PPT 的时代里，这是一种执着还是一种不合群。但是在我眼里，这是一种感动。

是的，是感动。在这个世界上，让我感动的东西已经越来越少。于是，我不断地从平凡中发现让我为之倾心的东西，来不断浇灌我那似乎已经随着年龄增长而日渐坚固的心。

程老师一共教过我们三门课程，分别是理论力学、流体力学和材料力学，前后一年半的时光。每次上课，程老师要在黑板上工整地板书，所以我不需要看教材，只需要上课斜坐着，有点悠然地听着。程老师在讲台上很专心地讲着，一节课往往不只写满一黑板，所以要不断地擦去讲解的内容。那时的我在想，程老师的背影像什么呢？像一座让你感到很温暖的山。于是在我的印象里，程老师擦黑板的背影成为我的一个很温暖的记忆，让人很舒坦很淡然的那种记忆。

程老师很少发脾气或者动怒，在我眼里，一个书生永远是温文尔雅、文质彬彬的。但是有一次，有且仅有一次，程老师有点生气了。

那是上午的第一节课，上课一会儿了教室里还是没有多少人。在我们这一代人心目中，开始有了太多的自我。你的精彩或者杰出与我的追捧无关，你的伟大和崇高与我的向往无关，你的执着和坚决与我的生活无关，因为我们的出发点是自我。所以，虽然程老师很负责，上课也精彩，但是我们想睡懒觉时还是照旧，不想听课时还是逃课。但是，这与我们

对程老师的尊敬无关。我们不太喜欢表面的东西，我们喜欢自我，所以当自我与执着，当随意与敬业相冲突时，矛盾就发生了。

程老师把教室门从里面锁上了，于是后面来的同学一个个被挡在了门外。我们先是透过教室窗口朝里面打探军情，结果没有看到程老师大动肝火的场面，而是像往常一样文雅地上着课，在黑板上写着板书，好像什么也没有发生。十几分钟后，程老师又把门开了，我们低着头进去了，其中就有我。

这件事情就这样结束了，就像从来没有发生过一样。班上的到课情况由此好了一两天，但是过后又是照旧，睡懒觉的继续睡懒觉，逃课的仍旧在逃课。但是，后来我几乎没有逃过程老师的课了，虽然还是偶尔上课迟到。

我千里之外的老家，曾经还保存着程老师帮我改过的作业本，是我特意带回家保存的。但是很遗憾的是工作后被长辈们不小心当做废品卖了，为此我遗憾了很久。

程老师基本上是要求一个星期要提交一次作业，虽然上课不太积极，但是我每次都按时提交作业。程老师不管是你自己做的还是抄的作业，字迹潦草还是工整，每一本都要批改，让我有一种久违的高中学习的感觉。

记得有一个教师节，我在学校操场旁边的小道上看见程老师提着一大堆东西，口袋是学校附近“好又多”超市的，估计是刚刚从超市买东西回来。口袋里有卫生纸、大米等。那一刻，我脑海里蹦出了两个词：“父亲”和“责任”。是啊，我怎么就忘了，程老师也是一个父亲了。当时我在想，程老师的孩子一定是很幸福、很快乐，虽然生活或许很平淡、很朴素，但是那种父亲踏实的感觉应该是很多人无法企及的。

这就是老师，这就是为人师表。不需要多少言语，也不需要多少伟大，只需要那一种平淡的坚持和平凡的付出，你就会获得很多人的尊敬，很多人的感恩。

正如曾经教过我们马克思经济学的王老师说过，大学应该学什么？大学其实学的就是三件事情。第一件事情是学会一门赖以谋生的本领，第二件事情是建立自己的精神追求和人生价值观，第三件事情是学会和人怎样相处。

程老师是我大学时代第一个没有用任何华丽的言语，而是用很平凡的行动来教我们上述这三件事情的老师。

所以，我喜欢上了力学课程，包括后面的其他专业课程。虽然成绩不太理想，但是却与我的感激有关。

一个老师或许不能改变你一生，但是却可以改变你对很多事情的看法，让你对这个世界的认识有了一个向上的追求和持久的回忆。

我还清楚地记得毕业设计前的一个画面：我和室友去毕业设计的教室，在电梯里遇到了程老师。程老师先认出了我们俩，就冲我俩笑了笑说，“是不是做设计了？”

我俩说“是呢，老师现在还是在教力学？”

“呵呵，还是的呢。”

程老师在五楼下了电梯，继续去给学弟学妹们上课；我和室友到十八楼下了电梯，开始进入职场前的毕业设计阶段的最后学习。

这就犹如生活，程老师停留在一个平淡的位置不断重复自己的工作，而我们却是因为程老师的重复，才能得以到达自己以后生活和事业的顶峰。

只是，程老师和当时的我都不曾会想到，当初这么积极学习力学课程的我，最终却跌跌撞撞地走上了造价 + 法律这一领域。在学生时代曾经那么梦寐以求的注册岩土工程师和注册结构工程师，我终究没有修成正果，而国家法律职业资格我却歪打正着。所以，激励我不断前行的，既是程老师曾经在讲台上传授的专业知识，更是程老师曾经在讲台外传递给我们的人生知识。

2022 年 8 月 26 日

1.1.2 理解自我

1）你怎么看待困难和挑战，困难和挑战就怎么回头看你

——造价工程师的法考之路

近日在刷朋友圈时，看到有人在为今年参加法考的考生们提前送祝福，我才意识到一年一度的法考将于一天后又要正式开启了。

时间的存在是很奇妙的，有的时候我们觉得它过得很快，有的时候我们又会嫌它过得很慢。在我的记忆中，虽然距离我通过法考还不到一年，但是我却感觉法考已经是很久以前的事情，是很遥远的记忆了，以至于我对参加法考过程中的很多事情都快忘却了。工作要有岁月感，趁着这个时间点，对自己的法考之路进行重温和回忆，一方面可以对自己当下和未来的工作进行一次自我启迪和思考，另一方面也算是给今年即将参考和未来准备参加法考的朋友们，作为一种心路历程的祝福和方法论的分享吧。

（1）法考过程

我第一次参加法考是 2019 年，那是距离大学毕业十多年后，我以一个非法学专业的工程造价执业人员的视角，以一种非常懵懂的心态参加了第一次法考。当时为什么决定报名的细节和考试当天的场景，我记忆已经模糊，但是对于考试前一周的事情，到目前我仍旧记忆犹新。

考试的前一周，我出差到长沙处理某个 PPP 项目的施工图预算事宜，白天和审计人员对量，晚上就在宾馆看法考的教材，看得津津有味。我还记得当时有一天把法考教材中关于《律师职业道德和执业纪律规范》这一章节中的内容逐句逐字地看完了。当时的我很受启发和震撼，第一次知道对于一个行业的执业人员有明文的职业道德和执业纪律要求，也就是通过这次阅读，我作为一名造价工程师，开始有一种关于职业道德和执业纪律的自我约束和自我意识。以至于在三年后我与中建某局的一个朋友一起交流时，他告诉我“造价

的根本是道德”时，我有种豁然开朗的感觉，这种感觉和意识的建立就是来源于此。

出差回来的第二天，也就是 9 月 1 日，我参加了客观题的考试，6 天后的 9 月 7 日，考试成绩就出来了，卷一 91 分，卷二 86 分，总分 177 分，与合格标准线相差 3 分。我记得查询完考试成绩的当天上午，我是要去给某施工企业进行一场主题为“项目结算资料管理实务”的企业培训。这次的企业培训效果还不算太差，正如我第一次参加法考的成绩也不算太差，在略微带着点遗憾和感慨中结束了第一次法考。

我第二次参加法考是 2020 年。就如一件事情人们往往对开始和结束记忆深刻，对中间的部分总是记忆模糊一样，我对第二次法考也只是停留在当时的两件事情上。第一件事情是 2020 年有段时间由于疫情居家办公，在这段时间我是看了书吃饭，吃了饭接着看书，终于把四大本法考教材一字不漏地看完了。四大本教材的字体很小，密密麻麻的，我就以一种中学时代看武侠小说的心态和精神，换种思路和态度把原本认为不可能的事情，在不经意间完成了。第二件事情是我把微信公众号全部清空，然后只搜索和关注与司法考试相关的公众号和主管部门的公众号。其中有几个做司法考试培训的公众号每天要分享一个知识点和一道真题解析，司法部、最高人民法院、最高人民检察院等主管部门的公众号也会每天分享最新的政策和动向。我就利用上下班坐轻轨的时间，浏览和学习上述公众号的内容。

第二次法考成绩出来之后，我的自信心受到了重重的打击。如此辛苦勤奋地学习一年之后，法考成绩却比第一次的成绩还要低了几分。我戏谑这是黎明前的黑暗来进行自我安慰。尽管屡败屡战，我还是决定 2021 年继续参加法考。

我第三次参加法考 2021 年，是忙碌的一年。这一年，我既要自己去解决从零起步开始创业团队的基本生存和发展问题，又要去解决自己的第一本专业书籍《工程项目利润创造与造价风险控制》的出版事宜，同时还要见缝插针地在空闲时间学习司法考试的内容。在这种情况下，我更换了考试策略。在京东司法考试参考书籍热销榜排前几名的榜单中，我选定了其中一家出版社，购买了这家出版社的全套参考书籍。我平时就把这些参考书籍放在公文包里面，外出办事或者出差路途中，只要有空就拿出来看。有时候生活虽然艰难，但生活却又总是给我们意外的惊喜。我的法考之路终于定格在 2021 年，以客观题 199 分，超过合格线 19 分，主观题 119 分，超过合格线 11 分的成绩最终过关上岸。我至今还记得，在主观题成绩查询的当天，我正在准备给某家施工企业进行为期两天主题为“工程项目利润创造与造价风险控制＆工程项目审计趋势及施工企业经营重点”的企业实训。

这就是生活带给我们的哲理：以什么开始，必然会以什么结束，如果你想在开始的时候占生活的便宜，那么在结束的时候必然生活会占你更大的便宜。

（2）反思启发

在开始参加工作时，带我的师父告诉我，一个人最大的改变和成长来自价值观的塑造，一个人在经历事件上的最大和持久的收获，其实是事件本身对自我思维和自我意识上的雕刻，而不仅仅是事件带来的专业技能的提升。如果说法考之路是我曾经走过的蜿蜒崎岖道路之中的一条，那么这崎岖的路带给自我认知的一些改变和锤炼，也是非常深刻的。

第一个自我认知的改变，是关于存在和价值。存在是价值的基础，而价值是存在的展现。对于一个事物，只有先夯实存在这个前提，才能取得最终的价值。所以，对于专业对于考试，系统的理论基础是存在的前提，没有完备理论基础的积累，就如没有根的花，当下看似繁花似锦，但是轻易就会凋谢零落。所以，我的第一次法考成绩只能说是运气，就算客观题侥幸通过，最终主观题也是无法通过的，我的第二次法考打下的理论基础，才是第三次法考通过的存在基础。所以，不管是工作还是考试，最终还是要回到基础理论知识体系这个前提，不断地夯实基础，才能不断随着时间的沉淀去绽放价值的花朵。所以，我们在专业成长的道路上，多去阅读经典，多去阅读看似枯燥无味的形而上的专业理论书籍，这是作为一名普通技术人员向专业技术人员突破的必备之路。

第二个自我意识的建立，是关于充分与必要。在学生时代学习数学推理时，有两个基本概念，一个是充分条件，一个是必要条件。充分条件是指有 A 必然会导致 B，必要条件是指有 A 未必有 B，但是没有 A 必然没有 B。从数学严谨的逻辑上，我们只有在充分条件下才能论证一件事情的准确性。但是，到了工作和职业成长路途上，却是相反的，我们在做一件事情或论证一个想法时，往往不是等到充分条件具备了才去实施，而是只要发现和挖掘到某一个必要条件的存在，就可以大胆地去尝试和实践。这个必要条件的出发点，或是基于自身的实际情况，或是树立目标，或是找到方向，或仅仅是有了兴趣爱好，或仅仅是为了生存发展……例如，我们觉得未来法律对造价工作很重要，我们想走一条法律造价融合的职业发展之路，这个时候对于自我而言必要条件已经具备，那么就应该果断地早日去尝试法考之路，而不是等到自身法律理论知识和实践经验具备，满足了充分条件之后才姗姗来迟地决定去进行转型发展。

对于理想、追求、创新、挑战和形而上的事物，我们重点关注的是必要条件而不是充分条件，但是对于落实、执行、实施、生存、团队和发展等现实层面的事物，我们重点关注的却是充分条件而非必要条件。掌握两者之间关注的重心和随着事物的发展变化及时调整，这就是人们所说的理论联系实践，一切从实际出发的认识论和方法论。

第三个自我思维的锤炼，是关于接纳与创造。在小学一年级的语文课本上有两首诗，第一首诗是清代诗人郑燮的《咏雪》：

一片两片三四片，
五片六片七八片。
九片十片无数片，
飞入水中都不见。

这首诗讲解的是冬日里漫天飞舞的雪花，落入水中就与水融为一体，成为安静而又涟漪水面的一部分了。进入职场，其实是同样的道理，我们先要学会欣赏和接纳这纷纷扰扰的人和事，以及包含在其中的乱花渐欲迷人眼的利益诉求与关系纠葛，但是最终我们要去寻找和迎接属于自己的那些雪花，把这些雪花与自己的思维和价值观相融合，酿造属于自己内心的平静与湖水。

第二首诗是唐代诗人王维的《画》：

远看山有色，
近听水无声。
春去花还在，
人来鸟不惊。

这首诗表面说的是山水景色，实质上讲的却是一幅画。景色一直都在，而不同的人心目当中的画却不一定存在，就算存在，也不一定会一样。工作和职场就是我们一生外在的自然景色，不管我们认可和不认可，都置身其中无法远离，但是我们如何去创造或者理解属于自己的那幅职场之画，就全依赖我们个人的理解和行动去诠释了。

所以，在工作上、考试上，我们首先要虚心且真心地先去接纳他人的经验和方法，但与此同时一定要结合自身的情况提出自己的理解、建立自己的思维，并在实践中不断地试错和反复地总结，这样的方法和技巧才是对我们更具有价值和意义的。

例如，我知道法考主观题会涉及表述的严谨性和看待问题的多维性，我在学习参考教材总结提炼的答题套路的同时，选择了另外一种适合自己的方式。我从参加法考开始每年都订购了《财新》杂志周刊，通过阅读《财新》严谨而又多视角的对各个领域的报道，来锻炼自己看问题、理解问题、解读问题的视角和方法，同时锻炼自己快速阅读和精准理解的能力，在客观题的作答过程中就能快速地从繁琐冗长的题目背景中提炼出关键信息，进行有针对性的思考和解答。

例如，我知道法考具有很强的时代性，我在学习参考教材对最新政策和理论总结的同时，选择了另外一种返璞归真的方式。我把司法部官方网站上的每一篇文章和报道全部浏览学习完成，并对关键文章用自己能理解的方式编排记忆顺口溜。因此，对于法考主观题第一道时政论述题，我就这样游刃有余地完成了。

例如，我知道法考内容庞杂，自己无法掌握全部的知识点，与其在浩瀚的知识海洋中迷失方向，不如在全面阅读初步理解的基础上，抓住重点深刻地梳理和理解，对不太重要的内容蜻蜓点水适可而止。如何理解重点，这又是与当下的外在宏观局势息息相关，需要自己用心地在平常生活中多去观察、领悟和总结。当然，这又需要用到我们所说的重者恒重与新者常新的思考问题的方式。

（3）总结

鲁迅在《故乡》一文中写道：“我在朦胧中，眼前展开一片海边碧绿的沙地来，上面深蓝的天空中挂着一轮金黄的圆月。我想：希望是本无所谓有，无所谓无的。这正如地上的路；其实地上本没有路，走的人多了，也便成了路。”

很多的时候，路是人们一步一步走出来的，而不是坐井观天想出来的。我们很多时候把希望寄托在一个很短的时间内去完成一个巨大的改变或者达到一步登天的成就，就如武侠小说里面深山老林中的神秘人物给主人公输送内力，主人公再意外获得一本武林秘籍之后，马上就成为绝世高手，浪迹江湖。我们有上述的指望，是因为在自己的内心中从一开始就觉得很多事情很艰难，自己肯定做不到，所以只有依靠外力，只有寄托希望和等待。

但是很多的事情，如果我们真的准备全力以赴持之以恒地去做，这些事情并没有想象当中的那么难，但也不会如我们憧憬中的那么容易。其或是艰难，或是容易，只有我们真正去做了才能感受和评判。而一旦我们去真正做的时候，艰难还是容易，对我们来讲已经是无关紧要的事情了。

所以，路是用来往前行的。如果我们相信前进的力量，那么就沿着自己所希望和所憧憬的道路坚定地前行，走着走着，我们可能会碰到崇山峻岭和江河湖海的阻隔，走着走着，我们也可能会遇到天堑变通途，高峡出平湖的机遇。但如果我们只是一直停留在原地遐想，白驹过隙数十年后，我们真的会有十年一觉黄粱梦，梦醒惊觉一场空的无力、失落和虚无。

2022 年 9 月 16 日

2）眼里有光，事情才不一样

由于第二天一大早要开车去接客户，白天忙完事情已经接近晚上七点，我寻思着将车洗一下，让第二天的客户和自己都有一个很好的心情，去开启崭新的一天。

我开车去了附近几家洗车场，虽然开着门，但是工作人员都略带憔悴地告知，已经下班明天再来。几经辗转来到某大型商场的停车库，恰好有一洗车场，我停车在一边先询问，能洗到车吗？

洗车场负责人应该和我年纪相仿，穿着白色的衬衣，黑色的西裤，铿亮的皮鞋，神采奕奕，丝毫没有工作一天的疲惫，也没有长期在室内工作见不到阳光的那种慵懒之态。负责人一面答应着说可以，一面招呼我下车给我端来板凳，接着给我倒上水，说前面还有两个车，地下室有点热，建议我去商场逛一下再过来取车。

我对负责人产生了浓厚的兴趣，把车停好之后，就和负责人攀谈起来。

负责人很自豪地说，他们是全国连锁的洗车店，总部在西安，目前在成都、郑州、重庆、广州都有分公司，主要是在各大商场地下车库运营洗车店。负责人也是去年刚从郑州回到重庆，在新地方负责开辟市场和运营。

负责人接着说道，因为现在小车保有量越来越大，一般的职场人士平常上班时没有时间去洗车，下班后很多室外洗车场已经下班了，而现代人又喜欢逛商业综合体，所以，他们就抓住客户的这个需求，在商场提供洗车服务。一方面，不占用人们的时间，不影响人们的正常工作和生活习惯；另一方面，他们的核心定位就是把车洗好，让人们感受到舒心。他们对洗车本身研究得很细，车表面、车玻璃、车座椅、车垫子、车后备箱等如何洗，用什么方法和方式，都有他们的研究和总结，而在价格方面，如果人们采取办会员卡的方式，与室外普通洗车是基本持平的。

说到后面，负责人眼里发着光对我说，建议待会儿我看下他们如何洗我的车的，并且很自信地表示，这次感受过他们洗车的效果后，我再到其他地方去洗车，就或多或少对其他地方洗的会有那么一点落差。

于是，我顺着负责人的思路，向他了解办理会员的具体政策。任何事物要持久地运营，都是需要有好的商业模式的，而这种商业模式和思维，其实是可以跨行业和专业进行学习、借鉴和互通的。

负责人介绍得很详细，我听得也很认真。在交流过程中，负责人得知我还没有吃晚饭，他就主动跟我说不介绍了，他先来给我洗一部分，这样正在洗其他车的同事洗完后就可以接着洗，提高效率和减少我等待的时间。

于是，穿着白衬衣和皮鞋的负责人拎着水枪就开始洗起来。毕竟是属于管理层，一线经验没有这么丰富，洗车水溅了一些在他头发上和身上，但是却不见负责人去擦，仍旧很认真甚至有点享受地继续冲洗着，直至洗完其他车的员工过来接手。

在整个过程中，我又观察到几件小事情：

一件是有外卖小哥送来快餐，正在洗车的一个员工很爽朗地说“就把餐放板凳上”，并大声地跟快递小哥说“辛苦了”。

一件是洗车场地狭窄的办公区域，有一面文化墙，上面张贴着最近员工的形象照片、晋级情况、服务标准，以及相关的标语。我站在面前，看着员工们虽然都年纪不大，甚或还有点青涩，但是无一例外地有一个共同点：眼里都闪着光。

最终，车洗完了，确实洗得很干净，远超我的预期。我在付款的同时，对负责人很诚恳地说了声谢谢。虽然我当时没有办理会员卡，但是通过负责人和他们团队每一位成员眼中发出的光，我知道，其实他们已经赢得了我的心。

在工作中，在生活中，我们每个人的出身不一样，成长环境不一样，自身智力不一样，从事的岗位不一样，发展的快慢不一样，人生而不平等，某种程度上，这是我们必须接纳和认识的现实。但是无论如何，我们可以基于自身的情况、现实条件，把每一件自己力所能及的事情做好，做到极致，而且是发自内心的，眼里带着光，心里带着热，去践行、去推进。

哪怕当下的我们能力不够，或许做得不好，做得不完美；哪怕当下的我们资源不足，或许无法做到圆满，但是这一点都没有关系，只要我们充满热情地做过，奋斗过，尝试过，去在身边的人、身边的事、身边的物，留下我们永远眼里带着光的身影，心里怀着热的诚挚……

多年以后，当我们垂垂老矣，看到自己年轻时的这些付出，这些堂吉诃德式的冲锋前进，看到自己昔日眼中的光彩，看到自己曾经心里的热血，想必我们自己也会感慨万千，觉得岁月没有白过。我们至少可以在自己的晚辈面前问心无愧地述说着自己的往事，并且倾听着他们的故事然后给予交流和建议。

因为，工作本没有价格，是我们赋予了价值。

因为，生命本没有意义，是我们赋予了意义。

2021 年 6 月 2 日

3）如果想翻过院墙，就先把帽子扔到墙那边

前面有大半年的时光，每天早上我都是从家门口先坐公交车到轻轨站，然后再坐轻轨到达办公室。最近，我想改变一下这种出行方式。于是我每天早上到家门口公交车站时，便假装没有看到，就算恰好有公交车过来，我也装作赶不上，而是自己一个劲儿地往前步行，花费半个小时走路到轻轨站。

我改变了一下出行的方式，突然发现很多事情就跟着改变了。

第一个改变是早起的习惯。由于要步行半个小时到轻轨站，这就需要我比以往更早起床，由于心里惦记着这个事情，早上不用闹钟我就准点起床了，而且起床的时候精神特别好。

第二个改变是上午上班的精神状态。由于早上呼吸了新鲜空气，神清气爽，又有半个小时的步行运动，也没有怎么过多出汗，全身得到了协调运动，提升了自己的精气神。

第三个改变是心情的愉悦程度。在步行的过程中，一路的风景，一路的行人，一路的街边小店等从自己身边掠过，有一种生活的烟火气，让自己在步行的过程中慢慢去感受，发现生活其实真的是很美好的，而这些美好又蕴藏在这平常的事物中，身边的事物里。这些美好的事物，潜移默化地影响着自己的心情、工作状态、工作方式。

虽然这是生活中的一个小改变，却潜藏着一个很深的道理，那就是如果我们真的立志于要翻过在我们前面的那一堵看似高高的陡峭的不可逾越的院墙或者障碍，如果我们只是一味停留在墙的面前，去揣测墙的高度，不断去制订翻墙的方案，不断地去讨论自己身高的限制，不断地去分析翻墙过程中的风险……最终随着时间的流逝，我们可能就真的只止步于墙前，没有往前跨越半步。

如果我们先把自己心爱的帽子扔过墙去，然后再来思考如何去翻墙，这个时候因为我们已经迈出了关键的第一步，办法总比困难多，我们可能还会探索到意想不到的某种方式，最终翻过墙去，找到属于自己所期望的生活与世界。

在人生的旅途中，横亘在我们面前的这些有形的或是无形的墙，外在的或是内心的墙，无处不在。跨越这些墙需要积累沉淀和方式方法，但是更需要自己先跨出一步的勇气和决心。

2020 年 8 月 25 日

4）我们是凡人，但不能只做那个平均数

今天是 2019 年上班的最后一天，按照惯例今天是年终总结，总结完毕后就放假归乡了。由于年终总结需要每个人上台汇报，因此需要我们比平时上班时间早些时候到达会场。天

还未亮，我就起床热了昨天的尾骨萝卜汤，迎着尚未破晓的星光和路灯，依旧走路去坐轻轨上班。

回顾整个大环境，2019年相比2018年确实稍逊一筹，关于建筑行业发展的各种担忧，让身处其中的从业人员们风声鹤唳。毕竟大家都是平凡人，没有谁有什么特异的功能，有特别的地方，能去做一些异常的事情。

但是不管我们怎样，整个群体始终有好的有坏的，有发展不错的有被淘汰下场的，虽然平均下来相比往年可能整体情形有所下降，但是具体到某个人或企业，可能就未必如此了。

因为，我也发现身边的朋友们，有一年比一年好，每年一个台阶上行的，也有原地踏步循规蹈矩的；身边的企业，有突飞猛进发展神速的，也有不温不火坚守阵地的。但是不管如何，在过去的一年中做得好的有所发展的个人或者企业，都有一个共同的特点：虽然认识到自己只是一个凡人或者一家普通的企业，但是从来不仅仅停留在只做到整个群体的平均值就可以，而是不断地朝上游朝前部去迈进，去奋进。

平均，只是一针自我安慰剂，各个行业的每个企业每个个体，如果目标定位只是处于平均的状态，那么他的处境和生活可能是随波逐流和不稳定的。要想持久和不拘束于生活的所迫，那么就只有让自己不断地往前部靠，而不是停留在平均数。

理解了这个道理，我们在做工作的时候，如果我们只能做到平均水平，那么我们的职业前景基本是可以忽略不计的。我们在思考自己的价值追求时，如果仅仅只停留在平均的感觉温饱即可，而没有自己更高层次的意义追寻，那么我们在行业的高度也基本是虚无缥缈的。

而这些种种，其实最终又会反馈到我们的收入上面，深刻地影响我们的生活。一个只追求温饱的人往往最终得不到温饱，而一个去追求意义和价值的人，往往最终的生活却是衣食无忧。

这就是我们，一方面要认识到自己是一个凡人，另一方面也要去努力地在自己作为一名凡人的行业里面努力往前走，往上部积极地去努力攀登。当我们不是平均数而是前行者的时候，生活和意义就开始相辅相成，变得交相辉映，我们就开始有了属于自己的不平凡了。

2020年1月20日

1.2 关于选择

1.2.1 做己能做

1）在认识世界的同时，做自己能做的事情

——全过程项目创效读书会交流稿

（1）前言

时间总是在不经意间过得很快。从年初谭总提出读书会的事情，到书友们一起完成《工程项目利润创造与造价风险控制》一书全部章节的领读计划，一晃两个月时间就这样

悄然过去了。

书友们各自经历了一段枯燥乏味的领读时光之后，共同迎来了一个春暖花开的好时节。于是，谭总给我布置了一个任务，让我给书友们进行一次交流分享，没有具体的要求，主题不限，形式不限，内容不限……

还记得在中学时代初学英语时，书上有一句话让我记忆深刻："No news is good news（没有消息就是好消息）"。到了工作后我才慢慢领悟出来这句话延伸开来的道理，其实没有要求就是最高的要求。于是，和书友们探讨什么主题，分享什么内容，确实让我在一段时间内有点一筹莫展。

还好一个多年坚持的小习惯启发了我。我平常会在闲暇时刻，把脑海里面蹦出的一些奇怪的想法或者思维灵感，以及他人触动我内心的一些语言或者见解，随时记录在印象笔记的一个小篇章中。今天在办公室翻阅印象笔记时，几天前记下的一句话，让我颇为感慨："在认识世界的同时，做自己能做的事情。"既然与这次交流颇为应景，于是我就选择了这句话作为这次读书会交流和分享的主题。

（2）认识世界

记得有位著名企业家在一次演讲时说了这样的一句话："别人说我很厉害，其实我爸妈从来没觉得我厉害……远看都很好，近看都差不多。"

从我个人的理解，这句话其实告诉了我们认识世界的两个维度。

第一个维度，是我们向往的远方或者未来的美好，其实最初的起源恰恰就是来自我们身边熟悉的存在或者当下我们认为平凡的人生。

第二个维度，认识世界的关键在于认识自我，既要能认识到自我和世界以及他人的距离与差距，又要能认识到自我融入世界走向他人的路径与脚步。

那么认识世界和认识自我又来源于什么呢？认识世界往往来自我们所从事的专业工作，认识自我往往又来源于我们日常的生活感知。当专业工作与生活感知能相互融合，合二为一时，那么我们对这个世界和自我的认识往往就更为深刻、更加具有现实上的价值和意义。

所以，书友们会发现在《工程项目利润创造与造价风险控制》一书中，整体上其实并行着两条逻辑线：一条是专业逻辑线，也就是从造价专业的角度，我们如何去理解和进行项目创效与风险控制；一条是生活逻辑线，也就是从日常生活的角度，我们如何去感知和融入项目创效与风险控制。

在实务中，如果我们仅仅从专业工作的角度去认识世界，常常会陷入两个误区。

第一个误区是以偏概全，误以为我们的专业就是全世界。当我们的专业领域存在发展停滞或者波折时，我们会认为整个世界都出现了问题，很容易产生消极的怀疑。

第二个误区是妄自菲薄。随着我们对专业研究越来越深，越来越全面，我们会发现越来越多专业领域的问题或者不足，甚至很多是无法解决和复杂地现实存在。这个时候我们会认为自己很渺小，无力去做自己认为专业上有价值的事情，很容易躺平和随波逐流。

但是，我们如果同时从日常生活的角度去认识自我和理解世界，相对来讲就容易建立属于自我的乐观主义和行动主义。

因为从日常生活的角度，我们在理解事物时更加偏向感性，感性能让我们在遇到理性的困境时，具有一定的灵活性和自愈性，因此理解世界更容易拥有积极的乐观主义。同时，我们如果从日常生活的角度理解具体的专业问题，就具有了柴米油盐酱醋茶的生活烟火气，有了生活烟火气，我们也就很容易能理解和接纳家长里短的市井气息，也就能包容和接纳各种家庭问题、教育问题、成长问题、生活问题等，也就能在一地鸡毛的同时继续去追求生活的美好，或者为了生活坚持不懈地做一些持久的事情，我们也就能更加包容地理解专业的现实困境存在和为之努力工作的价值与意义。

（3）做己能做

在我准备走“造价＋法律”这条创业道路之前，我的上一任领导经常和我们说一句话：“把简单的招数练到极致，就是绝招。”从我实践的角度进行理解，这句话其实告诉了我们自我发展的两条路径。

第一条路径，是选择去做自我潜质和能力范围之内能做的事情，也就是“简单的招数”。

第二条路径，是把自己选择的事情，不断地重复去做，坚持去做，变换方式和路径去做，把一件事情做到极致，就会成为自己独有的价值方式，也就是“练到极致就是绝招”。

认识世界和认识自我属于认识论的范畴，能激发我们的主观能动性和自我创造性，做己能做则属于方法论的视角，能让我们把宏大的想法和未来的期望等形而上的事物，进行具体的落实。

就如咱们这期全过程项目创效读书会，我们有的书友把自己领读的每篇内容梳理成了详细的结构化思维导图知识点，有的书友把自己解读的每部分内容提炼成了微信公众号文章并配上了语音解读，有的书友从自己的视角把各个书友零碎的解读进行了汇总、升华、提炼……

书友们都在以自己擅长或者特有的方式，把读书会这个活动以自己的方式去坚持和呈现。但是我们会发现这一期的读书会结束后，有的书友们会仍旧保持着阅读其他书籍、总结提炼、自我输出的这种持续学习和自我总结习惯。就如我曾经了解到的一位友人的阅读做法，他每阅读一次，不论阅读时间的长短和内容的多少，都会用一页 PPT 把阅读的内容用自己的语言和思维逻辑进行总结提炼为读后感。他把阅读和总结通过他擅长和喜欢的 PPT 方式做到了极致，最终产生的意义和价值其实也就是不言而喻的。

经历过职场洗礼的我们都知道，做一件事情是很难的，长期坚持做一件事情是艰难的，把一件事情做到极致并长期坚持更是难上加难。所以对于我们来讲，选好自己能做的事情，同时发自内心地愿意去把自己选择的事情做成，这是关键之道。

对我们专业人员来讲，能做的事情可以是专业上的，例如做好、做精、做专某类项目；也可以是跨专业的，例如做好人才培养和团队的传帮带工作；更可以是与专业无关的，例如写作、摄影、爬山、运动、美食等。

当我们把自己选择的这件事情做到了极致，在这个过程中我们会不断地重复去做事情，在做事情当中不断地去观察事物，在观察事物当中不断地去思考，在思考当中修正和完善自己的思维模型和自我认知，形成属于自我闭环的独特的思维认知和实践结合的体系。在这个时候，我们再去以自己做到极致的事物所形成的思维体系去反观和理解我们的专业技能本身，就会有别有洞天和柳暗花明的交错感，同时当我们再去开展我们的专业工作时，也就会在不经意间建立或者传递一种他人能够感知却很难模仿的独特价值感。

这就是老子所说的："道可道，非常道，名可名，非常名。"我们把自己能做的事情做到极致的过程，其实就是在寻找那种无法解释清楚但是自己又心有灵犀一点通的"非常道"，无法用语言表达出来但是自己又心领神会运用自如的"非常名"。

就如一些朋友经常问我，你是如何写出《工程项目利润创造与造价风险控制》一书的？其实我不是先写的书，我是先有的每日工作生活感悟总结，坚持到接近六十万字之后，再回头来进行的专业思考和总结，形成书的内容。

所以，最终呈现给大家面前的书籍内容，首先是专业上的逻辑主线，其次才是生活感悟的造价笔记辅线。但是真正让这本书籍得以成形的，对于我来讲，是先有了造价笔记生活感悟主线，然后才有的专业逻辑辅线。

这，其实才是《工程项目利润创造与造价风险控制》一书背后的关键之道。这，其实也是我通过谭总组织的这次全过程项目创效读书会，最想分享给书友们的。

（4）结束

美好的事物总是短暂的。感谢这两个月美好的时光，书友们能够聚集在一起进行真诚的交流和分享。前行的道路总是漫长的。祝愿我们每个人在未来职业发展的道路上，能秉承自我的专业初心，在认识世界的同时寻找到属于自己的路径方向，通过时间的积累练就属于自己的绝招。

当然，更期待有那么一天，当书友们来到山水之城重庆时，能够莅临正在"造价＋法律"这条路径上下求索的知行达咨询团队，进行工作指导和交流分享。

2023 年 4 月 6 日

2）你要什么，你有什么，你愿意放弃什么

四年前，我在实施一个工程结算加工程索赔的咨询项目时，认识了 Y 同学。由于双方的职业理念和工作风格比较趋同，项目完成之后我与 Y 同学一直保持着专业和工作上的互动。

最近，Y 同学在个人职业发展上遇到了颇为难做的选择。目前 Y 同学在某建筑施工企业，负责总承包投标、重计量、成本测算、项目指导工作，工作比较得心应手，但是随着技能的熟练重复，却有一种心慌的感觉，想追求更新的技能和更有难度的职业。恰逢某建设单位新开发一项目，邀请 Y 同学加盟，Y 同学权衡已久，颇为犹豫，于是和我一起交流

探讨，听我对此的看法。

记得多年以前，在自己迈出校门跨入社会时，有前人告诉我说，在职业的前十年，我们最重要的事情不是证明自己非常行，而是接受自己的不行。这是什么意思呢？在学校我们是天之骄子，都有着无限的遐想和梦想，都认为自己能力非凡，摘星揽月，只要我们砥砺前行，一切充满可能。但是在现实的职场中，大部分略有小成的人，往往都是通过数年的实践、总结，不断地试错，深深地知道了自己的能力边界，接受自己的不行和能力瓶颈，开始意识到珠穆朗玛峰不是所有人都可以企及的，而华山倒是自己的能力范围。于是在自己可以攀登的山峰，开始放下身段，接受自我，一步一步地奋勇前行。

其实把前人的这句话，换一种三段论的思维方式，就成为我们在职业成长路途上和面临各种抉择时的一种思考问题的方式。这三段论是什么呢，就是你要什么，你有什么，你愿意放弃什么？

第一，你要什么？这是所有问题的核心。

首先，这其中的“你”，不仅仅是指自己，还包含你的父母，你的爱人，你的小孩，你的家庭，你的家族，你的朋友……正如费孝通在《乡土中国》中所说的：“中国乡土社会的基层结构是一种所谓的‘差序格局’，是一个‘一根根私人联系所构成的网络’”。

正因为如此，身处其中的我们最终会发现，如果自己的目标和所处在这种差序格局中相关人的所要发生重大冲突时，最终我们自己的目标往往就很难实现。就算我们实现了自己的目标，最终我们付出的牺牲或代价，往往又不是最初的我们所预估或者所愿意的，作为身处其中之人，风光之后那种巨大的牺牲和代价，是常人很难承受的。

其次，是自己要对想要的这个目标，有一个粗略预估，从现实的角度去思考能否达到。没有调查就没有发言权，有一种很简单的方法。对于自己想要获得的目标，去分析身边达到这个目标的人，他们所共有的条件是什么，再将共有的条件与自身条件进行评估，是否具有可行性。比如，要成为知名甲方企业的成本总监，经过调研之后发现至少是统招本科学历、建筑相关专业出身，如果自己的学历不够，而且又是非专业出身，在这种情况下，我们就只有修正自己的目标。如果一味固执前行，要证明自我的能力和人定胜天，那样的路途就很艰难。如果我们把自己的目标及时调整为非知名甲方企业的成本总监，那么实现的可能性就大大增加。

所以，从自己的内心出发，从身边的实际环境出发，自己长远的目标到底想要的是什么，要深思熟虑：是一份成功的高收入的工作，还是可以照顾家庭的轻松的职业，还是具有人生价值和意义的事业？是想要成为高管，还是想成为纯技术精英，或是实现自我价值的企业家？想要的不一样，后续所有的付出和努力的方向就不一样。

第二，你有什么？

知道自己想要什么了，接下来就需要自我分析和评估：达到想要的目标需要具备哪些条件。这些条件包含自身的技术条件，外在的环境条件，相应的资源条件等。

结合相应的条件分析，接着对自己进行评估，目前自己已经具备了哪些条件，哪些条件可以通过自我努力花费多长时间采取哪种路径去成长，哪些条件自身无法达到需要通过与他人合作一起创造，哪些条件仅凭借努力无法成行而需要依赖运气与时势？

有了上述的详细分析，就可以将相应的条件梳理为具体的事项清单，并以此为基础制订相应的成长获得计划。

第三，你愿意放弃什么？

鱼和熊掌是不可兼得的，所以对于很多事物，我们不能既要，想要，又要，还要，再要。

想清楚了自己要什么，也经过对自己评估大概率能达到目标，也对当下自己的条件进行了拆分，对条件成就的路径进行了梳理，那么为了长期的目的，接下来自我就要放弃当下一些表象的东西和暂时的事物，比如或是看似不菲的待遇，或是工作环境的轻松，或是朝九晚五的作息，或是高档大气的环境……

不仅职业成长可以按照上述的三段论去规划，在我们日常工作的推进上，其原理也是相通的。

对于一件事情，一件工作，一件任务，我们首先需要思考的是相关方想要的是什么，尤其是核心相关方；其次是目前自己或者团队有哪些条件和资源，能否匹配；最后是从事情结果的角度，需要我们放弃一些什么，比如或是利益，或是妥协，或是面子，或是休息，或是时间，或是技术……

在我们职业成长的路途上，我们最幸运的事，就是自己擅长的、自己需要的、自己热衷的，三者合一。所以，其实不论在什么样的单位、什么样的地方、什么样的角色、从事什么样的岗位、做什么样的工作，只要经过深思熟虑地分析，做出了自己内心的选择，认真踏实地去做，就都会有属于自己的成绩和舞台。

2021 年 5 月 28 日

3）选择高一点的山顶，长一点的山坡

这是我第三次来到北京城。

第一次是 13 年前，也就是 2007 年。那一年的我刚刚毕业踏入职场，路过北京城去天津的一家企业报道上班。那是一个夏天，北京给我的记忆除了干燥的天气之外，就是火车站和公交车上随时熙熙攘攘拥挤的人群。就如同那次是匆匆路过北京城一样，我在天津的那家企业也是匆匆而过，待了不久就又回到了南方。那个时候的我，对职业的发展和选择完全没有概念，我只是内心觉得，当时的我不适合当时的企业，于是就挥手告别，没有留下一点有关职业的云彩。

第二次是 2 年前，也就是 2018 年，那一年的我已经在职场工作了十数年，从施工企业的商务合约到咨询公司的造价审计，在造价这个岗位上也摸爬滚打了接近 8 年的时光。但是我却总感觉在自己职业前进发展的道路上，有那么一道隐形的墙，看不见摸不着，又

道不明说不清。于是，在这年的冬天，应一个律师朋友的邀请，我第二次来到了北京城。律师朋友带我去清华大学感受了那种真正上进学习的氛围，带我去了故宫旁边学术与业务都同时是行业翘楚的某律师事务所，带我去了律师朋友自己创办的律师事务所……这一次来北京城，我深深地感受到了什么是职业，什么是事业，什么是人生职业真正有价值有意义的事情。那个时候的我才真正意识到，人们之所以向往高山，那是因为高山上的风景和高山上的视野完全是平原和丘陵无法比拟的。

第三次是今天，也就是 2020 年 9 月 24 日。由于工作的缘故，来与中交 ×× 公司进行房建项目的造价管理培训交流。在一个月前的时候，我刚刚和公司提出了自己准备单独出来创业的想法；今天过后的一个星期之后，我将走上一个从零开始的职业发展的道路，从头再来。

在从首都机场到中交 ×× 公司的路途上，来接我的 X 总给我讲了一句虽然简单，但是却饱含着人生哲理的话："一个人的职业发展就像滚雪球，要想职业发展的雪球滚得大，那么我们在开始的时候，就要选择一个高一点的山顶，一个长一点的山坡，只有这样，不管我们开始时候的雪球有多么的渺小，但是到了后面我们终将会越滚越大，我们也才能持续地一直越滚越大。"

这个时候我才突然意识到 2 年前的我，为什么会有一种说不明道不清的职业隐形墙，那是因为在 13 年前，我虽然曾经站在一个高高的山顶，但是我选择了放弃；虽然在后面的十年我一直在努力地拼命滚着职业的雪球，但是由于没有站在一个高高的山顶起步，往往是滚了一段时间，虽然雪球已经看似足够大，但是却再也很难往前持续滚动。

过去的已经过去，未来才属于我们。所以，虽然岁月不能再给自己一个高高的山顶重新起步，但是我可以选择自己一点一点去累积一个属于自己的小山顶，然后去铺就一个长长的坡道。他人在更高的山顶一年能滚大的雪球，那么我就站在一个低矮的山丘用十年的岁月去滚动。

因为，当我们没有办法改变过去，没有办法重回历史的时候，那么在未来的时间中自我那些长长的脚步和艰苦的跋涉，就是化解一切过往错失最好的良方和路径。

2020 年 9 月 24 日

1.2.2　做己想做

1）没有比人更高的山　没有比脚更长的路——纪念蒋律师

（1）相遇

作为一名又土又木的土木人，认识蒋律师，是我职业成长道路上的一件幸事。

那是 2018 年的 11 月 16 日，我应一位朋友的邀请，取道北京去朋友在天津成立的公司参观学习。这位朋友是土木工程科班出身，毕业在国企上班不久后辞职考取律师资格证，先是北漂当专职律师，后来在天津成立专注于工程领域系统风险管控的律师事务所。

朋友与蒋律师相识，恰好要与蒋律师探讨法律网上信息平台建设的相关事宜，因此，就带我一起来到了天同律师事务所在北京的四合院办公地点，见到了蒋律师。

那时的我，还没有进入法律的门，但有一种潜意识，我想往工程法律领域发展。一个上午的时光，我倾听着蒋律师关于法律信息化的分析，关于极致专业、极致技术的分享，关于行业创新和人生价值追求的思考……这些无不冲击着我的心灵，荡漾着我的思绪。交流结束，我写下了自我成长记录的第282篇笔记。

造价笔记 282

自我感觉很好，那是因为没有见识更好

2012年，我有一个梦想。

2012年之前，我在施工企业从事合同预算工作，在项目实践过程中，亲身的经历让我深刻地感受到，在建筑领域法律和造价的融合，是施工企业非常大的短板和行业发展的必然趋势，因此是一个潜在的市场和发展的契机。

每一个造价人员都是法务人员，每一个法务人员都是造价人员，那是2012年我内心朴素的对施工企业造价人员发展方向的一个预判。

于是，在2012年后的两年时间里，我从一个法律小白，开始尝试点滴去积累学习基础的法律知识，只有朦胧的方向，没有具体的路径，只有激情的梦想，没有可以借鉴的方式。

影响人一生的重大的抉择和发展，往往很多时候是需要机缘的。一个偶然的机缘，让我走向了造价咨询与企业实训的道路。

通过数年时间的实践，我逐渐形成了自己风格的造价思维体系，创造开发和培育了施工领域商务造价系统专项定制企业实训的流程和标准，探索了一条独具特色的人才培养、项目咨询、价值创造三位一体的全新咨询业务服务模式和理念。

人，是有情怀的，就像我们面对浩渺的星空，我们经常会发出这样的感慨：这深邃的星空，为什么会有我的存在呢？我能为这无尽的星空带来什么样的价值呢？

所以，作为一个内心的梦想，内心一个价值追求，法律与造价如何融合，如何给市场带来全新的价值和理念，时常萦绕心头。

同样，促成一些带有情怀的事项的诞生，也是需要有机缘的。

在巧合得不能再巧合的机缘下，我能在这个难得的艳阳高照的一个午后，在一个幽静的四合院子，面对面聆听资深的法律界前辈们，关于建设领域法律理论的探讨，关于法律实践市场拓展的理念，关于信息化平台与专业结合的创新……

一切的一切，让你有一种恍然隔世的感觉，自我沉溺于狭小的专业视角一旦被外在的机缘激发和震撼，除了内心的虚空，脑海的空灵，还有那无穷无尽急切的求知欲和前行欲。

岁月很长，那是因为我们对自己感觉良好的缘故；只争朝夕，那是因为你见识到了更好的存在。

北京，不虚此行！

2018年11月16日

（2）相识

辩证法告诉我们，事物都有其两面性。就如微信的朋友圈，很多人觉得，发过多的朋友圈在现代社会不是一件可取的事情。但是，蒋律师的朋友圈，更新的频率很快，大部分是生活的感悟，工作的思考，经验的分享，价值的探讨……

一个人的发展和前进，有三种不同的驱动方式，或是被恐惧驱动，或是被欲望驱动，或是被理想驱动。蒋律师的朋友圈，让我见识到什么叫做真正的理想主义，什么叫做真正的敢为人先，敢为人所不为，并且用自己的全部精力、全部热情，不知疲倦、不知停止地去为理想、为价值、为意义去奋斗。

2019 年 8 月 9 日，蒋律师的朋友圈发表了《青年律师的成长：业务能力、市场开拓与获客、客户管理》。也是在这一年，我平均每个月给中大型施工企业讲解一场有关造价商务的企业实训，看似风生水起，甚至有点飘飘然。蒋律师朋友圈的分享，让我猛然惊醒后幡然醒悟，由此，我写下了自我成长记录的第 410 篇笔记：实质永远是根本，形式只能锦上添花。

造价笔记 410

实质永远是根本，形式只能锦上添花

××建筑公司的企业实训落下了帷幕，从旁观者的角度来讲，这无疑算是一场比较成功的企业实训：流畅的课程内容时间把控，实施团队的顺利配合实施，作业的创新与学员的精彩展示，对方领导的充分肯定……

因此，身边的人产生了这样的一个幻觉：我们的企业实训已经做得很成熟了，可以尝试推广多家企业选派员工的培训专场模式，这样才是真正检验我们的企业实训，也能让我们有更好的收益。

但是，我总觉得，这背后，有那么一种不踏实的感觉。

就如全程参与的 C 律师所言：感觉整个实训虎头蛇尾，就如 ×× 建筑公司领导感言的：原来你们的培训还可以配合团队建设，挺不错的。

这背后反馈的是什么信息呢？我们立足的是专业技术培训，但是客户深度认可和感知的是表现形式和其他，让他们深受震撼和启发的却不是我们传达的专业技术。

这就是我们的短板，也是我们的取巧，以形式和细节的完美，去掩盖技术的不足，以哗众取宠的战术去遮掩技术上的蜻蜓点水，这是我们这个技术实训最大的风险和隐患。

而我们已经开始把这个作为自己的一种优势，准备越走越远。

就像今天早上看到蒋律师的朋友圈分享，蒋律师在广州律协做的讲座，PPT 是在飞机上编写的，很简单，朴实无华，但却讲解得让听众如痴如醉，不愿离开。

其中蒋律师感言，2017 年前讲了很多场，2017 年后自己认为没有怎么实践，就没有怎么讲了，因为他认为自己所讲的如果不能让大家真正受益，就宁可不讲。

所以，实质的内容，这才是永恒的根本，形式上的极致，永远难以支撑成长的大厦。

既然意识到了这点，我就从昨日开始归零了自己的思绪，真正沉下心，俯下身子，去实践，去真正感受，对很多身边的事物微笑着看待，不指点不偏见；对身边很多的其他人的做法和选择，不评判不批判，扎扎实实地做，认认真真地走。

比如每日轻轨路上的造价笔记编写，比如司法考试的认真备考，比如施工图预算的认真编制和请教，比如开始对每一个身边的人用尊称“您”，比如对团队和同事的一些看法开始正面认可点赞居多、反对质疑委婉的一带而过……

认识到自己的不足，然后坚定深刻地去改变，向着既定的目标去前行，风雨不阻，虽年龄大亦勇敢地从零开始选择远方，这样的生活，这样的前行，虽然成功之路最终不一定到达，但我亦足矣！

2019 年 8 月 9 日

（3）相知

美有很多种，极致的专业、极致的技术是一种美，无私的专业分享、无私的公益活动更是一种别样的美。

2019 年党的十九届四中全会提出：推进全面依法治国，发挥法治在国家治理体系和治理能力现代化中的积极作用。在这一年，相关法律法规的体系化建设逐渐频繁，蒋律师带领的“天同天团”，在全国进行法律专业知识的无私分享和全国巡讲。

正是通过这种专业巡讲的学习，我对天同律师事务所门口那副广为传播的体现天同人理念和追求的对联有了更深层次的理解和领悟：“天降天才乃天降，同行同志为同行。”

2019 年 12 月 13 日，天同律师事务所九民纪要全国巡讲（重庆站）在山城江北曼哈酒店举行，身临其境中我写下了自我成长记录的第 503 篇笔记：哪怕平凡如路边野草，也要去追求属于自己的那片璀璨的星空。

造价笔记 503

哪怕平凡如路边野草，也要去追求属于自己的那片璀璨的星空

早上 6 点，闹钟准时响起。6: 30，行走在泛黄的路灯下，身边匆匆而过的是顺丰的快递小哥，搬货，装车，启动，出发。早 7 点，尚处于夜幕中的轻轨站灯火璀璨，出行的人们已经排起了等候的长队，起点站已经是爆满的车厢，拥挤的人群。

人们的行程如此的匆匆，这是为什么呢？快递小哥们，或许是为老家家人殷殷期待一年的收成，或者是为小孩们充满憧憬的新年礼物，做着年前最后的努力。轻轨上班族们，或许是为着公司年底繁忙的工作而努力，为了一个更好的职业发展，为了一个更好的前程美景。

而我，也属于这平凡中的一员，是快递小哥，也是上班一族，是路边野草，为着生存奋力地去扎根，也迎着朝露，去仰望着沁人心脾的星空。

因为天同律师事务所的九民纪要全国巡讲，今天要在山城重庆举行。我虽然是纯粹的法律小白，但是也大概是去年的这个时候，也是在冬季，一个机缘巧合有幸去参观和拜访了天同律师事务所，更有幸能听到感受到创始人蒋律师的工作探讨与休闲点滴，那种纯粹的美好的事物带给人的震撼和冲击，时隔一年，仍旧是内心有幸，时刻鞭策着自己，不管生活再平凡和艰辛，一定要有着自己最为纯粹，最为真实的向往与追求。

德国古典哲学家康德说过一句名言：“世界上有两件东西能够深深震撼人们的心灵，一件是我们内心崇高的道德准则，另一件是我们头顶上灿烂的星空。”

一见天同影响后半生，天同身上散发出的那种法律人的严谨的学术追求，那种世俗的商业与理想追求的完美融合，深深地震撼着我的内心。在这追求与理想背后，那静静地悄然散发着的那种法律人的内心崇高的道德准则，一如我们头顶上灿烂的星空，让相遇者们如此痴迷，如此向往，如此憧憬。这种向往和追求，跨越行业，不分庸俗与高贵，不论专业与小白……

2018 年 11 月 16 日，北京，初遇天同，初遇蒋律师，我写下了造价笔记 282：自我感觉良好，那是没有见识更好。

2019 年 12 月 13 日，重庆，再遇天同，再见蒋律师，我写下了造价笔记 503：哪怕平凡如路边野草，也要去追求属于自己的那片璀璨的星空。

总有一些纯粹的美好，值得我们用自己的激情去追求，就如青年时代，对许巍的诗和远方无限的向往。总有一些青春的梦想，值得我们一直保留和憧憬，就如少年时代，对汪国真的背影和地平线。可能这些梦想或者憧憬，拼尽我们的人生也无法实现，可能这些美好和远方，用尽我们的全部激情和才华也无法企及，也许我们只能最终如路边野草一样，在平凡的风雨中自我飘摇，但是，至少我们为美好而努力过，为自己头顶灿烂的星空仰望过，为自己内心崇高的道德和理想付出过……

如此，则人生意义非凡。

2019 年 12 月 13 日

（4）相传

臧克家在纪念鲁迅逝世十三周年而创作的《有的人》中写道：“有的人活着，他已经死了；有的人死了，他还活着。”

2021 年 6 月 22 日，这是普通而又平凡的一天，但是对于我们来说，是无语凝噎的一天，这一天，蒋律师离我们而去。

6 月 23 日，我在朋友圈写道：“往事成为追忆，未来已不惘然。先生灯塔照耀，浩气天地永存。”

6 月 28 日，借用蒋律师曾经说过的，我再次在朋友圈写道：“斯人已去，但却一直都在：总得做些事情吧，要不人生就没有意义了。所以，生命的价值，在于不断地折腾。”

2018 年，初遇蒋律师，激发内心为美好事物前行的梦想；2019 年，相识相知天同精神，勉励平凡中追求璀璨星空。

2021 年，在蒋律师离开我们而去的这一年，从头再来的我创业组建的团队终于在造价 + 法律这个方向上站稳脚跟，蹒跚起步；跟随着蒋律师长期实践坚持和出版《每周蒋讲》的脚步，我独著的《工程项目利润创造与造价风险控制》终于出版，一年之内数次加印；历经三年屡败屡战的法律职业资格考试，也终于在这一年顺利通过……

所以，蒋律师，您从未离开，您一直都在，因为与您相遇、相识、相知的每一个人，最终都在各自的行业，各自的岗位，各自的工作中，对您薪火相传，生生不息。

2022 年 6 月 10 日

2）影响抉择的，是我们的预期

小时侯，我们都学过守株待兔的故事。它讲的是一个农夫，在某一天看到路边有一只兔子撞死在树桩上。在古时候，能吃到肉是一件非常奢侈的事情，因此农夫非常开心，把兔子捡回了家美美地饱餐一顿。这件偶然发生的天上掉馅饼的事件，改变了农夫以往日出而作，日落而息，辛勤劳作的习惯，农夫从此不再种地，呆在树桩旁等待兔子，最后终于因为兔子没有再次到来而饿死。

一次偶然的兔子撞树桩的事件，让农夫改变了对生活和未来的预期，从此不再认为通过劳动付出获得是常识，而认为不劳而获是一种可期待的预期，并围绕着这个预期，农夫改变了自己的行为方式，认知模式，放弃了劳动，只剩下幻想，最终陷入万劫不复的深渊。

但是如果事实还是这个事实，农夫换一种预期来对待，可能效果会截然不同。

比如，通过这个偶然事实，农夫知道这个地方有兔子出没，可以在继续种地的同时，在树桩这个区域布置一些自己制作的捕猎的夹子，这样既有种地的收入，又有潜在的兔子收获。当种地收入不好的时候，有兔子；当兔子没有的时候，有种地收成。就如我们企业的多元化经营，或者是个人的斜杠发展，核心始终是有付出、有劳作，只是围绕付出和劳作，哪些为主，哪些为辅，哪些是未雨绸缪，哪些是风险对冲。

比如，如果这个故事发生在当下，农夫可以把守株待兔这个行动，在种地闲暇的时候进行网络直播，不仅可以获得人气和打赏收入，甚至还可以真的守到了兔子在网上高价拍卖，而且最后还可以通过人气吸引对农夫种的地生产的绿色农作物进行关注和售卖，甚至可以在这个基础上发展亲子旅游，观光农业……

事实还是这个事实，但是如果我们的预期一直保持的是付出才有收获，劳动是根本，这个核心的预期不为外在的偶然事件所改变，从这个基础上去改变和指导我们的行动，不管是捕猎方式的技术付出，还是直播方式的创新付出，还是观光农业的资本付出……只要不是守在树桩旁，做着可以持续不劳而获的白日梦，那么农夫就不会因为这个兔子而成为守株待兔的笑话，而可能就会成为鲤鱼跳龙门的传奇故事。

所以，如果我们想明白了这个道理，作为企业就不会因为一些偶然的突然的巨大的利益的事件，去改变自己的发展战略和目标，比如不会因为某些突然事件的获利，而从此再也看不上企业原本赖以生存的薄利而又艰辛的产品生产或者服务提供。作为个体，就不会对职场上一些不切实际的幻想或者跨越式发展充满想象，不管在任何情况下，都会秉承自己所带来的价值与相应岗位收入的匹配，踏踏实实做好基本功，通过付出去累积职业的成就，而不是一味地空想、抱怨或者眼高手低地被动去等待伯乐的赏识，贵人的到来，命运的眷顾。

所以，管理好自我的预期，并在一些偶然事件的情况下保持初心，虽然简单，但是却极为实用。

2020 年 5 月 9 日

3）生命中的美好，是对未知的期待

由于要去下载客户发送到邮箱的项目资料，很久没有用 QQ 的我，昨日登录了 QQ 账号。刚刚登录就跳出了一个留言，是斌哥给我留的言，问我最近在忙什么？还像以往一样依旧在写点文字不？

斌哥是十多年前还未毕业的我，在深圳一家房地产公司实习时的同事。斌哥好像是中央财经大学毕业的，当时应该是在公司的财务部门，那个时候的斌哥估计还是单身，所以才有时间来关注我们这些初来乍到的实习生。

当时是在什么场合、以什么样的形式第一次认识斌哥已经回忆不起来了，只依稀记得斌哥带我们去了一家很僻静的餐厅，吃了一些很贵的素餐。我至今还隐约记得，有一份土豆丝，价格要数十元，这让当时的我非常诧异。从内陆僻壤出来的我，从另外一个维度开始初次见识和领略到事物的差异。

现在回想起来，其实在实习期间和斌哥也没有过多地交流和沟通。主要是那个时候正流行博客，而我恰好有一个自己的博客，也喜欢堆砌一些故作深沉的文字在上面分享，斌哥经常去阅读，也正是基于此，才让斌哥和我有了和其他同事不一样的联系和纽带。

暑期实习完后回到学校，从此就和斌哥没有怎么联系，各自走着各自的职场路，各自谋略着各自的生活和轨迹。但是由于我们添加了各自的 QQ 号，在互联网发展大潮中，当年的人人网、博客等已经不再存在。虽然历经风雨，幸好 QQ 这个平台一直在，这也让斌哥和我在岁月和生活的大潮中，还能有一丝丝的联系和牵连。

但是,我们的联系和交流,也仅仅止步于QQ上的一些留言,除此之外,就再也没有其他。

所以，我不知道，从当初到现在十多年过去了，斌哥现在是否还在那家房地产公司？是否还是从事财务一职？是否已经成家？是否也每天操持着小孩的教育和成长……

但是，我知道一般每间隔一段时间，斌哥会给我留言，问问我是否还在写点文章。

所以，我不知道当初我实习的这家房地产公司，当时的深圳前 20 强，目前发展得如何，是否已经走出了深圳走向了全国，还是依旧在深圳持续耕耘，不紧不慢？还是已经转换了赛道，不再从事房地产行业，而是进入了其他行业？因为我记得当时我实习的这家房地产公司的创始人最初从事的是医生职业，一个与房地产完全不相关的行业。

就像当初我去深圳实习，没有预料到会遇到斌哥，也没有预料到能和斌哥保持联系一直持续十数年；同样地，在这个 10 月份过后，我重新选择了一条从头再来的职业发展道路，未来的我最终在这条全新的职业发展道路上，能经历一些什么样的人和事，能看见一些什么样的风景，能经历一些什么样的洗礼……这一切都是未知，这一切都是值得当下的我去期待的。

岁月最大的价值和意义在于过程，生命中最美好的也就是我们在经历岁月的这个过程中，你所遇到的和经历的这些人和事，还有在未来的岁月中，你所不能预估到的未来你所将遇到的和经历的。因为未知，所以期待；因为期待，所以美好。

就如，在十数年前，我不知道会在深圳遇见斌哥；同样地，我也不知道在未来的时间里，我和斌哥能否持续地一直认识和保持联系。有可能在未来的某个时候，在生活的大潮中，我们走着走着就散了，没有任何缘由；也有可能走着走着，我们会在其他的领域由于其他的事情，我们还继续相逢甚至是共事共职……

这一切皆有可能，就如昨天我和斌哥交流的，斌哥说他很少用微信，一般只用 QQ，我说我很少用 QQ，一般只用微信。

所以，我以这篇小感悟作为一个全新道路的开启。因为，对我来说，这又是一个全新的未知的起点，在未来的岁月中，从头再来的我，是否能攀登上一座属于自己的山，在攀登的过程中，是否会经历一些有趣的人和事……这些，我都会把他们理解为我生命中的美好。

同样，也把这篇小感悟送给斌哥，感谢这么多年对我的关注，从初出茅庐到经历风雨，一如既往地持续淡淡的关注和支持。

2020 年 9 月 30 日

4）心安之处，就是属于自己真正的远方

今天是旧历的腊月十八，新历的 1 月 12 日，2020 年的第二个周日。

在自己模糊的记忆里，数十年前在湘中老家的这个时候，应该是白雪皑皑的场景。年少的我们穿着单薄的筒靴，踏过厚厚的雪层，去学校领取通知书；或许手里还会提着一个自己用铁罐制作的烤火炉，随着自己的手旋转会冒出火花，随着自己手的停下，铁罐里面的类似木炭之类的炭渣就会回归沉寂。

按照惯例，考得好的会有奖状。一般是前五名，会奖励不同数量的作业本，这样来年的我们，就不需要自己去购买作业本，那是一种无上的兴奋和荣耀。

而今天的山城重庆，天刚亮，久违的太阳就跃跃欲试，在长江边上不远的云层中喷薄而出。而后不久，温暖的阳光开始快速地照耀着这里的山山水水。每一栋高楼每一个角落，随处散发着让人想去拥抱的阳光。

如果时光倒回去数年，这样的蓝天，这样的阳光，我们一家人或许已经外出去所谓的“远方”放飞，自由自在去了。

但是现在的我们，依旧是起来之后一家人慢慢吃着饺子早餐，依旧是满桌的碗筷碟盘，依旧是少不了的父母低吼和孩子无动于衷的老油条状态。早餐之后依旧是不变的菜市场，以及买什么和吃什么的纠结。等到各种琐事尘埃落定，也就是小朋友们在小区的放风时间。小孩们一到楼下，正在草坪上玩耍的小朋友们会马上“轰”地围上来，几分钟后，一个穿着溜冰鞋的车队在小区开始彻底放飞自我。

在青少年时代，汪国真的一句话，“我不去想是否能够成功，既然选择了远方，就只顾风雨兼程”，曾经激发了我们对诗和远方的无限遐想与追求。那个时候，在我们的心中，距离越远的地方，就是值得我们向往或者奋不顾身前行的远方，那里才是我们心中最美好的诗文、最曼妙人生的最终归宿之地。

于是，在小学的时候，镇里是我们的远方；在初中的时候，县里是我们的远方；在高中的时候，千里之外的山城是我们的远方；在大学的时候，遥远的冰封之地，驰骋千里的北方草原是我们向往的远方；初入职场的时候，北上广深是我们憧憬的远方。

但是，当我们历经时光的荏苒和奔波之后，我们最终发现，自己所在的这个城市，自己每日居于此住于斯的地方，我们自己所安家的这个小区，我们每天柴米油盐酱醋茶的喜

怒哀乐之地，才是让我们真正心安之处的远方。

在这里，虽然我们赖以生存的职业和企业不如那些梦想远方之地北上广深的星光闪耀和璀璨光芒，但是却依旧承载着自己日复一日的梦想与现实；在这里，虽然我们所在之地没有远方的广袤与深邃，但是却是有山有水有坡有坎，寄托着我们的生活点滴与来往……

所以，真正的远方，可能不是我们目力所不及的地方，任何真正地让我们心安的那些人，那些事，那些物，那些地，那些景，那些情，才是属于我们自己真正的远方。

2020 年 1 月 12 日

第 2 章　行走在路上

2.1　关于职业

2.1.1　职业素养

1）听得懂、做得来、写得出、讲得清、信得过

作为工程造价专业技术人员，工程量计算是否能算得精准，工程计价是否能考虑全面，工程结算是否能办得完美，其实这只是专业技术能力某个方面的重要体现。但是要成长为一名专业的、资深的、综合型的真正意义上的造价工程师，在工作开展和推进过程中，在职业成长的道路上，至少还需要有意地、系统地培养如下五个层次的能力，它们分别是听得懂、做得来、写得出、讲得清、信得过。

第一层次，是听得懂。

听得懂，首先是我们要能准确地听明白对方所表达的内容，其次我们要能提炼对方众多内容中所表达的核心观点，最后我们要能去分析和挖掘对方表面语言背后蕴含的其他内容或者含义，也就是弦外之音。

在实务中，有三种方式来锻炼自己听得懂的能力。

第一种方式是大量地不厌其烦地做个人会议记录。不管领导或者相关人员是否有要求，自己都养成记录会议纪要的习惯，久而久之就能让自己快速地记录和记准各色各样的人在各种情况下的表述和发言。会议记录有两种形式，第一种用笔记本手写，第二种用笔记本电脑记录，推荐使用笔记本电脑记录。图 2.1 所示为笔者用笔记本电脑进行个人会议记录的标准模板。

第二种方式是在我们与他人进行工作交流后，习惯性地用文字梳理交流达成的共识和需要落实的事项，并及时发给对方审核确认自己是否理解和记录的准确。这样既可以及时修正和反馈自己理解的偏差，又不会出现遗漏工作任务或者遗漏工作事项的情况。

第三种方式是多读书，尤其是多读历史书。我们可以尝试着去揣摩书中历史人物的言行举止、决策行动背后的原因，慢慢地就会培养和建立处在历史人物具体环境下思考问题的方式，这样我们对于工作中很多外在表面的语言表述，就会有自己更深层次的理解和领悟。

图 2.1　个人会议记录标准化模板

第二层次，是做得来。

做得来，是指我们接受了工作或者任务，能把工作和任务圆满地完成。完成的结果可以有瑕疵，但是不能出现重大失误或者低级错误，这就涉及具体专业知识和专业能力的培养问题。

如何培养自己做得来的能力呢？一个简单的方法，就是对任何一个工作自己都采用工作清单的方式去拆分具体动作，只要我们能把具体动作拆分出来，那么这个工作基本上也就能做得出来。图 2.2 所示为笔者曾经接受企业实训专项课程研发工作任务之后，梳理的落实工作清单。

第三层次，是写得出。

写得出，是指我们能把工作如何做，怎么样有思路有方法有技巧地做，如何快速而且确保效果地做，形成文字化的经验或者方法论总结。一方面，写能把自己零碎工作的事项体系化、条理化、书面化、清晰化，让自己养成严谨的逻辑思考习惯、周全的体系方式；另一方面，写能让自己的经验和方法为团队、为组织甚至为行业所用，在更大的层面上发挥作用。

企业实训专项课程研发工作任务落地清单 - 印象笔记

文件(F) 编辑(E) 查看(V) 笔记(N) 格式(O) 工具(T) 帮助(H)

企业实训专项课程研发工作任务落地清单

12 造价实务

微软雅黑 12

一、主题确定

1、☐ 客户提出了明确的培训主题

1.1 ☐ 客户拜访交流会议纪要

1.1.1 ☐ 使用印象笔记进行记录，便于后续调取和链接使用

1.2 ☐ 客户交流完成时再次复述确认培训主题

1.2.1 ☐ 与客户交流完毕结束时，需要再次复述培训主题，如果有内容大纲也再次复述，与客户进行确认。

1.3 ☐ 培训主题提炼和梳理

1.3.1 ☐ 客户拜访完成当天，在印象笔记记录基础之上提炼成一页内容的培训主题及内容大纲，微信文字排版后再次发给客户确认。

1.3.2 ☐ 培训主题的WORD版本同步微信发给客户。

2、☐ 客户提出了培训需求，没有明确的培训主题

2.1 ☐ 客户拜访交流会议纪要

2.1.1 ☐ 使用印象笔记进行记录，便于后续调取和链接使用

2.2 ☐ 客户拜访完成后三日内，总结培训需求，提炼培训主题，设计培训课程整体内容，形成WORD版本，微信文字排版后给客户再次确定（同时发WORD版本）

备注：三日后是因为客户只明确了需求，没有明确主题，这个时间就是我方的思考总结创造所需要的时间

3、☐ 研究提炼培训主题的来源

3.1 ☐ 经典语录

3.2 ☐ 造价笔记

3.3 ☐ 自我工作总结

3.4 ☐ 朋友同行交流

3.5 ☐ 朋友圈、公众号

4、☐ 主题提炼形成技巧

4.1 ☐ 主题要直接表达实训内容

4.3 ☐ 主题总体字数不宜超过15字

4.4 ☐ 主题要朗朗上口，便于理解和朗读

二、引入主题

1、☐ 挖痛法引入

1.1 ☐ 通过1-2个左右与主题相关的简单明了又影响很大的案例进行阐述

1.2 ☐ 这两个案例既与主题有关，更与大家的切身利益相关

2、☐ 共鸣法导入

2.1 ☐ 通过数种现象归纳总结阐述引起大家的共鸣

2.2 ☐ 这种共鸣虽然与大家的直接利益不相关，但是涉及的是一些人们共性的美好的事物或者追求：比如理想，比如公平，比如正义，比如远方等

备注：上述部分内容，相当于课程PPT的引言部分，也就是相当于写议论文的事实导入的背景环节

三、论证主题

1、☐ 主题的本质

1.1 ☐ 一般2-3个案例阐述和讲解，提炼出主题的核心本质

1.2 ☐ 主题可以是一个偏大一点的总结提炼，但是核心本质则是需要精准到实际的提炼和浓缩。主题可以理解为靶子，本质可以理解为靶心。

2、☐ 主题的论证

2.1 ☐ 分结构，分模块，去论证主题和本质的正确性

2.2 ☐ 一般通过10-15个案例以点带面的方式进行论证

2.3 ☐ 按照业务开展流程论证：比如项目前期阶段，项目施工阶段，项目结算阶段

2.4 ☐ 按照组织分工进行模块论证：技术板块，商务板块，资料板块，管理板块

2.5 ☐ 按照专业技能进行模块论证：建模阶段、计价阶段、对量阶段

3、☐ 主题的提炼

3.1 ☐ 用思维导图或者多句文字，对主题进行提炼，如公路工程创效独孤九剑、项目管理核心五步曲……

3.2 ☐ 从结构上讲：主题的本质是总，主题的论证是分，主题的提炼是再次总

备注：上述部分内容，相当于课程PPT的核心内容，也就是相当于写议论文的树立自我核心观点和核心理念的过程

四、实际应用

1、☐ 结合工作岗位解读应用

1.1 ☐ 比如在技术岗位上的应用

1.2 ☐ 比如在商务岗位上的应用

2、☐ 结合工作事项解读应用

2.1 ☐ 比如合同管理上的应用

2.2 ☐ 比如结算办理上的应用

3、☐ 结合工作内容解读应用

3.1 ☐ 比如图纸会审上的应用

3.2 ☐ 比如施工方案上的应用

备注：应用拆分框架不超过5个，每个应用1-2个案例解读，核心是通过前期的核心观点和核心理念，如何在具体事项上进行应用，然后对于每个应用的环节再提炼具体的方法技巧论即可

五、发散延伸

1、☐ 从管理角度延伸思考

2、☐ 从人性角度延伸思考

3、☐ 从人生价值和意义延伸思考

4、☐ 从历史人文哲学等角度延伸思考

备注：选一个维度延伸思考1-2个案例即可。实际应用是术的维度，可以稍稍再发散提升到道的层面，这样就让我们的课程和体系，更为扎实和厚重，也更为具有真正意义上的培训和传递。

六、案例表达

1、☐ 一句话言简意赅的提炼案例的标题

1.1 ☐ 提炼总结句法

1.2 ☐ 提炼观点法

1.3 ☐ 提炼数据法

2、☐ 文字+配图阐述案例的背景介绍，如牵涉到基本概念和工艺的，也可先阐述基本概念或者施工工艺等

3、☐ 这个案例需要大家思考和讨论的问题表述

4、☐ 学员讨论

5、☐ 案例的解读

5.1 ☐ 依据的本源（规范、条款、合同等）

5.2 ☐ 解读的过程，分歧点，造成的影响

5.3 ☐ 影响的直观形式化分解（转化为经济利益或者能让大家直观感受到的形式）

6、☐ 类似问题的发散思考

6.1 ☐ 梳理其他类似同样的问题

6.2 ☐ 引导进行跨专业、跨行业发散思考

7、☐ 类似问题的共同解决或者规避方案

8、☐ 一句话或者精简提炼案例本质以及与主题或者论证的理念与体系之间的关系

七、PPT编写

1、☐ 微软雅黑，1.5倍行距，正文字体24号

2、☐ 白底黑字，幻灯片默认的版面（幻灯片投影模式下）

3、☐ 深色底白色字，16：9板式（液晶显示屏模式下）

3、☐ 播放动画路径设置，与老师讲解的思路统一协调

4、☐ PPT编写两个版本，一个为授课使用的完成版本，一个为打印成学员使用的精简讲义版本

5、☐ PPT每页导成图片格式单独整理为文件夹，用于实训过程中发到学员微信群

6、☐ PPT封面页需要单独设计，用于休息时的默认页，便于学员拍照和视觉美观。

图 2.2　企业实训专项课程研发工作任务落实清单

对于写作能力的培养，没有捷径可以走，好想法不如一个烂笔头，这就需要我们不断地写。写的过程就是自我思考的过程，自我提炼的过程，当我们写到一定程度时，量变自然而然就会导致质变的结果发生。在实务中，我们可以采取每天一篇或者数天一篇以写命题作文式的方式进行写的锻炼，自己先确定主题，再去搜集工作素材论证主题，不断地往复、打磨、迭代。

第四层次，是讲得清。

人类是群体动物，因此表达和交流就非常重要。我们把自己写的经验和总结，能清楚简洁明了地讲给他人听，并且能让他人听明白，是非常关键的。就如一句俗语把讲解的重要性说得淋漓尽致：光说不练，假把式；光练不说，傻把式；有说有练，真把式。

讲得清，重点就是小学时语文老师教我们的，要学会打比方，做比喻，也就是把一个复杂、专业深奥的概念或者事物，用简洁明了的生活常识和生活事件进行比喻的方法讲述出来，也就是我们所说的讲故事的能力。

培养讲得清的能力，有效方法之一就是我们走出去，大量地跨行业、跨专业去交流。我们会在不经意间培养自己用对方行业听得懂的语言和术语来阐述自己的工作和专业。这种习惯一旦养成，我们就会像小时候学骑自行车和游泳一样，学会之后就终身不忘。

第五层次，是信得过。

信得过，就是我们做的事、说的话，我们的领导、客户、同事、同行、朋友愿意相信。这就是要求我们言行一致，为人靠谱，也就是我们说的和做的要一样，表里如一，知行合一，这样才能让他人信任我们的言行。

培养信得过的能力，可以通过一个小小的工作方法入手，我们可以将工作当中自己给其他人做过的承诺、说过的事项进行备忘记录。每完成一件事情，进行销项处理，没有完成的事项，则一直在备忘录中记载，时刻提醒自己去完成。这种备忘录可以拿笔记本或者手机的备忘录记载，也可以拿滴答清单、印象笔记等 App 软件进行随时随地地记录记载。

2021 年 11 月 26 日

2）造价工程师的职业三特性：敏感性、逻辑性、整体性

有一位前辈说过这样一句话：很多事情的改变，需要底层思维的改变，我们的那个底层思维不改变，我们对应的上层价值往往也是无法改变的。

什么是底层思维呢？对于我们专业技术的执业人员，其实就是我们的基本职业素养，例如我们的工作习惯、思维模式、学习方法、人生价值观……

就如很多行业非常明显的二八定律现象一样，随着市场化进程的加快，工程造价行业的二八定律也越来越明显。具有良好执业能力的造价工程师，越来越受行业和企业的青睐地尤其是在施工企业的造价商务领域，一方面施工企业高薪难觅合适的造价工程师，另一方面众多的造价工程师面临越来越大的就业的压力和挑战。

其实，当我们静下心来对身边优秀的造价工程师进行观察和学习时，发现他们在基本职业素养方面，往往都有着共同的三特性：敏感性、逻辑性、整体性。

（1）敏感性

敏感性，就是对身边的事物，经手的资料或者信息，具有非常敏锐的价值敏感性。因为造价工程师所做的工作，最终都会浓缩或者回归到企业收入和企业支出这个直接经济影响的层面。造价工程师们如果缺乏对事物的价值敏感性，就很难激发内心的那份责任感和创新感，很难给委托方或者企业带来价值和效益。

敏感性的培养，一般来自现场的经验、专业的积累、生活的领悟。

例如，对于外墙保温工程，当设计图纸要求做法为保温岩棉时，虽然设计图纸未对保温工程底部构造做注明，但是我们根据现场的施工经验，知道保温岩棉的下部需要采用如图 2.3 所示的型钢进行支撑，该部分费用需要单独计价，否则会导致相关措施费用的漏算。这就属于现场经验积累带来的敏感性。

图 2.3　保温岩棉下部型钢托架安装图示

例如，对于钢结构工程，如果设计图纸要求防火涂料施工在钢构件的底漆和中间漆之间，或者中间漆与面漆之间，而不是施工在最外面时，那么防火涂料施工完毕后由于存在凹凸不平以及考虑油漆与防火涂料的相容及粘接问题，一般需要用腻子刮平后再施工中间漆或者面漆，对增加的腻子部分，需要提前与设计沟通明确做法后进行相应的计量计价，否则会由于相关做法的漏项表述不能计量而带来结算风险，这就属于专业技术沉淀带来的敏感性。

例如，在斜屋面或者坡屋面上施工时，施工难度肯定会加大，因此对于超过一定坡度的屋面，从计价的角度肯定需要单独增加相应的难度系数。例如在重庆 2018 定额中说明如下（摘抄）：

14. 坡度＞ 15° 的斜梁、斜板的钢筋制作安装，按现浇钢筋定额子目执行，人工乘以系数 1.25。

11. 斜梁（板）子目适用于 15° ＜坡度≤ 30° 的现浇构件，30° ＜坡度≤ 45° 的在斜梁（板）相应定额子目基础上人工乘以系数 1.05，45° ＜坡度≤ 60° 的在斜梁（板）相应定额子目基础上人工乘以系数 1.10。

5. 平屋面以坡度≤ 15% 为准，15% ＜坡度≤ 25% 的，按相应项目的人工费乘以系数 1.18；25% ＜坡度≤ 45% 及人字形、锯齿形、弧形等不规则屋面或平面，人工乘以系数 1.3；坡度 >45% 的，人工乘以系数 1.43。

七、坡度≥ 15° 的斜梁、斜板的高强钢筋及成型钢筋按相应定额子目执行，人工乘以系数 1.25。

熟悉了如上的定额规定后，我们就要进一步对坡度涉及的相关区间值，例如 15° 、25° 、30° 、45° 、60° 等数值具有敏感性，当我们在实施 EPC 工程总承包项目时，当相关坡度处于上述区间值附近时，设计时尽量让坡度超过区间值，在计价时就能获得更多的效益。这就属于对生活常识的领悟再结合专业技术的积累带来的敏感性。

（2）逻辑性

逻辑性，就是我们对一件事情的思考和探究，要具有一定的逻辑思维。逻辑，就是需要我们对各种各样的事物，会运用专业的知识进行相应的推理、论证、组合和应用。

逻辑性的培养，一般来自自己的刻意训练。我们可以采取训练的方法之一，就是面对任何概念或者事物时，先在脑海里思考三个维度的问题：

这个事物的应用前提是什么？（亦即概念与内涵的问题）

满足了前提之后，这个事物适用的场景和边界是什么？（亦即范围和空间的问题）

如果实际情况超出了这个事物适用的场景和边界，该如何调整和修正？（亦即特殊和变化的问题）。

例如，在某省定额文件中，只有回填土方子目，没有回填碎石子目，而设计施工图要求回填碎石，很多造价人员的处理方式是借用回填土方子目，然后将定额子目中的土方材料修改为碎石，最后进行相应材料调差。如果不从逻辑的角度深究，我们会认为这是合适的，但是如果我们采取上述的逻辑训练思考三个维度的角度去分析，就会发现全新的问题。回填土方定额子目应用的前提是土，其中土的消耗量是根据土的松散系数确定的，而现在设计施工图要求回填的是碎石，从松散系数的角度，碎石和土是完全不同的两个类别，底层不一样，如果要相互借用松散系数，也要确保在底层一致的基础之上进行借用。因此，如果我们对回填碎石的做法采用借用回填土方定额子目，对于碎石的材料消耗量，就要根据碎石对应的松散系数进行相应调整，而不能将土方定额子目中的土方材料直接修改材料名称为碎石，直接使用不同松散系数土方对应的消耗量。

（3）整体性

整体性，就是对一件事情的理解和看待，要有整体性的思维，既要在细节上具有敏感性和逻辑性，也要在整体上注重事物的宏观性。

例如，某工程项目，对于其中的土石方工程，总承包单位将土石方工程分包给土石方专业单位，而总承包与建设单位签订的施工合同中约定如下：

渣场费以天然密实体积计算，暂按照 × 元 /m^3 计算，中标后由监理单位、跟踪审核单位及建设单位据实核价，结算时按实际核价进行调整。

一般情况下，渣场在收取弃渣费时，是按照车数计算的，而总承包施工合同清单计价中渣场费以天然密实体积按照 m^3 计算。因此，对于弃渣费按实计算，就存在每车装多少 m^3 土石方带来的换算问题，而这个项目的土石方工程又是由专业分包单位施工，不是总承包单位直接施工。因此，作为施工总承包单位的造价工程师，在该项目的过程商务管理中，从整体性的角度就需要重视整理和注意收集三个维度的资料：总承包单位与建设单位的施工方案、签证收方等对外经济技术资料，总承包单位与专业分包单位的分包结算和财务往来等对外经济技术资料，总承包单位内部公司管理和流程类的资料。上述三个维度的资料彼此印证，如果能成为一个整体，那么对于该项目土石方工程渣场费按实计算的相关结算风险和审计风险就会低很多。

2022 年 7 月 24 日

3）从我以为我认为，到我应当我应该

最近我们在审核某施工企业编制的某 EPC 项目施工图预算时，遇到了几件很有意思的小事情。

第一件小事情，是关于屋面防水卷材的计价。施工企业习惯性地根据屋面防水卷材面积套取了相应的定额子目，没有计取其他费用。而我们在仔细翻阅当地的定额文件说明时，却发现当地的定额约定如下：“屋面、楼地面及墙面、基础底板等，其防水搭接、拼缝、压边、留搓用量已综合考虑，不另行计算，卷材防水附加层按设计铺贴尺寸以面积计算。”根据上述定额文件规定，施工企业漏计算了防水附加层的面积及相应造价。

第二件小事情，是关于预埋铁件的计价。施工企业习惯性地套取了预埋铁件的定额子目之后，就没有再计取其他费用。而我们在详细阅读设计施工图时，发现该预埋铁件下面部分埋在混凝土中，上面部分外露。根据生活常识、设计说明及实际施工工艺，外露部分要进行相应的防锈处理和油漆涂刷防腐工程。施工企业又漏计算了预埋铁件的外露部分除锈及防腐涂刷的费用。

第三件小事情，是关于土石方开挖的费用。施工企业习惯性地按照一般的机械开挖土石方计算费用。而该项目处在高原，设计施工图明确注明该项目存在一定厚度的冻土，根据当地定额文件规定，冻土应该采取人工开挖或者是爆破后人工开挖的方式计取费用。根据设计说明及定额文件规定，施工企业漏计了冻土部分开挖相应的难度增加费用。

为什么施工企业的造价人员会出现上述的失误呢？一个主要原因可能是该施工企业是内地企业，第一次去承接外地的项目，仍旧习惯性地按照往常的思路与做法，认为屋面防水卷材是包含附加层的，预埋铁件是全部埋在混凝土中的，土石方开挖也就使用平常的机械开挖方式就可以的……按照一般的经验去开展工作，结果导致了损失的出现。

管中窥豹，以小见大。当我们细细观察和体会后会发现，在实际工作中，造价人员常

常会存在两种泾渭分明的工作开展方式。

第一种工作开展方式是我以为、我认为。这种工作方式是造价人员一接手到项目或者工作，就立刻按照以往的经验和习惯、原有的方式去开展和实施，核心理念是自我以为委托方或者相对方想要的应该是我认为的，所以就按照我以为我认为地去开展工作。这种工作方式有很强的代入感，或者角色感，很容易把自己的情感、经验、认知、理解，代入到他人，很容易产生一种“我本将心照明月，奈何明月照沟渠”的场面和结局。

在实务中，作为审核单位的审核人员，如果采用我以为我认为的工作开展方式，有的时候付出了很多努力，也看似做了很多工作，但是最终却出现建设单位、施工企业、主管部门，甚至自己团队和领导都不满意的局面。作为施工企业的造价人员，如果采用我以为、我认为的工作开展方式，经常会导致少算、漏算、错算的问题，该要的费用没有去争取，不该要的费用却费尽全力去折腾，目标没有达到，内部受到考核，外部也不甚理解，经常是哑巴吃黄连，有苦说不出。一肚子心酸泪，只有自己知。

第二种工作开展方式是我应当、我应该。这种工作方式是一接手到项目或者工作，先不预设立场或者思路，而是先了解事实，收集资料，确认需求，接着再根据实际情况结合专业理解，分析出自己应该和应当如何去做，最终实事求是地开展具体工作。就如法律上经常强调的基本原则：以事实为依据，以法律为准绳。实际情况和事实是具体工作的出发点，专业知识、专业技能是建立在具体事实基础之上的评价。最终，我们作为造价执业人员，把事实和专业相结合，完成我应当我应该如何去做的具体动作。

所以，在实务中，作为造价工程师，我应当我应该的工作开展方式，是把自己作为一个独立的专业人员，不偏不倚，不掺杂自我强烈的感情色彩，不融入自己固有的习惯经验。就如毛主席在《反对本本主义》一文中所说的，没有调查就没有发言权。只有建立在实际调查基础之上的我应当我应该，我们才能发挥自己的专业能动性，让主客观相一致，发挥最大的价值和作用。

如何进行工作开展之前的调查呢？任何事情浓缩提炼之后，都有其最为简单的要点。就如高深的哲学回归到原点就是研究三件事情：我是谁？我从哪里来？我到哪里去？同样地，作为造价工程师，我们在开展工作之前的调查了解阶段，核心需要把握和梳理清楚三点：任务的背景是什么？任务涉及各方的真实诉求是什么？当下的具体现状是什么？

了解任务的背景，采取的方式就是小学老师教导我们写作文的基本技巧，对一件事情的描述，需要从人物、时间、地点、起因、经过、结果六个维度去表达。同样地，对于任务的背景，我们只要牢牢抓住上面六个维度，去和相关方沟通交流，一般都能了解到任务的具体背景。

提炼真实诉求，采取的方式就是换位思考，也就是假定自己处在对方的位置、对方的视角、对方的环境，去思考自己想要什么，达到什么目的。诉求又分为表面上的诉求和深层次的诉求，这就需要我们因地制宜、因势利导地去思考、总结。

梳理当下现状，采取的方式就是钱穆在《中国历代政治得失》一书中所诠释的：人和事，是问题解决的核心逻辑。所以现状的梳理分为两个方面：人的方面和事的方面。人可以从具体个人和团队组织两个层面去梳理；事可以从资料和行动两个层面去梳理。对于资料的梳理，可以参考《民事诉讼法》中关于证据的相关理念和规定去思考，例如“第六十三条　证据包括：（一）当事人的陈述；（二）书证；（三）物证；（四）视听资料；（五）电子数据；（六）证人证言；（七）鉴定意见；（八）勘验笔录。”

当我们把上述三个方面的情况梳理清楚，再结合我们的专业技能，这个时候我应当我应该怎么做就自然产生了。在此基础之上，如果我们再来说我以为我认为，就有了牢固的支撑，有了让他人信服的可能，就有了让每一份造价执业文件经得起时间检验的自信。

低头做事，更需要抬头看路。工作开展的方式方法需要我们从“我以为我认为”，转换成“我应当我应该”的思维方式；宏观发展的趋势变化更要求我们作为专业执业人员，根深蒂固地树立我应当我应该的思维方式。国家提出的全面依法治国理念，其背后蕴含着这种趋势变化。2020 年 12 月 26 日第十三届全国人民代表大会常务委员会通过的《中华人民共和国刑法修正案（十一）》第二十五条的规定，更是需要我们专业执业人员，对工作开展的具体理念和执业细节上升到一个更高的层面去自我要求和约束。

二十五、将刑法第二百二十九条修改为：“承担资产评估、验资、验证、会计、审计、法律服务、保荐、安全评价、环境影响评价、环境监测等职责的中介组织的人员故意提供虚假证明文件，情节严重的，处五年以下有期徒刑或者拘役，并处罚金；有下列情形之一的，处五年以上十年以下有期徒刑，并处罚金：

（一）提供与证券发行相关的虚假的资产评估、会计、审计、法律服务、保荐等证明文件，情节特别严重的；

（二）提供与重大资产交易相关的虚假的资产评估、会计、审计等证明文件，情节特别严重的；

（三）在涉及公共安全的重大工程、项目中提供虚假的安全评价、环境影响评价等证明文件，致使公共财产、国家和人民利益遭受特别重大损失的。

有前款行为，同时索取他人财物或者非法收受他人财物构成犯罪的，依照处罚较重的规定定罪处罚。

第一款规定的人员，严重不负责任，出具的证明文件有重大失实，造成严重后果的，处三年以下有期徒刑或者拘役，并处或者单处罚金。”

2021 年 12 月 24 日

4）尽力与尽心，事情与心情

初入职场时，前辈们会语重心长地教导我们：最简单的事情其实是最难的事情。所以，我们不能眼高手低，而是需要脚踏实地，这才是成长的最佳捷径。

开始工作时我们不能理解，但是慢慢地经历了事，接触了物，才逐渐领悟，最简单的事情确实是最难的事情。

同样是进行工程量计算，有的总是算不准确，每次都差那么一点点；同样是进行定额计价，有的总是考虑不齐全，每次都是差那么一些些；同样是写一份预算编制报告，有的总是让人看了感觉不流畅；同样是做一份汇报材料，有的总是让人阅读之后感觉不舒坦。

这都是我们日常很普通的工作。虽然有时候我们尽力地、全力地去做这些事情，但是在最终的结果却总感觉差那么一点点。而差的那么一点点，在我们去突破时，又总感觉有一堵无形的墙阻隔在我们的前面，若即若离，若隐若现。

其实，这背后的差异，还是来自我们自身的态度和目的。

所谓态度，就是心态。如果我们是抱着一个愉悦、接纳、享受的心态，去开展某一件工作，通常情况下这项工作的结果都不会太差，而且往往还会给我们惊喜，激发我们的创造力。就如当我们面对困难的、复杂的工程项目结算办理工作时，如果我们的心态所期望的是又可以遇到新的人、见到新的事、开拓新的视野、历练新的成长时，最后这个项目的结算办理结果一般不会太差。

所谓尽心，就是目的。如果我们对一件事情的完成结果，是要让自己满意，而不仅仅是满足他人的要求，那么我们去处理一件事情就会更加投入，更加细致，更加严谨。因为对于他人的要求，我们可以通过表现形式或者工作技巧进行弥补或者处理，但是对于自己的内心，我们却是无法遮挡和隐瞒。

在开展工作之前，我们先调整自我的心态；在推进工作之前，我们先问自我的内心。先心态后事情，先尽心后尽力，复杂的事情如此，简单的事情亦如此。长年累月，持久以往，复杂的事情就是最简单的事情，简单的事情也就是最复杂的事情，直至最后没有简单与复杂之分，两者合二为一。

案例示范

◆背景一：通过一个非常偶然机会认识了F老师，在参与某个大型政府投资建设项目时，感觉项目存在亏损风险，邀请我去项目现场交流。我在现场踏勘和交流之后，工作经验让我觉得该项目的管理问题和亏损风险比F老师想的更严重。现场交流完成之后，我结合自己的经验，简要梳理相关工作建议让F老师转交给公司。

关于××项目现场造价风险控制的建议

对于××项目，站在项目成本控制、造价风险控制、后期结算审计以及项目创效的角度，并结合我们团队的类似项目的工作经验，提出如下相关事项，建议F老师和项目现场管理团队提前重视，避免后期相关的风险和损失。

1. 中标清单的清标工作

目前该项目中标清单的清标工作尚未正式开始和完成，中标清单的清标工作又是该类清单计价项目特别关键的工作，建议从清单项目特征做法描述、型号表述、施工工艺描述、设计图纸表述、施工方案表述、模糊及冲突之处的表述等几个方面，详细对中标清单进行清标分析，提前发现问题，梳理出哪些有争议，需要过程甲方和审计确认的？哪些需要过程重新组价？哪些需要办理签证或者收方？哪些需要图纸或者方案进一步明确等相关事项。

2. 施工图预算的编制

目前该项目主体已经接近施工完成，需要结合中标清单、设计图、过程变更等资料，详细地编制施工图预算，梳理出本项目的预估收入。预估收入分为三部分：有明确依据和资料能获得的收入、没有资料或者资料瑕疵的收入、后期有争议或者理解有歧义的收入。

通过编制施工图预算，一方面能预估收入，另一方面能详细梳理出本项目目前现场资料需要补充和完善之处，这样可以趁项目还没有完成，及时补充和完善相关资料。

3. 劳务和分包成本的测算

根据已经签订的劳务和分包合同，进行劳务和分包成本测算；对还未签订的分包和劳务项目，提前预估成本，梳理出本项目的预估总成本，将总成本与总收入进行比对。如果成本超过预估收入，那就需要提前思考解决办法，或是开源增加收入，或是节流降低成本。

4. 现场签证和收方等资料的完善

通过对项目现场的踏勘，结合工作经验，本项目现场存在多处需要签证和收方的地方，例如：挡墙的对拉螺杆要结合清单分析是否单独计价，如果单独计价，现场要收方；现场基础的砖胎模要结合清单是否单独计量，如果要单独计量，现场需要收方。

对于现场签证收方，一般的流程如下：先编制施工方案——现场草签（拍摄照片）——正式签证——重新组价审批（如有）——甲方跟踪审计等审核完成资料和流程。

5. 相关专业分包项目的图纸深化等

经过现场踏勘，本项目存在幕墙、钢结构等多种专业工程分包。对于专业工程的分包，需要单独深化设计，单独编制专项施工方案，需要提前和相关专业分包单位进行沟通和协调，避免后期结算和审计风险的发生。

6. 关于审计风险的提示

本项目为政府投资项目，根据目前的项目情况，该项目大概率会存在二审或国家审计。因此，该项目不管过程进度款支付的如何到位，如果后期国家审计审定的金额低于进度款，哪怕过程中已经收到的工程款，都是要退还给建设单位的，需要特别注意和引起重视。

7. 关于抢工相关措施和费用计算的提示

经过交流，相关领导和主管部门特别重视本项目，现场存在过程抢工的情况。对于相关抢工方案的编制和审核、过程抢工发生的工程量的现场收方和确认、相关会议纪要的记录和明确、相关影像资料的保存、相关抢工费用的提前申报和审核等事项非常重要，如果一旦抢工完成，后期再补充和完善相关资料就非常困难，会导致过程抢工付出了成本，但是最终却不能计算费用的风险。

◆背景二：F老师转交给公司的建议引起相关领导的重视。公司委托F老师把项目的相关资料提供给我，听取我对该项目进一步的解决思路建议。收到资料后，通过对资料的熟悉，我编制了约20页的“××项目现场造价管理工作方案”，工作方案的框架内容如图2.4所示。

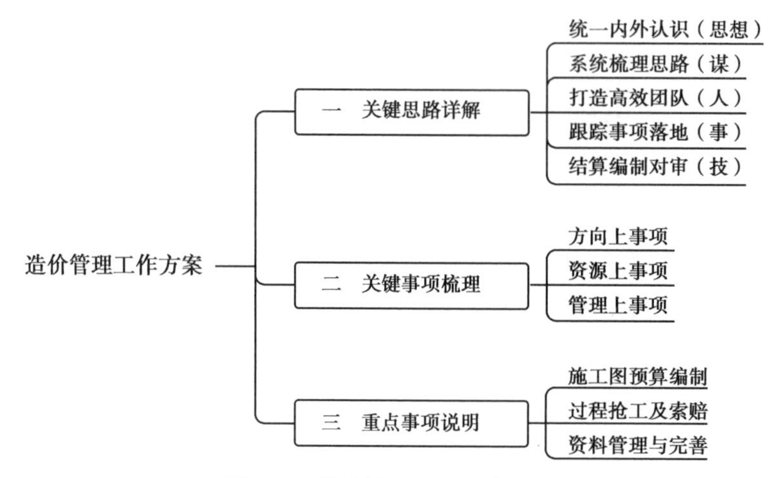

图2.4 造价管理工作方案大纲

◆背景三：我针对“××项目现场造价管理工作方案”对公司及相关领导进行了详细介绍和交底，考虑到该项目的特殊性和紧迫性，以及该项目对公司和相关领导的重要性，我和团队成员赶赴项目现场，住宿在项目部一周，详细了解项目具体情况，全面收集项目真实资料，梳理和编制更为详实和全面的“项目管理实施方案”，实施方案的框架内容如图2.5所示。

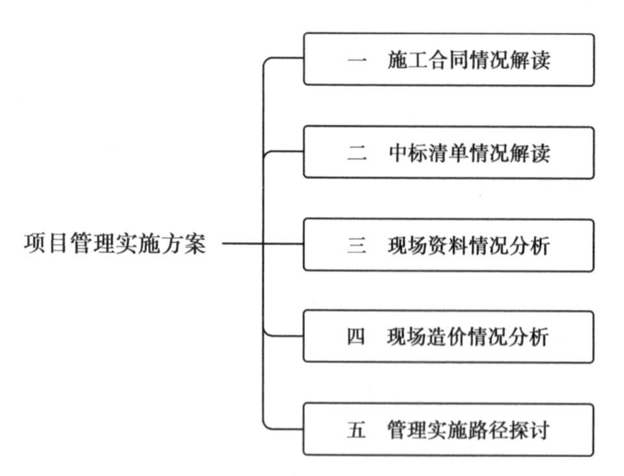

图2.5 项目管理实施方案大纲

5）靠谱，是职场中对一个人最高的评价

昨天下午，认识多年的C姐给我打来电话，咨询最近有没有举办钢结构工程造价培训班，如果有培训班的话，想推荐一个朋友过来学习。C姐是数年前我们举办的第一期钢结

构工程造价培训班的学员。我现在都还记得每个周末上课时，她都要很早从区县开车出发来到主城区上课，但每次都是准时到达，从不迟到。我和 C 姐说，现在公司的培训主要是面向企业，面对个人的造价培训班就没有举办了。C 姐说我们这个钢结构工程造价专项培训确实讲得不错，建议我们可以尝试采取网上授课的模式，为行业内更多的人提供有价值的帮助。

在快下班的时候，某施工企业老板 W 总给我发来微信，说有个项目要编制预算，需要我帮忙做一下。认识 W 总缘于一个偶然的机会，我给 W 总做了几次事情之后，W 总觉得我做事情比较细致和负责，后来就把他承接项目的预算都让我来做。最近几年，我由于工作上事情比较多，无暇顾及工作之外的事项，因此把 W 总介绍给了其他的朋友。但是不久之后，W 总又找到我，说还是要拜托我帮忙处理项目上的预算事宜。于是，不管有没有时间，只要 W 总说的事情，我一般都会尽量用心按时完成。W 总说今天的这个项目比较急，于是原本准备下班的我就索性留在办公室加班，完成了 W 总项目的相关工作。

工作中，我们在和他人交往时，有时候会有这么一种感觉：我们会觉得某些人靠谱，愿意把事情给他们做；我们又会觉得某些人虽然专业能力和职业素养都非常高，但是在我们的内心对对方总是差那么一点感觉，总担心把事情交给对方后会出纰漏，心里七上八下，放心不下。

这就是一个人是否靠谱，在他人心目中的直接体现。那么我们如何做到让他人信任的靠谱呢？这种靠谱不是我们专业能力强，不是我们学历高，不是我们履历好，不是我们经验丰富等就能赢得的。我们要获得他人靠谱的认可，关键二字就是“利益”。再具体一点说，就是我们在开展工作时要以对方的利益作为核心，时刻思考着如何通过自己尽职尽责的工作，通过自己能力范围之内的最大努力，去给委托方或者客户带来最大的价值。

因此，在公司内部，在一个团队中，我们不把个人的利益凌驾于公司的利益之上，始终把团队的利益和公司的利益作为自己行动的准则，作为自己方向的指引，作为对自我行为的约束，那么，公司和团队就会觉得我们靠谱。

在项目实施上，在客户服务中，我们不把自己的情感自己的喜好凌驾于项目的利益和客户的利益之上。在工作开展过程中，我们有时会受到委屈、刁难、曲折，但是始终围绕项目和客户的利益为核心，作为对自我工作效果的评判标准，那么，项目和客户就会觉得我们靠谱。

“天下熙熙，皆为利来；天下攘攘，皆为利往。”只要我们通过维护对方的利益来获得靠谱的评价，最终我们也就会顺理成章地收获职业的长远发展和相应收益。

2020 年 4 月 21 日

2.1.2 职业发展

1）职业成长十关键：一命二运三风水四积阴德五读书，六名七相八敬神九交贵人十修身

岁末年初之际，为总结反思之时，有幸再次聆听曾经领导对事业、对工作、对人生的总结感言，我颇受启发，感慨良多。

回顾自我职业成长的路，虽然不同的时代和背景，有不同的成长和路径，但是，正如曾经领导所总结的：有些事情是变化的，有些事情是一直不变的，紧紧抓住不变的核心，去跟随变化和发展的时代，这才是我们职业成长最为底层的核心之道。

那什么是处在不同时代的我们职业成长一直不变的核心呢？这就是古人所总结提炼出来的："一命二运三风水四积阴德五读书，六名七相八敬神九交贵人十修身。"

一命，不是指我们要认命，而是指我们需要有正确的自我预期，做好自我预期管理。公平是相对的，不公平是绝对的。每个人的出身，每个人的先天条件截然迥异。当我们能清醒地认知自己，就不会产生一些不切实际的幻想，也就不会有对不切实际目标预期破灭后而产生的消极人生感。

二运，是指我们要有概率论的意识，事物发展的背后不是必然，而是概率选择和累计达到的结果。所以，一方面我们要提前自我计算和谋划，选择概率最大的方向和路径前行；但是另一方面，我们又需要有适度的冒险精神，去尝试和挑战一些未知的低概率事物。有稳定的基本盘，又有未知的创新路，两者相结合，就形成了我们职业成长看得见摸得着的运势。

三风水，风水来自自然，自然来自太阳，随时保持与身边环境的和谐，随时保持对身边环境的温暖与阳光。就如某位施工企业朋友总结和提倡的，现场干净整洁卫生就是工程项目最好的风水。所以，这位朋友每到一个项目，他都会去重点检查三个地方的环境卫生：楼梯间角落、现场厕所和淋浴间、管理人员宿舍。

四积阴德，德是一种愿意成就他人的美好。在职场中，要积极、主动、发自内心地帮助他人的成长。赠人玫瑰，手有余香，先成就他人，最终某种意义上才能真正地成就自我。

五读书，读书意味着我们要主动学习、持续学习、终身学习，把学习作为一种习惯，作为一种印在脑海中的自我反射行为动作。读书不仅仅是看书本，还要我们对陌生的事物、新生的事物存在积极的心态，去接触、了解、学习，不断地更新自我的认知和理念，紧紧跟随时代的发展前行。

六名，名就是我们在自我成长的过程中，在紧跟团队紧跟潮流紧跟时代前行的同时，需要建立自己差异化的标签或者特色特点。君子和而不同，既有共同的地方，又有自我不同的特点，这样才能脱颖而出。

七相，相由心生，我们所做、所说和所想，最终都会体现在我们的身体表面和外在上，这也就是说我们要表里如一、言行一致。保持初心，与人为善，心里坦荡荡，心中无忧戚。

八敬神，神意味着敬畏和敬仰，也就是说我们对自己的职业、对自己的岗位、对自己的工作，要心存敬畏之感。把自己融入职业和岗位，把要求和标准当作自己内心真正的神明去敬仰，就如古人说的，三百六十行，行行出状元。自我心中有神明，我们终将会成为各自岗位和行业的佼佼者。

九交贵人，千里马常有，而伯乐不常有。要有贵人，先要自己成为千里马，也就是我们自己本身要对他人有价值，而且是持续的价值。没有永恒的贵人，只有永恒的价值，所以，时刻反思和总结自己的所做所行，能否给他人带来价值。当我们能在单调而又漫长的职业成长道路上，让自己能保持勤奋、上进、乐观、豁达的优秀品质，把现在的自己做到当下的最好，去带给他人美好而又快乐的感受。我们的贵人终将会在茫茫人海中看到我们，然后停下脚步，开始来观察我们、欣赏我们、考验我们、提携我们。

十修身，一方面，我们要保持健康的生活方式，拥有健康的体魄，就如毛主席所说，身体是革命的本钱；另一方面，我们要保持心理上的健康，例如积极的人生观和价值观，务实的生活观和工作观。

在人生和职业成长的道路上，有些曾经我们接受不了的东西，或者曾经我们不愿意去面对的事物，其实恰恰是人类经过漫长岁月、发现和总结出来的先进、有效的事物或理念。

所以，接受前人的教导，聆听过来人的教诲，结合自我的经历，不断地去自我反思，自我领悟，这是一种快速、有效、持久的自我提升的方式和路径。

2022 年 1 月 15 日

2）职业学习四进阶：技能，思路，体系，视野

我们在职业成长的道路上，会经常参加各种各样的培训和交流，通过学习和借鉴他人的经验，让自我得到更好更长远的发展。

但是我们很多人在学习的过程中，往往不会去关注不同场合学习的内容之间有什么差别，不同的学习需要我们采取什么样的学习方式和心态，这样会导致我们的学习时间和精力投入的非常多，但是最终的学习效果却不尽如人意。

这就如历史中发生的，项羽赢了无数次，只输了最后一次；刘邦输了无数次，只赢了最后一次，最终，却是刘邦一统天下，项羽无颜见江东父老。

这背后的差异在什么地方呢？在于刘邦从头到尾始终拎得清，分得清楚，而且能深刻地真正理解战争的本质不在于百战百胜，而在于一战而定天下。

同样地，我们有些人虽然不怎么经常外出参加学习，但是始终能领悟学习的本质是有助于自我成长的道理，这样反而学习效果却更加显著。

一般情况下，我们的学习可以分为四种类别。

第一种类别是技能上的学习，也就是我们学习具体的专业技术、专业技巧和专业操作

技能。技能的有效学习，需要有两个基本前提，第一个前提是我们需要有足够的学习时间。具体时间长度取决于所学技能本身的难易程度。通常情况下，短时间的几天的培训和学习，是很难让我们学到有效的具体技能的。第二个前提是我们要通过具体的项目具体的事项去实际操作。我们只有自己亲自动手、亲自经历、亲自历练，才能从真正意义上去掌握相应的技能。

第二种类别是思路上的学习，也就是我们学习他人看问题的思路、做事情的思路、理解某个专业问题的思路、具体操作技能背后的思路。一般情况下，对于短时间的培训和学习，我们主要是去学习和领悟讲解人专业知识分享背后的思路。作为学习者的我们，他人分享的具体专业技能和案例只是一个载体，更多的是需要我们去理解、分析、揣摩、剥离技能和案例背后的原理。

例如，我们在参加某一专业律师分享建工领域仲裁实务技能时，通过具体的仲裁案例，我们领悟到对于仲裁，我们施工企业核心关注就是三个方面：双方争议焦点是什么？我们的请求权基础是什么？我们的优势证据是什么？一旦我们能学习提炼出上述的思路，那么我们就真正地理解和掌握了应对仲裁案件的相应工作思路和工作方式。当我们遇到有项目需要进行仲裁时，我们就可以紧紧围绕上述三个核心去准备相关资料、开展相关工作事项、落实相关工作细节，而如果我们在参加学习时，不能总结提炼出上述的思路，而只是在学习过程中，对于老师讲解的具体案例，不断地去记录具体的知识点、操作动作和技巧，有可能我们虽然记录了厚厚的一本学习笔记，自我感觉学习到了很多专业知识，但是一旦遇到具体的案例时，我们发现自己还是无从下手，原先老师讲解的相应案例和知识点，还是没有办法有效地去应用和实践。

第三种类别是体系上的学习，也就是我们学习他人对于某个事项、动作、工作和他人独特的相应的体系化的工作开展和落实的方式，总结形成某些工作开展小体系，再将该小体系与自己的工作思路去相互融合和转换嫁接，再搭建和形成具有自己特色的工作开展体系。

这种情况下的学习，我们一般不是通过具体的正式的培训方式完成的，而是在日常工作生活中，与他人的交往中、交流、合作中……用心去观察，用心去体会。他人独特的体系化的工作开展方式，一般不会直接正面地详细讲解，我们也没有办法当面明白透彻的讲解，更多的是需要我们自己去领悟，去琢磨。

第四种类别是视野上的学习，也就是跨出自我的专业和自我的行业本身，去向其他行业，向其他新生的事物学习。这种学习主要是开阔我们的视野，打开我们的见识，避免自己成为井底之蛙而沾沾自喜。学习更多的是放空自我，去感受自己不熟悉和不了解的事物给自己带来的冲撞，去激发自我内在的灵感，让自己回到本职工作中去突破和去创新。

所以，我们如果能对学习的四种类别有清晰的认识，那么对于各种情况下快速有效的学习也就有了自己的方法。对于技能学习，我们不能期望几天的培训去掌握去领悟，如果真想掌握具体的技能，则需要更长时间的培训学习。对于绝大部分短时间的培训，我们更多的是去学习他人的思路，提炼形成自己的思路。对于体系的学习，例如做事情的方式方法等，往往通过培训是无法获得的，是需要我们在日常工作生活中，在与身边他人的点滴交往中，去领悟后学习。对于视野上的学习，更多的是需要自己学会走出去，保持心态上的开放和接纳。

如果我们是为了别人的评价而去学习，那我们的内心不是真正爱学习；如果我们是为了获取世俗的认可而去做事，那我们内心也不是真正爱做事。

如果我们能真正意识到，对于很多事情，不管是学习也好，工作也罢，其他亦然，是很难存在“既要，又要，还要”的美好状态和多赢局面的。更多的时候，我们要因地制宜地抓住主要矛盾，解决主要问题，对于次要的矛盾和次要的问题，则是心态放宽，视野放广。往往这个时候，无边落木萧萧下，不尽长江滚滚来，我们对身边很多的琐碎的事情和工作，就充满着积极的心态和向上的动力，也就有了工作的意义和成长的享受。

2021 年 4 月 15 日

3）少年得志往往很难持久，循序渐进常常大器晚成

从今年开始，一方面是受到外在疫情的影响，另一方面也是由于建筑行业本身内在的发展变化，施工企业或主动或被动地，在索赔这个事项上逐渐开始重视起来。基于此，我们团队也开始在工程索赔上进行实践和探索，因此也就遇到了一些很有意思的事，认识了一些很有意思的人，产生了一些很有感触的情。

其中，有两件事情上分别认识的两个人，让我特别有感触。

第一件事情，是我的一个律师朋友应邀给顾问单位讲解“工程索赔与反索赔”，我随行。顾问单位负责接洽和安排的是 W 工，W 工做事非常的认真，待人非常的真诚。当培训完毕一起交流时，我们才知道 W 工还不到 23 岁，但是却已经工作好几年了，专业也已经超越同龄人很多。W 工少年时是个非常聪慧的人，求学阶段有过跳级，所以毕业参加工作时非常年轻。W 工大学毕业后在中建某局待过，后来参加公务员考试进入城投平台公司，后又进入现在的某国有企业下属的投资公司，负责投资建设项目的成本、法务、合约等各种事宜。

虽然 W 工没有提起少年求学阶段的成就，但是多半当年也是鹤立鸡群，挥斥方遒的；毕业之后不到几年，W 工历经了各种类型的工作环境和岗位职责，可想而知其中多半是经历了种种职业方向选择的徘徊和冲击。这种徘徊和冲击，很明显地让 W 工不再带有少年阶段那种因为优秀而自我张扬的态度，更多的是在经历了一些事件后，有种回归原点，从基础开始踏踏实实前行的感觉。因此，现在的 W 工，外在展现的虽然是平淡，甚至略带腼腆，但是却让人觉得无比可靠和专业。

第二件事情，是我们参与了某个项目的索赔策划和过程协助，整个索赔工作的具体

实施由L在负责。正值而立之年的L却历经了很多风雨与人生冷暖。在中学阶段，L也是妥妥的学霸，是年级前几名。在高考的前一天，L经历了那种只有书上才有的人生第一次打击，虽然由此高考发挥失常导致成绩位列班级倒数，但却也是超越重点本科分数线几十分。L大学毕业之后北漂，职场顺风顺水，毕业后不久就凭借个人的工作能力与付出，成为上市公司的董事长秘书，其中的风光与荣耀，应该是很多同年人难以想象和企及的。后面L突遭家庭变故，又经历感情生变，不管是事业还是生活，从天上掉到地下，让人唏嘘不已。

幸而L在求学阶段的巅峰时期，已经经历过挫折与突变，于是在面临个人职业从巅峰到尘埃时，能自我去承受和消化，虽然暂时还没有找到重回巅峰的方向和路径，但是却也是至少不论外在如何，仍旧能秉持自己的目标、做事的风格和对未来的期望。

这两件事情认识的两个人，让我感触颇深，多年的生活历练之后，让我慢慢地领悟到这样的一个道理：少年得志，对我们达到最终职业成长的高峰，其实往往不是捷径，而是障碍。

为什么这么讲呢？类似于大自然界的生物，当下能存在的任何事物，都是历经了漫长岁月的洗礼和自然进化抉择的。偶然间实力强大的，例如恐龙，往往并不能最终取胜。人的一生同样如此，要取得事业或者人生的成功，同样是需要长时间的人生累积和事件考验，而少年阶段的高光时刻没有经历时间的累积，更多的可能是机遇的使然，而不是自己真正持久实力的体现。

同样地，当我们进入职场时，往往快速地成长、快速地取得功名的，也正是由于没有经历时间的磨练，因此自我的各种根基不牢，更多的时候是外在的偶然事件，再叠加一些不是个人真正实力体现的小努力，让我们取得了快速的成功。而这种成功又很容易让我们放大自我的能力而忽略外在的机遇，因此更加容易产生一些过高的自信，过高的自我认可，慢慢潜移默化地开始忽略自己的真正实力和需要持续做的前行和努力。这时候，如果外在环境又发生一些偶然性的变化，就很容易让我们受到冲击。在前期得志大背景下的冲击，造成的影响就会同样被放大，于是经历这种冲击下的很多人，从此就一蹶不振。

而很多循序渐进慢慢成长，也就是中庸发展之道的，在面临这些外在的变化或者冲击时，相反却常常能从容面对，一点一滴垒土拾级而上，也最终能走到最后的高点，虽然是晚成，但是却是真正的大器。

所以，在人生成长的道路上，要尽量避免产生少年得志的心态。如果在某个阶段，自我的发展大大超越了同龄人或者社会的常态水平，就要开始不断地自我反思，自我敦促，甚至必要的时候给自己设置一些挫折和障碍，时刻让自己对真实的自我产生最清醒的认识。这种情况下，可能我们最终的人生道或者职业路，会走得又稳又持久，会最终产生真正属于自我的大器。

2020年11月21日

4）市场是职业最低的门槛，也是职业最高的天花板

作为工程造价咨询行业从业者，我们经常会感受到一种自我矛盾而纠结的行业观念。

一方面，我们都认为对于一个工程项目的建设，全过程的投资管理和风险控制很重要，而工程造价咨询人员，正是发挥着其中至关重要的全过程造价管理和风险控制的作用。

另一方面，我们又会认为，在现实的市场化工作中，工程造价咨询人员更多的又是停留在传统的建模、算量、套价等类似于技术流水线的工作，发挥的真实作用又十分有限。

更重要的一方面，在市场化的浪潮下，随着大环境的改变以及各个行业竞争的越来越激烈，我们这种矛盾而又纠结的行业观念，让我们在市场主体的认知当中越来越边缘化，在市场主体的价值感受中越来越花瓶化，在市场主体的功能定位中越来越程序化……

孟子在《离娄章句上》第八节写道："夫人必自侮，然后人侮之；家必自毁，而后人毁之；国必自伐，而后人伐之。"

亦舒也有一句很精辟的话："先自沉稳，而后爱人，凡是经历，皆是馈赠。"

所以，对于一个行业、一个组织、一个从业人员，要获得环境的认同，获得市场的认可，获得自我的价值，就如重庆 ×× 建设工程集团有限公司 Y 总所提倡的：行有不得，反求诸己。

因此，我们会发现，同样是市场化的第三方专业机构，同样是市场化竞争的参与主体，律师行业和律师，相比较于工程造价咨询行业和造价工程师，在市场参与主体中的价值感受和认知定位，截然不同。

就像春天花会绽放、秋天落叶会黄一样，很多的事情很多的差异都是有原因的，尤其是当我们真正近距离地去观察、去体会、去领悟、去学习的时候。

（1）大音希声

在工程造价咨询工作的开展过程中，在与委托方的过程交流或者进行工作汇报时，我们会把相关材料打印出来给委托方。对于打印的材料，我们有时候直接采取订书针竖向订载，我们有时候采取打孔或者胶装的方式装订为正式文本。但是，一个偶然的机会，我们接触到了某全国知名律师事务所的过程交流文件，却发现他们的文件材料既不是采取订书针竖向订载，也不是采取胶装方式装订，而是在文件的左上角，采取一种自行设计的简洁而又略带精致感的三角形封套。

初看时只是觉得这样新颖别致和舒服，但是当我们真正翻阅采取这种方式装订的文件材料时，一下子就感觉到其中的奥妙和差距了。

首先，采取三角形封套的方式，材料翻页比较顺手和流畅，没有竖向订载或胶装文件翻页时的那种细微的停滞感。

其次，采取三角形封套的方式，材料阅读完毕后还原比较容易，不会留下过多的纸张折痕或者压痕，而采取竖向订载或胶装的文件翻页后，经常会出现翻页造成的纸张折痕，或者压痕导致的竖向订载处纸张出现空隙或者损坏，影响后期的阅读效果和视觉感知。

再次，采取三角形封套的方式，对于双面打印的材料文件，翻页阅读背面页文字时，三角形封套能恰到好处地让翻页位置进行定位，既让阅读比较舒适，又让翻页的动作比较舒畅。

一份简单的文件材料装订，在我们工程造价咨询行业的很多从业人员看来，可能会认为文件就是文件本身，没有多少值得我们进行专门研究和改进、提升的地方，但是切换到律师行业的精英律师们，他们可能会认为文件材料的装订本身也是专业服务的一部分，与专业技术有着相得益彰的作用，因此需要从专业、感知、心理、服务、尊重等多个维度，不断地研究、提升、精益求精。

（2）大象无形

有一个公司的朋友，给我们快递了一份文件资料。

我们以前快递文件资料时，一般是采取 A4 透明文件袋装好后，再交给快递公司快递，而这个朋友快递给我们的文件资料，却是用一种很柔软的塑料文件袋包装。

这两者之间有什么区别呢？我们下来仔细地品味了一下，发现了一些微妙的差异。

由于快递公司的快递文件袋设计的只是刚好比 A4 纸张略微大一点点，如果采用 A4 透明文件袋先装资料，再放入快递公司的快递文件袋，有时候就放不进去，或者放进去后需要进行部分折叠，折叠就会让 A4 透明文件袋产生损伤，进而导致快递公司的快递文件袋局部出现胀鼓现象，不利于快递运输。而采用这种很柔软的塑料文件袋包装，就可以避免上述问题。文件材料在快递公司的快递文件袋中能刚好合适地平整放置，同时收到邮件后的快递文件打开和取出文件的流畅感、舒适感更强。

随后，我们又与另外一个公司的朋友交流探讨此事，发现他们在这一块做得更加细致入微：他们公司对于快递文件的包装、使用什么样的文件、采取什么样的大小尺寸、选择什么样的包装方式、从哪个商家或者品牌渠道采购等，都有内部的标准规范和要求。

当我们在市场化的专业服务中，当我们还没有想到和意识到某些问题时，有的行业、有的主体，已经对相关问题进行了细致入微的总结、要求和系统地执行。当时间累积之后，组织和组织之间，行业与行业之间，就在这样不经意之间拉开了差距。

（3）道隐无名

基于朋友之间的信任，更是基于一种相互认同的价值观和理念，一个律师朋友给我们分享了他们团队花费数年心血潜心研究出来的关于一个工程项目从前期投标到项目结束，以法律为中心，融合造价、财务、税务、技术、生产、安全、采购等全要素的风险管控和价值创造体系，涉及工程项目建设过程中数十个环节上千个知识点的细节、流程、样板的梳理、提炼和总结，蔚为大观而又实际实用。

回归到我们工程造价咨询行业，虽然我们做了很多项目，付出了很多心血，但是也就是在多年以前，工程造价咨询行业的领军企业天职（北京）国际工程项目管理有限公司潜心研究，总结编写了《建设项目跟踪审计实务》这一系统、专业而又实用的成果，近些年工程造价咨询领域很少见到这样系统而又扎实的梳理、研究、总结、提炼和分享。

反观律师行业，却对建筑领域的专业系统研究越来越深入，越来越系统，越来越把各个岗位和专业与法律进行深度融合、总结、归纳和提炼，例如袁华之律师的《索赔与反索赔》、朱树英律师的《工程总承包全过程法律风险管理实务》、常设中国建设工程论坛的《建设工程施工合同释义与实务指引》等。

在市场化的浪潮下，作为市场参与者，市场是最低的门槛，尤其是对于工程造价咨询行业，行业主管部门取消了工程造价资质管理之后，更是如此。但是与此同时，我们要赢得市场的认可，市场的尊重，市场也是最高的天花板，需要我们不断地去研究、探索、创新。

作为传统建筑行业里面一个既传统而又新兴的工程造价咨询行业，正面临这样的处境。但是，我们工程造价咨询行业里面也不乏弄潮者和高瞻远瞩的市场化创新者。例如，一直引领改革开放先行，引领市场化浪潮的造价行业先锋广东省定额站和造价协会，通过对实际项目的深度参与和探索实践，为行业奉献的《工程造价改革实践——广东省数字造价管理成果》系列专题研究丛书，广东中量咨询在工程造价司法鉴定领域的深入实践和研究以及专业总结和分享等，其实就是我们工程造价咨询行业的参与者、从业者学习的榜样和力量。

因为，只有长得好看和呆萌，例如熊猫，才会受到人们如此的关注、赞誉和保护；因为，只有真正做事和付出，例如水牛，才会得到人们如此的评价、认可和支持。同样地，对于我们工程造价咨询行业和从业人员，只有真正意义上的对市场主体有价值，有超越程序化和花瓶化的价值，才能逐渐提升行业的门槛，推高行业的天花板。这其中既需要行业先行者和睿智者高屋建瓴的改革和引领，更需要行业从业人员平凡工作的点滴精进和不断前行。

2022 年 7 月 13 日

5）名与实

前些天，我陪同公司的营销人员一起去拜访了一位潜在的客户，交流造价咨询业务事宜。我们把公司的基本情况介绍完之后，客户跟我们说了一句："我听说过你们公司，你们以前是做造价培训的，是一家培训公司。"

其实，我们是一家造价咨询公司，核心业务主要是造价咨询，只是在咨询服务的过程中，我们把总结的经验进行梳理，在客户有需要的时候兼营造价培训的业务。但是由于我们平常在对外宣传中过多地展现造价培训活动，导致在市场主体和客户的心目中，慢慢地营造了我们只做造价培训，是一家培训公司的印象。

由于这种印象在客户心中固化，我们发现在开展造价主营业务时，在客户的潜意识印象，我们的专业能力和执业水平大打折扣。

如果客户心中对我们的印象就是一家造价咨询公司，然后听说我们偶尔也在给一些大企业进行技术交流和技术培训，客户对我们的认知就会截然不同。

对于一个企业，你的主营业务是什么，你想在客户和市场中建立一个什么样印象，那么你所有的动作、宣传、推广和活动，都需要以加强和强化这个印象为出发点。虽然实质内容上可以有变化，但是形式必须保持一致。比如，今后我们对培训的宣传，可以更换一个说法，叫做技术交流或者技术探讨。虽然实质上还是培训，但是名义上却始终是体现的主营业务造价咨询下相关的技术交流和技术探讨。

如果实质上不一致，形式上也不一致，那怎么办呢？在这个时候，最好的不是以原来的企业称呼去承载，而是另外更换一个子品牌去承接、宣传和推广，或者只做不说。

对于个人，更需要保持自己职业形象以及内外的统一，尤其是对于专业技术人员，这样才能在行业里面走得更高更远。我们应该把主要的精力和对外呈现集中在与自己专业能力培养和职业形象塑造的相关事项上，对一些与自己职业形象无关的活动或者特长，更多的时候只做不说，这样比又做又说对自己的职业成长更有利。

保持和维护个人的或者企业的名誉，以这个为出发点，进行相关工作的开展和职业发展的布局，统筹安排不同内容，在信息社会的当下，是我们能够被市场主体发现和认可，持久保持竞争力的一种方法。

2020 年 5 月 11 日

2.2 关于认知

2.2.1 思维思路

1）以合作的视角去感知，以长远的视角去前行

去年的这个时候，我认识了 Y 总。Y 总主要为施工企业提供资质方面的相关咨询服务。Y 总了解到我们在为施工企业提供造价咨询和项目创效，于是邀请我去 Y 总所在的城市成都，一起交流和探讨。

于是我乘坐今天最早的高铁从重庆来到成都，到达约定地点时，Y 总开着车来接我。我上车的时候，注意到车是刚刚洗过的，心里一阵莫名的温暖。

接着 Y 总带我去一家当地特色小面店吃早餐。店老板与 Y 总很熟，说从今年开始准备精简菜品，把核心菜品真正做精做好，给客户提供质优价廉的餐饮服务，因为贪大求全，一味地做多做广反而会让自身失去原有的特色和在客户心目当中的口碑。

入乡随俗，Y 总带我去了身处闹市中文殊庙旁边的一家茶馆。阳光正好，我们一边交流一边感受着身边的这一份宁静和淡然。

在盖碗茶的细细品尝中，在慢声细语的交流中，一天的时光悄然而过，但是不经意间，却让自己领悟了一个小道理：

很多时候，很多事情，抱着竞争的态度和从合作的角度来看待问题的视角是不一样的。

抱着竞争的态度，我们会感觉在工作和生活中，处处是敌人，处处不公平，处处对我们存在打压或者不友好，人的内心很纠结和计较。

从合作的角度出发，我们会感觉在平淡的工作生活中，处处有机会、朋友、值得我们学习和成长的空间，人的内心很坦然和释怀。

比如通过今天一天的交流，Y 总让我感受到了商务交流中润物无声的礼仪和尊重，让我学习到了从商业视角对客户精准定位和画像的重要性，让我领悟到了与人交流，对于产品介绍需要言简意赅，对生活需要无微不至。

比如这一次的见面，也让我总结提炼和收获了工作上小技巧。例如我们拜访他人，不管再远的距离，最好约到上午，因为上午的交流双方思维最为活跃和沟通有效，如果距离确实太远，可以提前一天赶到。同时，我们在拜访他人时，一般不建议再顺路约其他人交流或者处理工作。虽然这样能提高工作效率，但是对于被拜访的人来说，却不够尊重，这种细节上的不够尊重会很微妙地影响着对方内心的感受。在拜访他人预约时间时，我们最好提前了解天气预报，选择一个阳光明媚的日子，心情舒畅的交流互动就更加有效……

所以，对于身边的种种朋友、事情，我们如果多从合作的视角去看待和感知事物，也就是古人说的三人行必有我师，向他人学习，学习他人的长处，建立合作的意识和理念，工作思路会越来越宽，人际交往也会越来越顺。

2021 年 3 月 11 日

2）评价这个世界之前，先平静下来独立思考

今天是冬至，虽然天气寒冷，但是清晨的阳光已经跃跃欲试，准备从寒冷的云层之中喷薄而出，普照大地。

早上 7 点，二妹就闹着要起床，并且一定要拉我们大人起来。于是我们只有跟着起床，煮抄手，吃饼干，一家人匆匆忙忙吃完早餐后，我们开车送大妹和二妹去上课。

我们经过小区车库物管岗亭时，物管送上了现磨豆奶，握在手中热气腾腾。我们先送大妹去了学校，告别之后又接着送二妹去另外一个兴趣班学习。趁着二妹学习的空隙时间，我们赶紧去附近超市采购家庭生活用品，踩着点结账后去接二妹，又马不停蹄赶着去接大妹，最后回到家中开始做一家人的午餐，得不到片刻歇息。

这是我们最为平常的一个周末，和工作日一样正常早起，要考虑着两个小孩的早餐问题、上学行程的衔接问题、各种生活和买菜问题……很难得有一个静静的能随心所欲休息的周末，往往是在为各种工作、生活和学习事项中奔波。日复一日，年复一年，从不停息。

面对平凡而又繁重的生活，我们会出现两种看法。

一种看法是，我们感觉这样的生活，是负重而前行，有工作的压力，有生活的重担，有小孩的教育……处处有问题，随处有把我们紧紧包围的责任和让我们喘不过气来的压力，这样的生活让我们充满着压抑和疲惫。这就是评价式的思维，问题式的视角。这种首先去

评价的思维导致我们看任何事情都是先去看到问题，先去评价问题，而忽略了事物本身存在的积极性，比如生活的意义和价值，让我们一味的沉迷于问题之中，不能自拔。

还有一种看法是，虽然我们会在生活中存在这样的或是那样的压力与问题，但是这些压力和问题本身就是生活的一部分。我们的目标就是生活本身，让每一天的生活平凡有序，虽然会有各种压力和责任，但是一步一步去承担责任，一点一点去消化压力，我们就会发现，这样的生活就有了无穷的色彩和意义。就如今天早上物管精心准备的热气腾腾的豆奶，二妹一大早唤醒我们的稚嫩而又无理霸道的童音，大妹一大早又丢三落四的习惯需要不断提醒学习用具的准备……这就是实践思考派的态度，我们看重的是目标本身，而不过于纠结和评价问题本身。问题只是到达目标的一个必经的路径和阶段，不论我们是否在意、注重、评价，问题本身都一直会在那里，而只有在我们去发现、感受、体会、经历后，目标才会真真切切地成为我们的目标，跨过问题本身去追求目标的过程才会有意义和价值。

因此，在我们评价这个世界之前，要学会先平静下来独立思考。生活中需要如此，工作上更应该如此。我们多从实践思考派的视角，去注重目标本身，而少去纠结问题，评价问题，点评世界，这样我们很多工作开展起来，就会有绵绵不断的动力和持久坚持的毅力，很多工作的最终完成也更有效和更具有独特的价值。

2019 年 11 月 22 日

3）有些事物会不断变化，有些道理却一直不曾改变

由于某项目的事情路过某地，我突然发现路边停车位上放置着一个又一个条形的设备，开始没有注意到这些设备的作用，等到突然有一辆小车停进来之后，设备上的一块金属板就立了起来。这个时候我走近仔细一看，才发现原来这是一款新型的无人停车收费设备，车停上该停车位后，车主只有自助缴费后金属板才会放下来，开车离开。

眼看着一个又一个室内停车场开始无人收费模式，室外的停车场无人收费模式也悄然在兴起。估计在不久的未来，停车领域全面的人工智能化，会成为现实。

也就是在前两天，“× × 好房”高调成立，预示着房地产数字化时代的到来。我们在经历了接近二十年的房地产造富神话后，对房屋的财富故事和金融信仰越来越根深蒂固，与此同时对房屋本身的居住使用功能却渐渐选择性视而不见或者听而不闻。就如货币数字化悄然全面的改变我们的生活习惯、行为方式一样，也有可能在不久的将来，我们对房地产的那种看法或者态度也会不断的发生改变，未来的房屋买卖、拍卖、租赁等相关交易活动也有可能就像现在的网上购物那样便捷，让人习以为常。

随着时代的发展，有些事物会不断地跟随着发生变化，这是历史的必然，也是发展的必然。

但是与此同时，不管时代如何发展，有些事物背后的道理，却仍旧保持着一致，这也是一个职业，一个行业，一个民族，一个国家为之存续和发展的根本。

例如对于我们工程造价行业，不管科技如何发展，不管信息化工具如何日新月异突破，造价商务工作最为核心的三个基本原则：“制定或者理解规则，用专业语言解读翻译规则，用综合能力应用履行规则。”这就是我们这个造价职业背后为之不变的道理之一。

就如我们这个所在的星球，有些动物主要是皮值钱，譬如狐狸；有些动物主要是肉值钱，譬如牛；有些动物主要是骨头值钱，譬如人。所以，不管时代如何改变，不管风云如何变化，艰苦奋斗和自力更生，居安思危与警钟长鸣，牢记历史时勿忘国耻，这也是一个民族赖以生存和为之发展的不变道理之一。

所以，我们从个人从职业的角度，都需要紧紧跟随着时代和潮流去接受事物的变化，去不断调整自己的舒适圈。但是与此同时，我们也需要在变化的事物背后，不断去发掘和探究事物的本质，去坚持和培养属于自己不变的道理。这既是一种工作技巧，也是一种工作方法论，更是一种朴素的自我人生价值观。

2020 年 9 月 18 日

4）变化不一定能带来进化，但进化都开始于变化

上周，人民法院出版社出版的关于民法典的理解与适用的系列书籍，终于在京东网上有现货，不需要预订等待发货了。于是我马上下单购买了一套。这段时间以来，我每天晚上坚持阅读五十页左右关于民法典理解与适用的书籍，但是就算按照这个进度每天坚持，我估计也要接近半年左右才能初步学习完。

截至昨天，自己正在编写的《工程项目利润创造与造价风险控制》一书，已经接近四十万字。从前年年初开始我有编写该书的想法，然后花费了接近一年的时间琢磨构思，从去年年初开始，每天编写一点点，写写停停。如今再来回看，不经意间我发现自己竟然把一个曾经只是憧憬中的想法真正落实了。

虽然，变化不一定能带来进化。

这些年来，我一直在利用空余时间，学习法律相关的知识，包括自学理论知识，参加培训讲座，参与相关案例实务，每天都对法律的相关理解和知识掌握上有新的变化。虽然这些变化到目前为止，还不能让自己产生多大的工作上的作用，带来职业上的突破，让自己的发展进化到一个新的高度，但是，每天的变化，持续的坚持，却是自己可以看得到可以感受得到的存在。

但是，所有的进化一定都是开始于变化。

其实，在很多年前，我就有把关于工程项目创效实务总结形成书籍出版的个人愿望。开始的时候这仅仅只是一个想法，为了这个想法的最终实现，我在工作中做了几个前期的铺垫或着说是改变。

第一个改变是从很多年前开始，在我参与和实施每一个项目的时候，我就有意识地把该项目相关的资料全部系统整理和自我存档，与此同时我还喜欢和其他部门各个岗位的同

事朋友们交流学习，积累素材，积累观点。

第二个改变是从五年前开始，我开始试着进行专业培训讲课，从最先的公开课到后来的专项课再到企业实训课程，不断把自己的专业知识提炼打磨形成体系，不断在客户和同行面前去探讨自己的专业理解是否准确，去了解自己的专业内容是否被市场关注。

第三个改变是从三年前开始,我坚持尽量争取每天写一段话,也就是我的造价笔记系列，一方面锻炼自己系统专业思考的能力，另一方面锻炼自己书面表达能力。

第四个改变是从去年开始，我逐渐调整了工作重心，开始减少传统的咨询算量计价项目开始，增加新型的工程索赔、项目创效、过程顾问等咨询服务。这样一方面新的咨询业务能让自己开拓视野，以一个更高的高度来看待问题，另一方面相比传统的建模算量计价咨询服务工作的常年累月加班，这种新的咨询服务在时间上稍稍可控，这也就能有更多的空余时间来做自己想做的事情。

正是前面这些一系列的铺垫和改变，才能让自己在不经意间完成了自己多年以前构想的书籍编写工作。正是由于这些一个又一个在当初看来是无关紧要，互不相干，在当初也感受不到多少成绩的动作，正是由于这些动作让自己每天都在发生变化，变化累积到一定程度和规模时，就自然而然地发生了突破和进化。

因此，我们在工作生活中，对于一些当下的动作和变化，我们可以不喜于色，不怒于形，不乱于心，不困于情，不畏将来，不念过往，平淡前行，跬步不已。变化累积的岁月之后，我们一定会在某一个不经意间的灯火阑珊处，收获自己的突破和价值。

2020 年 8 月 24 日

5）看似无解的问题，常常是我们思路的问题

中建某公司西南分公司 2020 年度新入职商务人员的造价系统算量实训就要开始了，这次客户给我们的实训时间只有十天，要达到的培训效果是商务人员学习完回到项目上，能基本上手进行造价商务工作的目的。

这个时间和这个要求如果是放在以前，我们肯定会一口拒绝客户，给客户反馈说这个培训时间太短无法到达效果，并且我们还会把已经实践了很多年被市场验证非常成功的三个月左右的实训课程体系给客户进行讲解，用来印证我们的专业和意见的准确性。

但是，对于客户，对于施工企业，很难让员工脱产集中学习数月，也很难每个周末把人员集中在一起，进行长时间的学习。工程项目现场施工和管理不允许，企业时间成本也不允许。因此，客户的时间要求和我们实训时间安排的要求，曾经一度成为我们给企业进行造价系统实训的核心矛盾，并且一度被我们看作是一个无解的矛盾。

基于对我们的信任，客户这次一定要我们实施培训，但是时间只能是十天。对于我们团队，客户的信任是最高的荣耀。任务接下后已经没有了退路，我们只有破釜沉舟一往直前，去面对和解决这个问题。

经过一段时间的深度琢磨和思考，我们发现通过三个小思路的改变，竟然能巧妙而又有效地解决这个问题。

第一个思路，我们紧紧围绕客户的需求为核心，以解决客户目前的核心关键问题为出发点，进行整体课程内容设计后。我们把一切与客户需求暂时不相关的或者不必要的内容进行删减，保证了树杆和树枝的完整，一些枝节和末节就可以删繁就简或者直接放弃，这样培训需要的时间就大幅度减少。

第二个思路，我们可以把部分内容，比如读图、基本的软件操作熟悉、平法阅读理解等，整理成一份相应的学习资料，让学员提前阅读和熟悉并记录问题。这样一方面便于学员提前准备和熟悉资料，另一方面可以针对问题分析学员的基础知识盲区，在正式培训时可以采取针对性讲解，有的放矢又节约了不少时间。

第三个思路，我们把每天的课程内容进行精确到每十分钟的课程讲解设计，把相关讲解的案例和标准答案提前编制好，在课堂上采取演示、提问、答疑的方式让学员快速体系地掌握相应思路和技巧，晚上再集中时间让学员练习，老师陪同一旁进行指导。这样就规避了以前培训时老师一边讲解学员一边练习的拖沓的授课模式，时间更为有效和集中，更是大大优化和缩短了培训时间，而又能确保培训效果。

经过一番思路的调整和变化，事情还是这个事情，我们以前看似无解的问题，这会儿却是迎刃而解。我们以前感觉无法突破的矛盾，也由于思路的变换，变得可以解决和突破。客户的一个直接把我们逼到墙角和不容退缩的任务，让我们不得不去进行思路调整，采取另辟蹊径的方式解决了问题。

在很多的时候，当下的我们认为工作生活中的一些事情矛盾很突出，无法解决，其实往往是我们自身的认知还不够，思路还没有突破或者上升到一定层次。当我们的思路在某个时候一旦突破，我们会突然开窍，以前的问题不再是问题，而是变成了一个机会。

要有思路的改变和突破，其背后还是需要我们大量地实践、总结、反馈。我们有了量变，才会有后面的质变，也就是思路上的一刹那间的突破和顿悟。

2020 年 7 月 20 日

6）人人负责小部分，最终人人不负责

公司首次采取校招模式引进的大学应届毕业生已经入职到岗。由于这是公司第一次采取校招的方式成批量地引进人才，因此针对新员工的培训问题，管理层进行了讨论，确定了以老带新，人人参与的人才培养方式。

从公司运营的角度，我们提前设计一个培训方案，系统地梳理从基本办公技能到具体专业实务技能的培训架构，接着又把每个架构部分拆解为一些具体的小模块，由公司的老员工，每个人给新员工培训一个或者几个小模块。这样既不影响老员工的正常咨询项目实施，又能有效地给新员工对每个模块进行培训讲解后考核效果，让新员工快速地成长。

从战略的层面，这种培训的设计思路是美好的，也是行之有效的。让公司全体员工都参与，每个人只负责一小部分，这样就能把复杂的事情拆分为简单的事情和工作，完美地解决系统的问题。

但是从执行层面，这种思路最终很难落实，就算落实执行往往也很难到达预期的效果，或者是引发新的问题。

首先，一个新战略下的新事物新思路，在没有对该事物在前期小范围内进行打样得到验证之前，是不适合大范围人员参与的。作为一个组织，对于新的事物，需要组织中的小部分人先去实践，把问题暴露出来，把相应的经验和实施技巧总结下来。当我们对这个新事物熟悉理解和可控后，再慢慢移交给组织和让公司全员参与。这样循序渐进的实施方式，才不会由于新事物的一些不可预料的特殊情况，给整个组织带来不可控的影响。因为一个组织整体的思考方式虽然总是从众的，但是在面对新事物的时候很难形成有效的决策、应对的思路和及时变化调整的方法，而组织中某个小而精的小团队，面对新事物时更能发挥主观能动性，突出重围，有效破敌，以其实践为组织整体参与新事物积累宝贵经验和打下坚实的基础。

其次，对于创新性的事物，人人做其中一小部分工作，人人只对自己的小部分内容负责，由于天生的人性使然，人都是趋利避害的。在不需要对整体结果负责的情况下，很多时候人们会尽量使自己的工作简单，自己能快速完成。一方面是因为个人对整体结果的需求不了解，另一方面是个人没有对整体结果关注的动力和压力。在这个时候，一般需要一个小而精的团队负责对整个创新性事物的实施打样，对整体结果和过程实施所有的细节负责。当打样成功，形成了经验、流程和操作细则时，这个时候再从组织的角度去向个人下达具体的任务、时间要求，让个人去执行，并且要随时关注和考评个人的完成情况，及时纠偏和调整。

再次，在开始实施时，如果前期的筹划人没有对整个事情的定位、思路、相关的风险评估、现有资源的情况、相应机制的设置和配合、相关需求的详细摸底和调研、存在的可能突发事件和应对之策等进行体系化的思考之前，由战略直接跳到执行，就算前期的战略定位非常准确，执行层落实推进工作也会非常的艰难。因为执行需要的是组织和具体的成员参与，只要涉及组织和具体的成员，就不得不去考虑人性的、微观的、具体的、利益的、平衡的等方方面面的影响，而战略往往只要关键核心的某个人或者某几个核心团队想明白了就可以，执行却必须是一个组织基于现实的情况达成共识，成员达成细节统一，才能把战略有效落实执行下来。

所以，对于新的事物、机遇、挑战等重要事项的推进和开展，作为一个组织尽量不要一开始时就把重要事项在整个组织成员之间铺开，让每个具体组织成员去自主的承担其中一小部分工作，并且美名其曰发挥全员的创新能动意识，这种情形下会导致人人负责一小部分，最终人人都不负责的不可控情形的出现。采取让组织中的与新事物相匹配的核心人员，先组建核心小团队，整体的全面的负责新事物的推进和实施，这样更有利于新事物的落实和有效地推进。

2020 年 7 月 7 日

7）每一天都是人生高考，而不仅仅是那一两天

明日开始一年一度的高考。受到新冠疫情的影响，今年的高考在以往正常的时间上延迟了一个月。

小雨淅淅沥沥，往年的七月炎炎烈日，而今年的七月却还是凉爽舒适，这也算是波谲云诡的大自然给予考生们的一点额外的厚爱了。

与往年的高考情形相比，今年最大的变化可能是在整个环境对高考的关注度上，大家更多的是在务实地进行着各自相应准备的工作。因为在经历了一些大风大雨和时代的大事件之后，我们转过身再来看待以往一些自我觉得很大的事情，就会很平淡，很平静。这就是经历和历练给予人们内心最大的影响，这也是时间给予人们最大的刻痕。

这次新冠疫情，让很多人亲身经历了生死离别，让很多人真真切切感受了他人的悲欢离合。在某种程度上，能平平安安、安安静静、团团圆圆地过着我们正常的生活，有着属于我们正常的呼吸和空间，已经是当下人们的一种愿景和幸福。

在这种情况下，我们再来重新审视我们的高考。高考确实很重要，但是我们会日益发现，高考只是我们漫长人生路上的一件大事件而已，过了高考这个大事件，以后还不断会有更多的大事件在等着我们。所以平静迎接、淡然面对高考，不仅仅是我们每个人自我的成熟，也是整个社会逐渐走向成熟的表现之一。

因此，人生往往有两种生活方式，一种是重视过程，一种是在意结果。

如果我们能在生活、工作中，不管大事和小事，都能以高考的这种心态持续去对待，慎重、用心而且坚持，我们会发现，工作、生活中的每一件小事情，都会成为自己的大事件，我们都会做得有声有色，有滋有味。这样我们就会发现，虽然我们的人生没有壮阔波澜，没有高山星空，但是这些每天的小事件经历时间和岁月的叠加，最终却会成为让我们自己激动不已的持续大事件。

所以，从明天开始的两天高考很重要，但是在这之前的和在这之后的时间中，把走向高考准备的每一步，和以后即将到来的那一路，坚持以高考的心，去行动，去领悟，去践行，这样的人生，给予我们的永远会是不断的惊喜。

把每一天都当作自己人生的高考，把每一件事都用高考的心境去践行，当我们回首往事的时候，就如《钢铁是怎样炼成的》中保尔说的一句话：“人最宝贵的东西是生命，生命属于人只有一次，人的一生应当这样度过：当他回首往事的时候，他不因虚度年华而悔恨，也不因碌碌无为而羞愧。在他临死的时候，他能够这样说：我的整个生命和全部精力，都献给了世界上最壮丽的事业——为人类的解放而斗争。”虽然我们不一定达到保尔的高

度，但是至少我们能自豪的对自己说，我的人生没有虚度，我走过的路做过的事对自己来说有价值和意义。如此，则内心星光绽放，璀璨不已。

2020 年 7 月 6 日

8）质量做得最好的，长远看是成本最低的

××公司的企业实训在 8 月 30 日顺利完成。

这次企业实训，我们改变了以前由一个培训实施团队来实施培训的方式，而回归到传统的讲解式培训，全程由我一个人负责课程主讲。因此，对于培训需求的沟通、培训前调研、课程内容的设计、课程内容的提前征求意见和反馈等与专业相关的事项，我花费了大量的时间和精力去思考和准备，以确保培训内容的效果。对于培训会场、主持、沟通、协调等事务性工作，都由委托方负责和实施。这样分工合作下来，我们发现课程讲解一整天，参加培训的企业学员都能认真积极参与，认真听完课程，并且反馈很有收获，希望公司以后多举办类似的专项学习活动。

当我们真正回归到培训质量的本身，专注于培训课程的内容准备和讲解时，其实客户更能认同我们。与此同时，我们的培训实施人员大幅度减少，相关的物资准备和辅助工作也相应减少，而培训收费却仍旧能保持原来的水平，无形之中又让我们培训的效益比以前上了一个台阶。

就如××公司的 Z 总一贯提倡和坚持的理念：“当我们把一个项目质量做得最好的时候，我们企业的综合实际成本反而是最低的。”

因为工程项目的质量做好了，企业就少了重复性无效的多余工作，就少了一些为了去处理质量问题而发生的管理、返工以及一些不必要的沟通协调费用。工程项目的质量做好了，企业工程款的回收也要顺利一些，甲方的印象也要好一些，由此导致工程项目实施中其他相关的工作开展就要方便和快捷一些。工程项目的质量做好了，其实还是一种辅助营销手段，可以为企业带来其他后期的业务，甲方也会进行行业内介绍，降低营销成本、陌生客户建立信任的成本……

对于生产型的企业也好，或者是服务型的机构也好，最为关键的核心还是产品和服务的质量。我们只有把质量真正做好了，很多事情才会有持续良好的效益。如果产品和服务的质量没有做好，作为企业和组织，不管怎么去提倡管理和创新，都只能暂时解决表面问题，获得短期效果，很难稳定和持久。

因此，做好每一件事情，做好每一次咨询服务，做好每一次培训工作，如果以质量为中心，以质量为根本，在此基础之上再去叠加其他的管理和创新，这样往往就效果更好。

2020 年 9 月 1 日

9）兴趣，是行动最好的导师

下班刚一到家,我还没有换鞋和放下包,大妹就急匆匆地跑过来,手上拿着一张素描画。这是她首次对着书临摹的人物坐姿像，急切着要问我画得怎么样。我一看确实画得非常形象,裤子、衣服的轮廓,包括口袋都画得栩栩如生。我发自内心地称赞大妹画得好,有进步。

我刚放下包，二妹又过来了，说要给我表演她在幼儿园学的石头剪刀的歌曲。二妹给我认真地表演了两遍，我跟着学了一遍，也给二妹点了赞，二妹这才让我上桌吃饭。

晚餐过后不久，大妹又跑过来跟我说，前天她画的手抄报不够完美，于是她刚刚又认真地画了一幅手抄报，还借了二妹的颜料笔涂颜色，把画好的成果又让我来点评。我看了之后，郑重点评道："这幅手抄报，展现着花的世界簇拥童话故事，颜色鲜明而又有生命力，富有想象力，表达了阳光的心态。"

平时，我们要大妹写个作业或者做个其他的事情，大妹多半是拖拖沓沓的，但是只要说到画画，大妹多半又是积极主动的，这就是对比，是兴趣带来的行动差异。

同样地，对于我们在工作中对职场新人的培养，其实最为核心的也许不在于传授具体专业技术知识的多寡和快慢，最为关键的可能是如何激发职场新人对专业学习的兴趣。作为部门领导人，如何让职场新人建立对专业技术自我内在喜欢，再加上老员工的传帮带，让职场新人真正自主性、创造性、自发性地学习，这样或许更加有效和持久。

但是要做到这点，仅仅是依赖职场新人的自我领悟、自我动力、自我激发是很有难度的，还需要部门领导人配合采用人才培养上的手段和方法。在实务中，部门领导人从人才培养的角度激发职场新人的学习兴趣，可以采取如下的三步曲。

第一步是树立标杆、制造差距。可以通过优秀老员工的现身说法，或者是在职场新人中培养和突出优秀的人员，让大家真切地感知身边真正学得好、成长得好的典型案例，让大家感受自己不足的同时，也去体会成功和优秀背后的那种魅力和价值意义。

第二步是以身作则、潜移默化。有了标杆之后，就需要部门领导人在工作中通过自我的持续示范，让职场新人感受到，优秀老员工是这样做的，部门领导人也是如此做的。整个团队说的和做的是一致的，都是脚踏实地，没有哗众取宠，没有空中楼阁，这样就能在职场新人中树立正向的学习思路和成长理念。

第三步是传授方法、不断展示。当职场新人有了目标愿景，要让他们能真正坚持自发学习，还需要有实实在在的方法传授。作为部门领导人，要总结提炼自我坚持学习的方法结合具体工作不断传授，有些时候还要借助外部力量不断进行过程指导和过程帮助。与此同时，当职场新人每到了一个阶段，还要制造相应的机会，让职场新人能把自我坚持的学习成果和工作成就等在部门内部展示出来，这样既能让职场新人们受到鼓励有了更多的动力，同时也让职场新人们相互之间看到差距，制造持续的竞争和比拼压力。

很多细小的事情，当我们用心地去梳理和总结时，会领悟很多道理。虽然兴趣是行动最好的导师，但是由于人性使然，很多时候人们很难发掘自我的兴趣，即使是发掘了也很难持久，这就需要我们用心地去思考和协助，总结提炼有效之道。作为一个团队的领头人，在对团队成员进行培养和打造时尤为重要。作为个体，意识到兴趣与行动背后的关系，在职业成长的道路上如何借助外力敦促自我持续的学习和成长，把个人兴趣在职业中发挥到极致，这也是个体需要重点关注的方向。

2019 年 11 月 12 日

10）只有完整做过一件事情，才会有自己真正的判断

今天上午，二妹幼儿园举行了期盼已久的运动会。

二妹入学的这一级有点特殊，先后经历了幼儿园装修停学，新冠疫情的影响，入园两年后才迎来第一次全园运动会。

为了这次运动会，幼儿园和老师们提前做了很多的努力，倾注了很多心血，例如服装的准备、活动的编排、比赛节目的设置等。

天公也很作美，运动会当天是一个晴朗的太阳天，一切都是那么的完美和值得期待。

运动会开始时，小朋友和家长们都很热情、积极地参与，一片和谐和欢笑声。但是随着运动会比赛的进行，慢慢地有些小朋友和家长们开始散漫起来。由于比赛节目设置得过多，到了后面小朋友和家长们渐渐力不从心。快到中午时天气慢慢地热起来，运动会现场的场面就不太受控，比赛的计分和评比等也逐渐松散，大家开始略有焦心的感觉。

最终运动会圆满结束，小朋友和家长们都收获了非常珍贵和值得记忆的一天，老师们和幼儿园为此次活动的付出获得了大家一致的认可和称赞感谢。从结果上来看，作为参与者的家长们可能觉得这次运动会举办很容易，但是经历过这次运动会从前期筹划到整体实施的老师们，却会有深深的体会，做好这件事情有多么的困难。

运动会前期的筹划要获得幼儿园和主管部门的审批，活动方案编制要有新意，前期准备要有家长的支持和配合，相关表演节目要提前对小朋友们编排和训练，相关物资准备繁杂而又零碎；具体实施时需要提前确定时间，统计家长参与情况；运动会举办过程中要照顾家长们的感受，要引导小朋友们积极参与，还要给每个小朋友和家长照相、摄影，留下珍贵的一刻和美好的记忆；活动完成后要对相关场地进行收拾和整理，要对小朋友们由热闹到安静后的情绪安抚和耐心照顾；最后还要编写活动完成后的宣传报道、照片发送和物资清点，以及和家长们的互动……

一个成熟的人，一个做过事情的人，在评估别人的时候通常看到的不只有现状和结果，更会去关注事情背后的艰难和付出。

只有我们从头到尾做过一件完整的事情，我们才会体会到做事情的难度，我们对人和对事情的评估才会不一样。因为我们有了自己的经历，才会有自己真正的判断。

只有我们去做过事情，我们才知道，有可能我们一片真心地付出，他人却会熟视无睹，甚者无端指责。只有我们去做过事情，我们才能去感受，有可能这件事情明明是对他人有

利的，我们不过是基于好心去积极推进，他人可能却会认为这是我们理所当然的责任，甚至会得寸进尺地对我们苛求。只有我们去做过事情，我们才能去经历做事情过程中遇到的各种突发情况，经历的各种状况百出，面临的各种障碍困难……

因此，我们需要积极、全力地去完整地做一件事情，切忌浅尝辄止或半途而废，否则我们永远也做不了事情，永远也做不成事情，永远也得不到属于我们的成长和荣誉。

感谢幼儿园，感谢老师们，感谢为了这次活动付出的人们，让我们在这个美好的时光共同留下了最为美好的岁月和记忆，同时感受和学习了做事情的初心和价值。

2021 年 4 月 22 日

11）面临损失的时候，才会考虑是否改变

在工作和生活中，人们常常说这样一句话：思路决定出路。这句话正面的理解是：它阐述了自我的思路对于一个人的发展是至关重要的。但是这句话从反面理解，其实它更为深刻地告诉了我们，要让一个人的思路发生改变是非常困难的。蜀道之难没有思路改变难，正因为如此，人们才有了“思路决定出路”的说法。

一个人的思路或者说思维模式、思维认知，是随着成长环境一点一滴潜移默化地建立和强化的。当我们长大后进入职场，思维模式也已基本定型，其实就很难再发生自我的改变。这个时候如果要让自我思路发生改变，自我认识的内因已经很难发挥主动作用，而需要的是一些独特的外因，带动和激发自我的内因思考，才可能让自我发生思路上的改变。

这个独特的外因是什么呢？有的人说是经历，有的人说是贵人，有的人说是环境，有的人说是平台，有的人说是挫折……其实这些外因都有道理，但是这些共同的外因背后，其实都体现的是一个人性：损失回避。因为对于大部分人来讲，都是厌恶损失而追求稳定和收获的，所以当一件事情当一段经历当某一场景，让人们面临了或者遇到了损失，让原本应该或者可以属于自我的事物丢失了或者损失了，这个时候人们内心的失去感，就会在不经意间引发自我反思和改变过往思路的内因，直至改变的发生。

当我们认识到了这一点，其实我们在工作当中，我们也可以参考和借鉴人们损失回避的基本原理，在团队培养和团队打造的过程中，让团队成员通过自身的改变，去有效分步骤整体地提高团队成员的技术水平和思维能力认知水平。

第一步是放手，产生自然损失。对于团队成员，只有充分的信任和放手让其去做实际工作，面临实际事物，尤其是充分尊重和理解成员按照自己的思路和想法去做，这样在实施的过程中，团队成员由于其经验或者思路的原因，自然而然就会遇到问题，带来自我损失之感。这个时候，作为团队负责人，一方面要提前做好相关筹划和预案，把损失保持在可控范围；另一方面要及时引导团队成员进行复盘总结，将损失对比明显化和可视化，因为只有可视化的事物才更有冲击力，才能更加触动一个人的内心，让一个人发自内心地改变。

第二步是打样，产生人为损失。毛主席教导过我们，要集中优势兵力，各个歼灭敌人。同样地，对于团队的培养，要在一定的时间内和特殊的情况下，适当地集中团队关键资源和核心力量，重点培养和打造标杆，让其快速成长。同样的平台，同样的起步条件，同样的工作时间，当某一名成员快速成长和发展时，就会对身处其中的其他团队成员，带来一种由于对比而产生的人为损失感。这个时候其他团队成员就会开始自我反思：曾经我们的条件、工作能力和思维认知都一样，现在对方的优秀，原本是我也应该可以达到的，而如今对方达到了，而我却没有达到，这就是我的损失，这也就是我要开始自我反思自我改变的时候了。

第三步是见识，自我制造损失。一个人持久的改变和发展，其核心永远是来源于自我内心的渴求，而非外在的方法引导或者方式强迫。要让一个人内心产生原动力，那就需要让这个人不断见天见地，见识更广阔更浩淼更优秀的存在，这样才能深刻认识到自我的渺小和不足，才能更加深刻认识和理解，时间和岁月背后自己的碌碌无为，领悟自我的当下满足才是自我最大的损失的道理。所以，到了一定时候，作为团队负责人，一方面要不断去与身边更优秀的组织或者团队接触和学习，不断扩宽视野和见识，不能让自己的见识成为整个团队的瓶颈；另一方面也要让团队成员，有计划分步骤在完成日常固有工作的同时，走出内部的视野和局限，去与外部交流、沟通、探讨。

老子在《道德经》中说过："祸兮，福之所倚，福兮，祸之所伏。"其实一件事情，一个想法，不同的角度，是有其不同的存在价值的。损失，某种程度上是不利的，但是某种程度上，自我的发展和认知的改变，却还需要我们人为地去制造和产生损失。表面上看是当下的损失，但是从长远的角度来看，这却是未来长期的自我发展和自我提升的开始和起源。

2022 年 2 月 8 日

12）从正向思维到反向思维

随着单个建设工程项目体量的不断增加，工程造价越来越高，每个项目对应的设计施工图电子版规模也越来越大。一个项目的设计施工图所占的存储空间也由原来的兆字节（MB）单位级别，激增到千兆字节（GB）单位级别，这就给我们工程造价预结算工作带来了相当大的挑战。

按照传统的正向思维工作习惯，当我们遇到这种大体量项目的施工图预算编制工作时，常常是造价团队负责人收到相应设计施工图后，先根据专业或者楼栋或者其他界面划分，在对团队成员分配相应任务之后，接着把整套的设计施工图转给相应的造价人员，开展具体的建模算量计价工作。

这样的正向思维工作开展，就意味着每个具体的造价人员都要对千兆级别内存的设计施工图全部熟悉，从中挑选出自己需要的部分进行后续工作开展。如果有 N 个造价人员，每个造价人员在设计施工图熟悉和筛选上花费的时间是 B，则整个团队为设计施工图的熟悉和筛选花费的总时间就是 $N \times B$。

如果我们换种反向思维的工作方式，先由造价团队负责人对整个项目设计施工图进行熟悉之后，然后根据每个造价人员对应的任务内容，把对应的图纸内容进行相应筛选、拆分和整理之后，再把相应的图纸包发送给对应的造价人员，这样造价人员就可以只关注自己的那片树林直接开展工作，而不需要先进入到无边无际的森林之中去寻找和定位属于自己的林地，再来开展相应的工作。如果造价负责人在整体设计施工图的熟悉和拆分整理上花费的时间是 A，虽然 A 可能会大于前面所说的 B，但是 A 肯定远远低于正向思维下整个团队为设计施工图的熟悉和筛选所花费的总时间 $N \times B$ 的。

如果某项目由数个单体组成，设计施工图是分专业设计，每个专业为一份 CAD 图，每份 CAD 图中包含了全部单体，这个时候当我们对设计施工图进行拆分和整理时，如果采用正向思维的工作习惯，往往就是按照单体新建一个 CAD 文档，再打开每个专业的 CAD 图，把 CAD 图中该单体的内容复制出来，粘贴到新的 CAD 文档。

当我们采取如此的正向思维进行图纸拆分整理时，会发现存在一些小细节上的不方便，比如跨 CAD 文档复制经常容易卡顿或者提示错误，或者是复制过程中存在遗漏内容的情况，而且有时候还无法检查和核实遗漏的具体位置和内容，或者是不同专业 CAD 绘制的比例尺和绘图方式有区别，导致复制到一起后不兼容或者存在显示不协调等情况。

但是如果这个时候我们采取反向思维的方式，不是新建 CAD 文档进行复制，而是在原有 CAD 图上进行删减，仍旧分专业分模块整理，我们就会发现，这样处理效率会高很多，而且不会出现遗漏和丢失内容、相互之间不兼容等情形，同时也避免了单个 CAD 文档过大，后期导入建模算量软件时操作不方便和其他不利影响的情形。

最后，回到施工图拆分整理的工具使用上，如果我们按照传统正向的思维方式，一般会是采取 CAD 绘图软件。但是如果我们按照反向思维的方式（也就是我们常说的，免费的事物其实是最贵的，收费的事物往往最终才是最便宜的），我们可以去网络上寻找最新的各种便捷工具软件，例如快速看图软件，支付一定的会员费，开通相应的会员功能之后，我们再来进行相应的设计施工图拆分、整理、合并、比对、校核等，就非常的方便和快捷。大幅度提高工作效率的同时，不会出现一些人为原因等导致的低级错误。

所以，我们在日常的工作中，正向思维能让我们按部就班和循规蹈矩开展工作，能使我们按照相应的期待获得对应的结果，这个结果也往往是来得四平八稳，波澜不惊。但是有些时候我们如果变化一下思维，采取反向思维的方式，在很多工作开展的过程中就会出现创新和突破的情形，也就更容易让我们在很多平凡的工作当中脱颖而出，获得更多的发展机会，甚至创造一些弯道超车的机遇。

2.2.2 工作方式

1）把一百件事情做得尽善尽美是一种方式，把十件关键事情做到极致是一种技巧

R 总是某大型 EPC 项目的项目经理，认识 R 总是一种缘分。由于朋友的缘故，我负责该 EPC 项目某专业工程的施工图预算工作，而 R 总对 EPC 项目的施工图预算非常关注和重视，由于工作上的相互交流和探讨，一来二往我和 R 总就这么认识了。

在一个小雨淅淅的下午，我与施工图预算初审单位一起进行了沟通和探讨之后，赶赴项目部，向 R 总汇报了相关的工作情况。由于时间还早，我就和 R 总闲聊起来。

R 总既属于技术派，又属于实干派，对工程项目管理过程中的事项喜欢琢磨和总结，又喜欢对外交流和分享。对于工程项目管理，R 总毫无保留地分享了他的实践总结。

总结之一，再艰难的项目，再复杂的项目，大气和担当是推动项目的关键。比如某市政项目施工进度推进困难，各方对施工企业现场施工情况不甚满意。R 总临危受命出任项目经理，某分部工程原计划施工工序是采用一台挖机一个星期施工完成，R 总采用集中五台挖机一天施工完成，让甲方切实直观的感受到现场的进度、团队的气场、企业的文化，这就是大气。因此在关键事项关键节点关键投入上，现场管理者不应该只斤斤计较小成本，而是要考虑大局面，要大气和有担当。

总结之二，对于 EPC 项目，施工图预算和前期预算评审工作是项目管理核心关键要素。后期再多的变更、签证、收方以及经营，有可能都抵不上前期施工图预算工作的某一笔某一划。项目经理、商务经理和技术总工之间的配合，则是前期施工图预算工作推进关键当中的关键。所以，项目经理懂造价，懂商务；技术总工懂审计，懂取费；商务经理懂技术，懂生产。这是趋势，也是团队管理和打造的方向。

总结之三，项目管理很复杂，也很简单。坚持每天下班之前去项目上实地巡检一圈，对于发现的问题，及时进行指导和监督相应管理人员落实解决，这远比开多少次管理会、协调会、工作例会更为直接，更为有效。因为复杂的项目管理在于日常每天工作的落实和及时纠偏，而不在于事后的责备与计较。

复杂的工作，R 总用简单的道理就剖析得非常透彻，通过上述的总结，让我刹那间明白了，为什么 R 总的办公室那么的简洁、简单、明了，没有电脑，没有堆积如山的文件资料，这就是背后最为底层的逻辑支撑和道理。

借鉴 R 总的项目管理经验，回到我们的造价商务工作中，这就是启发我们，作为项目负责人或者团队负责人，我们需要的是把核心关键的事情坚持落实、做到极致。这远比把全部的事情做得面面俱到、尽善尽美要更为有效，更为有价值和有意义。

但是，作为团队的成员，作为具体工作的执行者，往往相反。需要把工作和执行的每一个细节和步骤都尽量做到没有瑕疵，尽量做到最好，而不是只去盯住工作最终的那个结果，却忽略了应该有的过程和细节。

理解了这个道理，我们更会发现，在不同的工作、环境、场合、形势下，我们每个人所处的位置和岗位职责是不一样的，是随时处于动态变化当中的。比如，有时候我们是处于负责人的岗位，有的时候我们又是处于执行层的角色和定位。当我们处于不同的岗位，不同的角色时，相应的工作开展的方式和方法就要对应地切换并与之匹配。这也就是老师常常教导我们的，要灵活学习，灵活应用，也是刘向《晏子使楚》里的“橘生淮南则为橘，生于淮北则为枳。”

2021 年 11 月 15 日

2）都会的等于都不会，都不会的才是机会

今天我来到南京，参加 ×× 合作联盟成立和交流大会，向不同行业和专业领域的精英们学习。

一下飞机，我坐上了一辆出租车。我刚上车出租车师傅就热情地给我提行李，并且自我主动介绍姓童。听我们是从外地过来的，一路上童师傅和我们介绍南京的风土人情，知道我们明天会返程时，童师傅留下了我的电话，说我返程时，他主动来接我去机场，方便我出行。在童师傅的热情洋溢中，就这样又做成了一个未来的单子。

到了会场，我先去会务组报道。我看到专门负责住宿登记的宾馆工作人员面前，已经有了厚厚的一叠预定房间的发票，旁边的午餐券也是厚厚的一叠。我才突然明白，这次合作联盟成立和交流大会对参会者不收费，可能是对于宾馆来讲，举办类似的会议可以吸引大量外地人来住宿，所以虽然会议不收费，但是可以带动住宿和餐饮。这对主办方来讲也可以让投入成本降低，让参会者也受益，形成三赢的局面。

一件小小的事情，让我突然明白了一个道理：同样是一件事情，以不同的态度不同的方式去看待，就有完全不同的收获和效果。

例如，我们遇到热情的出租车师傅很多，但是能在热情中发现机会和制造机会变为具体业务的出租车师傅并不多。我们看到装修不错位置很好环境优雅的宾馆很多，但是能在做好服务的同时善于与相关机构合作，能放弃小利益获取大利益的宾馆并不多。

当一件事情大家都会做，大家都去按部就班地做时，其实就等于大家都不会做，都没有优势。当某人的思路和做法超出常规，采取差异化的做法和竞争策略，就会快速凸显出我们的优势，让我们脱颖而出，这样就能让我们有更多的机会。

同样地，当工程造价行业日益智能化发展时，如果我们造价人员还只是停留在以往传统的算量和计价，还只是停留在和大部分人一样的技能和工作时，我们可能有一天会突然发现自己的路越走越窄，而我们如果能跳出专业本身，去与其他行业和专业相融合，我们就有了本专业其他人不具有的能力和思维，我们就会给自己带来不一样的发展机会和职业潜力。

所以，积极观察变化，主动拥抱变化，不断寻找自己的差异点，做他人不能做的事情，或者具备行业他人不具备的能力，差异化地发展，这是职业竞争和职业突破的一种方式和方法。

2021 年 4 月 9 日

3）在我们提问之前，要学会拆分问题

昨天下午，某企业的 H 总联系我们进行房建方向的造价培训。H 总先发了一个简要的培训需求，询问我们是否有相关的课程可以讲解。由于该企业提出的培训需求比较大而且全，根据这种宏观的需求我们很难准确地答复和落实。但是如果我们直接问对方，你们这次培训的具体需求是什么，可能对方还是答不上来，因为更多的时候是企业自己也不知道他们的需求，只是单纯的想做培训这个事情而已。

经过简单的思考，我结合企业培训的经验，从实践的角度把关于这次培训的需求拆解分成了四个小模块，接着再把四个小模块细分为接近二十个小问题，四个模块分别是培训的定位和目的、企业目前承接的业务类型和计价模式、参加培训的对象和人员、培训举行的时间和要求。

针对我们拆分出来的小问题，我们与企业的 H 总进行了具体问题的提问式沟通交流，这样我们对企业这次培训的具体背景和培训需求的精准提炼就非常有效。在问题式交流的基础之上，我们了解和梳理出了企业的真正需求和目的，并在此基础之上设计了相应的培训课程和内容大纲，提供给企业，顺理成章地，该企业的最终培训工作委托给我们团队负责实施和完成，并且企业学员反馈培训效果非常不错。

很多时候，我们可以从另外一个层面和角度来看待我们的工作：如果我们是作为一个部门主管，那么我们的核心工作就是把上级领导的需求，拆分为一个一个可执行的动作交给员工执行；如果我们是作为一个企业老板，那么我们的关键工作就是把市场的需求，拆分为各个部门去完成的事项或者任务。最终各个部门完成工作的组合满足了市场的客户的需求，让企业获得发展，员工获得成就，这就是结果。

所以把一个事项拆分成具体的问题，对我们来讲是一种重要的方法和工作理念，当然我们不是一开始时就会对任何事物都知道如何去拆分，去有效地拆解，我们可以在一件一件的事情中，去不断地拆分问题，总结问题，形成问题库。例如企业培训，我们可以制作一个标准问题提问表，当问题提问表足够详细和具体时，以后可以直接发给客户，这样客户的真实需求就非常快捷地提炼和形成。例如结算办理的现场踏勘，我们可以制作一个现场踏勘的常见问题汇集册，当现场踏勘问题累积的越多越详细时，我们在办理结算工作时就更加准确和具有针对性。

拆分问题的工作方式，就如登山，一步一步地前行，一招一式地拆解，既能让相对方便于接招和应对，更有利于自己的工作开展和经验积累，去翻越自己职业路途上的一座又一座的山峰。

2020 年 9 月 11 日

案例示范

关于某建筑工程项目结算时安全文明施工费计算方式的疑问

一、项目背景

1　项目合同价格形式：单价合同

2　施工合同约定的结算条款

本工程结算原则：结算总价 = 分部分项工程量清单结算价 + 措施费 + 分部分项工程量清单新增或变更等引起的增（减）子项结算价 + 安全文明施工费 + 智慧工地费用 + 规费 + 税金 + 合同约定的其他费用。

各部分的结算原则如下：

2.1　各分部分项工程量清单结算价

以承包人投标报价时的分部分项工程量清单中子项综合单价 × 子项工程量。

2.1.1　工程量：按《建设工程工程量清单计价规范》（GB 50500—2013）、《重庆市建设工程工程量清单计价规则》（CQJJGZ—2013）、《重庆市建设工程工程量计算规则》（CQJLGZ—2013）、《房屋建筑与装饰工程工程量计算规范》（GB 50854—2013）、《通用安装工程工程量计算规范》（GB 50856—2013）约定的计量规则计算的实际合格工程量（须发包人、承包人、监理单位三方认可的实际完成合格工程量）。

2.1.2　子项综合单价以承包人投标报价时的分部分项工程量清单中子项综合单价为结算依据。

2.2　措施费

2.2.1　施工组织措施费：发包人给出的施工组织措施项目清单仅供承包人参考，承包人在投标报价时可参照发包人给出的施工组织措施项目清单并结合本工程的实际情况和重庆市建设工程费用定额（CQFYDE—2018）规定自行进行报价，但组织措施费费率不得超重庆市建设工程费用定额（CQFYDE—2018）、渝建发〔2014〕25 号文、渝建发〔2014〕26 号、渝建发〔2014〕27 号等相关文件规定，否则结算时按不高于该标准计取。如果漏项或不报价或报价为零，视为已包含在其他项目清单综合单价内。施工组织措施以承包人投标报价时的施工组织措施项目清单报价包干使用，不因设计变更、新增、减少和施工工艺变化而调整，不再另行计算其他费用，但安全文明施工费除外。

2.2.2　施工技术措施费：技术措施清单中以项计列的项目，无论因设计变更或施工工艺变化等任何因素而引起实际措施费的变化，均按投标时施工技术措施项目费的报价作为结算价。技术措施清单中以项目编码、项目名称、项目特征、工程内容、工程量及计量单位列项的项目，综合单价不作调整，工程量按《建设工程工程量清单计价规范》（GB 50500—2013）、《重庆市建设工程工程量清单计价规则》（CQJJGZ—2013）、《重庆市建设工程工程量计算规则》（CQJLGZ—2013）、《房屋建筑与装饰工程工程量计算规范》（GB 50854—2013）、《通用安装工程工程量计算规范》（GB 50856—2013）、规定的计量规则及工程量清单说明按实计量。

技术措施清单中未计列的项目，由承包人根据现场勘查情况、类似工程经验，自行增加措施项目，以项为单位填报，结算时包干使用，不因设计变更、新增、减少和施工工艺变化而调整，不再另行计算其它费用。

2.3　其他项目清单结算价

2.3.1　本工程材料、设备采用暂估价格报价的，在施工过程中，使用前由承包人报价，经发包人和监理人审核同意后方可采购使用。结算时只对发包人核定单价与暂估单价的价差部分进行调整（调整的数量根据工程结算实体数量确定，并按重庆市系列工程计价定额（2018）计算损耗），该价差除税金外不再计取其他任何费用。

2.3.2　本工程采用专业工程固定总价、暂估价或暂列金额报价的，发包人有权对该项分包工程重新组织招标。结算时，只对专项供应合同结算价或专项分包合同结算价与暂估价的差额部分进行调整，该差额除税金外不再计取其他任何费用。

2.4　工程变更价款结算办法

因设计变更引起的工程量增加或招标范围外新增加工程项目按发包人相关文件相关程序报批，经批准后实施。

设计变更和招标范围以外增加工程量引起的变更项目结算原则：

2.4.1　中标工程量清单中有相同项目时，执行相应项目的单价，清单相同项目不限于单个单位工程内清单，整个项目招标清单范围内的清单项目有相同项目的，均视为相同项目；

2.4.2　中标工程量清单中有类似项目时，应参照类似项目进行调整，清单类似项目不限于单个单位工程内清单，整个项目招标清单范围内的清单项目有类似项目的，均视为类似项目，类似清单项目的鉴定和解释权归发包人；

2.4.3　中标工程量清单中无类似和相同项目时，依据《建设工程工程量清单计价规范》（GB 50500—2013）、《重庆市建设工程工程量清单计价规则》（CQJJGZ—2013）、《重庆市建设工程工程量计算规则》（CQJLGZ—2013）、《房屋建筑与装饰工程工程量计算规范》（GB 50854—2013）、《通用安装工程工程量计算规范》（GB 50856—2013）及重庆市系列工程计价定额（2018）等以及相关配套文件组价，其中材料价格及人工日单价按投标报价与《重庆工程造价》公布的材料调差基准期信息价较低者执行；投标报价中没有的材料价格按施工同期《重庆工程造价》公布的信息价执行并结合市场价；投标报价中没有且《重庆工程造价》也没有的材料价格由发包人和监理单位认质核价，由承包人报发包人按程序审批后确认；组价后的综合单价按下浮 ××% 计取（认质认价、执行投标价的材料不参与下浮）。

2.5　安全文明施工费

按照《关于印发〈重庆市建设工程安全文明施工费计取及使用管理规定〉的通知》（渝建发〔2014〕25 号）、《重庆市城乡建设委员会关于建筑业营业税改增值税调整建设工程计价依据的通知》（渝建发〔2016〕35 号）及《重庆市城乡建设委员会关于适用增值税新税率调整建设工程计价依据的通知》（渝建〔2018〕195 号）、2018 年《重庆市建设工程费用定额》规定执行。工地标准化评定为不合格，则安全文明施工费不得收取，已支付的费用在结算时扣回。

承包人应按照《房屋建筑和市政基础设施工程施工扬尘控制工作方案》（渝建发〔2009〕13 号）、《重庆市房屋建筑和市政基础设施工程现场文明施工标准》（渝建发〔2008〕169 号）等相关规定履行好施工扬尘控制、文明施工等责任。

2.6　建设工程竣工档案编制费

按照《关于调整建设工程竣工档案编制费计取标准与计算方法的通知》渝建发〔2014〕26 号文和《重庆市城乡建设委员会关于建筑业营业税改征增值税调整建设工程计价依据的通知》（渝建发〔2016〕35 号）、《重庆市城乡建设委员会关于适用增值税新税率调整建设工程计价依据的通知》（渝建〔2018〕195 号）、2018 年《重庆市建设工程费用定额》的规定执行。

2.7　规费

按投标费率结算，若承包人的投标报价中规费费率高于规定费率，则以规定费率结合“渝建发〔2016〕35 号、渝建〔2018〕195 号”规定结算。

2.8　智慧工地费

根据智慧工地标准按项包干结算，承包人未达标准内的任意一项内容未按规定实施的，结算时扣除该项标准所有费用。（结算资料中需提供佐证材料：如视频文件、发票等）。

2.9　税金

按投标费率结算，若承包人的投标报价中税金费率高于规定费率，则以规定费率结合“渝建发〔2016〕35 号、渝建〔2018〕195 号”规定结算。

二、计算争议

本项目在办理结算时，对于安全文明施工费的按实计算，存在如下 4 种计算方式。

1. 用工程量清单结算数量 × 中标的综合单价 + 重新组价（重新组价部分下浮后）+ 措施费 + 规费等形成的税前造价为基数进行安全文明施工费的计算。

2. 用工程量清单结算数量 × 中标的综合单价 + 重新组价（重新组价部分下浮前）+ 措施费 + 规费等形成的税前造价为基数进行安全文明施工费的计算，

3. 用工程量清单结算数量 × 招标限价的综合单价 + 重新组价（重新组价部分下浮前）+ 措施费 + 规费等形成的税前造价为基数进行安全文明施工费的计算，

4. 分部分项工程结算综合合价（含重新组价综合合价，不含全费用综合单价合价）/ 中标清单中分部分项综合合价 ×100%× 中标通知书中所列安全文明施工费金额进行计算。

三、咨询问题

1. 该现目在实务中，安全文明施工费的结算大概率会采用哪种处理方式？

2. 从中立的角度，根据施工合同约定和相关文件理解，你觉得采取哪种方式比较合理，具体的理由是什么？

四、问题回复

问题 1 回复：

结合工程造价实务，本项目对于安全文明施工费的结算，采取第 1 种方式的概率比较大，也就是用工程量清单结算数量 × 中标的综合单价 + 重新组价（重新组价部分下浮后）+ 措施费 + 规费等形成的税前造价为基数进行安全文明施工费的计算。

问题 2 回复：

任何事物的理解，要回归到本源。本项目对于安全文明施工费的结算方式，约定的是执行“渝建发〔2014〕25 号文”文，该文件明确规定本项目安全文明施工费的计费基础为税前工程造价，具体规定如下：

“1. 本表计费标准为工地标准化评定等级为合格的标准。

“2. 计费基础：建筑、构筑物、仿古建筑、房屋修缮、道路、桥梁、隧道、其他市政及城市轨道交通工程均以税前工程造价为基础计算；装饰工程（含幕墙工程）、安装工程（含市政安装工程）、园林绿化工程按人工费（含价差）为基础计算；土石方工程（不含建、构筑物及市政工程基础土石方）以开挖工程量为基础计算。”

那么，现在关键的问题就是税前工程造价如何理解，进一步简化就是工程造价如何理解。

工程造价是指工程的建设价格，是一个固定的结果。我们要形成一个项目的工程造价，一般是通过招投标活动和签订施工合同，约定具体的计价条款和结算方式来确定具体的工程造价。

因此对于上述提问中 4 种安全文明施工费的计算方式，从核心本质上理解，第 1 种归为一类，第 2–4 种归为一类。第 1 种是按照施工合同约定的结算条款先计算该项目的工程造价，再根据该工程造价按照施工合同约定的“渝建发〔2014〕25 号”文来计算安全文明施工费。

第 2–4 种不是按照施工合同约定的结算条款先计算该项目的工程造价，而是脱离了该项目的施工合同约定，泛化地理解工程造价，这样就导致工程造价有不同的理解方式，而不是该项目施工合同约定的方式对应的该项目工程造价。因此，上述的理解方式就脱离了“渝建发〔2014〕25 号”文规定的“以税前工程造价为基础计算”本质内涵。如果可以上述方式理解工程造价，那么本项目除了第 2–4 种方式之外，其实还有更多的理解工程造价的方式，例如：重新按照 2018 定额套取定额子目和执行相应造价信息调差来计算工程造价，然后以此税前工程造价作为基数来计算安全文明施工费；采取工程量清单结算数量 × 中标的综合单价 + 重新组价（重新组价部分下浮前）+ 措施费（重新按照定额计算和全额取费）+ 规费（重新按照定额计算和全额取费）等形成的税前造价为基数进行安全文明施工费的计算……

上述是从正向思维推理，如果是从工作常识和反向思维推理，上述第 2–4 种安全文明施工费计算方式也均存在逻辑瑕疵。例如，某工程项目不执行任何定额和清单计价，甲乙双方直接约定：该项目总价包干为工程造价 1 亿元，其中安全文明施工费按照 1 亿元的税前工程造价根据“渝建发〔2014〕25 号”文计算列明在合同中。那么该项目在结算的时候，在没有出现施工合同约定的其他可以调整包干总价的情形下，我们不会去调整安全文明施工费，就是按照双方的施工合同约定以工程造价 1 亿元作为结算金额。至于本项目 1 亿元的工程造价是否合理，是否超出定额，因为是甲乙双方达成一致意见约定这个项目的工程造价为 1 亿元，所以我们也就应该以该施工合同约定的计价条款相对应的工程造价 1 亿元作为安全文明施工费的计算基数。

因此，当我们把上述这个简化案例理解明白，本次咨询项目也就是同样的道理，只不过咨询项目施工合同中对本项目工程造价计算条款约定的比较复杂，但是我们不能因为施工合同约定复杂，而去推翻该项目工程造价的计算约定，由此去推翻“渝建发〔2014〕25 号”文中规定的“以税前工程造价为基础计算”内涵，这是不合理的。

在实务中，为了避免安全文明施工费结算时争议的发生，最好在招标文件或者施工合同中约定安全文明施工费执行相关文件按实计算的同时，对具体如何执行相关文件，可在相关文件的基础之上进一步结合项目的情况明确具体的结算原则和计算方式。如果仅仅是在招投标过程中明确安全文明施工费作为暂定金额列入，投标人不能下浮，结算时按照相关文件按实计算办理结算的方式，就会导致结算争议的发生。

4）学会预判他人的想法，而不是强调自己的意图

为期 10 天的中建 ×× 公司的造价系统培训已经过半，学员们的学习热情不减，每天都是学习到晚上 12 点。为了节约学习时间，午餐和晚餐学员们甚至都是采取集体点餐到培训地点，快速就餐后又马上完成课后作业。老师们的课程讲解也是激情澎湃，从早上 9 点开始，持续讲解到晚上 9 点，接着又辅导学员们练习到晚上 12 点才回家，没有一丝一毫的松懈。

能达到这样的效果，除了和我们这次培训提前进行了系统全面的精确到每个小时的全过程内容设计之外，还与我们在本次培训工作开展过程的三个方面思路调整有关。

第一个工作思路调整，是针对我们内部讲师的。在以前的类似培训实施中，讲师的讲课费用我们一般是培训实施完成后再进行具体到每个人进行分配。虽然公司有一定的分配标准，但是培训实施完成后的分配可以结合实际情况，对每个人员在本次培训中具体付出的努力和取得的工作效果进行相应的调整。这种分配方式在公平性上有一定的保证，但是也存在一个弊端，就是讲师和相应人员在培训实施完成之前对自己的收入不能有效准确地判断和预估，这样就会导致实施人员在工作积极性上有一定的影响。我通过观察，发现从

今年开始，负责本次讲课的 ×× 讲师谈恋爱了，准备成家立业，因此当下明确的经济收入的需要超越了职业发展的憧憬，所以这次培训实施时，作为负责人的我就提前把每个人的本次培训收入进行了分配和确认。果然，当收入明确且略超出自己预期的情况下，实施人员的积极性大增，在原来计划的课程安排上增加晚上授课内容也是实施人员主动提出来，并且一丝不苟去执行。

第二个工作思路调整，是针对学员的辅导和关注。以前我们采取的方式是全部关注，对于一些学习积极性不高的学员，我们在做思想工作的同时，还要采取一些强制的学习任务去督促学习。因为类似的培训是成年人的专业学习，这样强制性的要求效果不好，容易引起这部分学员的逆反心理。我们通过实践发现，现在的企业培训学员有的是想通过培训真正学习专业知识的，有的是家庭条件好本身就不在乎工作或者就是一种玩的心态。对于前者，我们应该重点关注重点指导，让其专业快速成长；对于后者，我们采取的是口头鼓励表扬，称赞其岁月静好，我们很羡慕，给予足够的表面关注，但是不再费心去专业指导或者布置学习任务强制要求。这样教学思路一调整，爱学习的学员们积极性更高，不爱学习的学员也心态很好，甚至还促进整个学习氛围的和谐。老师们也把有效的精力用在真正需要的学员上，避免了无用功，也就没有像以前那样全部关注带来的疲劳和费心。

第三个工作思路调整，是对培训内容的设计。因为这次培训学员的核心想法是真正的学习专业，类似的团队文化建设、协作技巧等学员们在前期公司内部培训中已经涉及，所以在这次培训的内容设计上，除了干货还是干货，在培训过程中不设置任何与专业无关的其他学习任务或者活动。这样的结果是学员们是越学越起劲，甚至是到了晚上 12 点，学员们还在抱怨时间怎么过得这么快，还没有什么感觉一天学习又结束了。

所以，有效工作的开展，需要我们结合这个工作本身当时的情况，当时的人物，去预判与这个工作相关的方方面面人的真实想法，而不能一味以自己的意图或者自己想要的、自己认为的为出发点，当我们的行动满足了他人的真实想法或者内在需求时，我们的这件工作也就会顺利地实施和推进，而且非常高效。

2020 年 7 月 28 日

5）我能吸取什么，我能得到什么，怎么把自己变得更好

受客户的邀请，明天我将在一衣带水的蓉城，给某施工企业进行以《工程项目利润创造与造价风险控制》为主题的企业实训。

今天出发时，我在网上平台预订了从家里到高铁站的网约车，接到司机师傅打过来电话，说预计 5 分钟到，希望我耐心等待一下。结果我在上车地点才等了不到 3 分钟，网约车就过来了，这给了我一个小小的出门惊喜，第一次网约车在预计的时间之前到达。我以往遇到的司机，大都是把预估实际到达上车点需要的时间说短，好让客户宽心等待。上车之后，师傅又主动问我，多久的高铁，然后给我主动推荐和解释最优的路线，供我选择和决策。

虽然路程时间不长，司机师傅一路主动和我交流，从小孩教育到个人成长经历，从生活负担到人生观念……司机师傅说他虽然每月收入不高但是支出却不菲，有两个女儿要负担，有时候还需要父母帮补点。但是，司机师傅的一句话“生活就是这样，无论什么时候还是得扎扎实实做事情，扎扎实实地生活，勤勤恳恳地前行，只有我们每一个个人做好了，整个社会才能越来越好”一瞬间让我感受到了劳动人民有心向上积极乐观的心态，既让人觉得温暖，又让人感受到亲切，也更让人感受到自己所做的事情，不管是大还是小，都有着积极的意义。

到了出差目的地，我放下行李去吃午餐，来到一个略带江湖菜味道的餐馆。一个服务员大姐热情地上来，一边介绍菜单，一边用开水给我们冲洗封装的碗筷，还热心地给我们说关注他们的公众号办理会员可以打折。大姐甚至还略带不平地说，其实她也想关注公众号办理会员，有的时候自己请人吃饭打折，但是公司规定不允许员工办理会员打折只能客户关注公众号办理会员享受优惠。最终我吃完饭夸奖菜味道不错时，大姐立刻又推荐说，我可以加店长的微信，下次可以直接和店长订餐并且还可以享受额外优惠。虽然这个大姐的很多举动有固定的套路和营销推广痕迹，但是大姐这样热心地在服务员这个岗位上，不仅做好服务员本职工作，还更多地去思考如何给餐馆带来更多的客户，更多的回头客，并为之不遗余力地努力，让我刮目相看敬佩不已。

下午我和委托方会务人员将培训会场准备完毕，有幸约到蓉城本地两个专注建工行业初次认识的律师朋友交流。我对交流的具体内容其实已不能清晰记得，但是其中的几个细节却是让人回味悠长。

第一个细节，是在办公室交流时以及在交流后聚餐的地方，律师朋友始终巧妙而又自然地一直让来访的我们一方坐在面对风景或是面对大门的座位。

第二个细节，是整个交流的过程中，律师朋友们更多的是倾听我们一方的阐述，跟随我们的思路很谦逊地发表一些共同的观点和看法。其实律师朋友的团队应该在蓉城乃至西南地区的建工领域已经非常有名气，但是依然是那样的谦逊和谦让。

第三个细节，是交流完毕时，律师朋友提前低调地在网上平台帮我们预约了回程的网约车，不得不让我们心生佩服，他们在前期交流中对细节的关注，以及对待他人的和气与体贴。

一天的行程下来，我虽然没有做任何有实际意义的事情，但是这一天行程中的很多人，很多事，很多微小的细节，却不断冲击着我，让我自己去反思，通过这些人这些事，我能获得什么，我要怎么样才能让自己变得越来越好。

我细细总结下来，其实上述事项背后透露出的一个核心的工作方式，就是不管我们处于哪个行业、岗位，从事什么职业，完成什么工作，我们需要做的是让自己做一个有心、向上的人。因为有了心，我们才能发自内心地去做好一件事情；因为有了积极向上的心态，我们才能真正持久地去做好一件事情。

2020 年 10 月 16 日

6）给他人尊重，就是给与自己尊重

今天快下班的时候，公司负责人力资源的T老师告诉我，两个月前我们一起面试的一个应聘人员H工，特意给T老师发来消息，告诉我们她目前已经回到云南老家继续从事预算工作，对我们在面试过程中给她提供的职业规划指导和职业发展建议再次表示非常的感谢。

这不禁让我又想起了当时的面试过程。我记得H工属于一个非常有理想敢拼赶想敢做的人，她应该先是去读了一个类似职高的学校，回到家乡后在一家公立医院做护士，这在她的家乡应该已经属于很不错的稳定职业了。但是她不甘于命运，在当护士期间又主动联系相关教育部门，作为社会考生参加了高考，如愿以偿进入某大专院校，学习工程造价专业，并且通过自己的努力毕业后顺利进入到当地一家自来水公司负责工程造价相关工作。这份新的工作稳定，离家又近，同时是自己所学的专业，工作起来得心应手，很受领导器重。H工在工作一段时间之后，觉得自己以后的职业发展会受到限制，于是从自来水公司辞职应聘进入某知名上市房地产公司在当地的分公司，从事安装相关的造价工作。H工经历了大公司工作的锻炼，专业和综合能力得到了很大的成长。由于H工所在的是一个小城市，职业发展空间受到制约，恰好她的一个朋友在重庆上班，于是她又辞职来到重庆这个陌生的大都市，寻求更高的发展。

H工给我们公司投递了简历，当时的初试是T老师负责，复试是T老师、我和公司领导一起负责。记得复试的时候，我们针对H工的个人职业发展和未来的定位，与H工一起进行了深入的探讨和分析，并且对她来到重庆进行再一次相当于改行的职业发展选择，需要面临的风险和挑战，以及以后能真正在造价这个领域在重庆这个城市立足要经历的时间、相关的付出和关键的事项等，给她做了针对性的毫无保留的剖析。最终我们也表明了我们的选择：如果她愿意接受再次改行即将面临的调整和风险，我们愿意吸纳她为我们公司的一员，我们也有信心能把她培养成为一名优秀的造价专业人员，让她的职业高度和职场成长有一个很大的提升，但是前提是需要她做好对我们前面提出的相关风险和挑战的充分的个人评估和心理准备。

最终，可能H工还是觉得自己内心没有做好真正的准备去面对接下来的挑战和风险，也可能是基于其他的原因或者考虑，最终她还是选择回到了自己的家乡，继续从事造价相关的工作。但是H工来到重庆这座城市，来到我们公司面试的整个过程，却是实实在在地感受到了我们对她的尊重，那种真诚的毫无保留的尊重。正是这份尊重，虽然最终双方没有能走到一起，成为同事，但是我们却赢得了她发自内心的认同。

就像她在给T老师留言中说的，欢迎我们下次去云南去她的家乡蒙自，她一定带我们去吃最正宗的过桥米线。虽然在当下这只是一份友情的感谢交流之话，我们也不一定以后会去云南会去蒙自，去了后也不一定再适合和她联系，但是就当下这个场景，既然H工能说出这样发自内心的邀请之话，那就真正地说明，我们对她的尊重，赢得了她对我们的尊重。

在工作和生活中，有很多事情，其实我们多用心一点，多积极主动一点，多站在对方的角度为对方思考一点点，少一点戾气，少一点孤傲，少一点高高在上，少一点事不关己，当我们在细心的作出这些行动、动作或者言语时，对方是一定能感受得到的，感受得到我们对对方的尊重、认可、在意。其实当对方感受到了我们的这份尊重，很多时候我们的工作开展起来就会顺畅很多，事情推进起来就会快捷很多。就算这些与工作无关，双方以后不再相见，至少能在对方的心里，留下的是一份美好的印象或者美好的记忆，那对于我们来讲，这也是一件非常有意义和有价值的事情。

所以，给人尊重，就是给自己尊重。生活如此，工作亦如此，专业成长和职业发展更是如此。

2020 年 7 月 21 日

7）让工作结果可视化，是一种工作态度和技巧

公司新入职员工的培训进行到了第二周，本周由我们部门的小 W 同学对新员工进行施工工艺和施工图识图的内容讲解。

在小 W 同学给大家讲解了一天后，我与小 W 同学进行了交流。小 W 反馈新来的员工学习很积极，大家交流也很活跃。虽然自己在给新员工讲解时要提前做很多准备，花费很多的时间，但是通过讲解小 W 也发现了一些自己的知识盲区，对以前的专业知识又体系化地整合了一次。

参与人都很积极努力并且还有收获，那就说明这个工作干得很不错。于是我问了小 W 一个问题：本周你讲解完成后，准备形成哪些成果文件呢？

小 W 同学一下子没有反应过来，因为潜意识里他思考的是这就是一次给新员工的培训任务，又不是做具体的咨询项目，还需要形成成果文件吗？

我对此进行了剖析，告诉小 W 同学如下的道理：

一方面这确实只是一个内部培训工作，目前作为讲解人很努力，学习人也很认真，但是对于公司其他人，要感知到你们做这个工作的付出和成绩，是需要通过一些可视化的过程或阶段性成果的东西来体现的。

另一方面，任何一件工作或者事情，都有委托人或者安排人，我们都是从他人手中接受任务。因此，当事情或者工作完成了，我们就需要给任务安排人一个回复，让安排人知道我们这个事情已经办完了、办的结果怎么样。这个时候，有些工作我们是可以通过专业成果比如咨询审核报告作为回复，有些工作我们是可以通过口头回复，有些工作我们是通过其他方式回复比如总结报告、影像资料等进行回复。

最后，对于一件工作或者事情，我们要考虑到当下自己做了，未来还会有其他人以后会去做，因此我们可以把自己做的过程和经验教训程序化和成果化，这样我们的工作成果就可以供他人参考，提升团队的工作效率和业绩。所在团队提升的同时，自我的提升更快，

因为自我提升正是引发团队提升的那个源动力。

经过我一番讲解，小 W 同学马上听明白了，于是主动提出来他讲解完成后，最少会形成三个成果性的文件。一个成果文件是这一周讲解的全过程记录，包括每天讲解的内容和详细时间安排，每天布置的作业情况和学员的具体作业成果；一个成果文件是讲解过程中学员的问题汇总及解答和自己专业知识盲区汇总及相应的思考；一个成果文件是关于新员工培训讲解内容课程设计的思维导图总结和对应的 PPT 讲解文件。

小 W 同学接着又进行了深层次思考，提出来自己要有成果性的文件，那么也要去构思如何让新员工形成成果性的文件。如果把工作做得更上一个层次，如何把自己想要的成果文件，拆分为一些任务让新员工学习的同时作为任务完成，这样既让新员工学习和锻炼了，也让自己的成果文件就不经意间形成，各方的工作效率就大大提升。

这只是一件新员工培训讲解的小工作，通过对这个小工作结果可视化的思考分析，背后体现的是我们日常两种工作方式之间的区别：以自己角度做完为标准，还是以结果加他人感知以及对未来的未雨绸缪为理念，这两种工作方式之间是有很大区别的。前者的情形下，我们一辈子可能只能停留在机械做事的角度，很难有很高很深远的职业发展，而后者的工作方式，我们每做一个工作一件事情就是一次巨大的蜕变和成长，点滴累积就会让我们发展飞速，成长速度和空间会远远的超越同龄人。

所以，不管是大事小事，专业的事还是非专业的事，只要是事情，我们都把它当作工作，就要心怀成果化的工作态度，并去用一些工作开展的方式和方法积极推动。这样对自我来讲，会发现每天自己都是在快速进步，每天都是在日新月异，自己根本没有时间和闲情逸致去为身边一些无关紧要或者不必要的事情所纷扰，只一心向前，昂首阔步。

2020 年 7 月 15 日

8）若无特殊，面对面交流更为有效

最近一段时间，我通过对一家施工单位的某个项目的深入交流、沟通和调研，针对性地编制了一份该项目的索赔工作指导实施方案。我在上周已经把该实施方案电子文档发给了施工单位。为了确保施工单位准确理解和落实实施，今天在公司的会议室，我们又采取面对面的交流方式，就该索赔工作指导实施方案，对施工单位的相关人员进行了一次详细的交底。

当交底完成时，施工单位的负责人跟我们说了两点感受。第一点感受是，他在这之次面对面交流之前，对这个索赔实施方案已经阅读了好几遍，自己认为完全理解了，但是经过我们的这一次交底，他发现很多书面文字背后的真正含义需要面对面的讲述和交流探讨。仅仅凭文字还是很难真正理解其中的内涵和实务技巧。第二点感受是，面对面的交流，因为各方能在一起讨论，大家思考到的相关问题能相互一起碰撞，很多问题和解决思路一下子就在交流时豁然开朗，而如果一个人只是闭门看材料，思考就会受到限制，无法打破思

路，遇到理解盲点时也没有办法及时消化和解除。

现代社会随着科技的进步和发展的信息化，人们相互之间的沟通越来越便捷，越来越虚拟化和信息化。电子数据、微信、钉钉、视频、远程会议等，让信息和数据在各个不同位置的人群中相互快速的传播，这也就导致了我们在工作中，很多时候不一定需要见面，通过远程和视频就能解决和完成工作。

但是从人性角度和实际效果来讲，我们会发现远程的电子的交流，会在相互之间产生理解的差异，同时会天然导致一种距离感，会导致人们对工作的重视度不够。因此，虽然我们交流便捷了，但是最终交流效果却不理想。

因此，有的人们开始反其道而行之提出了另外一种工作交流理念：尽量面对面交流，去推动和解决问题，即能当面交流沟通解决的，就不采取电话沟通；能电话沟通解决的，就不通过微信、钉钉或其他即时通信工具沟通；能通过即时通信工具沟通的，就不通过电子邮件沟通。

当然这种方式仅仅是一些人的工作理念，整个时代的发展趋势和未来方向肯定还是虚拟化、远程化、信息化。但是如何让我们的虚拟化和远程化的工作方式中融入面对面交流的直接和亲切，是值得我们去深思和探索的地方。

因为人类毕竟是团体化和组织化的，面对面带来的真实、尊重、交心，既是人们内心的底层需要，更是一种工作带来的价值和意义。所以，我们在接受新事物，拥抱新改变的同时，也还需要返璞归真，保留一些内在的和人性的事物，这也常常让朴素的事物和平凡的工作更为长远持久和具有意义。

2020 年 7 月 9 日

9）聚焦于每个阶段的核心目标，不被其他事项和利益所分散

前天，某施工企业的 M 总与我联系，他们目前有一个项目，想寻找合适的团队编制结算书并与审核单位核对，基于前期某个项目相识后对我们的信任，因此想委托我们来实施。

我详细熟悉了该项目的图纸和相关资料，该项目不是很复杂，体量不大，但是结算编制和结算核对的时间要求非常紧。虽然 M 总企业给出的咨询费在行业属于中等偏上水平，但是经过一番思考后，我还是最终和 M 总反馈，感谢 M 总的信任，目前我们还暂时不适合来实施该项目。在利益的面前，我选择了放弃。

这是为什么呢？因为我才刚刚出来创业成立咨询公司不久，当下我给自己定的一个核心任务是尽快全力完成《工程项目利润创造与造价风险控制》书稿的全面校核完善，配合出版社的出版工作。这是一本自己梦想已久的专业书籍，某种程度上这本书籍能否出版成功，能否获得市场和行业的认可，这对我们团队后续发展的方向和高度有着关键的作用。对于具体的咨询业务和相关收入，这是后续可以持续寻找和去获得的，而书籍的编辑和出

版，是需要合适的时间合适的机会进行，一旦错过了年底这个关键时间点，有可能又要等上一年，很多事情就会发生改变，很多机会可能就不复存在。

对于组织对于个人，我们在每个阶段都会去制定不同的目标，形成不同的计划，提出重点关注的事项。但是在实施过程中，我们会受到各种各样突发事件的干扰，受到各种各样利益的诱惑，受到各种不同声音的质疑，受到不同状况的影响。在这个时候，我们能否坚持自己的目标和计划，能否秉持初心，能否不受一些短期利益的影响，这对组织和个人的长远发展非常重要。

比如这次的事件，一个咨询项目利益干扰，让我还是在思考了一个晚上之后才去拒绝。假如这个干扰还大一点，例如这个咨询项目体量足够大，涉及的咨询费不菲，我还能坚持当下自己的既定目标不偏离吗？这时对我来讲可能就是一个巨大的挑战和考验。

这就是人的本性，知易行难，知行很难合一。对于一个企业的最高管理者，如何在制定了计划之后在一段时间内维持初衷践行核心目标，这是企业发展的关键。对于一个个体，如何在思考了每个职业发展阶段的核心任务后，勇敢果断地围绕该任务，坚持集中全部精力去突破，这也是个人发展的一个关键。

因此，我们一方面要意识到人性的弱点，另一方面要时刻关注自己在每个阶段的核心目标，在实践中不断地去践行、考验和打磨，直至目标实现。认识到自己的不足和弱点并不可怕，不愿意去承认和去调整改变这才是最致命的。

所以，我们从实践中来，到实践中去，不断自我反思，不断自我鞭策，如此往复，则意义非凡矣。

2020 年 12 月 6 日

10）旧瓶装新酒，也是一种创新的方式

昨天晚上，公司在主城区的某火锅城举行了一次团建活动，给 11 月份过生日的员工举行了一次集体生日庆祝活动。

团建活动地点以前是一家 KTV 娱乐场所，现在是在原来 KTV 的基础上，在每个房间摆设了火锅餐椅，增设了其他娱乐活动设施，变成了一个吃着火锅唱着歌儿的地方。

在活动的间隙，我抽空去其他房间转了转，发现房间基本上都有人，生意经营得非常不错。房间中的歌声和火锅的滚烫声，两者相融，确实是别有一番风味。

在这样一个综合的场所，同事们可以在吃火锅同时，一边唱歌，一边聊天，甚至可以打桌球和玩电子游戏，基本上每个人都能找到自己的活动场所和时光消遣之处，这就是火锅 KTV 的一个独特创新之处。

随着时代的发展，如果纯粹是唱歌娱乐，在当下很多人们已经不感兴趣，各种 KTV 娱乐场所的日渐没落就是最好的证明。如果单纯是聚餐吃火锅，大家也是日益疲倦，对吃吃喝喝也不是那么地爱好。如果是茶楼麻将还有各种轰趴场所活动，也略显单一和局限。

所以，火锅 KTV 恰好融合了上述的元素，由此应运而生。

虽然火锅 KTV 是一个组合形式，但是这种形式还是满足了市场中最为核心的两个需求：一个是社交，一个是活动。正是这两个最为核心的底层需求，才让大家对此趋之若鹜。

但是，这种模式虽然短期在市场上很火，也潜藏着一个巨大的危机，没有自我最为核心和鲜明、能让客户记忆深刻的地方，缺乏能深深打动客户回头再来二次消费的地方和元素。比如火锅 KTV 的菜品品质和味道口感，相比传统知名火锅店家，可能就逊色很多；比如火锅 KTV 的装饰环境由于是从 KTV 娱乐场所改造而来，相比轰趴和其他团建活动场所，可能没有相应的舒适和贴心。因此，作为客户，可能为这种创新带来的新鲜感消费一次，但是后面就很难持续过来消费。

因此，我们采用这种旧瓶装新酒的创新方式，可以快速获得短暂成功，但是要想让这种创新的事物持久，就必须在实质的内容上进行持续的提升和创新。比如旧瓶的生产持续保持年代的岁月感，比如新酒的品质也是需要用心去雕琢，当旧瓶能超越传统的，新酒能超越当下的，那么这样的创新，就能持续在市场上带来更大的冲击，更大的反响。

对于我们专业技术人员来讲，我们需要意识到不管外在的环境和形式如何去变化，一些最为底层的内容和要求通常是相通的和持续保持不变的。我们所要做的是紧紧的抓住内在的内容本质，然后用当下市场和客户需要的形式去组合和去满足，这也是我们专业技术创新的一个技巧和手段，这也是我们去自我提升和前行思考的一个方向和路径。

2019 年 11 月 20 日

11）以结果为导向，而不是以事情为出发

L 总企业最近又有一个新的 EPC 项目成功中标。

由于我在不久前给 L 总企业做了两次企业实训，某大型项目我又提供索赔顾问的服务，通过前期的这些交往，L 总对我在项目管理和工程创效上的一些理念比较认可。因此委托 P 总和我联系，想邀请我去给新中标项目的管理团队做交流和指导。由于最近一段时间我进驻到某 EPC 项目现场，正在协助另外某企业对该项目的造价成本管控和相关商务风险情况进行全面摸排和梳理，工作才刚刚开展起来，千头万绪，很难抽身。于是，我如实向 P 总反馈了我们这边的情况。

P 总给我阐述了这个新中标 EPC 项目对公司发展的意义以及重要性，再三邀请我去参加交流指导。通过前期工作和 P 总的交往中，我知道 P 总是一个极其严谨细心又责任心极强的人，一般情况下 P 总说某件事情很重要，那肯定是非常重要的。于是，我给 P 总反馈，我先去征求我目前所在项目领导 H 总的意见后再给 P 总回复。H 总听我说了情况后，因为 H 总当下的这个项目就是由于前期安排和相关筹划等没有实施到位导致当下困局，所以 H 总非常感同身受，同意我中途抽出半天时间，去参加 L 总企业项目管理团队进场前的交流和指导。

今天是和P总约好的交流时间，我就早早地起床，从项目部开车到达L总办公室。我比计划时间提前了半小时到达，但是办公室门还是关着的。我连忙给P总打了电话，结果P总说本次交流不是在企业的会议室，而是在另外一个地方的会议室。P总以为L总把地址提前发给了我，而我一直以为就在企业会议室，导致了双方理解上的偏差。于是P总重新把地址发给我，幸好离企业会议室还不远，我马上开车过去在计划的时间恰好达到会场。

我进入会场时，会议室已经坐满了人，电脑也已经连接了投影仪，非常正式和郑重。我刚刚入座，P总先介绍我认识项目经理，项目经理问我是否准备有讲解PPT。我当时一下子才反应过来，这次交流不仅仅是P总前期反馈的简简单单发散型的口头座谈式活动，而是一次非常正式的管理团队交流。幸好我提前有所准备，我昨天下午提前在工程招投标交易网站上下载了该项目全部公开的相关招标资料，晚上对该项目进行了全面的熟悉和了解，并初步用文档的形式梳理了一些思路建议。于是我把提前梳理的文档发给了项目经理。

在交流之前，P总又隆重地给我详细介绍了项目经理及管理团队，正式邀请我给大家针对这个项目进行专业分享和指导，时间预计为2个小时，我分享完毕之后项目管理团队再进行内部讨论。这个时候我才恍然大悟，L总和P总的真实想法，其实是针对这个项目在开工进场之前，对项目管理团队进行类似于专项实训的分享讲解，希望获得我系统的全面的专业分享和指导意见，只不过需要以该项目为实际蓝本，而不是前面P总和我电话中所说的，只是来参与他们项目管理团队的讨论和交流。

于是，我马上开始组织思路，快速在脑海里思考和谋划着如何结合该项目给管理团队进行系统的分享。很快我就有了具体实施路径，我就以前期梳理的该项目管理建议文档为基础，结合我在印象笔记中总结提炼的其他类似项目经验教训为辅助，先给管理团队集中进行2个小时左右的讲解，接着后面针对该项目与项目管理团队进行发散式的答疑讨论。多亏昨天晚上的提前准备，这次交流任务才勉强完成，表现得还不算太难堪，取得的效果还算可以。

这件事情，深刻地反应了我们做事当中的两种理念：一种是以事情为出发点，一种是以结果为导向。

以事情为出发点，就是对于说了的事情，我答应了，就按照自己想当然的理解去做，不问对方的背景、目的、安排、细节，以及需要我们具体做什么，结果导致到了真正事情落实时，状况百出，严重影响事情的结果和我们在客户心目当中的印象。例如这次我答应了去交流，但是我没有提前向L总具体了解这次交流的地方、目的、安排、人员和流程等细节，导致我一开始进入了错误的工作方向，接着没有进行相关的细节提前准备工作，影响最终的交流效果。

以结果为导向，就是对事情的开展，我们要以其最终的结果为导向。以结果为导向又分为两个层次，第一是提前了解对方对这件事情的要求和定位以及期望的结果，提前评估自己需要投入的精力和工作量，确定是在自己可控范围内或者通过努力能达到对方预期效果时，我们才能答应；如果要达到对方的预期效果，自己的时间精力和工作投入无法达到，那么一定要提前告知对方，而不能心软或者碍于感情等因素去答应。如果确实不好拒绝，也可以提前请求对方降低预期或我们这边的工作量。第二是我们答应了别人的事情，一定要主动索要相关资料，提前熟悉和提前准备，形成详细的正式文档资料。这样一方面能保证我们的工作有结果，另外是避免自己工作的开展没有思路而浪费彼此的时间。就如这次救场的，是前一天晚上自己主动上网查询相关文件资料，并且提前梳理的相关思路框架。如果我没有任何基础资料只是在现场临时发挥，肯定是效果不佳的。

所以，我们在工作的细节中，大事小事需要以结果为导向，多留意、多用心、多主动，而不是仅仅以事情为出发，只停留事情本身。这两种工作方式之间的差异，在实务中导致的最终工作效果是天渊之别的。

2022 年 5 月 8 日

2.2.3　总结提升

1）养成自我总结的习惯，到总结有价值是有距离的

作为独立的第三方，我们团队站在公平、公正、客观的角度，对某已经经过三审的工程总承包项目，从合同到清单，从计量到计价，从履约到索赔，进行了第三方咨询复核建议，前后历经一个多月时间完成。按照我们团队内部咨询工作流程，我们团队对此召开了一次咨询项目的复盘总结会议。

在复盘总结交流过程中，每个团队成员都进行了自我总结发言。抛开每个团队成员具体总结发言的内容，从总结的阐述方式上，我们会发现存在如下三种类型：

第一种类型，罗列自己做了什么，结果是什么，这属于日记式的回顾总结结构；

第二种类型，总结自我哪几个点做得好，哪几个点需要改进和提升，这属于提炼式的思维逻辑方式；

第三种类型，自我先梳理回顾工作开展的过程和流程，接着再详细对具体每个方面的得失与经验进行对比分析，这属于总分式的小体系思维方式；

从总结者的角度，第一种类型最为简单，只需要在脑海的浅层进行画面式的事实回顾即可；第二种类型稍稍要消耗脑力，需要在脑海的中层对事实进行合并和归纳；第三种类型最费神，需要在脑海的深处进行思考、推算、对比、搭建、拆分、组合等。

从结果性的角度来看，第一种类型的自我总结，只能是类似于一个电视屏幕，如果没有他人内容的播放，就纯粹是一个摆设，无甚用处。第二种类型的自我总结，团员通过不断的总结提炼，在具体招式上或许能炉火纯青，但是换个对手、环境、目标，可能就会束手无策。第三种类型的自我总结，通过持续自我闭环的、体系的、逻辑的总结，就像修建房屋基础施工时看不出差异，但是随着修建工程进入到主体阶段，稳固和体系的总结基础，

就会支撑着越建越高，从多层到高层到超高层直至冲向天际线。

不管是在学生时代，还是在工作职场中，各种场合他人都会告诫我们自我总结、养成良好习惯的重要性。但是在实际工作中，其实养成总结的习惯只是万里长城刚刚开了一个头，只是微不足道的一个开端而已。要真正完成万里长城的修建，最为重要的是要让每次垒砌的那块砖有用，做的每一个自我总结有实际效果，有实际价值。

万变不离其宗，要想自我总结有价值，在实务中需要牢牢抓住宏观和微观两个维度进行开展。

宏观，就是我们对某一个事物的总结要从整体上去思考，也就是三维空间里面，至少是线和面的角度的思考。

例如，我们对咨询服务过程中向委托方做工作汇报的总结，宏观上要总结工作汇报的意义、适用场合和对象、采取的方式方法，在不同的阶段如前期阶段、开始阶段、过程阶段、结束阶段、售后阶段分别应该采取的思路和方法以及目的等。

微观，就是我们具体到事物的某一个细节，总结如何去做好、做准确、做到完美无缺，也就是三维空间里面点状的、局部的思维方式。

例如，同样是对于工作汇报的总结，从微观要具体到汇报的表现形式里面的微信书面汇报，汇报内容的结构组成、用语、编辑排版、发送时间等进行详细具体的梳理提炼，越具体，越有深度，越有效。

只宏观，不微观，这样的总结很容易只是夸夸其谈，徒有其表；只微观，不宏观，这样的总结很容易只见树木，不见森林，在细节中纠结，在小范围思考，很难推广。既有宏观，又有微观，这样才能组合成五彩斑斓的大千世界，这样的总结才能真正有效，才能真正为我们所有、所用、所得、所获。

所以，从意识到习惯，是一段距离；从习惯到价值，又是一段距离。这距离，有时看着很短，但是实际可能又很长；有时看着很长，其实实际又很短。而这或长或短，不是取决于外在的实际的空间距离，而是取决于内在自我的思考距离。

2021 年 11 月 18 日

2）专业总结是一种方法，不仅仅是习惯——叠合板学习总结方法论

随着行业的快速发展和变化，需要造价人员在工作过程中自我学习提升的知识越来越多，自我学习提升速度越来越频繁。这其中有新工艺新材料，有新政策新文件，有新信息化工具，有新管理理念，有法律与税务，有建模与计价……在学生时代，我们比拼的是对已有固定知识的快速理解和接受程度；在工作职场，我们比拼的是面对新事物新领域，如何快速系统地自我学习理解并在工作中应用，这就是我们所谓的自我专业学习能力。

任何事物都有他内在的逻辑和规律，这就是从古至今，归纳法和演绎法这两种基本逻辑方式生生不息的缘故。同样的，对于自我专业的学习，其实是有方法的，而不是特属某

一个人的特别的习惯或者优势。

下面就以当下比较热门的装配式建筑中的叠合板为例，从造价的角度去总结提炼该如何去系统的自学该新工艺专业知识。

首先，我们对待任何一个新事物，自我学习的第一步，是弄清楚其基本概念，而深刻理解一个新事物的基本概念，需要我们从三个维度去思考。

第一个维度，为什么需要这个新事物？换种说法，也就是这个新事物解决或者满足了什么现实的需求？这种需求可以是市场层面的，政策层面的，技术更新层面的，行业发展必然的……

第二个维度，这个新事物从开始提出到目前普及推广，它经历了哪些发展历程，或者经历了哪些关键事件和阶段？

第三个维度，这个新事物如何准确地去进行定义和理解？这种定义和理解，又分为书面层面的定义和自我层面的理解。

我们如何去搜寻资料，掌握和理解新事物的上述基本概念呢？在实务中有三种方式。第一种方式是购买相关的专业书籍阅读，这是最为系统和直接的；第二种方式是去建设行政主管部门和相关协会的官方网站下载相关政策文件进行研读；第三种方式是借助互联网资源，例如微信公众号、知乎、喜马拉雅、知识星球等进行学习。

其次，我们对于新事物，要回归现实和本源去思考，这个新事物有哪些相应的规范和技术要求目前已经在执行，这是我们掌握该新事物后续施工、管理、造价等的基础和底层构造。例如，对于叠合板，我们至少要学习如下相关规范：

《装配式混凝土结构连接节点构造》（15G310—1 ~ 2）

《装配式混凝土结构预制构件选用目录（一）》（16G116—1）

《装配式混凝土建筑技术标准》（GBT 51231—2016）

《装配式混凝土结构技术规程》（JGJ1—2014）

《桁架钢筋混凝土叠合板（60 mm 厚底板）》（15G366—1）

《建筑施工临时支撑结构技术规范》（JGJ300—2013）

……

接着，我们要去探究该新事物是如何具体实现的。对于叠合板，就是其具体的加工制作方法和施工现场安装工艺是什么。所以，一方面我们要去了解当下有哪些叠合板专业生产厂家，去了解他们的宣传资料和产品技术手册；另一方面我们要去学习现场安装工艺，通过学习各种专项的施工方案和到实际项目现场观摩，就样基本就可以达到上述目的。

通过上述的学习，我们完成了对相关新事物基础知识的理解和掌握，接下来就要进入到具体的造价商务工作岗位，进行针对性的结合学习。前面的基础知识相当于我们学习了加减乘除几何代数等，对于数学这门学科有了基本理解，接下来的高等代数微积分等就需要我们每个人结合自身情况去理解和应用了。

结合到造价商务工作岗位，我们具体的应用学习分为三个步骤。

第一步，这个新事物需要计算哪些工程量，相应的计算规则是什么？这些规则是否有行业文件约定？如果没有行业文件约定，而是市场自发形成的计算规则，目前这种自发的计算规则通常是什么，是否有漏洞和风险？

例如，叠合板需要计算叠合板体积、后浇带体积和模板、后浇板混凝土体积、现浇钢筋重量、附加钢筋重量等，这一般在各地的装配式定额中有相应的计算规则。

第二步，这个新事物的算量如何实现？哪些通过何种软件实现，哪些通过手工算量实现？软件算量实现的具体路径和方法是什么？是否与实际情况相吻合。

例如，叠合板目前通过广联达建模算量软件可以实现，但是复杂节点的处理需要逐一校核、调整，或者单独手工算量。

第三步，这个新事物如何计价？从定额计价的角度，要套取哪些定额，定额与现实是否有偏差？如果有偏差该如何调整？从市场计价的角度，我们需要编制哪些清单，对清单项目特征的描述要注意哪些事项？措施费如何考虑和计取？

除此之外，如果要更深层次的学习，就需要跳出造价本身的视野，从成本和合约管理、跨专业思考的角度去学习和研究如下问题：

叠合板在加工制作环节，哪些地方对成本影响最大，如何在前期施工图设计、后期深化设计和生产安排环节进行规避？

叠合板在现场安装时，一般有哪几种施工方案，各种施工方案成本上的优缺点如何？

作为总承包单位，对外签订施工总承包合同，对内签订专业分包和采购合同时，分别要注意叠合板的哪些事项要提前在合同中约定，哪些风险提前需要在合同中的何处进行相应的规避？

对于叠合板劳务安装队伍的分包计价和现场管理，需要提前注意哪些环节控制和事项关注？

叠合板生产和安装环节的税收计取方式有什么差异，如何从合同的角度进行税务筹划？

……

一个简单的新事物，我们经过自我体系化梳理的自我学习总结之后，就能深入自己的脑海，真正成为自己的知识库和专业能力。这样我们不管后续遇到什么样的情况和项目，都能万变不离其宗地去灵活处理和专业应对。

2021 年 9 月 29 日

3）造价工作专业总结提升思路与实务技巧——现浇板加强带钢筋计算与实务

（1）前言

在职场工作中，我们经常会遇到这样的现象：有些人，做了很多项目，但是专业能力却仍旧是一般；有些人，做的项目虽然不多，但是专业能力却提升得非常快。所以，我们经常会说，决定一个人专业技术能力高低的，不是做了多少个项目，而是通过每一个项目，自己到底真正掌握了多少有价值的体系化的专业知识。而将做的每一个项目转化为自己的专业技术能力，其中最为关键的一环就是专业总结。

一个善于做总结，勤于做总结，有套路有章法有体系化做总结的造价人员，哪怕出发的时候很青涩，但是他经手的每一个项目，都会为他的个人专业能力提升添砖加瓦。自我成长的速度和高度，发展的前景和空间，就会远远的超出很多只是为了做项目而做项目的造价人员。

一般来讲，造价人员做专业总结，针对每一个知识点或专项技能，有如下的六步曲：提炼问题、梳理概念、寻找原理依据、典型错误剖析、正确流程提炼、相关引申反思。现以房建项目建模算量中现浇板加强带钢筋的计算作为案例，进行简要剖析。

（2）案例

①提炼问题

提炼问题，需要我们先用自己的语言，言简意赅地提炼问题，关键是让自己能理解问题的核心，并有一定的逻辑关系。

例如本案例问题提炼如下：

在房建项目中对现浇板加强带钢筋的计算，按照常规做法采用暗梁构件绘制，由于板和梁的扣减关系，建模算量软件设置考虑与实际施工要求不一致，导致钢筋计算有误。

②梳理概念

梳理概念，是需要用我们自己的理解，去解读和掌握相关概念。

例如本案例相关概念自我理解如下：

现浇板纵筋加强带，是指楼面在局部位置由于所承受的荷载与其他楼板位置有差别，因此需要在该区域对楼板的钢筋进行加强的区域。例如，在隔墙下部无梁时，对应的现浇板的区域。

③寻找原理依据

寻找原理依据，需要我们去找到与该问题相关的专业支撑和原理要求，是我们后续专业分析和总结提升最为核心的关键和基础。本案例对于现浇板纵筋加强钢筋计算的原理和依据，来源于平法图集 22G101-1 中的相关节点构造要求，如图 2.6 所示。

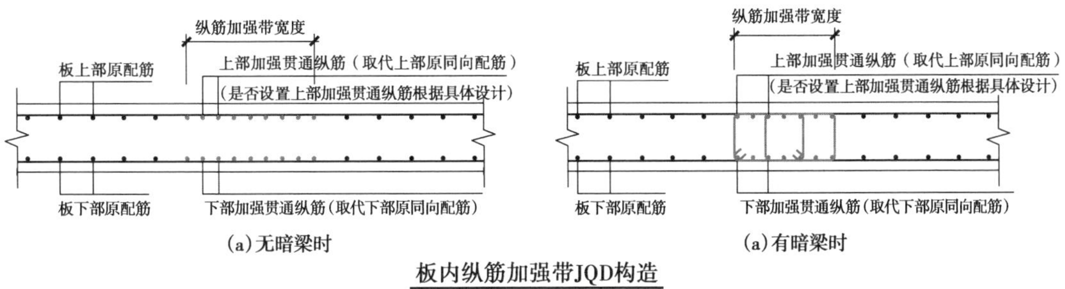

图 2.6　板内纵筋加强带 JQD 构造

④典型错误分析

典型错误分析，是我们要用心去发现工作中的典型错误，并且剖析出错误发生背后的原因。失败是成功之母，当我们能总结出错误和分析出错误的原因，那么对于该专业知识点，我们就会理解和掌握得更加透彻。

例如，在本案例中，实务中对于该板内纵筋加强带，设计施工图一般会直接标注为暗梁，我们就习以为常按照通常理解的暗梁构件去建模绘制。而在建模算量中，因为墙、梁构件的等级比板构件等级高，所以当板与墙、梁相接触时，板不会扣除墙、梁构件工程量，而墙、梁会扣除板构件工程量。暗梁在建模算量软件属性上是默认为墙构件，所以当暗梁钢筋与板钢筋相接触时，软件会默认扣除板内钢筋，而设计施工图注明的板内纵筋加强带是在原有基础上增加配筋，不应扣除对应区域的板内钢筋，导致板钢筋少算。

⑤正确流程提炼

正确流程提炼，是指我们建立在对典型错误分析的基础上，自己提炼和总结正确的操作流程，建立可以标准化的动作。

针对板内纵筋加强带，不管设计图是否标注为暗梁，只要该处本质原理上属于板内加强，我们可以采取两种计算方式。

方式一：按照楼层板带建模计算，楼层板带构件——新建板带——输入板带宽度——输入钢筋信息——调整锚固长度——对应位置绘制——汇总计算——检查钢筋计算式，核实与设计施工图要求是否相符——不符之处手动修改调整。

方式二：在建模软件的表格输入中，进行手算计量，新建板类构件——选择钢筋直径和等级——输入钢筋计算长度——输入钢筋根数——汇总计算。

⑥相关引申反思

相关引申反思，是指我们通过对该知识点的总结、反思在工作中如何去应用，在其他场合如何去借鉴。通过具体点的思考总结，发散推广到更大的面的层次，这就是我们先归纳，后演绎的常用螺旋迭代式工作能力提升的底层逻辑。

例如本案例，我们通过反思，在工作中当设计施工图对板带位置标注为暗梁AL构件时，那么此时暗梁在设计施工图中如果未明确表述是附加还是加强时，后期就会产生结算争议，需要我们提前在图纸会审时提出答疑明确，规避后期结算风险。

通过延伸思考，我们会发现建模算量软件本身内置的板带钢筋锚固长度，与实际往往不一致，需要我们重点关注和手动调整。这就提醒我们，对于一些平时不常用的构件，我们采取建模算量软件绘制后，一定要人为检查建模算量软件的计算式，进行核对修改和校正。

（3）总结

同样的工作，同样的项目，同样的时间，有的人仅仅只是收获了工资和报酬，有的人却能因此明确自己的星辰大海，达到自己的远大前程。

所以，对待一件事情，对待一个工作，自己对自己的定位不一样，自己对自己的看法不一样，自己对自己的要求不一样，最终的结局和未来也就不一样。

就如司马光所著《孙权劝学》中吕蒙说的："士别三日，即更刮目相待，大兄何见事之晚乎！"

2021 年 8 月 4 日

4）没有先写出来的表达，仅仅是说而不是讲

在职场中，很多过来人告诉我们，表达和沟通能力很重要。能说会做，能讲会干，对于技术人员，尤其是工程造价执业人员，尤为重要。

但是，什么是"能说"，什么又是"能讲"呢？

是在陌生人面前能侃侃而谈，还是在工作中谈笑风生，甚或是在人际来往中左右逢源……这些在某种程度上是讲，但是又不是讲。

什么是讲呢？是指我们把一件事情，或者自己的观点和主张，能条理清晰、逻辑严谨，系统化地表达出来，让对方能快速接收、理解和认同。

"讲"的第一个要求，是条理清晰。条理清晰包含两层含义，第一层含义是框架化表达，例如总——分——总结构，例如第一、第二、第三等并列结构；第二层含义是表达要素要清楚明了：时间、地点、人物、起因、经过、结果，是必不可少的六要素。

"讲"的第二个要求，是逻辑严谨。通常情况下，我们有两种逻辑表达方式，第一种是归纳法，第二种是演绎法。归纳法是通过归纳基本事实当中的共性的事物，提炼形成经验或总结性的结论与观点。演绎法是从一般性的前提出发，通过推导演绎，得出具体或个别针对性的结论和结果。演绎法典型的思考逻辑是大前提——小前提——结论三段论的思维方式。

从专业技术人员的角度，我们优先采用演绎法的逻辑方式进行表达，只有在一些口头交流、沟通等非正式的场合，才采取归纳法的逻辑方式进行表达。

我们用文艺的术语来理解，归纳法偏感性和风花雪月，演绎法偏理性和刀光剑影。

"讲"的第三个要求，是系统化。也就是说我们表达的内容要全面，形成一个闭环，而不能是断断续续，支离破碎，前后无关的。

在实务中，对于表达清晰、严谨、系统性能力的培养，其实不是我们平常理解的要在公众场合或者他人面前多去说话，而是先要自己用笔把自己想说的写出来，条理清晰、逻辑严谨地写出来。

当一件事情、一个想法或一个观点都不能被我们完整清晰地写出来时，要做到完整清晰地讲出来，对于一般人来讲这基本上是不太可能的。

所以，这也就是我们说的，只有先写出来，然后才能讲出来，最后才能真正地表达出来。

好记性不如烂笔头，好表达不如写作文。这就是为什么"写"非常重要，这也是为什么学生时代语文考试作文要占据很大一部分分数的关键所在。

因此，对于我们工程造价执业人员，如果我们要培养自我的表达能力，锻炼我们的讲解能力，提升我们的沟通能力，其实最关键的第一步，是先写，持续不断地写，长年累月地写。当我们写的东西积累到一定阶段，就会量变引发质变，我们就会突然在某个时候，发现自己的表达越来越清晰，自己的讲解他人越来越容易理解和接受。

就如有人说的，高手讲课，就是用浅显的语言，讲述浅显的道理，听的人感觉很有收获。中手讲课，就是用很复杂的语言，阐述很专业的事物，听的人感觉似懂非懂。低手讲课，就是用听不明白的语言，讲解听不明白的道理，听的人感觉云雾缭绕。

2022 年 1 月 21 日

5）造价工作计划制定的实务技巧

在工作中，不管是团队管理的需要，还是个人工作的安排，一般都需要以周为单位，制订相应的工作计划。

在实际工作中，有的人制订的每周工作计划，看似很详细，但是往往不能落实；有的人制订的每周工作计划，却非常粗糙，为了计划而计划，既浪费了时间去制订计划，而且又不能指导实际工作的开展。

一般情况下，为了使我们每周制订和梳理的工作计划最大化地发生实际作用，可以从如下四个方面去重点关注和实践。

（1）工作计划宜小不宜大

因为工作计划是要指导我们具体的日常工作，所以计划不能偏大和偏宏观性。对于个人来讲，往往大和宏观的侧面就是空洞，意味着很难落实。

例如，某人的工作计划初稿表述如下：“查看学习过去项目的造价咨询报告。”

如上述的工作计划安排，“学习”本身是一个宏观概念，无法具体量化；“过去项目的造价咨询报告”也是一个偏大的概念——“过去”是多久不能明确，“造价咨询报告”也是一个偏大和宏观性的，到底是什么类型的什么情况的造价咨询报告没有明确。因此，上述的工作计划安排，就类似“我要取得成功”一样，最终是由于太过宏大而仅仅成为口头禅，无法落实和指导具体的工作。

因此，我们需要在梳理工作计划时要注重小和细节性，尽量把每一件事项梳理计划到可以看得见具体动作为止。

例如，我们将前述工作计划初稿修改如下：“查阅某某项目的造价咨询审核报告”，通过对范围和动作的缩小和具体化，让计划具体到了某操作层面的动作，使工作计划足够小而能够被执行、落实。

（2）工作计划要有完成的可视化成果描述

在职场中，我们需要对工作以结果为目标导向，也就是每一件事物的计划和安排，都需要有明确的可视化成果的输出。如果只有动作描述，而没有结果要求，这样的工作计划也就会由于自我考核、自我要求的针对性的缺失，人性的天然慵懒，在实施过程中，导致工作计划的落实性大打折扣。

例如，前述的工作计划安排，“查阅某某项目的造价咨询审核报告”，仅仅做了具体的行为动作要求，没有具体的结果输出要求。那么是否查阅造价咨询报告，查阅了之后是否有相应的专业知识学习理解和掌握，我们就无法得知和考究。在这种情形下，这个工作计划一方面只能靠一个人的自觉性去实施，另一方面这个工作计划完成之后是否有效和产生作用，个人和团队管理者也就无法得知。

因此，对于一项工作计划，有动作就需要匹配相应的结果输出表述，而且这个结果还需要可视化，能够让自己和他人感知得到。这样就能从外在和内在两个方面确认是否真正有效地完成了工作计划。例如，前述的工作计划安排修改如下：“查阅 ×× 项目的造价咨询审核报告，并形成不低于 2 000 字的总结 WORD 文档，发给部门负责人和团队成员，收集相关专业意见反馈之后修改完善。”

（3）工作计划数量宜少，与时间和能力相匹配

少则得，多则惑。在工作计划制订中，过于多和繁杂的工作计划，会让制订者无法抓住重点，在眉毛胡子一把抓的情况下，最终是什么都没有抓到，竹篮打水一场空。

所以，对于每周的工作计划，我们要结合时间的长短，自身能力的情况，制订相应匹配的工作事项计划，不要贪多，也不要为了工作计划的漂亮而编制工作计划。一份好的有落实性的工作计划，需要从自身的角度出发，而不能一味地迎合他人。

例如，前述的工作计划对应的某员工的周工作计划安排如下：

1. 查阅某某项目的造价咨询审核报告，并形成不低于 2 000 字的专业总结 WORD 文档，发给部门负责人和团队成员，收集相关专业意见反馈之后修改完善。

2. 完成某某项目的基础工程算量及计价工作。

3. 完成某某项目的交底工作。

一个项目的造价咨询审核报告表面上是一份报告，但是背后支撑的相关资料、过程、数据是非常庞大的。一般情况下，在正常工作之余，如果要在一个星期内完整细致地对某项目的造价咨询审核报告进行梳理总结，这对一个人的专业能力、综合能力要求非常高。一般人在短时间内无法有效完成。而如果该员工本周还有其他项目的算量计价和交底工作，那么要完成该项目造价咨询审核报告的查阅和总结工作，就更是难上加难。

因此，我们要结合时间和个人能力的情况，以及相关工作的紧急性，或是减少一些当下无关紧要或影响不大的工作，或是把相关次要工作内容进行压缩，尽量让工作计划的完成具有可能性和实际性。

最终，该员工的周工作计划调整如下：

1. 完成某某项目的交底工作。

2. 完成某某项目的基础工程算量及计价工作。

3. 查阅某某项目造价咨询审核报告的计量部分，并形成不低于 2 000 字的专业总结 WORD 文档，发给部门负责人和团队成员。

重新调整的工作计划，把紧急重要的事情安排在前面，把查阅造价咨询审核报告缩小到只查阅其计量部分，这样就大幅度降低工作强度和工作内容，让该周工作计划得以实施的可能性就大大增加。

（4）工作计划不宜修改，说到就要做到

一般情况下，对于制订的工作计划，我们在实施的过程中，要按照相应的时间、节点、成果要求去完成。在没有特殊情况或者特殊事项发生时，我们一般不要调整工作计划。作为专业技术人员，我们只有在每一周的工作计划具体落实中，说到做到，言行一致，才能在团队、在上级、在客户面前，树立良好的职业形象，这样我们的职业发展才能更快，更好，更高，更持久。

如果确实由于特殊事项的发生，我们要调整相应的工作计划，那么就要做好相应的工作计划调整和补救措施。例如，我们团队采取的是简单四象限图的表格形式进行每周工作计划梳理、调整和复盘，其中第一象限描述“上周完成情况”，第二象限描述“工作延迟及处理”，第三象限描述“本周工作计划”，第四象限描述“重点事项甘特图”。

2022 年 4 月 18 日

6）工作方案编写与落实施行的实务技巧

在工作中，我们常常会应客户、公司、项目的要求，编写各种各样的工作方案，比如咨询项目实施方案、培训方案、团建方案、旅游方案……需要制作方案的理由各式各样，但是如何编写一份有效的工作方案，并把方案真正落实执行，是存在一定的方法和技巧的。一般来讲，我们可以从方案的编制和执行两个阶段来阐述。

如何编制一份有效的工作方案，或者如何让一份工作方案打动对方？从实务的角度，一份工作方案至少要包含如下几个部分内容：

第一部分内容是阐述这件事情所处的背景。如果是针对客户的方案，我们可以从宏观、行业、企业等视角阐述背景出发。如果是对内的工作方案，我们可以从外部环境、内部自身等阐述背景出发。背景是事情开展的出发点和参照物。没有背景，一件事情也就如一颗树缺少了根和基础，让人感觉不牢靠、不坚实。

第二部分内容是阐述为什么要去做这件事情，也就是阐述这件事情做了之后对客户、对自身或者对相关人员，有什么利益或者价值。利益和价值，是一件事情必须去做的关键，也是这个方案存在的前提。

第三部分内容是阐述如何去做这件事情，比如这件事情，大概分几个阶段，每个阶段又需要哪些人参与，具体如何实施等。

第四部分内容是这件事情是否有先例或者成功的案例，并且这些先例或者成功的案例，给人们带来的具体的利益和价值体现，比如直接的经济价值、管理成长价值、风险规避价值等。

第五部分内容是要投入多少费用或者人力物力，也是对方投入的成本或者支付的费用。有了收入和费用支出的对比，我们可以更全面验证这件事情的可行性。

一份方案编制完整之后，在落实执行时需要关注三个关键的动作。

第一个动作是把通过的这份书面方案，与相关关键人员达成共识。这不仅仅是对方看了方案同意，而是需要相关人员坐在一起，共同交流、讨论、解答或是争论，通过这种面对面的方式对方案达成共识。如果仅仅是传阅纸质方案或者阅读方案电子文档，只从文字上去理解，相关人员是很难达成共识的。

第二个动作是和这份方案涉及的相关具体经办人，一起详细地把需要经办人在这个方案中完成的具体事情进行逐项梳理提炼，形成工作事项清单，包含每件事项清单完成的要求、成果、内容、形式、时间等。我们对工作事项清单分解得越是清晰明了，这份方案最终执行的成功率就越高。

第三个动作是要随时和经办人核对工作事项清单，确认完成的进度和结果，及时跟进和调整。

因此，一份工作方案，我们如果按照上面的方法，去系统地实施，一般都会有一个不错的结果。一份份工作方案也就会成为一个个典型的案例，成为我们职业和工作上的一个又一个的亮点，最终星光闪耀，美丽无比。

2020 年 5 月 23 日

7）有价值交流三步曲：需求、路径、匹配

今天上午，我再次拜访了专注于建工领域的 C 律师，更为幸运的是，旁听了 C 律师与客户的一次谈案交流。

客户是某个工程项目的实际承包人，由于改项目发包人的融资不畅，工程款无法按时支付，承包人损失很大。

我仔细观察了 C 律师与客户的交流过程，总结起来可以分为三个阶段。

第一个阶段，是让客户先阐述当下的现状以及进展（前面客户已经咨询过两次，C 律师进行了相应的指导），引导客户阐述内心的真实想法或者诉求。

第二个阶段，是从法律的角度，结合客户的分析，提炼出可能存在的三种法律关系，以及相应的法律后果。

第三个阶段，是从 C 律师的角度，提出提供法律服务的具体方式和相应收费模式。

经过上述三个阶段的交流和沟通，我明显感觉得出来客户对 C 律师的专业和服务相当认可。我可以预估得到，如果客户在该项目与发包人无法谈妥，要采取诉讼的方式解决该问题，那么该客户必然会选择 C 律师。

为什么C律师的客户交流如此的有效和有价值呢？我仔细复盘和总结，发现C律师与客户沟通，牢牢把握住了交流了的三个关键：

关键之一，是客户的需求。客户的有效交流都需要建立在客户真实的需求之上。既然不同阶段不同情况下客户的需求是不一样的，我们的交流方式和技巧也就相应不一样。例如在前面两次C律师与客户的交流中，由于客户的需求是和发包人协商解决问题，因此C律师与客户交流的方式是指导如何在协商解决的情况下完善资料，进行工作。而这一次，明显客户的需求不是协商解决问题，而是如何尽快从该项目脱身和回收相关工程款项，及时止损。那么C律师的交流方式，是分析客户与发包人协商解决的可能性和时间剖析，是阐述客户采用诉讼程序解决的对比性和有效性剖析。

关键之二，是解决问题的路径。基于客户的现状，从专业的角度，初步分析解决问题的几种路径。这一方面给客户清晰的思路，另一方面也能让客户建立对专业的信任和认可。同时也能通过引导客户交流分析，让客户自己进行评判和选择，初步确定哪一种路径是最优的。

关键之三，是法律服务的匹配。通过客户初步选定的路径，进行相应的分析阐述，律师团队提供哪种方式的法律服务以及相应的收费方式，同时分析律师团队提供的独特的服务，与客户选定路径的高度匹配性和有价值性。

通过对C律师与客户的谈案交流，进行自我的反思和总结，我发现今天我在和C律师沟通交流的过程中，出现了如下的问题，或者说是需要今后在其他交流中应该注意和提升的地方。

第一个问题是我全程没有去关注和思考C律师当下的需求。正因为没有关注需求，导致在交流过程中，我过多阐述了对行业的思考以及其他不相关事物。最终通过C律师的提点，我才知道C律师当下最为核心的需求是差异化专业技能准备和跨行业战略探索与布局。对于团队打造和培养，对于业务开展流程的提炼，对于客户来源和积累，对于管理的思路与方法，C律师团队均已非常成熟。某种程度上，C律师已经完成了专业化团队的建设和市场开拓，接下来是考虑将专业化如何进行品牌化和高价值化的升级转型。

仔细回想，对于需求，我们可以分为个人的、团队的、企业的需求。这需要我们在交流之前或交流过程中，去总结、观察、分析、感受、提炼，这样才能让我们与对方的交流更有价值，更有针对性。

第二个问题是我没有及时根据对方的性格和风格，去修正自己的交流方式和处事风格。我习惯于很客气型的交流方式，而C律师习惯于很爽朗型的行事风格。过于客气就意味着距离和生分，而一旦交流的过程中有了距离感，就很难产生真正有效有价值的交流成果。

还好通过本次双方的交流，我们相互之间有了初步的认识和了解，至少在发展方向和思路上，有了共识和共同点。这也就为今后合适项目合适事宜来临时双方的深入合作打下了基础，解决了信任这个关键问题。

任何再复杂的事情，回归到原点都有其最为简单的核心和关键的道理。所以，不断地去实践，不断地去总结，不断地去向行业前辈们学习，不断地去进行跨行业的碰撞，对自我是一种非常有效的成长方式，对团队也是一种非常有效的提升路径。

2021年5月9日

8）让我们专业能力进阶的，往往是我们习以为常的存在

在金庸的武侠小说中，独孤求败诠释了练武的五重境界：

第一重境界是利剑，“凌厉刚猛，无坚不摧，弱冠前以之与河朔群雄争锋。”

第二重境界是软剑，“三十岁前所用，误伤义士不祥，乃弃之深谷。”

第三重境界是重剑，“重剑无锋，大巧不工。四十岁前恃之横行天下。”

第四重境界是木剑，“四十岁后，不滞于物，内功大成之后，草木竹石皆可为剑。”

第五重境界是无剑，“自此精修，渐进于无剑胜有剑之境。”

对于造价执业人员，专业成长之路同样如此。开始的阶段，我们可能会倾心高深的技能，繁复的技巧，追求绚丽的事物，变幻的场景，以此来印证自己专业技能的精湛与全面。但是到了后面，我们会越来越明白，在工作中曾经我们习以为常的事物，往往才是最终让我们专业能力得到进阶的关键。

案例一

承包人承接某工程项目，与发包人签订的施工合同中关于付款方式的约定如下：“工程竣工验收合格，并完成结算审核后 × 天内，发包人向承包人支付至结算审定金额的 × ×%……”

这是我们常见的关于付款方式的约定，工程竣工验收合格，办理完结算审核后，支付尾款，预留质保金。但是该承包人以前承接的是房建项目，而这次承接的却是水利工程。水利工程与房建项目，其中一个非常重大的区别就是关于验收的规定和程序不同。如该项目关于“竣工验收”的规定如下：

验收工作分类

法人验收包括：分部工程验收、单位工程验收、完工验收。

政府验收包括：专项验收（环境保护、移民安置、工程档案等）、阶段验收（枢纽工程导截流、水库下闸蓄水、引调排水工程通水、首末台机组启动等）、竣工验收。竣工验收是指由有关人民政府、水利行政主管部门或者其他有关部门组织进行的验收。

因此，在房建项目中，一般是完工后先竣工验收再使用，在水利工程中一般是完工后先使用最后竣工验收。如果在水利工程中以竣工验收合格作为支付工程款尾款的前提，对于承包人就会存在项目已经完工和投入使用多年了、结算审核也早已完成，却由于各种其他客观原因导致无法竣工验收而迟迟达不到工程款尾款支付的条件。

对于竣工验收，这是我们日常工作中一个非常普通而又让人习惯的问题，但是这个

问题的普通性质却给承包人带来了非常大的经营风险。其实，这就是刘润在《5 分钟商学院——个人篇》一书中向我们诠释的关于个人思考能力，尤其是批判性思维的思考能力，对个人能力培养的重要性。

批判性思维，是要我们对日常工作和生活中习以为常的事物大胆地质疑，谨慎地断言。刘润在《5 分钟商学院》一书中介绍了培养个人批评性思维的四个方法。

第一个方法，发现和质疑基础假设，即批判性思维的基础。上述案例中，对于竣工验收的概念，习惯于房建项目的承包人有一个潜在的基础假设：因为房建项目是先验收后使用，所以其他项目也应该是先验收后使用。正是承包人的这个基础假设有误，才导致了后续施工合同中付款方式约定的失误。对于基础假设，有些是明面的，有些是隐含的，这就需要我们用心地去发现。

第二个方法，检查事情的准确性和逻辑的一致性。对于事情的真实性和准确性，自己要从多个角度去核实和确认，不能人云亦云。同时，基于事实的逻辑推理，要确定事情的一致性。

第三个方法，关注特殊背景和具体情况。反常、特殊的情况，一般都是有其存在的特殊背景和具体情况。要深入了解和探索特殊与普通的差异之处，避免用特殊的情况来论证分析普通的事物。

第四个方法，寻找其他的可能性。我们以为别人认可的，并不一定是别人真正认可的，所以，我们要去多探求和思考事物其他的多种可能性。

案例二

在进行施工图预算编制时，对于电费的材料价差调差，我们一般对一个项目按照统一的电价进行调差。通常情况下，这样处理是没有问题的，因为工程项目都是在现场施工，使用的都是项目现场施工用的电，所以电价是一致的。但是，当工程项目的施工存在现场和非现场施工两个环节时，这个时候就存在差异了。

例如，对于钢结构工程，钢构件一般在加工厂制作加工，加工完毕后再运输到项目现场进行安装。钢结构加工制作和现场安装都需要使用电，但是制作环节使用的是加工厂的电，安装环节使用的是施工现场的电。既然两者情景不一致，实际的电价也就不一致，这种情况下在编制施工图预算时如果统一按照一个电价调差，这就存在与实际不吻合的情况。

导致上述问题的出现，其实就是我们逻辑思维中对于“同一律”的认知和理解出现了偏差。“同一律”是逻辑三大基本定律之一：它要求人们保持同一思维过程中概念、判断的确定性，不要混淆概念、偷换概念。一般概念包含内涵和外延两个部分，其中内涵是事物的属性，外延是事物的范围。

在施工图预算编制时，应按照统一的电价进行材料调差。此处“按照统一的电价进行材料调差”这个概念的内涵其实是“电费的价格一致”，外延其实是“现场施工用电”。只有基于上述内涵和外延这个同一概念的情况下，一个项目按照统一的电价进行材料调差才是准确的。

如果实际项目中，外延发生了变化，例如出现了非施工现场的用电，装配式构件生产厂家加工用电、钢结构和预制构件的加工厂用电等；或者说是内涵发生了变化，例如电力公司收费政策是按照阶梯电费计价的方式进行计费，则“电费的价格一致”不再成立，因此整个项目“按照统一的电价进行材料调差”也就不再满足逻辑推理，需要根据实际情况进行相应调整处理。

我们的日常工作和很多习以为常的事物其实都是由一个又一个概念组合而成。对于每个概念的准确理解都需要从内涵和外延两个角度去思考。往往我们是由于对常见事物的概念太过熟悉，以致忘记或者疏忽了他们应有的内涵和外延，由此导致各种不经意间的逻辑偏差和专业漏洞。

案例三

在一些律师拟定的施工合同中，在文本的前部会有“鉴于……”的描述，会用不少的篇幅来描述合同的目的。对于造价工程师们，可能会觉得这有点多此一举。可是一旦在施工合同履约过程中，当双方发生争议发包人向承包人要求承担工期违约责任时，这个关于合同目的的条款，就会起着非常重要的作用。因为根据《民法典》第五百八十四条的规定：

当事人一方不履行合同义务或者履行合同义务不符合约定，造成对方损失的，损失赔偿额应当相当于因违约所造成的损失，包括合同履行后可以获得的利益；但是，不得超过违约一方订立合同时预见到或者应当预见到的因违约可能造成的损失。

当一方当事人要向对方主张可得利益时，该可得利益必须是订立合同时另外一方当事人可以预见到或者应当预见到的。发包人在施工合同中关于合同目的的专项阐述，其实也就间接地告诉了承包人后期如果发生工期违约，承包人应该预见或者知道发包人可得的利益范畴，由此降低了后期发包人追究承包人违约责任时的举证难度。这就是律师的全局思维在日常普通事物和工作当中的灵活使用。

就如刘润在《5 分钟商学院——个人篇》一书中关于“全局之眼”思考能力的论述：

世界上所有的东西都被规律作用着，以一种叫做‘系统’的方式存在。要素，是系统中看得见的东西；关系，是系统中看不见的、要素之间相互作用的规律。看到要素，还要看到要素之间的关系，更要看到这些关系背后的规律，这就是‘全局之眼’。学习用关联的、整体的、动态的方法，培养全局性看问题的能力。当一个人拥有了关联的（二维）、整体的（三维）、动态的（四维）看待事物的能力，他就真正拥有了全局之眼，可以站在未来看今天。

2022 年 11 月 15 日

9）总结能力的培养在于刻意的自我训练

在职业成长的道路上，过来人或者前辈们总会语重心长地和我们说，要学会在工作中自我总结，并且去举一反三地开展工作，这样的职业发展之路才会更快和更持久。

什么是总结能力呢？其实就是对身边事物的观察、归纳、分析和应用的能力。一个人的总结能力不是天生的，很多时候是在工作中刻意训练的结果。作为专业技术人员，如何去刻意地训练呢？有一种比较务实而且很有效的方式，就是通过长期地、持续地编写工作随笔的方式进行自我总结，有些人称之为工作日记，有些人称之为工作方法，有些人称之为工作备忘，有些人称之为工作感悟……

以编写工作随笔的方式去进行自我训练和培养总结能力的实施过程中有五个重要的关键点。

第一个关键点，就是关于工作随笔编写的长期性和持续性。一般在开始的阶段，最好是每天编写一篇。坚持半年或者一年之后，当工作随笔成为植入了自己身体的习惯性动作之后，就可以根据自己的工作特点或者繁忙程度，由每天写一篇调整为每三到五天写一篇，再到后来非常稳定之后，可以固定为每七天左右写一篇。

第二个关键点，就是关于工作随笔的编写方式，一般采取先摘抄，后模仿，最后独立思考的三步曲。

在开始时，我们可以先直接摘抄网络或者书籍上经典的小段落或者精辟分析，直接摘抄一段时间后转换为间接摘抄，也就是把他人的一个大篇章内容中的核心内容摘抄和重新进行排列组合。经过了摘抄这个阶段，我们就可以进入模仿阶段，也就是在他人内容和推理论证分析的基础之上，用自己的语言和自己理解的方式进行表述和模仿。

当我们经过摘抄和模仿的长期训练后，慢慢地有了相应的逻辑思维和表述技巧，这个时候就要尝试着开始进行独立思考，也就是要学会去掉拐杖自我行走。这个时候我们要选择自己身边的事物，进行细致观察和剖析，并通过逻辑和体系化的语言进行表达和诠释，形成自己工作随笔和总结的固有格式与方法。

例如，笔者进行工作随笔的自我总结构思思路一般固定如下：

第一部分：发生了什么事件 / 事实（自己身上发生的事实，身边同事朋友发生的事实，网络上发生的新闻事实，历史或者书籍杂志上的记载的事实……）

第二部分：通过该事件 / 事实总结出什么道理（做事情的思路、工作开展的方法、看问题的方式、思考问题的角度、人生的哲理、成长的道理、职场的原则、工作的本质……）

第三部分：该道理对我们的工作和生活有什么帮助和启发，或者我们应该如何去借鉴参考使用（思路上的启发、具体做事情上的启发、思考问题上的启发、专业上的启发……）

第三个关键点，就是关于工作随笔的编写内容，可以分为事理上的内容思考和专业上的内容思考。

在开始阶段，我们以生活感悟等事理上的内容为主思考，这样既能降低工作随笔的难度，也能快速地让自己建立总结的习惯和思维方式。我们顺利跨过了开始阶段之后，就要慢慢过渡到专业上的内容思考，因为专业的总结一般比较枯燥和乏味，这对培养自我总结的习惯性和持久性非常关键。

系统地经历了工作随笔的事理上和专业上总结之后，我们就要开始尝试进入融会贯通的阶段，即对于事物的思考和总结，既要有事理上的思考，又要有专业上的引申，两者要交叉融合。这个时候我们会发现自己慢慢地从内心真正地喜欢上工作随笔或者工作总结，我们会从中收获很多的喜悦、感受到不一样的价值和意义，获取持续的自我满足感。

第四个关键点，就是关于工作随笔的方法论提炼。

通过长时间工作随笔的编写，我们就会获取大量逻辑闭环的素材，类似于形成高楼大厦的一块块条石或小小积木块。这个时候我们要有意识地去把一块块不同的积木进行相互组合，形成不同的小体系，比如有些积木组合成基础，有些积木组合成竖向受力构件，有些积木组合成维护结构……

一篇篇工作随笔形成的这些不同的小体系，就会逐渐地成为我们的方法论。有了方法论之后我们可以对应着在工作中实践，通过实践的反馈再来修正、完善和升华方法论。

第五个关键点，就是关于工作随笔的价值转换。

就如市场化的经济会大大的激发人们的生产力和创造力一样，只有能让我们亲身感受到的可视化价值才能让工作随笔更加的持久和创新。当我们的工作随笔总结时间足够长，内容足够丰富，使用价值足够强的时候，我们可以开始去思考工作随笔的价值转换的问题。

这个时候，我们可以尝试通过网络自媒体、微信公众号、头条、抖音、其他短视频等方式，进行工作随笔总结内容的分享，认识朋友的同时得到不同的收益。

通过编排梳理，我们可以使工作的随笔总结形成相应的专业培训课程。甚至我们还可以通过系统地深化和二次加工，使它形成专业书籍，进行相应的价值转换。

一个小小的工作总结，如果我们真正地去把它做精做深做专，在岁月流淌之后，我们会被这种工作总结带来的影响或者价值所折服。就如一句话所说的，我们不需要爬遍每一座山，我们只需要爬好自己的那座山。当我们真正站在属于自己的那座山的山顶时，不管这座山是高耸还是低矮，是雄壮还是普通，我们都会领悟到一览众山小的那种意义和感受。

2022 年 12 月 1 日

10）减少不必要的关注圈，增加尽可能的影响度

作为工程造价专业技术人员，在职业发展的道路上，不是一开始就都能获得理想的发展平台和机遇；也不是在每一个阶段都能遇到合适的项目，经历恰好的历练。但是，在同样的时间、平台、项目、环境下，有的工程造价专业人员能够保持一直往上走，虽然不是一帆风顺的，但至少是波浪线式地曲折前进。

在这背后，有一个非常重要的职业理念或者专业习惯，这就是尽量减少自己不必要的关注圈，尽可能地去尝试增加或者扩大自己的影响度。减少不必要的关注圈，其实也就是我们常说的二八定律。这就是把百分之八十的精力或者时间，集中用到自己认为对职业成

长和发展有着重要影响的百分之二十的事情上。对于其他百分之八十无关紧要的事情，我们只需要花费百分之二十的时间去了解、知晓即可，尽量做到自己不与外在的环境或者趋势脱节而已。

例如，同样是使用微信，关注微信公众号，从专业技术人员的角度微信公众号其实就分为两大类：一类是宏观的，例如财经、管理等；一类是微观的，例如生活、专业等。从专业发展的角度，使用微信时我们可以把更多的时间分配到对微观专业公众号的关注，对宏观的关注则适当了解即可。而对微观的关注，又需要准确定位到与自己专业紧密相关的事物上。例如，对于立志于“造价＋法律”复合化职业发展的工程造价人员，从微观专业的角度可以关注如图2.7所示的公众号，每天抽出一定的时间，进行相应的专业学习探讨和积累沉淀。

增加尽可能的影响度，其实也就是要求我们所做的每一件工作，除了按照工作本身的要求完成之外，还要去多思量如何通过工作或者事情给他人带来价值。就像鲁迅所说的“地上本没有路，走的人多了，也便成了路”。同样地，工作本身只是工作，但是通过工作如果我们给相遇的人带来价值，工作就附加了更多意义。

例如，同样是使用微信和朋友圈，志恒咨询的刘江先生通过用心的观察，别出心裁地总结出了《知识文创　朋友圈的禁忌》一文。它对造价人员的微信使用礼仪起到很好的指导作用，具有很接地气的实用价值。

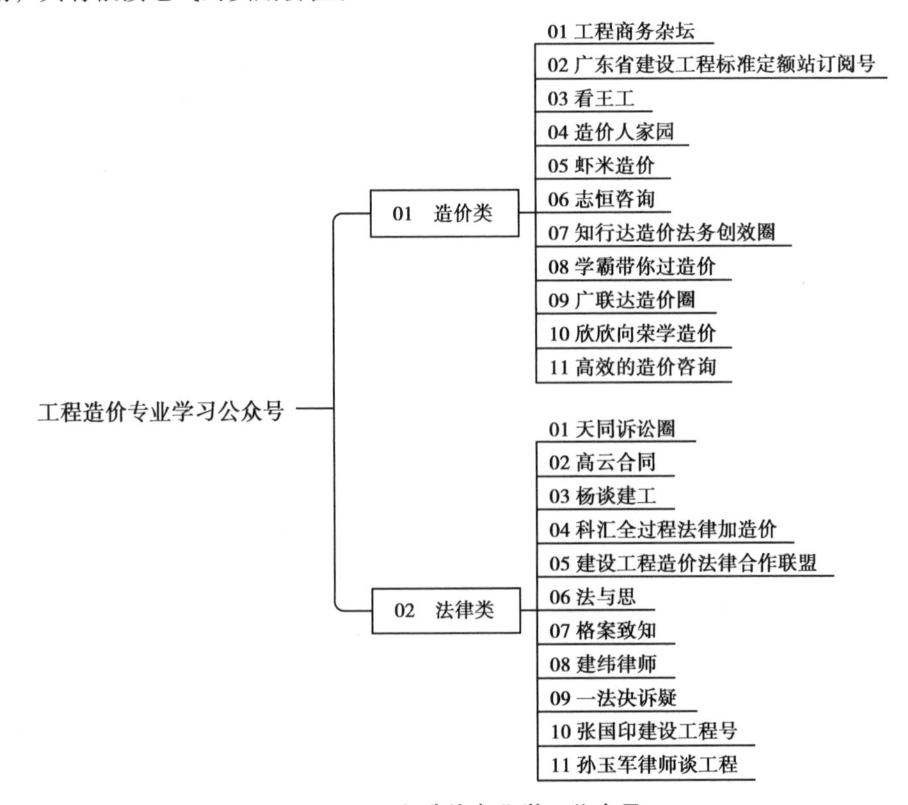

图2.7　工程造价专业学习公众号

例如，同样是从事工程商务工作，造价商务李同超前辈在“工程商务杂坛”通过数十篇接近二十万字的《如何成为一名优秀的现场商务经理》，把商务工作的具体内容和商务人员成长的具体方式系统的阐述，对造价人员的职业成长和商务工作是一本难得的百科全书式的系统教科书。

当我们所做的事情能对他人产生积极的、正向的影响，让他人感受到价值和意义，给他人带来成长和进步时，这一方面是赠人玫瑰，手有余香；另一方面也是有效地增加了自己在专业圈子内的影响力。只有我们一点一点地有效搭建和累积我们的专业和职业影响，我们才能更大范围内地被他人有效地看见，我们也才能有更好的机遇，去做持久的职业发展。

就如春秋战国时期魏文侯向李克请教关于人才的选拔标准时，李克做出了这样的回答“君弗察故也。居视其所亲，富视其所与，达视其所举，穷视其所不为，贫视其所不取，五者足以定之矣，何待克哉！”

对于我们造价专业技术人员，要想成为他人或者组织真正信任和依赖的专业人员，正如李克所说的，在我们职业成长的道路上，在每一个对应的阶段，既要有所为又要有所不为，更要学会去关注当下事物对自己未来的长期影响。

2022 年 11 月 23 日

2.2.4　自我反思

1）诚实是指对自己诚实，勇敢是指敢于面对真相

某公司为期五天的房建项目培训工作拉下帷幕。这是在 H 总的信任下，第一次让我参与整个培训的全过程。在这以前，我自认为自己做事情非常细致，非常用心，应该是值得他人去信任的。但是回顾这次培训，却让我感慨颇多，我以前自认为自己做得很好的，其实是远远不够的。

例如，在前期进行课程设计的时候，我完全是基于事情本身的角度，结合自己的实践经验，提出自己可以讲解全部五天的课程内容。但是站在 H 总的角度，如果由我讲解全部课程内容，则学员专业学习需要的软件加密锁的问题无法得到解决，而通过让某软件公司讲解一天课程，我既解决了软件加密锁的问题，又降低了培训实施的成本。除此之外，H 总在下个月还有一场更重要的企业培训要与某新讲师合作，让新讲师在这次低规格的基础专业培训进行讲解，这样不仅可以了解新讲师的讲课水平，而且培训实施风险又可控。但是我却局限于微观，虽然是一心把事情和工作本身做好，但是没有从宏观的角度去考虑，而且带给他人一种只考虑自身利益最大化的错觉。

例如，在前期与客户领导交流课程方案的时候，当客户提出以当地定额文件进行讲解，而不是以我所熟悉的城市的定额文件讲解时，我的第一反应是抵触，并且寻找理由说这样

会增加课程准备时间，无法在客户预期的时间进行培训的实施。虽然我当时及时调整心态，以客户的要求为准，但是我内心真正的潜意识还是没有以客户需求为中心，还是在考虑如何方便自己把事情做完。其实我熟悉当地定额也只花费了不多的时间，而且又增加了对当地定额的了解，拓宽了知识面，让客户满意，让自己也有专业知识的收获。如果当时我继续固执己见，则可能这次培训我都无法参与实施，从而导致我既丢掉了客户又失去了实际的经济利益。

例如，在与软件公司讲课老师的沟通协调上，我一直只是把自己的任务定位于课程内容对接，然而，H 总的意思是相关的事情全部由我去衔接和处理。自己的疏忽和理解偏差，以及角色定位没有及时更新，导致软件加密锁的使用问题没有单独提前与软件公司讲课老师沟通，没有了解到软件公司内部的管理规定是只有软件公司讲课老师进行课程讲解的当天学员们才能用软件加密锁，其他时间段不能使用。幸好我及时调整讲课内容才化解了这次危机。由于自己的沟通不到位，没有让软件公司讲课老师真正理解编制培训考试试题的要求，结果是软件公司讲课老师从自己企业内部题库挑选部分题目形成试卷，而实际这些试卷内容软件公司讲课老师认为学员是理所当然应该知道的，就没有在课堂上对这些内容进行讲解。我幸好在软件公司讲课老师课间休息相互交流时发现了该问题，才使它得到了及时的修正和解决。

例如，在培训完成后的是否发朋友圈宣传推广这一事项上，根据我习惯性的思维，既然我是本次培训的主讲老师之一，我理所当然就可以发讲课照片进行宣传推广。不过，我幸好提前征求了一下 H 总的意见，虽然 H 总答复我可以发朋友圈，但是照片中不能体现客户的名称和相关的信息。于是 H 总特意给我挑选了他拍摄的几张照片，建议我在朋友圈发他推荐的照片。通过这个细节，我意识到，在工作中哪怕再微小的事情，向关键人和领导请示和沟通是多么的重要。

例如，在培训过程中自助餐就餐时，每次会场所在的酒店都要提供饭后水果。我比较喜欢橘子，于是在一次午餐时我就拿了三个橘子。后来我才发现，其他学员和就餐人员，每个人都只拿了一个水果，或是橘子或是香蕉或是苹果。我才意识到酒店是根据就餐人员准备的水果。我拿了三个橘子，这就意味着有人吃不到水果。这侧面体现出自我的内心还是自私自利，并没有像我口头所标榜的公正高尚，那一刻我确实是无地自容。

例如，会务组制作的本次培训手册非常精美，我想学习借鉴用于其他培训场合。既然培训会场在一边存放有剩余的培训手册，最先开始时我就想在现场没人的时候拿一本或者用手机逐页拍照，因为培训手册上恰好还有全部参会人员的联系方式，如果我拥有该资料还可以作为后续其他工作的方便使用。但是经过一番激烈的内心斗争之后，我还是决定先主动请示 H 总，光明正大地询问 H 总能否给我一本学员手册。H 总很爽朗地给我一本没有学员联系方式的电子版学员手册，而且还特意给客户领导做了相关的说明。通过这件小事情，我真正意识到什么是慎独，什么是严格的自我约束和职业操守。

例如，在培训开始的时候，我主动向客户负责本次培训的会务组提出加入学员培训群的请求。当时对方迟疑了一下，但最终还是把我加进了培训群。后面我才知道，客户在学员群会发一些公司内部的信息，而这些信息其实是不适合客户内部学员之外的人知晓的。虽然碍于我的面子，会务组让我加了进去，但是我是自己把自己放到了一个非常危险的位置。虽然我的出发点是为了讲课过程中及时把资料发到群里，但是我却忽略了其他更为重要的事情。因此我把课程内容讲解完毕、把相关资料发到群里后，就第一时间主动退出了客户的学员培训群。但是这仍旧在客户相关领导和人员心中，留下了一丝丝不好的印象。

事非经过不知难，如果不是 H 总对整个培训的指导和把控，可能我的失误会更多，而如果我不能诚实面对自己的不足，不能勇敢面对真相，不仅很多事情可能就没有办法收场，而且甚至还会酿造出很多微妙而又致命的隐患，对自己今后的职业发展造成莫大的障碍。

所以，用心地思考，用心地琢磨，诚实地面对自己的内心，勇敢地正视当下的现实，去思考事物背后的真相与内在逻辑，这样我们才能由技术人员蜕变为真正的管理人员，并且成为真正意义上的创业人员。

2021 年 5 月 15 日

2）才华很重要，但才华一定是在勇气之下

YW 建筑公司为期一天半的企业实训终于落下帷幕。作为主讲老师的我，当听到 YW 建筑公司的 C 总，在总结发言时讲“我不懂造价”的时候，原以为一天半的课程时间过长，原以为他听课会打瞌睡，但是他竟然全程在没有睡意的情形下听完了整个课程，而且受到的启发还很多。在这个时候，我知道我讲解的这一天半课程内容，在客户面前应该算能勉强过关。

这是一次有点压力的企业实训。压力主要来自两个方面，第一个方面是本次客户的培训需求很模糊，客户提出既需要通过培训阐述工程项目管理中需要部门合作融合的理念，又需要讲解实实在在能立杆见影有用的实务案例，还需要各个部门各个岗位都要涉及，更要着重阐述商务策划的实务技巧；第二个方面是本次培训参加的人员组成包罗万象，既有和工程相关的人员，又有和工程无关的人员。

当客户的培训需求模糊的时候，那就意味着客户对这个事情的期望值是很高的；当客户的人员是混同的时候，那就意味着课程的讲解内容是很难聚焦的。虽然该客户主要只做某一房地产公司的项目，但是我在该地产公司的项目毫无任何经历。

个人的才华和能力固然是一件事情得以实行的一个重要因素，但是往往很多事情，会在我们才华和能力还不够或者不匹配的时候，来到我们的面前。这个时候我们会发现勇气往往超越能力和才华，成为事情推进的一个至关重要的动力。

其实，这次 YW 建筑公司培训工作的最终成行的原因来自三个有关勇气的自我暗示：

第一，客户既然选择了我，并且还愿意为我付费，那么我肯定是有价值的，自我怀疑

仅仅是因为还没有发现自我的价值所在。

第二，他强任他强，清风拂山岗，集中自己的能力去把才华发挥到极致。

第三，结果固然重要，经历才是意义。

就如科幻小说《沙丘》中贝尼・杰瑟里特姐妹会关于恐惧的箴言“绝不能恐惧。恐惧是思维的杀手。恐惧是引向彻底毁灭的小小死神。我将正视恐惧，任它通过我的躯体。当恐惧逝去，我会打开心眼，看清它的轨迹。恐惧所过之处，不留一物，唯我独存。”所以，在我们遇到未知、心存畏惧时，我们不妨多给自己一点勇气去尝试；多给自己一点骨气，事情的存在就是等待人去解决而舍我其谁的骨气。

最终，倘若我们由于才华不堪或者能力不足，失败了，至少我们获得了经历；如果我们由于幸运和机缘而成功了，我们在展现才华和能力的同时，也会收获巨大的勇气和不断前行的动力。

2020 年 10 月 18 日

3）知道自己能做什么，不能做什么，懂得去合作

小雨淅淅沥沥，小雨中城市道路上匆匆而过的行人，各自带着各自的生活和故事，在行走着，奔跑着，追求着。

就是在这样一个清新小雨的午后，时隔多年后，我又一次与相识已久的 L 总，进行交流和探讨。这一次交流的主题，主要是刚刚走上创业之路的我，听听过来人 L 总的经验、指点和教导。

现在回想起来，认识 L 总，应该算是我职业和人生成长道路上一件非常荣幸的事情。在某种程度上，L 总是我人生当中为数不多的几个非常重要的贵人之一。

还依稀记得刚刚毕业的我，在兼职给人做资料时，恰好 L 总项目需要做资料。就这样机缘巧合，我们彼此之间建立了联系。第一次见面，还是由于资料上的一些事项需要 L 总明确，当时双方对某一个技术细节还存在理解歧义，我很书生气地秉持着自己的见解和要求，而 L 总只是很随和地报之一笑，以一个老总的身份，很坦然地接受了按照现在看来是相当固执和呆板的我的要求和做法。

就通过这样的一来二往，我和 L 总建立了联系。后来我做造价时，L 总的项目也就长期让我去做预算。对于我做的预算，L 总很少过问细节和内容，我也知道 L 总项目预算过程中需要注意和考虑哪些事项。再后来，随着时间的推移，不经意间我们就成为朋友。虽然我们很少见面，但是偶尔项目上的一些合作和交流，就成为彼此信任的见证。

开始是因为看见而相信，后来是因为相信而看见，这就是我和 L 总认识交往过程的总结。

所以当我准备走上创业之路时，下意识的选择是一定要听听 L 总对我的一些指导和建议。因为只有真正长期了解你的人，才能准确地看得出你的弱点和长处，也才会在交流的时候真正一语中的，毫无保留。

在淡淡的茶水之间，L 总慢慢地道出了一些关于职业、创业、工作和事业的真谛。

事物的起点，往往在于自己清楚地知道自己能做什么，这是基础。能把客户需要的事情做好，做扎实，做出效果，这是任何事物发展最基础的起点。自己能做什么，自己擅长做什么，这需要深刻的自我剖析。

事物的发展，往往在于自己要懂得如何与他人合作，这是发展的前提。职业和工作可以单打独斗，创业和事业需要的是团队作战。所以，一方面需要学会如何建立团队、打造团队并且和团队成员进行内部合作；另一方面更要学会如何对接外部团队、外部力量、外部资源进行互补互利的相互合作。认识自我能力的有限，理解相互合作的重要，这需要深刻自我蜕变。

事物的持久，往往在于自己要懂得不能做什么，这是持久的关键。偶然的成功和获取可以投机取巧，可以脚踩红线火中取栗，但是真正的持久一定需要正正规规地做事，兢兢业业地做人。知道事物的边界所在，做人的界限所在，这需要长期自我督促。

总结起来，就是要知道自己能做什么，不能做什么，如何与他人合作，这既是自知的体现，更是一种创业之道。

知人者智，L 总就是这样的一个智者，用最简单的语言，最浅显的道理，阐述了一些看似与自我无关的人生道理，实则是句句真谛的经验之谈。

自知者明，回顾自己职业生涯中所经历的那些荆棘和坎坷，其实很大程度上是没有真正了解当时的自己。所以某种程度上来说，工作、职业、创业、事业，就是自我模糊、自我朦胧、自我清晰、自我明白、自我认识、自我诠释的过程。

所以，感谢岁月，感谢相遇，感谢经历，感谢 L 总；岁月无言，但总会让你遇到一些美好的人；时间不语，但总会让你经历一些非凡的事。

而这些人和事，就构成了我们生活的全部，以及价值与意义的所在。

2020 年 10 月 11 日

4）找准自己的生态位，低调做人专注做事

最近，有两件小事情引发了一些思考。

第一件是关于某施工企业培训的事情。我经过与该企业负责人的沟通，基本上明确了对方的培训需求：想要通过第三方的调研和梳理，来发现该施工企业在建筑成本和管理上的一些短板以及制度上需要完善的地方，最后通过企业专项培训的形式针对性地讲解。从某种程度上说，该施工企业需要的是管理咨询，而不是造价商务角度的企业实训。

能得到客户如此的信任，让我们进行管理咨询，这本身就说明客户对我们专业能力的信任和认可，这或许也是我们今后所梦想的高端咨询的业务类型。

但是，基于我们团队的基因和背景，我们主要是在建筑行业施工领域的造价商务板块这个细分领域内有专业优势和专业技能，但是在这个板块之外的项目管理和企业经营等其

他方面，我们完全是门外汉。哪怕是基于造价咨询客户对我们的深度认可，我们目前也只能做好技术，而且仅仅是造价技术。对于管理或其他的项目，无论是我们当下的专业知识还是实际能力，都是远远还不够的。

也正是基于这个对自我团队在整个建筑行业自己所处生态位的深刻的认识，我们针对该施工企业制定的合作方案还是以标准化企业造价商务培训为主。如果后期该施工企业对我们团队确实非常认可，我们再尝试第三方成本调研和具体造价专业技术动作的深度合作，但是对于管理上的一些咨询，还是以学习交流为主，毕竟我们还需要更多历练和成长。

第二件事情是关于自己正在进行总结的复核创效造价咨询的工作方法论。我花费了接近一个星期的时间，终于从营销、实施、确认、收款、岗位职责等多个视角进行了系统的梳理和总结。对于具体营销，我不如营销人员；对于技术，我不如技术中心；对于管理，我不如运营中心，这些都是我的短处。但是我能把一件事情体系化地串联成为一个整体，把一件事情从本质、逻辑、体系的角度去归纳和总结，让身处其中的人能更清醒、更长远、更整体地来看待这件事情。

所以，对于复核创效造价咨询业务，我的生态位就是观察、提炼、筹划、反思，向各种各样的人学习，去发现问题、总结长处，形成方法论，让做这件事情的人开展工作更高效，也更能在其他市场快速地效仿。

因此，在各种场景各种业务形态中，我们需要找到最适合自己的生态位、低调地做人、专注地做事、关注与自己相关的核心事物、既不自我拔高也不自我贬损、积极的努力地前行、不被他人的表面所诱惑、不被事物的表象所迷惑、不被他人的赞扬所迷失、坚定地保持自己的生态位。这是当下的我，在人生的又一次创业阶段所必须坚持的理念和准则。

2020 年 9 月 15 日

5）再枯燥的地方，都有值得自己学习之处

昨天我参加了某企业在重庆举行的某行业峰会，主题是关于数字时代建筑企业如何构建核心竞争力。

这种峰会通常的流程是举办企业先邀请相关行业主管部门领导讲话，接着行业专家学者做主题分享、行业人士做应用介绍，最后举办企业做相关的产品介绍。其实这种类似的峰会关键不在于阐述了什么样的先进理念和行业最新变化，而主要是在于通过一年一度的峰会让企业在行业内保持与各方面的紧密联系以及相应的影响力，同时企业可以借助该事件做一次深度的客情维护和产品宣传。所以，从内心角度来讲这种峰会对于我来说是很枯燥的。但是既然来参加了，就不应该浪费光阴。于是我对整个峰会的举办过程进行了深入的观察和琢磨，发现了很多值得自己学习的地方。

首先是对会场的布置和流程的设置等，举办企业确实一年做得比一年用心了，一年做得比一年更好。关键在于两个地方的变化：一个变化是更多基于用户视角的完善，场地布

置中体现更多的是一些实际和实在的事物，同时签到与调研也更加简洁和方便；另一个变化是现场整体视觉效果更加简洁和舒适，没有五彩缤纷和拥挤堆砌的华而不实。

其次是举办企业开始更多地让用户去分享案例和实践经验，减少了自吹自擂的成分。场地布置和宣传用语上，更多体现的是与本次主题相关的内容，而弱化了该企业对自己产品的宣传推广。这不仅仅是一种行动上的改进，更是一种理念上的进步。该企业既然提出的理念是让每一个项目都成功，那么就需要在实际行动中渐渐地把客户放在台前，使自己淡入幕后。

同时，在学习的过程中我也发现了举行类似会议的一些值得注意的小细节，比如部分专家分享的 PPT 在格式编排和美观考虑上不太重视，与其他企业人员的分享形成明显差距。一旦有了这种对比，听众就会在心中留下一种微妙的感觉，继而影响到听众对举办企业的印象。所以，举办企业在会议前要与相关专家交流确定 PPT 编制的相关要求，确保效果。同时对一些现场突发事项要有备选方案，比如讲解激光笔出现故障、投影出现问题等突发事项的应急处理的人员和具体方案。

通过参加此次峰会，我还认识了一些行业内的同仁和前辈。其中有一位从事安全工作的专业人士，他也是从企业出来以自由职业的形式进行创业的，通过和培训机构合作进行企业安全专业实训，同时对工程项目进行安全咨询和现场指导服务，他探索出来了一条不一样的职业发展之路。这特别值得我去反思，思考和借鉴他们在走向成功中的智慧。路都是人走出来的，而不是想出来的。这位前辈以他的现身说法，给了我很深的内心触动和榜样示范。

古人说的，既来之，则安之。我们会有很多看似无聊的工作，参与很多看似枯燥的活动，身临很多身不由己的场合。在这种情况下，如果我们少一些抵触，少一些事不关己、高高挂起的心态，多用心观察、琢磨，就会发现这些看似枯燥和无聊的地方，其中都会有值得我们学习和可取之处。毕竟存在即合理，一旦我们从认识论上对该种情况理解和接纳了，我们便会从平凡的事物当中去获取无穷的学习动力和不尽的发展推力。

2020 年 9 月 2 日

6）慢工出细活，有得必有失

昨日，我约了接近一年未聚的老友，带上家人和小孩，在一起进行了小聚。饭后茶歇时，我们一起交流了各自工作上的新思路、新想法、新体会。

我的这个老友目前在一家设计公司工作，主要从事环保工程和水利工程的设计，同时也做房屋建筑、市政工程等常规类型项目的设计。从前面几年开始，随着整个宏观趋势的变化，公司的业务得到了突飞猛进的发展，现有团队人员对项目设计工作应接不暇。与此同时，甲方要求设计任务的完成时间越来越短，甚至有的项目严重偏离了正常设计要求的时间下限，这给朋友的项目实施和工作安排带来了很大的影响和难度。

经过一段时间的积累、摸索、思考、实践和调整，老友带领的团队终于总结出了一套自己的思路和方法，把这个问题有效地解决了。采取的是什么方法呢？其实实质上很简单，就是我们通常说的工作模块标准化。

老友的团队，花了一段时间把不同项目类型的项目要求和对应的从工作开始到项目结束的全部设计成果文件，从方案、选型、构造、节点、说明、计算等板块上进行了内部标准化处理。这样，甲方的新项目设计任务要求下发之后，他们就可以套取相应的内部标准化成果文件，直接修改或相应调整即可，也能在甲方要求的时限内既快又好地完成相应任务，同时也通过标准化降低了设计成果文件出错的概率。

但是这样的处理也有一个潜在的不利之处：老友经过事后测算，发现通过这样的方式处理的设计项目，比按照正常时间要求采用精细化和最优化方案设计的项目，工程造价平均要高出百分之十左右。

因为采用标准化的设计方式，很多节点很多做法都是为了尽快提交设计成果文件而采用标准化的做法，没有进一步地根据项目具体情况进行深入计算、优化、调整……这样不可避免地就造成了相应工程造价的增加。

对于甲方，不断压缩设计的时间，虽然换取了工程建设项目的推进进度，但是却增加了工程造价付出了额外的成本。对于设计单位，标准化的方式虽然提升了工作效率，但是与此同时也把一个智力创新型的工作，成功地变成了流水线的生产工作，这样就很难诞生真正的精品工程，也很难打造企业自身真正的品牌和核心竞争力。

慢功出细活，任何工作，在科技没有进一步质的提升和飞跃之前，做好这个工作都有相应的最低时间要求的。在这个时间内的慢慢地工作才能真正做出好的服务或者产品。如果人为地去破坏这种平衡和自然规律，那么在我们得到的同时，必然会有一些其他我们意想不到的失去。至于是否值得，对于不同的主体、不同的情况、不同的目的，也就各不相同了。

2020 年 8 月 17 日

7）情怀只能获得面子，靠谱才能赢得里子

清晨，在送孩子们去上学的路上，二妹说告诉我一个秘密，她已经长得超过家中烤火桌的高度了。我笑着问她是不是最近吃了很多饭的缘故？二妹说是，于是我说我也要加油吃饭长高，不让二妹追上我的高度。二妹沉静了一下说道，爸爸已经长成圆柱体了，再也长不高了。一个圆柱体的表述，让我直接笑喷。二妹的话语奶声奶气，加上一些最近在幼儿园学的词语，确实让人感受到童年的纯真。

老 L 最近又开产品发布会了，是什么产品我不知道。从大学时代开始，我一直就觉得老 L 是一个有梦想、有追求、有情怀的人。因此我会听老 L 语录，会关注老 L 的动向，但是我大概率不会买老 L 生产的产品，除了仅有的一次是在公司的年会上抽奖获得的 ××

手机。情怀，让我们尊重你的梦想，让我们认可你的人品；但是产品，站在现实客户的角度，需要的是靠谱。只有客户使用起来感觉表里如一，产品能与情怀真正结合的，这样的产品才能赢得客户的里子和票子。当然，如果老 L 开一场脱口秀演讲，我大概会真金白银地买票支持，因为对于脱口秀这个产品，老 L 是靠谱的，是情怀与实用合二为一的。

在青少年时代的那些永恒的爱与被爱的故事中，我们经常会看到这样的场景：男女的某一方对另外一方苦苦追求后深情告白，然后另外一方会感动，但是最终还是委婉地拒绝了，“你人很好，很有思想，我也很崇拜，但是我觉得我们还是不合适”。翻译成当下现实的场景：虽然你很有情怀和才华，而且你也很帅气或貌美，但是因为你没有一个稳定的工作，没有城区的一套房，所以我可以崇拜和认可你，但是如果要考虑执子之手、柴米油盐酱醋茶，你还是不靠谱。

这才是我们真正的工作和生活的本色。只要我们蜕去了那些五光十色的画面，真正去领悟那些你来我往的场景，最终我们就会发现，他人真正会信任你、委托你去做事，客户会真正相信你给你业务，领导真正会看好你、提拔你、让你在职场通达，市场会真正接纳你愿意为你的产品买单，美好的爱情最终能开花结果，温馨的亲情最终能相濡以沫，诚挚的友情最终能长长久久……靠谱的里子才是关键。

这成功的根本，是我们所做的而不是我们所说的，是我们能力所能真正达到的而不是我们一直宣称的梦想，也就是我们必须拥有靠谱的人格，而不是高尚的情怀。

所以，我们只要能去认识这残酷的本质，就能直面以前企业实训探索路途上的那些弱智和无病呻吟，就能直面以前的那些自我认为可以价值千金的情怀分文不值的事实，就能直面我们以前那些堆砌着华丽的辞藻美妙的梦想的空荡与乏力。同理，我们只要能意识到这现实的需求，我们在自我专业探索和职业成长路上也就有了后续持续努力和改进的方向：靠谱而不是情怀，实务而不是虚华，专业而不是庞杂，实用而不是理论，里子而不是面子。

2019 年 12 月 5 日

8）别人不会看你成天说什么，而是会感受你平日做什么

昨天是周一。每逢周一，我就特别忙，又加上这周要进行某企业的培训和咨询项目的定案，培训课件要重新写，咨询成果要全面复核，这就更是忙上加忙。但是不管再忙，我今天还是忙里偷闲地把几件小事情处理了。

第一件事情是提醒 L 工，我们的某项目后天需要给委托方交底，需要明天完成最终成果文件的提交。虽然上周已经开会说明，但是再一次的提醒是避免 L 工遗忘。

第二件事情是我们公司应该支付给 M 工的外协劳务费用。在前期与 M 工的交流中，我已经给 M 工详细说了在网上电子税务局代开发票的相关流程、细节和注意事项，并梳理了一份书面的具体操作手册给 M 工。我今天特意和 M 工再次联系，建议 M 工在网上税务局代开发票点击确定之前，先预览发票后再将发票截图发给我，因为我需要在转给我们

公司财务人员确认无误后 M 工再正式网上提交。果真我们公司财务人员收到 M 工发过来的预览发票信息后，指出了存在代开科目选择错误、项目名称和项目地址未填写等问题。于是我及时指导 M 工修改调整，下午 M 工把发票送到公司后，我及时把发票和 M 工的银行账号信息转给财务人员，并当面告知 M 工公司财务人员预计付款的时间。

第三件事情是公司使用软件加密锁的续费。我填写了报销单后及时拍照发给对方业务人员 Y 工，履行上周五我和 Y 工说的我在这周一向公司提交付款流程的承诺。

第四件事情是把本周某企业培训实施的相关事项详细梳理，分享到内部企业实训实施群，逐一转发给每个人，并单独与对方确认收到和明确相关负责的事项。把事情做细致，而不是停留在口头上。

第五件事情是我知道某宣传片制作公司的 H 总下午要来公司与领导交流，但是在昨日下午的某项目结算编制内部会议上确定，今日上午公司领导去委托方办公地点沟通相关事情，下午不一定能赶回来公司。虽然上述的事情与我无关，但是为了避免出现沟通上的不及时导致事情的耽搁以及外部合作单位对我们公司留下不好的印象，我把该事情单独私下给负责此事的运营人员进行反馈，提醒其提前和公司领导以及 H 总再次核实和确认下午交流的时间和安排事宜。

这是今天一天中非常微小的几件事情，但是我一一地用印象笔记清单功能进行记录，一一完成后进行销项处理。尽量避免遗漏，也尽量让自己考虑周全。

在这样一个自媒体和信息化的时代，我们每个人都可以很大程度上地去表达自己的看法，可以在很多场合侃侃而谈，去标榜自己的智慧。但是改变这个世界的，真正对这个世界有益的，是我们一点一滴的实干和付出，而不是华而不实的话语。因此，对于我们个体来讲，少说多做，说了要做，知行合一，表里如一。这是最基本的要求，也是最高的要求。

对一个企业的管理者来讲更是如此。企业的长远发展，不在于管理者在会议上讲解得如何精彩纷呈，也不在于管理者对未来规划得如何宏伟、对管理体系搭建得如何完善、对企业文化诠释得如何完美、对下属工作指导得如何头头是道……这其中的关键，是你阐述的、要求的，自己身体力行地去实践，去示范。

至于管理者最终没有成功或者做了无效或者方向不对的结果，大家都能理解。但是如果管理者只是说，而自己不去做或者仅仅是要求其他人做，那么大家往往就不能理解。即使理解，也多半是违心的吹捧。

2019 年 12 月 3 日

9）宏观上的完美，是由微观上的不完美组成的

从宏观的角度，知行达咨询作为一个团队组织，前后历经半年的时间完成了两件事情。

第一件事情，是我们将日常的办公室卫生保洁工作，统一了相关动作和风格，形成了一种常态化的习惯或者氛围。

第二件事情，是我们编制了 PPT 标准化模板使用手册 V1.0 版本，让团队每个人的 PPT 编制审美观和技巧初步达到了一个基本相同的水平。

跨越半年的时间，事后从宏观的角度来回看，这两件事情无疑取得了初步良好的结果：办公室环境，整体上是简约简洁的，虽然达不到精品律师事务所的窗明几净和一尘不染，但是却散发出一种干净清爽的味道。PPT 的使用在整体上是风格统一和操作统一的，虽然不能让人耳目一新，但是至少让整个团队有了共同的风格和一致的理念。

但是从事前事中微观的实践视角中，我们做出了很多错误的动作，我们也怀有不少不成熟的自我认知。

比如，办公室卫生保洁，我们最先确定为在上班前一人负责拖地和打扫。在人少的时候这不是问题，但是当办公室人多起来了的时候，上班前的打扫影响了很多人的工作准备，而且刚刚打扫干净，地面和桌面的残留水渍不会马上就干，且早上刚刚上班时又是团队成员频繁走动的时候，导致地面桌面反而更显脏乱。初心是好的，但是现实中往往却结果相反。经历了不成熟的微观实践，于是我们将卫生保洁由上班前调整到下班时，问题迎刃而解。

比如，对于 PPT 模板标准化，我们最先开始的微观行动，是想准备先思考透彻、思考齐全、制定标准后再实施。但是开始时我们发现，自己也不知道想要什么，要标准化的目的到底是什么。接着我们调整了微观的思路，团队成员先在具体工作中去尝试和寻找感觉，然后总结提炼，最后汇总集中。最终想明白了，对于 PPT 模板的标准化，我们想要的和想解决的其实无外乎就是三个方面：

第一个方面，PPT 标准化的目的。通过对 PPT 的标准化，统一 PPT 的框架结构、编制风格、细节要求，降低 PPT 的编制难度，让 PPT 的内容在各个同事的项目上使用时，能复制粘贴无缝对接，提升工作效率。同时，通过对 PPT 的标准化，让团队养成标准化的工作习惯，形成标准化的团队氛围。

第二个方面，PPT 标准化的场景。目的确定了，在哪种场景使用就很重要。最终我们达成共识，PPT 标准化是在公司内部交流、总结、分享、探讨，在咨询项目计划、安排、汇报、展示、讲解，在团队成员参加外部学习、培训、交流等场合使用的。

第三个方面，PPT 标准化的具体要求。从整个结构而言就是风格、结构、封面、目录、正文、致谢六大部分标准化。每一部分一分为二，就是内容组成要求和排版格式要求。

作为个体或者组织，从宏观上树立一个目标往往是很容易的，同时我们也希望这个宏观目标结果是完美无瑕，不可挑剔的。但是从微观上，从具体执行的层面，我们会发现，从当下的微观到最终的宏观，其实隔着十万八千里。我们放眼望去，在走向最终宏观的道路上，荆棘遍布，难度重重。

在这个时候，作为个体，人们的心态或者动作就开始有了两种分化。

第一种心态，既然微观上总是不完美的，做了事情总是会出错的，那么我何不躺平不动，不动就不会出错，躺平还可以静静观赏遥远浩瀚星空的完美。

第二种心态，微观总是这样那样的不完美，但是事情总是需要人去做出来的。我们可以怀揣着追求宏观上正确完美的信心和决心，用微观上一个又一个不完美的动作去试错，去调整，去修正，去闭合。

用一句时髦的话语总结：星光不问赶路人，时光不负有心人。星光就是我们的宏观，而时光恰恰就是我们的微观。我们是赶路人还是有心人，这就取决于身处宏观和微观中每一个自我的态度和选择。

2021 年 9 月 6 日

10）不要用战术上的勤奋，掩盖战略上的懒惰

今天来到某省会城市，第三次和某建工律师团队进行造价和法律合作事宜的深入交流。

第一次和该建工律师团队交流是在半年前。我们初次相识，感受到对方都是做实事的人，双方都在彼此心中留下了踏实可靠的印象。

第二次和该建工律师团队交流是在一周前。我们相互交流，对工程领域法律加造价的可能性进行探讨，双方对行业发展趋势和相关做事理念和风格等进行了沟通。通过交流，我们感受到双方各自有着互补的差异化优势，有着相同的价值观，是可以同行的同路人。

第三次和该建工律师团队交流是在今天。通过某个客户的需求，引发我们一起对造价加法律领域企业培训需求的落实和实施。通过深入的具体专业和案例成果交流，我们确定了三步走思路：先以法律为主造价为辅形成专项课程，接着进行客户验证和实践，然后在这个过程中造价进行辅助和反馈、磨合、学习和综合，这样以造价为主法律为辅的课程也就应运而生。这样的方式让法律加造价的合作有了落实的方式和应用的场景。一旦正确的方向和合适的方式被选定，那么接下来就是具体的实施执行了。

从一个宏观的理念，到终于有了一个可视化的落实目标，对我们双方来讲，这不得不说是非常关键和核心的一步。对于一件事情的发展到最终实施和取得成功，其中有两个关键环节。

第一个关键环节是统一共识。不同的人只有在对某一件事情的认知和理解上达成了共识，才会建立彼此信任的基础，才会形成共同的长远目标。

第二个关键环节是选拔人才。先发现和挑选优秀的人才，然后再把相应的人才匹配到合适的位置，发挥最大的战斗力。目标的实现要靠合适的人才去实现，发现人才、选拔人才、培养人才就非常关键。

按照上述的工作方法论，我们团队和该建工律师团队在工程领域法律加造价的跨界咨询探索，到目前为止已经初步走完了统一共识的第一步。接下来是关键的第二步，我们如何发掘两个组织中的优秀人员对应的优秀方向，发挥他们的优势形成真正有效的合力，让我们前期的共识得到最为有效的落实和推行。

从某种程度上，统一共识和人才选拔是属于战略层面思考的事物，具体事项和落实则

属于战术层面的工作。在一件事情尤其是重大事项的推行前，我们在战略上的思考一定要勤奋、用心、主动。一旦我们在战略上思考透彻了，接下来在战术执行上，就要斩钉截铁，果敢果断，注重细节，注重效果。

正如该建工律师团队的 C 律师今天所说的，我们不能用战术上的勤奋去掩盖战略上的懒惰。如果我们在事项开始前，过多在战术上沉迷和勤奋，在战略上疏忽和懒惰，那么这件事情就很难获得成功。即使是短时间取得成功，也却很难持久；即使在某个范围和区域内取得成功，也很难推广、扩大。

2021 年 5 月 16 日

11）在责任中去自我思考，在自我思考中去承担责任

在工作中有这么一句俗语：屁股决定脑袋。言外之意是指不同的人，在不同的位置，他思考问题的方式和方法，看问题的角度和态度，是不一样的。

这句话表面上是在戏谑人们对位置的向往，在调侃人们自我思考和自我意识的被动性。但是我们如果细细琢磨，就知道这句话的核心其实是关于责任和思考。

趋利避害就是人的天性之一。因此，对于不需要付出的，只需要享受的、自由自在的等与自己的“利”相关的，人们都自然而然地喜欢。对于需要付出的、承担的、受约束的等与自己的“害”相关的，人们都会心存某种抵触。

而思考本身是一件费时费力，甚至没有一个好的当下看得见摸得着结果的事情。所以一般情况下，我们很难积极主动、长年累月地进行自我思考。

人们往往在什么时候才会思考呢？在人们需要负责的时候。当人们对自己、对他人、对家庭，对某件事、对某个工作、对某个任务真正负责时，人们才会真正地自我思考起来。正是如此，人们在学生时代会一直拼命的看书、学习、思考是因为有高考这个直接的责任存在。但是到了职场，人们往往就对看书懈怠了，因为这个时候看书没有了责任的载体。

责任的产生和承担的出现场景在职场上最为典型的就是位置。你到了某个位置，当需要你来做决策、带团队、扛业绩、谋发展时，你就自然而然会拥有相应的责任。有了外在的责任，我们就会被迫去思考。屁股决定脑袋就这么自然而然地出现了。

所以思考从来是一件被迫的事情。没有外在责任的存在，我们更多的时候喜欢放松地、自由自在地存在，而不是约束地、谨小慎微地思考。

但是，在职场上如果我们带着思考在工作，坚持做事中去思考，这样的职场人往往成长得就很快，很突出。这尤其体现在当我们还没有在某个位置的时候，自己主动给自己设置责任和约束。在责任和约束的基础上，我们会去思考工作中的种种，坚持和长期地执行。这个时候，思考的习惯，责任的观念，就会不经意间融入我们自身的意识形态中，从一件人性中感觉不舒服的事情，就变成了一件有利享受的事情。

所以作为职场人，我们在年轻的时候，尽量多承担责任，积极主动多思考，多践行；

尽量朝前走，朝上走，不要在一些容易的、享受的、轻松的、自在的事情和状态里徘徊。在责任当中的自我思考，在自我的思考中承担更多的责任，给自己带来更长远的发展。

2021 年 12 月 10 日

12）其疾如风，其徐如林，侵掠如火，不动如山

为期 2.5 天的 CL 建设公司企业培训在重庆市 ×× 酒店顺利拉下帷幕。这是我企业培训道路上的第 46 场，很普通的一次培训，但对我个人来讲却是一次具有里程碑意义的事件。如果说 5 年前在中冶某公司的第一场企业培训让我正式走上培训的舞台，3 年前在某知名民营建筑企业第 19 场培训让我建立了对培训的自信，那么这一次 CL 建设公司的培训让我真正找到了培训的感觉和发展方向。

这一次的企业培训，对我来讲有几个重大的历史性突破。

第一个突破是培训的成交上。从客户领导提出培训想法到拍板合作、从实施方案到实施细节，我们和客户只用了三个小时左右。这里面既有一种自我能力散发的潜意识的自信和感染，又有长期自我总结的提炼应用，让自己从里到外开始慢慢地有一种游刃有余的感觉。

第二个突破是从讲课的时间上。我第一次一个人整整讲解两天课程，从知识点的储备、体能的支撑、发声的调控，开始多点汇聚成一线，慢慢积蓄的力量开始找到了质的突破口。

第三个突破是从讲课的心态上。我第一次开始去认真感知身边人的一言一行对自己的反馈，虚心地去倾听，可以的采纳，不可以的一笑而过。

第四个突破是从团队的合作上。我第一次以一个独立讲师个体或者单位的身份，与原来的老东家搭档合作，从自我认知到做事风格到实施细节上，开始去探索合作的模式和默契。

第五个突破是从资料的管理上。我第一次开始从项目咨询的角度，对整个培训进行资料建档和保存，并从营销的视角进行了架构和思考。

实践出真知，再小的事情领悟透了，都有一种豁然开朗的感觉。就如孙子兵法《军争篇》里的四节兵法名言“其疾如风，其徐如林，侵掠如火，不动如山”，这次 CL 建设公司培训能取得成功，就是印证了这四节兵法名言的道理。

其疾如风，这是告诉我们做决策时一定要果断，万不可犹豫；过程中有错误了也要果断地自我革命，绝不可拖沓。当本次培训 H 总提出时间可以机动，2 天或者 3 天均可以的时候，我们没有任何迟疑，说服了 H 总采取 2.5 天的培训时间，其中讲课 2 天、汇报交流 0.5 天。虽然当时我对自己是否有 2 天的课程内容支撑或者说我能否讲解完 2 天的课程心存怯意，但是我果断在内心做了决策，因为这是一次挑战也是一次机会。当我在进行课程内容准备时得知本次参会人员比较杂，非造价专业人员占比大，原有课程内容讲解有风险时，我果断地抛弃了以前的课程架构和讲义，另起炉灶重新设计课程框架和编制课程内容。当

实施过程中有人给我讲解了企业培训的价值和意义时，我马上意识到由于自己的讲课辛苦而不在晚上辅导学员的作业和 PPT 制作，这种思路是错误的。于是我第一时间改正，晚上对学员们进行了 PPT 指导后再回房休息。

其徐如林，这是告诉我们做事情要有计划，有步骤，不要总是想着奋力一搏而成名，全力一击而取胜，而要分步行动，徐徐而进。当公司领导提出要进行培训实施内部会议探讨和交流的时候，虽然此时自己的事情非常多，但我还是积极地参加，付诸行动，谋定而后动。对于本次培训的一些思考和过程灵感，我随时进行整理和汇总，甚至在讲课的前一晚，我还在进行思考、计划和推演。

侵掠如火，这是告诉我们做事情看准了目标，看准了趋势，就要侵袭掠扰，有如烈火之猛，不可遏止。本次培训 PPT 的编写我三易其稿，讲解过程中始终保持自我的激情，言行举止中做出自我的表率。

不动如山，这是告诉我们一旦确定了目标，认定了方向，选择了价值，就要屯兵固守，则如山岳之固，不可动摇。一件事情，不同的个体、不同的合作方、不同的人有各自的诉求和想法。当各种纷繁的信息和想法涌现出来时，我们要保持定力，坚守初心，该静则静，该动则动，心中有座自我向往的山峰。本次培训我的核心目的之一是检验自己的知识点、自己的内在以及这段时间的项目经验提炼，所以从头到尾我在这一方面坚守和不动如山。虽然在某些方面我出现了失误，但是对于这核心关键的目的，我通过不动如山的毅力，让自己的内心有了真正的收获。

有付出，才有收获。理论联系实际，在实践中去总结和验证自己对理论的理解和解读，这样才能更好地建立属于自己的思维体系和实践方法。

2021 年 2 月 24 日

13）管理思维关注他人有什么，技术思维注重自己有什么

从筹划到落实，前后历经接近三个月的时间，自己从零起步筹划创办的公司终于在今天开始正式办公。某种意义上，我从今天开始，在一个全新的领域以一种无所畏惧的心态，开启了一种充满未知和挑战的生活方式。

正式开始办公的第一天，有三件事情让自己印象深刻。

第一件事情，认识了十多年的 Y 总，也是我现在办公室的邻居，手把手亲自教了我关于泡茶的基本知识。他从茶叶的选用，到不同茶叶使用的场合，以及泡茶的步骤、注意事项等，进行了详细的示范指导和实例纠偏。花了一个上午的时间进行学习，我终于能够给人泡茶了，使用的是 Y 总赠送的茶具和茶叶。

第二件事情，是关于中午的聚餐安排。从聚餐地点的确定，到菜品的选择，时间的安排等，全部由我的另一半去完成。因为女同志特有的细腻和考虑事情的周全，是技术出身的我，很难企及和去学习模仿的。

第三件事情，是下午关于和其他人在最近几件事情的交流沟通上，我先把事情罗列了一下，思考了每件事情委托方可能会需要去面对面交流或实施的大概时间和区间，提前梳理了一下相互之间的时间交叉风险，然后再确定了一个电话沟通的先后顺序，进行了相应的交流和落实确定了各个事情开展的时间节点。

为什么这三件事情让自己记忆深刻呢？因为我发现，自己根深蒂固技术思维的思考问题的方式，开始发生了潜移默化的变化。

什么是技术思维呢？一般情况下技术思维的核心关注点和出发点，是我有什么技术，有什么独门绝技，而其他人没有这个技术，所以我能领先他人，或者是在竞争和其他比拼的场合中能脱颖而出，赢得他人、赢得尊重、赢得利益。因此技术思维更多的是关注个人，关注自我，关注自由。

什么是管理思维呢？一般情况下管理思维的核心落脚点和思考点，是我没有什么，而他人有什么。他人有的什么正好可以弥补当下我没有的什么，继而能在基于当下的资源和现状的情况下，去努力地把问题解决。因为管理性思维更多的时候是在于解决问题，而不是在于赢得尊重赢得他人，所以管理性思维更多的是关注他人，关注团队，关注限制。

就如泡茶确实不是我所擅长的，所以我所需要做的，是向前辈请教和学习泡茶的基本之道，在朋友之间交流时，我能提供一杯止渴清茶即可。就如聚餐安排和礼仪确实不是我所精通的，所以我所需要做的，是落实定位、目标、人数即可。事情的推进，很多时候作为提供服务的一方，要深刻地认识到决策权、主动权、控制权永远是在委托方，永远也只能是属于委托方，而我们更多的时候是如何去思考通过我们第三方专业的努力，让委托方更好地控制和掌握事情的主动，如何高效充分地决策，如何有效地解决问题。

有句话是这么说的：“事实只是面粉，最后的美食结果评判，比拼的是那碗面。”因此，时刻牢记不同阶段不同时刻自己所处的位置所处的环境，自己需要或者面临的目标：到底是制作面粉阶段的面粉工，还是煮面阶段的厨师；到底是在背街小巷开个小面馆为生存计，还是在参加美食大赛为名利求……只有我们把这些想明白了，我们才有可能会知道，当下的我们到底需要的是技术思维还是管理思维，我们需要关注的到底是自己还是他人。

2020 年 11 月 24 日

14）缓行之，徐图之

昨天下午，我和团队的成员又进行了一次随意而又放松的交流，探讨近期工作之余，一起聊了聊关于印象笔记的使用感受。

经过沟通，大家使用印象笔记里面的清单功能安排工作计划的习惯已经普遍养成。平时有什么工作事项及时间节点都梳理记录在印象笔记，设定相应的提醒时间，确保不忘事和不漏事。

每个项目来了在熟悉资料的阶段，大家都会习惯性地建立一个印象笔记表单，将相关资料摘抄汇总，这样确实能提升后期的工作效率，所以大家也慢慢养成相应的习惯了。但是对于使用印象笔记记录每天的全部工作细节，以及对项目结算编制和对审的全过程记录这一事项，虽然大家都觉得很有价值，但是感觉还是非常繁琐，大家还是停留在认可但没去实行的阶段。

了解了大家的真实需求后，我没有像以前那样过多去展示我的项目管理记录案例，而是给大家分享了印象笔记另外一种专业知识管理功能。先在微信里面关注印象笔记公众号，然后把自己的账号与公众号绑定，当我们在看到一些专业公众号上好的专业文章总结时，复制微信链接，再通过印象笔记公众号对话框发给自己，这样就能把该专业文章转载到自己的印象笔记。最后我们再到印象笔记里面阅读这篇专业文章，做批注和阅读记录，添加标签方便以后查询，在阅读完成后进行归类保存，这样就把别人的专业总结有效地转换成为自己的专业知识。

我详细讲解之后，实际演示了一遍。大家都觉得这个功能可以，比在微信里面直接收藏有效得多，并且可以进行二次利用形成自己特有的知识体系。于是大家纷纷表示，接下来都会尝试这个小功能。

我记得在三年前我就开始向团队推行印象笔记进行工作记录和知识管理，但是一直无果。从今年开始，我改变了思路，通过一些看得见的小技巧吸引大家先使用，在使用过程中和大家一起去交流和分享经验。在大家使用一段时间后我又慢慢介绍一些新功能。在大家适用新功能并感觉有效后，我又慢慢介绍其他的工作应用。采用这种方式不到三个月，整个团队都养成了主动使用印象笔记记录的习惯。开始时大家都使用的是免费版，慢慢用久了之后大家感觉对工作确实有帮助，于是又纷纷开通了付费版本。

做事情时，新推行的一些理念和想法，如果我们暴风骤雨式地、革命式地激进式推行，往往会遇到巨大的阻力。有可能这个事情和理念本身确实很好，但是大家却不会接受。就算大家被迫接受，也是表面顺从认可，实际上束之高阁。最终这个事情由于没有团队的共识和执行基础，往往也就不了了之。

而如果我们采取渐进改良的方式，缓慢地行动，一点一点地去把一些思路、理念、细节等让团队感受、体验和收获，再慢慢地一点一点地增加，让团队自己去体验和实践，在这个过程中团队成员虽然可能有迟疑，但是如果通过一个一个小事项让大家确实感受到了价值，体会到和以前不一样的地方，大家最终就会慢慢地接受和习惯，甚至主动去推行，去摸索，去创新。在这个缓慢的过程中，我们最初的目的也就慢慢地达到。

所以，我们在开展工作时要“慎思之，缓行之，徐图之。”也就是做事情要慎重地思考，缓慢地行动，逐渐地实现自己的目标。这种工作开展方式的背后，不得不说有其重大的现实意义。

2020 年 6 月 12 日

15）后发者的前行方式，承认事实的同时保持想象力

由于疫情，时隔半年之后我又一次来到了成都，完成了两件事情。

第一件事情是应 J 哥的邀请，给某施工企业讲了一次课。J 哥是我三年前认识的一个朋友，印象当中我们一起吃了一次饭。我出来创业后来到成都处理某个项目结算事宜时，J 哥给我分享了他的创业经验和对工作生活的一些看法：保持自我追求的同时，顺应事物发展的大势；肯定自我梦想的同时，承认自我前行的瓶颈。J 哥的这个理念深深地影响和触动着我。

所以，当 J 哥让下属 L 老师和我联系时，听到是给石油行业的某施工企业进行培训，我知道这对我是一个挑战，但是我愿意去尝试。当 L 老师问到我能否讲解两天时，虽然我的课程内容可以支撑，但是我知道目前的能力与本次培训定位之间的差距，因此我主动提出来只讲一天。

在课程讲解的当天，有一位咨询行业的老前辈 L 总全程听完了我的讲解。在一起交流时，L 总开玩笑地说了两句，第一句是我讲一天的时间太短了，第二句是相信不久的将来我们在重庆会重逢。

第二件事情，是和成都建工领域知名的某建工律师团队的 C 律师和 J 律师进行了交流和互动。当我和 C 律师预约时间时，C 律师的一句话，“有时间要交流，没有时间创造条件也要交流”，让我发自内心地感动。

这一次 C 律师和 J 律师给我展现了通过团队多年的积累和梳理，提炼出来的工程项目从开始到结束全过程法律风险控制和价值创造的思维体系以及知识储备，确实让我震撼，也让我发自内心地触动：团队的力量是远远超出个人的，尤其是理念一致、追求一致的团队，其创造力和战斗力更是让人充满无限想象。该建工律师团队通过经验长时间扎实的积累和沉淀，已经走在了工程法律领域的前沿，建立起了属于自己的技术优势，在具有团队优势的同时，可以去积极主动地开拓创新的业务和进行更高层次的自我进阶。

在学习的同时，我清晰地认识到，目前不论是在造价领域还是法律领域，我们团队都属于完全的后行者。作为后行者，在各方面与前行者的差距是巨大的，不论团队人员、资源、技术……承认这些既定的事实，承认我们在今后很长一段时间之内还需要去做扎实的积累，这不仅是一种自我认知，更是一种工作方式。

在后发的同时，我们还要保持对事物对发展的想象力。辩证法告诉我们，任何事物都是双面性的：我们的后发其实也意味着没有固有思路的约束，没有固有模式的制约，也就代表着有着更多的容错机会，在实践中调整的机会。

所以对于后发者，我们在深刻认识到自我差距的同时，需要保持积极的学习的接纳的心态，去向身边发生的经历的各种人和事，全力地学习、思考，然后积极地实践、反馈。我们要把自我经历的一份时间，当作他人的十份时间，去充满想象力地思考、挖掘和提炼，日拱一卒虽无有尽，功不唐捐则终将入海。

2022 年 7 月 5 日

2.3　关于专业

2.3.1　商务理念

1）鱼和熊掌，不可兼得

（1）前言

某一高速公路工程项目，施工企业在该项目开工之后组织相关人员，编制了图纸会审的问题，准备提交给设计单位进行回复确认，其中有两条图纸会审问题的表述如下：

1. 涵洞防水层涂料材质、做法以及工程数量未明确，请设计人员明确！

2.×× 图小表中Φ10 钢筋合计数据有误，小表细目数据合计为 ××，与小表显示总长数据 ×× 不一致。

站在施工企业的角度，实事求是地表达了相应的问题和主张。既有理有据，又言之凿凿，占尽了上风和先机。但是，如果我们站在设计单位的角度，细细品味上述两个问题的表述，内心的感受就截然不同。

第一个问题中的“请设计人员明确！”，一个“设计人员”的表述，让我们设计单位的朋友们如芒在背，如刺在喉，再加上一个带有浓厚感情色彩的感叹号，更是让人久久无法释怀。

第二个问题中的“有误”，一个“误”字，那是对他人工作和成绩的全盘否定。先不论是否有误，在事情还没有得到正式确认之前就先入为主的定性对方有误，是可忍孰不可忍？

所以，施工企业上述图纸问题的表述方式，在双方还未见面时，设计单位对施工企业在内心深处就已经埋下了间隙的影子。可以预料到的是，施工企业在该项目后续的商务经营管理中处处会有一种无形当中的被牵制、被制约、被阻碍的感觉。

一切就是这么的微妙，伤害了对方的面子，那么就必然会失去我们的里子。如果施工企业上述问题的表达方式稍作调整如下，或许就是皆大欢喜，另外一番天地的感觉。

1. 涵洞防水层涂料材质、做法以及工程数量不详，需要明确。

2.×× 图小表中Φ10 钢筋合计数据与小表细目数据不一致，需要明确。

上表述中的“不详”和“不一致”，是一种中性化的语言方式，既有可能是施工企业对设计施工图真正表述的理解不透彻导致的上述问题，也有可能是设计施工图本身需要对某些方面进行补充说明。“需要”，是一种对他人的尊重，被需要的感觉能让对方产生超越工作事项本身的成就感和价值感，这样的表述就把事项、场景以及对方的职业微妙地融合在一起，沁人心脾于无声。

（2）实务之道

古人有云，鱼和熊掌不可兼得。这是告诉我们，一个人不能太贪心，事情不可能让一个人或者某一方占尽便宜，有所得就必然要有所失，这样事物的发展、人和人之间的相处才能平衡。

因此，回到我们工程项目过程商务经营管理中，施工企业也一定要深深意识到这一点。我们在推动一项工作、处理一件事情、表达一道诉求时，要思考我们需要的到底是面子还是里子，需要的不一样，事情的处理方法和工作推进的方式也是不一样的。

例如，对于某签证事项，如果我们施工企业不一定非要计算相关费用，只是想在建设单位面前赢得一个大气大度的口碑，那么我们施工企业需要做的核心就是进行真实的事实记录和损失反馈，最终形成一个翔实丰富的专项报告提供给建设单位。施工企业赢得大气的面子，建设单位则赢得工作推动和成本控制的里子。

例如，对于某签证事项，如果我们施工企业一定要计算相关费用，那么我们施工企业就不能心存一次成形事事顺心的想法。虽然我们可能会承受一些面子上的过不去，或者姿态上的自我内敛……但是最终我们可以收获经济利益的里子。

对于甲方，在项目管理过程中有三个基本需求。

第一个需求是尊重。每个人都希望受到他人的尊重，尤其是受到他人发自内心的尊重。这种尊重或是体现在文字表述上，或是体现在口头语言上，或是体现在做事配合上，或是体现在理解支持上。

第二个需求是认可。如果说尊重在礼仪上有所体现是必须的，那么认可则是更高一层次的尊重。认可的核心是我们站在对方的角度，理解对方所做的事情和决定或者指令，但是认可并不代表无条件接受，我们需要同理心给与对方角度立场的认可，这是尊重。但是我们也要有自己的立场，维护自身的利益，就如法国启蒙思想家伏尔泰曾说过：“我不同意你的观点，但我誓死捍卫你说话的权利。”

第三个需求是实现。实现对方的管理目标，助力对方通过业绩实现岗位升迁，助力对方通过项目实现事业的发展，这对于甲方才是最大的支持与配合。

但是在项目实践中，很多施工企业往往会走入另外一个误区，认为在一个项目的实施过程中，对于甲方的支持就是这个项目实施得和和气气，各方没有红脸争吵过。因此在项目建设过程中，无论发生了任何事项，我们施工企业都秉承忍让、承受、不争、不吵、不坚持、不据理力争、不旗帜鲜明地提出诉求主张。虽然过程中双方很和谐、和气，但是到了项目结束，施工企业亏损严重确实无法承受时，因为缺乏有效的过程资料和依据支撑，双方在办理该项目结算的时候最终剑拔弩张，甚至对簿公堂，不欢而散。这才真真切切的是面子里子全没，而且以后双方做朋友继续合作的机会都没有了。

对手，尤其是有实力的对手，有时更能赢得对方的尊重和认可。不打不相识，说的就是这个道理。所以我们施工企业在过程商务经营管理中，需要给与甲方尊重、认可，协助甲方实现项目管理的目标，但是也要坚持自己的原则和底线，坚持自己的利益和诉求，有理有据，不偏不倚。虽然这样暂时会发生一些冲突或者不愉快，但是却会造就整个大局的和谐稳定和双方受益。

（3）总结

很多事情，如果领悟了，往往道理是相通的。比如，在管理层面，作为一家企业的老板，享受的是公司发展带来的真金白银的利益。如果在某一些事项上，企业的老板还去与中高层领导甚至下属员工分享或者占有一些表面上的荣誉，名利皆由企业老板所有，那么就会在企业的发展道路上埋下隐患，产生管理和发展上的危机。

在工作层面，作为一名具体的工作人员，如果在事情推进过程中处处咄咄逼人，对于利益又是分毫不让，那么就会让对方很难受，都不愿意配合和支持，导致事项的推进阻力重重。

在合作层面，如果我们机关算尽，利益是一方占据居多，名誉也是同一方占据居多，没有面子和里子的平衡，没有利益和名誉的协调，那么双方的合作也就很难持久。

古人有一句话，人贵在有自知之明。自知之明有两个方面的含义：第一方面的含义是知道自己不能做什么，第二方面的含义是知道自己能做什么。我们把古人的话应用到工作当中，自知之名就是自己知道，在当下或者具体的情况下，自己能取得什么，自己要主动放弃什么，哪怕良好的外在条件能让我们鱼和熊掌兼得，我们也要主动地放弃和让渡给他人。

2021 年 3 月 22 日

2）人们往往高估自己，市场却很少低估我们

在工程项目的实践中，我们的团队曾经遇到两件很有意思的事情。

第一件事情，是某中途停建项目的索赔办理工作。我们给施工企业提供了工程索赔的咨询服务，最终施工企业在该项目也取得了不错的经营效果。在咨询服务过程中，我们觉得是我们详细梳理的索赔资料起了至关重要的作用。但是事后复盘时，我们才深刻领悟到，其实是施工企业和建设单位于公于私良好的合作关系，才是最为核心的因素。而我们逻辑严密而又详实的资料整理做到了锦上添花，起到的是催化剂的作用。

第二件事情，是某项目的结算办理工作。同样的施工图、结构类型、合同条款，我们团队负责所在标段的最终结算办理，相比其他标段的结算结果要高出一部分。我们事后在和审核人员交流时，审核人员对我们讲出了差异的原因。第一个原因是我们做事情的态度让他觉得可给可不给的应该给我们；第二个原因是在与我们核对的工作过程中，他也借鉴和学习到了一些非常有用的工作方式，这对他的职业成长有很大帮助。所以对于我们在前期结算编制过程中疏忽的地方，他会提醒我们修改过来，并且结合到他的工作经验觉得还有某些费用是可以去争取到的，他也会单独提示我们。所以，这个项目的结算办理工作我们能取得不错的成绩，是专业能力、敬业精神、工作方式等起了不可或缺的作用。

随着整个建筑业的高度市场化，我们施工企业的生存空间日益逼仄。对外，低价中标是常态；对内，成本上升是趋势。同样的条件，同样的项目，有的施工企业和管理团队能迎难而上，危中取胜；有的施工企业和管理团队却总是觉的项目先天和外部条件不足，导

致空有一腔才华和抱负，无法实现。很多时候，我们的团队在项目经营管理过程中没有深层次去评估、去发现、去梳理、去总结某些事项为什么会成功，为什么会失败，背后真正的市场化原因是什么？

例如，对于施工过程中某一事项的索赔，我们谈成了，到底是由于这个项目中我们有底牌，对方不得不委曲求全？还是我们有资源，与对方进行了等价交换？还是我们有决心，光脚不怕穿鞋的，对方不愿意与我们同归于尽，于是退避三舍？还是我们有思路，我们精心设计的思路步步推进，就如两军对垒，谋略攻守，对方不得不服？还是我们有机制，我们相关机制的设置，让内部外部殊途同归……

例如，对于施工过程中某项签证单，为什么会达成一致，圆满地完成，到底是合同的约定很明确？还是我们及时跟进，催促的效果？还是各种觥筹交错背后的结果？还是专业的能力，资料的闭合带来的收获？还是甲方对具体经办人的认可和信任产生的效益……

我们在项目管理一开始时，就应该对这个项目与商务经营管理相关的一些微小的事项，站在市场化的角度进行深入的分析和评估，到底是什么因素，让这件微小的事项取得了成功；到底是什么环节，让这件微小的事项最终功败垂成，没有结果。

如果是专业的力量，那么接下来的经营管理策略，就是如何把这种专业的力量赋予到整个项目整个团队的每一个人。

如果是做事的方法，那么接下来的经营管理策略，就是如何把这种做事的方法转换为整个团队的行为习惯。

如果是人际的关系，那么接下来的经营管理策略，就是持续稳定地把关键人的人际关系、上下游相关人员的关系，固化、加深、融合成为一体。

如果是特殊的情势，那么接下来的经验管理策略，就是要去总结提炼哪些情势下对方会认可，在接下来的管理过程中，如何去制造、创造或者保持那种有效的情势……

成功往往有着各自成功的经验和方式，但是失败却都有着共同的一个特点：高估自己，而没有去因地、因势、因情、因景地审时度势，从现实的角度去评估自己，然后去对应改变和积极应对问题。

在工作中，在岗位上，在职业上，我们经常会觉得自己被屈才了，被大材小用了。这种感觉很正常，但往往这不是真正的事实。虽然人们往往高估自己，但是市场却很少低估一个人。换句话说，市场其实比我们自己更懂我们。

如果想真正地认识自己、评估自己、评价自己，最好的办法是不带任何装备，走向市场真正的大海去裸游一番。市场一定会不负我们的厚望，给我们一个最真实和最准确的评价。

回到工程项目过程商务经营管理中，我们应该在项目一开始时就从市场的角度，通过一些微小的事情去认真的评估我们的团队、能力、方式、方法……是否与当时的市场相匹配，是否与当时的项目相融合。

如果我们的能力和我们的团队跟市场和项目不相匹配，领导者就非常关键。这个时候需要我们的领导者们冲锋陷阵在前，以身作则。在项目开始的时候，通过领导者对一些小事情的推动和促进，总结出相应的方法和流程，然后再传帮带团队成员。这才能从管理上和技术上真正地让项目经营管理落实化、有效化、自发化、持续化和市场化。

2021年4月25日

3）基于现实去推进工作，而非用理想去憧憬未来

随着建筑行业进入到微利时代，施工企业对工程项目的经营创效等商务管理日益重视起来，多次经营、全过程创效成为当下建筑行业施工企业共同关心的一个话题。但是在实践过程中，我们却会发现一个很尴尬的现象：按照施工合同约定本该是施工企业应得的利益，施工企业却往往没有获得完全。

我们经过对咨询实践数据的统计分析，对于一个工程项目施工合同约定的利益，大部分的施工企业会由于各种情况，无意识地丢失工程造价1%左右的利益。商务经营管理得比较专业的施工企业，能做到只丢失工程造价0.5%左右的利益。完全不丢失而获得全部应得利益的，在当下建筑业施工企业中还属于凤毛麟角。

为什么会出现上述这种情况呢？这主要是如下几种现实情况的影响。

第一种情况，是项目预结算工作投入的有效时间不足。

一个工程项目的预结算工作其实并不简单。这过程中最关键的一点，是需要有充足的人员用充足的时间扎扎实实地去完成项目的预结算工作。每一个工程量的正确确定，都需要一点一滴地计算；每一项综合单价的完整形成，都需要一毫一厘地计较。而这些基础的繁琐的工作，最需要的是充足的时间和人力的投入。

而在实际工作中，对内，造价商务人员需要从事招投标、分包、劳务管理、成本管理、过程计量支付、合同管理、沟通协调、争议处理等方方面面繁杂的事情，导致造价商务人员很难在一天中抽出完整的一两个小时坐在办公室，去安安静静地思考项目预结算的详细计算和具体编制的技术事宜。对外，由于甲方的管理要求，以及当今大环境对高周转的逐渐推崇，因此整个外部环境对项目预结算工作时间不断地压缩和挤压，再加上预结算相关资料的不完善，导致项目预结算的工作时间远远低于正常要求。

由于施工企业对大商务管理模式的推行，造价商务人员在往工程项目大管家的道路上越走越远。也正是基于此，在很多时候，我们项目的造价商务人员在工作中第一位考虑的不是如何在预结算中把相关应得的费用计算准确、完全，而优先考虑的是如何在甲方要求的时间内，在不影响自身其他工作内容的情况下，尽量快速地完成预结算工作，至于结果，只要不出现重大失误即可。

人生无捷径，快速形成的结果就必然会导致有各种漏洞和失误。在建筑业高利润的情况下，施工企业的上述做法是以时间换取空间；但是在建筑业微利的情况下，施工企业的

上述做法会导致既没有换取到空间，又失去了发展的时间的情况。

第二种情况，是项目造价人员的有效实务经验不足。

虽然我们施工企业每年都在不断地招聘和培养新的造价商务人员，但是造价商务人员的有效实务经验，往往不足以支撑施工企业项目的预结算需求。

一方面，具有综合性能力的造价商务人员，仍旧属于当下建筑行业的紧缺人才。很多比较优秀的造价商务人才，都被施工企业快速提拔为管理人员，导致项目一线预结算工作长期由经验不是很丰富的人员负责完成，留下很多的造价风险。

另一方面，随着生活条件的改变，年轻一代对工作环境越来越注重，不愿意去施工现场，导致项目造价人员的流动和变化非常频繁。而项目预结算工作中最大的忌讳是人员变动，因为人员的频繁变动往往也就意味着造价的少算和漏算。

项目预结算工作毕竟是一门专业性非常强的技术活动，因此项目预结算工作更多的时候需要依赖具体项目造价人员的有效经验和技术水平。经验不足的人，技术水平不到位的人，自然而然地意味着项目利益丢失的风险。

第三种情况，是没有对比就没有伤害的人的无意识本性。

因为一个项目的预结算工作是属于一次性工作，不属于重复性工作。一次性工作因为没有对比参照物，就没有办法去评价好坏；而重复性工作往往能区分优良以及合格与否，因为其有一个可以参考的标准。

一个项目预结算工作完成，除非是第三人再将该项目的预结算工作重新编制、核对、形成结果进行比对，一般情况下施工企业是很难评价这个项目预结算工作的好坏、是否已经将应得的利益获得完全了。

“没有对比就没有伤害”，这是人类无意识的本性。所以在工程项目实践中，如果要真实地去评价施工企业在一个项目中预结算工作做的好坏，要真实地去评价施工企业在一个项目中是否将应得的利益获得完全，不是去询问或者了解具体的施工企业的经办人员，而是应该去找相应的审核人员问一问。审核人员往往更真实地知道施工企业是否将该得的利益获得完全。

作为审核人员，虽然有可能不能发现施工企业多算的费用，但是他肯定会多多少少知晓施工企业少算的费用。因为审核人员有一个自己编制的结果和施工企业做对比，有了对比就有了差异。而审核人员的职业要求是对施工企业少算的应得费用不主动提及，对于施工企业多算的不应得费用必须全面扣除。

这就是当下我们大部分施工企业在项目创效大背景下常见商务经营管理现状。在实务中面对上述的现状，这就有如非洲大草原上的旱季到来了，有些动物忙着找水坑，有些动物忙着讨论旱季应不应该到来，而为什么草原上每次旱季都是肉食动物的盛筵？这主要还是因为忙着谈论旱季应不应该到来的后者太多了。

所以，我们用心地去观察和总结就会发现，成功的项目其项目管理团队往往都有一个共同点：清晰地认识现实的情况，环境的制约，以及先天的不足，但是很少去抱怨现实的源头，很少花费大量的时间去梦想如何改善外部环境，去憧憬如何打造和匹配具有先天优势的团队……更多的时间，项目管理团队是基于现实的情况，脚踏实地地去有效推进工作，投入时间，培养人才，落实事项，躬身前行……工程项目形而上学的理想管理状态只能是我们当作多年后的憧憬和梦想，实事求是地面对现实才应是我们当下的立身之本和发展之道。

2021 年 5 月 4 日

4）预后乃是算，造后才是价

在工程领域有一句俗语：项目干得好不好，就看预算算得好不好。

这句俗语体现了两个方面的含义。第一个方面，是指在市场经济的浪潮下，效益和经济是核心的关键指标之一，就如某施工企业 L 总曾经说过的非常经典的一句话："不以项目效益为核心的管理，就是要流氓和无效管理。"第二个方面含义，在创造效益的项目管理过程中，预算人员的主观能动性非常关键。就如很多施工企业强调的项目管理铁三角：技术、工程、商务，三个岗位之间的相互配合、相互沟通、打破壁垒对于工程项目管理非常重要，预算已经成为项目管理中的关键岗位之一。

那么什么是预算？或者说在工程项目管理过程中，预算平常要做哪些工作才能充分体现出预算的价值呢？

在传统的预算理念中，在传统的项目管理模式下，预算就是画图、算量、套定额计价。在房地产战略清单管理的模式下，预算就更为简单，画图、算量、上量即可。但是随着建筑行业的发展，工程体量越来越庞大，项目业态越来越复杂，计价方式越来越杂糅，合同法律财务的交叉越来越频繁，尤其是随着工程总承包和 EPC 总承包模式的全面推广和盛行，我们该如何来理解预算这一岗位呢？就如一个项目的工程造价分为量和价两个方面一样，对于预算，从实务的角度也分两个层面去体现：一个是预算，一个是造价。

对于预算的理解，关键是在预，其后才是算。在实务中我们对于预算的理解可以分为如下四个方面。

第一个方面是预估。我们要站在用户的角度去预估对方的想法，比如业主的、主管部门的、审计的、公司总部的想法，以及当下的和未来的需求等。

第二个方面是预想。我们要根据前期的预估分析和提炼总结，如果达到预估的需求，我们要提前预想出各种可以实现的路径。例如我们通过预估和总结，预想出工程项目如果要提升 7% 的利润，在项目管理过程中可以有从哪些方面去实现的具体路径，具体如图 2.8 所示。

第三个方面是预计。根据预想的路径，接着进行路径具体实现步骤和细节的预计和计划。原则、计划和步骤确定了，我们再实施后面的具体落实动作才能有的放矢，不会跑偏。例如我们通过预计，可以对某项目结算三审工作进行预计，确定如图 2.9 所示的具体审核计划和步骤。

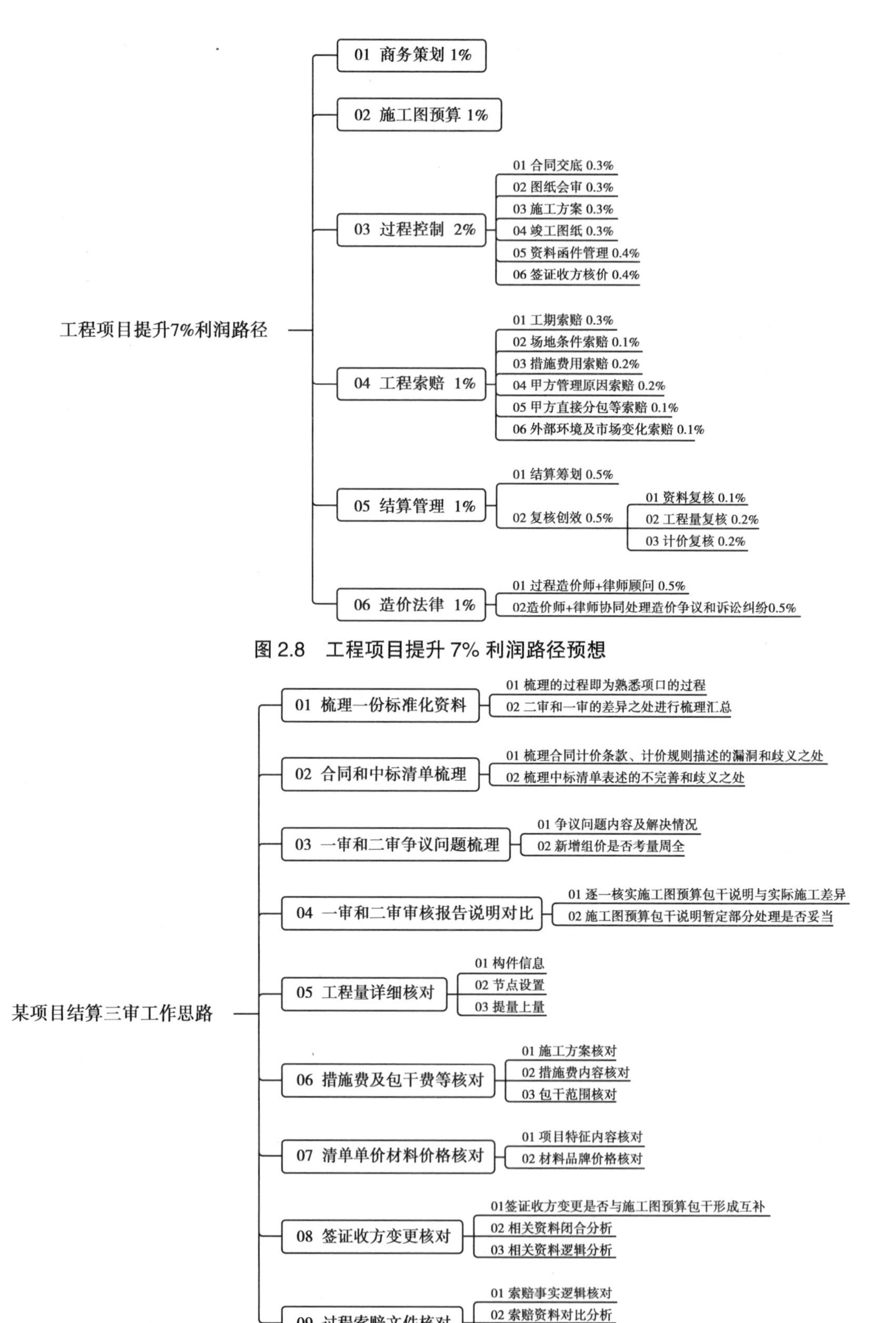

图 2.8 工程项目提升 7% 利润路径预想

图 2.9 某项目结算三审工作思路

第四个方面是预算。我们根据预计的原则和计划，根据专业知识进行具体、详细的算量。在这种情形下算出的量大概率会是精准的、有效的、全面的，这样我们才能尽可能地避免少算、漏算、重复算、片面算等的失误而导致项目利润白白丢失的情况发生。

对于造价的理解，关键是在造，其后才是价。所以同样地，在实务中我们对于造价的解读可以分为如下四个层次。

第一个层次是塑造。古人有云，师出有名，才能无往而不利。这也就是告诉我们做任何一件事情，在开始的时候，我们就要树立正面的、积极的价值观和追求。这需要我们在平常的工作中，对于自身和团队或者企业，注重我们的一言一行，重视我们的信誉，我们的质量，我们品牌。长久的坚持之后，自然而然就塑造出了我们的形象。例如，在建筑领域，人们一提到超高层建筑，我们就会想到中建三局；人们一提到体育场馆钢结构工程，我们就会想到东南网架，就是如此的道理。

第二个层次是营造。这是指在刚刚开始的时候，我们先要在该事物所处的环境或者周边，营造出我们想要的氛围，传递与我们想塑造出的价值观相同的认识。

例如，对于叠合板的定额计价，我们一般执行装配式定额。例如重庆 2018 定额中，叠合板的安装执行装配式建筑工程计价定额中的“预制混凝土构件安装　叠合板”定额子目，具体如图 2.10 所示。

	编码	类别	名称	单位	工程量	单价	合价	综合单价
	⊟		整个项目				28565.89	
1	MA0005	借	预制混凝土构件安装 叠合板	10m3	1	28565.89	28565.89	28565.89

工料机显示　单价构成　标准换算　换算信息　工程量明细　反查图形工程量　说明信息

插入　删除　查询　筛选条件　查询造价信息库　修改市场价同步到整个工程

	编码	类别	名称	规格及型号	单位	损耗率	含量	数量	预算价	市场价	合价
1	000300010	人	建筑综合工		工日		20.42	20.42	115	115	2348.3
2	002000020	材	其他材料费		元		150.56	150.56	1	1	150.56
3	031350820	材	低合金钢焊条	E43系列	kg		6.1	6.1	5.98	5.98	36.48
4	032130210	材	垫铁		kg		3.14	3.14	3.75	3.75	11.78
5	032140460	材	零星卡具		kg		37.31	37.31	6.67	6.67	248.86
6	043000140	材	预制混凝土叠合板		m3		10.05	10.05	2386	2386	23979.3
7	050303800	材	木材锯材		m3		0.091	0.091	1581	1581	143.87
8	330101900	材	钢支撑		kg		39.85	39.85	6.63	6.63	264.21
9	330102040	材	立支撑杆件	φ48×3.5	套		2.73	2.73	150	150	409.5
10	⊞ 990901…	机	交流弧焊机	容量(kV·…	台班		0.581	0.581	85.07	85.07	49.43
16	GLF	管	企业管理费		元		577.85	577.85	1	1	577.85
17	LR	利	利润		元		309.79	309.79	1	1	309.79
18	FXF	其他	一般风险费		元		35.97	35.97	1	1	35.97

图 2.10　叠合板定额子目

根据上述定额子目的工程内容说明“结合面清理，构件就位、校正、垫实、固定，接头钢筋调直、焊接，搭设及拆除钢支撑”，并结合该定额子目的耗量分析，我们可以得知对于叠合板的安装，定额考虑的是不需要搭设模板，而是考虑采取点状或者条形钢支撑的形式直接对叠合板本身进行支撑。

这是定额理论上是对叠合板安装施工工艺的考虑。但是在实务中，更多的时候为了施工安全和工程质量的保障。对于叠合板的安装，仍旧采取的是搭设传统的满堂钢管支撑架：在钢管支撑架上铺模板，在模板上再铺设预制叠合板构件，接着绑扎钢筋后再进行叠合板上混凝土的浇筑。

如果是采取上述搭设满堂钢管支撑架并满铺模板之后，再进行叠合板安装的方式，直接套取“预制混凝土构件安装　叠合板”定额子目就不太合适。应该结合实际施工方案在“预制混凝土构件安装　叠合板”定额子目的基础上，扣减钢支撑安装所需的相关定额材料和人工耗量之后，再额外计取满堂钢管支撑架搭拆费用和模板费用。由于预制叠合板与模板之间的连接不是非常紧密，因此叠合板下铺设的模板拆除和模板损耗以及模板摊销次数，相比现浇混凝土构件中的模板，均有所不同，同样要进行相应实事求是的处理。

因此，如果我们想根据实际情况计算叠合板安装的满堂支撑架和模板费用，那么我们至少要编制详细的专项施工方案，并进行相应的专家论证，同时邀请建设单位、监理单位和过程跟踪审计一起对叠合板的现场安装进行旁站和现场观摩，保留相关的过程影像资料。我们这样先去给相关方营造的氛围和认识，对后期结算时叠合板定额计价的执行，以及潜在的定额计价争议的解决，就会带来有利的因素。

第三个层次是缔造。这是指我们要学会结合工程项目的实际情况，用专业的语言，讲述和缔造一个专业的场景，并且这个专业场景还能得到各方的理解、认同和支持。

例如，对某大型体育场馆的钢结构工程，采取大跨度管桁架结构形式，具体如图 2.11、图 2.12 所示。

图 2.11　体育场钢结构工程总体结构

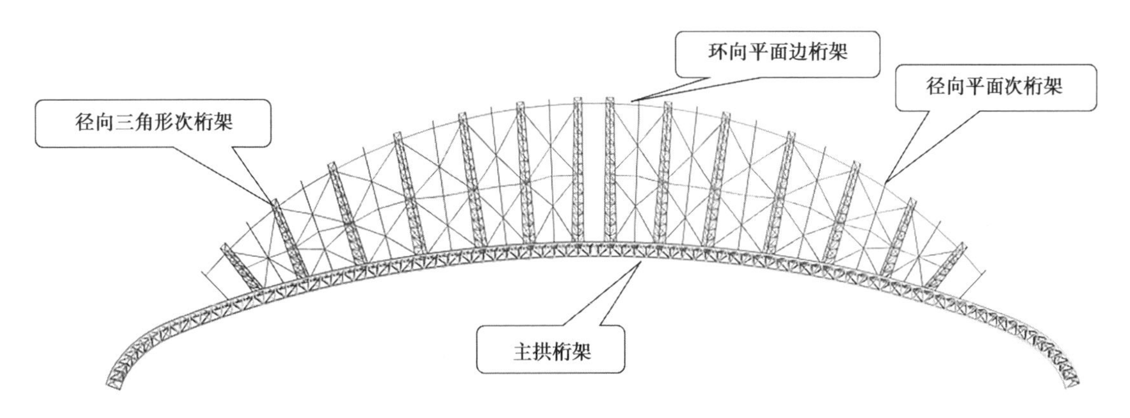

图 2.12　钢结构管桁架部分结构

从专业的角度，对于该项目大跨度管桁架钢结构工程中的主拱桁架专业故事缔造，可以分为主拱桁架制作和主拱桁架安装两个环节进行表述。

对于主拱桁架的制作，我们可以分为如下步骤进行专业故事讲述：钢板原材料进厂——钢卷开卷为钢板——钢板等离子切割——钢板压头——钢板卷管——钢管纵缝焊接——钢管对接焊接——焊缝探伤检测——钢管弯管——钢管相贯线切割——抛丸除锈——底漆和中间漆喷涂——钢管构件运输到现场——现场浇筑混凝土拼装场地——拼装胎架搭设——主拱分段现场焊接——主拱分段现场拼接——面漆现场涂刷，具体如图 2.13—图 2.29 所示。

图 2.13　原材料进厂

图 2.14　钢卷开卷为钢板

图 2.15　钢板原材料等离子切割

图 2.16　钢板压头

图 2.17　钢板卷管

图 2.18　钢管纵缝焊接

图 2.19　钢管对接焊接

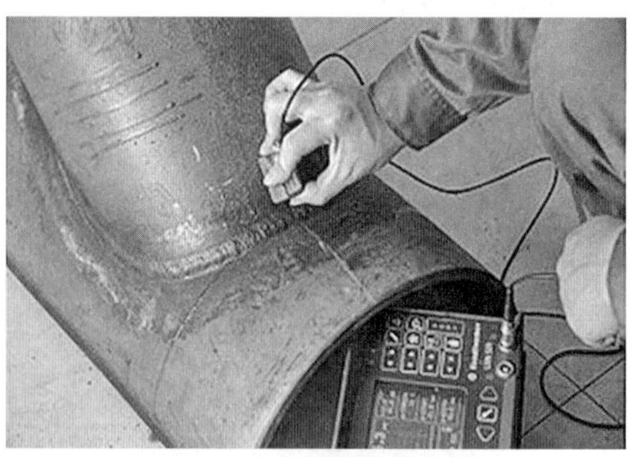

图 2.20　钢结构焊缝探伤检测

图 2.21　钢管弯管

图 2.22　钢管相贯线切割

图 2.23　抛丸除锈

图 2.24　底漆和中间漆喷涂

图 2.25　钢管构件运输到现场

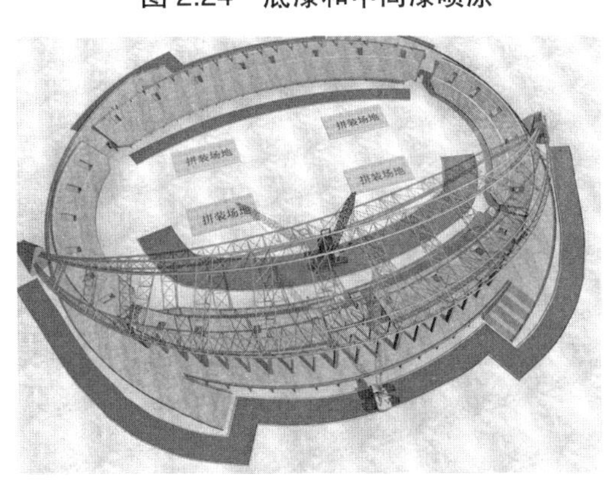

图 2.26　现场浇筑混凝土拼装场地

图 2.27　拼装胎架搭设

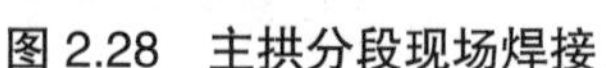

图 2.28　主拱分段现场焊接

图 2.29　主拱分段现场拼接

对于主拱桁架的安装，可以分为如下几个环节进行专业故事讲述。

环节一：大型吊装设备分片运输进场—大型吊装设备现场组装—大型设备现场吊装行走路线的加固或者浇筑混凝土，具体如图 2.30—图 2.32 所示。

环节二：支撑体系的专项设计—支撑体系的构件加工制作—支撑体系运输到现场—支撑体系的基础施工—支撑体系的现场吊装—支撑体系的揽风绳的安装和固定—支撑体系穿越或者跨越体育场看台的加固，具体如图 2.33—图 2.35 所示。

环节三：主拱预埋件支撑构件埋设—主拱预埋件加固—主拱分段吊装—主拱现场焊接—主拱合拢—现场焊缝探伤—主拱沉降观测—主拱卸载—支撑体系拆除外运—主拱防火涂料现场涂刷，具体如图 2.36—图 2.40 所示。

环节一

图 2.30　大型履带吊分片运输进场

图 2.31　大型履带吊现场组装

图 2.32　大型设备现场吊装行走路线的加固或者浇筑混凝土

环节二

图 2.33　支撑体系专项设计、加工制作和运输到现场

图 2.34　支撑体系基础施工

图 2.35　支撑体系安装、主体加固、揽风绳安装和固定

环节三

图 2.36　预埋件支架搭设、预埋件吊装和加固

图 2.37　主拱吊装

图 2.38　现场的焊接和探伤

图 2.39　主拱合拢、沉降观测、卸载

图 2.40　支撑体系拆除及防火涂料涂刷

第四个层次是造价。有了前面三个层次的准备，根据前期缔造的专业场景，结合合同约定的计价方式，我们再来进行具体的造价成果文件的编制。这样编制出来的造价成果文件才能逻辑清晰、体系完备、有理有据、严谨专业，也更容易获得他人的认同和支持，能够确保工程项目的效益最大化。

例如，对于上述体育场馆大跨度管桁架钢结构工程，如果施工合同约定执行定额计价，根据前面缔造的专业场景，在编制钢结构工程的造价成果文件时，就可以针对性地计算如下相应环节的费用，形成该项目完整齐全的工程造价。

1　对于钢结构制作环节相关工程造价计算注意事项如下：

1.1　如果钢板原材料考虑的是钢卷的材料价格，那么根据制作工艺要额外增加钢卷开平费和上下车费。

1.2　钢构件的加工制作没有考虑钢板的卷管工艺，对于钢结构卷管可以借助安装定额中的钢管卷管定额子目，也可以对钢管按照钢板原价料 + 钢管卷管直接进行核价处理，这样在钢构件加工制作的定额子目中，钢构件的材料价格就需要采用钢管核价的价格，而不应该再采取钢板的原材料价格。

1.3　钢结构的焊缝探伤要根据实际探伤数量、探伤方式执行相应探伤定额子目计算。

1.4　钢管对接焊接时，一般需要内衬管，需要按实计算内衬管工程量后并入到钢构件工程量当中。

1.5　钢结构抛丸除锈应按照钢结构重量执行相应定额子目，当设计施工图对除锈等级有特殊要求时，要对定额子目进行相应的系数换算。

1.6　油漆涂刷执行相应金属面油漆定额子目，要根据定额说明对不同的钢构件类型乘以相应的钢结构重量换算系数。

1.7　钢结构构件如果存在超长和超宽运输或者跨省运输，对于钢构件的运输需要按实核价。

1.8　主拱现场拼装场地需要根据施工方案要求，现场按实收方计算。

1.9　主拱现场拼装搭设的拼装胎架，需要根据施工方案要求，现场按实收方计算工程量。一般定额文件中对于钢构件拼装使用的拼装台按照摊销处理，由于大型管桁架使用的拼装胎架与定额文件中考虑的拼装台相比，拼装胎架的材料使用量远远高于定额文件说明，拼装胎架由于需要根据主拱桁架不同的分段形式分别进行不同的焊接搭设，因此拼装胎架的摊销次数远远低于定额文件考虑的摊销次数。可以结合现场实际情况，对于拼装胎架按照钢支撑制作和拆除全额计算相应费用后，再扣减残值的方式进行计价。

1.10　现场涂刷主拱桁架的面漆，可能会搭设移动脚手架或者单项脚手架，对于该部分措施费用可以现场按实收方计算。

2　对于钢结构安装环节相关工程造价计算注意事项如下：

2.1　大型履带吊需要计算大型设备进出场费，同时大型履带吊在现场组装和拆卸时，需要使用其他汽车轮胎式起重机进行配合吊装，对该部分配合吊装费需要按实收方计算。

2.2　大型履带吊吊装时行走区域，需要按照施工方案要求计算相应的加固费用，或者计算相应的吊装施工道路措施费。

2.3　对于支撑体系的设计，可以根据相关文件规定，计算相应的设计费。

2.4　如果是针对该项目单独设计的支撑体系，应该按照支撑体系的设计要求，计算钢支撑的制作、除锈、油漆、运输、安装和拆除等全部费用后，再扣减钢支撑的残值。如果施工企业在其他工程项目中也可以使用该支撑体系，那么应该先计算钢支撑的制作、除锈、油漆等部分费用后，再根据实际情况对该部分费用按照一定的摊销次数计算处理，但是钢支撑的运输、安装和拆卸应该根据实际情况计算全额费用，不应该按照摊销的方式处理。

2.5　对于钢支撑，同时还需要单独计算钢支撑基础费用、钢支撑揽风绳的安装和固定费用、主体加固费用等。

2.6　对于主拱预埋件，预埋件埋设的相关支撑支架和固定型钢等，需要根据施工方案的要求现场按实收方计算。同时定额文件中考虑的预埋铁件安装一般不需要使用吊车，而对于主拱桁架涉及的大型预埋件，安装时需要使用吊车，对于吊装费用需要单独按实收方计算。

2.7　在主拱吊装时，根据不同的高度，履带吊需要进行换臂、升臂和降臂等措施动作，在进行上述动作时需要使用汽车轮胎式起重机进行配合，对于该部分吊车配合费用可以现场按实收方计算。

2.8　主拱吊装后的现场焊接，需要搭设焊接平台，该焊接平台可以兼做焊缝探伤平台使用，该部分措施费可以根据施工方案要求现场按实收方计算。

2.9　现场焊缝探伤费用可以按实收方计算。

2.10　主拱沉降观测费用，可以根据施工方案要求现场按实收方计算。

2.11　防火涂料现场涂刷为高空作业，一方面需要增设相应的安全防护措施，该部分费用可以根据施工方案要求按实计算。另一方面管桁架高空涂刷防火涂料，材料的损耗、施工的难度系数等均远远高于定额文件中的一般考虑情况，在套取相应的防火涂料定额子目时，需要对材料耗量和难度系数等进行相应的调整。

2021 年 12 月 8 日

5）站在用户的视角思考问题

《销售没有冬天》的作者倪建伟在他的《让你的产品、思想、行为像病毒一样入侵》一文中，从营销的视角提出了“实用价值”的理念：

你得让你的客户觉得你讲的东西对他来说是有用的，而且还要尽可能地放大这个有用性。怎么放大呢？比如说，你现在要卖一件衣服，它原价是 50 元，现在促销打八折，卖 40 元。那你宣传这个促销信息的时候是说降价 20% 还是说让利 10 元，你觉得哪种更吸引人？再想一下，现在一台电脑 5 000 块，打九折，降价 500 元。你是说降价 10% 好还是说直降 500 元更好？

从营销的视角，低价格的产品要用折扣的形式来宣传更好，而高价格的产品采用降价的具体金额宣传更好。虽然它只是换了一个说法而已，但是这会让我们传达的信息看起来更划算。

从造价的视角，我们用心就会发现，很多施工企业优秀的造价人员在办理项目结算的过程中，也悄然地在使用“实用价值”这个理念。例如，在结算对审过程中，如果结算造价金额比较大，造价人员会经常与审核人员和甲方强调审减金额而不是审减率，通过审减金额来衬托和体现审核人员的工作成果。如果结算造价金额比较小，造价人员会经常与审核人员和甲方强调审减率而不是审减金额，通过审减率来衬托和体现审核人员的工作成果。

江苏某律师事务所的 L 律师，在朋友圈分享了关于工作开展的心得体会：

这些年，每天面对各种奇怪的问题，我都会迅速平静，理智践行“解决问题”：

1. 明确问题的关键；

2. 明确解决问题的目标；

3. 可以用来解决问题的方式；

4. 如果自己解决不了，外援在哪里？

从律师的视角，遇到问题，解决问题，就是工作最关键的核心。如果没有了问题，没有了争议，可能也就没有了律师朋友们存在的意义和价值。所以，只要牢牢印刻“解决问题”的理念，就不再会拒绝问题，而相反地会主动拥抱问题，推进问题，解决问题。

从造价的视角，我们用心去观察，很多施工企业工作出色的造价人员在办理项目结算的过程中，同样也在不经意间使用“解决问题”的思维。例如，在结算文件编制的过程中，我们有的造价人员能深刻地理解，监理单位审核的诉求和点位，结算一审单位的需求和方位，结算二审单位的想法和路径。因此造价人员提前在结算文件编制的过程中进行布局和考虑，提前解决相关单位关注的问题和需求的核心。这就是我们所说的以解决对方问题的需求为核心，来倒推和提前指导当下自身工作的计划和开展。

专注于互联网职场知识分享的微信公众号“张良计”，有一篇文章分享了职场上不同工作阶段的人，“因时所需”需要针对性掌握和学习的知识是不一样的：

工作 5 年，看专业工作和实操技巧。比如编程语言，PPT 教程，Excel 小能手，项目管理流程，会计财务技巧，销售技巧等。

工作 10 年，看与人沟通和逻辑思维。例如向上向下管理，职场情商，团队领导力技巧，分析问题的 N 种方法等。

工作 15 年，看行业趋势，人文和观点。例如人类发展史，人物传记，经济史，资本论，企业发展史，名企 CEO 心得等。

从职业的视角，在职业起步的阶段，掌握具体技巧是我们的立身之本，这个时候我们更多地关注自身。在职业发展阶段，我们要开始去关注他人、关注团队，要开始进行去我和舍我。在职业突破阶段，我们要主动去领会行业，融入趋势，要开始尝试无我和忘我。

从造价的视角，我们用心去品味很多施工企业项目结算成功的典型案例，一般负责该项目的造价商务人员，往往可能专业技能不是最精通、最专业的，但性格是最随和的，与人相处让别人感觉是最舒服的，心态是最开放的，遇到困难不仅很少去责怪和埋怨，而是积极去推动工作和解决问题。

从营销的视角，注重“实用价值”；从律师的视角，注重“解决问题”；从职业的视角，注重“因时所需”。不同的视角，不同的理念，但是殊途同归，其背后蕴含的道理，是告诉我们做事情，需要真正地站在用户的视角思考问题。

同样，对于工程项目商务经营管理，这种站在用户的视角思考问题的工作方式，同样的非常重要。正如《工程项目利润创造与造价风险控制——全过程项目创效典型案例实务》“第二章　商务工作思维与习惯”所阐述的：

施工企业商务人员工作的核心是对外形成企业的项目工程造价收入，对内形成企业的成本分包造价支出。这两者有一个共同的特点，就是商务人员需要整合各方面的资源，赢得各方面的认可，才能达成一致的意见而形成相应的工程造价，单凭个人的想象是无法达成工作成果的。

对内，需要其他各个部门的支持和协助，才能形成最终有效的技术资料和经济资料，为项目工程造价的形成奠定坚实的基础；对自身，我们需要面对项目庞杂的数据和资料，需要降低重复性的工作，高效快速有效地编制出工程造价成果文件；对外，我们需要与建设单位、审核机构进行专业对接，赢得对方的认可才能形成最终的结算工程造价，需要与劳务及分包单位进行造价核算，赢得对方的一致认同才能使项目快速有效地推进。

正是基于此，造价商务工作既是专业技术性非常强的工作，也是需要和不同的人进行大量交流、以达成共识为核心的工作。所以商务人员工作开展的一个间接核心指引就是要以对方的视角来思考问题，即站在用户的角度思考问题。如何高效地让各方快速有效地达成共识，形成相应的成果文件，是良好的造价商务思维和职业工作习惯的起点。

所以，以用户为中心，站在对方的视角思考问题，舍去自我，正如古人所说的：离别，是为了更好的重逢；舍去，是为了更高的获得。

2021 年 5 月 7 日

6）改变局面的是专业技能的应用，而不只是专业技能的记忆

我们在造价工作和与他人交流的过程中，遇到专业能力比我们强的人，遇到对各种专业问题信手拈来侃侃而谈的专家们，我们往往会心生膜拜，期望自己通过积累和沉淀，不断提升自己的专业技能，能在同行心中获得一份积极的评价或者认可。但是我们常常会过多地去聚焦专业技能本身，而忽略了什么才是专业技能这一最为底层的概念。

什么是专业技能呢？

第一个层面的专业技能理解是博闻强识，也就是我们所说的知其然。关于自己专业范围内的事项，自己都能熟悉记忆和背诵出来。例如，对于造价人员一提到税金，我们马上知道税金包含增值税金和附加税金。增值税金税率目前为 9%，附加税金有三个税率，工程在市区是 12%，工程在县、城镇是 10%，工程不在市区及县、城镇是 6%。上述税率的规定，一般在各省市造价主管部门颁布的定额文件中的费用定额里有明确说明。例如，重庆 2018 定额中的费用定额相关说明如图 2.41 所示。

第二个层面的专业技能理解是追根溯源，也就是我们所说的知其所以然。我们能够自己去分析，某个事物为什么要这样规定，最初的起源在哪里？例如，对于附加税金，为什

么会有三个税率差异呢？其主要原因在于城市维护建设税税率的不同，而对于城市维护建设，不同的地方其投入和维护是不一样的，城市维护建设税当然其税率也就不一样。

（十）税金

增值税、城市维护建设税、教育费附加、地方教育附加以及环境保护税，按照国家和重庆市相关规定执行，税费标准见下表。

税目		计算基础	工程在市区（%）	工程在县、城镇（%）	不在市区及县、城镇（%）
增值税	一般计税方法	税前造价	9		
	简易计税方法		3		
附加税	城市维护建设税	增值税税额	7	5	1
	教育费附加		3	3	3
	地方教育附加		2	2	2
环境保护税		按实计算			

图 2.41　重庆 2018 费用定额说明

与此同时，工程造价口径为什么在做上述税金税率的划分和规定时，明确说明：“按照国家和重庆市相关规定执行。”这句话又有如下几层潜在的含义：

第一层含义，税金相关税率和取值，要按照国家和地方相关规定执行，工程造价口径的费用定额只是摘录的定额颁布当时对应的国家和地方相关规定。

第二层含义，工程造价口径的费用定额中如果有与国家和地方相关规定不一致的地方，以国家和地方相关规定为准。

第三层含义，国家和地方规定发生变化时，工程造价口径的相关税率和税金计算要发生相应的调整和变化。

第四层含义，工程项目具体所在地方不一样，相关税率和税金的规定可能会存在具体的差异。

追根溯源，工程造价口径费用定额的税金表述，只是表，其根在国家和地方的相关规定，而具体的又是国家制定的税收相关法律法规，以及财政部和税务部门制定的相关规章、政策文件、管理办法，地方相关部门制定的相关文件和出台的相关规定等。例如《中华人民共和国环境保护税法实施条例》、《关于纳税人异地预缴增值税有关城市维护建设税和教育费附加政策问题的通知》、《重庆市环境保护税核定办法》等。如果我们想要详细深入地了解具体税务相关法律法规和政策文件，可以每年订阅一套最新的税收法规及政策全集，如由立信会计出版社每年出版的《中华人民共和国现行税收法规及优惠政策解读》。

第三个层面的专业技能理解是灵活应用，也就是我们所说的知其何为然。我们能够自己结合具体的场景、情况，应用发散思维、综合思维、逻辑推理和专业技能进行应用，给自身带来最大化的价值。

例如，某工程项目在重庆市某区，那么附加税金税率到底是按照城区还是按照县城计算，就不能仅仅凭借字面的描述去理解，而应该以施工企业向税务部门实际缴纳的附加税金金额对应所体现的税率，作为工程造价计算的依据。

例如，对于某 EPC 项目，合同约定按照定额计价。该项目所在地在市区，施工企业注册地在县城。假定该项目工程造价为 10 亿元，那么根据费用定额反算，工程造价口径计算的附加税金金额为 100 000/1.09 × 0.09 × 12% = 990.82（万元）。

但是根据《关于纳税人异地预缴增值税有关城市维护建设税和教育费附加政策问题的通知》（财税〔2016〕第 74 号）的规定：

一、纳税人跨地区提供建筑服务、销售和出租不动产的，应在建筑服务发生地、不动产所在地预缴增值税时，以预缴增值税税额为计税依据，并按预缴增值税所在地的城市维护建设税适用税率和教育费附加征收率就地计算缴纳城市维护建设税和教育费附加。

二、预缴增值税的纳税人在其机构所在地申报缴纳增值税时，以其实际缴纳的增值税税额为计税依据，并按机构所在地的城市维护建设税适用税率和教育费附加征收率就地计算缴纳城市维护建设税和教育费附加。

根据上述规定，施工企业预缴增值税部分对应的附加税金税率按照项目所在地税率计算，预缴增值税部分之外的增值税金对应附加税金税率按照施工企业机构所在地税率计算。因此上述 EPC 项目，按照规定税务和财务口径计算的附加税金金额如下。

预缴增值税按照工程造价的 2% 考虑：100 000/1.02 × 0.02=1960.78（万元）；

税务口径实际缴纳附加税金金额测算：

1 960.78 × 12%+（100 000/1.09 × 0.09–1960.78）× 10% = 864.90（万元）。

工程造价口径与税务口径附加税金差异金额为：990.82 – 864.90 = 125.92（万元）。

因此，对于该 EPC 项目，如果只是按照费用定额的表面表述从工程造价的角度考虑，没有从费用定额的根本即从税务的角度考虑，就会导致附加税金的计算上出现偏差。如果施工企业注册地在县城，项目所在地在市区，则施工企业获益；如果施工企业注册地在市区，项目所在地在县城及以下，则建设单位获益。

例如，对于某房地产全费用企业清单项目，企业清单编制如表 2.1 所示。

表 2.1　某全费用清单计价表

序号	项目名称	说明	暂定工程量	单位	人工费 A	主材费 B	辅机、辅材 C	管理费、利润、规费 D	税金（9%）E	综合单价 = A+B+C+D+E
—	钢筋工程	所有钢筋单价应包括钢筋供应、接收、卸货、验收、仓储、保管、运送、切割、弯曲、捆扎铁线、定位支托及相关费用、单价亦包括一切钢筋损耗、钢筋搭接、钢筋接头及马凳筋、垫块等一切措施费	—	—	—	—	—	—	—	—

上述全费用清单中显示税率为 9%，如果该企业清单配套的计量计价规则和施工合同中没有明确约定包含附加税金，那么作为施工企业，可以向甲方额外要求计算附加税金。假定该项目施工图预算包干价为 2 亿元，项目所在地在市区，那么在结算时施工企业可以向甲方额外要求增加的附加税金金额为：$20\ 000/1.09 \times 0.09 \times 0.12 = 198.16$（万元）。因此作为甲方，需要提前在施工合同或者清单计量计价规则中描述，附加税金是否包含在内，否则就会存在结算争议和商务风险。

因此，作为专业技术人员，在工作开展和自我成长的过程中，能够改变当下局面，甚至是改变我们自己命运的，不仅仅是我们对专业技能和专业知识的沉淀、积累，更重要的是对专业知识和专业技能的应用、实践和检验。

2021 年 11 月 18 日

7）做最优的选择，而不是最节约的

X 总是一位从金融行业转行工程领域的施工企业老板，在当下整个建筑行业形势不容乐观的情形下，X 总却逆风而上，有着低调而又不错的发展。

任何事物外在的美好、发展和成就，都有其内在的必然锚点，X 总分享了他做工程的三大法宝，也可以说是其内在锚点。

第一大法宝是请专业咨询机构、专业的事情交给专业的人去做。金融行业的整体利润率为什么高，一方面固然有天生的行业垄断因素，另一方面金融业在自我团队建设的同时，更会请各个领域各个角色的第三方专业咨询机构，提供最优的智力支持和风险控制。

X 总也是同样的理念。虽然公司有财务人员，但是同时会聘请专业的财务咨询机构；公司有法务人员，但是同时会聘请专业律师；公司有造价和管理人员，但是同时会聘请专业的造价咨询机构。这样做虽然看是重复投入了成本，但是潜在的效益和风险规避，却远远不是这点重复投入的成本所能想象的。

第二大法宝是提前做好顶层设计，也就是规则的制定。金融业的本质是建立在规则上的行业，好的规则才能带来持久的良好发展。

同样的，对于工程项目，X 总会提前做好公司股权架构和项目分配利益机制的设计。这两者有所同，又必须有所不同，才能在防范风险的同时，让参与各方建立长效的机制。复杂的事情要简单化处理，简单的事情要提前复杂化考虑。

第三大法宝是从源头开始关注和选择项目，形成过程闭环，确保资金流的安全。工程项目开始的源头是金融，不管是财政投资还是企业投资，最终的直接来源或间接来源必定是金融行业。工程项目的开始是策划，工程项目的实施是落实，工程项目的结束是运营。当有人能从源头到结束整合资源，提供完整独特的专业服务，其必然就具备了不可替代的差异化核心竞争力，从工程项目的承接和实施到最终的收益，就有了相对可控和稳定的局势。

金融行业和工程行业，看似不同的两个行业，当金融行业用金融的思维来参与和实施工程项目时，反而没有了传统工程思维的固有思路窠臼和自我限定的制约。各种管理和行

动，反而会达到和超出我们工程人难以想到的效果。就如刘慈欣在《三体》里面描述的，三体对地球形成的降维打击，就是如此。

所以跳出行业的限制，积极地向优秀的行业学习，而不是在自我的行业洋洋自得，在当下不确定的背景和整体内卷的大格局下，这是我们个体和小组织不得不深思和学习的地方。

2022 年 3 月 19 日

8）事在人为的一点两面：目标感、空间观、时间观

在工程项目的管理和实践中，我们经常会发现，同样一件事情不同的人去做，结果有时候差异会很大。有的人能把看似很困难或者无解的事情做成，有的人却把看似很简单和容易的事情做成僵局。所以也就有了一句人们经常说的俗语：事在人为。

作为一名工程造价专业技术人员，如何来理解“事在人为”，或者说是如何在工作中应用“事在人为”来提升工作效率，完善工作效果呢？这就需要用到“事在人为”的一点两面。

一点，是指我们需要具备“目标感”这一关键思维点。“事在人为”排在前面的是“事”，也就是“目标”。“目标”不清晰，“事”就无法论及。类似于我们在项目的过程商务管理中，没有目标成本，我们就无法谈及成本控制；没有目标收入，我们就无法谈及项目创效。

那么如何在日常工作中培养自我的目标感呢？我们可以尝试着面对不同的事情，不管是大事还是小事，是复杂的事还是容易的事，是棘手的事还是轻松的事，始终去采取三步思考的方式。

第一步，这件事情会存在哪些问题？

第二步，针对这些问题会存在哪些解决方案？

第三步，针对这些解决方案，我能做哪些具体的工作？

当我们坚持如上的步骤去开展工作和思考问题时，就会紧紧地围绕问题本身，而不会被一些情绪化的感觉分散自我的思考，时刻地去识别目标、拆分目标，慢慢地会潜移默化地培养自我的“目标感”。一旦我们通过工作中大量的重复性的上述三步思考的方式沉淀积累，让其成为潜意识思维，我们自然而然就会成为一个行动主义者，这样事情成功的概率也就会大大提升。

两面，是指我们“目标”清晰后，在具体的工作开展过程中，要考虑两个基本的方面，一个是空间观，一个是时间观。

空间观，是指不同的空间、不同的地域，我们的工作开展方式方法是需要发生变化的。例如在沿海和在内陆，工作开展的方式是有区别的：一个是偏市场化的快节奏，一个则是偏传统化的慢慢来。

时间观，是指不同的时间，不同的时代，意味着是不同的观念和要求。例如十年前的

BT 项目，施工企业采用粗放式的商务管理，最终也能完成项目的结算办理工作，而且还能取得不错的经营效益。而当下的 EPC 项目，随着审计法的修订和建设管理的日趋规范化和严谨化，施工企业如果还是采取传统的粗放式和关系型进行过程商务管理的方式，那么就会面临后期非常大的结算审计风险。施工企业经常是做了事情，最终还得不到相应的费用，导致项目亏损。

空间观和时间观，其实也就是人们常说的识时务者为俊杰。“目标”有了，“事情”清晰了，一定要结合当下的趋势和场景，去具体、有针对性地“人为”，而不是“一招鲜吃遍天下”，也不是一味地强调过往的经验作为未来不变的行动指南。

2022 年 2 月 16 日

9）你做了什么，比你说了什么更重要

2022 年 6 月，中国建设工程造价管理协会发布《关于印发〈工程造价咨询企业信用评价管理办法〉的通知》。与此同时，各个省市的行业主管部门对工程造价咨询行业信用评价的工作依次全面推开。

任何一项行业政策的实施都不会是无缘无故，而是会和当下或者未来一段时间内的宏观趋势相契合。事物的发展变化一般都会经历如下三个阶段，即模仿、实践、创新。事物在每个阶段有每个阶段的特点，因此对于处在其中的个体或者组织，在每个阶段就对应有不同的要求，或者说有不同的使命。

在模仿阶段，更多的是鼓励，是放任，所以在这个阶段，我们主要是去学习他人已有的事物。大家多处于一个陌生的状态，这个时候我们会发现各种外在的制约因素比较少，各种各样的机会就比较多。在模仿的阶段，正是由于整个环境的不熟悉，往往是会说的，会表达的，尤其是能迎合某类特定主体的说和表达的，会取得快速的发展。类似于 2010 年以前的建筑行业，施工企业会说会表达，也就是我们所说的会处理关系，基本上每一个项目都能取得不菲的利润。

在实践阶段，经过初期的野蛮发展，这个时候个体或者组织，对于模仿的事物，有了一定的实践经验、教训或者感受、总结，对于事物所在的行业，也慢慢形成了一些相应的标准或者行业习惯、职业要求等。实践阶段是事物发展的碰撞和冲突的必然阶段，身处其中的个体或者组织，这个时候会产生两种看待问题的方式：一种是对过去没有限制没有充分竞争、轻松自由美好旧时光的向往和怀念；另外一种是对碰撞和冲突实践进行自我沉淀和自我反思，以更深入的实践、更细致的思考去看待事物的发展。这有点类似于 2010—2020 年的建筑行业，施工企业能说的或者是能做的，几乎都还能在市场上找到自己的位置，寻求到各自的发展。项目利润虽然不如以前美好的时光，但还是处于盈利和发展的状态。

在创新阶段，经过实践阶段的充分竞争和激烈碰撞，必然会进入到事物或者行业的变化阶段。这个时候的行业或者是收缩，或者是发展放缓。不管是收缩或者放缓，都意味着

行业进入到存量市场，要保持行业的发展或者在存量市场谋求一席之地，这个时候就要求个体或者组织具有创新意识，通过实践阶段总结提炼的经验，结合当下具体的实际情况，去进行一些实实在在的创新。这创新又分为两种：一种是超出行业本身的创新，在原有事物和行业的基础上，寻求行业技术和发展的创新，创造更大的市场；另外一种是对行业本身的创新，例如行业的管理方式、实施理念等。这有点类似于 2020 年以来的建筑行业，建筑施工整个行业在收缩，行业的创新在悄然进行，例如新基建项目的发展、行业内的 EPC 项目建设模式的日渐推行和普及、大商务体系下的法业融合实践……作为施工企业，在这个阶段如果没有真正用心地沉入到实践的一线，扎扎实实地带着创新思维和理念在实践总结的基础上去做事情，如果还是像以前一样沉浸于说的形式，说得比做得多，说得比做得好，这个时候与其它施工企业之间发展的差距就会变得越来越大。

所以，很多事情、很多时候都是由说开始，最终由做来决定。对于个人，在某些特定的时候特定的阶段，自己会说什么很重要。但是从长远的角度，从事物发展的角度，自己最终有效地做了什么，那才是最重要、最关键的。

2022 年 6 月 29 日

10）关心故事只是知，关心迭代才是行

高考过去还没有几天，我们的某个客户就给我们布置了一个命题式作文：在一周左右的时间，对新入职的商务人员进行造价专业技术实训，要求实训后学员回到项目部可以进行基础的造价实务工作。

收到命题作文后，我们花费了一天的时间，从课程方式设计、课程内容选择、实际案例挑选、讲解人员配置等进行了论证和作答，终于在一天后给委托方提交了我们的答卷：一份完整有效的实训方案。

为什么在企业实训这件事情上，我们能快速地作答，其背后的核心，是我们团队长达数年不断进行课程内容迭代、人员能力迭代、实施方式和方法迭代。从最初的以自我为中心的课程设计，到逐渐地以客户的需求为核心的内容架构；从最初的课程案例素材的千篇一律，到长期坚持从咨询项目实施中，不断梳理提炼总结相关案例让素材不断迭代；从最初讲解授课老师的自我草根成长，逐渐过渡到自我梳理总结迭代形成主讲老师的成长系列方法和打造路径……

在我们自我迭代的过程中，外部也发生了很多的故事，比如各种网络技术实训、各种平台直播……这都是一些很好的故事、路径。但是这些故事毕竟是他人的故事，是因为他人而存在的故事。就如某企业家随口说一句“让天下没有难做的生意”，我们都会觉得这是一句很经典的话，是值得我们深深领悟和学习——不是因为这句话本身很经典，而是因为讲这句话的人和平台很经典。回过头来，如果我们也沉迷于该企业家的故事，逢人便说“让天下没有难做的实训”，估计我们马上就会被身边的人嘲笑。

当自我还没有迭代到一定的阶段、一定的境界的时候，你关心的故事永远只能是他人的故事，与你没有任何的关系。我们自己讲解的故事也不会对他人产生吸引力，与他人没有任何关系。

关心他人的、宏观微观的故事，这只能叫作“知”，就是我们要去知道他人的成绩、宏观的发展和事物的思路。关心自我的、团队的、资源的迭代，这就叫作“行”，就是要求我们如果真想做事，就得亲身经历那一关关的细节，一次次的洗礼，一幕幕的挫折，把自己交给命运，去参与人生的迭代。这样，我们在迭代过程中领悟到的那个知，才是真正地知。

就如我们很多施工企业，合同签订前有合同会审，合同签订后有合同交底，商务策划时有合同分析：如果我们抛开那些全过程创效之类的宏观靓丽的故事和说辞，而在实践中不断地去迭代，这三件事是不是可以结合到一起实施？或者说，这三件事迭代融合到一起是否效果会更好？

有的施工企业已经在上述三件事上开始迭代和升级了，有些施工企业可能这三件事都还没有真正开始落实。但是，在整个行业关于精细化管理、二次经营、低价中标高价结算、全过程创效等故事，却一直是风起云涌。

2020 年 7 月 17 日

11）企业实训的核心是统一思想，技术学习只是一种方式和手段

近日，我受邀给某公司进行了一天的企业实训课程讲解，主题是“建设工程造价管控、合同价款纠纷与结算审计实务操作”。课后，我与部分学员进行了交流，有几个学员的话让我印象很深刻。

有位技术负责人说，他开始能够理解，我们商务人员平常虽然坐在办公室，却事情挺多的：一个结算前前后后要历经数十上百个工作细节，确实繁琐而且磨人。

有位经营负责人说，他开始能够明白，我们技术人员的事情真心是多：平时需要顶着烈日在项目上事无巨细地管理，回到办公室各种资料和方案的编写也是工作量巨大，尤其还要结合商务的要求去考虑和雕琢技术资料，这是让技术人员既要当秀才，又要当兵，工作的确辛苦而且繁重。

有位项目经理说，他开始能够领悟，谋定而后动的重要性：作为项目的实际掌舵者，重要的不是在于项目经理本身对于施工技术、造价管理等有多专业和精湛，关键是要在项目管理的每一个环节先进行谋略和布局，让相应的人才在相应的岗位，在合适的时间以合适的方式，做出合适的行动。

有位生产经理说，他开始能够明白，心无旁骛地抓好生产是当然之举，但是结合商务结合经营的需要有的放矢抓生产，有张有弛地抓生产，其实更能掌握项目的主动权。

一天的课程，大部分是造价专业的相关案例。对于参加培训的学员来讲，学习完成，

具体的案例操作实务技巧可能不记得了，但是案例背后引发和带来的经营理念、管理思想，却会悄无声息地渗入每个学员的潜意识当中。学员回到工作岗位，相互能够理解对方，能够慢慢地在项目经营管理思路和理念上趋同，其实会给项目带来超出技术本身之外的长久促进和持续发展。

因为，技术是不断在变化的，掌握具体的技术也不是通过一天的培训、他人的分享就能让自己真正理解和掌握的。技术的掌握需要在项目实战中自身不断地去历练、去打磨。但是他人对于技术分享背后带来的一些共性的理念、思维，却是能通过一天的培训去领悟、收获，并引导我们去改变的。

也正是由于这样的底层逻辑，当下很多中大型施工企业在制定企业的发展战略和长期规划之后，纷纷举行相关专业学习培训班。这些培训班，短的数天，长的达到一个月，对企业的中高层人员进行系统全面的专业技能的培养。这种长期的培训，外在的表现形式虽然是专业技能学习，其实更深层次的是企业想通过专业技能的学习，让企业的核心骨干人员从具体业务的层次去真正地理解、认同企业的发展战略和长期规划。通过技能和业务学习统一思想、理念，这样才能让企业在残酷的市场竞争中，把内部消耗和内部成本降至最低，心无旁骛地集中力量应对外部的竞争，这才是当下很多中高端专业培训的核心内涵。

也正是基于此，当下愈来愈多的施工企业开始愿意和专业培训机构长期合作，开展相关系统培训。因为专业培训机构能理解施工企业这种背后的需求，并且把这种需要针对性地转换为相应的课程，寻找和物色到相应匹配的老师，再通过系统和专业的多工种合作，对施工企业进行针对性的培训。

就如我参与的这次培训的班主任 G 老师所讲的，现在的企业实训就是一次企业服务的咨询案，而不仅仅是老师的讲课，学员的听课。从开始的需求调研、方案设计、前期准备、过程实施、主题研讨、节点控制、成果交付、后续跟踪……无一不需要精心的设计筹划和组织实施。而这一切所有的行动和细节，表象看着是培训、是技能的讲解和学习、是交流和研讨，其实最终的核心均是围绕着企业的发展战略和规划的，如何让学员在思想理解上高度统一、在业务执行上高度趋同、在工作细节上高度一致……

基于此，我们就能理解，为什么施工企业本身有这么多技能精湛的专业人员，施工企业往往不采用自己的专业人员进行内部培训；为什么施工企业直接去邀请外部专业人员进行授课，往往最终也很难达到想要的效果。这背后就是道和术、形式和实质的区别与差异。

所以，对于我们专业技术人员，也需要通过企业实训渐渐地去明白一个道理：“我们自身精通固然重要，但是明白客户需要的是什么才最重要”。

2021 年 3 月 29 日

12）性格、品格、能力，专业人员做成事的三要素

作为专业人员，在具体的技术工作岗位上，有的人面对着专业上看似无解的事情，却能通过看似平常的一步一步的动作，最终把事情做成；有的人开局时抓着一把烂牌，却能打得津津有味，最终还能胡牌。

同样的工作、环境和资源，作为专业人员，最终能把事情去做成，而且还做得不错，如果我们去细细观察和总结复盘，会发现这些专业人员在性格、品格和能力这三个方面，都有一些共通之处。

（1）性格好

性格是工作和职场中最为重要的基础因素。人们常说的，做事先做人，其实也就是说一个人只有性格好，才能获得做事的机会。有了机会才会有把事情做成的可能性。

在工作中，性格好主要体现在平易近人、任劳任怨、大气大度这三个方面。

平易近人，主要是作为专业人员，不会由于专业的壁垒或制约，给人造成高高在上的专业感或者是拒人千里的距离感。一般来讲，平易近人的专业人员，都有两个特征：一个特征是面对任何人任何事，都是笑呵呵的笑容以待；另外一个特征是善于倾听，愿意接受，能够去倾听他人的想法或者抱怨，接受他人的不同或者理念。

任劳任怨，首先是任劳，也就是面对事情，不管高低，不管难易，能够先去做或者推动。其次是任怨，在事情没有做成之前，会面临很多人的不理解，不支持，有时还会受到他人的怨恨甚至诋毁。一个人需要能够接受他人的怨言而不影响到自己推动事情的思路或者动作，甚至还要在接受埋怨的同时，一点一点地去通过工作或者行动影响他人的看法或者意愿，最终能让他人逐渐接纳自己，与自己一道去开展或者推进工作。

大气大度，首先是大气，对于一些当下的利益或者付出与回报上，不斤斤计较。其次是大度，对于一些事情的看待或者与人的来往上，不小肚鸡肠。在他人对我们不深度了解之前，其实大气大度，就是我们在他人心中建立好感或者好印象的最佳方式，就如一句俗语所说的，世界上没有无缘无故的爱，所有美好的事物，都暗中标好了价格。

（2）品格好

品格是工作和职场中取得信任的最为核心的因素。性格好能让他人接纳我们、给予我们机会，品格好才是他人愿意持续接纳我们，持续给与我们机会、支持，持续愿意与我们合作的基石。

作为专业技术人员，品格好其实就是具有良好的职业道德。我们母校的竹老师，在今年的工作交流和职业指导中，给我们分享了作为工程造价专业人员的职业道德主要包含七个方面，分别是廉洁奉公、多级审核、可复查、合理低价、市场化、事实清晰、准确高效。

廉洁奉公，是指我们在入世的同时一定要出世，在保持世俗、接纳世俗的同时，要有自己的坚持和不能突破的底线。

多级审核，即对于自己的专业成果文件，首先要乐于接受多级检查，然后要主动创造

多级审核的条件，确保成果的准确性，对客户负责。

可复查，即对于自己的工作和成果的任何细节，不管时间过了多久，能够复查到相应的支撑依据或者解释相应事项的来龙去脉。

合理低价，即随时要秉持为客户利益思考，如何为客户降低成本，创造价值。

市场化，即愿意接纳市场的竞争、他人的竞争，不墨守成规，不固步自封。

事实清晰，即做的事情或者工作，最终呈现或者表达，以事实作为支撑，清晰明了。

准确高效，即我们的交流表述要准确，我们所完成的专业动作要高效。

（3）能力强

能力是职场中工作推进和解决的保障。能力强主要包含专业和专致两个方面。

专业，也就是指我们具备某个岗位或者解决某个问题的专业素养。专业素养又分为两个方面，第一是实践能力，第二是理论能力。实践能力强，主要是指我们经验丰富、见多识广，这往往能有助于我们按部就班地解决问题，俗称走得快，走得好。理论能力强，主要是指我们基础扎实、系统全面，这往往有助于我们创新和突破性地去推动工作和解决问题，俗称走得远，走得稳。

专致，也就是指我们喜欢自己的专业，并且愿意花费很多时间和更多的精力，在自己的专业岗位和范围专心致志地研究。专致能让我们把一些事情研究得更透彻，思考得更深入，解决问题的思路和方法，也就更深厚和更宽广。

古人有一句话，“谋事在人，成事在天”，其实就是在告诉我们，如果要做成事情，要有一定的发展，既要重视专业技术的修炼，又不能全然只沉迷于专业技术的修炼。做成事是由各方面综合性的因素，也就是“天”所决定的，专业技术是做成事的重要一环，但也只是做成事的环节之一。

所以，我们要谋事，提升专业能力；同时我们还要谋身，修炼性格，锤炼品格。

2023 年 1 月 3 日

2.3.2 过程管理

1）以终为始——造价角度五大常见投标问题解析

从造价人的角度，投标代表的是一个工程项目的开始，结算体现的是一个工程项目的结束。

万丈高楼平地起，在我们打下基础的第一根桩时，就已经开始决定了这幢高楼最终修建的高度。同理，项目的效益起始于投标的质量，项目的过程经营、过程创效、过程索赔、结算办理等造价商务活动，很多时候最终的锚点或者风险点，都是来源于投标过程中留下的伏笔或者埋下的隐患。

以终为始，从最终的工程项目结算办理的造价角度思考，在实务中施工企业常见的投标问题有五个大类，分别是量的问题、价的问题、合同的问题、答疑的问题、方案的问题。

（1）量的问题

量和价是投标活动的基础，而量又是基础当中的基础。基础不牢，地动山摇，就会由此带来重大的结算风险。

对于量，实务中比较典型的问题是施工企业不进行详细的投标算量，完全根据招标清单量进行成本测算和投标组价。

由于投标时间的缘故，或者对前期投标费用投入的节约，施工企业往往就把自己在这个项目上的身家性命寄托在招标人提供的招标清单的准确性上，完全相信招标清单量和根据招标清单量进行投标，结果导致后期结算办理时常常出现如下严重的问题情形。

情形一：招标清单量虚高，导致结算价远远低于合同价，而施工企业投标时对于间接费、管理费、措施费等是按照合同价进行自我测算后再考虑相应取费费率。合同价高，投标时取费费率就低，由此导致项目实际经营过程中，间接费、管理费和措施费等，成本支出远远大于合同收入，造成亏损。

情形二：招标清单中增列了实际不会实施的清单量，结算时导致实体费用和间接费用整体降低，尤其是施工企业在投标时如果对这些不会实施的清单量组价还比较高的情况下，未实施部分正常的利润没有获得，同时其他部分的间接费用成本摊销增加，在结算时就是双重损失。

情形三：招标清单中工程量严重偏低。招标开始时甲方按照清单计价方式进行招标，在合同谈判和合同签订时又调整为总价包干，这种情形常见于邀请招标的情况下。施工企业签订总价包干合同后，往往是在施工过程中才会发现该问题，而这个时候施工企业已经投入了巨大的施工成本，不做是亏损，继续做亏损得更严重，进退两难。

招标清单量虚高或者虚低，有时候是客观原因导致，但是有时候却是甲方有意为之：或是为了在预算不足的前提下让项目顺利完成招投标工作、或是为了让施工企业变相地垫资推进项目的建设工作……施工企业如果不算量，就无法分析和识别甲方在这个项目上的真正管理意图，一招不慎最终则是满盘皆输。

因此，对于量，不论投标时间有多紧急，也不论项目前期跟踪经营得有多么的顺利，都要掌握量的基本真实性和准确性。只有在量基本准确的基础上进行的后期投标测算、投标决策、投标策略等活动才能真正有效。

在条件具备的情况下，施工企业投标时对量进行详细计算是最好的；其次是对主要的量和造价影响大的量进行详细计算，次要的量和造价影响不大的量进行估算；在时间确实紧张和条件不具备的情况下，可以借助相关机构的资源，例如可以咨询当地专业造价咨询机构，获取类似项目的工程量详细指标和分析数据进行决策参考。

（2）价的问题

价，是施工项目后期过程经营和二次创效的核心关键和重要抓手。组价不合理，组价不妥当，就会为后期的商务管理和结算办理带来重大的影响。

对于价，实务中施工企业常见的问题情形如下。

情形一：只关注投标总价的高低，完全不关注组价的合理性

目前很多项目均是采取最低价中标，因此施工企业在投标时只关注投标总价的高低，忽视组价的合理性。由此导致在施工过程中，当发生设计变更或者工程内容调整时，涉及借用类似清单价格和重新组价时，就会带来不利的影响。

例如，招标清单中，对于模板措施费清单项目特征中没有描述模板支撑具体高度，根据《房屋建筑与装饰工程工程量计算规范》（GB 50854—2013，后文未说明之处均指该版本）的相关说明，如果模板清单没有描述模板支撑具体高度，视为没有考虑超高模板费用，施工企业可以单独争取计算超高模板费用。但是如果施工企业在对模板清单进行投标组价时，套取了相应的超高模板定额，这种情况下则会视为超高模板已经包含在模板清单单价中，施工企业再去争取计算超高模板费用的可能性就大大的降低。

情形二：过于重视不平衡报价，投标组价严重偏离市场综合单价

施工企业过于重视不平衡报价策略，在投标组价时采用了大量的不平衡报价。某些情形下投标组价远远偏离市场综合单价，理论上是可以通过不平衡报价进行二次经营和创效，但是就如一句古语所说的，“月盈则亏，水满则溢”，在实务中超过一定限度的不平衡报价往往带来适得其反的效果。

对于房地产和民营投资项目，甲方牢牢掌握着设计变更和做法调整的主动权，甲方可以通过变更和做法调整等，让施工企业的不平衡报价失效，甚至还有让施工企业赔了夫人又折兵的情形出现。

例如，某房地产项目，甲方采用模拟清单招标，其中两个项目清单如下：20 mm 抹灰，暂定工程量 15 000 m^2；±1 mm 抹灰，暂定工程量 1 m^2。施工企业对于“20 mm 抹灰”报价 20 元 /m^2，对于“±1 mm 抹灰”报价 2.5 元 /m^2。设计施工图中注明抹灰为 20 mm，在施工过程中甲方协调设计，将抹灰厚度变更为 10 mm。在这种情况下，施工企业就面临着重大的结算风险，对于抹灰的结算价格甲方会主张按照如下方式计算：15 000 × 20–15 000 × 2.5 ×（20–10）=–75 000（元），相当于施工完成 15 000 m^2 的抹灰工程，施工企业要倒支付给甲方 75 000 元。

对于国有资金和政府投资项目，虽然建设方不会太过主动的结合中标清单单价调整设计变更和做法，但是该类型项目会面临后期国家审计。而国家审计从审计的原则和确保国有资产不流失这个宏观背景下，对于严重不平衡的投标价格，也会在审计时进行相应审减和修正。

例如，2020 年第 3 期的《重庆审计》期刊上《重庆某设备安装工程有限公司不服审计机关出具的审计报告行政复议案》一文，其中核心就是涉及对施工企业不平衡报价进行审计处理的原则，具体如下文所示：

【案情简介】

2018 年 8 月 14 日，×× 区审计局出具 ×× 项目中央空调系统设备采购与安装工程结算审计报告并送达建设单位。审计报告出具后，×× 设备安装工程有限公司对 ×× 区审计局作出的 ×× 项目中央空调系统设备采购与安装工程结算审计报告不服，于 2018 年 10 月 9 日向重庆市审计局提出行政复议申请，并于 2018 年 10 月 16 日补充提供了相关资料。重庆市审计局经审查后，于 2018 年 12 月 14 日出具行政复议决定书，决定维持被申请人 ×× 区审计局作出的 ×× 项目中央空调系统设备采购与安装工程结算审计报告。

【调查与处理】

申请人认为，×× 区审计局作出的 ×× 项目中央空调系统设备采购与安装工程结算审计报告中关于“设备采购合同内离心玻璃棉管瓦（厚度 30 mm）投标清单工程量按照投标单价 396 元 /m^2 计算，超出投标工程量的单价按照财政评审单价 30.65 元 /m^2 执行，其中材料单价为 18.61 元 /m^2”的决定错误，与事实不符。根据合同、招标文件、询价文件答疑等资料，离心玻璃棉管瓦投标单价为该公司自主报价且已经签署合同，对超出投标清单工程量的部分应执行投标单价 396 元 /m^2。此外，该工程不适用《建设工程工程量清单计价规范》（GB 50500—2013）的规定，应适用合同法、政府采购法、招标投标法等法律规定。请求撤销错误的审计报告并更正。

被申请人认为，离心玻璃棉管瓦材料结算数量的增加并非“因设计变更或安装过程中的调整”因素导致，不能执行招标文件及合同约定的“因设计变更或安装过程中的调整造成的设备、材料清单的数量的调整”相关条款，申请人的请求并无依据。且对于此价格的审计意见，建设单位同意并签章确认，审计意见合法、有理有据。请求依法维持 ×× 项目中央空调系统设备采购与安装工程结算审计报告。

在审查过程中，审查人员查阅了 ×× 项目中央空调系统设备采购与安装工程涉及的招投标文件、合同、图纸资料、审计通知书、审计报告等材料。于 2018 年 12 月 3 日，向 ×× 设备安装工程有限公司委托代理人覃某以及被申请人进行调查。根据调查情况并查阅对比施工图、竣工图，发现建设单位在施工过程中并未就该子项进行设计变更，离心玻璃棉管瓦（厚度 30 mm）招标工程量 2742 ㎡，实际完成工程量 22 650 m^2，其量差 19 908 m^2 主要是招标文件少计工程量所致，并非设计变更原因导致。

审查认为，×× 区审计局在尊重 ×× 设备安装工程有限公司对固定总价合同报价原则的基础上，区分固定总价合同所对应的合同内外工程量，参照离心玻璃棉管瓦（厚度 30 mm）市场价格水平进行分别计价，既实事求是地保障施工单位的合法权益又防止国家建设资金流失。×× 区审计局作出的工程结算审计结论，不存在申请人所述被申请人违背合同法、政府采购法、招标投标法、建筑法相关规定的情形。

2018 年 12 月 14 日，重庆市审计局根据（中华人民共和国行政复议法》第二十八条第一款的规定，作出行政复议决定书，决定维持被申请人 ×× 区审计局作出的 ×× 项目中央空调系统设备采购与安装工程结算审计报告。

在实务中，对于不平衡报价的使用，应该是在一定的限度和范围内。其核心是根据招标文件、工程量清单、招标图纸、招标答疑、现场情况等因素，并结合施工企业的实力、资源等情况，对相关清单项目综合单价进行适当幅度范围内或高或低的调整，为项目在过程二次经营和项目结算创效创造有利的条件。常见的不平衡报价调整方式如下：

调整方式一：先开始施工的单价调高，后开始施工的单价调低，让项目利润和资金尽快回收，提高资金时间价值的同时占据项目实施的主动权。例如措施费、开办费、基础施工等费用单价调高，装修和安装工程等费用单价调低。

调整方式二：工程量小的单价调高，工程量大的单价调低。工程量小时，调高单价不影响投标总价，在施工过程中容易由于变更等原因导致工程量增加。例如招标清单中暂定工程量偏小而且施工过程中肯定会发生的清单项目，招标清单中没有工程量只需要填报单价的清单项目，招标清单中的计日工等不纳入投标总价的清单项目。

调整方式三：可能发生变化的清单项单价调低，不可能发生变化的清单项单价调高。对于可能发生变化的清单项目单价调低，后期发生变化时重新组价就能获取更高的利润。例如桩基和支护工程等容易根据地质情况发生做法变化的清单项目，招标图纸做法不明确或者有误后期会修改的清单项目，设计方案未确定或者使用功能未确定的单项工程清单项目，清单描述与施工图纸和招标文件技术要求等不一致的清单项目，甲方可能会减少或者取消工程做法对应的清单项目。

调整方式四：对于措施费和间接费等，包干的部分综合单价调高，按实计量的部分综合单价调低。

调整方式五：对于后期可以甩项验收的单项工程，或者甲方很大可能性会进行分包的单项工程，单价调低，必须由自己完成的主要工程和专业工程等单价调高。

调整方式六：对于清单项目综合单价本身的构成，主要材料费用可以调低，人工和机械等费用可以调高，清单项目中的主材，后期可以进行材料替换的，可替换主材的材料价格调低。

情形三：采用定额组价投标时，调低投标总价的方式过于简单粗暴

在实务中，施工企业一般仍旧是采取项目所在地的定额文件进行组价投标，由于每个项目存在招标控制价，这就涉及定额组价之后如何调低投标总价的问题。施工企业为了方便，当投标定额组价过高后需要调低投标总价时，常常在投标计价软件中直接选择按照比例统一调整清单单价的方式，对所有清单单价的人材机耗量等统一下浮一定的比例，简单粗暴地调整投标总价。这种情况下就会导致施工过程中和结算办理时，对借用类似清单单价、重新组价、材料调差等工作带来不尽的争议和结算审计风险。这就是典型的投标一时爽，过程一直扯，结算一把辛酸泪。

通常情况下，采用定额组价的投标方式，如果需要调低投标总价时，调整的顺序应该

如下：先调整材料单价，再调整定额子目套取，其次是措施费，再次是定额耗量，最后才是间接费的费率。从过程经营和结算角度考虑，对于定额子目的耗量，一般情况下最多是不考虑损耗，但是不能低于正常实体量；对于人工耗量，不到万不得已的情况下不调整，优先调整材料和机械耗量；对于相关管理费、规费、措施费的费率，费率一般保持定额水平不变，这样对于后期的重新组价才能保持有利水平。

（3）合同的问题

在招标文件中，会列出合同主要条款，其中涉及有相应的结算条款。通过对合同主要条款和结算条款的解读，就能评判出该项目的过程商务管理重点和风险，结算的重难点和风险等，因此在投标时就应该提前注意和防范。

但是在实务中，施工企业经常不关注招标文件中的合同条款和结算条款等，不管任何项目的投标，都是按照固有的思路、固有的组价模式进行投标，由此产生重大的项目经营风险和结算隐患。

例如，某项目招标文件中的结算条款约定如下：

10.4.1　变更估价原则

关于变更估价的约定：设计变更及调整、施工过程中出现新增项且（含招标范围以外的项目）

由承包人在该变更、新增项目启动前 14 天内向监理单位，发包人提出，并提交变更报价书，经监理单位收到承包人变更报价书后的 7 天内审核变更价格后报发包人审定，发包人审核同意后调整合同价款，调整方法如下：

A：承包人投标报价工程量清单中有相同清单项且，则按该项目的投标综合单价计价。

B：承包人投标报价工程量清单无相同但有类似变更工作子目的投标棕合单价，则参照报价中类似子目的投标综合单价计价。主材调整原则：投标时有的材料，调入时取投标价与投标当期重庆市建设工程造价总站主办的《重庆工程造价信息》的低值；投标时没有的材料，按发包人充分结合施工期市场核定的价格执行，并不高于施工同期《重庆工程造价信息》，调整后的综合单价作为类似子目的综合单价（类似项目由发包人确定，投标的人工、材料单价表作为合同附件）

……

上述招标文件合同条款中，明确约定类似清单主材单价调整的原则是投标材料单价和造价信息的单价取最低值。

该项目施工单位在投标时，对于其中的某幕墙工程清单组价情况如下：“2.0 mm 铝单板”，项目特征注明是 2.0 mm 厚氟碳喷涂铝单板，清单综合单价为 450 元 /m^2，其中投标组价时 2.0 mm 厚氟碳喷涂铝单板材料单价按照 500 元 /m^2 的除税价进行考虑。而同期造价信息中存在 2.0 mm 厚氟碳喷涂铝单板的价格，价格为除税价 200 元 /m^2。经过比对分析，“2.0 mm 铝单板”清单中主材的价格高于清单综合单价，形成主材和清单综合单价倒挂现象，是由于施工企业投标时在调低投标总价时，统一对定额的人工、材料、机械的耗量乘以了系数 0.5，才导致上述的情形出现。

施工过程中，甲方设计变更调整“2.0 mm 铝单板”为“3.0 mm 铝单板”，这种情况下属于上述合同结算条款约定的执行类似清单后调整主材价格，同时造价信息中存在 3.0 mm 厚氟碳喷涂铝单板的价格，价格为除税价 260 元 /m^2。

根据招标文件和投标组价的情况，“2.0 mm 铝单板”变更为“3.0 mm 铝单板”，“2.0 mm 铝单板”清单综合单价 450 元 /m^2，调整后“3.0 mm 铝单板”清单的综合单价如下：

$$450 + (260-500) = 210\ (\text{元}/\text{m}^2)$$

这就意味着设计变更将材质增厚，成本增加导致结算综合单价大大降低，这种情况下施工企业面临的损失就是多重的损失，代价过于惨痛。

随着工程项目管理经验的积累，建设单位对工程项目的造价全过程控制得越来越精细，对施工企业的过程经营和二次创效等商务活动也逐渐开始通过相关合同条款和管理办法等进行针对性的提前规避和预防。

例如，某建设单位为了防止施工企业恶意低价中标、过程通过重新组价或者其他手段二次经营的情形出现，在招标文件中分别从低价风险担保、重新组价、结算办理等前中后三个维度进行针对性的约定，具体如下文所示。当施工企业遇到这种项目时，就需要端正相应的看法，不应该抱有在投标时先通过无下限的造价下浮方式来承接项目，再通过过程经营和过程运作的方式去提高结算造价，更多的是应该通过在适当范围内微利或者持平的方式投标，通过加强过程成本控制、提升管理水平等方式去提升项目的最终结算利润率。

关于低价风险担保的招标规定如下：

1. 低价风险担保：中标价低于最高限价的 85% 时提供，如不按时足额提供，视为中标人放弃中标，招标人有权不退还其投标保证金，并报招标投标行政监督部门按照信用管理办法的规定处理，对中标人的不良行为直接记 12 分，纳入重点关注名单。若投标人为联合体，由联合体牵头人或按照联合体协议的约定提交低价风险担保。

2. 中标人提供低价风险担保的形式、金额及期限：

（1）低价风险担保的形式：现金或银行保函或现金 + 银行保函的组合；采用银行保函形式的，保函必须为不可撤销且见索即付。

（2）低价风险担保的金额：（最高限价 ×85% − 中标价）×3，且最高不超过最高限价的 85%，红名单中的中标人低价风险担保金额可减半（红名单建立完善后使用）；

（3）低价风险担保送达招标人的时间：从招标人低价风险担保书面通知送达拟中标人之日起 12 个工作日内；

（4）中标人因自身原因未按中标通知书规定的时限与招标人签订合同的，招标人有权扣除其低价风险担保并取消中标资格。

（5）低价风险担保的期限：自低价风险担保生效之日起至竣工验收合格之日止。

3. 低价风险担保的退还时间：本工程竣工验收合格后30日内一次性无息返还或解保。

4. 采用经评审最低投标价法的项目，拟中标人或者中标人放弃中标项目，无正当理由不与招标人签订合同，在签订合同时向招标人提出附加条件或者更改合同实质性内容，或者拒不按照招标文件规定提交低价风险担保或履约担保的，取消其中标资格，投标保证金不予退还，给招标人造成的损失超过投标保证金数额的，拟中标人或中标人应对超过部分予以赔偿。

关于重新组价的招标规定如下：

已标价工程量清单中无适用或类似子目的综合单价，按《建设工程工程量清单计价规范》（GB 50500—2013）、《重庆市建设工程工程量清单计价规则》（CQJJGZ—2013）、《重庆市建设工程工程量计算规则》（CQJLGZ—2013）、《房屋建筑与装饰工程工程量计算＋规范》（GB 50854—2013）、《通用安装工程工程量计算规范》（GB 50856—2013）、《重庆市房屋建筑与装饰工程计价定额》（CQJZZSDE—2018）、《重庆市通用安装工程计价定额》（CQAZDE—2018）、《重庆市建设工程费用定额》（CQFYDE—2018）、《重庆市建设工程施工机械台班定额》（CQJXDE—2018）、《重庆市建设工程施工仪器仪表台班定额》（CQYQYBDE—2018）、《重庆市建设工程混凝土及砂浆配合比表》（CQPHBB—2018）、《重庆市住房和城乡建设委员会关于适用增值税新税率调整建设工程计价依据的通知》（渝建〔2019〕143号）及相关配套文件的规定进行组价，具体组价办法如下：投标报价中已有的材料价格执行投标报价中的材料价格，投标报价中没有的主要材料（钢材、水泥、商品砼、商品水稳层、特细砂、碎石、页岩砖）单价按照施工期间当期《重庆工程造价》发布的不含税信息价执行，其它主要材料单价按照市场不含税价格核价执行。人工价格按投标报价执行。投标价中同种类人工、材料有多个价格时，按最低价执行，投标报价中没有的人工价格按招标文件中投标报价参考的造价信息对应人工价执行；按上述原则组价后总价下浮原则（其中允许按实计算费用、未计价材料、价差、规费、安全文明施工费、税金不下浮）：建筑、市政××%，园林、绿化、构筑物工程××%，装修、安装工程（不含弱电智能化系统）××%，弱电智能化系统××%。再按中标价（扣除暂定金额）与最高限价（扣除暂定金额）的下浮比例同比例下浮（其中由发包人认质认价的材料价差不下浮）后的单价为该子项的暂定综合单价。以上所有设计变更需满足“重庆市××区人民政府办公室关于印发××区国有工程建设项目工程变更管理办法”执行。最终金额以审计机构审定的结算为准。在施工过程中，按合同规定需要重新核定价格的材料使用前双方根据采购时期的市场行情、技术要求、品牌厂家、规格等市场询价后，由中标人报价，经招标人审核同意后方可采购、施工。若发现有中标人以此串通、扰乱市场的行为，由中标人承担法律及经济责任。若中标人在招标人核价后5个工作日内，中标人拒绝签字确认招标人核定的价格或拒绝按招标人核定的价格采购的，则该种材料改为甲方采购供应，其该种材料费用招标人按预算价在结算价款中扣除，且招标人按30%采购价收取采购费。因变更或清单漏项等引起的需要核价的材料参考上述原则执行。投标人提出的无理由核价要求招标人不予认可，且招标人有权根据询价情况核定价格，不需施工单位确认直接纳入结算。

关于结算办理的招标规定如下：

竣工结算的修正原则：

若承包人的投标报价文件未按发包人提供的工程量清单格式填写（如：未按发包人清单的项目特征填写，修改按发包人的工程量填写等）。若在评标时未发现，发包人将按照最不利于承包人的原则进行修正，对修正的结果承包人应无条件接受，同时发包人有权没收承包人的履约保证金。其修正原则如下：

（1）投标文件的大写金额与小写金额不一致的，以大写金额为准；

（2）数字表示的数额与用文字表示的数额不一致时，以文字数额为准；

（3）单价与总价之间不一致时，应以总价为准，并修改单价；

（4）若承包人未对招标提供的工程量清单报价，视为其报价包含在其他项目中；

（5）投标报价中人工工日数超过定额规定、人工工日单价超过招标文件规定的信息价（信息价有区间值的取低值），则发包人有权进行修正，中标候选人必须无条件接受修正，并以修正后的人工费作为计算安全文明施工费的基础。

（6）若在评标时未予发现，在合同实施中仍将按上述办法进行修正。

结算审核费用约定：

本工程结算金额以发包人委托的第三方咨询单位审核的金额为准。工程结算审增审减金额在××%范围以内时由发包人支付审计费用；如审增审减金额在××%（含××%）以上时，所有的审计费用由承包人支付。若该项目被发包人审计部、××区审计局或市审计局相关部门再次抽审，承包人要无条件配合相关审计并接受审计结果。若抽审金额低于发包人委托的第三方咨询单位审核结果的，工程结算金额做相应调减。其中，工程已支付完成的，发包人有权按照相关规定追偿。

在实务中，施工企业在投标时一定要认真阅读招标文件的合同条款和结算条款，深刻地理解甲方进行相应规定背后的管理意图。在此基础之上，施工企业再去进行针对性的投标报价和过程商务管理，这样的造价工作才能有的放矢，在确保自身利益的同时，规避相应的风险。如果施工企业无视招标文件和合同条款的存在去自由发挥，那么损失的后果只能由自身承担。

（4）答疑的问题

招标中的答疑是一门学问，更是一门艺术。好的答疑能为施工企业后期制造二次经营的机会，不好的答疑会让施工企业陷入圈套而无法自拔。

例如，某钢结构厂房项目，设计施工图中注明钢结构厂房屋面有采光带，但是未注明采光带的具体做法和相关构造节点。甲方在招标文件中编制了屋面采光带的清单，清单描述如表 2.2 所示。

表 2.2　屋面采光带清单

编码	类别	名称	项目特征	单位	工程量
010901003001	项	屋面采光带	1. 阳光板品种、规格：OFRP 采用 360 度或者 180 度直立钢收边 GRP 胶衣采光板，表面具有 80 um 胶衣层，淡蓝散光，厚度 2.07 mm，透光率 78%，散光率 85%，阻燃型，大于 80 度时熔化且不产生滴物，使用年限 20 年。 2. 骨架材料品种、规格：钢龙骨。	m^2	—

在招标清单的项目特征描述中，屋面采光带清单包含钢龙骨，具体钢龙骨型号不详，同时设计施工图中也未注明有钢龙骨，这种情况下对施工企业就存在结算风险。因此需要通过图纸答疑让甲方取消屋面采光带清单中的钢龙骨，或者是具体明确钢龙骨的做法和型号，这样既可以方便施工企业进行准确成本测算和报价，又为施工过程中的二次经营和重新组价留下伏笔。

施工企业通过上述分析后，提出如下招标答疑问题：

问：一般屋面采光板是直接与屋面彩钢瓦搭接连接，不再单独采用附加钢龙骨，招标清单中项目特征的‘钢龙骨’是否可以取消，按照普通采光板与屋面彩钢瓦搭接的方式？如果本项目需要单独采用附加钢龙骨，请在项目特征中明确钢龙骨的具体型号和详细做法。（设计施工图中未明确）。

答：本项目屋面采光板直接与屋面彩钢瓦搭接连接，不需要安装附加钢龙骨。

例如，某 EPC 项目，招标文件规定按照定额下浮率投标报价，结算金额按实计算，且不能超过该项目的概算审批金额，同时明确当出现重大设计变更和工程内容调整的情况下除外。在招标文件中，未明确体现是否包含平基土石方工程，于是施工企业在招标答疑中提出如下问题：

问：本项目招标范围是否包含平基和大开挖土石方工程？

答：包含全部土石方工程。

施工企业中标进场施工后，在梳理概算审批文件时发现，本项目概算审批内容和金额不包含平基土石方工程。由于施工企业提出的上述招标答疑问题，又让平基土石方工程包含在合同范围内，这样就会大概率出现按实结算金额超出概算审批金额，导致超出部分无法进入结算，需要由施工企业自身承担损失的结算风险。

因此，对于招标答疑，有时候需要通过答疑明确相关问题，有时候需要放任招标文件中的不明确和不清晰；有时候招标答疑的问题需要表述得很清晰，有时候招标答疑的问题又需要提问得模棱两可……这就需要施工企业结合项目的具体情况进行灵活的应用。

（5）方案的问题

从法律的角度分析，招标文件是要约邀请，投标文件是要约，中标通知书是承诺，因此投标文件是施工合同的重要组成部分。而投标文件又包含经济标、技术标和商务标，所以对待技术标，也就是投标施工方案，我们要从合同的角度和合同的高度去看待。

在实务中，施工企业对于投标施工方案的编制比较随意，经常采用通用的施工方案模板进行修改调整后作为项目投标施工方案，由于投标施工方案的编制问题，常常导致后期的项目结算风险。常见的投标施工方案问题情形如下：

情形一：投标施工方案的做法高于投标清单，带来结算审减风险

例如，某钢结构厂房项目，钢结构设计施工图中注明钢结构厂房屋面有采光带，但是未注明采光带是单层还是双层，招标清单中采光带的工程量为单层工程量，该项目最终按照清单招标，总价包干的模式签署施工合同。施工企业在投标施工方案中描述："根据本项目钢结构厂房的使用用途，屋面采光带应该采取双层，具体施工工艺如下……"

在施工过程中，设计明确采光带为双层，虽然招标清单中为单层工程量，但是本项目属于总价包干，由于施工企业在投标施工方案中已经描述采光带为双层，结算时存在投标施工方案的表述被认为属于施工合同包干范围，导致增加的一层采光带无法单独按实计算的风险。

情形二：投标施工方案的考虑不合理，给后期的签证索赔带来不利影响

例如，某项目投标施工方案对于资源消耗的考虑，在投标工期 A 天内，人材机的投入为 A_1，但是 A_1 是随意填写的资源消耗量，远远超出正常实际的投入。

在施工过程中，甲方要求压缩工期至 B 天内，施工企业按照实际情况编制抢工施工方案，其中抢工方案中人材机的投入为 B_1。

经过比对分析，在 $B < A$ 进行抢工的情况下，抢工方案的人材机投入 $B_1 <$ 投标施工方案中的人材机投入 A_1。根据上述的逻辑，也就意味着施工企业虽然存在抢工的事实，但是不存在抢工的费用，相关的抢工费用已经包含在投标施工方案当中。投标施工方案的编制失误就会给施工企业带来巨大的损失。

因此，投标施工方案是一把双刃剑，施工企业使用得当，可以巧妙的解决很多棘手的问题，例如，甲方在招标清单中，经常做如下的描述来规避风险："综合考虑""见技术要求和设计图纸""包含但不限于完成施工及验收要求的全部费用"。这种情况下，施工企业可以把对一些不利的事项或者问题之处，进行相应的投标说明，巧妙地去留下伏笔规避风险。如果施工企业在经济标中进行投标说明，可能会被甲方重点关注后把相关说明扼杀在合同签订之前，而如果施工企业在投标施工方案中进行相应的表述和说明，往往就会出其不意的达到想要的效果。

所以，于细微之处见真知，高度关注投标施工方案，高度重视投标施工方案的表述，是施工企业在投标阶段需要建立和秉持的商务理念。

2022 年 9 月 2 日

2）于无声处听惊雷——施工合同谈判重点关注条款浅析

王建东和杨国锋在合著的《建设工程施工合同表达技术与文本解读》一书中，有一段非常醒目而又精辟的开篇之语：

西方有句谚语："财富的一半来自合同。"合同不是财富，但它与财富有着密切的关系，特别是在商业社会，合同的好坏直接影响着行为人财富的得失利弊。合同使用上的严谨可以使财富固若金汤，使财富如滚雪球般日益变大；合同使用上的疏忽可能使财富不堪一击，使财富在时光推进中萎缩变小。

在商业社会，人们的一切经济活动都始于合同，或是书面的合同，或是口头的合同等。在建设领域，由于施工合同有着金额大、参与主体多、履约时间长、建设过程复杂等诸多特点，因此施工合同的谈判和签订更是关系着合同双方当事人的重大切身利益。作为施工企业，一方面要经营项目和开拓项目，另一方面更要注重在合同签订和谈判过程中，对施工合同条款的重视和把控。从实务的角度出发，作为施工企业，在签订施工合同或者与发包人进行合同谈判时，重点需要关注如下七个方面的合同条款。

（1）合同的主体方面

①对于发包人，主要是主体资格要合法，根据主管部门的规定某些特殊行业或者领域需要有相应资质的，发包人要具备相应的资质并且在有效期内。同时，发包人所建的项目，应该按照国家有关建设基本程序的规定，取得项目建设立项的审批手续、土地使用权证、建设用地规划许可证、建设工程规划许可证和施工许可证。如果发包人没有办理土地使用权证或者建设用地规划许可证、建设工程规划许可证，根据《关于审理建设工程施工合同纠纷案件适用法律问题的解释（一）》（法释〔2020〕25 号）第三条的规定，签订的施工合同存在无效的风险。

第三条　当事人以发包人未取得建设工程规划许可证等规划审批手续为由，请求确认建设工程施工合同无效的，人民法院应予支持，但发包人在起诉前取得建设工程规划许可证等规划审批手续的除外。

发包人能够办理审批手续而未办理，并以未办理审批手续为由请求确认建设工程施工合同无效的，人民法院不予支持。

②对于承包人，主要是关注施工资质满足该项目的建设要求，尤其是对于承包人为联合体的，应该按照资质等级较低的单位确定联合体资质等级。

（2）合同的签订方面

①对于施工合同的签订文本，建议选择国家主管部门颁布的示范文本，例如建设工程施工合同示范文本（GF-2017—0201）、建设项目工程总承包合同示范文本（GF-2020–0216）等。如果发包人选择的是企业自身的文本或者其他途径的文本，承包人需要将该文本与对应的国家主管部门颁布的示范文本，进行逐一比对分析，梳理出差异之处、发包人调整修改的出发点和意图等事项。

②对于合同文件的组成和解释顺序需要重点关注，承包人要结合项目的实际情况具体分析合同文件的解释顺序是否存在重大风险或者对己方严重不利的情形。尤其需要注意的是，对于合同文件附件中的安全生产协议、廉政协议等需要特别关注，是否存在与合同正文相冲突的地方，是否存在在合同正文的基础之上增加了重点责任和风险之处。同时，如果合同文件把发包人的内部管理文件和相关制度作为合同的组成部分，这种情况下如果确实必须把其列入合同文件，建议把相关的管理文件和制度文件单独打印装订成册，作为合同附件，同时需要注明与合同正文不一致的地方，以合同正文为准，发包人后期对管理文件和制度文件的修订不作为合同的组成部分。

③对于公开招投标项目，发包人和承包人应该在中标通知书发出之日起三十日内签订施工合同。双方合同盖章的名称应该与合同签订双方的名称一致，应该是使用公章或者合同专用章。合同上的签字如果不是合同主体的法定代表人时，应该关注授权委托书。如果授权委托书授权内容不一致或者授权过期，需要及时更换调整。

④对于公开招投标项目，施工合同的内容不能违背招投标文件和中标通知书中的实质性条款。同时，对于施工合同承包范围的约定，要详细和具体，并且要和招投标文件的表述要保持一致。

（3）合同的价款方面

①施工合同中要明确合同的具体价格形式，不能存在前后不一致或者相互矛盾的价格形式。合同价格形式包含三种，单价合同、总价合同和其他价格形式。对于承包人，一般情况下尽量争取采用单价合同或者其他价格形式中的采用定额计价形式较为有利。

②签约合同价格的表述中，需要将安全文明施工费的具体金额单列，因为对于安全文明施工费的支付，各地有明确的规定。

例如《关于印发〈重庆市建设工程安全文明施工费计取及使用管理规定〉的通知》（渝建发〔2014〕25 号）规定："建设单位在签订施工合同后至工程开工前，应将 50% 的安全文明施工费拨付给施工单位，余下安全文明施工费按施工进度支付。"

例如《建设工程工程量清单计价规范》（GB 50500—2013）第 10.2.2 条规定："发包人应在工程开工后的 28 天内预付不低于当年施工进度计划的安全文明施工费总额的 60%，其余部分应按照提前安排的原则进行分解，并应该与进度款同期支付。"

③签约合同价应该采用价税分离的模式，并且对于工程总承包合同，需要明确区分勘察、设计和施工的具体费用，以及相应的增值税税率和价税分离金额，避免重复缴纳印花税，人为造成成本增加。

④施工合同中，对于合同价格的调整，应该明确相对公平合理的调整情形、调整范围、调整程序、支付方式等。

调整情形，主要是涉及合同价格风险承担范围的约定，以及调整基准日的确定。对于招投标过程严重超期时，要注意基准日的重新评估后协商调整。

调整范围，主要是涉及具体的人工、材料、机械调整范围，以及调整的数量。调整的范围尽量在合同中明确清晰，避免后期争议。对于调整的数量，尽量按照定额耗量计算的理论消耗量调整。

调整程序，主要是调整的期间，形象进度确认的方式，调整的方式是采用算术平均还是加权平均等。

支付方式，主要是针对合同价格的调整，是否纳入工程进度款按照同比例支付。

（4）合同的履约方面

施工合同的履约方面，重点是工期、质量、生产、安全、付款和变更。

①对于工期，重点要明确开工时间和具体的施工条件；如果存在工期违约金，设置要合理并且需要规定工期违约金的上限；当存在节点工期和总工期两个考核标准和违约金设置时，要注意约定两者不同时叠加处罚；工期违约金不应该在施工进度款中扣除，应该在结算办理时处理；同时在施工合同中要约定工期顺延的情形；对于工期顺延申请办理的程序要明确约定，特别需要注明对于发包人在一定期限内不答复的视为认可；对于涉及抢工情形的，提前注明抢工费用办理的程序、计算的原则和支付的方式等。

②对于质量，应该按照国家和地方的标准作为质量验收标准，分为合格和不合格两种，避免把获得相关质量奖杯，例如“鲁班奖”、“白玉兰奖”作为质量验收标准。同时，对于发包人采用自身企业的标准或者变相地采取自身企业要求作为质量标准的，例如满足第三方飞检要求，满足企业内部技术管理规范和标准做法等，如果存在该种情况，需要与发包人提前明确具体的详细要求以及是否增加合同价款的约定等。

如果施工合同要求争创相应的质量奖杯，例如“鲁班奖”、“白玉兰奖”等，在合同中，需要明确争创奖杯增加的合同价款计算规定、争创奖杯的各方权利和义务以及未达到的相应违约责任等。

③对于生产，重点需要明确发包人提供设计图纸、相关资料、办理相关建设审批程序的具体时间和要求以及延期责任等；建设过程中存在甲指分包的，具体的分包范围，招标程序、评标原则、定标主体、合同签订、付款方式和结算办理等需要提前约定；对于存在甲供材的，甲供材的范围、品种、保管责任、保管费用、损失承担、结算方式、税费承担等需要提前约定；对于过程隐蔽验收的程序，试车生产的方式和费用承担，竣工验收的程序和特殊情形的处理，例如发包人不能及时组织竣工验收或者擅自提前使用工程时，相应的责任承担进行具体明确，同时对甩项验收的情形、方式和费用承担等进行明确约定。

④对于安全，需要关注是否存在重大安全风险的施工工艺以及该部分特殊工艺是否在造价上计取了充足的费用；对于工程保险，如果发包人委托承包人投保建筑工程一切险、安装工程一切险的，应明确该部分费用由发包人承担和具体的支付时间和方式等。对于总承包管理配合费的计取以及责任范围需要明确，特别是对甲方指定分包或者甲方直接分包后纳入总承包管理的，相关的责任界定和承担范围提前约定清晰。对于项目所在地主管部

门超出一般安全文明施工标准的提升品质行动、智慧工地、数字化建设等要求，在施工合同中提前明确，并明确相应费用的计算原则和支付方式。

⑤对于付款，主要是付款方式的约定，涉及预付款和工程进度款的支付。如果存在预付款，尽量约定在结算时扣回；对于工程进度款，明确进度款审批时限和尽量设置逾期审核视为默认的默示条款；对采用商业承兑汇票、保理、以物抵债等非现金的支付方式需要特别重视；对发包人延期支付工程进度款项设置明确的违约责任条款，同时明确发包人不按照约定支付工程进度款，经过催告后一定时间仍旧不支付的，明确承包人有权停工；对于过程签证、变更、索赔争取随同工程进度款同期同比例支付。

⑥对于变更，施工合同应该明确变更的范围、程序，变更价格的计算原则和支付方式，尽量结合造价的角度争取有利的变更条件和计算方式。同时对于索赔，需要明确索赔办理的程序和期限，尽量设置逾期审核索赔视为认可的默示条款。

（5）合同的责任方面

施工合同的责任方面，重点是涉及发包人和承包人双方的权利和义务。

①对于发包人，应在施工合同中明确发包人的具体现场代表及相应的权限，当发包人现场实际负责人与施工合同约定不一致时，及时要求发包人进行书面授权；同时对监理单位和过程跟踪审计的人员及相应权限，最好在施工合同中进行相应的明确。对于发包人的违约事由，应该约定具体的违约责任，例如赔偿违约金、承包人可以索赔、停工和解除合同的权利。

②对于承包人，主要管理人员应该与投标文件中的人员一致，并实际缴纳社保、签订劳动合同和履行工作职能。对于施工合同中承包人的各种违约金的承担总金额，尽量提前明确一个上限，把违约赔偿控制在一定的范围之内。

③对于履约过程中文件的送达，尽量在施工合同中明确发包人的相关信息，如地址、邮编、法定代表人、电子邮箱、微信号、电话号码等，同时在施工合同明确表示过程文件和通知等的送达，送交到施工合同约定的地址、电子邮箱、微信号和电话号码等其中任何一种，均视为有效送达。

④对于不可抗力，应该尽量考虑项目所在地的特点，一般包含自然灾害、社会性突发事件、政策及法律的变更等，同时明确不可抗力发生时发包人对承包人损失赔偿的内容和范围。

（6）合同的争议方面

①对于合同的争议解决方式，尽量约定通过诉讼方式解决，如果约定仲裁方式的，对于具体仲裁机构的选择要慎重。

②对于合同解除权的约定，特别重视发包人单方面合同解除权的约定是否合理。对于任何情形下承包人无停建和缓建权利的限制，并且不能主张工期顺延和费用补偿的条款，需要结合项目实际情况慎重评估确定。

（7）合同的结算方面

①对于结算原则的具体约定，要从造价的角度进行深度分析，尽量避免结算理解歧义和结算不利条款。

②施工合同要明确结算的时限和程序，争取设置逾期审核视为默示认可的情形。同时，对于项目结算审核时限，尽量明确不超过 6 个月，同时对于结算审核的次数，进行具体明确，尽量避免以审计报告作为工程结算的依据。争取过程结算，明确过程结算办理的相应时限和程序。

③对于工程质量保修期的约定不应该超过《建设工程质量管理条例》中规定的年限，质量保证金不超过结算造价的 3%，尽量争取在竣工结算时一次性扣除，争取以银行保函的形式替代质量保证金。同时对于质量缺陷责任期的约定，根据《关于印发建设工程质量保证金管理办法的通知》建质〔2017〕138 号的规定，质量缺陷责任期一般为 1 年，最长不超过 2 年。

④对于工程价款优先受偿权，这属于承包人获得最终结算价款的重要路径，没有特殊的情况下承包人不能放弃。如果承包人确实需要放弃工程价款优先受偿权的，施工合同中对于发包人违背结算条款的责任要进行具体明确，同时在履约过程中，如果存在结算拖延或者其他情况时，承包人要及时通过法律途径主张相应的权利，避免产生不可挽回风险。

（8）结语

施工合同中的每一句话、每一个字，最终都会直接或是间接影响到承包人的切身利益。看似平淡无奇的合同条款背后，常常隐藏的是各方各自的利益诉求和主张，以及履约过程中波谲云诡的变化和未来不确定事项发生时的惊雷。因此，作为承包人，对施工合同谈判重点关注条款的了解和掌握，不是意味着承包人要求在施工合同中全部按照对自己一方有利的表述来签订合同。如果承包人要求一份对自己有着完美利益诉求和保障的施工合同，那么往往承包人也就丧失掉了市场，因为没有发包人愿意签署这样的施工合同，尤其是在发包人还占据着绝对买方市场的整体环境背景之下。

所以，承包人提前重视和了解施工合同重点关注条款，也就意味着这些方面是承包人在施工履约过程中需要重点关注和把控的地方。如果在施工合同签订时，相关的条款不能修改，相关的表述不能调整，那么承包人就要提前意识到该处的风险，在履约过程中通过其他方式和方法去规避和化解。如果在施工合同签订时，相关的条款能够协商和争取，那么这对承包人就意味着提前锁定相应的利润和收益，项目的成功机率就会更大。因此，承包人在与发包人进行前期的合同谈判中，坚守底线之后抓大放小，据理力争之后舍近求远，表达诉求之后留下开口，这样的施工合同谈判，既是一门专业技术，更是一门综合艺术。

2022 年 9 月 7 日

3）无为亦是有为，谋定然而后动——EPC 项目商务管理实务

随着 EPC 项目的全面推广，施工企业对于 EPC 项目的商务管理出现了三种模式。

第一种模式是采取传统的商务管理方法，也就是施工企业完全依靠自身的商务管理团队和专业力量去管理和实施，与外界相关造价咨询机构很少接触和合作。对于中大型国有施工企业，由于自身的专业实力使然，以及对于工程项目商务成本的保密等需要，往往采取这种传统的商务管理方法。

第二种模式是采取甩手的商务管理方法，也就是施工企业将整个 EPC 项目的商务管理工作，全部委托给第三方造价咨询机构进行管理和实施。这也是学习房地产行业的管理模式，施工企业变成了管理者，把具体的商务工作交给造价咨询机构，由造价咨询机构进行全过程的造价咨询服务。对于部分中小型施工企业，以及有能力承接到大型 EPC 项目并采取内部承包模式实施的实际施工人，由于缺乏成熟的商务团队和专业人才，往往就采取这种全权外部委托的方式进行项目商务管理的实施。

第三种模式是采取合作的商务管理方法，也就是施工企业负责整个项目的商务管理和内部成本控制，第三方造价咨询机构负责具体专业性较强环节的工作，比如施工图预算办理、项目结算办理、过程顾问服务等。对于中大型民营施工企业，以及部分敢于突破、勇于创新的国有施工企业或者项目部，也开始尝试采取和外部专业造价咨询机构合作的商务管理方式。

EPC 项目的商务管理特点非常明显：专业多、体量大、时间紧、任务重、造价高。作为施工企业的商务工作者，既要站在甲方的视角，进行设计施工统筹协调管理；又要站在审计的视角，进行对外的施工图预算和结算办理；还要站在内部成本的视角，进行对内的成本控制和分包管理；更要站在企业管理的视角，进行经验的总结、流程的提炼、人才的培养、方法的沉淀等。

而这些工作，如果全部依靠商务管理团队自身的力量去实施，这就要求商务管理者需要具备专业技术能力、管理协调能力、细节执行落实能力。具备全面商务管理综合能力的商务人才，不仅仅是很多施工企业急缺的，在整个建筑行业都是非常匮乏的。所以，EPC 项目对商务管理人才高度综合能力的要求，与实际行业中商务人才能力的局部专业化，成为了当下的一个主要矛盾。

因此，通过实践我们会发现这样一种情况：对于 EPC 项目，采取传统的商务管理方法和甩手的商务管理方法实施的项目，一般最终结果都是不尽如人意。而采取合作的商务管理方法的项目，专业造价咨询机构与施工企业如果合作搭档配合到位的，最终项目的结算效果往往会有所突破。

为什么会出现这种情况呢？这要回归到 EPC 项目管理的核心本质。从某种程度上讲，EPC 项目的成功实施是在于相关资源的有效组合和相互匹配。相关资源如果错配或者相互掣肘，哪怕某一个方面再强再专业，由于水桶的短板效益，EPC 项目最终很难获得一个好的结算效果。

这就决定了 EPC 项目的商务管理的核心是管理。管理的关键是知人善用，也就是识别人才、挖掘资源，并且在合适时候、合适的机会采取合适的方式，借助合适的人才和对应的资源进行合适的落实执行。而不是把自己练就十八般武艺，样样精通，亲自去全部实施和对阵战场。一方面，样样精通需要很长时间，另一方面，十八武艺需要大量实战场景的锤炼。等到商务人员自己全部练就成功，EPC 项目多半已经实施到尾声，这个时候商务管理过程中该交的高额学费已经交纳，既成的不利局面和事实已经发生，后续再来改变，已是回天无力。

就如笔者在 2018 年协助某施工企业参加局商务创效比赛时曾经做的工作总结：

造价笔记 286

领导层的战略正确，执行层的鞠躬尽瘁，员工层的事必躬亲，才是团队的核心竞争力

中学时代，我们读出师表和看三国演义，诸葛亮在我们的心中，宛如神明一样的存在。我们一方面对诸葛亮的料事如神和各种才华佩服得五体投地，我们另一方面对诸葛亮的鞠躬尽瘁死而后已的情操更是倾佩不已。

虽然崇拜，但是在自我年幼的心中也隐隐约约有这样一个疑问：为什么诸葛亮如此厉害，最终蜀汉仍旧是失败了呢？而且是在三国鼎立中先于吴国第一个被淘汰出局的。

经历生活的洗礼和工作的历练，我才慢慢开始悟出背后的缘由。个人的优秀并不一定代表着组织的强大，就如田忌赛马一样，组织当中的不同的人只有处于合适的位置，发挥各自优势的力量，相互配合才能取得组织之间比拼的最终胜利。

刘备在的时候，刘备在组织当中发挥的作用是解决方向的定位、人才的选拔、梯队的建设、文化的塑造等战略方向的问题，诸葛亮则凭借自己天才的能力，把具体的战术执行发挥到极致，所以才有了蜀汉初期收二川、排八阵、取西蜀、东和北据、火烧赤壁等蒸蒸日上的良好局面。

刘备离开后，诸葛亮成为事实上的领导者。但是在这个时候，当外在角色和定位发生了变化时，诸葛亮的做事风格没有跟着转变，仍旧是事必躬亲和鞠躬尽瘁。既然诸葛亮事事亲历亲为，那么组织当中的其他人就根本不需要思考，只需要根据他的命令执行就可以了。因此，刘备离开后蜀汉基本上就很难有新的优秀人才出现和成长，整个组织也就失去了战斗力。

就如司马懿一阵见血的指出，诸葛亮事必躬亲不能调动文臣武将的积极性，不利于锻炼他们的能力，导致下属们独立作战能力非常弱，同时这样更会严重透支和伤害自己的身体。所以司马懿只需要稳坐钓鱼台，守住自己的阵地和局势，耗尽诸葛亮的精力就可以了。

所以诸葛亮是一个好的管理者，是我们在职业成长的道路上，在职业操守树立和职业道德培养方面和在工作执行落实方面，值得学习的榜样。但是从企业发展的角度，诸葛亮却不是一个优秀的企业家，因为诸葛亮最终是燃烧了自己，成就了个人，最后却由于团队和人才的匮乏，输掉了蜀汉，丢掉了市场，失去了全部。

因此，企业之间的竞争，组织之间的比拼，不取决于一人之力，而是取决于团队的合力。领导层的战略正确加适当放手，执行层的鞠躬尽瘁，员工层的事必躬亲，这才是团队制胜的关键。

2018 年 10 月 20 日

同样的道理，对于 EPC 项目商务管理，如果我们“闭关锁国”全靠自身力量进行商务管理的方式，是很难取得成功的。中国改革开放四十多年带来的巨大发展和变化，就是最好的佐证和体现。当初大家也在担心狼来了，担心市场竞争和制度突破，就如现在很多中大型国有施工企业担心如果引进专业造价咨询机构进行合作，会导致内部成本和内部数据的外泄造成商务风险。

对于EPC项目商务管理，我们如果采取全面市场化的方式，全权委托给专业造价咨询机构，这也是很难持久的。新冠疫情就像一把照妖镜，把纯市场化的经济管理模式下的种种状况和弊端，照射得淋漓尽致。

所以，对于EPC项目我们需要结合自身和项目的实际情况，既不闭关锁国，又不放任不管。我们一方面要组建自身的管理团队和专业力量，另一方面去市场寻找和发掘，各个专业、各个方面的人才、机构或者资源。在此基础之上，我们通过一定的市场化机制进行组合、匹配或者合作，最终能取得EPC项目上的成功。

在整个过程中最关键的是商务管理者要主动褪却自己的专业色彩和技术执念，去承接、吸收、包容、转化他人的专业和长处——这也就是先无为，然后才能有为。接着才是商务管理者通过管理和整体的视角进行谋略布局，对各种人才、机构和力量，以及内部团队和自身情况等，进行排兵布阵，组合搭配，冲锋陷阵，决战沙场——这就是谋定然而后动。就如商务管理者在一个项目开始时进行的商务策划，要跳出造价本身的专业限制，运筹帷幄于项目开始之时，决胜于项目结算之际，就是如此的道理，这也是越来越多的施工企业开始重视商务策划的缘故。具体工程项目商务策划思路如图2.42所示。

2021年12月14日

4）小胜在于对细节的坚持，大胜在于对趋势的掌控——EPC项目施工图预算清单编制十大常见问题解析

随着建筑行业的发展，市场企业战略清单计价承包模式与EPC项目清单计价模式，逐渐成为当下的两种主流计价方式。市场战略清单计价主要应用在房地产项目，其底层逻辑是建立在纯市场化的市场清单加完整系统的施工合同计价规则约定的基础之上。EPC项目清单计价主要应用在基础设施、公共建筑、国有资金投资建设的项目等，其底层逻辑是建立在《建设工程工程量清单计价规范》（GB 50500—2013）以及定额计价体系加标准施工合同范本的基础之上。

两种清单计价方式，其背后是不同的体系、不同的模式和不同的理念。在实务中，有些EPC项目是由施工企业根据设计施工图，编制施工图预算清单，报送至项目所在地的相关主管部门进行施工图预算审核。主管部门对施工图预算的审核结果作为EPC项目过程管控和项目结算的重要依据。

在单一的环境中工作久了，很容易被环境固化。施工企业长期从乙方的视角思考问题和开展工作，面对EPC项目的施工图预算清单编制，施工企业不经意间就会深深地烙上乙方的色彩，从而让EPC项目施工图预算清单编制，在项目过程管控和最终结算办理时，面临造价风险，导致很多原本应得的利润白白流失。因此，本文从不同的EPC项目施工

图 2.42　工程项目商务策划框架思维

图预算清单编制中，总结提炼常见的共性问题，抛砖引玉，为 EPC 项目的造价风险控制和利润创造提供一些工作思路和实践技巧。

问题 1：两个或者多个工程量清单之间，项目特征和工作内容的描述存在重合。

例如，如图 2.43 所示，楼承板清单中，项目特征包含“防火要求：耐火极限 1.0h（超薄型防火涂料）”，防火涂料清单中，项目特征注明钢构件喷刷防火涂料，耐火极限 1.0h。楼承板属于钢构件，楼承板清单和防火涂料清单之间的项目特征描述重合。虽然楼承板清单下的定额组价中，没有套取防火涂料相应定额子目，但是清单单价对应以项目特征描述为准，在结算时存在只按照楼承板的清单单价和对应工程量进行计算，防火涂料清单不再单独计量计价的风险。

010605001002	项	楼承板	[项目特征] 1. 钢材品种、规格：镀锌钢板，钢板双面镀锌量不小于275g/m2；钢材最小屈服强度≥300MPa 2. 钢板厚度：满足设计要求 3. 螺栓种类：满足设计及规范要求 4. 除锈要求：满足设计及规范要求 5. 防火要求：耐火极限1.0h（超薄型防火涂料） 6. 探伤要求：满足设计及规范要求 7. 运输距离：综合考虑 8. 其他：楼承板型号按照JGT368-2012表B.2中HB1-90选取 [工作内容] 1. 制作 2. 运输 3. 拼装 4. 安装 5. 探伤 6. 油漆
AF0054	定	自承式钢板楼板 安装	
011407005002	项	防火涂料	[项目特征] 1. 喷刷防火涂料构件：钢构件 2. 防火等级要求：耐火极限1.0h 3. 涂料品种、喷刷遍数：满足设计及规范要求 [工作内容] 1. 基层清理 2. 刷防护材料、油漆
LE0203	定	耐火极限1h以内 超薄型防火涂料	

图 2.43　某钢结构工程清单

问题 2：工程量清单项目特征和工作内容的描述，包含了设计施工图中没有要求、实际也不需要施工的部分内容。

例如，如图 2.44 所示，“混凝土挡墙墙身”清单，工作内容包含“抹灰、泄水孔制作、安装；滤水层铺筑；沉降缝”，而在该项目的设计施工图中，没有抹灰、泄水孔、滤水层、沉降缝的设计要求，上述内容实际也不需要施工。“混凝土挡墙墙身”清单工作内容进行了相应的描述，而施工图预算编制时该清单的定额组价中又没有包含上述内容，导致施工企业既没有计算上述工作内容的费用，结算时又会存在额外扣减上述工作内容对应的定额组价费用的双重损失。

040303015001	项	混凝土挡墙墙身	[项目特征] 1. 混凝土强度等级：商品混凝土C30 [工作内容] 1. 模板制作、安装、拆除 2. 混凝土拌和、运输、浇筑 3. 养护 4. 抹灰 5. 泄水孔制作、安装 6. 滤水层铺筑 7. 沉降缝
AE0069	定	扶壁式、悬臂式挡墙 现浇砼 商品砼	
AE0155	定	现浇混凝土模板 扶壁式、悬臂式挡墙	

图 2.44　某项目挡土墙清单图示

问题 3：工程量清单项目特征和工作内容的描述，使用了笼统的、模糊的语言。

例如，某项目“超挖毛石砼回填”清单，项目特征描述如下：

1. 混凝土种类：毛石混凝土 C20，

2. 其他：满足设计及相关规范要求，满足现场施工要求。

其中“满足设计及相关规范要求，满足现场施工要求”属于笼统、模糊的语言，把该清单实施过程中有关的责任全部囊括在施工企业自身责任范围之内。在项目的实施过程中，由于上述的表述已经把清单责任转移到施工企业，因此施工企业通过设计变更、工程索赔、签证收方等事项针对该清单进行的二次经营和创效工作，就会存在非常大的阻碍。

问题 4：工程量清单项目特征和工作内容的描述，过于细致和具体。

例如，某项目桩基声测管清单如表 2.3 所示。

表 2.3 桩基声测管清单

编码	类别	名称	项目特征	单位	工程量
010515010001	项	桩基声测管	1. 部位：桩基 2. 规格型号：ϕ50 × 3.5 mm 焊接钢管 3. 计算规则：按设计图示尺寸以声测管的长度计算，钢套管的相关费用纳入综合单价中，不单独计量 4. 具体做法及其他：详设计及规范要求	m^2	—

上述“桩基声测管”清单，项目特征中描述了声测管的具体规格型号为 ϕ50 × 3.5 焊接钢管。如果实际施工时使用的桩基声测管，与清单项目特征描述的该声测管型号不一致，就存在变更重新组价的风险。而 EPC 项目对于变更重新组价一般会有相应的造价下浮约定，这样会导致相应的造价风险发生。

需要特别注意的是，问题 3 和问题 4 属于实务当中的一体两面，有时候 EPC 项目的某些清单项目特征和工作内容需要具体描述，有时候某些清单项目特征和工作内容又需要笼统和模糊的描述。因势利导地理解，因地制宜地应用，这就是施工企业编制 EPC 项目施工图预算清单的关键。

问题 5：工程量清单项目采取大而全的综合考虑方式，没有根据型号或者类别分别单列清单。

例如，某项目机械连接清单如表 2.4 所示。

表 2.4 机械连接清单

编码	类别	名称	项目特征	单位	工程量
010516003002	项	机械连接	1. 连接方式：机械连接 2. 规格型号：综合考虑，满足设计要求	个	—

上述“机械连接”清单，没有根据具体的钢筋直径大小，单列不同的清单。这样会导致 EPC 项目在过程管控中，如果发生钢筋机械连接相关做法的设计变更，我们无法参考使用相同或者类似清单，而需要进行清单重新组价，导致相应的造价风险发生。

问题 6：措施费工程量清单采取计价软件默认的项目特征和工作内容描述，没有结合施工方案和具体实际情况进行相应的调整和修改。

例如，某项目大型机械进出场清单如表 2.5 所示。

表 2.5　大型机械进出场—履带式旋挖钻机清单

编码	类别	名称	项目特征	单位	工程量
011705001002	项	大型机械进出场—履带式旋挖钻机	[项目特征] 1. 机械设备名称：塔机 [工作内容] 1. 安拆费包括施工机械、设备在现场进行安装拆卸所需的人工、材料、机械和试转费用以及机械辅助设施的折旧、搭设、拆除等费用 2. 进出场费包括施工机械、设备整体或分体自停放地点运至施工现场或由一施工地点运至另一施工地点所发生的运输、装卸、辅助材料等费用 3. 垂直运输机械的固定装置、基础制作、安装 4. 行走式垂直运输机械轨道的铺设、拆除、摊销	台次	—

在使用计价软件编制施工图预算的措施清单时，软件会默认生成措施清单的项目特征和工作内容。由于软件是基于一般情况下的综合全面考虑，通常与实际措施费的施工要求不一致。上述“大型机械设备进出场－履带式旋挖钻机”清单中，工作内容当中表述的“垂直运输机械的固定装置、基础制作、安装；行走式垂直运输机械轨道的铺设、拆除、摊销”等措施内容，与清单本身完全不一致，需要根据该项目施工方案中的具体情况进行相应修改和调整，避免结算时造价风险发生。

问题 7：措施费是按项以总额计价还是按照清单以综合单价计价，没有结合施工合同的约定灵活处理。

例如，某 EPC 项目施工合同约定如下：

1.2　措施项目结算价

（1）施工组织措施费

……

（2）施工技术措施费

施工技术措施项目费中以项或总额计的按重庆市 ×× 区财政局评审并报重庆市 ××

区政府审定的金额结算，施工技术措施工程量清单项目按重庆市 ×× 区财政局评审并报重庆市 ×× 区政府审定的工程量清单综合单价乘以按《重庆市建设工程工程量计算规则》（CQJLGZ-2013）计算并经监理单位、跟审单位、招标人审核的合格工程量。

针对上述施工技术措施费的结算约定，对于施工技术措施费清单列项，当技术措施费在施工过程中无法准确计量时，应该按照总额对该技术措施清单列项。当技术措施费在施工过程中可以准确计量时，应该按照工程量清单综合单价形式对该技术措施清单列项。

问题 8：定额组价利润率较高的工程量清单项目，没有进行相应的分拆或者组合处理。

对于钢结构工程，按照定额组价一般利润均较高。如图 2.45 所示的“钢梁”清单，如果把相关工序和做法全部包含在“钢梁”一个清单中进行组价，“钢梁”清单的综合单价就会高达 1.3 万元 / 吨左右，而钢梁上述做法的市场价格也就在 1 万元 / 吨左右。这样就会带来直接的造价对比，这样上述施工图预算清单在相关部门进行评审时，很容易导致综合单价审减的风险。在这种情况下，可以把“钢梁”清单拆分为“钢梁”+“除锈”+“油漆”+“防火涂料”等四个清单，从形式上让“钢梁”清单的综合单价与钢梁的市场价格接近，降低相应的造价审减风险。

010604001001	项	钢梁	[项目特征] 1.梁类型:H型钢 2.钢材品种、规格:Q355B 3.单根质量:综合考虑 4.螺栓种类:满足设计及规范要求 5.安装高度:满足设计及要求 6.探伤要求:满足设计及规范要求 7.除锈要求:抛丸除锈，除锈等级Sa2.5 8.防火要求:无机富锌底漆2遍、环氧云铁漆、防火涂料、耐火极限1.5h，具体详见设计 9.运输距离:综合考虑 [工作内容] 1.制作 2.运输 3.拼装 4.安装 5.探伤 6.刷油漆	□	t	GCLMXHJ		810.364
AF0121	定	Ⅰ类构件汽车运输 1km以内			10t	QDL	0.1	81.0364
AF0041	定	自加工焊接钢梁 H型 制作			t	QDL	1	810.364
AF0043	定	钢梁 1.5t以内 安装			t	QDL	1	810.364
AF0119	定	金属除锈 抛丸除锈			t	QDL	1	810.364
LE0127	定	调和漆 二遍 其他金属面			t	QDL*1	1	810.364
LE0206	定	耐火极限1.5h以内 薄型防火涂料			10m2	QDL*1	0.1	81.0364
LE0140	定	防锈漆一遍 其他金属面			t	QDL*1	1	810.364

图 2.45 某钢结构工程钢梁清单

与此同时，对于卷材防水工程，按照定额组价一般利润均较高。但是由于卷材防水施工工序少，涉及的定额子目单一，在这种情况下就无法采取上述将一个清单拆解为多个清单，从形式上避免高利润定额组价项目的综合单价与市场价格直接对比的风险。这个时候我们可以反其道行之，把该高利润清单项人为组合到其他清单项目当中，如我们可以编制一个大而全的“地下室顶板”清单，该清单把地下室顶板建筑做法中的找平做法、防水做法、排水做法、保温做法、构造做法等全部一起考虑并进行综合组价，这样我们就可以把卷材防水、排水板、保温板等高利润定额组价项目，通过另外一种方式规避了其单项综合单价与市场价格的直接比对，降低了造价审减风险。

问题 9：措施费清单考虑不齐全。

例如，某 EPC 项目关于结算条款的约定如下：

3）工程建安费＝财政评审中心下浮后审定金额 ×（1− 中标费率）+ 合同外新增项目（措施）费用。施工过程采用造价咨询单位（经审计部门认可的）全过程跟踪审计。施工图预算内措施费包干使用。

该 EPC 项目明确约定施工图预算内措施费包干使用。如果在施工图预算编制阶段，现场技术人员没有和造价人员进行深度配合，导致施工措施考虑不齐全，造成措施费漏项、缺项、计算不完整等，由此导致的造价损失在后期就无法通过过程管理和二次经营进行弥补。

问题 10：相关税费考虑不齐全。

在 EPC 项目施工图预算清单编制过程中，对于附加税金的具体计取费率，对环境保护税的计取，对相关材料进项税金的扣除比例等，造价人员和财务人员需要全力配合，先从财务的口径进行详细测算，再转换为造价口径的工程造价，在施工图预算清单编制中准确计入。如果在施工图预算清单编制阶段对涉及税费相关的费用计算不准确、不齐全或者没有计入，由于 EPC 项目合同一般约定以施工图预算清单评审价格下浮一定比例作为包干总价，就会导致上述费用无法进入结算的造价损失风险。

对于 EPC 项目，由于施工企业有更多的主动参与权，在施工图预算清单编制阶段，就需要充分的利用这种主动优势，从后续二次经营和结算办理的角度反向思考，进行相应的工作开展。施工企业编制 EPC 项目施工图预算清单时，切忌避免套模板、借用建设单位和审核单位的甲方视角的清单标准样式，而是需要结合 EPC 项目的具体合同条款和实际情况，进行创新性的思考，这样的 EPC 项目造价商务工作才能真正地出彩。

2021 年 11 月 4 日

5）EPC 项目施工图预算评审报告的应用实务技巧

EPC 项目有两种常见的计价方式。

第一种方式是施工总承包合同约定执行项目所在地定额文件，按照造价信息调差，设计施工图完成后编制施工图预算进行财政评审，按照财政评审结果进行一定下浮后对该 EPC 项目进行总价包干。施工过程中发生的设计变更在一定范围内不予计价，超过施工总承包合同约定范围的部分才能进行计价。

第二种方式是施工总承包合同约定执行项目所在地定额文件，按照造价信息调差，设计施工图完成后编制施工图预算进行财政评审，按照财政评审的综合单价进行一定下浮后对该 EPC 项目进行单价包干，结算时工程量按实计算。有些施工总承包合同约定设计变更可以按实计价，有些施工总承包合同约定非承包人原因的设计变更才能按实计价。

一般情况下，施工总承包合同都会约定，结算价款不能超过该项目的概算审批金额。如果该项目结算金额超过概算审批金额，则以概算审批金额作为结算金额，这就是我们常说的 EPC 项目结算双控。但是有些施工总承包合同在结算条款中也会特别注明，如果是非承包人的原因导致的结算金额超过概算审批金额，超过概算审批金额的部分也需要按实结算。

所以，对于 EPC 项目，施工图预算的财政评审非常关键。一方面，承包人要特别重视并积极主动地参与财政评审过程，进行专业沟通交流，主动反馈意见；另一方面，承包人也要重视在施工过程中对施工图预算财政评审的结果进行有效的应用，指导项目施工和管理的同时，规避相关风险，为后期结算办理的效益最大化打下坚实的基础。

施工图预算评审报告一般包含预算审核报告正文、具体计价文件、过程往来函件回复、相关图纸答疑回复、造价指标分析、对应设计施工图等文件，对于施工图预算评审报告的应用，主要从如下几个方面进行。

①落实施工图预算对应的设计施工图版本。一般情况下，施工图预算评审单位在最终的评审结果中会进行注明，有时会把相应设计施工图刻录到对应成果文件光盘中。如果施工图预算评审报告没有说明并且没有刻盘，那需要积极落实和争取相关单位出具情况说明。施工图预算评审报告对应设计施工图版本的匹配与清晰确定，是工程项目管理过程中施工要求、设计变更、单价调整、措施增加等技术生产和商务活动的基础。

②详细梳理施工图预算评审报告对应的范围。在预算评审报告中对于范围的描述来自两处：一处来自预算评审报告正文中对审核范围的明确说明，一处来自过程往来函件回复、相关图纸答疑回复中相关内容的表述。在实际施工过程中，对于设计施工图中有表述或者施工总承包合同有约定的内容，但是施工图预算评审报告范围不包含的工程内容，需要发包人单独下发施工指令，同时最好采取签订补充协议的方式进行相关内容明确，避免结算审核风险。

③详细梳理施工图预算评审报告中对设计施工图和相关做法的变更调整。有时候设计施工图和相关图集规范以及政策文件中对某些做法有明确的要求，但是施工图预算评审单位基于项目实施经验或者其他原因，单方面认为施工过程中承包人不会按照设计施工图和规范要求进行施工，因此在施工图预算评审报告中调整了设计施工图和相关做法之后进行计价。例如，设计施工图中要求砌体工程中设置通长钢筋，而预算评审报告根据实施经验未按照设计要求计算通长钢筋，只是考虑了砌体加筋。例如，施工规范要求梁双层或者多层钢筋之间设置梁垫铁，而预算评审报告根据实施经验未按照规范要求计算梁垫铁。例如根据项目所在地政策文件要求，砂浆应该采用预拌商品砂浆，而预算评审报告按照现拌砂浆进行组价考虑。

对于施工图预算评审报告中对设计施工图和相关做法的调整，承包人在施工过程中需要以图纸会审或者其他方式，向发包人和监理单位书面提出，由发包人和监理单位明确本项目的具体做法。如果发包人和监理单位明确的做法与施工图预算评审结果一致，由此导致的相关质量和验收风险则由发包人承担。如果发包人和监理单位明确的做法与设计施工图和相关规范政策文件要求等一致，那承包人可以向发包人争取相应综合单价调整、重新组价或者该部分工程量按实计算。

④详细梳理施工图预算评审报告对设计施工图中未明确部分的暂定处理方式。有时

设计施工图对某些内容未具体明确或者具体施工方式等需要在施工过程中根据实际情况明确，这个时候施工图预算评审单位有时会结合以往项目经验暂定一个处理方式。例如，某设计施工图未明确旋挖桩声测管布置的数量和型号，施工图预算评审报告中对声测管数量和型号进行了暂定和相应组价。例如，对于旋挖桩工程，施工图预算评审报告中对旋挖成孔暂时按照干法成孔的方式进行暂定和相应组价，旋挖机械设备暂时按照 1 台计算进出场费用。

对于施工图预算评审报告中暂定处理的内容，在施工过程中实际情况如果与施工图预算评审报告暂定的一致，则结算时按照施工图预算评审报告进行编制，实际施工情况如果与施工图预算评审报告暂定的不一致，而且是非承包人的原因，那么承包人在施工过程中可以向发包人争取相应综合单价调整、重新组价或者该部分工程量按实计算。

⑤详细对施工图预算评审报告中的清单及组价从专业角度进行全面梳理，并结合实际施工情况进行相应分析，形成相应的清单分析结果文件，用于指导工程项目的具体实施和管理。该清单分析结果文件需要包含如下几个部分：

a. 类似清单调整部分。例如施工过程中清单主材型号发生了变化，如玻璃窗型材由普通铝型材调整了断桥铝型材。例如材质要求发生了变化，如混凝土由普通混凝土变成了抗渗混凝土等，该部分在结算时按施工图预算评审报告中类似清单进行调整。

b. 清单重新组价部分。例如施工图预算评审报告中本身存在清单漏项，施工过程中涉及甲方指令调整做法或者增加做法，或者非承包人原因导致施工做法变化和施工工艺调整，施工过程中的签证收方和其他事项等导致清单项目特征变化和增加做法等，且预算清单中无类似清单的，该部分在结算时按合同约定组价。

c. 原有清单少算漏算或者考虑不足的部分。施工图预算评审报告中的部分清单，本身可能存在定额组价不足、相关系数未调整、相关费用少算漏算等情况，虽然根据总承包施工合同约定，以施工图预算评审单价综合单价包干，结算单价不做调整，但是作为承包人也可以系统的梳理出施工图预算评审报告中综合单价少算漏算或者考虑不足的部分，向发包人进行反馈和沟通。虽然不一定能争取到该部分费用，但是至少可以把自身的损失和相关事项摆在明面，去争取发包人在项目施工管理过程中的其他间接支持和帮助等。

对于梳理出的上述结果，涉及类似清单调整和清单新组价部分的，建议承包人在施工过程中分批次或者有节奏地向跟踪审计或原施工图预算评审单位申报相应的单价调整和新组价审核文件。承包人应该在施工过程中完善相关手续和解决相关的争议问题，而不能等到结算办理时一并处理。一方面，有些总承包施工合同中明确要求新组价和清单单价调整在施工过程中承包人要报发包人和相关单位审核，如果该程序未完成就不能进行相应的结算办理。另一方面，在结算编制时承包人再进行该项工作，工作量大的同时各种事项交织到一起，严重影响承包人结算编制的质量和后续结算对审的进度，对项目进度非常不利。

⑥详细对施工图预算评审报告中涉及需要现场办理收方和签证的内容进行梳理。

例如，施工图预算评审报告中某些工程量为 1 的清单项，如某预算评审报告清单中有土石方增减 1 公里运距的清单，清单工程量为 1。例如，施工图预算评审报告和土石方清单项目特征中描述，土石比按照 8 ： 2 考虑。例如，施工图预算评审报告中设置了满堂钢管支撑架措施费清单，按照体积 m^3 计量。例如，施工图预算评审报告中，对于旋挖桩土石方深度暂时按照地勘报告情况进行列项计量。

针对上述情况，承包人需要从结算的角度详细梳理出施工图预算评审报告中需要办理现场收方和签证的内容清单明细，在施工过程中跟随施工进度逐一完善相关资料。

⑦详细对施工图预算评审报告中涉及需要办理材料核价的材料清单以及需要材料调差的材料明细和工程量等进行梳理统计。

某些项目施工图预算评审报告中对某些材料的价格进行暂定，或者某些项目在施工过程中由于发包人的指令导致材料品牌和档次发生变化，或者由于非承包人的原因导致材料材质和型号等发生了变化而造价信息中又没有相关的价格，这些情形导致施工过程中需要对大量的材料进行市场核价。这个时候需要承包人提前梳理，提前根据施工进度分批次的进行相关材料价格的市场询价和核价工作。

与此同时，涉及需要调差的材料，承包人需要提前梳理对应的调差材料清单、调差工程量、调差过程资料办理要求等，跟随施工进展情况及时完善材料调差的过程资料。

在 EPC 项目的实务中，承包人往往非常重视施工图预算的评审工作，对于施工图预算的编制、评审结果等高度关注，并且为之投入巨大的人力物力去跟进和落实，但是对于施工图预算评审完成后的成果文件的系统梳理分析和应用落实等，却经常忽略或者不屑一顾。承包人经常是收到施工图预算评审报告之后，看到预算评审结果还不错，就暗自窃喜之后束之高阁，仍旧按照传统的工程项目管理模式我行我素。承包人只有等到后期结算办理或结算对审时详细深入到预算评审报告之中，才发现其中有如此多的漏洞和风险，有如此多的过程资料需要完善否则相关费用不能计算或被审减，而这个时候再亡羊补牢，为之晚矣。

起了一个大早，赶了一个晚集。这是当下很多 EPC 项目承包人的经营管理现状。打铁还需自身硬，效益还需靠经营，做到真正的系统化、落实化和精细化。这是 EPC 项目对承包人提出的现实要求和管理挑战。

2023 年 5 月 24 日

6）实践出真知——EPC 模式下商务技术融合创效实务

EPC 模式逐渐成为工程领域的潮流，在实务中从商务角度，EPC 可以分为六种计价模式，分别是固定总价包干模式、每平米单价包干模式、费率上下浮模式、预算定额或者概算定额计价模式、国标清单或者模拟清单计价模式、概算和结算审核的双控模式。

万变不离其宗，再复杂的事物都有其基本的运行道理。此处以工程项目当中最普通和常见，甚至有点微不足道的止水钢板作为典型案例，从技术和商务相融合的视角，对 EPC 模式下进行项目创效的思考问题的方式、解析问题的角度、相互配合的方法，进行归纳和总结。当然归纳和总结只是基础，更多的是希望同行们在此基础之上以点代面的演绎和应用。

【基本概念】

止水钢板，是指由于施工工艺或者构造要求需要，将某构件混凝土分两次分别浇筑，在两次混凝土浇筑的交接处埋设止水钢板，防止构件混凝土渗水。混凝土构件需要提前埋设止水钢板有两个前提：混凝土分两次浇筑，构件本身直接与自然环境或者处于有水空间而有防水抗渗的功能要求。因此，如果构件没有防水抗渗的要求，就算该构件实际分两次或者多次浇筑混凝土，也不需要埋设止水钢板。

在工程项目中，止水钢板主要使用在如下区域：

（1）挡土墙、消防水池、电梯基坑水平施工缝处

挡土墙和电梯基坑直接与自然土壤接触，消防水池处于有水环境，同时在实际施工过程中，我们先将底板混凝土和与底板直接相连 H 高度范围内的墙体混凝土浇筑，接着再浇筑墙体混凝土，在两者之间埋设止水钢板（见图 2.46）。

（2）后浇带处

设计施工图要求设置后浇带，而且后浇带与自然环境直接接触时，在后浇带的位置需要设置止水钢板（见图 2.47），在挡墙后浇带、车库顶板后浇带、屋面后浇带等需要设置止水钢板。如果是处于中间楼面或者地面的后浇带，由于不直接与自然环境接触，就不需要设置止水钢板。

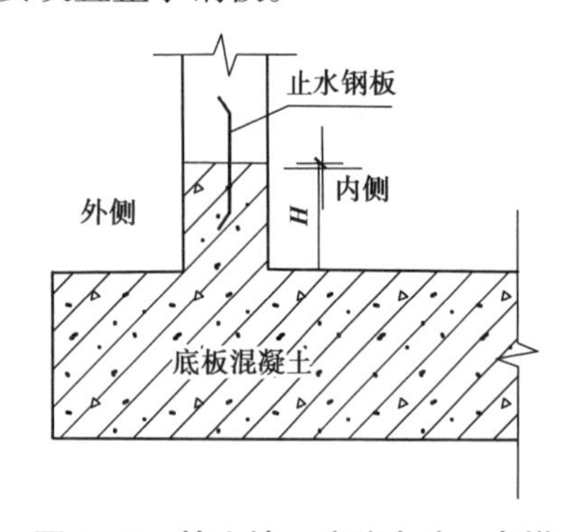

图 2.46　挡土墙、消防水池、电梯基坑施工缝止水钢板设置示意图

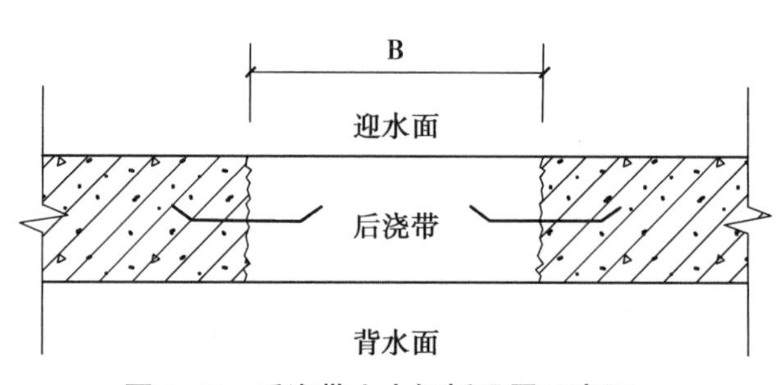

图 2.47　后浇带止水钢板设置示意图

【算量要求】

止水钢板按照长度以“m”或者按照质量以“t”进行计量计价，止水钢板一般采用手工计算，长度计算公式为：挡土墙、消防水池、电梯基坑的墙体长度 + 2 × 后浇带的长度。

【商技融合】

在对止水钢板进行正常算量计价之外，从技术和商务相结合创效的视角，需要结合项目实际情况综合考虑如下情形。

（1）止水钢板的搭接长度

加工制作完成的止水钢板一般是 3 ～ 6 m 长，在现场安装时，两段止水钢板需要搭接一定长度 L_1 后进行焊接，形成一个整体（见图 2.48）。

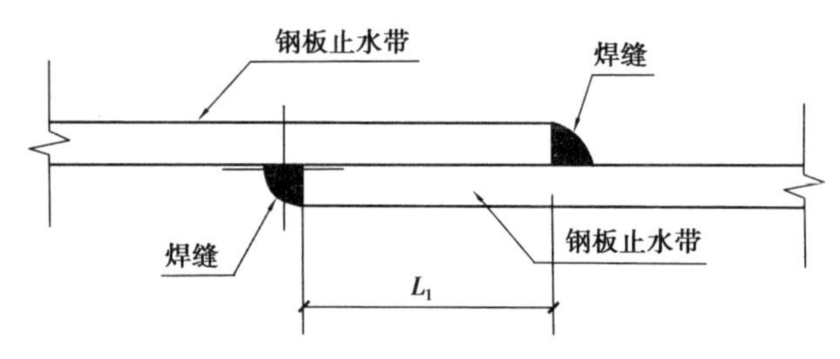

图 2.48 钢板止水带焊接接头示意图

假定止水钢板每段的长度为 3 m，首先根据设计施工图，筛选出连续水平或者垂直长度大于 3m 的钢板止水带布置区间，假定某区间长度为 W，则止水钢板增加的搭接长度工程量计算公式为：Roundup（W/3−1，0）×L_1（Roundup 为 excel 中向上取整函数）。

在止水钢板的搭接处需要现场焊接，如果通过分析定额计价文件中没有考虑焊接费用，可以争取通过现场按实收方后办理签证的方式计算相应的焊接费用。

（2）止水钢板的定位钢筋

止水钢板安装时，需要在其两侧采用定位钢筋焊接固定，具体如图 2.49 所示。定位钢筋一端焊接在止水钢板上，另一段焊接在竖向挡土墙等竖向构件的水平、竖向主筋上，或者是板、柱、梁的主筋上。定位钢筋在止水钢板两侧对称布置，具体型号和布置间距按照施工方案要求执行。

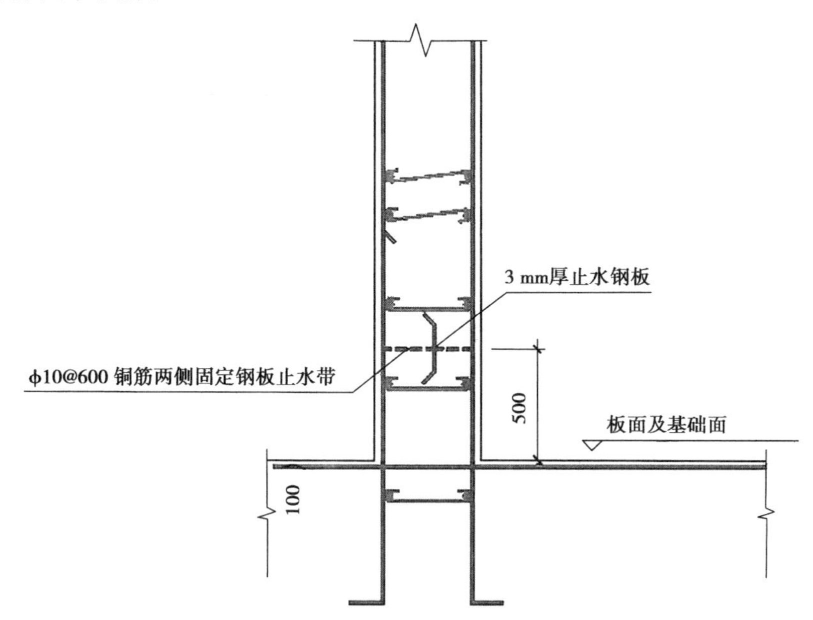

图 2.49 钢板止水带定位筋设置示意图

有的地方在定额中直接约定了定位钢筋的计量计价方式，例如在湖南省 2014 定额对止水钢板定位钢筋计量计价规定如下：

砼墙及地下室中钢板止水带按第六章钢结构工程中的小型构件制作安装项目执行。钢板止水带支架，有设计图者按设计施工图计算；无设计者按长 150 mm、间距 300 mm 的Φ6 钢筋计算，并入钢板止水带工程量内

当施工合同中标清单和当地定额对止水钢板的计量计价没有规定时，可以参考施工方案说明计算止水钢板定位钢筋工程量，综合单价执行零星钢筋的中标清单单价或者按照定额文件中的现浇钢筋定额子目进行重新组价。

定位钢筋的数量计算公式为：Roundup（止水钢板长度 / 定位钢筋布置间距，0）+1。

每根定位钢筋的长度计算公式为：竖向构件宽度（水平构件厚度）–2 × 保护层厚度 –2 × 主筋直径 – 止水钢板厚度。

（3）挡土墙拉筋、柱箍筋加设

一般情况下，挡土墙、柱拉筋间距小于止水钢板的宽度，因此中间有一道拉筋、箍筋穿过止水钢板。现场施工时，将止水钢板接缝焊接完成后，将穿过止水钢板的挡土墙拉筋、柱箍筋处将拉筋、箍筋切断，然后焊接在止水钢板上，并在其拉筋、箍筋切断位置处加设一道拉筋和箍筋，作为拉筋和箍筋的补强钢筋。具体做法如图 2.50 所示。

因此，在计量计价时，挡土墙和柱处增加的构造钢筋如下：增加拉筋和箍筋在止水钢板上的焊接长度；在止水钢板高度范围内，增加布置一道墙拉筋和柱箍筋。

图 2.50　钢板止水带穿柱箍筋构造示意图

（4）现场措施增加止水钢板

在工程项目中，如果塔吊布置在车库区域或者需要预留施工洞口，这种情况下，在车库顶板塔吊区域和预留洞口区域的混凝土就需要二次浇筑。由于该处又与自然环境直接接触，因此需要增加埋设止水钢板，止水钢板的长度为该区域的周长。具体如图 2.51、图 2.52 所示。

图 2.51 预留洞口止水钢板布置示意图

图 2.52 塔吊穿越车库顶板止水钢板布置示意图

(5) 墙体止水钢板引发的混凝土等级变化

挡土墙、消防水池、电梯基坑水平施工缝处由于埋设止水钢板，因此止水钢板下部墙体混凝土和底板混凝土采用相同等级的混凝土同时浇筑，当设计施工图中底板和墙体混凝土等级不一致时，会引发混凝土等级变化带来的造价影响。

如图 2.53 所示，当设计施工图要求的底板混凝土等级 C1 大于墙体混凝土等级 C2 时，在实际施工过程中，止水钢板下部墙体混凝土会采取与底板混凝土等级一致的 C1 等级，因此需要计算该部分的造价差异：止水钢板下部墙体混凝土工程量 ×（C1 等级混凝土价格 – C2 等级混凝土价格）。

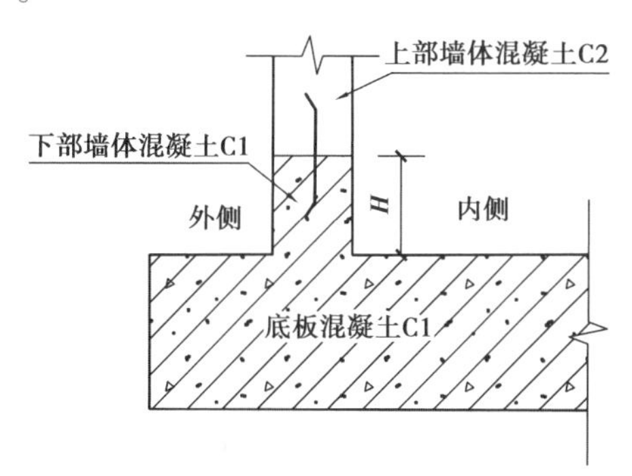

图 2.53 墙体止水钢板引发混凝土等级变化示意图

如果设计施工图要求的底板混凝土等级 C1 小于墙体混凝土等级 C2，在这种情况下，止水钢板下部墙体混凝土就不能采用同底板混凝土相同的 C1，具体的节点处理和混凝土等级的选用，需要由设计单位明确后进行施工。

(6) 止水钢板型号的变化

一般情况下，止水钢板采用的型号是 300 mm（宽度）× 3 mm（厚度），在清单计价的模式下，如果设计施工图表述的止水钢板型号与清单项目特征中描述的不一致，可以进行清单单价调整或者重新组价。在定额计价的模式下，如果设计施工图表述的止水钢板型号与定额默认考虑的不一致，需要进行相应的耗量或者系数调整。

【实务技巧】

从造价商务的角度，对于止水钢板的搭接长度、定位钢筋、拉筋和箍筋加设、预留孔洞、混凝土等级变化等，最优的处理方式是在图纸会审时提出和进行明确，其次才是在施工方案中进行阐述。塔吊穿越车库顶板的做法，一般是在塔吊专项施工方案中进行详细阐述。

2021 年 9 月 16 日

7）从体系看待事物，而非某一个点——工程函件编写实务

近日，我们团队为某施工企业提供了某项目的索赔咨询服务，该项目十数项具体索赔事项相加，索赔金额达数千万。我们在对该项目的过程资料，特别是对往来函件的整理和分析过程中，发现往来函件存在如下突出的问题：用语比较随意、表达不够严谨、相关事项描述不清晰、相关表达不聚焦、相关签收发记录不全面、相关事实和具体责任认定不具体……由此导致施工企业在向甲方的工程索赔过程中，相关数据和支撑严重不足，甚至有时是一件从合同约定和事实上都应该得到索赔的事项，却由于自身函件的表述失误，导致施工企业反而处于被动局面。

为什么会出现这种问题呢？主要是工程项目管理的过程中，我们施工企业经办人员对于函件的办理，更多的只是停留在某一个点上，为了发函件而发函件，没有从一个体系上来看待工程往来函件。所以导致函件的往来过程中问题重重，漏洞百出。

从体系的角度，我们编写一份工程函件，需要经历六个阶段，分别是事实梳理阶段、函件编写阶段、函件自检阶段、函件内审阶段、函件送达阶段、函件回复阶段。

（1）事实梳理阶段

事实，是所有问题提出和解决的根本出发点。实事求是地对事情进行了解和梳理，这是工程函件实务的基础。参照《工程项目利润创造与造价风险控制——全过程项目创效典型案例实务》一书“第 4 章　经济资料创效与实务”中索赔报告编写的实务技巧关于还原客观事实的阐述，我们对于工程函件涉及的具体事实，可以划分为四个维度：

①事件本身的事实。

②事件直接相对方的具体行为事实。

③事件我方的具体行为事实。

④事件第三方的具体行为事实。

对于事实的梳理，我们一般按照事件发生的先后顺序，从四个维度去梳理客观发生的事实，每个事实需要明确时间、人物、地点、起因、经过、结果等六个方面的要素。

对于事实梳理的结果，我们可以采用 WORD 文档或者 EXCELL 表格，将梳理的基本事实按照时间顺序进行罗列。具体方法和表现形式可以参考崔煜民律师在微信公众号《天

同诉讼圈》编写的“办案法宝！用好你手中的案件大事记丨办案手记”一文。

（2）函件编写阶段

有了事实的梳理，也就如同巧妇有了新米一样，才能开始进行美味佳肴的制作。对于工程函件编写，我们又要分为四个小的步骤。

第一步，明确函件需要解决的问题和达到的目的

在工程实务中，常见的有如下 8 种函件类型：

①通知或者告知对方型函件（例如：司法鉴定初步结果需要对方反馈意见，相关处罚通知单）。

②需要对方明确相关事项和原则型函件（例如：需要甲方明确结算原则或者争议处理方式）。

③请求型函件（例如：请求付款）。

④补充资料型函件（例如：需要对方提供结算补充资料）。

⑤协助和催促型函件（例如：需要甲方协助处理某事情，催促甲方办理某事项、回复某请求、进行某指令和行为动作）。

⑥说明解释澄清型函件（例如：对某事项进行说明或者解释）。

⑦汇报请示型函件（例如：向主管部门和领导汇报工作进展、请示某件事情如何处理）。

⑧专业成果型函件（例如：咨询报告、鉴定意见书、结算编制报告等）。

第二步，提取需要的事实

结合函件的类型和解决的问题，从梳理的基础事实当中提取所需要的事实，组合成一个闭环的专业事实或者书面事实。

第三步，论证分析推理

以专业事实为基础，进行相关的分析、推理、论证和解读，得出一些相应的结论和看法；或者剖析面临的困境；或者指出工作推进的具体问题和症结所在。

第四步，提出相关诉求

在专业事实和论证分析基础上，提出具体诉求，该诉求需要清晰明确。

（3）函件自检阶段

函件初步编写完成后，先要由编写人员进行自我检查，主要分为如下六个步骤对常见问题进行检查。

第一步，字的检查

逐字检查是否有错别字。

第二步，词语的检查

主要注意如下的事项：用词是否准确；用词是否专业，是否有非专业词语；是否使用书面词语；是否有口语化的词语；词语的性质是否与该函件的具体目的、语境协调统一；

是否存在一些特殊情况需要注意的用词忌讳等。

第三步，语句的检查

主要注意如下的事项：语句是否有成分的残缺，比如缺少主语、宾语，缺少动词，导致阅读不舒适，或者理解歧义等；语句中的词语位置摆放是否准确，是否能突出要强调的事物、观点和想法等；相关的成分是否搭配合理，是否存在搭配不当导致理解有歧义或者阅读有瑕疵；语句当中是否有赘余的成分，给人臃肿繁琐的感觉，让对方不能快速抓到重点；是否存在几件事情在一句话中杂糅的表达，导致理解困难或者表达存在歧义等。

第四步，标点符号的检查

主要注意如下的事项：是否存在文字、表格、标点符号等内容输入法不一致导致的视觉差异；括号后面不再使用其他符号；工程名称可以使用双引号；来自其他文件的表述或者对其他内容的更正使用双引号；整个文档段落末尾采用句号或者分号需要统一；逗号，句号与分号的使用是否准确；数字做序号后应该使用圆点；在标示发文年号时使用括号是否规范；附件名称后不使用标点符号；二级或者多级标题下不使用标点符号；句内括号行文末尾通常不用标点符号；表示数值和起止年限连接符号的使用；多个书名号和引号之间的分隔等。

第五步，表达方式自查

主要注意如下的事项：函件内部相关表达是否一致；函件外部、函件之间的相关表达是否一致；与自己利益相关的表达是否具体；暂时不能完全确定和把握的地方，表达是否模糊，是否留有余地；自己的失误和相关风险，是否进行了一些责任规避和努力弥补的阐述。

第六步，排版效果自查

主要注意如下的事项：分段是否清晰明确；是否有相应的标题和目录；字体是否符合对方要求，是否规范统一；是否设置合适的页码、页眉、页脚；是否设置封面；图片的插入、表格的调整等是否美观和协调等。

（4）函件内审阶段

在函件编写人员完成自我检查之后，接下来可以提交给主管领导进行内审，内审又包含如下四个步骤：

第一步，内审准备阶段

函件编写人员先简要梳理函件的背景、事实、解决的问题等信息，形成一份文档，将该文档和函件初稿一起提前发给主管领导，并和主管领导预约交流解释时间。

第二步，交流复核阶段

函件编写人员与主管领导面对面交流解释该函件。简单的函件主管领导可以当场给出反馈和修改意见，复杂的函件主管领导在一定时间后给出反馈和修改意见，特别复杂和重要的函件，可以组织公司内部专业人员和相关领导一起研究审核后提出反馈和修改意见。

第三步，修改定稿阶段

函件编写人员修改后再提交主管领导复核确认，按照公司内部管理流程完成审批手续后，制作正式盖章版函件。（特别注意：要多制作一份正式盖章版本的函件留存。）

（5）函件送达阶段

正式盖章版函件制作完毕后，我们需要根据合同约定，采取有效的送达方式送给相对方。常见的有两种送达方式：第一种方式是当面送达，并做好函件签收记录；第二种方式是快递送达，最好选择邮政快递，保留好相应的快递签收记录。

（6）函件回复阶段

函件送达对方后，我们需要及时跟进对方的反馈。如果对方没有反馈回复，我们可以间隔一段时间后及时催促对方反馈回复。如果对方仍旧不反馈回复，我们可以继续编写下一份函件进行催促，固定相关事实和证据。

对于对方的回复函件，原件应及时保存在公司资料室。经办人员扫描电子版本使用，并结合对方的回复函件开展下一步的相应工作。同时，函件经办人员对函件编制、发送、回复等全过程相关的资料、流程、结果，以及后期的回复、沟通、落实等，需要及时梳理、记录、整理和保存，形成系统完整的工程函件档案资料。在实务中，最好是在保存工程函件档案资料的同时，单独建立系统的工程项目建设过程往来函件台账，具体如表 2.6 所示，将全部函件的关键信息和关键事项等在函件台账中统一体现，这样能确保任何人在进行某一函件的编写和实施时，都能有一个整体的大局观和各个函件之间互相匹配，避免相关函件编写和实施人员的不同而带来人为的失误和项目风险。

表 2.6　工程项目建设过程往来台账

序号	函件类型	函件编号	主题	事由和原因	主张和诉求	函件风险及相关事宜梳理	发文时间	是否签收	签收时间	是否回函	关联函件	后续跟踪	备注
1	建设单位施工单位	—	进场施工联系单	—	—	—	—	—	—	—	—	—	—

（7）结语

借用钢结构行业技术和管理大咖刘永刚朋友圈的一段话“表面上生意越来越难做了，实际上是行业越来越专业了，越来越精益求精了。看起来是在洗牌，实际上是在洗人。”

当下的建筑行业，当下的施工企业，表面上是竞争越来越激烈，甲方的要求越来越高，项目的利润越来越薄，实际上是对施工企业的管理要求越来越高，专业化要求越来越高，优胜劣汰适者生存。在这一波建筑业发展变革的浪潮冲击和洗礼下，强者会越来越强，弱者会越来越弱，直至消失。

凡是有的，还要加给他，叫他有余；凡没有的，连他所有的也要夺过来。这是马太效应，也是建筑业当下现实的写照。

2021 年 4 月 7 日

8）万事先问目的——施工方案编写实务

随着春节脚步声的临近，工程行业也进入忙碌的时节，各个项目都拉紧了紧绷的绳弦，工作之中的各种汇报、开会、研究、讨论、沟通、交流等事宜也就随之多了起来。

比如，领导开始时不时来找我们了解某个项目的结算进展情况，这时往往会有这样的场景出现：

领导：某某，最近某个项目结算办理得如何?

某某：这个项目从……开始的，包含……内容，对审了……，现在是……，预计还要……才能对完，其中……?

领导：嗯，所以呢?

某某：现在还存在一些问题和状况，具体是……

领导：还有呢?

某某：对了，好像审核单位最近还存在一些人员的变化，可能会导致审核延期……

领导：那么如何来达到我们最初制定的目标呢?

某某：……

为什么会出现上述这种我们使劲地回答问题和传递信息，我们和领导之间沟通交流的效率却低下，或者是不了了之。问题是出在哪个方面呢?

其实问题出现在作为汇报者的我们自身：我们没有明确交流的目的。正是由于目的不明，才导致了交流和沟通的阻碍。一般情况下，我们在工作中交流的目的分为以下三种情形：

第一种是了解事实。在这种情况下，倾听者主要是想了解事实的真实情况，好为其他工作或者决策做准备。这个时候需要汇报者详细地表述事情的状况或者现象本身，不能掺杂个人的感情和评价。

第二种是评价现象。在这种情况下，倾听者主要是想了解汇报者对某件事情的看法和评价。这个时候需要汇报者简单阐述事实，重点阐述自己对该事情的评价或者看法，以及评价看法的出发点和相应支撑依据。

第三种是方法建议。在这种情况下，倾听者主要是想了解汇报者对某件事情给出具体的行动和工作建议。这个时候需要汇报者重点阐述事情如何推进，需要各方做哪些协助或者资源支持。

所以，如果我们明确了领导年底找我们了解项目结算的目的是听取我们的建议，这样公司可以提前进行支持和行动，确保按期完成结算工作目标，那么这个时候作为汇报者的我们，其实对于事实部分可以简要带过，评价现象部分可以稍稍阐述，重点是分析和阐述为了达到年前办完结算回收工程款项的目的，需要采取什么样的方法，通过什么样的措施和路径去实现，以及需要公司、领导以及相关部门进行哪些配合和支持工作，这样的沟通就更加快捷有效，更加落实顺畅。

沟通交流中如此，在我们的具体技术工作中同样如此。

对于技术人员编写施工方案，技术人员在具体编写之前也需要提前去思考，我们编写施工方案的目的是什么？只有把这个思考清楚和透彻了，技术人员编制出来的施工方案才会有效，才能真正有的放矢。一般情况下，施工方案编写的目的可以从三个维度来思考：

第一个维度，从技术人员本身的视角来考虑，施工方案编写的目的是为了指导现场施工和生产计划安排、完善相关档案资料等。

第二个维度，从项目管理的其他部门的角度来考虑。例如从商务的角度，施工方案编写的目的是为了有效地降低成本、制造签证索赔机会、让项目经济效益最大化；从财务的角度，施工方案编写的目的，是为了尽快地达到施工合同约定的付款节点，让项目的工程款尽量提前回收，让现金流正常化安全化；从经营的角度，施工方案编写的目的，是如何牢牢地控制工期管理，掌握合同履约的主动权，让整个项目管理可控和稳定化；从安全的角度，施工方案编写的目的，是如何把握安全生产的红线，把相关的责任清晰明确化……

第三个维度，从项目其他第三方的角度来考虑。例如从甲方角度，施工方案编写的目的是为了增加乙方的承诺和强化乙方的责任；从监理的角度，施工方案编写的目的是为了规范建设流程和完善工程资料……

不同的维度，不同的视角，施工方案所承载的目的是不一样的。所以，技术人员在编写施工方案前，可以先从各个维度提前梳理各自的目的，接着结合项目当下的具体情况，明确当下的这个施工方案是去满足哪个目的，就以该目的为主要的思考点、落脚点和阐述点。其他目的就只能作为次要考虑因素，不作为当下施工方案的重点考量范围。

一旦我们把这个点思考透彻，明白了施工方案的核心目的，那么施工方案编制的具体风格、具体思路、具体内容、重点事项和注意事项……其实也就随之而来。这样编制的施工方案也就更加务实有效，更加具有针对性，更加能提升工程项目的经营效益。

2020 年 12 月 10 日

9）你以为的往往不是你以为的——保修期约定的造价商务风险

（1）现实问题

某房屋建筑工程项目，甲乙双方签订总承包施工合同，其中在工程质量保修书中，对防水工程的保修期约定如下：

根据《建设工程质量管理条例》及有关规定，工程的质量保修期如下：

1. 地基基础工程和主体结构工程为设计文件规定的工程合理使用年限；

2. 屋面防水工程、有防水要求的卫生间、房间和外墙面的防渗为5年。

该项目于2012年竣工验收合格，2018年发生地下室外墙漏水，甲方提出乙方应对地下室外墙漏水进行质量保修，并由乙方承担相应的保修费用；乙方提出地下室外墙漏水已经超过防水工程的5年质量保修期，如要乙方维修，甲方需要承担相应的维修费用。

（2）原理剖析

一个简单的防水渗漏维修问题，为什么会产生上述争议呢？其本质还是在于《建设工程质量管理条例》及施工合同的相关约定不清晰，在复杂的项目工程实践中极易导致理解歧义。

在《建设工程质量管理条例》中，对建设工程质量保修期有如下规定：

第四十条　在正常使用条件下，建设工程的最低保修期限为：

（一）基础设施工程、房屋建筑的地基基础工程和主体结构工程，为设计文件规定的该工程的合理使用年限；

（二）屋面防水工程、有防水要求的卫生间、房间和外墙面的防渗漏，为5年；

（三）供热与供冷系统，为2个采暖期、供冷期；

（四）电气管线、给排水管道、设备安装和装修工程，为2年。

其他项目的保修期限由发包方与承包方约定。

建设工程的保修期，自竣工验收合格之日起计算。

在实践中，针对上述规定，存在如下几个实务问题：

第一个实务问题：对于“主体结构工程”的理解，目前法律法规等均未对主体结构工程给出明确的界定。通常理解主体结构工程，是指在地基基础之上，承受和传递上部结构荷载并维持上部结构的整体性、稳定性和安全性的结构体系工程。由于对主体结构工程没有统一明确的定义和界定，导致在实务中常常出现如下的理解问题：

房屋建筑中的砌体隔墙和构造柱、圈梁等二次构件是否属于主体结构工程？

如果在施工合同的协议书中，对工程内容做了如下约定：“工程范围包括土建工程与机电工程两部分。土建工程的主要内容为：1. 基础工程、少量土石方挖运、土石方外运、土石方外填。2. 主体结构工程，即施工图纸范围内所有结构工程，包括但不限于在混凝土工程 / 砌体工程内预埋管、预埋件 / 套管及其他专业的预留孔洞、设备基础……”那么是否根据协议书约定可以理解该项目的预埋管、预埋件、预留孔洞等均属于主体结构工程？

如果该项目为筏板基础 + 地下室结构，筏板基础底部和地下外侧挡墙处的防水做法为：防水卷材 + 细石混凝土保护层 + 保护砖，那么该三部分是否属于基础工程或者主体结构工程的一部分？筏板基础底部的防水卷材是否属于主体结构工程？

第二个实务问题：《建设工程质量管理条例》中明确规定“屋面防水工程”的保修期限为 5 年，那么地下室的防水工程、基础的防水工程是可以理解为“外墙面的防渗漏”还是可以理解为《建设工程质量管理条例》没有约定，而属于“其他项目的保修期限由发包方与承包方约定”的范畴？

第三个实务问题：如果地下室的防水工程可以理解为“外墙面的防渗漏”按照 5 年保修期执行，但是实务中，如果设计要求地下室外墙采用混凝土自防水，即地下室外墙混凝土采用抗渗混凝土或者是掺外加剂防水混凝土，那么如果是地下室混凝土本身没有达到抗渗要求导致渗漏，这个时候地下室混凝土保修到底是按照主体结构设计合理使用年限执行还是按照“外墙面的防渗漏”的 5 年执行？

正是由于法律法规规定的原则性和实际工程项目的复杂性，才导致了上述项目的关于地下室外墙漏水的保修期理解的争议。作为乙方，认为要按照“外墙面的防渗漏”的 5 年保修期执行；作为甲方，一方面认为地下室防水工程属于主体结构工程，要执行设计合理使用年限保修期；另一方面就算不属于主体结构工程，也属于施工合同保修期没有约定的范畴，需要双方重新协商，《建设工程质量管理条例》特别规定屋面防水工程和外墙面防渗漏是 5 年保修期，相比之下屋面防水和外墙面防渗漏整改要容易些，地下室防水整改要复杂得多。举轻以明重，从情理上分析，地下室防水工程的保修期也应该大于屋面防水工程的保修期。

（3）解决之道

法律法规只能进行一些原则和整体性的规定，具体的约定需要甲乙双方结合项目实际情况进行针对性的表述。在实务中，为了避免质量保修期的相关争议发生，在施工合同的质量保修书中，建议甲乙双方结合工程项目的实际情况，对如下内容要进行明确的约定：

对于本项目地基基础工程、主体结构工程包含的具体内容进行明确解释。

对于地基基础工程、主体结构工程直接明确设计合理使用年限的具体年数；例如某项目的相关表述如下：“房屋建筑的地基基础工程和主体结构工程为 70/50 年”。

对于屋面防水工程涉及的范围，以及除此之外的其他部位的防水工程的保修年限，进行单独的详细约定。

对于一些重要位置的保修期限可以进行单独明确的约定。例如，某项目施工合同中相关表述如下：外墙外保温系统（界面、保温、加强层）、基础设施工程、地基基础工程和主体结构工程保修期为设计文件规定的该工程的合理使用年限；屋面防水工程、给排水管道、外墙面（含外墙门窗）和有防水要求的卫生间、厨房、地下室、房间、露台、阳台等的防水、防渗漏，保修期为五年六个月……

2021 年 1 月 11 日

10）管中窥豹，以小见大——EPC项目合同价款约定方式对项目利润的影响

在EPC项目合同中，会在协议书中对合同价款进行专门的约定。具体的合同价款约定方式，在实务中存在如下几种情形：

情形一：约定总价，没有进行设计费、建安费分离，没有进行价税分离

例如，合同总价（含税）为5亿元。

情形二：约定总价，没有进行设计费、建安费分离，标注了含税税率

例如，合同总价（含税9%）为5亿元。

情形三：约定总价，没有进行设计费、建安费分离，进行了价税分离

例如，合同总价（含税）为5亿元，其中增值税金0.412 8亿元，不含税金额4.587 2亿元。

情形四：约定总价，进行设计费、建安费分离，没有进行价税分离

例如，合同总价（含税）为5亿元，其中设计费0.5亿元，建安工程费4.5亿元。

情形五：约定总价，进行设计费、建安费分离，标注了含税税率

例如，合同总价（含税）为5亿元，其中设计费0.5亿元（含税13%），建安工程费4.5亿元（含税9%）。

情形六：约定总价，进行设计费、建安费分离，进行了价税分离

例如，合同总价（含税）为5亿元，其中，设计费费0.5亿元（含税13%），增值税金0.057 5亿元，不含税金额0.442 5亿元。建安工程费4.5亿元（含税9%），增值税金0.371 6亿元，不含税金额4.1284亿元。

在EPC项目施工合同的签订中，上述六种不同合同价款的约定方式，对施工企业实际成本的支出会产生不同的影响，进而导致不必要的利润损失。

根据《中华人民共和国印花税暂行条例》规定："在中华人民共和国境内书立、领受本条例所列举凭证的单位和个人，都是印花税的纳税义务人（以下简称纳税人），应当按照本条例规定缴纳印花税。"具体的印花税税率如表2.7所示。

表2.7 印花税税目税率表

税目	范围	税率	纳税义务人	说明
1. 购销合同	包括供应、预购、采购结合及协作、调剂、补偿、易货等合同	按购销金额万分之三贴花	立合同人	
2. 加工承揽合同	包括加工、定作、修缮、修理、印刷、广告、测绘、测试等合同	按加工或承揽收入万分之五贴花	立合同人	
3. 建设工程勘察设计合同	包括勘察、设计合同	按收取费用万分之五贴花	立合同人	
4. 建筑安装工程承包合同	包括建筑、安装工程承包合同	按承包金额万分之三贴花	立合同人	
—	—	—	—	—

因此，针对于上述六种合同价款约定方式，对施工企业印花税支出金额进行测算：根据规定，印花税的计税依据为合同所载金额，根据国家税务局的相关政策解读，合同中所载金额和增值税分开注明的，按不含增值税的合同金额确定计税依据，未分开注明的，以合同所载金额为计税依据。

对于情形一，合同没有分开注明增值税，而且没有区分设计费和建安费，因此按照合同金额以及建设工程勘察设计合同对应的税率计算，印花税缴纳金额为：5 亿元 ×5/10 000=25 万元。

对于情形二，合同价款约定标注了税率，没有标注具体增值税金额，视为未分开注明，印花税缴纳金额为：5 亿元 ×5/10 000=25 万元。

对于情形三，不含税金额 4.587 2 亿元，没有区分设计费和建安费，印花税缴纳金额为：4.587 2 亿元 ×5/10 000=22.936 万元。

对于情形四，区分了设计费和建安费，分别按照各自税率计算印花税，印花税缴纳金额为：0.5 亿元 ×5/10000+4.5 亿元 ×3/10000=16 万元。

对于情形五，区分了设计费和建安费，只标注了税率，没有注明具体增值税金额，视为未分开注明，印花税缴纳金额为：0.5 亿元 ×5/10 000+4.5 亿元 ×3/10 000=16 万元。

对于情形六，区分了设计费和建安费，注明了具体增值税金额，印花税缴纳金额为：0.442 5 亿元 ×5/10 000+4.128 4 亿元 ×3/10 000=14.597 7 万元。

结合上述六种 EPC 合同价款的约定方式，对于 5 亿元的 EPC 项目，印花税支出的最大差异金额为：25 万元 −14.597 7 万元 =10.402 3 万元。假若某企业年产值 100 亿元，那么上述不同的合同价款约定方式，就会给施工企业带来 100/5×10.402 3 万元 =208.046 万元的利润损失，积少成多，不可谓影响不大。同时，这也提醒我们造价从业人员，对于 EPC 项目的过程管理，造价和财务、税务的结合，是工程项目精细化管理中非常重要的一环。

说明：为便于分析讲解，上述合同价款约定在具体案例的基础上进行了简化。在实务中，具体项目情况不同，合同价款约定方式也会存在不同，再结合到税法会不断发生修订和变化、各地具体的税务政策可能会存在一定的差异，因此上述的分析和计算仅供造价人员理解相关逻辑和原理参考。关键在于造价人员理解之后应用到工作实务中，结合项目实际情况进行对应的合同价款约定，确保项目的效益最大化。

2021 年 11 月 9 日

11）凡事皆有度，有节则无虞——EPC 项目造价角度设计优化的思路和方法

随着 EPC 项目的大量推行，在项目管理和实施过程中，设计优化与项目经营管理的有效结合，成为施工企业日益关注的重点。设计优化最终都要通过工程造价体现在项目的经营效益中，因此从造价的角度出发，梳理和提炼总结 EPC 项目设计优化的通用思路和具体方法，对指导 EPC 项目的过程管理非常具有实践价值。

（1）设计优化的前提

任何事物都有其存在的前提，就像鱼儿是在水中游，鸟儿是在空中飞一样，脱离了前提的事物，是很难有生命力，也很难具有可持续价值的。

对于EPC项目的设计优化，同样也具有其存在和实施的相应前提。

前提一：设计优化要保证工程项目的质量。质量是工程项目的根本，脱离了质量前提谈设计优化，就如缘木求鱼，无米之炊。

前提二：设计优化要保证工程施工的安全。安全是工程项目的生命线，没有安全前提的设计优化，是存在巨大经营风险的。

前提三：设计优化要符合相关规范，主要是符合设计规范、符合施工规范、符合验收规范。

（2）设计优化的方式

在实务中，设计优化可以分为三个大类，分别是降低成本类、增加收入类、规避风险类。

①降低成本类

成本是项目经营管理的核心目标之一。有效的成本控制，能让施工企业在激烈的市场竞争中占据一席之地。成本分为主动的成本和被动的成本，设计优化主要思考的是如何去降低主动部分的成本。在实务中可以通过影响劳务结算方式、提高现场施工效率、加快现场施工进度等方面的设计优化来降低成本。

a.影响劳务结算方式

在不同的情况下，有时候施工企业对甲方的结算方式保持不变，而对劳务分包的结算方式会发生变化，导致成本的升降。

例如，对于旋挖桩工程，一般直径高于某一定规格型号，旋挖桩施工的劳务分包结算价格按照m^3计算；直径低于一定规格型号，旋挖桩施工的劳务分包结算价格按照m计算，而施工企业和甲方的结算方式，一般是不分桩径统一按照m^3计算。从成本的角度，对于旋挖桩工程施工，施工企业向甲方的收入保持不变，施工企业对劳务分包的成本根据桩径可变，施工企业和劳务分包结算价格按照m计算相比成本更低，因此旋挖桩桩径可以结合劳务结算的方式进行相应的设计优化，提高旋挖桩的直径，降低旋挖桩的数量。

b.提高现场施工效率

不同的做法，现场施工效率会有很大的区别，进而影响项目成本的高低。

例如，对于挡土墙墙背回填，如果做法为素土夯实分层回填，则施工效率很慢，而且还会受到现场天气变化的影响。如果设计优化为碎石回填，则施工效率大大提升，降低成本的同时还增加相应的结算收入。

c.加快现场施工进度

不同的结构造型，对现场施工进度存在相应的影响，进而影响项目成本的高低。

例如，对于独立基础，如果是坡形的独立基础，则施工难度大，而且质量难以控制，严重影响施工进度。如果把独立基础优化为矩形的规则形状，则现场施工进度就会明显加快，降低成本的同时，由于矩形独立基础的工程量大于坡形独立基础，由此还可以增加结算收入。

②增加收入类

增加收入的言外之意就是开源，设计优化如何结合造价、结合合同，提升项目的结算收入，这是设计优化与造价结合的关键之处。在实务中可以通过结合现场施工工艺增加型号、结合不同结构类型利润调整结构选型、结合现场施工措施增强结构等方式增加收入。

a. 结合现场施工工艺增加型号

根据现场实际施工的情况，某些做法和型号要高于设计施工图，如果该做法和型号不提前在设计施工图中进行相应明确，该部分费用就会成为施工企业的沉没成本而支出，而且还不能计算费用。

例如，对于桩基工程的钢筋笼加劲箍，一般设计图标注为直径为 12 的钢筋，但是如果现场施工桩基过长，直径 12 的加劲箍远远不能达到加强效果，就需要加大加劲箍的型号，才能确保钢筋笼吊装时的整体性和稳定性。那么这个时候我们就需要提前设计优化，在设计施工图中明确增大钢筋笼加劲箍的钢筋型号。

b. 结合不同结构类型利润调整结构选型

不同的结构类型，按照相应的定额计算或者清单计算，他们的利润率是有区别的。

例如，一般情况下，钢结构工程的利润率是高于土建工程的，如果某项目的连廊设计为土建工程，则可以优化设计为钢结构连廊。这样既可以增加钢结构连廊本身的利润率，又因为钢结构施工周期短，现场安装方便，节约工期的同时降低措施费，这样该项目的整体效益就明显增加。

c. 结合现场施工措施增强结构

不同的施工措施有不同的处理方式，有些施工措施可以通过实体工程增加考虑，有些施工措施可以通过措施项目增加考虑。一般情况，通过实体工程增加考虑的措施，比从现场措施项目增加考虑的措施，从造价的角度，费用计算更为方便，后期结算审减风险更低。

例如，由于施工现场吊装需要使用大型吊车，当吊车在地下室顶板上行走时，可以采取大型吊车行走路线处对应的地下室顶板下搭设满堂钢管支撑架支撑的措施费方案方式，也可以采取直接对大型吊车行走路线对应的地下室顶板、梁和柱等，配筋增加尺寸加大等结构加强的实体工程增加的方式进行设计优化。

③规避风险类

开源和节流是项目经营的两个基本点，但是要确保项目的整体收入，那么相关的过程风险控制也非常关键。在实务中，可以通过设计优化规避安全风险、规避质量风险、规避采购风险。

a. 规避安全风险

不同的施工工艺，相应的施工安全风险差距是很大的。在安全就是效益的当下，规避安全风险也显得重要。

例如，对于人工挖孔桩，施工安全风险比较大，可以通过设计优化调整为旋挖桩，降低安全风险的同时，增加结算收入。

b. 规避质量风险

在实务中，对于某些施工工艺，由于其自身工艺的特殊性，本身就存在一定的质量风险。

例如，对于大范围高回填区的分层碾压回填，如果采用该种施工工艺，不管过程控制多严格，最终仍旧会存在一定的质量风险。因此我们可以通过设计优化调整为强夯，在规避质量风险的同时，相关的结算收入也得到相应提升。

c. 规避采购风险

设计施工图中采用的材料型号，有的时候在实际施工过程中无法采购，或者很难采购，或者需要定做，这样就会带来采购风险，继而导致成本的增加。

例如，对于某项目，设计施工图采用不常用的非标热轧 H 型钢，经过设计优化，调整为通用规格的热轧 H 型钢或者调整为自加工 H 型钢，降低采购成本的同时增加结算收入。

（3）设计优化的流程

一件事物满足了前提，我们也知道了方式，接下来关键的是如何去实施。而实施的一个重要方面，就是这件事情去实施的步骤或者流程是什么，步骤和流程清晰了，事物的落实性才能得到更好的保障。

设计优化一般分为如下三个实施流程，分别是问题梳理、集中商讨、分工实施。

问题梳理，是先要集中项目管理团队的智慧和力量，梳理出可以通过或者需要通过设计优化解决的痛点、难点。例如，生产部门梳理施工困难之处，物资部门梳理难以采购之处，安全部门梳理安全风险之处，技术部门梳理规范富余之处，商务部门梳理盈利亏损之处。

集中商讨，是在基于问题梳理的基础之上，项目管理团队通过协商一致，达成设计优化的共识，制定设计优化的原则以及需要设计优化解决的具体事项，同时明确对每个事项各个部门的具体分工和相应的责任、权利和义务。事项清晰，责权利清晰，后期具体落实也就相应的清晰起来。

分工实施，是在集中商讨达成共识的基础之上具体落实，也就是在施工过程中及时跟踪、反馈、修正、调整设计优化的具体实施情况和推进情况，及时调整工作方式和方法以及工作力度，确保设计优化的最终实施效果。

2022 年 3 月 29 日

12）有对比，才会有差异发生——EPC 项目的范围界定和功能确认

新事物的出现并且流行，一定有它符合当下具体环境、满足当下具体需求、解决当下具体问题的独特之处，这也就是前人常说的“存在即合理”。近些年在建筑领域流行的 EPC 项目，即是如此的情形。

作为个体，很难去改变宏观和趋势。历史潮流浩浩荡荡，顺之者昌，逆之者亡。因此，作为建筑领域施工企业的商务人员，与其花费大量的时间去批判或者论证实务中EPC项目的种种不是或者不符合传统经典理论，还不如认认真真地回归到商务工作的本质：理解规则和执行规则，基于现状，更好地去经营每一个实实在在的项目。

从本质上讲，站在造价和商务的角度，相较于传统的工程项目建设和管理模式，所谓的EPC项目无外乎就是一种新的规则模式和规则体系，类似于股票市场的新三版、创业板与传统的A股、B股、H股，同样是为了促进经济发展，只是不同的规则和模式而已。

深刻理解了这一点，其实我们也就理解了EPC项目商务管理的精髓和实质，在此基础之上进行的具体实际商务工作，就有了方向的指引，不至于南辕北辙。正如新三板和创业板对不同的行业不同的主体有不同的规则要求一样，EPC项目模式下，不同的项目、不同的建设主体、不同的招标模式，都可以约定不同的规则。这就要求我们施工企业商务人员灵活地去理解规则、拆分规则和执行规则。

但是，就如浩渺的宇宙都有其内在运行的牛顿三定律一样，尽管EPC模式的不同，规则不同，商务管理的角度最终还是都有两个基本核心：范围界定和功能确认。

为什么范围界定和功能确认是EPC项目商务管理的核心呢？因为在实务中，EPC项目的计价模式一般是采取执行项目所在地的定额计价，并下浮一定比例的某种程度上按实结算的模式。但是与此同时又会要求EPC项目的结算金额不能超过该项目经过审批的概算金额，如果按照定额计价下浮一定比例后结算金额超过概算金额，那么最终的金额就以概算审批金额为准，这就是业内我们常说的EPC项目造价双控模式。

例如，某EPC项目的施工合同约定如下：

建安工程总投资控制按双控原则计取：若按竣工结算的价格原则办理结算总额超出甲方审定的投资概算或上级主管部门批复的投资概算（若有批复）对应的建筑安装工程费则按审定或批复概算对应的建筑安装工程费作为结算总额，若按竣工结算的价格原则办理结算总额未超出甲方审定的投资概算或上级主管部门批复的投资概算（若有批复）对应的建筑安装工程费则按竣工结算的价格原则办理的结算总额作为结算总额。乙方应认真履行投资控制职责，提出合理化意见，并需进行限额设计及施工，若因竣工结算总额超出甲方审定的投资概算或上级主管部门批复的投资概算（若有批复）对应的建筑安装工程费，由乙方承担全部责任及超出费用。

对于竣工结算原则办理的结算金额是否超出概算审批金额的比对，有一个潜在的常识：不同事物或者不同结果能够直接比对的前提，基于两者有相同的条件或者共同的基础。对于EPC项目，范围和功能则是竣工结算原则办理的结算金额与概算审批金额比对的条件和基础。

因此，对于施工企业的商务人员，在EPC项目开始实施时，就需要把该项目的实际范围与实际功能要求，与概算审批情况进行比对分析。如果不一致，尤其是实际范围与功能需求大于概算审批的情况下，就需要详细的逐项分析和提前沟通，或是采取调整概算，或是把实际范围与功能要求与概算审批情况保持一致。只有把范围界定和功能确认之后，EPC 项目实施过程中的限额设计和商务创效才有真正的目标和方向。

范围界定和功能确认之后，在 EPC 项目建设过程中，如果项目业主提出超出原有范围的要求和指令，或者超越原有功能的做法和需求时，我们就能有针对性地、有理有据地提出我们的主张和诉求。如果该部分内容不属于 EPC 合同范围内，哪怕按照定额计价利润率非常高，施工企业也需要和业主方说明，进行单独发包或者另行建设；如果业主方坚持要实施该部分内容，该部分内容就需要单独签证、收方、计价甚至签订补充协议，并且明确约定该部分内容不作为是否超概的计算金额。但是这种情况下，对于政府投资项目的业主方，从管理的角度，就需要按照规定的程序履行相应的审批程序，否则就会存在一定的管理责任和风险，具体可以参见《重庆市政府投资管理办法》（重庆市人民政府令第 339 号）第三十一条、第三十八条、第四十条的规定：

第三十一条　政府投资项目建设应当坚持估算控制概算、概算控制决算的原则，严格执行基本建设程序，按照批准的建设地点、建设规模和建设内容推进项目实施。

第三十八条　政府投资项目应当按照批准的建设地点、建设规模和建设内容实施；拟变更建设地点或者拟对建设规模、建设内容等作较大变更的，应当按照规定的程序报原审批部门审批。

第四十条　政府投资项目建设投资原则上不得超过经核定的投资概算。

因国家政策调整、价格上涨、地质条件发生重大变化等原因确需增加投资概算的，项目单位应当提出调整方案及资金来源，按照规定的程序报原投资概算核定部门核定；涉及初步设计调整的，按照规定的程序报原初步设计审批部门批准。

涉及预算调整或者调剂的，依照有关预算的法律、行政法规和国家有关规定处理。

因此，不少有经验的 EPC 项目业主方，也逐渐意识到造价双控模式下 EPC 项目范围和功能变化带来的后期结算争议和审计风险，因此在 EPC 项目的前期招标中，也会留下相应的开口，例如某 EPC 项目的施工合同约定如下：

当按结算原则计算出的合同工程竣工结算价超过批准概算金额的，以概算金额为限价进行结算（发生重大设计变更、国家政策调整、重大地质条件变化、项目使用功能调整的情况除外）。

在具体的实务工作中，对于范围界定和功能确认，至少需要进行如下七个层面的梳理和对比，实事求是地还原基本的事实，才能便于 EPC 项目商务管理具体工作的开展。

1. 可研阶段的范围描述和功能要求；

2. 概算文件中的建设范围和功能考虑；

3. 初设文件中的建设范围和功能考虑；

4. 招标文件中的建设范围和功能要求（含招标答疑）；

5. 施工合同中约定的建设范围和功能要求；

6. 项目进场建设后业主方实际的建设范围和功能要求；

7. 项目进场建设过程中业主方增减的建设范围和功能改变要求。

综上所述，在 EPC 项目建设和管理过程中，施工企业的领导需要做出各种工作开展的决策，这些决策又往往影响着项目的成败。对于我们具体的商务人员，就需要及时、完整地给领导提供进行相关决策的各种基础信息，而任何一项基础信息的提供，归纳起来作为商务人员需要提炼整理该基础信息如下三个方面的事项：真实的基本事实还原、造价商务角度的利弊分析、相关各方的风险提示。这，其实也就是一个普通的造价人员，能否成长为具有一定段位的商务人员，必须要具备的工作习惯或者需要刻意培养和训练的逻辑思维方式。

2022 年 6 月 24 日

13）明修栈道，暗渡陈仓——EPC 项目措施费用的设计实体化

在工程造价的实务中，对于措施费的计取一直是造价工作中的一个难点。对于措施费是否应该计算、如何计算、是否应该办理签证收方、如何办理签证收方、是否计算完整、如何确保计算完全等，在项目管理过程中，给造价人员带来不少的困惑或者阻碍。

随着 EPC 项目的逐渐普及，施工企业和设计单位可以进行一定程度上的互动或者联动。在这种新的形式下，对于措施费用的计算问题，就给我们造价人员提供了一个新的思路或者一条新的路径，这就是通过设计施工图把项目措施费用实体化。

措施费用的设计实体化，其实也就是把原本应该在施工方案中体现或者在施工过程中根据实际情况来确定的措施做法，在施工图设计阶段进行明确或者详细设计，通过设计施工图把措施做法转换为实体做法，成为工程实体的一部分。

在实务中，措施费用的设计实体化，一般分为施工工艺措施实体化、施工工序措施实体化、施工设备措施实体化、现场管理措施实体化、其他间接费用实体化等。

施工工艺措施设计实体化，就是把施工过程中需要发生的工艺措施做法在设计施工图进行明确。例如在超高层钢混组合结构中，钢柱下部的预埋螺栓埋设时，为了确保预埋螺栓的埋设精准度和混凝土浇筑时预埋螺栓的稳固性，通常情况下需要增加预埋螺栓固定钢板和固定加强钢筋。在设计施工图中，可以对预埋螺栓的固定钢板和钢筋加固的工艺做法进行详细设计描述，这就是施工工艺措施的设计实体化。

施工工序措施实体化，就是把不同施工工序之间的衔接措施或者做法等，在设计施工图中进行详细明确。例如，在混凝土浇筑过程中，当墙柱和梁板的混凝土等级不一致时，在浇筑墙柱混凝土和浇筑梁板混凝土的施工工序之间，需要增加相应的钢丝网、提高部分梁板区域混凝土等级等措施。如果我们是在施工方案中明确上述工序衔接措施，定额文件中没有明确规定按照施工方案做法计取的情况下，施工过程中有的审核单位要求仍旧需要

办理收方资料才能计取相应措施费用。如果我们是在设计施工图中明确详细做法，施工过程中只需要保留按图施工的影像资料就可以按照设计施工图做法要求结算。

施工设备措施实体化，就是把施工设备涉及的一些做法和要求进入到设计施工图。一方面施工设备可以按照定额文件规定计取相应的设备费用，另一方面可以把施工设备其中的部分费用进入到工程实体额外计算，提高项目的利润。

例如，在某些项目中，可以把塔吊布置位置对应的基础筏板处，从受力的角度提前进行验算，对该处的筏板基础局部施工厚度和配筋构造等进行加强设计，把塔吊设备的基础措施施工做法进入到工程实体。

现场管理措施实体化，就是把现场管理中涉及不同的专业、不同的分包单位等之间的衔接等，提前在设计施工图中进行布局。

例如，在某些项目的屋面工程中，可以提前在设计施工图中把女儿墙进行加厚设计，满足新型骑马式吊篮安装条件，这样屋面女儿墙施工完成后就可以安装成品吊篮支架，实现外墙装饰和屋面施工的同时进行，并且还能减少传统吊篮配重对屋面的损坏。这样既能提高穿插施工的效率，节约施工工期，同时也能把相关措施费用进入到工程实体，增加工程造价，一举多得。

其他间接费用实体化，就是把从造价角度按照标准费率或者相关文件计算的间接费用中的内容，巧妙地进入到工程设计施工图，同时按照规定费率和文件计算间接费用，又按照工程实体计算相关直接费用。

例如，对于安全文明施工费用，根据文件该费用一般根据税前造价或者人工费＋机械费等按照一定的费率标准进行计算，安全文明施工费中通常包含了现场施工道路。在设计施工图中，可以考虑把项目的永久实体道路和现场临时施工道路相结合，布置在相同的位置，进行永临结合。

所以，造价工作既是一项传统的按部就班的工作，也是一项需要因势利导的创新工作。我们立足工程造价专业本身的同时，还要去观察身边事物的发展趋势，去理解事物运行的内在规律，最终把外在事物和自身的工作进行有机的结合。这样，不管是在信息化时代还是未来的人工智能时代，我们始终能有自己的一席立足之地。

14）举一是为反三，融会才能贯通——天然气输气管道工程过程管理实务

随着国家基础设施建设的不断投入，天然气输气管道在近些年的项目建设中，逐渐多了起来。天然气输气管道工程作为一个非常小众和专业化的工程类别，施工企业的过程商务管理水平对工程项目最终利润的高低显得尤其重要。

一般情况下，一条天然气输气管道项目主要包含四个方面的工程内容：管道土石方工程、管道安装工程、阀井和分输站工程、水工保护工程。

管道土石方工程，是天然气管道本身开挖涉及的土石方工程，一般包含管沟开挖回填、

线路穿越工程、施工便道和征地拆迁、构筑物迁移、地面附着物清除等内容。

管道安装工程，是天然气管道本身的制作安装工程，一般包含管道制作安装、管道防腐、补口补伤、阴保工程、清管和试压工程。

阀井和分输站，是天然气输气管道中间每隔一段距离设置的阀井，主要起控制和相关检修作用。分输站是指天然气管道在某个位置接纳其他管道汇合或者将管道本身分离一个支线出去的控制站。

水工保护工程，是为确保管道安全，随着管线修建的堡坎、护壁、排水沟、护坡、截水墙等水工设施和建筑物。

与一般的民用建筑不同，天然气输气管道项目施工区域长，一条管道项目短则数十公里，长则上百公里。其次是专业性强，输气管道涉及天然气等具有一定危险性的物质，施工要求和设备操作等专业性非常高。再次是协调工作量大，由于项目跨域不同的区域，需要与各方众多主体进行沟通协调，繁杂而又琐碎。

从造价的角度，天然气输气管道项目的管道土石方工程、管道安装工程、阀井和分输站等一般按照《石油建设安装工程消耗量定额》及石化公司相关取费标准文件执行，采取固定总价包干的计价方式；水工保护工程采取项目所在地的市政工程定额、建筑工程定额、安装工程定额等，采取综合单价包干的计价方式。所以，从造价的角度，天然气管道工程虽然结构本身不复杂，但是涉及的造价计价方式和造价体系，相对来讲却也不简单。

在投标阶段，对于天然气管道工程，主要注意如下几个方面：

第一个方面，该低的单价一定要低。基于天然气管道工程的特殊性，大部分施工区域在野外和崇山峻岭之中，所以设计图往往是按照理想化的状态设计，实际施工时经常会结合到现实情况进行调整和改变。例如，在设计施工图中，对于管道穿越，设计经常会采用顶管施工或者盖板施工。但是由于相关设备不好在现场架设，而且施工现场也不方便操作，很多时候顶管施工和盖板施工在现场就会被调整为大开挖加套管施工。另外为了确保质量，很多装置和设备等后期有可能会被调整为甲方提供。针对可能被甲供的材料，投标时该部分的单价也需要保持低价。

第二个方面，该高的单价一定要高。例如对于水工保护工程，设计施工图中的工程量是根据地形图进行理论计算，而实际现场比地形图复杂得多。由于天然气输气管道要穿越不同村民的田土时，村民会要求在田土的交接处施工堡坎进行分隔，这些工程量在设计施工图中是没有体现的。水工保护工程一般是采取综合单价包干，实际工程量一般会远远超出中标工程量。因此水工保护工程投标单价越高，后期的施工利润就越多。

第三个方面，固定总价和单价包干的界面要区分。由于天然气输气管道项目，经常是部分采取固定总价包干，部分单价包干按实计量，所以要特别注意两者之间的界面区分。对于前期施工图或者招标清单中描述不清晰或者有歧义的地方，尽量不要在固定总价中进行组价，可以在投标施工组织设计中进行辅助区分，为施工过程中的签证或者收方提前制造机会。例如在水工建筑下面对应的管道外面，一般有单独的塑胶套包封，该塑胶套到底归属于固定总价包干里面的管道安装工程，还是归属于水工保护工程里面单价包干按实计量的范畴，就存在理解歧义。如果投标时在组价中提前注意，在施工方案中提前区分，则结算时就会占据相应的有利先手。

在施工阶段，天然气输气管道的经营管理要出效益，主要侧重如下五个方面：人员安排上、材料计划上、甲供材管理上、签证收方上、管理流程上。

人员安排上，在项目开始施工的时候，施工企业需要重点物色和选择好五大类人员。第一是现场关系协调人员，由于施工过程中需要与老百姓和基层工作人员沟通协调，因此现场关系协调人员非常关键，一定是要有相关乡村基层工作经验的人员。第二是管道放线人员，由于管道距离长而且现场条件比较恶劣，因此放线人员的准确性也非常重要。第三是管道焊接人员，天然气输气管道的焊接要求比普通的焊接要求高很多，焊接质量直接制约工程质量，需要相应的专业人员。第三是管道防腐人员，天然气管道处于地下，防腐也很关键，也是需要专业人员完成。第四是设备安装人员，设备安装不准确，对整体项目效果影响很大，也需要专业人员进行安装。除此之外的一些辅助施工人员，例如水保施工和土方回填等人员，可以因地制宜的部分选择当地人员，这样既处理好关系的同时又能降低施工成本。

材料计划上，施工企业需要提前考虑哪些材料可以就地取材，比如堡坎的片石；哪些材料可以从附近或者工地采购，比如条石；机械设备的租赁和选择需要提前筹划，例如挖机最好是沟通按照实际使用时间计取租赁费，而不按照台班计取租赁费。

甲供材管理上，施工企业需要提前编制施工方案，明确甲供材的材料堆场；其次针对甲供材，每次接收时需要办理相应的签收单，有质量瑕疵和数量问题的及时反馈提出，并办理相应签证和收方。

签证收方上，对于水工保护工程量，施工企业需要全部现场收方，每张收方单需要有现场草签单、正式收方单、现场施工的影像资料、现场收方的影像资料。对于红线之外的当地村民的拆迁和青苗费及时办理签证。针对路面恢复，地方政府或者村民的额外要求，需要建设单位单独下发指令进行签证收方。固定包干部分、设计图纸没有体现或者现场变化之处，及时沟通办理签证。甲供材多于设计施工图的部分，但是结合实际又需要进行相应安装时，也要提前办理相应的签证和收方。

管理流程上，施工企业需要注意，在水保工程收方量大于设计量时，及时沟通和了解建设单位关于结算金额大幅度超出签约合同价需要完善的相应流程，避免由于管理上的疏忽没有提前在过程中完善相应流程和资料，导致最终结算久拖不决。

在结算阶段，施工企业需是要做好两个基本动作。

第一个基本动作是竣工图的绘制，需要完整有效全面地将现场收方数据体现在竣工图当中；另外一个基本动作是在项目竣工验收和通气之前，需要完成完整的结算书编制和报送，并及时敦促建设单位进行对审，因为施工企业结算编制滞后，会导致后期结算审核拖延的连锁反应，造成项目结算久久无法完成。

2021 年 1 月 5 日

2.3.3　工程索赔

1）师出有名、已经做了、符合要求、提出诉求、温馨提醒——工程索赔过程资料准备五核心

（1）常见索赔资料问题

从法务的角度，我们评价一件事情是“以事实为依据，以法律为准绳”，而对于“事实”，是“谁主张，谁举证”，就需要主张的人拿出相应的证据进行证明。从造价的角度，我们计算一笔造价是“口说无凭，立字为据”，对于任何一笔费用，只要进入到工程造价，就需要有相应的书面依据，也就是相应的资料进行承载。

因此，工程项目索赔是融合了法务、造价、财务、管理、谈判等综合性行为的动作，对资料的要求更为严谨，更为苛刻。某种程度上，工程索赔过程资料准备的完善与否，直接关系着工程项目索赔的成功与失败，直接决定着工程项目索赔金额的多和少。

在实务中，施工企业在索赔过程资料的准备上往往不用心、漏洞百出，仅仅凭心情凭感觉去完善资料，缺乏系统而又严谨、理性而又感性的整体思路，导致最终索赔谈判时处于非常被动的局面。常见的工程索赔过程资料问题主要有如下三种情形：

第一种情形是没有资料，只有口述事实，也就是索赔事项发生后，一切都停留在口头沟通上，没有保留任何相关的书面资料。

第二种情形是资料零散，无法支撑事实，也就是虽然有准备资料，但是非常零散，都是凭感觉想当然，或者一时兴起编制的相关资料。

第三种情形是资料齐全，不能形成体系，也就是知道了索赔资料的重要性，也有这个意识在过程中全力地去准备和完善资料，但是由于资料没有形成一个体系或者一个逻辑闭环，无法有效支撑最终的索赔诉求和金额的计算。

一个装修队伍，最重要的不是让自己满意，而是让业主满意；装修的最高境界不是让自己兴奋得手舞足蹈，而是让业主认可并且愿意为此高价买单。因此对于工程索赔资料，最重要的不是让我们自我满意，而是让甲方、第三方、鉴定机构、司法机关等人员满意，最终让相对方愿意为索赔金额买单。

所以如果我们在索赔资料准备这件事情上，稍微改变下自己的思路，稍微多用点心，我们会发现，索赔资料的准备也许没有我们想象的那么复杂。正是基于此，本文从“师出有名、已经做了、符合要求、提出诉求、温馨提醒”五个需要用心的地方进行阐述，以点带面，抛砖引玉。

（2）索赔资料准备思路

第一，师出有名

古人说，“师出有名，才能无往不利”。这就是告诉我们，任何一件事情的启动，都必须要站在一定的理由或者情理高点之上去推进。我们索赔资料的准备工作同样如此。我们最先要去思考的是如何创造或者制造启动的“名义”，这个“名义”一方面要能体现有理有据，不是无中生有，无事生非；另一方面还要体现仁义礼智信，礼到足时方更显名之被迫。

第二，已经做了

已经发生的事实是索赔资料的基础，所以第二个环节就是要围绕如何证明已经做了相应的动作去准备相应的资料。要证实一件事情已经发生，我们需要从自己、对方、第三方三个维度去思考。对于自己，例如技术交底资料、实际施工影像资料、施工日记、施工记录、材料采购单据、工人工资结算单据等。对于对方，主要是建设方，例如相关指令、相关洽谈记录、相关现场工作检查和指导记录等。对于第三方，主要是监理、主管部门、公证机构等，例如监理日记、监理旁站记录、主管部门的意见和指示、公证机构的公证收方等。

自己一方的资料只能称之为孤证。有利益相关方、独立第三方的资料佐证，这样三方综合形成的资料，就能把已经发生的事实进行牢牢固化，成为一个逻辑体系。

第三，符合要求

事情做了是客观事实层面，事情是否合格是主观评价层面，只有主客观统一才能让一件事情成为真正意义上的有效事实。

一般事情要有效，要满足约定、规范、法律、管理、情理五个方面的要求。

约定要求，是指施工合同或者相关双方达成一致意见上的要求；规范要求，是指相关技术上的强制性要求；法律要求，是指国家管理上的强制性要求；管理要求，是指建设方或者相关主管部门的一些要求；情理要求，是指生活常识、公序良俗等方面的要求。

第四，提出诉求

没有主张的事实，是没有任何意义的。因此在事实固定并有效后，我们就要准备相应的诉求资料。一方面我们要提出正式的书面的有明确诉求的资料；另一方面要求我们证明，我们提出的诉求对方已经准确无误地收到。

第五，温馨提醒

根据《民法典》第五百零九条：“当事人应当按照约定全面履行自己的义务。当事人应当遵循诚信原则，根据合同的性质、目的和交易习惯履行通知、协助、保密等义务。”这就要求我们，任何一件事情，除了站在自己一方履行自己的主要义务之外，还要站在对方的角度去履行附随义务。

这也就是要求我们在索赔资料的准备过程中，要随时温馨提醒某一事情，对方具有的权利、对方应尽的义务，以及对方不实施权利和履行义务的后果会是什么。

（3）索赔资料完善示范

结合上述的索赔资料准备思路，针对项目管理过程中甲方不愿意签收索赔文件，施工企业进行快递送达这一事项的资料完善，我们进行相应的具体资料准备实务动作拆解示范如下：

第一，甲方不愿意签收（师出有名）

快递送达的前提是甲方不愿意签收，如何证明是甲方不愿意签收呢？我们可以在每周项目例会上提出；我们可以自己单独制作一本该项目的资料收发工作日记，详细记录每一天本项目关于资料收发的事项，以日记的形式记录；我们可以通过微信、钉钉等实名认证的即时通信软件进行沟通和证明。

第二，快递事实发生（已经做了）

从自己角度，我们要有完整有效的快递单，快递装袋前拍照保留影像资料，保留快递付款记录和费用报销财务凭证，快递文件同时多制作一份留存证明。

从对方角度，我们需要同时使用邮箱或者微信传输原件扫描版。

从第三方角度，我们需要保留快递公司的签收记录，保留快递公司开具的发票。

第三，快递流程符合要求（符合要求）

从约定要求上来讲：发件人和收件人是法人或者合同授权人，收件地址是合同约定地址，快递时间要在合同要求时效内。

从技术要求上来讲，快递填写的样式要符合相应技术要求。

从法律要求上来讲，某些重要文件只能通过特定快递方式进行，例如通过中国邮政快递。

从情理要求上来讲，快递文件被对方退回后需要原封不动保存，不能单独进行拆封。

第四，快递的文件本身有相应明确诉求（提出诉求）

首先，在快递单上填写快递文件的名称，名称最好包含诉求诉求内容的精简表述。

其次，我们在通过邮箱和微信传输的同时，在相应正文中对诉求进行相应表述。

第五，快递发出后，温馨提醒对方查收（温馨提醒）

首先，在快递文件发出后，我们需要同时采取微信、钉钉、短信等方式，及时通知对方快递信息和事由，提醒对方查收。

其次，当我们查询到快递公司显示对方已经签收文件，再次告知对方快递的具体文件，提醒对方进行核对。

再次，我们在对方签收文件后的合理时间内再次温馨提醒对方做出回复，并提醒对方根据合同约定不回复的相关法律后果。

（4）结语

善战者无赫赫之功，善医者无煌煌之名。对于工程索赔资料，我们不需要每一份资料都是完美的，每一个动作都是无缺的，每一个行为都是有效的。我们需要的是把支撑最终索赔诉求的那些资料，分解为一个又一个日常细小的或是不起眼的动作，然后在平常的项目管理工作之余，各个岗位的人员配合着顺手自然地去完成。这样我们的索赔过程资料就在不经意间完成了，而且这样的索赔过程资料又是最为系统、有效、有价值的。

2020 年 12 月 30 日

2）决心、底牌、资源、思路、机制——工程索赔成功五关键

（1）前言

近几年，从宏观上，整个世界政治经济格局发生了巨大的变化；从微观上，各行各业也因此受到了深刻的考验。对于建筑行业，一方面相关市场主体的业务承接竞争日益激烈，另一方面对于保持已有项目的履约和正常运转也是困难重重。作为建筑行业相对弱势一方的总承包施工企业，更是面临双重压力：上有来自强势业主的不断压价和严格过程履约管控，下有来自劳务、材料等分供商的市场化价格的诉求和压力，稍不留意或者放松警惕，总承包施工企业的项目就会亏损严重，发展举步维艰。

任何事情都有两面性，就如危机，有危就有机。也正是由于整个宏观的变化，工程索赔这个商务行为，开始在建筑领域慢慢地变得普遍和正常起来。上到国家政策，下到地方管理，从行业市场主体的共识，再到行业从业人员的观念，都提出需要对受到疫情这一不可抗力影响的项目进行补偿或者调整变更合同，大家开始从内心或者潜意识层面接受索赔这个行为。

利益永远是需要靠自己去争取的，躺在权利的床上呼呼大睡往往是一无所得。所以在风云变幻的 2020 年，有的施工企业在不利中积极改变，主动去推进工程项目索赔。这其中有成功者，也有失败者；有付出了没有结果者，有推进了没有落实者。但是通过对工程项目索赔成功者进行复盘总结，我们发现成功者在项目索赔推进过程中，都具有如下一个或者数个特点：索赔时领导者决心非常坚定，索赔推进时有自己的底牌和资源，有明确的思路，有相应配套的管理和激励机制。

所以，一个工程项目索赔要取得成功，需要具备决心、底牌、资源、思路、机制这五个关键因素。

（2）决心

就如我们人类的历史，往往是由少数人创造，由多数人互动产生一样，对于工程项目索赔，常常也是由项目领导者的决心所创造，再由相应索赔团队的互动去实施。所以一个项目能否索赔成功的第一关键因素，就是该项目领导者对索赔的决心。

在索赔实务中，领导者的决心又取决于如下四个方面。

第一方面是事情决策上的决心，这需要领导者在恰当的时间，坚决果断地启动索赔事项。有一句话：“我与你一起过冬夏，而春秋却与我无关。”同样，工程项目在整个建设过程中，甲乙双方的地位和心态随时在发生变化，优柔寡断地错过了合适的时间，往往也

就丧失了整个索赔工作的主动权。

第二方面是投入产出上的决心，这需要领导者有大无畏的责任承担决心。因为工程索赔是一件未知的事情，在启动之后人力物力的投入就会对应的费用支出，而未来收入的多少往往还不可期。如果领导者一定要先见到兔子再撒鹰，要确保收入覆盖了成本后再进行决策，往往索赔的工作也就很难有效推进。

第三方面是事情推进上的决心。这需要一旦启动项目索赔，领导者在索赔事项上就需要亲力亲为，至少是身先士卒。如果仅仅是蜻蜓点水式的关注和指导，往往索赔也就最终不了了之。

第四方面是在发生相关牵连风险上的决心。由于施工企业的索赔，可能会导致甲方的反索赔或者其他制衡施工企业的行为和风险事件发生，这个时候需要领导者临危不惧，不忘初心，砥砺前行。如果在这个时候施工企业领导者的决心不坚定，导致项目管理团队的心态一散，整个索赔工作也就前功尽弃，付之东流。

（3）底牌

一个人的成功固然需要自己的努力，但也要考虑时代的背景；一个项目的索赔固然需要满怀的激情，但也要考虑现实的骨感。这就是说，作为施工企业一定要去提前思考和布局，我在这个项目中，是否有能让对方坐到谈判桌前来和我们交流的底牌与方法。

在索赔实务中，施工企业在一个项目上的底牌，可以从如下两个方面去布局和思考。

第一方面是专业上的底牌，这就是所谓的“正道”。

对于施工企业，专业上的底牌包含三个，分别是质量合格、正常履约、过程留痕。

质量合格是指施工企业修建的建筑产品要合格，这是一切的根本和出发点。

正常履约是指施工企业严格按照合同的约定履约，这是索赔工作开展的底气。

过程留痕是指施工企业把履约过程中相关事项留痕，形成详细的资料和文档，这是索赔工作开展的基础。

第二方面是现场上的底牌，这就是所谓的“奇术”。

对于施工企业，现场上的底牌包含二个，分别是工期可控、资料验收。

工期可控，是指施工企业牢牢抓住工期控制，不紧不慢不急不躁在可控工期内施工。如果建设单位基于其他情况需要提前完工或者抢工时，这个时候施工企业就牢牢占据了主动权。

资料验收，是指施工企业以资料提供和验收移交作为一个方式，来作为交换和妥协的重要底牌。

（4）资源

一群散兵游勇往往很难打得过一支训练有素的军队，哪怕前者的数量数倍于后者。所以对于工程索赔的实施，施工企业需要的是相应高素质专业精干的有效资源，而不仅仅只是数量上的资源。

在索赔实务中，施工企业需要思考两个方面的资源，分别是内部资源和外部资源。

内部资源，也就是施工企业需要组建一支索赔实施的精干执行团队。这个执行团队至少需要五个岗位的人员：一个是谈判人员，负责过程谈判和沟通协调；一个是商务人员，负责整体落实和造价商务；一个是技术人员，负责相关技术和资料整理；一个是财务人员，负责相关财务和数据支撑；一个是法务人员，负责相关风险识别和风险规避。

外部资源，所谓一个好汉三个帮，施工企业在做好内部工作的同时，要积极借助和有效利用外部力量，做到知己知彼才能百战不殆。对于建设单位，施工企业要提前去思考索赔工作开展时对方的内部人、关键人、决策人；对于专业资源，例如造价咨询公司，律师事务所等，施工企业可以进行合作和增强自身的专业力量；对于三方机构，比如争议解决机构、专家学者等，施工企业可以提前征求意见，明确方向。

（5）思路

决心让我们能保持共识，底牌让我们充满信心，资源让我们团队合作。接下来一个关键的因素，就是如何把上述的有利条件转化为系统的行为和具体的动作，有条不紊地去推动，去真正落实和执行，这就需要我们有思路上的统一布局和行动。

在索赔实务中，在思路上施工企业需要关注两个核心要件：

第一个核心要件是谋定而后动，要提前做好索赔筹划。

第二个核心要件是循序而推进，要提前做好索赔实施工作的布局，既不能操之过急，也不能毫无章法。具体来讲，一方面施工企业要时刻把握索赔工作的五个阶段，分别是试探阶段、启动阶段、核对阶段、谈判阶段、流程阶段，及时关注和把控每个阶段的时间和节奏。另一方面施工企业要注意把每个阶段的工作进行事项拆分，责权利精准落实到团队成员；最后一个方面是施工企业对每个阶段的每个事项要及时总结和复盘，及时修正和调整相应的工作计划与实施方式。

（6）机制

天下熙熙，皆为利来；天下攘攘，皆为利往。索赔工作同样如此。施工企业如果没有提前进行相应机制的设立，单纯仅凭个人的责任心，或者是外部机构的友情服务，有可能索赔能取得一定的成功。但是这种索赔的成功没有办法在其他项目复制，最终的效果会远远低于本应达到的效果。综合全局来考虑，往往是因小失大，得不偿失。

机制需要分为两个方面去设计和架构。一个方面是管理上的机制，涉及索赔团队的组建、相应索赔工作职能的划分，以及和其原本工作岗位职能的衔接等；另外一个方面是利益上的机制，包含内部团队的利益和外部团队的利益的分配，以及相应的平衡问题。

（7）总结

成长告诉我们，我们要是只盯着眼前，没有步骤与目标，我们很快就被淘汰了；我们要是只有长远理想却不知妥协，我们也活不到赢的那一天。

实践告诉我们，我们要是只注重索赔本身，却没有整个项目的谋略和布局，往往很难取得有效的成功；而一旦我们从系统的整体的角度来看待索赔，虽然不见得每一次我们索赔的付出与收获是对应的，但是早晚会对应的，最终是远远物超所值的。

2020 年 12 月 23 日

3）不同的心里账户，不同的行为决策——工程索赔实务技巧

2002 年诺贝尔经济学奖得主丹尼尔·卡尼曼及其搭档阿莫斯·特沃斯基有一个经典的实验。这个实验是假如有如下两种情境：

情境一，我们打算去看一场演出，门票需要花费 10 美元，到达剧院的时候，我们发现自己丢失了 10 美元，这个时候我们还会去购买门票观看演出吗?

情境二，我们前期已经花费了 10 美元买了一张门票，到达剧院的时候，我们发现我们购买的门票丢了，这个时候我们还会继续去购买一张门票观看演出吗?

实验的结果是，在情境一中，183 名调查对象，有 88% 的人会选择购买门票观看演出；在情境二中，200 名调查对象，只有 46% 的人会选择继续购买门票观看演出。

从本质上来讲，同样是损失 10 美元，为什么会出现这样的差异呢?

内在原因在于，在情境一中，我们会把丢失的 10 美元和购买门票的 10 美元区别对待，当作两件事情，在内心就有两个心理账户，会认为我们看这次演出只花费了 10 美元。在情境二中，我们是把已经购买门票花费的 10 美元和将要继续购买门票的 10 美元当作一件事情，放在一起考虑，在内心就只有一个心理账户，会认为我们观看这次演出要花费 20 美元，有一些人就会觉得不值得继续购买门票观看演出。

所以，在人们的脑海中，会下意识地为不同的事项建立不同的心里账户，不同的心里账户会影响人们不同的行为决策。

同样的，在我们工程项目的索赔实务中，我们常常也有不同的处理方式，由此在甲方心目当中建立了不同的心理账户，最终导致甲方不同的行为决策。

第一种方式，就是我们施工企业认为自己亏损了，为什么会亏损？具体亏损在哪个地方？原因是什么？这些施工企业自身一概不清楚或者一笔糊涂帐，只是因为亏损了，所以要向甲方索赔。这种情况下，在甲方心目当中建立的是强加账户，哪怕甲方其他账户本身再有钱，在这个强加账户中支付一分钱，都会让甲方感觉痛彻心扉，一百个不愿意。

第二种方式，就是我们施工企业确实有亏损，也能统计得出来具体亏损的金额和缘由，并且原因还不是施工企业单方面的原因，更多的是甲方和其他第三方的原因。这种情况下，在甲方心目当中建立的是亏欠账户，在甲方心里产生的是补偿心态。在这种情况下，施工企业如果能和甲方多磨多耗，勤走勤跑动，甲方最终多多少少出于补偿心态，会从内心的亏欠账户中对施工企业进行道德上的补偿，但是如果施工企业自身不积极不主动不坚持，或者事实梳理的不够充分和详实，那么最终甲方的补偿心态也就会慢慢地消失，最终施工企业也就无所收获。

第三种方式，就是施工企业在强调亏损的同时，会重点分析和阐述，导致我们亏损的事项和动作，给甲方带来了哪些利益。如果没有导致我们亏损的这些动作，甲方将会造成多大的损失和困境。这种情况下，在甲方心目当中建立的是受益账户，在甲方心里产生的是利益分享的心态。对于施工企业的索赔诉求，甲方就有一种需要进行考虑的心里因素，最终对于索赔金额考虑的多少，就是看施工企业对相关资料的详实准备和沟通谈判技巧了。

第四种方式，就是施工企业会阐述甲方获得利益和收获的同时，在过程中会把这种甲方的利益和收获通过各种方式和方法，让甲方的高层领导知晓。同时不断地在过程中强化，这样就让甲方建立了一个相应的确实额外获益的心理预期，也就在甲方心目当中建立了一个额外受益的账户，在甲方心里产生的是利益分配的心态。对于施工企业的索赔诉求，甲方就有一种必须要进行考虑的心理因素，因为甲方确实是额外的受益，并且这个受益是施工企业的付出才得到的，施工企业索赔的支出就是来源于额外的受益，不占用甲方原来的预算和成本。

所以，同样一件事情，不同的表达方式、管理技巧、处理方法，最终在他人心目当中建立的心理账户类型是不一样的，由此导致他人的行为方式和行为决策也就完全不一样。管理自身的心理账户，同时引导他人建立合适的心理账户，这是一种思维方式，也是一种工作方法，更是一种行为指引。

2021 年 4 月 2 日

4）索赔工作三阶段：事实梳理、方案编制、费用计算

每一件事情，都可以被结构化地拆分为若干阶段去完成。这个体系化的的拆解过程，我们把它称之为工作筹划或者工作策划。同样地，索赔工作可以结构化的拆分为三个阶段，分别是事实梳理、方案编制、费用计算。

第一个阶段事实梳理，就是以施工合同约定为出发点，结合项目实际发生的情况，并结合法律法规、政策文件、行业习惯，梳理出可以提出索赔的事实。事实梳理是索赔工作的出发点。

第二个阶段方案编制，就是依托已经发生的索赔事实，编制针对性解决该事实的相应方案。方案一般需要重点阐述如下四个部分的内容：原正常施工方案是怎么考虑的？索赔事实发生后导致了哪些影响？采取了什么措施和方法来应对和解决这些影响？该措施和方法要涉及多少人工材料机械以及相应工程量或者施工难度的增加？方案编制是索赔工作的基础，有索赔，必方案，这是一个最基本的索赔工作理念。

第三个阶段费用计算，就是根据已经发生的索赔事实和对应的施工方案，先在施工过程中对施工方案中相应措施和方法对应的工程量或者人工材料机械等进行收方和记录，最终再从造价的角度，进行专业的费用拆分和计算。除此之外，我们还要结合法律、财务、管理等方面的专业知识，从法律角度、财务角度、管理角度对费用进行补充和完善，最终

组合成一个完整齐全的索赔费用。

因此，通过对索赔工作的结构化拆分，可以发现办理好某个项目的某个索赔工作，我们需要有专业的技术人员、专业的造价成本人员、专业的法务法律人员、专业的财务税务人员、综合的沟通协调人员等，才能把索赔这件工作去落实和推进。而我们若仅仅依靠某一类人员，索赔工作最终很难取得有效的突破或者真正的效益。

所以我们会发现，为什么玄武门之变中最终胜出的是李世民，因为他的智囊团中各种各样的人都有，既有正人君子，又有旁门左道；既有文韬武略，也有凡夫俗子。而与此相反的是建文帝，清一色的阳春白雪，如黄子澄、齐泰、方孝孺等，初衷虽好，奈何最终却是以烟消云散而收场。

因此针对某一件事情，我们进行结构化拆分，针对性地匹配相应的资源和人员，这是一种工作方法，也是一种工作思路。

2020 年 10 月 19 日

5）工程项目的道义索赔和单方证据

十多年以前，我在施工单位从事预算合约一职。所在企业承接了某外资企业的项目，由于甲方对施工技术要求和现场管理要求等非常严苛，项目开始实施一部分之后，我们发现施工难度和施工成本远远超出了当初的预估，导致该项目面临亏损的风险。

在这种情况下，企业的分管领导安排我们做了一件事情，分别按照正常施工要求和施工工艺以及该项目的特定施工要求和管理要求做了生产试验和实施记录，分别梳理统计两种情况下的工效和材料消耗，最终形成相应的施工成本分析比对资料。

随后，企业分管领导把对比结果与甲方进行沟通，虽然施工合同约定该项目是总价包干，不因任何条件而调整合同价格，经过沟通和协商，甲方最终同意根据实际情况调整施工合同价格。该项目非常和谐地顺利实施完成，甲方对项目实施结果比较满意，所在企业也获得了一定的利润。

当时，我对这一个过程百思不得其解：明明施工合同约定总价包干，为什么还能调整合同价格呢？明明造价经验告诉我们，只有双方一致同意的签证收方才能作为造价支撑依据，为什么单方制作的资料最终也成为了有效的造价调整依据呢？

随着在预算合约和造价商务工作中的实践积累，后来我才慢慢领悟到当初这个项目调整合同价格得以成功的关键：在合适的阶段以合适的方式提出了合理的主张。

合适的阶段，其实就是双方对彼此都有价值的阶段。在工程项目的管理过程中，当事人各方存在五种基本价值，分别是合作价值、专业价值、资源价值、制衡价值、未来价值。当时的分管领导选择在项目开始和问题暴露出来的阶段，向甲方提出和反馈，这个时候双方彼此之间存在高度契合的合作价值和专业价值，因此问题的解决就比较顺畅。

合适的方式，其实就是双方都能接受和理解的方式。根据中建某局商务好友总结分享的索赔经验，索赔按照依据划分，可以分为合同内索赔、合同外索赔和道义索赔。

合同内索赔，是指合同对索赔事件进行了约定，索赔所涉及的内容及索赔责任可以在履行的合同中找到依据。

合同外索赔，是指索赔事件及后果未在合同中明确约定，但在相关法律规范、政策、行业惯例中可以找到索赔依据。

道义索赔，是指索赔权人在合同内、外都无法找到可以索赔的合同依据或法律根据，但索赔权人确实遭受了损失，从而根据道义基础就其损失提出的经济补偿要求。

对于外资企业，比较容易接受索赔的理念，当时的分管领导巧妙地通过道义索赔的方式与甲方进行沟通和洽商，更容易获得理解和支持。

合理的主张，其实就是对于自己的主张要有理有据而不是空口无凭。“理”是指道理，要符合逻辑。“据”是指证据，要有支撑素材和资料。从狭隘的造价角度，只有双方同时签字认可的资料才是有效造价证据。但是从广阔的商务角度，只要是根据施工过程形成的各种书面和文字资料，在特定的场合和背景下，都有可能成为行之有效的证据资料，让自己的造价商务主张得到实现。

当时的分管领导通过实际试验分析比对，形成详细的结果资料，虽然这一过程甲方没有参与，是属于单方面的证据，但是试验过程记录详实，数据记录和逻辑推理闭环，能够把真实事实反馈和道理描述清晰。虽然这是单方证据，却是让我方主张获得甲方最终认同和支持的非常有效的证据。

所以，一个工程项目的最终成功，取决于过程中的有效管理，而不是事后的全力以赴。这不是一句口号，而是在工程实践中不断得到验证的大白话。

2023 年 2 月 5 日

6）很多当下的问题，是在前进的过程中去解决的

P 总项目的索赔报告终于递交给甲方了，接下来进行的就是索赔的谈判和协商工作。从开始启动索赔事宜，到最终编制完成索赔报告，前后花费了接近 2 个月的时间。这也是我们团队进行的第二个索赔指导咨询服务的项目。从开始的资料熟悉，施工现场调查，索赔工作方案的筹划，到索赔报告编制的指导，我们团队终于在索赔咨询服务的实践上又走出了前进的一步。

与第一个索赔指导咨询项目相比，我们这次的索赔指导更加具有思路，更加具有体系。第一个索赔项目指导时，我们对如何搜集资料，搜集哪些有效的资料，如何整理事实，如何提炼事实，索赔报告编写的结构……完全没有思路和方法，因此也导致了第一个索赔项目指导的很多反复工作。但是，正是有了第一个索赔项目的经验积累和教训，让我们认识到理论与实际的差距、方式与方法的重要，也让我们发现自己的短板和思考盲区，知道自己要去完善和提升的地方。

在做索赔咨询服务之前，我们也不知道该如何提供咨询服务，如何去协助委托方开展工作，如何发挥我们的技术优势去找到切入口与委托方自身的力量形成优势互补……但是这些存在的问题或者是困惑，当我们真正的走入到实践之中，投身于索赔项目本身的办理过程中，我们却发现很多以前思考担心的问题，都有着相应的一些解决方式。但是与此同时，又会出现很多我们从来没有思考过的新问题、新障碍，这又逼迫着我们不断地去反思，去自我提升，去思考新的解决方式。

就如在不久前，我们和专业从事建工领域的 C 律师，给某个施工企业联合提供了某建设工程价款纠纷案的咨询服务。我们首次从造价和法律的两个视角，共同提出了我们的法律和商务建议书，从风险到具体的解决方法，从问题到具体的工作开展方式，提出了综合性的意见。

在这之前，我们一直在提倡，造价咨询要和法律服务相结合，这样才能给客户带来更为综合全面和有价值的咨询服务，也能让我们提出的解决问题的方式更加全面和具有可落实性。但是我们也不知道造价法律如何融合，当我们放弃各种理想主义的想法，先投身于市场，立足于客户的实际项目和实际需求，先探索性地提供服务。当我们走出了这一步，站在前进的路途上了，我们意外地发现，好像很多问题就在不经意间解决了。

比如，这次我们和 C 律师出具的商务法律建议书，在传统的法律建议书的基础上，综合了前期索赔实践中总结形成的索赔工作筹划实施方案的思路和架构，结果委托方反馈良好，认为这样非常具有实操性，不再是文绉绉而太过理论的建议。

比如，我们在做索赔指导咨询服务的过程中，委托方提出了工作思路方法的培训需求，这就和我们前面进行的企业培训业务又发生了交叉融合。

就如不久前，雷军在小米十周年的主题演讲所说的：“成功往往不是规划出来的，危机其实是你想不到的机会。”小米十年，其实就是一往无前的一个过程，因为路始终是人走出来的，而不是想象出来的。

所以对于我们普通的职场人士来讲，只能直面风险，豁出去干，因为很多当下的问题和困境，我们只能在不断前进的过程中去解决问题，才能去发现新事物和新发展的曙光。

2020 年 8 月 14 日

7）树叶是渐渐变黄的，故事是缓缓到结局的

我最近听了一堂课，是关于建设工程项目合同风险管理的。主讲老师在课程结束的时候，留下一个问题让我们自己在实务中去思考。“索赔是谈出来的吗？”

在职业成长的路途上，我们有时候会遇到一些事情，长时间会有一种百思不得其解的困境。这个时候，突然身边的某个人的一句话或者一点拨，让自己有一种豁然开朗的感觉……

在实践中，我们常常聚焦索赔如何去办理、实施、谈判，但是索赔真的是谈出来的吗？

哪怕你的理由再充分，如果你没有做到牢牢抓住以工期为核心的项目管理，那么你的索赔始终是投鼠忌器。

哪怕你的资料再详实，如果你没有拥有让对方坐到谈判桌前来的底牌和能力，那么你的索赔始终是空中楼阁。

哪怕你的关系维护左右逢源，如果你没有过程管理的合规性，相关资料的齐全性，诉求的合理性，那么你的索赔往往也是叫好不叫座，难以落到实处。

所以，索赔往往不是谈出来的，而是力量对比出来的。而这种力量的对比，却是蕴藏在项目建设过程的方方面面之中，比如人的、事的、管理上的、理念上的、团队上的、资源上的，政策上的……

就像一叶落而知天下秋，树叶是跟随着四季的变化而渐渐变黄飘落的。如同一江春水向东流，故事也是跟随着时间的流逝而渐渐到结局的。最终的索赔只是一个表象和结局，而决定这个表象和结局的，其实是工程项目从开始紧随着项目的建设，而渐次形成的力量与对比。

这种力量和对比，不是一成不变和永恒固定的，这其中可以有此消彼长，可以有此起彼伏。只要我们能意识到，并及时地行动起来，就会发生意想不到的改变和结果。

所以，只要树叶还未飘落，只要故事还未结束，我们就一直都可以行动，可以出发。工作如此，生活如此，人生亦如此。

就如最近某施工企业的项目，在项目刚开工时，我们协助项目管理团队，详细地梳理出该项目可以办理索赔的事项以及相应的办理流程和注意事项。当管理团队看到最终的成果时，大家都有这样的感觉：无论这个项目最终是否会有索赔发生，也无论最终是否能向甲方索赔成功，当我们认认真真，踏踏实实的在开始做这个事情时，我们就已经感觉到了收获和成功。

2020 年 12 月 2 日

2.3.4 结算办理

1）在合适的阶段、合适的时间，做合适的事情——结算办理筹划谋略浅析

（1）前言

孔子在《论语》中说到："吾十有五而志于学，三十而立，四十而不惑，五十而知天命，六十而耳顺，七十而从心所欲，不逾矩。"这句话告诉我们，人在一生中不同的阶段要去做对应的事情。在十五岁前主要是学习和确立志向，在三十岁前要多去实践学会自立，在四十岁时要自我反省和不断完善自我，在五十岁时要懂得顺应自然和与人和谐，在六十岁时要安心立命和不受环境左右，在七十岁时要主观意识与做人处世融合为一。

对于现代社会的一名职业人，从大学毕业出来，职业发展按照五年一规划，每个五年

也有相应的意义和内涵。

第一个五年，是做事经验积累阶段，大量做事，做不同的事，加班加点地做事，不计眼前回报地做事，这个阶段的定位就是工作。

第二个五年，是做人处世悟道阶段，学会去琢磨人，领悟人，学会去尝试管理，接触管理，实践管理，学会从人和管理的角度来看待做事，这个阶段的定位是职业。

第三个五年，是事业确定阶段，通过观察、总结、选择并最终确定自己的事业方向，是选择成为台前绽放还是成为幕后辅佐，这个阶段的定位是事业。

第四个五年，是团队建设阶段，不管选择自己事业追求的方向和路径是什么，接下来是发现志同道合的人、培养潜在的有能力的人、打造团队培养团队，这个阶段的定位是奉献。

再后续的时光，是砥砺前行的阶段，团队初具，方向已明，自我成熟，剩下的就是不忘初心地前行，这个阶段的定位是成就。

同样的对于一个工程项目的结算办理，也分为不同的阶段。项目开始实施时的筹划谋略阶段、项目实施过程中的事项落实阶段、项目完工后的结算办理阶段。不同的阶段有不同的使命，有不同的事情需要处理，当事情与使命在合适的时间采取合适的方式去完成，一个项目的成功也就在情理之中。

（2）实务之道

在结算工作的筹划谋略阶段，有一个关键的理念，就是项目中标之时，也就是项目结算办理工作的启动之日，这充分说明了结算工作筹划谋略的重要性。结合到某企业家总结提出的管理三要素，在筹划谋略阶段主要需要完成三件关键工作，分别是搭班子、定战略、带队伍。

搭班子，也就是组建核心管理团队。班子组建是否合理，是否与项目情况匹配，这对项目结算办理的最终结果起着至关重要的作用。一个项目的班子有一个核心，四个关键，其中核心是项目经理，关键是商务经理、技术经理、财务经理、物资经理。

班子搭建的过程中，有一个核心的理念："互补而不是趋同，求同而且要存异"。互补，是班子成员性格和经历要互补，专业知识和技能要互补；存异，是班子成员要各自有各自的特点，各自的长处。每个成员都是完美个体组成的完美团队，往往拼不过带有瑕疵但是却各具特色个体组成的互补团队。

定战略，也就是确定团队的共同目标。这是一个组织具有顽强生命力的内在灵魂。对于项目结算办理筹划阶段的定战略，也就是需要做好项目的商务管理策划。对整个项目的经营目标、实施路径、相关风险、责任划分等从团队的角度进行思考和明确，让整个团队有旗帜鲜明的目标，有清晰可见的路径。商务管理策划一般由项目经理组织，核心管理团队共同完成。

带队伍，也就是团队做事风格和行动力的塑造。在管理上有这样一个理念："领导者做不到的，就不要去要求员工做到"。所以，在筹划谋略阶段，领导者要身先士卒，在前期把重要的事情和工作先亲自打样，然后再推广到团队成员。因此这个阶段有两件工作：第一件工作是核心管理团队，将商务管理策划涉及自己部门的事项，编制专项方案落实；第二件工作是核心管理团队参与部门成员开始进行阶段工作的实施，将相关要求和工作方法在实施中明确、落实和定稿。

一般情况下，在筹划谋略阶段只要能将上述三件关键工作落实到位，做好做扎实，项目取得成功就是一件确定的必然事件。

(3) 总结

所以，对于一名职业人或许可以这样理解，在合适的阶段去做合适的事情，具体就是识时务、明是非、得大体、辩细节。

识时务，知道当下该做什么，未来该做什么。

明是非，明白何为雪中送炭，何为锦上添花。

得大体，懂得什么该去坚持，什么该去舍弃。

辩细节，可以抬头仰望星空，俯首低落尘埃。

2021 年 2 月 28 日

2) 在结算时索赔，在索赔时结算——工程项目扭亏为盈的另辟蹊径

(1) 前言

自 20 世纪 90 年代住房体制改革以来，房地产行业跨入黄金时代，建筑业也跟随着进入高利时代；但是经过市场的洗礼和时代的变迁，房地产行业逐步进入白银时代直至当下的黑铁时代，建筑业也跟随着来到薄利时代甚至是无利时代和亏损时代。

在当下整个建筑行业的大背景之下，投标即亏损，以低于成本价竞争获取市场进入和项目承揽，先保证当下的生存，在发展中再去解决相应的问题，这成为很多中大型施工企业的经营策略或者无奈之举。与此同时，施工企业对成本和商务越来越重视，施工过程中的二次经营、三次经营或者多次经营被不断提及。

施工企业在过程经营，建设单位也在全面设防，随着建设单位管理的日益精细化、规范化，传统的变更创效、签证收方、降质少项等过程经营方式，很难有实质性的突破。在乡土中国的大格局之下，采取单一的工程索赔方式，往往也容易将施工企业和建设单位置于对立的场面，颇多制约。

工程索赔是施工企业扭亏为盈的一个过程经营的重要方式，在施工过程中单独提出，对于建设单位来讲，这是一个对抗性的动作。但是在结算时提出，工程索赔就是结算的一部分，工程索赔被传统的结算动作所吸收，对于建设单位来讲，对抗性就会降低，心理层面的可接纳性就增强。或者是我们在索赔的时候，配套提出进行中间结算或者过程结算，也是同样的道理。

结合到实务之中我们经历的停工结算 + 工程索赔，竣工结算 + 工程索赔，施工图预算

包干 + 工程索赔项目的实践经验，我们深深感悟到这种结算 + 索赔的方式，有时候可以成为施工企业工程项目扭亏为盈的另辟蹊径，值得思考和探索。

（2）实务之道

古人有云："用兵之法，十则围之，五则攻之，倍则分之，敌则能战之，少则能逃之，不若则能避之。"这句话告诉我们，任何事物都有它的应用场景，任何方法都有它的具体限制。脱离具体的场景来谈应用，脱离具体的限制谈方法，是不可取的。

对于结算 + 索赔这种项目经营方式，同样有具体的适合场景。一般来讲，如果某个工程项目符合如下四个方面的要素，就适合采取该种经营策略。

第一，该项目投标预亏比例在 5% 以内，特殊情况下最高预亏比例不超过 10%。任何事物都有一个限度，在限度之外，过高的亏损，就很难用技术或者经营的方式去解决，而需要采取其他的方式了。

第二，施工企业对该项目的经营目标为盈亏平衡或略有盈利。投标亏损的情况下如果还要求项目最终取得高额利润，这就是期望远远高于实际，很难实现。

第三，施工过程中要有工程索赔事项发生。虽然巧妇难为无米之炊，任何事物都要有本源，但是我们没有条件可以制造条件，没有索赔事由可以在过程中巧妙地创造索赔事由，这是一个工作方法与具体技巧的问题。

第四，施工企业和建设单位有着相互需要的藕断丝连，有了联系也就意味着双方有了制约，有了感情。例如施工企业在该项目的其他标段施工，施工企业对该项目还占据着主导权，项目还没有移交给建设单位，施工企业与建设单位的其他项目还在持续合作……

上述四个场景满足了，作为施工企业，结算 + 索赔的实施路径又如何去把控呢？主要注意如下三个步骤：

步骤一，做好全过程项目管理及事项留痕。

第一方面，要做好对外事项的留痕，也就是做好相关基础素材的准备工作。

第二方面，对内成本的固化，这就是要在过程中及时制定供应商、分包商、劳务班组的结算办理计划，及时有效地固定成本。只有自己的底牌清晰了，下家稳定了，对外和对上才能张弛有度。

第三方面，固化和保留索赔事项的求偿权。这就需要在过程中，从法律 + 造价的角度通过一定的技巧和方法，规避施工合同约定的一定时间内不提出索赔丧失索赔求偿权的风险。

步骤二，结算编制时做好筹划及四个金额测算。

谋定而后动，需要我们先做好结算筹划。四个金额测算，就是在结算编制时，至少要测算如下四个金额，分别是有理有据部分的结算金额、资料不足部分的结算金额、可左可右部分的结算金额、根据经验可以争取部分的结算金额。有了四个金额的测算，我们在结算时索赔的目标和具体方向就有了针对性。

步骤三，索赔的编制和提出时间要与结算编制工作及时地相向而行。跟随项目结算编制的进度，索赔文档的编制也要及时跟进，尤其要与结算文件形成互补和相互支撑的关系。

（3）总结

当我们遇到问题或者困难时，往往会有两种心态。

例如当我们去面对一个投标就亏损的项目时，有的项目管理团队会一味地悲观，责怪公司经营者的随意和不负责，为了市场而市场，因此在项目管理过程中，也就随波逐流，放之任之。有的项目管理团队则积极地接受事实，清醒地认知宏观背景与微观感受，公司战略层面的决策我们不去厚非，具体的战术层面我们积极去尝试和践行，因此在项目管理过程中不断尝试，不断探索，寻求解决和突破之道。

悲观者往往正确，乐观者往往前行。我们要悲观地正确看待问题，认清本质，但是没有一件事情是完美的，我们更要保持乐观者的心态，在前行的过程中去解决以前悲观看待的问题。

不做肯定没希望，做了必定有结果。我们要带着积极行动和勇于尝试的心态去践行，任何事物付出了肯定有结果，只是结果多或少、当下兑现还是未来兑现、当下事情的直接实现还是其他事情的间接实现，如此而已。

2021 年 2 月 17 日

3）做事靠谱，做人有谱——结算办理预期管理实务

（1）前言

如果有一家公司，前年公司营业收入增长 30%，去年公司营业收入增长 30%，今年公司营业收入增长 30%，今年相比前年公司营业收入增长了 1.3 × 1.3 × 1.3=2.197 倍。

同时有另外一家公司，前年公司营业收入增长 30%，去年公司营业收入增长 90%，今年公司营业收入负增长 10%，今年相比前年公司营业收入增长了 1.3 × 1.9 × 0.9=2.223 倍。

那么作为投资者来讲，大家会看好哪家公司呢？大概率投资者或资本市场会选择第一家公司。虽然第二家公司营业收入增长的倍数还要略高，但是这家公司的预期太不稳定，未来不值得信任；而第一家非常稳定，未来可期。

同样的道理，放到造价工作上同样如此。

例如，某施工企业，有两个造价人员。第一个造价人员负责每个项目结算办理工作，基本上能算的费用都能算回来，少算漏算的情况微乎其微，多算或者额外争取到超额费用的情况也基本没有。第二个造价人员想象力和创造力丰富，有的项目结算办理工作能另辟蹊径，计算到非常高额的额外费用，有的项目结算工作却办理得马马虎虎，少算漏算的情况也非常突出。

作为施工企业，如果要提拔其中一人担任造价部门的领导，那会选谁呢？在一般情况下，施工企业通常会提拔第一个造价人员担任领导，而不是看似能力耀眼的第二个造价人员。因为看似耀眼，但不稳定不可期。

邓小平说过，“稳定压倒一切”，这是从宏观和国家层面来考量。同样地，在我们的工作和生活中，可以预期的稳定的行动或者管理很重要。在工程项目的结算办理实务中，如何让相对方对我们形成稳定的预期，同样非常重要。

（2）实务技巧

在工程项目结算办理实务中，作为具体的结算办理人员，要想在结算办理过程中，在相对方的心中建立相应稳定的预期，一般需要从如下两个方面去思考。

第一个方面是外在的交往，就是“做事要靠谱”。做事情靠谱，就是说我们和相对方打交道之后，至少对方在心中觉得我们值得来往，可以初步相信。要做事靠谱，我们一般需要在外在的交往中注意三个细节。

细节之一是事事有回应。相对方提出的任何一个主张、建议或者想法，我们都要及时地回应。例如交往中，相对方说最近在阅读某某书籍，很有收获，于是我们听了后第一时间在网上买了一本，这就是及时的回应。如果我们在买了这本书之后，还在第一时间完成阅读，并形成心得体会与相对方交流，那这就是到了第二个细节件件有着落。在实务中，很多人采用一些软件进行辅助工作安排和管理，确保事事有回应。

细节之二是件件有着落。相对方提出的事情，我们响应了之后，要有相应有效的结果，就如上述案例的阅读心得笔记。

细节之三是凡事有交代。一件事情做完了之后，我们要从头到尾梳理，形成闭环，与相对方交流。哪怕结果不理想，也需要把来龙去脉或者缘由向相对方全面展示。从营销的角度，这叫做成果可视化；从技术的角度，这叫有始有终，形成闭环。这一方面相应的实务技巧可以参考微信公众号“天同诉讼圈”张卫涛律师编写的《案结事了？客户还需要这样一份结案工作报告 | 办案手记》一文，总结提炼得非常到位。

第二个方面是内在的修养，就是“做人要有谱”。我们在初步与相对方交往取得信任后，更为重要的是我们自己要有真材实料，做人有谱，值得相对方期待。要做到做人有谱，我们需要在内在的修养中去历练三个事项。

第一个事项是专业。这是做人有谱的基础。没有相应的专业沉淀，或者没有相应的技能素养，那么我们就无法真正建立持久稳定的预期。专业并不是要求我们一开始就非常专业，其核心是我们要随时保持一种自我学习的习惯和能力。

第二个事项是专心。我们对一件事情是否专心非常关键。例如，有的造价人员在用软件编制计价文件时，会在计价文件中详细备注每一个清单每一个量的来源并相应注写，而有的造价人员就只关注结果，忽略过程，不要说计价文件上的注写，经常计价文件上的工程量与算量模型中的量都不能一一对应。

第三个事项是专注。一件事情我们可以很容易做到专业和专心，但事事都要做到专业和专心，就要求我们对自己本身的职业专注。对这个行业专注，才能形成持久稳定的预期。例如，有的造价人员在办理完每个项目结算之后，进行自我经验总结，形成相应的工作方法论和事项办理操作手册，供自己和团队共同进步，这就是专注的一种体现。

（3）总结

预期管理，就是在工作中要给外在环境传导一种持续稳定的可以预期的氛围，在文学和艺术中我们可能比较向往和憧憬的是昙花一现的奇观美景，但是从工作和管理的视角，我们更倾向于的是永远含苞欲放的状态，因为我们都知道和可以预期到含苞欲放之后必定是万紫千红春满园的场景。

所以，从工作的角度，真正做好了预期管理的外在体现就是平淡无奇，四平八稳。但是其内在的核心就是标准建设，也就是从管理的角度把一件事情每一个行为都进行标准化的拆分和总结，这样不论谁负责实施和执行，最终的结果都是八九不离十，可以预期的。所以标准化建设是预期管理的底层逻辑，而事项工作清单拆分又是标准化建设的必经之路。

因此，从管理的角度，预期管理最终的落脚点就是两个基本点：一个是人，一个是事。人就是管理角度关注的文化建设问题，事就是管理角度关注的组织建设问题。

2021 年 1 月 24 日

4）越简单的，往往是越难的——结算办理事实梳理实务

（1）前言

2020 年 12 月 25 日由最高人民法院审判委员会第 1825 次会议通过了《最高人民法院关于审理建设工程施工合同纠纷案件适用法律问题的解释（一）》（法释〔2020〕25 号），其中第十条规定如下：

第十条　当事人约定顺延工期应当经发包人或者监理人签证等方式确认，承包人虽未取得工期顺延的确认，但能够证明在合同约定的期限内向发包人或者监理人申请过工期顺延且顺延事由符合合同约定，承包人以此为由主张工期顺延的，人民法院应予支持。

当事人约定承包人未在约定期限内提出工期顺延申请视为工期不顺延的，按照约定处理，但发包人在约定期限后同意工期顺延或者承包人提出合理抗辩的除外。

该条针对工期顺延规定，如果承包人有在约定期限内提出过工期顺延主张的事实，或者是针对没有在约定期限内提出工期顺延主张，但是有其他合理存在事实或者理由抗辩的情况下，只要确实有导致合同约定的工期顺延情况发生，人民法院还是应该予以支持承包人的工期顺延主张。

在工程造价鉴定工作中，根据《建设工程造价鉴定规范》（GB/T 51262—2017）的 5.4.2 条规定，对于承包人完成的某些合同外工程，虽然承包人未提供相应签证资料，但是鉴定人仍旧可以基于现场实际事实情况进行鉴定。

5.4.2　在鉴定项目施工图或合同约定工程范围以外，承包人以完成了发包人通知的零星工程为由，要求结算价款，但未提供发包人的签证或书面认可文件，鉴定人应按以下规定作出专业分析进行鉴定：

1 发包人认可或承包人提供的其他证据可以证明的，鉴定人应作出肯定性鉴定，供委托人判断使用；

2 发包人不认可，但该工程可以进行现场勘验，鉴定人应提请委托人组织现场勘验，依据勘验结果进行鉴定。

所以，不管是在司法领域还是在工程领域，重视事实，重视表象事实背后的事实，已经慢慢地成为各行各业一种内在的工作理念或者工作要求。因此，对于工程项目结算办理，我们也应该从以前重点关注专业技术本身，把视角和思路延伸和拓展到工程项目事实上面，将事实和专业相结合，会带来不一样的收获和价值。

（2）事实分类

从结算角度，对于一个工程项目存在诸多种情形的事实。

从载体的角度，事实可以分为书面事实和口头事实。书面事实既包括书面文件上记录的事实，例如收方单、监理会议纪要，也包含各种以电子数据形式承载的事实，例如微信聊天记录、电子邮箱文件、钉钉办公软件日记和考勤、现场影像资料等。口头事实，是指双方曾经语言交流过、承诺过等，但是没有载体承载和体现的事实。

从专业的角度，事实可以分为有用的事实和无用的事实。有用的事实，是指对工程结算结果的形成有积极正向帮助作用的事实。无用的事实，是指对工程结算结果的形成没有作用或者甚至带来负面效果和影响的事实。

从知晓的角度，事实可以分为单方事实、共识事实、三方事实。单方事实，是指只有某一方知道的事实，共识事实是指双方都知道并达成了共识的事实，三方事实是指事实与双方没有关系是其他第三方发生的事实。

从价值的角度，事实可以分为客观事实和主观事实。客观事实是指实实在在发生并如实体现和反应，没有被人为价值倾向和个人主观观点处理过的事实。主观事实，是指事实发生后，经过人为的加工或者人为的评价，被人为的利益视角处理后所体现的事实。

认清事实的分类，有助于我们从本质上理解事实和分清事实，也有助于我们在项目结算办理过程中，快速有效地去梳理事实、甄别事实、利用事实。

（3）梳理实务

对于工程项目结算办理，事实梳理有两个核心的目的：

目的之一，通过梳理，整理提炼出该项目客观的、共识的、书面的、有用的结算事实，直接作为有效的结算支撑依据。

目的之二，通过梳理，把主观的、三方的、口头的、无用的事实，梳理架构成一个个有说服力和吸引力的专业场景，作为结算支撑的间接依据，并在结算对审、结算争议解决、结算谈判过程中，发挥其不可或缺的独特作用。

在实务中，一般结算办理的事实梳理分为三个阶段进行。

第一个阶段是现场调研。在项目现场，针对不同人员，以整个项目建设过程时间顺序为逻辑线，详细地了解与结算相关的、从项目开始到项目结束的全建设周期事实。针对每一个事实，一般都需要调研该事实的七个基本元素：什么人在什么时候，在什么地点，为的什么原因，做了什么事情，产生了什么结果，造成了什么影响。

第二个阶段是专业核实。针对现场调研的事实，需要从专业的角度，进行全面的核实。主要是核实哪些是真实的、客观的、共识的、书面的、有用的事实；哪些是失真的、主观的、单方面的、无用的、不利的事实，并且分门别类地进行归类和整理。事实核实的办法通常可以采取如下的方式：逻辑关系校核、利益关系校核、交叉校核、资料求证、三方核实等。

第三个阶段是事实结果。经过专业核实后，需要将事实形成两个成果，一个是能作为结算依据的直接事实，另外一个作为间接支撑的相关事实。事实结果一般采取 WORD 文档或者 EXCEL 文档，图文并茂地整理和保存，便于后期结算工作团队的调取和使用。

（4）总结

在工作中，我们往往过多地去关注和聚焦行为结果的对错，这其实是个价值评判的问题，这也就是我们所说的屁股决定脑袋，位置决定观点。而对于事情本身的真实状况、来龙去脉等，往往缺乏足够的耐心，足够的细致，足够的条理和梳理，去还原，这经常导致我们很多工作推进困难，或者沟通交流阻碍重重。慢即是快，如果我们在事实这个层面多用心，多用功，很多工作和事情会是别有洞天的感觉和结果。

2021 年 1 月 18 日

5）逻辑性、通俗性、准确性——结算编制提量上量三关键

（1）前言

在工程项目的结算办理过程中，施工企业少算、漏算导致项目利润白白丢失的情况非常普遍。而在这其中，随着工程造价建模算量软件的日益智能化，建模算量的准确度和精准度越来越高，发生错误和漏算的概率越来越低。同时，随着市场清单计价和模拟清单计价的推广、普及和规范，计价环节失误的情况也逐渐可控，而与此相反的情形，却是作为建模算量与计价中转桥梁的提量、上量工作，由于长久以来不被工程造价人员和施工企业所重视，反而导致在结算办理过程中，施工企业频频在此丢分，让原本应该得到的利润遗失，非常可惜。

韩愈在《师说》里面说道：“闻道有先后，术业有专攻。”这句话告诉我们，人和人之间其实没有高低差别，学问大的人和老师不过是闻道早和多，每个人有自己的专长。但是从工作和职场的角度，其实这句话更深层次地告诉我们，只有自己领悟了“道”这个层面，接下来具体的“术”才能真正有效地“专攻”。没有“道”的“术”往往很难有效，而没有“术”的“道”又只能远观。

回到工程项目的结算办理提量和上量工作，不管项目的计价方式如何多变，不管项目的类型如何复杂，不管建模算量多么繁琐，提量上量工作指导核心之道其实就是三性：逻

辑性、通俗性、准确性。

（2）逻辑性

逻辑是这个世界完美运行背后看不见的力量。就如领导们讲话喜欢的三段论，这就是最简洁最实用逻辑的体现。

在提量和上量工作中，我们的逻辑分为两个层次。

第一个层次的逻辑是外在逻辑，也就是宏观和整体逻辑，类似领导讲话的第一点、第二点和第三点。外在逻辑能让人们快速从整体上了解事物、理解事物、认识事物并接受事物。

外在逻辑又分为三个环节诠释。

环节之一是梳理计价需要计算的量。这需要造价人员根据施工合同的结算条款以及计价条款、中标清单、定额文件等，采用思维导图的形式，体系框架化的梳理出该项目需要计算的量。

环节之二是明确量的具体计算规则。不同的项目，使用的是不同的计价方式、不同的合同约定，量的具体计算规则是不一样的。

环节之三是选择量的计算实现方式。当需要计算的量和计算规则明确清晰后，接下来需要重点思考如何实现量的计算方式。是选择建模软件建模算量，还是 EXCEL 手工计算，还是相关深化软件自动算量，还是其他 CAD 等工具算量？工程量计算的实现方式不一样，推进的逻辑和理解角度也就不一样。

外在逻辑的表现形式可以见图 2.54 关于旋挖桩定额计价提量上量逻辑梳理。

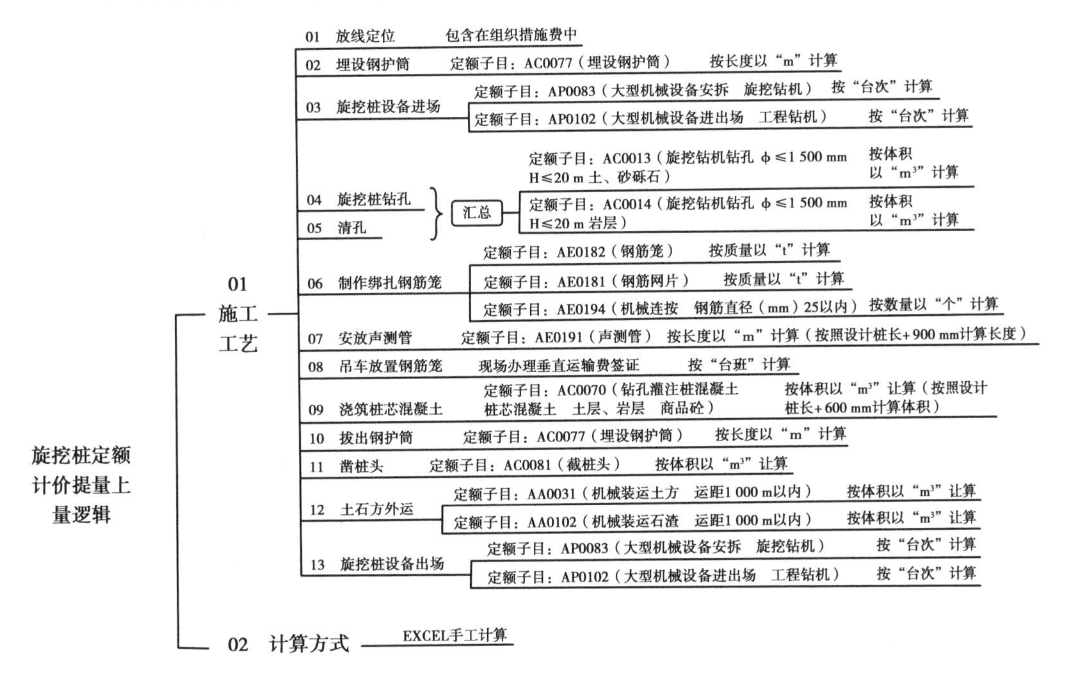

图 2.54　某定额计价项目旋挖桩提量上量逻辑梳理

第二个层次的逻辑是内在逻辑，是微观和细节逻辑，也就是我们常说的要注意细节。

提量和上量工作主要是数据的流动和变化。一方面，我们要能体现出每一个数据来自哪里？是来自模型，来自图纸，来自手算，来自猜测等。有的时候我们通过提量上量表中本身的标题描述，就可以理解数据来自哪里；当不能理解的时候，我们就需要做备注和相应的说明；当备注和说明还不能让他人快速理解时，那就说明我们提量上量选择的方式方法有问题，需要重新调整。

另一方面，我们要能清晰地知道，每一个数据将会去到哪里。来和去这样才能形成一个闭环和整体，让内在逻辑形成一个有机统一，既有细节又有整体宏观逻辑。

（3）通俗性

通俗性，就是要通俗易懂，接地气。阳春白雪终归是少数，下里巴人才是人民大众喜闻乐见的形式。这也是互联网从论坛时代—博客时代—微博时代—微信时代—短视频时代演进发展的规律。

提量上量的通俗性包含两个部分。

第一部分，是提量方法过程易懂。为什么在实务工作中，建模算量软件本身自带的套做法提量很难普及和被大部分造价人员所接纳，就是因为套做法提量对人的理解和专业能力要求较高，提量方法不是那么通俗易懂。在房地产市场清单计价模式下还可以勉强接受，但是一到定额计价和模拟清单计价里面复杂的分量和提量要求，再加上套做法本身的难度，就让很多造价人员望而却步。

第二部分，是上量逻辑原理易懂。计价文件中需要的上量数据，清晰明了地集中来自某个表格，这样就比较容易理解。这也是为什么需要我们在提量表和上量计价文件之间，再人为编制一个提量上量汇总表背后的底层逻辑。

根据二八定律原则，当一件事物能被百分之八十以上的人快速理解和接受的时候，就证明这件事物具有了生命力和可以有效持久落实执行的现实性。所以，提量上量工作的通俗性，就需要我们始终站在建筑行业百分之八十造价人员的专业能力和理解水平去考虑和去设置。

（4）准确性

如果我们的提量、上量工作能做到逻辑性和通俗性，一般情况下准确性也就自然而然得到了保证。从实务工作角度，一个项目结算办理从编制到最终完成，短则数个月，长则数年，这过程中经手的人可能会有各种情况，各种特点。如何确保我们设置的提量上量逻辑和成果，历经数年的时间和不同的人经手，都能确保结果准确，这就非常关键。在实务中，我们一般需要通过三个环节设计的理念来提前规避和考虑。

第一个环节设计，就是我们在进行提量上量逻辑和表格设置时，需要预留自我检查复核的路径，例如在建模软件导出的工程量表格中，每个表格要设置软件总量与提量分量汇总是否相等的逻辑校核。

第二个环节设计，就是我们需要考虑方便他人修改调整的开口，也就是如果建模算量软件需要调整，他人或者自我对于提量上量表格和数据能快速调整，而不需要另外再单独建立一套提量上量的体系和表格逻辑。

第三个环节设计，就是建立重大错误防火墙理念。提量上量表格不宜建立过多的表内链接、表与表之间链接、文件与文件之间链接。链接设置得越多，快捷方便的同时，也让表格的数据逻辑变得不可控。过程中由于某个人的疏忽或者某个软件的不匹配，加上防火墙的缺失，会导致重大错误和损失的发生。因此，在提量上量的工作中，在合适的位置，需要人为的设置汇总表和提量中转表作为防火墙，一方面便于他人理解，另一方面也让整个项目的数据逻辑可控，不至于出现某一点的失误影响到整个大局的损失。

（5）总结

建模算量是一种技术能力，计价组价是一种专业能力，提量上量从某种程度上来讲，其实是一种艺术能力。作为艺术，最为重要的部分是了解人心，思考人性，最为关键的环节是如何大众化。当深刻领悟和把握了这个核心道理，我们施工企业的提量上量工作乃至结算办理和过程商务管理工作，就会万变不离其宗，简单快捷而有效。让每个项目利润最大化，让每个项目都成功且未来可期。

2021 年 9 月 23 日

6）万事皆有因——结算量与使用量差异缘由的分析与思考

一般情况下，一个工程项目施工完成，造价人员办理完工程结算，作为施工企业老总或者老板，就会有一个习惯性的动作，把造价人员结算工程量与实际采购的使用量进行对比。如果造价人员结算工程量低于实际采购的使用量，这个时候经常就会出现造价人员被迫背锅的情况。

因为在这种情况下，作为施工企业老总或者老板，他们的思考逻辑常常很简洁。例如混凝土工程，项目实际发生和采购了 Am^3 混凝土，真金白银花费出去了相应的费用，但是现在造价人员结算办理完成计算的混凝土工程量是 Bm^3，如果 $B < A$，那么就是证据确凿，铁板钉钉的造价人员少算了工程量，这就是属于造价人员的工作不利。如果差异量还很大，那么造价人员往往是有口难言、百口莫辩，跳进黄河都洗不清了。

一件事情出现差异，有其内在的原因，而不仅仅只是表面上的差异所显示的。就如常见的工程项目工期延误，表面上看（竣工日期—开工日期）>合同约定工期，就是施工企业工期延期和违约了，但是实际情况往往不一定如此，而是施工过程中各种错综复杂的情况导致的差异，有建设单位的原因，施工企业的原因，第三方的原因，外部环境的原因，甚至是不可抗力、不利物质条件的原因等。

所以从公平公正的角度，系统地对一个工程项目中，工程结算量与使用量出现差异缘由进行可能性的系统分析。一方面给造价人员的专业工作进行正名，另一方面也给施工企业老总和老板们提出一个新的思考和新的课题：如何通过管理降低正常的差异，规避非正常的差异，确保项目的利润最大化。

由于每个工程项目中混凝土的使用量非常大，因此我们就选择混凝土结算量与使用量出现差异缘由进行典型性分析。

在实务中，混凝土结算量与使用量的差异主要分为两个大类，分别是正常的差异和非正常的差异。

（1）正常的差异

正常的差异主要分为三种情况，分别是计算规则的差异、正常的施工损耗、综合单价的差异。

①计算规则的差异

由于结算办理是施工企业和建设单位，按照施工合同约定的计价规则进行计算，而使用量是施工企业和下游单位，也就是商品混凝土搅拌站，按照实际发生的小票计算，这属于两种不同的体系和不同的规则。因为规则的不同，导致两者计算出来的量就天然的存在差异。

例如，施工合同的计价规则约定，施工措施费按项包干，结算文件中措施费不体现混凝土的工程量，但是实际必然会发生相应的混凝土使用量，如措施费中的塔吊基础混凝土。

例如，施工合同的计价规则约定，安全文明施工费按照规定费率计取，结算文件中安全文明施工费只体现总金额，不体现混凝土工程量，但是安全文明施工费中必然发生相应的混凝土使用量，如临时设施、施工便道、生活区等各处的混凝土浇筑等。

例如，施工合同的计价规则约定，对某些分部分项工程按照 m^2 计量，不按照 m^3 计算，这就导致混凝土结算工程量未统计该部分工程量，产生相应差异。例如一般情况下，楼梯、细石混凝土面层、垫层、找平层等都是按照㎡计量。

例如，施工合同的计价规则约定，对某些清单项目采用大清单，清单名称不体现是混凝土，而且是按照㎡计量，这样同样的导致工程量统计差异。例如实务中，经常按照如下编制大清单：上人屋面、不上人屋面、某某地面等，而上述的大清单中又包含相应的混凝土垫层、找平层、面层等做法。

②正常的施工损耗

在施工过程中，由于施工工艺或者施工工序，会导致一些正常的施工损耗发生。结算工程量是按照设计图示尺寸计量，而使用量是按照实际发生计量，这样天然地产生差异。

例如，混凝土运输和浇筑过程中发生的相应施工损耗。

例如，在实务中，商品混凝土采用罐车运输，通常都会出现理论量与实际量的亏方损耗。

例如，对于某些特殊工程，当异形构件、装饰线条、零星构件、相关造型等过多时，会产生一定的超额损耗。

③综合单价的差异

在前期的招投标过程中，招标文件或者招标清单中，规定某些工程量在综合单价中包含，不单独计量，这样也会导致混凝土结算量与使用量的差异。

例如，招标文件规定旋挖桩混凝土综合单价包含充盈系数，那么在实际浇筑旋挖桩的过程中，混凝土浇筑充盈量对应部分的工程量就无法计量，导致发生差异。

例如，招标文件规定，当现场出现溶洞，不利地质条件等，均在相关基础工程综合单价中包含，不再单独计量。实际施工时发生了上述的情况，导致施工企业承担了上述混凝土实际使用的风险，但是结算不能单独计量。

（2）非正常的差异

非正常的差异主要分为三种情况，分别是现场管理不善导致的浪费、施工不规范导致的差异、结算办理少算漏算导致的差异。

①现场管理不善导致的浪费

在施工过程中，由于相关现场管理人员管理不善，由此导致相关混凝土的使用浪费，造成相应的差异发生。

例如，楼板和地面混凝土浇筑时，对标高和厚度控制不到位，造成实际浇筑的混凝土厚度高于设计要求厚度，导致实际使用混凝土的浪费。

例如，在现场浇筑混凝土时，相关施工人员每次报给混凝土公司的采购量不准确，导致相应部位浇筑完成后，还有一定混凝土量的剩余，就只有在现场其他地方倾倒，导致实际使用混凝土的浪费。

例如，施工过程中，甲方提出的相关变更和指令，管理人员没有及时跟进办理相关签证或者书面资料，导致该部分混凝土工程量不能进入结算，产生量差。

②施工不规范导致的差异

现场施工时，由于施工作业人员的不规范、不严谨，或者施工质量不过关，由此也会导致实际使用混凝土量的浪费和差异。

例如，基础工程施工过程中，施工作业人员超宽超深超规范开挖，导致混凝土多浇筑，而超过部分多浇筑的混凝土又无法进入结算，导致实际使用混凝土的浪费和差异。

例如，隐蔽工程和相关分部工程施工时，施工质量不过关导致浪费，甚至引发质量整改和返工，由此导致实际使用混凝土的差异。

③结算办理少算漏算导致的差异

在结算办理过程中，由于造价人员的疏忽或者专业能力问题，在结算编制和对审过程中，少算漏算相关混凝土工程量，导致相应差异的发生。

例如，在结算文件编制过程中，少算、漏算、错算相关构件工程量。

例如，在结算文件编制过程中，模型提量、计价文件上量出现失误或者遗忘。

例如，对于过程设计变更、洽商、签证收方等相关工程量漏算或者遗忘。

例如，对于软件不能处理或者计算的工程量部分，没有相应的通过手算或者其他方式处理。

当我们从原理上知道了工程项目结算量和使用量差异的原因，在项目管理的过程中，就需要去提前关注风险和规避损失，通过管理手段和专业技术，降低正常差异的区间，减少非正常差异事项发生的概率。

2022年4月2日

7）他山之石　可以攻玉——办案大事记在复杂项目结算办理中的应用实务

第一次接触办案大事记的工作方法，是崔煜民律师在“天同诉讼圈”微信公众号上所写的一篇文章《办案法宝！用好你手中的案件大事记》。初次接触到这种工作方法，我就被深深地吸引了。一名诉讼律师，办好一起诉讼案件，离不开对案件事实的全面把握；一名造价工程师，办好一个项目的结算，离不开对项目事实的全盘掌握。崔煜民律师通过对办案大事记的作用价值、表现形式、梳理思路、制作要求，以及在首次接触案件阶段、案件研判阶段、案件办理阶段、案件庭审阶段的具体应用方式的全面剖析，让身处造价行业的我对法律行业的具体实务工作方法论有了一个直观和形象的理解。

第二次接触办案大事记的工作方法，是天同律师事务所在2021年出版的《天同办案手记》。这本书籍对法律行业律师的具体办案技巧和方法进行了浓缩提炼，从另外一个侧面和多个维度，让我对办案大事记这一工作方法背后的核心原理、底层逻辑和应用场景等，有了更深层次和更透彻的理解。

在工程造价领域，一直隐隐约约地存在这样一个认知：一个项目的结算，只有让参与和经历过该项目的造价人员去办理，才能取得最好的效果。也正是基于这个固有的认知，很多时候，一些项目尤其是复杂项目的结算办理，施工企业往往倾向于项目自身造价人员或者自有团队人员去负责，而不太愿意聘请第三方造价咨询公司进行结算办理。在律师行业却刚好相反，一般企业面对诉讼纠纷案件时，更多时候是聘请专业律师去处理，而不是让企业的法务人员去应对。作为专业律师在介入案件之前，同样的对案件的过程没有亲身经历，对案件的事实也没有前期了解，但是这丝毫不妨碍作为第三方的专业律师介入后，专业而又有效地解决前期并不熟悉和没有参与的复杂诉讼案件，而且往往比企业仅仅让自身法务人员去处理诉讼案件的效果更好。

对于专业律师，快速了解和掌握复杂案件的情况，让自己能有身临其境经历该案件的方法，其实就是办案大事记。同样，对于造价工程师们，不管我们是否经历该项目，在办理复杂项目的结算事宜时，也同样可以借鉴办案大事记的方式、方法和理念，让我们的造价咨询工作做得更好和更有价值。

结合到具体项目的经验总结，造价工程师在复杂项目结算办理中可以借鉴和采用如下办案大事记的工作方法或者工作理念。

工作方法一：工程项目建设大事记的表格梳理法

作为造价工程师，在接手一个复杂项目的结算办理工作时，第一步最关键的工作不是收集整理资料，也不是建模算量，也不是套价组价，而是全盘了解项目的事实。人民法院审理案件时，是以事实为根据，以法律为准绳，事实在前，法律在后。同样的，造价工程师在办理结算项目时，是以事实为基础，以专业为依据，事实在前，专业在后。

作为一个没有经历过该项目建设过程的造价工程师，如何来全盘了解项目的真实事实呢？这就可以采用工程项目建设大事记的表格梳理法，也就是采用表格的方式，把该项目从招投标到竣工验收，从各个维度、各个角度，按照时间先后顺序进行事实梳理，采取表格的形式进行呈现，具体可以参见如表 2.8 所示。

表 2.8　项目建设大事记

×× 项目建设大事记						
序号	年份	日期	事项类型	事项	主要内容	备注
—	—	—	—	—	—	—

其中，年份和日期分开列明，是为了便于后期统计分析；事项类型可以分为：招投标、建设手续、合同签订、施工过程、设计图纸、变更洽商、往来函件、施工方案、签证收方、材料核价、进度报送等多个维度；事项主要是简明扼要提炼关键词和语句；主要内容主要是对事项的重要内容进行摘抄；备注主要是对事项和内容的相关解读和注明。

当我们采取上述的方式，对一个项目建设的大事记梳理完成，基本上也就掌握了这个项目的大部分真实情况。在此基础之上，我们再通过重点查阅、交流、解答、现场踏勘、其他印证的方式和方法，就能让我们对该项目的情况掌握得更全面和更真实，这样对该项目的结算办理工作，既能在宏观上不失方向，又能在微观上不失细节。

工作方法二：结算办理全过程大事记的印象笔记梳理法

对于复杂项目的结算办理，有可能时间会延续很长，有可能在办理过程中要不间断地进行各种材料梳理、事项汇报、沟通反馈等，甚至在结算办理完成多年以后还要面临二审或者国家审计。这个时候作为造价工程师，对结算办理全过程大事记的记录和整理就非常的重要。

因此，我们可以从办理该项目的结算工作开始，就用印象笔记，建立相应的表单，对该项目的结算办理全过程进行梳理记录，具体可以参见图 2.55 的形式。

其中，印象笔记表单正文内容，可以按照时间先后顺序，摘要记录关键事项，并且把关键相应成果作为附件保存，同时做好相应标签记录和整理，便于后期归档和查询。

有了印象笔记里的上述结算办理全过程大事记，就能随时随地对该项目的结算办理情况、进程、过程重要文档和事项等进行了解和快速查阅，方便结算办理工作随时推进、随时暂停或者随时重启。

工作方法三：结算办理进展汇报大事记的 WORD 文档梳理法

对于一些复杂项目结算办理工作，尤其是跨省或者外地的结算项目，对于该项目的结算办理过程和进展信息等在各方人员中及时互通就显得非常重要，如果我们采用口头形式进行交流汇报的方式，往往不系统、不全面而且不及时。因此，采用 WORD 文档对结算办理进程和开展过程进行及时汇报互通，就是一种非常重要的方式，具体可以参见图 2.56 的形式。

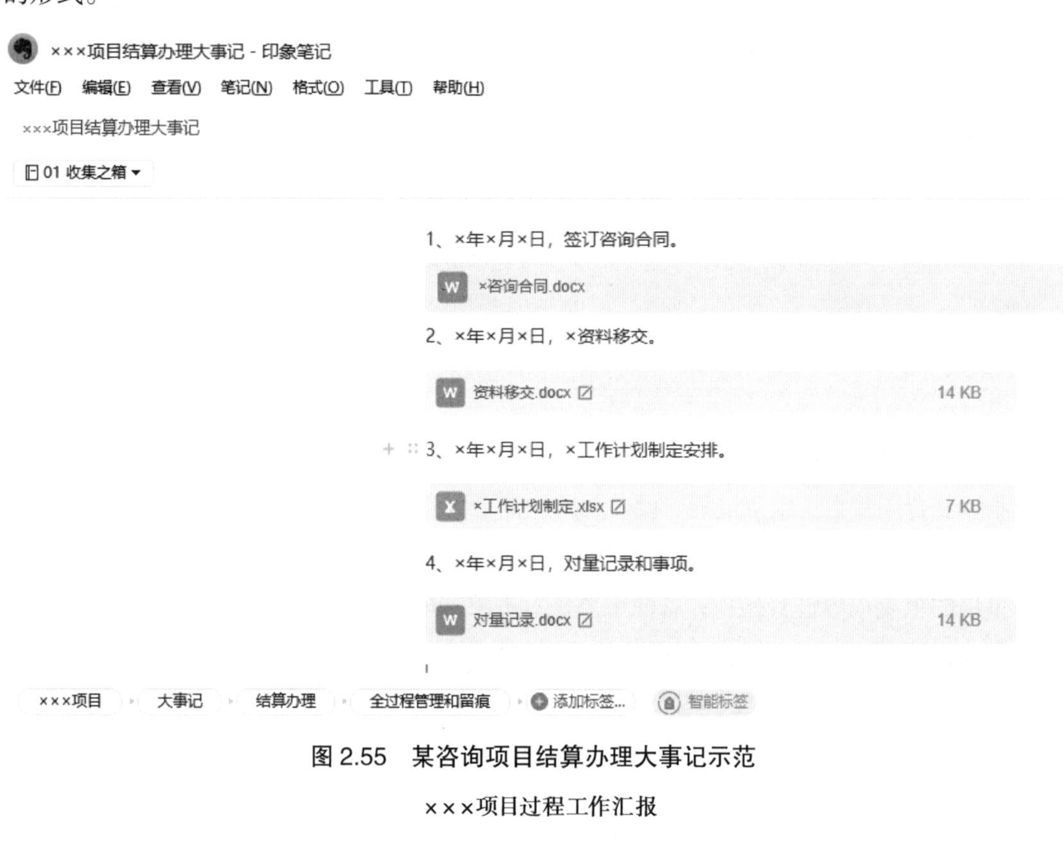

图 2.55　某咨询项目结算办理大事记示范

×××项目过程工作汇报

×××项目工作汇报（编号：×）——×年×月×日

1.工作进展

×××

2.近期计划

×××

3.待决事项

×××

4.其他事项

×××

图 2.56　某咨询项目结算办理工作汇报示范

其中，工作进展主要阐述近期工作开展的具体进度，近期计划主要阐述相关计划安排，待决事项主要阐述需要相关人员和部门配合、协调或者推进的事项，其他事项主要根据实际情况阐述相关的事宜。

一般情况下，项目结算办理工作汇报在开始启动时每隔几天可以统计汇报一次，在前期时可以每隔一周汇报一次，在中后期可以每隔半月汇报一次。这样能让结算办理的相关人员和主体能随时完整全面地掌握该项目结算办理的具体情况，便于工作推进和进行相应的决策和管理。

综上所述，很多时候，原理是互通的，思路是可以借鉴的，但是具体到方式和方法，却又需要我们结合自己所在的行业，所处的岗位，进行灵活的理解和应用。同样地，对于我们专业技术人员，一方面要走出去，另一方面要引进来。走出去，面对其他的行业，其他的事物，是为了开拓我们的视野和认知，是为了接收新的理念和方法，是为了学习他人的长处和闪光点。而引进来，是需要我们走出去之后，要把所见、所学、所看、所想进行沉淀总结，转换为自己所在行业所在岗位能够具体应用的方法和技巧。有所吸收，更要有所实践和反馈，这样才能让专业发展之路越来越宽广。

2022 年 10 月 10 日

8）定额计价的理解思路和应用技巧

（1）计价模式的发展

房建项目的计价模式发展，经历了四个大的阶段。

第一个阶段是 1999 年以前，这个时候计价模式带有浓厚的计划经济管理色彩，采取全国统一定额进行计价，与计价模式的趋势配套的是《建设工程施工合同示范文本》（GF—1999—0201）。

第二个阶段是 1999—2008 年，这个时候计价模式开始具有市场经济管理理念，推行和采取清单计价模式，同时各个省份开始结合自身情况编制相应的各省定额体系。国家主管部门分别制定和颁布了《建设工程工程量清单计价规范》（GB 50500—2003）、《建设工程工程量清单计价规范》（GB 50500—2008），各个省份的造价主管部门也纷纷开始制定和颁布相应地方定额计价文件。在这个阶段，与计价模式的趋势配套的是《建设工程施工合同示范文本》（GF—2003—0201）。

第三个阶段是 2008—2013 年，这个时候属于清单计价模式的快速发展阶段，国家主管部门分别制定和颁布了《建设工程工程量清单计价规范》（GB 50500—2013）。对于房建项目，这个时候计价模式存在了分化发展，对于政府和国有投资的相关项目，一般采取清单计价的表现形式，实质仍旧是执行各省现行定额文件进行计价。对于房地产相关的市场化项目，一般是通过参考各省现行定额文件体系，通过在施工合同中进行详细补充、修订、调整的半市场化定额模式进行计价。在这个阶段，与计价模式的趋势配套的是建设工程施工合同（GF—2013—0201）示范文本。

第四个阶段是 2013 年以后，这个时候属于清单计价模式以及市场化计价模式的深入发展阶段。各个省份的造价主管部门通过前期的实践经验和总结，纷纷结合市场的实际情况修改完善和制定颁布新的定额，通过提供定额人工价格，降低相关人工、机械和材料的消耗量，让定额与市场逐渐接轨。对于房建项目，这个时候计价模式开始出现了显著差异。对于政府和国有投资的相关项目，必须执行主管部门颁布的标准清单计价模式，同时相关主管部门对定额计价的应用和理解等，完善了相关实际应用和指导文件的编制和落实执行，让定额计价进一步与市场接近，更具合理性。对于房地产相关的市场化项目，不再采用主管部门颁布的标准清单计价模式或者定额计价模式，而是采用纯市场化的企业清单模式，通过制定与自己企业实际情况相匹配的企业清单计价规则体系，来进行项目的造价管理和实施。在这个阶段，与计价模式的趋势配套的是《建设工程施工合同示范文本》（GF—2017—0201）。

虽然计价模式的发展整体上是朝着市场化的清单计价模式发展，在实务中又存在标准清单计价模式、企业清单计价模式、战略清单计价模式、模拟清单计价模式等各种不同形式。由于当下企业定额的缺失和对工程项目造价管理的现实需要，各省颁布的定额计价文件仍旧是工程项目直接或者间接的计价依据，例如工程总承包项目等，最终仍旧是以定额计价后下浮一定比例作为结算造价；例如企业清单项目，对缺项、漏项或者新增加的项而原清单中又没有的清单单价，一般仍旧是参照定额文件作为重新组价的依据；例如对于造价争议、造价纠纷以及相关的仲裁和诉讼案件中涉及与造价相关的计价，当施工合同没有明确约定或者约定不明确时，参照定额文件进行计量计价仍旧是实务中的常态。从某种程度上去理解，计价模式发展过程中变化的只是计价的形式，不变的是定额的原理及内核。因此在实际工作中，对于工程造价人员，深刻的理解和掌握定额计价的原理与思路，灵活的在具体项目中进行应用，是一项必备和关键的基本专业技能。

（2）定额计价的本质

某施工企业承接了某钢结构空中栈道工程，施工合同约定执行项目所在地定额及配套文件进行计价，材料价格按照施工合同签订当月造价主管部门颁布的造价信息执行。该项目竣工验收后办理完工程结算，原本预计有一个不错利润率的项目，最终综合成本核算完成，竟然出现了亏损的情况。我们团队从造价的角度参与了该项目的总结复盘，发现了众多的工程造价管理问题，其中有两个比较典型的问题如下。

①关于油漆定额子目的理解问题

该项目在设计施工图中，对钢结构油漆做法的相关注明如下：

1. 钢材表面的除锈等级以及防腐蚀对钢结构的构造要求等，符合《建筑钢结构防腐蚀技术规程》（JGJ/T251）和《涂装前钢材表面锈蚀等级和除锈等级》（GB/T 8923）的规定。

2. 钢结构在进行涂装前，将构件表面的毛刺、铁锈、氧化皮、油污及附着物彻底清除干净，采用喷砂、抛丸等方法彻底除锈，达到 Sa2.5 级。现场补漆除锈可采用电动、风动除锈工具彻底除锈，达到 St3 级，并达到 35 ~ 55 um。经除锈后的钢材表面在检查合格后，在要求的时限内进行涂装。

3. 钢结构构件涂环氧富锌底漆防锈，涂刷遍数为二遍，干膜厚度为 55×2 um，产品固体含量不小于 60%，产品的干膜中金属锌含量不低于于 80%（重量比）。底漆外涂以快干型环氧云母氧化铁中间漆，涂刷遍数为二遍，干膜厚度为 55×2 um，产品固体含量不低于 74%。面漆使用氟碳漆，涂刷遍数为三遍，干膜厚度为 50×3 um。

施工企业在编制该项目的结算书时，由于当地定额文件中有明确的“氟碳漆”定额子目，具体如图 2.57 所示。在“氟碳漆”定额子目的工作内容中明确说明包含：清扫、除锈、刷防锈漆、满刮抗裂腻子三遍、光面腻子二遍、刷底漆、中间漆、金属氟碳漆、氟碳罩面清漆。因此结算书中对于该项目的钢结构工程，只套取了钢结构制作、钢结构安装、钢结构运输、氟碳漆等四个定额子目。

E.4.1.5　氟碳漆

工作内容：清扫、除锈、刷防锈漆、满刮抗裂腻子三遍、光面腻子二遍、刷底漆、中间漆、金属氟碳漆、氟碳罩面清漆等。

计量单位：10m²

定额编号					LE0147
项目名称					金属面氟碳漆饰面
费用	综合单价（元）				722.15
	其中	人工费（元）			310.50
		材料费（元）			327.75
		施工机具使用费（元）			—
		企业管理费（元）			48.47
		利润（元）			29.84
		一般风险费（元）			5.59
	编码	名称	单位	单价（元）	消耗量
人工	000300140	油漆综合工	工日	125.00	2.484
材料	130307850	氟碳漆用光面腻子粉	kg	1.79	8.555
	130105000	丙烯酸聚氨酯底漆	kg	38.77	0.798
	130105010	丙烯酸聚氨酯中间漆	kg	35.63	1.582
	130900300	金属氟碳漆面漆	kg	38.46	1.743
	143518000	氟碳漆面漆稀释剂	kg	17.26	0.478
	130105510	氟碳罩面清漆	kg	131.13	0.602
	002000010	其他材料费	元	—	70.91

图 2.57　氟碳漆定额子目

当我们团队对定额文件进行详细专业分析时，发现结算书的上述编制方式，存在了如下费用的漏算问题。

当地定额文件中对于除锈明确说明如下：

十七　本章定额中防锈漆定额子目包含手工除锈，若采用机械（喷砂或抛丸）除锈时，执行“金属结构工程”章节中除锈的相应定额子目，防锈漆项目中的除锈用工亦不扣除。

本项目实际采用的是抛丸除锈，虽然“氟碳漆”定额子目中的工作内容包含了除锈，但是可以比对分析“防锈漆”定额子目中的工作内容同样包含了除锈，具体如图 2.58 所示。结合上述定额文件说明可以得知，“氟碳漆”定额子目包含的除锈是指手工除锈，本项目采用机械除锈，应该单独计算抛丸除锈的费用，并且不扣除“氟碳漆”定额子目中除锈用工。

E.4.1.4　防锈漆

工作内容：除锈、清扫、刷漆。

定额编号					LE0139	LE0140	LE0141	LE0142
项目名称					防锈漆一遍		银粉漆二遍(不含防锈漆)	
					单层钢门窗	其他金属面	单层钢门窗	其他金属面
单位					10m²	t	10m²	t
费用	综合单价（元）				**70.03**	**185.40**	**172.45**	**368.63**
	其中	人工费（元）			37.50	96.25	111.25	221.25
		材料费（元）			22.40	63.15	31.14	87.60
		施工机具使用费（元）			—	—	—	—
		企业管理费（元）			5.85	15.02	17.37	34.54
		利润（元）			3.60	9.25	10.69	21.26
		一般风险费（元）			0.68	1.73	2.00	3.98
	编码	名称	单位	单价(元)	消耗量			
人工	000300140	油漆综合工	工日	125.00	0.300	0.770	0.890	1.770
材料	130500700	防锈漆	kg	12.82	1.652	4.650	—	—
	140100100	清油	kg	16.51	—	—	1.034	2.910
	142301500	银粉	kg	19.66	—	—	0.255	0.720
	002000010	其他材料费	元	—	1.22	3.54	9.06	25.40

图 2.58　防锈漆定额子目

虽然“氟碳漆”定额子目中的工作内容包含了底漆、中间漆、氟碳漆，但是没有明确包含的具体遍数。我们通过对“防锈漆”定额子目中的耗量分析，如果涂刷一遍防锈漆，每涂刷 10 m² 的面积，消耗的防锈漆材料为 1.652 kg。对应到“氟碳漆”定额子目进行分析，同样是涂刷 10 m² 的面漆，底漆的消耗量为 0.798 kg，中间漆为 1.582 kg，氟碳面漆为 1.743 kg，氟碳罩面清漆为 0.602 kg。根据上述数据的对比分析，可以初步得出“氟碳漆”定额子目中考虑的是底漆涂刷 0.5 遍，中间漆涂刷 1 遍，氟碳漆涂刷 1.5 遍，与本项目的实际情况不吻合，不应该直接套用“氟碳漆”定额子目。

因此，该项目对于油漆工程合理的定额计价方式有两种，第一种方式是直接执行钢结构金属面油漆相应定额子目，分别套取钢结构防锈漆、钢结构中间漆、钢结构面漆三个定额子目，根据设计说明调整相应的涂刷遍数和具体材质。第二种方式是借用“氟碳漆”定额子目，但是要根据实际涂刷遍数和厚度调整相应的人工、材料的耗量，同时要删减“氟碳漆”定额子目中本身考虑的刮腻子对应的人工、材料的耗量。

②关于该项目的取费类别

施工企业在编制该项目的结算书时，取费类别按照建筑工程进行取费。

该项目的工程名称虽然为钢结构空中栈道工程，按照通常理解应该执行建筑工程进行取费。但是该项目设计施工图中明确注明了该项目的设计规范和参考图集中存在众多桥梁工程方面的规范和技术要求。我们在对该项目的竣工档案资料进行分析时，发现该项目还按照桥梁工程的验收要求进行了相关的桥梁荷载试验。因此，该项目名义上是建筑工程，但实际上是按照桥梁工程的技术规范要求在进行设计、施工和验收，因此取费类别应该按照桥梁工程进行取费。

除了上述两个典型问题之外，该项目的结算书中还存在其他工程量少算、漏算、错算，定额套取漏项、缺项、错项等问题。如果在该项目的结算办理过程中，把上述问题进行修改和调整，则该项目的实际利润率与施工企业最初的预估值是基本吻合的，不应该存在亏损的情况。

通过上述案例，我们可以深刻地理解定额计价的本质：定额是指社会平均的生产水平。从造价的角度，对定额的本质有如下两种理解方式。第一种理解方式，既然定额是代表着社会平均的生产水平，如果一个工程项目执行定额文件进行计价，那么这个项目肯定是会盈利的，利润率至少是社会的平均水平。第二种理解方式，如果一个工程按照定额文件进行计价，而施工企业最终亏损了，那么只能反映了两个问题，第一个问题是施工企业本身的造价商务专业技术水平能力低下，技不如人就只有承担亏损；第二个问题是施工企业在过程管理中成本失控，自身的施工成本超出了社会平均水平，这或许是项目管理团队本身的管理水平导致，也或许是企业的相关资源搭建和匹配工作没有完善所导致。

（3）定额计价的理解

对于定额计价原理的理解，我们可以从定额文件的组成和定额子目的构成要素两个方面进行。

①定额文件的组成

通常情况下，定额文件由三个部分组成，分别是费用定额、计价定额和配套文件。

费用定额主要是明确工程造价的基本原则和构成原理，即工程造价由哪些项目组成，组成项目的具体含义和范围，工程造价的计算逻辑，工程造价组成项目的具体取费标准、工程造价成果的表现形式等。费用定额在定额文件中的作用可以理解为宪法在法律渊源当中的地位，有时候费用定额也称之为编制办法或者其他的类似名称。

计价定额主要是明确相关工序做法也就是我们常说的定额子目，每一个计量单位所需要的人工、材料、机械等消耗量，以及对应的基准价格。计价定额通常包含两个部分内容，一部分是工程量的计算规则和定额子目适用说明，一部分是具体的定额子目明细表。计价定额按照具体专业类别进行编制，通常各省的定额文件中有多本计价定额，例如建筑与装饰工程计价定额、通用安装工程计价定额、市政工程计价定额、园林绿化工程计价定额、仿古建筑工程计价定额、城市轨道交通计价定额、爆破工程计价定额、构筑物工程计价定额、城市道路桥梁养护工程计价定额、城市地下综合管廊工程计价定额、房屋建筑维修与加固工程计价定额、绿色建筑工程计价定额、装配式建筑工程计价定额等。计价定额类似于法律渊源中的法律和行政法规等。

配套文件主要是为费用定额和计价定额在工程项目中具体使用而相配套的相关文件，

主要包含造价主管部门颁布的工程造价信息以及相关造价管理文件，建设主管部门以及其他相关部门制定和颁发的相关政策文件和管理制度等。配套文件类似于法律渊源中的规章制度和规范性文件等。

在实务中，根据定额文件的实际使用情况，定额文件制定部门会每隔一段时间制定和发布定额文件的综合解释说明，对相关定额文件进行增补、勘误和使用解读说明等。由于定额综合解释文件一般单独发行，不会在定额文件书籍出版原稿上进行修改和调整，因此我们在购买定额文件书籍进行学习时，首先需要根据定额综合解释对定额文件书籍进行对应标记和修改，避免直接使用定额文件书籍造成工作失误。相关的造价软件会在第一时间根据定额综合解释文件修改内置的定额库和计算程序，作为造价人员在实务中需要特别注意去人工复核造价软件是否按照综合解释修改准确，避免由于造价软件版本的使用问题、兼容问题或者本身问题等造成相关定额综合解释没有修改或者不修改准确而导致造价差异情况的发生。

②定额子目的构成要素

从法律的角度，每一个法律规范的构成包含三个要素，分别是假定条件、行为模式和法律后果。我们只有对每一个法律规范的三要素详细了解，才意味着理解了这个法律规范本身。假定条件是指法律规范适用的前提条件，行为模式是指具体的行为动作，法律后果是指具体行为动作实施后在法律上引起的结果。

例如《关于审理建设工程施工合同纠纷案件适用法律问题的解释（一）》（法释〔2020〕25号）中第二条第一款规定如下：

第二条　招标人和中标人另行签订的建设工程施工合同约定的工程范围、建设工期、工程质量、工程价款等实质性内容，与中标合同不一致，一方当事人请求按照中标合同确定权利义务的，人民法院应予支持。

从法律规范的构成要素分析，“招标人和中标人另行签订的建设工程施工合同约定的工程范围、建设工期、工程质量、工程价款等实质性内容，与中标合同不一致”是指假定条件，“一方当事人请求按照中标合同确定权利义务的”是指行为模式，“人民法院应予支持”是指法律后果。

参考法律规范构成要素的原理，每一条定额子目的构成同样包含三个要素，分别是假定条件、行为模式和特殊调整。

假定条件是指定额子目适用的前提条件，包含显示的假定条件和隐含的假定条件。显示的假定条件是指定额子目本身的子目名称以及工作内容描述。如下图2.59所示的旋挖钻机钻孔定额子目所示，定额子目名称为：“旋挖钻机钻孔”，工作内容为：“钻机定位、准备钻孔机具、孔口护筒埋设、布孔、钻孔、提钻、出渣、清土堆放、清空、运渣20 m以内等”，工作内容即代表着施工工序。

C.2 旋挖钻机钻孔(编码:010302)

C.2.1 旋挖钻机钻孔(编码:010302B01)

工作内容:钻机定位、准备钻孔机具、孔口护筒埋设、布孔、钻孔、提钻、出渣、清土堆放、清孔、运渣20m以内等。

计量单位:10m³

定额编号					AC0007	AC0008	AC0009	AC0010	AC0011	AC0012
项目名称					旋挖钻机钻孔					
					$\phi \leqslant 1000mm, H \leqslant 20m$			$\phi \leqslant 1000mm, H \leqslant 40m$		
					土、砂砾石	岩层	土石回填区	土、砂砾石	岩层	土石回填区
费用	综合单价(元)				**3853.22**	**7978.62**	**5047.22**	**4231.02**	**8756.17**	**5538.31**
	其中	人工费(元)			682.53	1348.49	895.97	750.84	1483.39	985.55
		材料费(元)			108.05	230.86	164.28	110.86	234.93	167.25
		施工机具使用费(元)			2021.17	4244.75	2629.11	2223.58	4668.25	2891.91
		企业管理费(元)			651.59	1347.97	849.54	716.83	1482.54	934.47
		利润(元)			349.32	722.65	455.44	384.29	794.79	500.97
		一般风险费(元)			40.56	83.90	52.88	44.62	92.27	58.16
	编码	名称	单位	单价(元)	消耗量					
人工	000300010	建筑综合工	工日	115.00	5.935	11.726	7.791	6.529	12.899	8.570
材料	032134815	加工铁件	kg	4.06	6.100	6.100	6.100	6.100	6.100	6.100
	031394810	钻头	kg	18.80	2.909	8.683	5.774	2.909	8.683	5.774
	002000010	其他材料费	元	—	28.59	42.85	30.96	31.40	46.92	33.93
机械	990212020	履带式旋挖钻机 孔径1000mm	台班	1797.51	0.792	1.663	1.030	0.871	1.829	1.133
	990106030	履带式单斗液压挖掘机 1m³	台班	1078.60	0.554	1.164	0.721	0.610	1.280	0.793

图2.59 旋挖钻机钻孔定额子目

隐含的假定条件，是指定额子目本身没有明确表述，但是可以根据定额子目的人材机耗量进行分析，或者根据工作内容说明进行推理得出的潜在假定条件。

如图2.60所示的“钻孔灌注桩混凝土”定额子目，在工作内容的描述中包含：“安装、拆除导管，漏斗。”一般情况下在浇筑水下混凝土时会采用导管。因此通过该工作内容的描述可以得出该“钻孔灌注桩混凝土”定额子目也适用于灌注桩混凝土水下浇筑的施工工序这一隐含的前提条件。同时，通过对定额子目耗量的分析，土石回填区采用商品砼的情形下，钻孔灌注桩混凝土的损耗率为（13.464–10）/10=34.64%，而土层、岩层采用商品砼的情形下，钻孔灌注桩混凝土的损耗率为（12.240–10）/10=22.40%。通过对混凝土损耗率的分析，执行“土石回填区桩芯混凝土”和“土层、岩层桩芯混凝土”定额子目的隐含前提条件，核心关键是现场地质情况对混凝土损耗率的影响，而不是仅仅根据表面的前提条件，只要存在土和石的回填区，均应该执行“土石回填区桩芯混凝土”。如果施工现场土石方回填的时间已经超过一定的期限，而且回填土石方中的石方比较规则和尺寸小，不是杂乱无章的片石等形式，这种情形下机械钻孔后孔的表面就比较平整和光滑，不会出现各种局部塌孔或者钻孔后表面非常粗糙的情况，此时混凝土浇筑的损耗率就与一般的土层和岩层中浇筑一致，因此即使是在土石回填区浇筑桩芯混凝土，我们应该根据该定额子目的隐含前提条件，仍旧执行“土层、岩层桩芯混凝土”定额子目。

子目适用，是指定额子目的正确套取。同样地，子目的适用包含显示的适用和隐含的适用。

C.4.2　钻孔灌注桩混凝土（编码：010302B02）

工作内容：1.安装、拆除导管，漏斗。
　　　　　2.自拌混凝土：搅拌混凝土、水平运输、浇捣。
　　　　　3.商品混凝土：浇捣。

计量单位：10m³

定额编号					AC0068	AC0069	AC0070	AC0071
项目名称					桩芯混凝土			
					土层、岩层	土石回填区	土层、岩层	土石回填区
					自拌砼		商品砼	
费用	综合单价（元）				5519.62	5977.41	4246.05	4670.65
	其中	人工费（元）			1309.85	1440.84	706.10	776.71
		材料费（元）			2784.46	3060.80	3267.96	3594.75
		施工机具使用费（元）			664.71	664.71	—	—
		企业管理费（元）			475.87	507.44	170.17	187.19
		利润（元）			255.11	272.04	91.23	100.35
		一般风险费（元）			29.62	31.58	10.59	11.65
	编码	名称	单位	单价(元)	消耗量			
人工	000300080	混凝土综合工	工日	115.00	11.390	12.529	6.140	6.754
材料	800224020	砼 C20(塑、特、碎 5～31.5，坍 75～90)	m³	236.80	11.670	12.837	—	—
	840201140	商品砼	m³	266.99	—	—	12.240	13.464
	002000010	其他材料费	元	—	21.00	21.00	—	—
机械	990602020	双锥反转出料混凝土搅拌机 350L	台班	226.31	0.810	0.810	—	—
	990406010	机动翻斗车 1t	台班	188.07	1.310	1.310	—	—
	990301020	履带式电动起重机 5t	台班	228.18	1.030	1.030	—	—

图 2.60　钻孔灌注桩混凝土定额子目

定额子目的显示适用，是指直接根据定额子目的名称和相应工程量计算规则，计算工程量后套取相应定额子目。

定额子目的隐含适用，是指根据对定额子目计算规则和施工工艺等隐含情况进行分析后，根据实际情况调整和修改相应的计算规则，调整或者更换相应的定额子目后进行套取。

例如，某省定额文件中对于机械钻孔桩混凝土工程量计算规则约定如下：

2. 机械钻孔灌注混凝土桩（含旋挖桩）工程量按设计截面面积乘以桩长（长度加 600 mm）以“m³”计算。

通过对上述计算规则的深入研究，我们可以得知定额文件规定计算灌注桩混凝土时桩长要额外增加 600 mm 长度进行计算，应该是考虑钻孔灌注桩通常存在凿桩头的施工工序。如果实际施工过程中钻孔灌注桩不存在凿桩头这一施工工序，那么我们在套取灌注桩混凝土相应定额子目时，对工程量的计算调整为按照设计桩长计算，不再单独额外增加 600 mm 计算工程量。

特殊调整，是指实际施工工序的内容与定额子目的条件存在差异，或者实际施工工序比较特殊时，需要对定额子目进行相应的定额调整和换算。

特殊调整同样包含明示的调整和暗示的调整。明示调整是指定额文明中明确说明需要进行的调整，例如重庆 2018 定额中对人工挖孔桩的定额子目套取相关特殊调整说明如下：

6. 人工挖孔桩挖土石方定额子目未考虑边排水边施工的工效损失，如遇边排水边施工时，抽水机台班和排水用工按实签证，挖孔人工按相应挖孔桩土方定额子目人工乘以系数

1.3，石方定额子目人工乘以系数 1.2。

7. 人工挖孔桩挖土方如遇流砂、淤泥，应根据双方签证的实际数量，按相应深度土方定额子目乘以系数 1.5。

8. 人工挖孔桩孔径（含护壁）是按 1m 以上综合编制的，孔径≤ 1m 时，按相应定额子目人工乘以系数 1.2。

9. 挖孔桩上层土方深度超过 3m 时，其下层石方按表 2.9 增加工日。

表 2.9　土石深度工日增加表

土方深度（mm）	4	6	8	10	12	16	20	24	28
增加工日	0.67	0.99	1.32	1.76	2.21	2.98	3.86	4.74	5.62

暗示调整是指定额文明中虽然没有明确说明需要进行调整，但是根据施工工艺、定额说明和定额耗量等分析后可以进行的定额调整。

例如，对于满堂支撑架，重庆 2018 定额的相关说明和定额子目如下：

31. 现浇混凝土柱、梁、板、墙的支模高度（地面至板顶或板面至上层板顶之间的高度）按 3.6 m 内综合考虑。支模高度在 3.6 m 以上、8 m 以下时，执行超高相应定额子目；支模高度大于 8 m 时，按满堂钢管支撑架子目执行，但应按系数 0.7 扣除相应模板子目中的支撑耗量。

（5）满堂式钢管支撑架是指在纵、横方向，由不小于三排立杆并与水平杆、水平剪刀撑、竖向剪刀撑、扣件等构成的，为钢结构安装或浇筑混凝土构件等搭设的承力支架。

根据图 2.61 所示定额子目，“满堂钢管支撑架”定额子目工作内容中包含安全网，而定额子目的耗量中未包含安全网，因此如果某项目搭设的满堂式钢管支撑架中布置有安全网，那么在套取“满堂钢管支撑架”定额子目后，还要单独计算安全网的费用。

根据上述定额说明，满堂式钢管支撑架是指“为钢结构安装或浇筑混凝土构件等搭设的承力支架”。在实际工程项目中，不同的钢结构工程，由于其重量不一样，其下部搭设的满堂式钢管支撑架的间距、步距和构造要求等均不一样。如果同一水平面积上满堂式钢管支撑架承受的钢结构工程重量不一样，在差异非常大的情况下，均统一执行“满堂钢管支撑架”定额子目，而不调整相应钢管、扣件等材料的消耗量，从常识来讲，这就属于不合理的。但是上述定额文件说明中又未明确表述如何调整，这就需要在实际项目中结合具体情况具体分析和处理。为印证上述分析的合理性，某省在定额文件补充说明中对类似情况进行了阐述，具体说明如下：

71. 当模板支架高度≥ 6.6 m 时执行 A13-57 混凝土满堂式钢管支架子目，其子目仅包括钢筋支架的搭拆费和现场损耗，不包括钢管支架租赁费，租金另计；工程量按总说明工程量计算规则二计取；钢网架高空拼装支架，执行 A13-57 支架子目，消耗量按 10 kg/m³ 计量（清单量按立方米单位描述）。所有执行支架子目的钢管、扣件租赁费按支架工程

量 ×60 元 / t 计价，按协商价取费（含税）。

P.1.2.2　里脚手架、悬空脚手架、挑脚手架、满堂脚手架/支撑架(编码:(011701003－011701006))

工作内容：场内外材料搬运，搭拆脚手架、斜道、挡脚板、上下翻板子、上料平台，安全网，拆除后的材料堆放。

计量单位：100m²

定额编号					AP0024	AP0025	AP0026	AP0027	AP0028	AP0029
项目名称					里脚手架	悬空脚手架	挑脚手架	满堂脚手架		满堂钢管支撑架
							100 延长米	基本层	增加层(1.2m)	100m³
费用	综合单价(元)				**577.00**	**661.95**	**3924.20**	**1429.34**	**278.39**	**2454.03**
	其中	人工费(元)			386.76	427.20	2416.08	866.16	186.24	1609.20
		材料费(元)			30.73	54.40	566.91	203.22	15.15	224.96
		施工机具使用费(元)			7.60	11.40	7.60	19.00	3.80	—
		企业管理费(元)			95.04	105.70	584.11	213.32	45.80	387.82
		利润(元)			50.95	56.67	313.14	114.36	24.55	207.91
		一般风险费(元)			5.92	6.58	36.36	13.28	2.85	24.14
	编码	名称	单位	单价(元)	消耗量					
人工	000300090	架子综合工	工日	120.00	3.223	3.560	20.134	7.218	1.552	13.410
材料	350300100	脚手架钢管	kg	3.09	0.878	1.673	1.780	7.341	2.447	40.625
	350301110	扣件	套	5.00	0.327	0.312	3.315	2.852	0.951	19.886
	350300710	竹脚手板	m²	19.66	0.440	2.000	4.800	2.200	—	—
	130500700	防锈漆	kg	12.82	0.077	0.144	0.174	0.642	0.215	—
	350500100	安全网	m²	8.97	—	—	48.120	—	—	—
	002000010	其他材料费	元	—	16.74	6.50	16.60	114.79	0.08	—
机械	990401025	载重汽车 6t	台班	422.13	0.018	0.027	0.018	0.045	0.009	—

图 2.61　满堂支撑架定额子目

结合上述的说明，我们可以进一步得知重庆 2018 定额关于“满堂钢管支撑架”定额子目是否包含租赁费，在定额文件中未明确（注：在定额解释说明中明确包含了租赁费）。即使“满堂钢管支撑架”定额子目包含租赁费，也是包含的常规施工周期对应的租赁费。如果钢结构工程中搭设的满堂钢管支撑架从搭设到拆除的周期长，或者是某些需要进行施工过程中加固而搭设的满堂钢管支撑架，也同样存在从搭设到拆除的周期长的情况，在这种情况下，就需要结合实际情况，在执行“满堂钢管支撑架”定额子目时，针对超期而产生的钢管支撑架租赁费，需要进行特殊调整和相应计算。

（4）定额计价的应用

古人说过，半部论语治天下，这体现了基本思想和理论的重大现实意义。定额文件就如同工程项目造价工作中的《论语》，不同的造价人员结合项目实际情况进行不同的应用和解读，最终的实务效果差异是很大的。对于定额文件的应用，也就是我们俗称的套定额工作，不同的造价人员有不同的方式和方法，但是从应用逻辑的角度，演绎法和归纳法这两种基本的逻辑推理方法是通用的定额计价应用基本技巧。

①演绎法

演绎法是指我们从一般性的前提出发，通过推导演绎，得出具体或个别针对性的结论和结果，其典型的推理逻辑：大前提——小前提——结论。

结合我们对定额计价的理解，大前提包含事实前提和设想前提：事实前提是指该项目的实际施工工艺情况和现状，是指现实范畴；设想前提是指该项目未来的预估施工方式和方案，是指设想范畴。对于工程项目开始施工前的施工预算，定额计价基于的是设想前提，对于工程项目施工完成后的竣工结算，定额计价基于的是事实前提。

小前提包含显示的前提和隐含的前提，显示的前提是指定额文件中明确说明的情况，包含定额工作内容的说明、定额子目名称名号、定额工程量计算说明、定额计价相关补充说明等。隐含的前提是指定额文件中未明确说明，但是可以通过其他方式推导出来的情况，包含工作内容的隐含前提、人材机耗量的隐含前提、施工工艺的隐含前提、逻辑分析的隐含前提等。

案例　灌注桩露桩模板的定额子目套取

（一）大前提

若灌注桩土方开挖时的原始地貌高于桩顶设计标高，则称为空桩，即桩的混凝土不会浇筑到地面，而是浇筑在地面以下一定深度。

若灌注桩土方开挖的原始地貌标高低于桩顶设计标高，则称为露桩，即灌注桩的混凝土第一次浇筑到地面，第二次再搭设模板或砖胎膜浇筑露出地面部分的桩芯混凝土。

（二）小前提

某省定额文件中关于露桩模板的相关说明如下：

11. 灌注桩外露部分混凝土模板按混凝土及钢筋混凝土工程章节中相应柱模板定额子目乘以系数0.85。

（三）结论

在编制施工图预算时，如果机械钻孔灌注桩在设计施工图中的设计桩顶标高高于地勘资料对应位置处的原始地貌标高，那么该灌注桩为露桩。根据定额文件的说明，按照设计施工图和地勘资料计算灌注桩外露部分混凝土理论工程量，该部分模板套取相应柱模板定额子目并乘以系数0.85。

在编制竣工结算时，如果机械钻孔灌注桩现场收方资料显示，钻孔的孔口标高低于设计桩顶标高，那么该灌注桩实际为按照露桩施工。根据定额文件的说明，按照灌注桩现场收方资料计算灌注桩外露部分混凝土理论工程量，该部分模板套取相应柱模板定额子目并乘以系数0.85。

（四）延伸

定额文件规定灌注桩外露部分混凝土模板执行柱模板定额子目并乘以0.85的系数，这属于小前提当中的显示的前提，我们可以通过对定额子目和说明进行深度剖析，去获得隐含的前提。

通过对如图2.62所示矩形柱模板定额子目分析，通过工作内容描述我们可以得知模板定额子目包含了“支撑制作、安装、拆除、整理堆放及场内外运输”，通过定额材料耗量分析我们可以得知模板定额子目包含了“支撑钢管及扣件”。通过上述分析我们可以得知，矩形柱模板定额子目考虑的施工工艺是通过钢管脚手架支撑和固定柱模板，该部分费用包含在定额子目当中。

E.2.1.2 矩形柱模板(编码:011702002)

工作内容:1.模板及支撑制作、安装、拆除、整理堆放及场内外运输。
2.清理模板粘结物及模内杂物、刷隔离剂等。

计量单位:100m²

定额编号					AE0136
项目名称					矩形柱
费用	综合单价(元)				5952.38
	其中	人工费(元)			2779.20
		材料费(元)			1923.44
		施工机具使用费(元)			129.36
		企业管理费(元)			700.96
		利润(元)			375.79
		一般风险费(元)			43.63
	编码	名称	单位	单价(元)	消耗量
人工	000300060	模板综合工	工日	120.00	23.160
材料	050303800	木材 锯材	m³	1547.01	0.554
	350100011	复合模板	m²	23.93	24.675
	032102830	支撑钢管及扣件	kg	3.68	45.484
	002000010	其他材料费	元	—	308.54
机械	990401025	载重汽车 6t	台班	422.13	0.173
	990304001	汽车式起重机 5t	台班	473.39	0.116
	990706010	木工圆锯机 直径 500mm	台班	25.81	0.055

图 2.62　矩形柱模板定额子目

定额文件为什么规定露桩模板执行柱模板定额子目之后还要乘以系数 0.85 呢？因为在实务中，一般情况下设计桩顶标高高出原始地貌的标高均不多，也就是灌注桩露出地面的高度均不高，通常情况下浇筑露桩混凝土时是采取砖胎膜作为模板后直接浇筑，不再需要钢管脚手架支撑和固定，如图 2.63 所示。而定额文件中的模板一般是按不同的构件分别以复合模板、木模板、定型钢模板、长线台钢拉模以及砖地模、混凝土地模编制，实际适用模板材料不同时，不作调整，正是基于上述原理，定额文件才规定露桩模板执行柱模板定额子目之后还要乘以系数 0.85。

图 2.63　露桩施工现场图

当我们得知了露桩模板定额子目套取的上述隐含前提，如果实际施工项目中，灌注桩露桩高度很高，如图 2.64 所示。在这种情况下，露桩部分同样需要搭设脚手架支撑和固定，其施工工艺与柱构件相同。在这种情况下，高露桩的施工工艺已经不再满足定额文件上述规定的执行柱模板定额子目并乘以系数 0.85 这一小前提，而是应该根据其实际施工工艺，直接套取相应柱模板定额子目，不再乘以相应的折减系数 0.85。但是，与此同时，对于高露桩部分的桩芯混凝土，也不再执行桩芯灌注混凝土相应定额子目，不再考虑相应的高额混凝土充盈系数，而是应该执行相应柱混凝土浇筑相应定额子目，按照柱构件的正常混凝土损耗考虑。

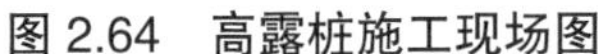

图 2.64　高露桩施工现场图

图 2.65　露桩与梁板结构一起浇筑的施工现场图

同样的通过定额文件中定额子目耗量和相关说明的分析，可以得出定额子目中的模板定额对模板和支撑钢管以及扣件等，均是按照多次摊销考虑。在实务中，经常出现露桩部分与首层的梁板混凝土一起浇筑，因此当露桩的高度空间不够时，会导致为梁板混凝土浇筑而搭设的模板和支撑钢管等无法取出，造成一次摊销，具体如图 2.65 所示。在这种情况下，梁板混凝土浇筑的实际施工工艺这一大前提就与定额文件中梁板构件混凝土定额子目这一小前提不吻合，需要根据实际施工工艺的大前提，对相应定额子目这一小前提进行相应调整和换算等，这样才能确保定额计价的准确性与合理性。

②归纳法

归纳法是指我们通过归纳基本事实当中的共性事物，提炼形成经验或者总结性的结论与观点。

归纳法典型的推理逻辑是基本事实——共性道理——事实应用。

案例　斜柱模板的定额子目套取

（一）基本事实

某省定额文件中，对于斜柱模板有相应的定额子目，但是对斜柱的概念没有进行定义和说明。通过对比斜柱模板和矩形柱模板定额子目，具体如图 2.66 所示，其中斜柱模板综合单价为 68.80 元 / m^2，每 100 ㎡斜柱模板消耗人工工日为 27.87；矩形柱模板为 59.52 元 / m^2，每 100 m^2 斜柱模板消耗人工工日为 23.16。我们得知定额子目对斜柱模板比矩形柱模板考虑施工难度增加，人工工日考虑增加难度系数为 27.87 / 23.16 = 1.20。

该省定额文件中，在“混凝土及钢筋混凝土工程”章节中，相关定额说明如下：

14. 坡度＞ 15° 的斜梁、斜板的钢筋制作安装，按现浇钢筋定额子目执行，人工乘以系数 1.25。

11. 斜梁（板）子目适用于15° ＜坡度≤ 30° 的现浇构件，30° ＜坡度≤ 45° 的在斜梁（板）相应定额子目基础上人工乘以系数 1.05，45° ＜坡度≤ 60° 的在斜梁（板）相应定额子目基础上人工乘以系数 1.10。

E.2.1.3　斜柱模板（编码：011702002、011702004）

工作内容：1.模板及支撑制作、安装、拆除、整理堆放及场内外运输。
　　　　　2.清理模板粘结物及模内杂物、刷隔离剂等。

计量单位：100m²

定额编号					AE0137
项目名称					斜柱
费用	综合单价（元）				6880.72
	其中	人工费（元）			3344.40
		材料费（元）			2068.86
		施工机具使用费（元）			129.36
		企业管理费（元）			837.18
		利润（元）			448.81
		一般风险费（元）			52.11
	编码	名称	单位	单价（元）	消耗量
人工	000300060	模板综合工	工日	120.00	27.870
材料	050303800	木材 锯材	m³	1547.01	0.648
	032102830	支撑钢管及扣件	kg	3.68	45.484
	350100011	复合模板	m²	23.93	24.675
	002000010	其他材料费	元	—	308.54
机械	990401025	载重汽车 6t	台班	422.13	0.173
	990304001	汽车式起重机 5t	台班	473.39	0.116
	990706010	木工圆锯机 直径 500mm	台班	25.81	0.055

图 2.66　斜柱定额子目

（二）共性道理

通过定额文件中上述内容对比分析后归纳总结，我们可以得知定额文件中一般是以 15° 作为一般斜向构件增加考虑难度系数的起点，以 30°、45° 和 60° 作为特殊斜向构件的增加难度系数考虑分界点。

（三）事实应用

虽然定额文件中没有明确什么为斜柱，但是通过总结和归纳的上述道理，我们可以在实际项目中进行主张，当柱构件倾斜度数＜ 15° 时，我们仍旧按照普通矩形柱套取相应定额子目；当柱构件倾斜度数在 15° ＜坡度≤ 30° 之间时，我们按照斜柱套取相应定额子目；当柱构件倾斜度数超过 30° 和 45°，我们可以主张在斜柱定额子目上额外增加一定的难度系数。

一般情况下，对于定额计价应用中的定额子目套取，优先使用演绎法更具有说服力，其次再是使用归纳法，通过拓宽思路和理解方式去争取更多的利益，确保工程项目的效益最大化。

（5）定额计价的融合

如何正确、有效和利益最大化地套取定额，确保项目定额计价结果的利益最大化，一方面除了我们工程造价人员对定额本身的理解和应用，另一方面还需要定额计价与工程项目其他岗位人员的工作相融合，这样才能发挥定额计价最大的作用和效益。常见的融合主要有如下几个方面。

①定额与设计工作的融合

设计是源头：从定额计价的角度，设计施工图中的表述应尽量与定额文件中的相关表述相一致，设计施工图中的考虑应尽量刚好到达或者超过定额文件约定的相关特殊节点，设计施工图尽量多展现高利润的定额子目做法和施工工艺……这样能让我们在进行定额计价时抢占先手，获得最大的效益。

例如，某市政工程中，设计施工图对某部分区域道路标注为“临时连接道”。根据安全文明施工费的计算说明，一般临时连接道包含在安全文明施工费当中，不再单独计算。如果设计施工图标注为“临时连接道”，则该部分道路工程费用就有可能被认为包含在安全文明施工费当中，存在结算审减风险。但是如果设计施工图中标注为“交通转换道”，则该部分道路工程就没有包含在安全文明施工费当中，可以单独计算，结算审减的风险就显著降低。

②定额与施工方案的融合

施工方案中的阐述是定额计价的依据和基础，施工方案中的描述尽量与定额文件中定额子目的工作内容相匹配；施工方案中的描述尽量细致而又详尽，制造多套取定额子目的机会；施工方案中尽量采取和考虑定额组价高而且实际实施成本低的施工方案；对于定额文件中明确说明以施工方案描述为准按实计算的部分，需要在施工方案中详尽的描述，达到能根据施工方案计算出相应工程量的细致度。

具体典型案例可以参考《工程项目利润创造与造价风险控制——全过程项目创效典型案例实务》一书中“第5章　技术资料创效实务”中“施工方案实务”相关内容的阐述。

③定额与工程资料的融合

工程资料的编制，一方面要符合工程档案资料编制和归档的要求，同时要与定额计价的相关内容相匹配。工程资料是定额计价的非常重要的依据，工程资料与定额文件的结合，同样可以带来相应的效益。

例如，某钢结构工程，设计施工图中对钢结构二级焊缝和一级焊缝对应的区域和探伤要求做了原则的说明，在工程资料当中的过程资料和相关检测报告中，对焊缝探伤的区域、方式、数量、长度等进行了详细的说明。在进行结算文件编制时，我们可以根据工程资料中的相关数量套取定额文件中相应的焊缝探伤定额子目，计取焊缝探伤的费用。

2.3.5　造价实务

1）土石方工程

①对于存在冻土地区施工的土石方工程，在冻土深度范围内的土石方部分需要单独计

量计价。若该项目处在冻土地区，而设计未明确具体冻土深度，则在图纸会审时需要提请设计明确。

②对于平基土石方和大开挖土石方工程，计算工程量时一般采取方格网法或三角网法，两者计算出的工程量会存在差异。同时对于方格网法，方格网布置的间距不同、倾斜角度不同，也会对工程量计算的结果产生差异。因此，建议在施工合同中对平基土石方和大开挖土石方工程量的具体计算规则进行明确，避免结算争议；如果施工合同没有进行具体约定，在实务中需要先按照不同的计算方式进行测算，选择一种对己方有利的方式进行相应的主张。

③当现场采用机械方式进行土石方工程施工，在进行施工图预算编制时，不能将全部土石方工程按照机械开挖方式计取，对于部分机械不能施工的死角或者设计要求的部分范围人工捡底等区域，需要按照人工开挖的方式进行计取相应费用。例如，在重庆 2018 定额中，对该种情况说明如下：

7. 机械不能施工的死角等部分需采用人工开挖时，应按设计或施工组织设计规定计算，如无规定时，按表 2.10 计算。

表 2.10　人工土石方系数换算表

挖土石方工程量（m^3）	1 万以内	5 万以内	10 万以内	50 万以内	100 万以内	100 万以上
占挖土石方工程量（%）	8	5	3	2	1	0.6

注：上表所列工程量系指一个独立的施工组织设计所规定范围的挖方总量。

8. 机械不能施工的死角等土石方部分，按相应的人工挖土定额子目乘以系数 1.5；人工凿石定额子目乘以系数 1.2。

站在施工方的角度，如果是 EPC 总承包项目，建议在设计施工图中对人工开挖的范围进行具体的明确和说明，同时需要在施工组织设计中对于人工开挖的区域、位置、工程量等进行详细描述。

2）基础工程

①根据《建筑基桩检测技术规范》（JGJ 106—2014）中第 10.3.2 条关于声测管埋设的根数要求，桩径小于或等于 800 mm 时，不得少于 2 根声测管；桩径大于 800 mm 且小于或等于 1600 mm 时，不得少于 3 根声测管。

在实务中需要重点关注桩径≤ 800 mm 时，实际是设置的 2 根声测管还是超过 2 根声测管。对于声测管的长度计算，一般定额中有特殊说明，例如重庆 2018 定额说明如下：

“7. 声测管长度按设计桩长另加 900 mm 计算。”

在《建筑基桩检测技术规范》中，对声测管的埋设深度要求如下：

10.3.1　声测管埋设应符合下列规定：

……

3　声测管应下端封闭、上端加盖、管内无异物；声测管连接处应光顺过渡，管口应高出混凝土顶面 100 mm 以上。

同时，在工程过程资料中的桩基检测报告中，也存在声测管的检测深度描述。

从结算的角度，施工方案描述、现场收方资料、桩基检测报告等资料中对声测管的深度表述等需要保持一致，避免审减风险。

在某些项目中，对于机械钻孔灌注桩，设计要求桩端后注浆，也就是在灌注桩成型后通过预设在桩身内的注浆导管和注浆器对桩端进行压密注浆。在这种情况下，注浆管应该单独计量计价，对于注浆实际水泥用量，一般是施工企业先通过现场注浆实验初步确定不同型号单桩水泥用量，再通过办理实际注浆现场收方单对注浆水泥用量按实计量计价。

②灌注桩截桩头工程量应根据设计图要求计算，并在施工过程中对具体截桩头的工程量进行收方签证。与此同时，截桩头的石方外运和弃渣费不能漏算。

③基础施工时一般在基础顶部会砌筑砖井圈，除了计算砖井圈的砖砌体工程量，还要重点关注施工方案中是否要求砖井圈进行水泥砂浆抹灰，以及现场实际是否进行砖井圈抹灰。如果有砖井圈水泥砂浆抹灰的要求并实际实施，该部分费用需要单独计量计价。

④灌注桩顶部无承台时，一般需要在桩顶铺设钢筋网片，如果设计施工图没有要求，需要在图纸会审中明确，避免漏算钢筋网片。

⑤根据平法图集 22G101—3 的要求，灌注桩螺旋箍筋在开始和结束位置应有水平段，长度不小于一圈半，在计算螺旋箍筋工程量时，单独计算该构造要求的水平段箍筋。

⑥根据《房屋建筑与装饰工程工程量计算规范》规定，对于“灌注桩”的工程量计算规则为：

1. 以米计量，按设计图示尺寸以桩长（包括桩尖）计算；

2. 以立方米计量，按不同截面在桩上范围内以体积计算；

3. 以根计量，按设计图示数量计算。

对于“桩承台基础”的工程量计算规则为：

按设计图示尺寸以体积计算。不扣除深入承台基础的桩头所占体积。

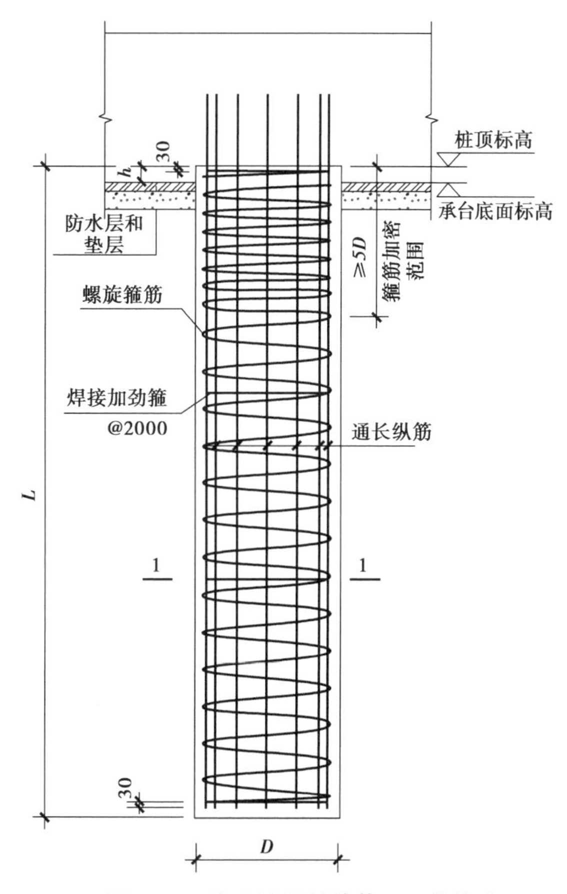

图 2.67　灌注桩通长等截面配筋构造

因此，在计算灌注桩混凝土工程量时，要计算深入承台基础的桩头部分体积，当设计施工图对深入承台基础的桩头高度有规定时，按设计施工图要求计算；当设计施工图没有相关具体规定时，可以参照平法图集 22G101—3 如图 2.67 所示的构造要求计算。

注：1.……

2. h 为桩顶进入承台高度，桩径小于 800 mm 时取 50 mm，桩径大于或等于 800 mm 时取 100 mm。

3. 焊接加劲箍见设计标注，当设计未注明时，加劲箍直径为 12 mm，强度等级不低于 HRB400。

4. 桩头防水构造做法详见施工图。

根据上述图集构造要求，灌注桩存在加劲箍和桩头防水构造，需要根据设计施工图注明单独计算。如设计施工图中对加劲箍和桩头防水构造未注明时，需要在图纸会审中提出请设计进行明确。

⑦对于原槽浇筑的基础混凝土构件，不需要单独计算基础模板费用，但是需要考虑原槽浇筑的混凝土充盈量，例如重庆 2018 定额相关说明如下：

7. 原槽（坑）浇筑混凝土垫层、满堂（筏板）基础、桩承台基础、基础梁时，混凝土工程量按设计周边（长、宽）尺寸每边增加 20 mm 计算；原槽（坑）浇筑混凝土带形、独立、杯形、高杯（长颈）基础时，混凝土工程量按设计周边（长、宽）尺寸每边增加 50 mm 计算。

⑧对于灌注桩中的钢筋笼安装，需要使用吊车或者塔吊进行下放钢筋笼。一般情况下，垂直运输费中不包含基础垂直运输，例如重庆 2018 定额中相关说明如下：

3. 本章垂直运输子目不包含基础施工所需的垂直运输费用，基础施工时按批准的施工组织设计按实计算。

因此，在计算钢筋笼费用时，需要特别注意和核实钢筋笼定额子目中是否包含了垂直运输和相关吊车费用。如果定额子目中未包含，那么下放钢筋笼产生的吊车或者塔吊台班费，就需要按实单独计算。

例如重庆 2018 定额中钢筋笼定额子目的编制情况如图 2.68 所示：

根据上述钢筋笼定额子目，可以看出工作内容只包含水平运输，未包含钢筋笼的垂直运输，定额消耗量中的机械台班也没有吊车或者塔吊。因此执行上述钢筋笼定额子目之后，还需要额外单独按实计算钢筋笼的垂直运输费。（注：在重庆 2018 定额综合解释二中已经对该定额子目进行了勘误，增加了“轮胎式起重机 16 t”机械费用。）

⑨对于筏板基础，一般设计施工图会对底部、顶部、侧面的钢筋保护层厚度单独要求，而建模算量软件中一般默认筏板基础的钢筋保护层按照一个固定数值考虑，需要根据设计施工图的要求分别按实调整。

E.3.1.4 钢筋笼(编码:010515004)

工作内容:钢筋制作、水平运输、绑扎、安装、点焊。　　计量单位:t

定额编号					AE0182
项目名称					钢筋笼
费用	综合单价(元)				4520.64
	其中	人工费(元)			882.00
		材料费(元)			3195.06
		施工机具使用费(元)			74.96
		企业管理费(元)			230.63
		利润(元)			123.64
		一般风险费(元)			14.35
	编码	名称	单位	单价(元)	消耗量
人工	000300070	钢筋综合工	工日	120.00	7.350
材料	010100013	钢筋	t	3070.18	1.025
	031350010	低碳钢焊条 综合	kg	4.19	6.720
	002000010	其他材料费	元	—	19.97
机械	990701010	钢筋调直机 14mm	台班	36.89	0.190
	990702010	钢筋切断机 40mm	台班	41.85	0.120
	990703010	钢筋弯曲机 40mm	台班	25.84	0.280
	990904040	直流弧焊机 32kV·A	台班	89.62	0.560
	990910030	对焊机 75kV·A	台班	109.41	0.045
	990919010	电焊条烘干箱 450×350×450	台班	17.13	0.034

图 2.68 钢筋笼定额子目

例如，某项目设计施工图要求如下：

2. 筏板厚度 h=700 mm，筏板顶标高为 −8.700，筏板混凝土等级 C30。

基础底部钢筋保护层厚度为 40 mm，基础顶部及侧面钢筋保护层厚度为 25 mm，且不小于受力钢筋直径。

⑩对于部分基础工程，很多时候采用 EXCELL 表格的形式进行手工计算相关工程量，在手算时涉及圆周率的取值，如果采取直接输入圆周率 3.14 的方式，会导致相关工程量的少算，尽量采用函数输入的方式，在表格中输入“PI（ ）”使用函数计算，避免人为舍去圆周率位数而导致工程量的少算。

同时，在部分企业清单中，对于工程量清单数量的规则有特殊约定，例如某房地产公司企业清单规定如下：

工程量清单数量

A 工程量清单的数量以四舍五入的方法以整数表示，最少的数量为 1。

根据该企业清单要求，工程量清单的数量以四舍五入的方法以整数表示，此时除了在 EXCEL 表格中需要把工程量清单数量按照四舍五入进行显示设置，同时要在 EXCELL 的高级选项中，勾选“将精度设为所显示的精度”，具体如下图 2.69 所示。如果不勾选上述选项，则工程量清单数量仅仅只是按照四舍五入进行显示，而未按照四舍五入进行计算。

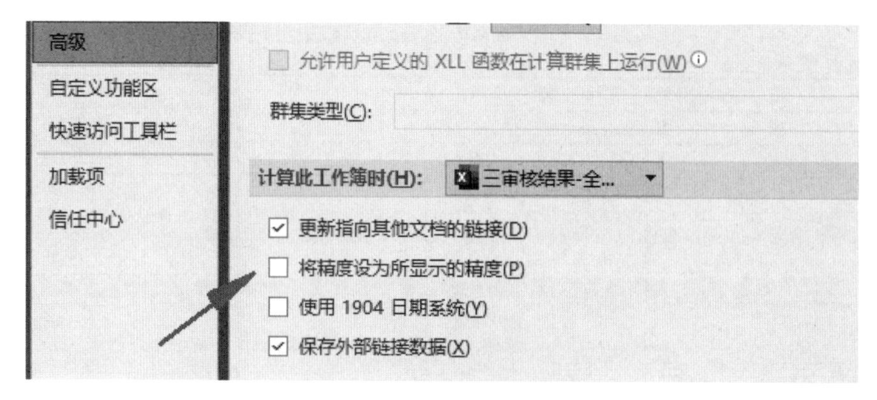

图 2.69　EXCEL 选项设置

⑪在计算筏板基础混凝土工程量时，要注意扣减筏板基础上的排水沟、集水井等的空间占位，并增加相应的排水沟和集水井的模板工程量。

⑫对于部分桩基工程，达到同样的设计要求，存在不同的施工工艺选择，不同的施工工艺又对应不同的工程造价，而且相互之间差异非常大，例如在重庆 2018 定额中，对于高压水泥旋喷桩，存在单重管法、双重管法、三重管法等施工工艺，定额综合单价如图 2.70 所示。

编码	名称	单位	工程量	单价	合价	综合单价	综合合价
⊟	整个项目				15102.35		15102.36
DB0043	高压水泥旋喷桩 喷浆 单重管法	10m3	1	4174.82	4174.82	4174.82	4174.82
DB0044	高压水泥旋喷桩 喷浆 双重管法	10m3	1	5199.77	5199.77	5199.78	5199.78
DB0045	高压水泥旋喷桩 喷浆 三重管法	10m3	1	5727.76	5727.76	5727.76	5727.76

图 2.70　旋喷桩定额综合单价

当工程项目中存在上述情形时，建议在设计施工图中对相应施工工艺进行具体明确，在工程量清单的项目特征中描述对应的具体施工工艺。如果设计施工图中未明确具体施工工艺要求，施工企业需要通过现场试桩或者现场试验等方式，请设计单位、监理单位、建设单位等共同确定具体施工工艺，按照各方共同确认的结果进行计量和计价，切忌施工企业单方面确定施工工艺做法，导致产生结算审减风险。

但是对于某一分部分项工程，采取不同的施工工艺不影响该分部分项工程造价的计算方式和计算结果时，在不违反相关施工和验收规范的前提下，施工企业可以单方面选择对己方有利的施工工艺。

⑬对于独立基础，当底板长度或者宽度大于等于 2 500 mm 时，需要对底板配筋长度缩减 10%，在建模算量时需要注意调整。具体见平法图集 22G101-3 相关规定如下：

1. 当独立基础底板长度大于或等于 2 500 mm 时，除外侧钢筋外，底板配筋长度可取相应方向底板长度的 0.9 倍，交错放置，四边最外侧钢筋不缩短。

2. 当非对称独立基础底板长度大于或等于 2 500，但该基础某侧从柱中心至基础底板底板边缘的距离小于 1 250 mm 时，钢筋在该侧不应减短。

⑭对于梁板式筏型基础，根据平法图集 22G101-3 的标准构造详图，基础底板中与梁同向的钢筋在基础梁宽范围内不设置，从距基础梁边 1/2 板筋间距且不大于 75 mm 开始设

置底板钢筋，在建模算量时要注意相应调整，具体如下图 2.71 所示：

顶部贯通纵筋在连接区内采用搭接、机械连接或焊接。同一连接区段内接头面积百分率不宜大于50%，当钢筋长度可穿过一连接区到下一连接区并满足要求时，宜穿越设置

顶部贯通纵筋连接区
$l_n/4$　$l_n/4$
顶部y向贯通纵筋
顶部x向贯通纵筋
底部y向贯通纵筋与非贯通纵筋
垫层
底部x向贯通纵筋与非贯通纵筋
板的第一根筋，距基础梁边为1/2板筋间距，且不大于75 mm
底部x向贯通纵筋
$\leq l_n/3$
底部非贯通纵筋伸出长度
（底部贯通纵筋连接区）

图 2.71　梁板式筏形基础平板钢筋构造要求

⑮对于筏型基础，当筏型基础设置有中间层钢筋网片时，柱纵向钢筋的锚固长度需要缩短，在建模算量时要注意相应调整。具体见平法图集 22G101-3 相关规定如下：

4. 当符合下列条件之一时，可仅将柱四角纵筋伸至底板钢筋网片或者筏形基础中间层钢筋网片上（伸至钢筋网片上的柱纵筋间距不应大于 1 000 mm），其余纵筋锚固在基础顶面下 lae 即可。

1）柱为轴心受压或小偏心受压，基础高度或基础顶面至中间层钢筋网片顶面距离不小于 1 200 mm；

2）柱为大偏心受压，基础高度或基础顶面至中间层钢筋网片顶面距离不小于 1 400 mm。

⑯对于独立基础，当为锥形截面且坡度较大时，应在锥面上安装顶面模板，建议在施工方案中进行具体明确，根据实际情况计算独立基础锥形顶面模板工程量，具体见平法图集 22G101-3 相关规定如下：

1. 杯口独立基础底板的截面形状可为阶形截面 BJj 或锥形截面 BJz。当为锥形截面且坡度较大时，应在坡面上安装顶部模板，以确保混凝土能够浇筑成型，振捣密实。

⑰对于条形基础，根据平法图集 22G101-3 的标准构造详图，基础底板在基础梁宽范围内的分布筋不设置，从距基础梁边 1/2 板筋间距开始设置基础底板分布筋，在建模算量时要注意相应调整，具体如图 2.72 所示。

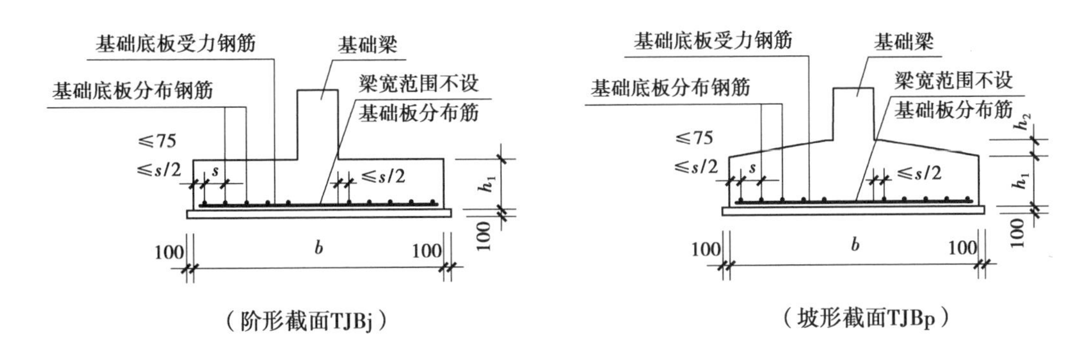

图 2.72　条形基础底板配筋构造要求

⑱对于筏板基础 + 抗浮锚杆结构，可以将抗浮锚杆上升到筏板基础上部钢筋底部，充当马凳筋作用。这种情况在编制造价时，可以大大减少筏板马凳筋措施钢筋工程量，增加少量锚杆工程量，同时考虑适当增加锚杆上部水平弯钩和筏板基础上部钢筋的绑扎费用。

⑲对于筏板基础，根据平法图集 22G101—3 的标准构造详图，具体如下图 2.73 所示，当存在变截面或者高度差需要进行斜面配筋时，一般情况下设计图纸要求斜面钢筋的型号和布置间距同筏板底部钢筋，在实务中会存在两种理解方式，一种是斜面钢筋的水平间距同筏板底部钢筋，一种是斜面钢筋的斜面间距同筏板底部钢筋。两种理解方式对斜面钢筋的工程量计算存在影响，建议在图纸会审时提出请设计明确，避免结算争议。

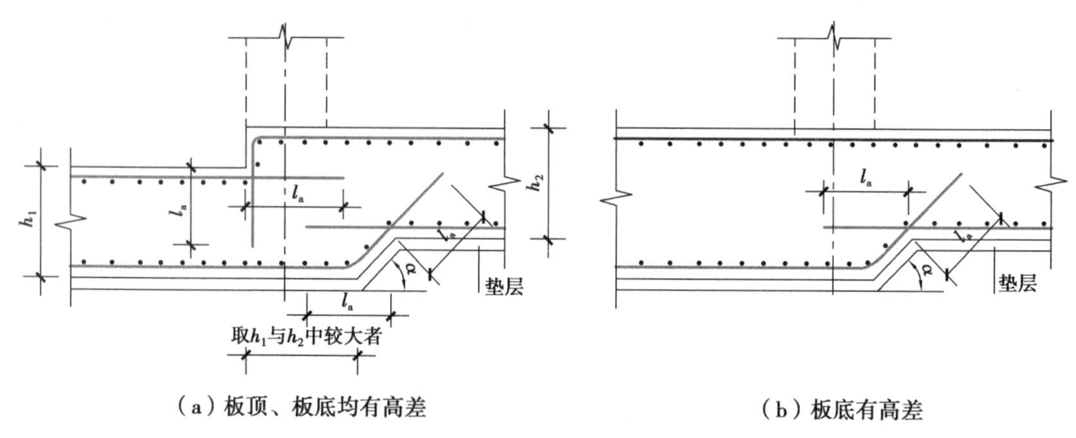

（a）板顶、板底均有高差　　（b）板底有高差

图 2.73　筏板基础变截面部位钢筋构造要求

⑳当筏板基础面积大且形状不规则时，现场需要分块进行施工，由此导致两相邻段的筏板钢筋需要相互锚固，增加锚固钢筋工程量。建议在施工方案中，明确详细的分块施工情形，同时在图纸会审或者技术洽商单中，请设计明确分块施工时筏板钢筋相互锚固的具体节点构造要求，根据实际情况进行建模算量和计价。

㉑根据平法图集 22G101—3 的相关规定，如图 2.74 所示的独立基础之间和桩承台之间的基础联系梁，其第一道箍筋距柱边缘 50 mm 开始设置，也就是说基础联系梁在独立基础内和桩承台内需要布置箍筋，在算量时需要核查建模算量软件是否计算准确。在实务中，对设计施工图中注明的基础梁和地梁等是否理解为基础联系梁各方经常发生争议，建议在图纸会审时提前请设计具体明确，避免结算争议。

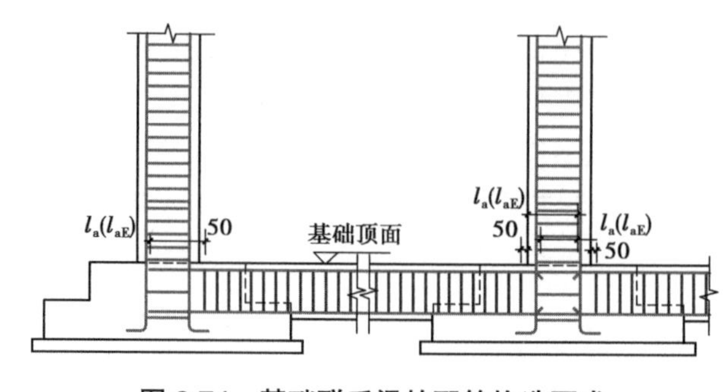

图 2.74　基础联系梁的配筋构造要求

㉒对于设备基础，在设计施工图中需要明确钢筋的具体锚固要求以及是否需要侧面封边钢筋，或者明确按照筏板基础的构造要求执行，避免结算争议。

3）钢筋混凝土工程

（1）柱墙构件

①对于顶层柱建模算量时，要判断是否边角柱，软件默认按照中柱考虑，如果不根据平法图集要求识别边角柱，会导致钢筋工程量少算。

②对于柱模板超高工程量的计算，有些定额规定超高费用只按照超高部分的柱模板面积计算，有些定额规定超高费用按照整体柱构件模板面积计算，例如四川 2015 定额说明：

现浇混凝土梁、板、柱、墙，支模高度是按层高≤ 3.9 m 编制的，层高超过 3.9 m 时，超过部分梁、板、柱、墙均应按完整构件的混凝土模板工程量套用相应梁、板、柱、墙支撑高度超高费定额项目，按梁、板、柱、墙支撑高度超高费每超过 1 m 增加模板费项目以层高计算，超高不足 1 m 的按 1 m 计算。

建模软件一般默认只按照超高部分计算相应的超高模板工程量，需要在提量、上量时进行相应的调整。

③对于模板的工程量，一般按照模板与混凝土的接触面积以“m^2”计算，例如重庆 2018 定额规定如下：

现浇混凝土构件模板工程量的分界规则与现浇混凝土构件工程量的分界规则一致，其工程量的计算除本章另有规定者外，均按模板与混凝土的接触面积以“m^2”计算。

但是，在某些地产公司的计算规则和某些地方的定额中，也存在有不同的计算方式，需要特别注意。

例如，某地产公司的施工合同中计价计量规则约定如下：

模板计算

A　模板按与混凝土接触之净面积以平方米计算，不分高低长短阔窄深浅。

B　弧形的模板按直面模板计算。

C　不超过 0.3 m^2 在模板中间之孔洞不予扣除，孔洞侧的面积亦不计算。超过的则予以扣除，但加回孔洞侧的面积。

D　主梁侧面与次梁结合处之模板空位不予扣除。墙或柱与梁头接合处之模板空位不予扣除。墙或柱与板接合处无模板的地方不计算。

E　倾斜楼板的模板不按两面计算。

例如，河南省 2016 定额规定如下：

1. 现浇混凝土构件模板，除另有规定者外，均按模板与混凝土的接触面积（扣除后浇带所占面积）计算；

2. 柱、梁、墙、板、栏板相互连接的重叠部分，均不扣除模板面积。

④模板工程当采取清水模板施工工艺时，人工和模板耗量需要增加相应的难度系数，例如重庆 2018 定额说明如下：

28. 现浇混凝土构件采用清水模板时，其模板按相应定额子目人工及模板耗量（不含支撑钢管及扣件）乘以系数 1.15。

站在审核方的角度，当模板工程计取了清水模板费用时，可以不再计取抹灰工程费用。站在施工方角度，一方面需要提前对比分析按照清水模板方式计价和按照抹灰工程方式计价，哪种方式对己方更为有利。另一方面，如果要采取清水模板方式计价，在施工方案中需要进行具体做法描述，在施工过程中办理相应收方签证资料。

⑤对于构造柱等二次竖向构件，一般不存在计取超高模板费用的情况，在提量和上量环节需要留意。

⑥建模算量软件中，剪力墙起始竖向分部钢筋距暗柱边的距离默认按照 $S/2$ 考虑（S 为竖向分部钢筋布置间距），当设计施工图中标注的竖向分部钢筋距暗柱边的距离少于 $S/2$ 时，需要按实调整建模算量软件中默认设置。如果设计施工图中未明确说明或者标注竖向分部钢筋距暗柱边的距离，在图纸会审中可以提出请设计明确。

如果设计施工图和图纸会审均未明确，可以参考《混凝土结构施工钢筋排布规则与构造详图》（18 G 901—1）如图 2.75 所示节点考虑计算。

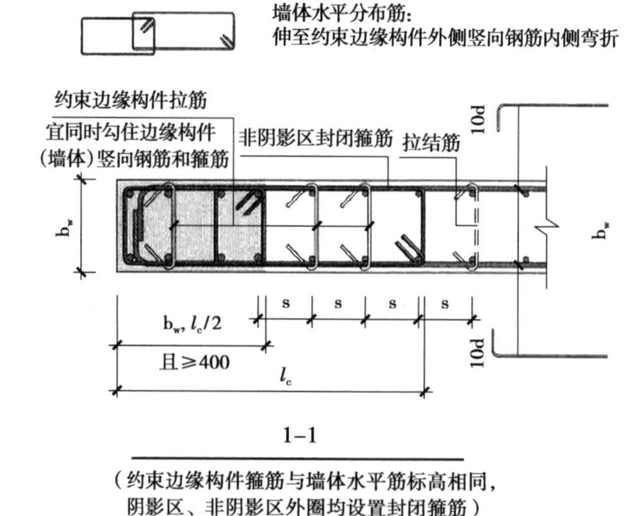

图 2.75　剪力墙钢筋排布规则

⑦当竖向构件混凝土强度等级高于楼面梁板结构的混凝土等级时，节点处的混凝土按竖向构件混凝土等级单独浇筑，并且还需要增加相应的措施费。

例如，重庆 2018 定额说明如下：

柱（墙）和梁（板）强度等级不一致时，有设计的按设计计算，无设计的按柱（墙）边 300 mm 距离加 45 度角计算，用于分隔两种混凝土强度等级的钢丝网另行计算。如图 2.76 所示：

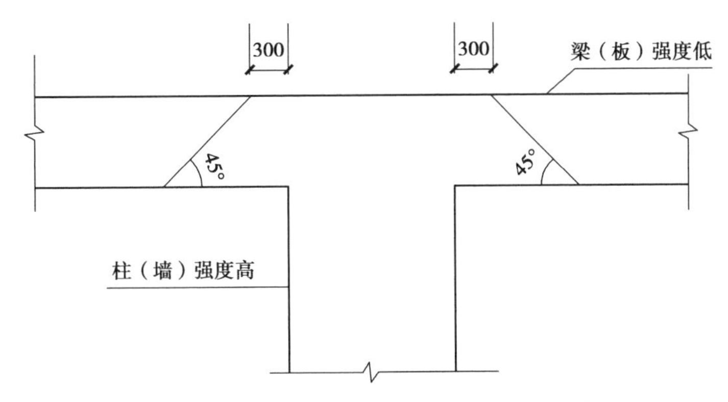

图 2.76　柱梁强度等级不一致的构造要求

⑧根据平法图集 22G101—1 的说明，梁、柱类构件纵向受力钢筋搭接接头处箍筋应进行加密，需要在建模算量时对搭接部位箍筋加密进行相应设置调整，具体如图 2.77 所示。

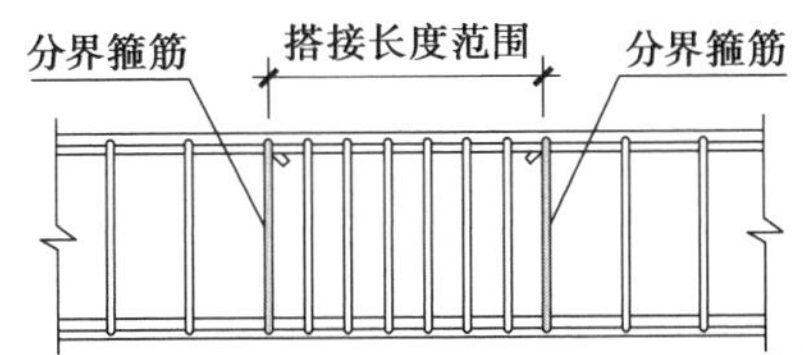

梁、柱类构件纵向受力钢筋搭接接头区箍筋构造

注：1.纵向受力钢筋搭接区内箍筋直径不小于$d/4$（d为搭接钢筋最大直径），且不小于构件所配箍筋直径；箍筋间距不应大于100 mm及$5d$（d为搭接钢筋最小直径）。

2.当受压钢筋直径大于25 mm时，尚应在搭接接头两个端面外100 mm的范围内各设置两道箍筋。

图 2.77　梁柱纵向受力钢筋搭接区箍筋构造要求

⑨对于竖向构件，如果设计图明确要求某竖向构件全高箍筋加密，或者存在平法图集 22G101-1 说明的如下情况时，竖向构件应在建模算量时按照箍筋全高加密计算。

2. 柱净高（包括因嵌砌填充墙等形成的柱净高）与柱截面长边尺寸（圆柱为截面直径）的比值 Hn/Hc ≤ 4 时，箍筋沿柱全高加密。

3. 小墙肢即墙肢长度不大于墙厚 4 倍的剪力墙，矩形小墙肢的厚度不大于 300 mm 时，箍筋全高加密。

⑩针对剪力墙竖向钢筋构造，平法图集 22G101—1 的说明：

1. 端柱竖向钢筋和箍筋的构造与框架柱相同。矩形截面独立墙肢，当截面高度不大于截面厚度的 4 倍时，其竖向钢筋和箍筋的构造要求与框架柱相同或按设计要求设置。

在建模算量时，对于剪力墙端柱竖向钢筋计算的设置要调整为按照框架柱计算。

⑪针对剪力墙暗柱的箍筋构造，根据平法图集 22G101—1 的说明：

约束边缘构件阴影部分、构造边缘构件、扶壁柱及非边缘暗柱的纵筋搭接长度范围内，箍筋直径应不小于纵向搭接钢筋最大直径的 25%，箍筋间距不大于 100 mm。

在建模算量时，当剪力墙上述区域纵筋采取搭接连接时，搭接长度范围内的箍筋间距要按照图集说明和设计图要求两者取最小值计算。

⑫如果施工方案中要求，墙在降板位置单侧为吊模，要求模板、木方下到降板底部，具体如图 2.78 所示，在计算墙的模板工程量时，要额外按照实际情况增加计算降板处的模板工程量。

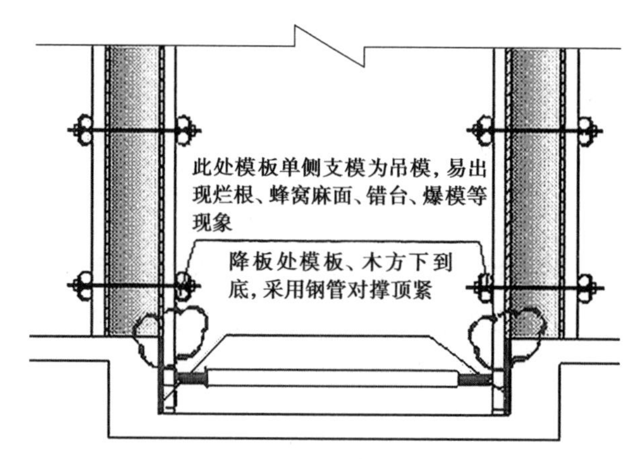

图 2.78　降板处墙单侧吊模示意

⑬如果施工方案中要求，模板采用对拉螺杆不能取出者，需要额外增加计算对拉螺杆的消耗量。对于混凝土挡墙模板等采取止水专用螺杆的，止水螺杆是不拆除的，应该按照施工方案的说明计算止水螺杆工程量按实计算相应费用。

例如，重庆 2018 定额相应说明如下：

29. 现浇混凝土构件模板按批准的施工组织设计（方案）采用对拉螺栓（片）不能取出者，按每 100 m^2 模板增加对拉螺栓（片）消耗量 35 kg，并入模板消耗量内。模板采用止水专用螺杆，应根据批准的施工组织设计（方案）按实计算。

对于混凝土挡墙的止水螺杆，后期还存在封堵施工工艺，一般包含凿槽、切割外露止水螺杆、涂抹防水砂浆、压紧抹平等步骤，止水螺杆的封堵费用需要单独计算，例如四川 2015 定额相应说明如下：

（十）墙模板中的“对拉螺栓”用量以批准的施工方案计算重量，地下室墙按一次摊销进入材料费，地面以上墙按 12 次摊销进入材料费。周转使用的对拉螺栓摊销量按定额执行不作调整，如经批准施工组织设计为一次性摊销使用时，则按一次性摊销使用进入材料费，并扣除定额已含的铁件用量。

（十一）对拉螺栓堵眼增加费按相应部位构件的模板面积计算。

⑭根据平法图集 22G101–1 的说明，剪力墙由剪力墙柱、剪力墙墙身和剪力墙墙梁三类构件组成，混凝土结构的不同环境类别下混凝土保护层的最小厚度要求不一样，具体如图 2.79 所示。

根据图集说明板、墙的保护层厚度低于梁、柱，但是对于剪力墙中的墙梁和墙柱，其保护层厚度要与墙保护层厚度保持一致，而建模算量软件中默认为墙梁和墙柱的保护层厚度与梁、柱保护层厚度保持一致，导致墙梁和墙柱的钢筋工程量少算，应该按实调整。在实务中，为了避免结算争议，建议在设计施工图中明确说明墙梁和墙柱的保护层厚度要求是执行板、墙保护层厚度要求，还是执行梁、柱保护层厚度要求，如果设计施工图中未明确，可以在图纸会审时提出。

混凝土保护层的最小厚度（mm）

环境类别	板、墙	梁、柱
一	15	20
二 a	20	25
二 b	25	35
三 a	30	40
三 b	40	50

注：1. 表中混凝土保护层厚度指最外层钢筋外边缘至混凝土表面的距离，适用于设计工作年限为 50 年的混凝土结构。
2. 构件中受力钢筋的保护层厚度不应小于钢筋的公称直径。
3. 一类环境中，设计工作年限为 100 年的结构最外层钢筋的保护层厚度不应小于表中数值的 1.4 倍；二、三类环境中，设计工作年限为 100 年的结构应采取专门的有效措施。四类和五类环境类别的混凝土结构，其耐久性要求应符合国家现行有关标准的规定。
4. 混凝土强度等级为 C25 时，表中保护层厚度数值应增加 5 mm。
5. 基础底面钢筋的保护层厚度，有混凝土垫层时应从垫层顶面算起，且不应小于 40 mm。

图 2.79　混凝土保护层的最小厚度说明图示

根据平法图集的说明，对于混凝土强度等级为 C25 时，保护层厚度数值应增加 5 mm，在建模算量中当存在 C25 混凝土构件时，需要对其保护层厚度单独调整。

⑮根据平法图集 22G101—1 的要求，具体如图 2.80 所示，对于剪力墙中的顶层连梁，顶层连梁深入墙中部分也需要单独设置箍筋，而中间层连梁则无需设置，因此建模算量时对于顶层连梁需要单独判定后修改相应设置计算工程量。

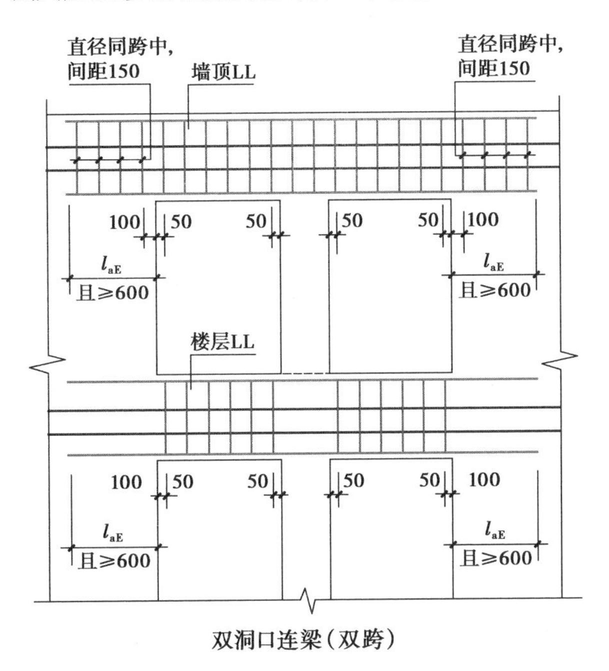

双洞口连梁（双跨）

图 2.80　连梁 LL 配筋构造

⑯剪力墙拉筋的布置，有矩形布置和梅花布置两种，两种布置方式计算拉筋，工程量相差一倍左右，需要根据设计施工图的具体布置要求进行调整，设计施工图未明确时需要在图纸会审时提出。需要注意的是，对于人防工程中的拉结钢筋必须采取梅花布置方式，在《人民防空工程质量验收与评价标准》（国人防〔2015〕10号）中相关要求如下：

6.5.4 拉结钢筋设置应符合下列规定：

1 拉结钢筋应呈梅花型布置，并有效拉结在两层钢筋网节点上；

2 当拉结钢筋兼作受力箍筋时，其直径不小于6 mm、间距不大于500 mm；

3 拉结钢筋应设弯钩，弯钩直线段长度不小于50 mm；

4 拉结钢筋长度应能拉住最外层受力钢筋。

⑰一般情况下，对于和挡土墙相连的柱和墙，均需要和挡土墙一样采取抗渗混凝土，因此在抗渗混凝土的提量和上量时，要特别注意，避免漏算与挡土墙相连的柱和墙混凝土的抗渗费用。当设计施工图对此没有具体注明时，需要在图纸会审时提请设计明确。

⑱通常情况下，对于剪力墙、柱边门垛尺寸小于100 mm时，一般门垛会采取素混凝土与墙、柱整体浇筑，混凝土标号同墙柱，在建模算量时要结合实际施工工艺调整相关工程量的计算。对于门垛，建议在图纸会审时向设计提出，低于某个宽度的门垛，是否采用混凝土和墙、柱构件一起现浇，是否要配置钢筋，请设计具体明确相应做法，并在施工方案中做相应描述，避免结算争议。

⑲柱墙竖向构件在与基础连接时，设计施工图中要求的竖向构件在基础中的插筋布置、锚固构造、箍筋设置等，经常与建模算量软件中默认的不一致，需要根据设计施工图中的要求按实调整。

⑳一般设计施工图中对挡土墙的顶部锚固有特殊要求，在挡土墙中间楼层处会增设相关附加钢筋，对挡土墙临水面的保护层厚度与背水面的保护层厚度有不同的要求，在建模算量时要重点关注上述位置，根据设计施工图的要求按实调整计算。

例如，某项目设计施工图要求如下：

3. 对于柱、墙在基顶～地面区段临土（岩）的部位，应将柱、墙保护层另加20 mm，主筋位置保持不变；对于柱、墙位于水池临水区段的部位，应将柱、墙保护层另加15 mm，主筋位置保持不变。

上述的要求下，确保主筋位置不变，对于临土（岩）面柱和墙，其混凝土厚度应该按照结构设计图中标注厚度+20 mm计算。

㉑对于桩承台钢筋计算，要重点关注设计施工图对桩承台钢筋的配筋形式要求，是三面环形箍筋配置还是底层与面层网片配筋加侧面锚固的形式，不同的配筋形式计算出的钢筋工程量差异很大。

㉒根据平法图集22G101—1的规定，嵌固部位柱框架柱的箍筋加密区范围为Hn/3，需要根据设计施工图的要求，在软件建模算量时按要求设置嵌固部位。

㉓对于竖向构件纵向钢筋，如果下柱钢筋比上柱钢筋大时，当采用机械连接的方式需要使用变径套筒连接，对于这部分变径连接套筒，需要单独计量和计价。

（2）梁板构件

①根据各地的建设主管部门文件要求，屋面层结构混凝土一般采取防水混凝土，例如《重庆市房屋建筑和市政基础设施工程质量常见问题防治要点（2019 年版）》说明如下：

21. 屋面层结构板应采用防水混凝土，其抗渗等级不得低于 P6。

站在施工方的角度，当设计施工图中对屋面层结构板抗渗没有具体明确要求时，需要提出图纸答疑进行明确。

②当梁侧与柱墙齐平或者同宽时，一般会在梁上增加附加箍筋，在建模算量时，需要关注是否有该钢筋构造大样，如果有，该部分梁附加箍筋需要单独手算；如果设计图纸没有具体说明，可以在图纸会审时提出。

③根据平法图集 22G101—1 说明：

5）梁侧面纵向钢筋或受扭钢筋配置，该项为必注值。

当梁腹板高度 Hw ≥ 450 mm 时，需配置纵向构造钢筋，所注规格与根数应符合规范规定。此项注写值以大写字母 G 打头，接续注写设置在梁两个侧面的总配筋值，且对称配制。

一般情况下，当梁腹板高度超过 450 mm 时，梁侧需要增设构造腰筋，建模算量时要根据设计图的梁侧构造腰筋说明额外计算梁侧构造腰筋。对于梁腹板高度，要特别注意设计要求，一般建模算量软件默认是从梁底水平纵向钢筋位置处起算，设计施工图经常标注梁腹板高度从梁底边线处起算，要根据设计图要求在建模算量时调整相应梁腹板高度的相关计算设置。

当设计施工图没有梁腹板高度 $H_w \geq 450$ mm 的梁侧构造腰筋设置说明时，需要在图纸会审中提出，避免构造腰筋工程量的漏算。

同时，当梁存在侧面钢筋时，需要设置侧面钢筋的拉筋，当设计施工图对拉筋没有注明时，可以根据平法图集 22G101—1 的如下说明进行设置：

当梁宽 ≤ 350 mm 时，拉筋直径为 6 mm；梁宽 > 350 mm 时，拉筋直径为 8 mm。拉筋间距为非加密区箍筋间距的 2 倍。当设有多排拉筋时，上下两排拉筋竖向错开设置。

④根据《房屋建筑与装饰工程工程量计算规范》规定：

现浇构件中伸出构件的锚固钢筋应并入钢筋工程量内。除设计（包括规范规定）标明的搭接外，其他施工搭接不计算工程量，在综合单价中综合考虑。

设计（包括规范规定）标明的搭接，“包括规范规定”是在设计后的括号里面，根据一般的逻辑推理和对应关系，这里的规范应该是指设计施工图中虽然没有描述，但是设计需要遵循和使用的相应规范中，例如防火设计规范、钢筋混凝土设计规范、荷载规范、抗震规范、22G101 平法图集，这些规范中有规定的搭接要求，作为设计施工图的一个间接组成部分，所以说要单独计算搭接长度。例如平法图集 22G101—1 中明确表示，每一楼层之间竖向钢筋存在竖向搭接，该搭接需要计算工程量。

《房屋建筑与装饰工程工程量计算规范》中明确“施工搭接”不计算工程量。施工搭接，是指从施工角度考虑需要的搭接，例如相关施工验收规范中要求的搭接、实际施工工艺要求的搭接、施工方案要求的搭接、实际材料尺寸型号要求的搭接等。例如重庆2018定额中的钢筋计算说明：

（2）接头：钢筋的搭接（接头）数量按设计图示及规范计算，设计图示及规范未标明的，以构件的单根钢筋确定。水平钢筋直径 ф10 以内按每 12 m 长计算一个搭接（接头）；ф10 以上按每 9 m 长计算一个搭接（接头）。竖向钢筋搭接（接头）按自然层计算，当自然层层高大于 9 m 时，除按自然层计算外，应增加每 9 m 或 12 m 长计算的接头量。

上述说明中的 ф10 以内按每 12 m 长计算一个搭接，ф10 以上按每 9 m 长计算一个搭接，就属于钢筋定尺原因导致的搭接，属于施工搭接。对于钢筋定尺导致的钢筋搭接，执行《房屋建筑与装饰工程工程量计算规范》的施工合同，该搭接工程量不单独计量，包含在钢筋综合单价之中，执行定额计价的施工合同，该搭接工程量需要单独计量。

⑤根据平法图集 22G101—1 的说明，同一标高梁底通长钢筋遇支座时按底筋断开计算，具体如图 2.81 所示：

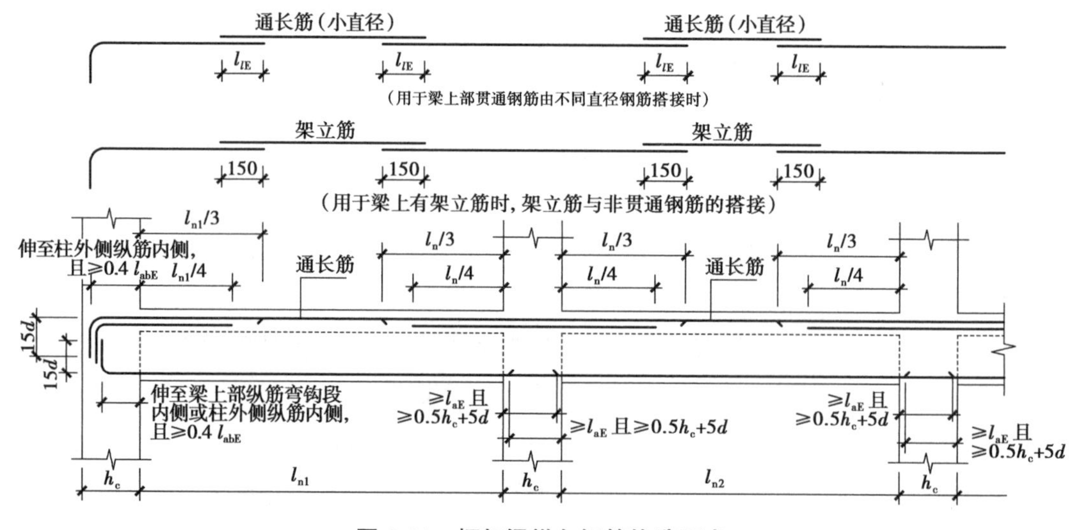

图 2.81　框架梁纵向钢筋构造要求

但是在实务中，同一标高梁底通长钢筋有可能是采取连续贯通布置，经常因此产生结算争议。因此，建议在设计施工图中对同一标高梁底通长钢筋遇支座时是断开锚固还是连续贯通对此进行明确说明，当设计施工图中未明确时在图纸会审中提出，并做好相应的施工过程影像资料记录和保存，避免结算争议。

⑥对于屋面层框架梁，在建模算量时应注意将梁的属性调整为屋面框架梁，根据平法图集 22G101—1 的要求，屋面框架梁的钢筋构造与框架梁的构造不同。同时对于屋面框架梁的理解需要注意，不是结构设计图中最上部屋面层的梁才是屋面框架梁，而是某层梁板

上面没有其他结构做法时，该层梁即为屋面框架梁。因此屋面框架梁可以是在房屋建筑的最上部，也可以是在房屋建筑的中间或者其他位置。

⑦板转角处一般需要增设附加钢筋，当设计施工图中没有注明板转角处附加钢筋大样时，在图纸会审时向设计提出明确，避免漏算工程量。

⑧软件建模算量时，对于板钢筋中起始受力钢筋、负筋距支座边的距离，软件默认为按照 $S/2$ 考虑（S 为设计要求的钢筋布置间距），如果设计施工图中对于板筋布置的起始距离有特殊要求时，需要根据设计施工图的特殊要求按实调整。

例如，某项目设计施工图说明如下：

（4）第一根板筋距离梁边距离应≤ 1/2 板筋间距，且不大于 50 mm。

根据上述设计说明，软件建模算量时板筋的起始距离就需要调整如下：Min（$S/2$，50）。

⑨对于板洞，一般设计施工图会要求设置板洞加筋，该部分钢筋工程量需要特别注意，避免遗漏。

⑩有时设计施工图会对部分区域的梁构件箍筋加密区的长度做特殊要求，例如某项目梁箍筋设计施工图要求如图 2.82 所示：

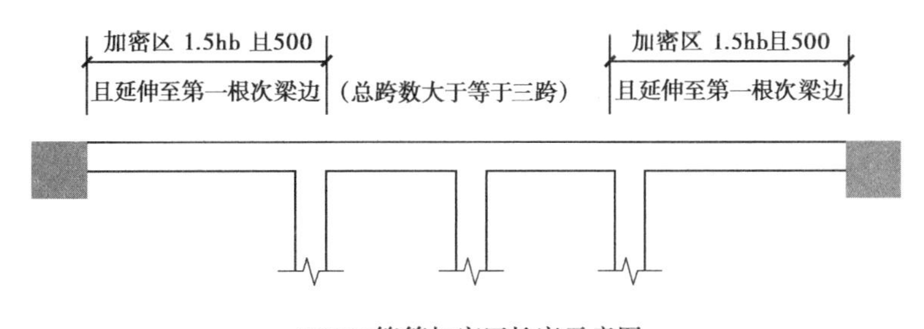

图 2.82　梁箍筋加密构造要求

根据该设计图要求，框架梁箍筋加密区长度需要在 1.5hb、500、与第一根次梁边的距离三个数值中取最大值进行考虑，因此在建模算量时就需要对该 WKL 逐根按实调整箍筋加密区长度，避免箍筋少算。

⑪设计施工图中，板中分布钢筋一般会根据板的厚度不同而不同，例如某项目设计施工图要求如下：

6.2.2　板中分布钢筋除说明者外，均为ф 6.5@250，当板厚 $h \geq 120$ 时，采用ф 8@200。

因此，建模算量时要结合设计施工图的要求调整板分布钢筋的相关设置。

⑫根据平法图集 22G101—1 如图 2.83 节点说明，当设计要求非框架梁充分利用钢筋的抗拉强度时，上部端支座负筋伸入跨内的长度应该为 $l_n/3$，一般建模算量软件中默认为 $l_n/5$，这种情况下应根据设计要求进行相应调整。

例如，某项目设计施工图要求如下：

10.3.2.1　图集 22G101—1 第 2-40 页非框架梁梁面端部钢筋锚固长度设计未注明时，

按充分利用钢筋的抗力强度计算，但该页中充分利用钢筋抗拉强度时钢筋的水平端锚固长度≥ 0.6 L_{ab} 改为≥ 0.4 L_{ab}。

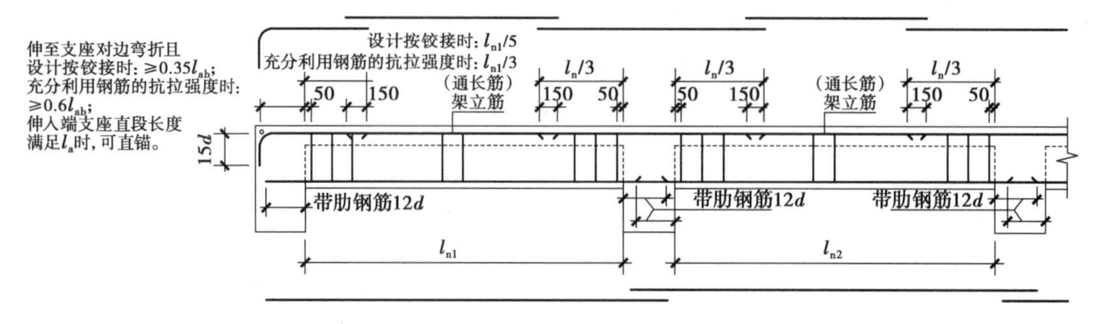

图 2.83　非框架梁配筋构造图示

⑬计算板负筋和跨板受力钢筋时，要注意设计图标注的钢筋长度是否包含支座宽度，根据设计要求的标注说明调整相应的板负筋和跨板受力筋计算设置。

⑭一般情况下，设计施工图会在井字梁相交处、主次梁相交处增加附加箍筋和吊筋设置，在建模算量时需要根据设计施工图对附加箍筋和吊筋的设置要求详细计算。

⑮在电梯井顶部的梁板，一般情况下需要预埋电梯吊钩，并且在相应的梁板处设置附加箍筋等进行构造加强，需要根据设计施工图的要求进行相应计算。当设计施工图对此未注明时，需要在图纸会审时提出设计明确，避免工程量漏算。

⑯当砌体工程所在的下部楼板处无梁时，从受力的角度需要在楼板处增加钢筋构造要求，当设计施工图中对此未注明时，需要在图纸会审中提出设计明确，在建模算量时，需要逐一比对检查所有砌体工程下部是否存在梁。

例如，某项目设计施工图要求如下：

5. 除注明外，砖墙下无梁处另加 2ϕ12（二级钢筋）板底筋，附加钢筋深入楼面梁内并满足锚固长度要求。

⑰现浇板内埋设线管而且线管上部无钢筋网时，一般需要增设相应的钢筋构造，需要根据设计施工图的要求以及现场实际施工情况进行计量计价。

例如，某项目设计施工图要求如下：

7.1.10　现浇板内埋设线管时，线管直径应小于板厚的 1/3，且应埋设在板中部 1/3 板厚范围内及其上、下两层钢筋网之间。交叉处应采用线盒，避免管线重叠。线管直径大于 20 mm 时宜采用钢管。当线管上无钢筋网片时，应沿线管增设 6@150，宽度≥ 450 mm 的上部钢筋网片。

⑱根据《防空地下室设计荷载及结构构造》（07FG01）的构造规定，对于人防区域的板应设置拉筋，而且拉筋应该梅花布置。因此，当设计施工图对人防区域板拉筋没有注明时，需要图纸会审提前设计明确，避免工程量漏算。

⑲根据平法图集 22G101—1 的构造规定，对于楼层框架梁 KL 纵向钢筋支座负筋的第

一排钢筋伸出支座长度为 $l_n/3$，第二排钢筋伸出支座长度为 $l_n/4$，对于框支梁 KZL 支座负筋不分排数伸出支座长度均为 $l_n/3$。因此，在建模算量时，对于框支梁 KZL 需要特别关注支座负筋的支座伸出长度软件是否考虑准确，同时如果设计施工图中对于楼层框架梁，存在三排及以上支座负筋时，需要 [illegible] 明确三排及以上支座负筋伸出支座的具体长度，避免结算争议的发生。

⑳对于板钢筋，是 [illegible] 层钢筋，还是下层钢筋，均要形成钢筋网片。因此在建模 [illegible] 形成钢筋网片，没有形成钢筋网片的区域复核原因，是设计施工图不 [illegible] 有误。例如，对于设计施工图要求的板为单向通长受力筋加分布筋的方式，如果建模算量使用受力筋绘制板单向通长受力筋时，软件不能自动计算分布筋形成钢筋网片，因此导致分布筋漏算，而应该采取跨板受力筋绘制单向通长受力筋，软件才能自动识别布置和计算分布筋。

㉑如果项目采用铝模施工工艺，一般情况下铝模深化设计图中的相关二次构件均是与一次结构一次浇筑成型，相关二次构件的模板需要按实计算，而我们在建模算量时，是根据正常施工工艺进行绘制模型，导致二次构件与墙体工程相接触位置，实际需要搭设铝模计算模板工程量，而软件会按照传统施工工艺和计算规则，在计算模板工程量时扣除二次构件与墙体工程相接触位置的面积，导致模板工程量少算和漏算。因此，对于采用新工艺的模板工程，需要结合实际工艺先核实具体模板搭设位置，再逐一核实造价算量模型中考虑的是否匹配和准确，有差异之处单独进行相应调整和修改。

㉒当混凝土柱的柱顶有柱帽时，需要特别主要设计施工图中的要求，板面筋和底筋是否通过柱帽布置，如果设计要求板面积和底筋不通过柱帽，那么在计算板钢筋时，要扣减柱帽区域。如果设计施工图中对此未注明，应在图纸会审时提请设计明确，避免结算争议。

㉓当现浇板中有暗梁时，需要特别注意设计施工图中的要求，板面筋和底筋是否在暗梁中正常布置，如果设计施工图要求正常布置，那么在计算板钢筋时，要核实算量模型是否默认扣减了暗梁区域，如果算量模型默认扣减暗梁区域，那么需要手动进行修正和调整。如果设计施工图中对板面筋和底筋是否在暗梁中正常布置未注明，应在图纸会审时提请设计明确，避免结算争议。

㉔对于设计施工图中的板钢筋布置，需要特别注意是双层双向配筋后的附加钢筋，还是对板配筋的局部修正和调整。

例如，某项目设计施工图中的说明如下：

未注明负二层底板板厚为 400 mm，板顶标高详平面，地下室底板垫层采用 100 厚 C15 素混凝土；负二层存在人防区和非人防区；人防区域底板配筋为双层双向ф 16@180 正交布置，图中所注均为附加钢筋；非人防区域底板配筋为双层双向ф 14@180 正交布置，图中所注均为附加钢筋。

㉕根据《混凝土结构设计规范》（GB50010–2010）如下规定：

3　梁上部钢筋水平方向的净间距不应小于 30 mm 和 1.5 d；梁下部钢筋水平方向的净间距不应小于 25 mm 和 d。当下部钢筋多于 2 层时，2 层以上钢筋水平方向的中距应比下面 2 层的中距增大一倍；各层钢筋之间的净间距不应小于 25 mm 和 d，d 为钢筋的最大直径。

根据上述规定，在实务中当梁钢筋存在两排及两排以上钢筋时，一般设置直径为 25 mm 的钢筋作为梁垫铁，建模算量软件也通常按照 max（25，*D*）直径的钢筋计算梁垫铁工程量，其中 *D* 为主筋最大直径。如果施工合同约定措施费包干，梁垫铁不单独计量的情况下，可以使用同型号的矩管或者焊管作为梁垫铁，因为矩管或者焊管的单位质量远远低于同型号钢筋的单位质量。例如矩管 25×10×1.0，每米质量为 0.518 kg；焊管 25×1.0，每米质量为 0.592 kg；钢筋Φ25，每米质量为 3.85 kg。

（3）其他构件

①整体楼梯（包括休息平台、平台梁、斜梁及楼梯的连接梁）按照水平投影面积以"m^2"计算，不扣除宽度小于 500 mm 的楼梯井，深入墙内部分亦不增加。

一般情况下，一个自然层只有二跑楼梯，楼梯水平投影面积等于对应自然层楼梯间区域的水平投影面积。但是，经常也会出现一个自然层之间超过二跑楼梯的情况，例如下图 2.84 所示，在首层（标高 0.000 ~ 6.000）一个自然层之间，楼梯为四跑，因此首层处整体楼梯面积为：该层楼梯水平投影面积 ×2。

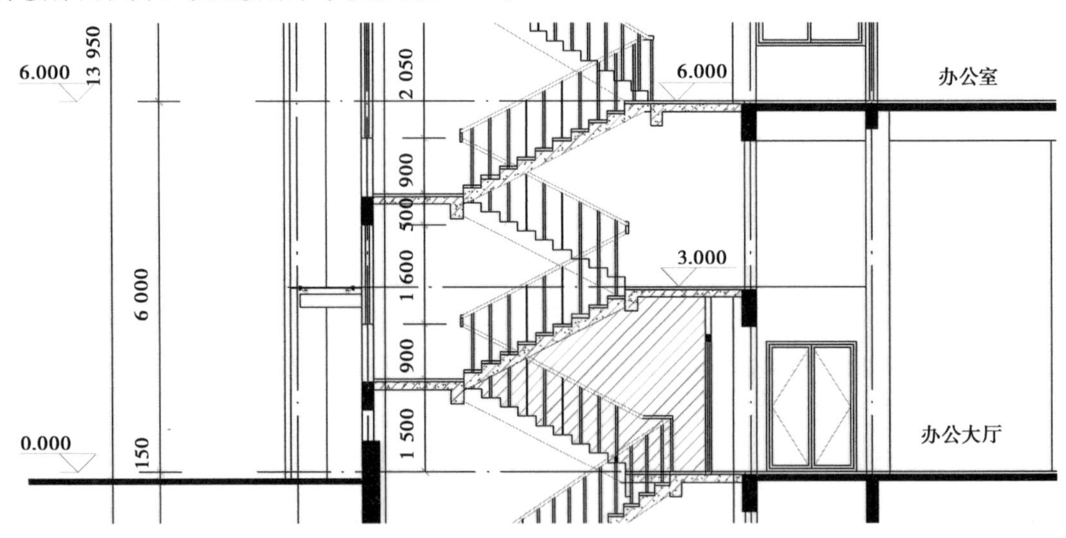

图 2.84　多跑楼梯示意图

同时，在计算屋顶层楼梯间顶部梁板的模板超高时，对于该处模板超高的高度，不应是按照层高考虑，而是应该根据顶部梁板与顶层楼梯间的距离分别计算模板超高，如图 2.85 所示：区域一处顶部梁板模板超高高度 = 顶部梁板高度 17.9 m − 休息平台高度 11.85 m = 6.05 m，区域二处顶部梁板模板超高高度 = 顶部梁板高度 17.9 m − 踏步段平均高度 12.825 m = 5.075 m，区域三处顶部梁板模板超高高度 = 顶部梁板高度 17.9 m − 屋面层高度 13.8 m = 4.1 m。

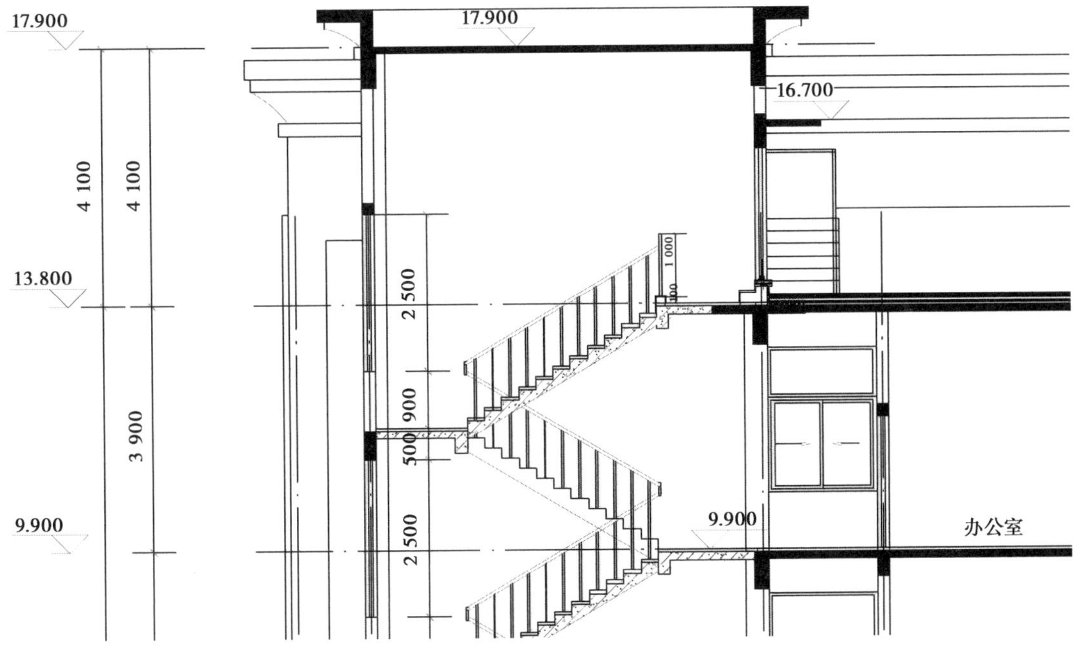

图 2.85　楼梯顶部构造示意图

定额子目中的楼梯项目，一般是按照一定的折算厚度考虑，当实际折算厚度与定额子目考虑的不一致时，需要按实调整。折算厚度的计算方式为：（楼梯踏步段、休息平台、平台梁、斜梁及楼梯的连接梁等体积合计）/ 整体楼梯水平投影面积合计。

例如，在重庆 2018 定额中说明如下：

24. 本章弧形及螺旋形楼梯定额子目按折算厚度 160 mm 编制，直形楼梯定额子目按折算厚度 200 mm 编制。设计折算厚度不同时，执行相应增减定额子目。

在提量上量时需要注意，由于休息平台、平台梁、斜梁及楼梯的连接梁已经在楼梯定额子目中计算费用，在有梁板定额子目上量时，需要扣减上述的工程量，避免重复计算费用。

②对于雨棚板，要重点关注设计是否翻边构造，根据具体翻边构造进行计量计价。

③对于后浇带的模板工程量计算，定额文件中一般有特殊说明，例如重庆 2018 定额说明如下：

三、现浇混凝土构件模板：

11. 后浇带的宽度按设计或经批准的施工组织设计（方案）规定宽度每边另加 150 mm 计算。

如果在施工方案中，对于后浇带的施工工艺是采取和梁板整体一起搭设满堂支撑架，铺设模板，浇筑完梁板混凝土，等到梁板混凝土达到强度再拆除梁板处模板和满堂支撑架，预留出后浇带的模板位置和满堂支撑架不拆除，等到达到设计要求的时间后再单独浇筑后浇带混凝土。这种施工方案和施工工艺的情况下，不存在单独搭设后浇带模板和支撑架，因此后浇带模板的工程量也就不需要考虑额外增加 150 mm 计算，也不需要单独套取后浇带模板定额，按照有梁板定额子目和实际铺设的模板面积进行相应计算。

如果在施工方案中，对于后浇带的施工工艺是采取和梁板整体先一起搭设满堂支撑架，铺设模板，浇筑完梁板混凝土，等到梁板混凝土达到强度再整体拆除梁板和后浇带处的全部模板和支撑架，然后再单独对后浇带预留位置重新搭设支撑架和后浇带模板，具体如图 2.86 所示。这种情况下再次单独搭设的后浇带支撑架和模板就适合定额说明中的后浇带模板定额子目，因此需要按照定额说明后浇带宽度每边增加 150 mm 计算后浇带模板工程量，执行后浇带模板定额子目计费，同时对于有梁板模板定额子目的工程量，应该按照有梁板模板 + 后浇带设计宽度对于模板工程量的合计计算相应工程量，而不应该单独扣减后浇带宽度对应的模板工程量，在提量上量环节对软件模型计算出的模板工程量进行相应调整处理。

图 2.86　后浇带二次支模

对于后浇带二次支模的，除了模板工程量计算特殊之外，相应的费用计算一般也要额外考虑相应难度系数，例如重庆 2018 定额相关说明如下：

30. 现浇混凝土后浇带，根据批准的施工组织设计必须进行二次支模的，后浇带模板及支撑执行相应现浇混凝土模板定额子目，人工乘以系数 1.2，模板乘以系数 1.5。

如果在施工方案中，对于后浇带和楼板的交接处，采取的是后浇带梳子模板的做法，具体如图 2.87 所示，那么该处模板需要单独计算工程量。

图 2.87　后浇带梳子模板

④对于后浇带中的预留钢筋，一方面由于会在空气中暴露较长的时间而产生锈蚀，另一方面会由于施工过程中人为踩踏导致预留钢筋变形等，因此有的施工方案要求对预留钢

筋进行防锈处理，例如涂刷水泥砂浆保护，同时对预留钢筋采取变形保障，在后浇带区域上部铺设木模板遮盖等。对于上述措施费，可以在施工过程中办理收方签证，单独计取相关费用。

例如，某项目后浇带施工方案要求如下：

3.5.1　后浇带处理

由于后浇带搁置时间较长，为了防止外露的钢筋锈蚀影响受力性能，应在后浇带两侧混凝土浇筑完成后及时将后浇带内清理干净，并在外露的钢筋上刷上水泥浆，用模板封盖好，具体如图 2.88 所示：

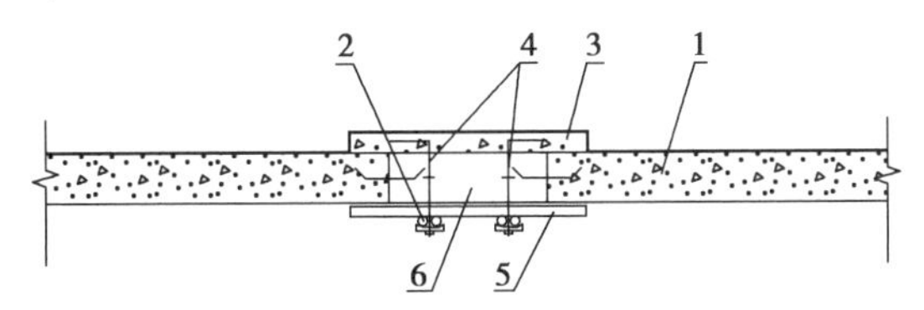

1—已浇筑混凝土；2—止水螺杆；3—18 厚覆膜板；
4—钢板止水；5—18 厚覆膜板；6—新浇筑混凝土

图 2.88　后浇带构造要求

⑤对于回型楼梯顶部梁板超高模板的计算，具体如图 2.89 所示，要根据施工方案和具体实际施工情况进行计算，常见有两种施工方法。第一种方法是从回型楼梯的首层开始搭设整体满堂支撑架，顶部梁板在该整体满堂支撑架上支模板和浇筑。第二种方法是在顶部梁板的下一层先搭设水平钢平台，在该钢平台的基础上再搭设一层满堂支撑架，在该一层满堂支撑架基础上铺设模板和浇筑顶部梁板混凝土。

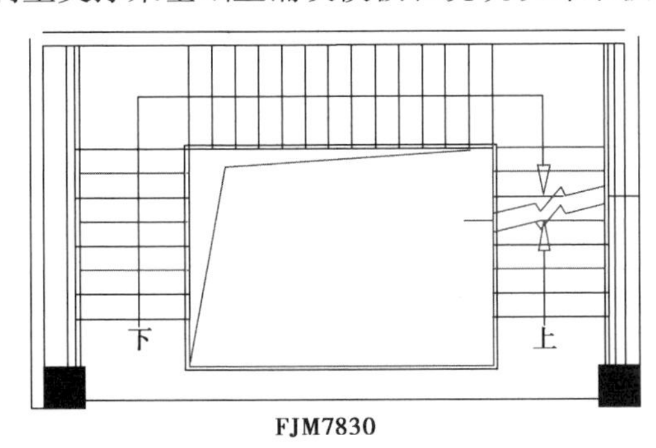

图 2.89　回型楼梯做法示意

如果是第一种施工方法，需要计算按照体积计算整体满堂支撑架费用和顶部梁板的模板费用。如果是第二种施工方法，需要按实计算钢平台费用和顶部梁板的模板费用（如果钢平台上的满堂支撑架超过一定高度，还要根据顶部梁板的模板面积单独计算模板超高费用）。

⑥对于预制混凝土构件，存在制作、运输及安装损耗，例如重庆 2018 定额说明如下：

1. 预制混凝土构件制作、运输及安装损耗率，按下列规定计算后并入构件工程量内：制作废品率：0.2%；运输堆放损耗：0.8%；安装损耗：0.5%。其中，预制混凝土屋架、桁架、托架及长度在 9 m 以上的梁、板、柱不计算损耗率。

由于制作、运输和安装存在先后的逻辑关系，因此在套取定额时，相关定额子目的耗量需要进行相关连乘考虑，例如预制过梁，根据上述说明相关调整如下（图 2.90）：

预制混凝土过梁工程量 = 理论工程量 ×（1+ 制作废品率）×（1+ 运输堆放损耗）×（1+ 安装损耗）

预制钢筋工程量 = 理论工程量 ×（1+ 制作废品率）×（1+ 运输堆放损耗）×（1+ 安装损耗）

构件运输工程量 = 理论工程量 ×（1+ 运输堆放损耗）×（1+ 安装损耗）

过梁安装工程量 = 理论工程量 ×（1+ 安装损耗）

编码	类别	名称	项目特征	主要清单	单位	工程量表达式
−		整个项目		□		
− A	部	建筑工程		□		
− 021002B08001	项	预制混凝土过梁		□	m3	1
AE0180	定	预制钢筋			t	0
AE0214	定	预制混凝土梁 过梁			10m3	QDL*1.002*1.008*1.005
AE0303	定	梁安装 过梁			10m3	QDL*1.005
AE0319	定	II 类构件汽车运输 1km以内			10m3	QDL*1.008*1.005

图 2.90　预制混凝土过梁组价

⑦一般情况下，当圈梁遇到洞口不能封闭时，应在洞口上部设置截面不小于圈梁截面的附加梁，其搭接长度不小于 1 m，大于两梁高差的两倍。放置于洞口上部的附加梁起到过梁的相应作用，此时圈梁和过梁的工程量分别单独计算。当出现此种情况时，最好在设计施工图中注明相应做法，避免结算争议。

⑧一般情况下，对于与水接触的区域，例如卫生间、厨房、水电井、上屋面楼梯间出口、烟道出屋面等位置，需要设置混凝土反坎，该部分工程量需要单独计算。如设计施工图对与水接触区域反坎设置情况未注明，可以在图纸会审时提出请设计明确。

⑨对于马凳筋，有几字形、一字型、成品马凳筋等不同的形式，需要根据施工方案中的具体要求以及现场实际布置的情况进行马凳筋的计算。当采用建模算量软件计算马凳筋时，对于独立基础、桩承台等部分区域内的马凳筋无法计算，需要逐一核实软件是否计算后再手动计算软件未能自动计算的区域。

对于筏板基础，当筏板超过一定厚度时，对于马凳筋需要进行加固处理，加固使用的钢筋和型材，需要结合具体施工方案单独补充计算，避免工程量的漏算。

⑩如果施工合同计量规则要求楼梯模板工程量按照与混凝土接触面积计算时，此时要注意楼梯模板不能漏算踏步侧面模板工程量。

⑪一般情况下，当门窗洞口与上方框架梁之间高度≤ 300 mm 时，门窗洞口处的过梁一般与上方框架梁整体浇筑，并增加相应的构造配筋要求。对此做法建议在设计施工图当中具体明确，当设计施工图中未单独注明时，可以在图纸会审时提出明确。

⑫对于构造柱的钢筋施工，是采取预留预埋钢筋还是后植筋，影响相关计量和计价，因此要结合施工方案描述和现场实际施工情况进行考虑。对于后植筋，一般建模算量软件

中植入深度默认按照 10 d 考虑，设计施工图中要求常常大于 10 d，需要结合实际情况按实调整。对于构造柱植筋后的纵筋搭接长度和箍筋加密设置，设计施工图中的要求与建模算量软件中也经常不一致，要根据设计施工图的要求按实调整计算。

⑬对于窗台和女儿墙一般存在混凝土压顶，当设计施工图未注明时要在图纸会审中请设计明确，避免漏算相关工程量。

⑭在采用软件建模算量时，软件中构件设置的混凝土等级要与设计施工图中要求的混凝土等级保持一致，如果软件中构件设置的混凝土等级低于设计施工图中要求的混凝土等级，会导致软件计算的钢筋锚固工程量和搭接工程量超过设计和规范要求，造成钢筋工程量多算；如果软件中构件设置的混凝土等级高于设计施工图中要求的混凝土等级，会导致软件计算的钢筋锚固工程量和搭接工程量低于设计和规范要求，造成钢筋工程量少算。

⑮当屋面层有屋面水箱时，一般需要设置屋面水箱基础，当设计施工图对此未注明时，需要在图纸会审中提出，避免漏项。

⑯对于车库坡道出入口处，设计施工图经常会要求在坡道混凝土表面划出纹道，当设计施工图中对此未具体注明时，在图纸会审时提出设计明确，该部分做法单独计量计价。

⑰对于后浇带混凝土，一般采取高于构件本身一个等级的细石混凝土，当设计施工图中对此未具体注明时，在图纸会审时提出设计明确。

4）钢结构工程

①对于钢构件工程量的计算，根据《房屋建筑与装饰工程工程量计算规范》的规定，一般按照设计图示以净尺寸计算，不扣除孔眼的质量，焊条、铆钉、螺栓、油漆涂刷等不另增加质量，金属构件的切边、不规则及多边形钢板发生的损耗不单独计量，在综合单价中考虑。其中需要注意的是，在计算钢结构混凝土组合结构中混凝土的工程量时，不扣除构件内预埋螺栓、预埋铁件所占体积，但应该扣除混凝土中型钢构件所占的体积。

对于钢结构工程量，在实务中一般根据钢结构设计深化详图进行计算，需要注意的是，首先要从造价口径先核对和核实钢结构深化设计的程序性和详图的准确性，在此基础之上再根据详图进行计算统计。

对于钢构件上的连接件、连接板，一般处理的原则是以钢构件在钢结构加工厂制作完毕出厂时，该连接件和连接板焊接或者连接在某钢构件上时，该连接件和连接板的工程量就归属于该构件。例如在重庆 2018 定额中，对钢柱的工程量计算规则说明如下：

5. 依附在钢柱上的牛腿及悬臂梁的质量并入钢柱的质量内，钢柱上的柱脚板、加劲板、柱顶板、隔板和肋板并入钢柱工程量内。

在实务中，如果存在钢结构深化设计图的情况下，深化图中会详细注明每根构件上对应的连接件和连接板等的型号和尺寸，这种情况下根据深化图注明相应统计汇总即可。当没有钢结构深化设计图的情况下，一般以螺栓连接和现场焊接为分界线，螺栓和焊接处两侧的连接件和连接板，各自归属各自一方所在的钢构件工程。例如如图 2.91 所示，在 1—1 剖面处为螺栓连接，那么 1—1 剖面左侧的连接端板工程量归属于钢柱，1—1 剖面右侧的连接端板工程量归属于钢屋架。

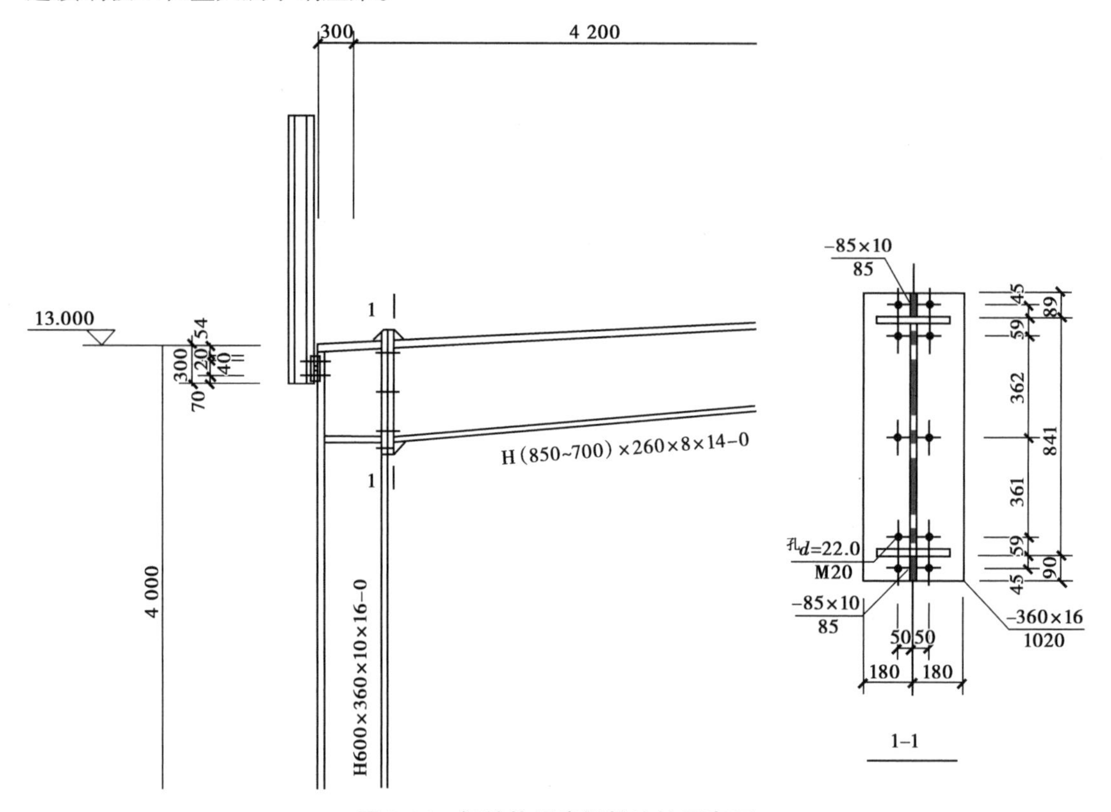

图 2.91　钢结构厂房梁柱连接示意图

②钢构件中使用的高强螺栓、花篮螺栓、栓钉未包含在钢构件制作安装费用当中，需要单独按实计量。

③一般情况下，钢柱柱脚均需要设置抗剪健，当设计施工图未注明时，需要在图纸答疑时提请设计明确。

④在计算柱脚锚栓的工程量时，需要特别注意，部分设计标注型号的锚栓，要采用不同规格的热轧圆钢制作，常见的型号匹配情况如表 2.11 所示。

表 2.11　预埋螺栓型号与热轧圆钢型号对应表

序号	锚栓型号	对应热轧圆钢型号
1	M24	ф25
2	M27	ф28
3	M33	ф35
4	M52	ф55

续表

序号	锚栓型号	对应热轧圆钢型号
5	M64	φ65
6	M72	φ75
7	M76	φ80

在实务中，建议在设计施工图中标注柱脚锚栓型号的同时，单独注明锚杆圆钢具体的尺寸，避免结算争议。

⑤对于钢柱柱脚混凝土，一般存在 50 ~ 100 mm 高度的二次浇筑混凝土。该二次浇筑混凝土一般采用比基础高一个等级的细石混凝土，对于该二次浇筑混凝土需要单独编制清单进行计量计价。同时在某些生产厂房中，为了保护钢柱被车辆和设备等误撞，会在钢柱柱脚单独设置混凝土包裹柱脚，同时在钢柱四周设置防撞栏杆，当设计施工图未注明时，需要在图纸会审时提请设计明确，避免漏项。

⑥在实务中，设计要求钢柱经常采用矩管，矩管有一定的型号和规格限制，超出一定的型号和规格的矩管，例如大于 500 mm 的矩管，需要采用圆管进行挤压或者拉拔成矩管，会产生相应的二次加工制作费，在造价编制时需要特别注意。因此，在设计时尽量选用常用规格的矩管，或者采用箱型构件也就是钢板焊接制作成型，如果考虑结构的整体性和安全性需要采用圆管挤压成型矩管时，相应的二次加工制作费要在材料价格中考虑，同时矩管中间的内隔板由于无法安装就不能计算相应的工程量，只有矩管分段对接处的端部隔板才能计算相应的工程量，具体如图 2.92 所示。

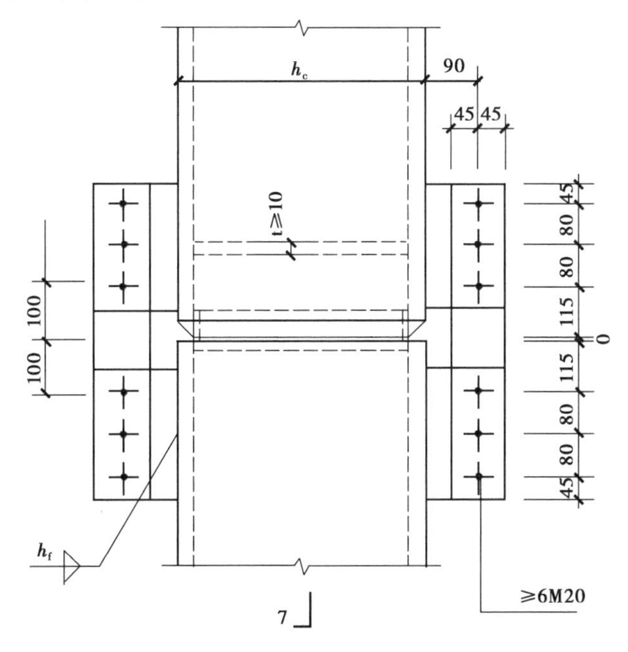

图 2.92　矩形柱的拼接设置及安装耳板和水平加劲板构造

⑦某些项目中，设计要求钢柱中灌注混凝土，这种情况下，在钢柱某个位置需要预留浇筑孔，浇筑完毕之后需要增加钢板封闭，封闭钢板的工程量避免漏算。同时对于钢柱内的混凝土，一般是采取自密实混凝土，当设计未注明时在图纸会审时提请设计明确，对自密实混凝土进行单独计量计价。

⑧钢构件的除锈一般采用抛丸除锈，对于部分小型构件或者相关条件制约时才采用喷砂除锈，如果存在喷砂除锈的情况，建议在施工方案中进行相应的阐述。一般情况下，定额文件中的钢构件制作不包含除锈工作内容，除锈需要根据设计要求的做法和等级进行单独计量计价。例如重庆 2018 定额相关说明如下：

29. 本章构件制作定额子目中，不包括除锈工作内容，发生时执行相应子目。其中，喷砂或抛丸除锈定额子目按 Sa2.5 级除锈等级编制，如设计为 Sa3 级则定额乘以系数 1.1，如设计要求按 Sa2 或 Sa1 级则定额乘以系数 0.75。手工除锈定额子目按 St3 除锈等级编制，如设计为 St2 级则定额乘以系数 0.75。

⑨对于钢构件的油漆涂刷，一般按照钢结构质量计算。油漆做法存在底漆、中间漆和面漆，在同样涂刷一遍的情况下，底漆的耗量要比面漆高，因为底漆是直接与钢构件基层接触，抛丸除锈后会在钢构件表面形成凹凸不平，这是为了增加和提高油漆和钢构件基层的附着力。所以，在执行定额计价文件时，对于中间漆定额子目的套取，不能借用底漆定额子目，而应该借用面漆定额子目。由于定额文件规定油漆涂刷一般按照遍数考虑，因此在设计文件中不仅仅需要标注油漆涂刷的厚度，还需要注明油漆涂刷的遍数，避免结算争议。油漆涂刷工程一般情况下按照钢结构构件质量计算，但是在套取相应定额子目时需要根据不同的构件类型考虑不同的系数，在定额计价时需要特别注意。

例如，重庆 2018 定额对于金属面油漆质量换算系数说明如图 2.93 所示。

执行其他金属面油漆定额的其他项目，其定额子目乘以下表相应系数：

项目名称	系数	工程量计算方法
钢屋架、天窗架、挡风架、屋架梁、支撑、檩条	1.00	质量（t）
墙架（空腹式）	0.50	
墙架（格板式）	0.82	
钢柱、吊车梁、花式梁、柱、空花构件	0.63	
操作台、走台、制动梁、钢梁车档	0.71	
钢栅栏门、窗栅	1.71	
钢爬梯	1.18	
轻型屋架	1.42	
踏步式钢扶梯	1.05	
零星铁件	1.32	

图 2.93　金属面油漆定额系数

⑩对于钢构件的防火涂料，根据设计要求的防火等级，不同的钢构件有不同的耐火极

限要求，根据不同的耐火极限，再根据设计要求的防火涂料类型，比如超薄型、薄型、厚型，按照不同的做法类型分别计量计价。

防火涂料一般按照实际涂刷面积以 m^2 计算，一般如下的区域不需要涂刷防火涂料，需要特别注意：

a. 钢柱柱脚混凝土包裹处。

b. 埋设在混凝土中的钢构件。

c. 箱型构件的内部。

d. 高强螺栓连接处的摩擦面。

e. 对于钢平台梁上存在钢楼承板浇筑混凝土组合楼板的情况，钢梁的上翼缘外表面。

对于厚涂型防火涂料，超过一定厚度时需要增设钢丝网，需要在设计施工图中注明，未注明时图纸会审提请设计确认，避免漏项。

⑪对于钢构件的焊接，存在一级焊缝和二级焊缝，一级和二级焊缝需要进行探伤，应根据相应的探伤形式，例如超声波探伤、磁粉探伤、射线探伤等，对探伤费用单独计量计价。

⑫对于钢结构维护，主要涉及钢结构屋面和墙面，一般采取彩钢瓦、夹芯板、岩棉板或者压型钢板，一般按照实际铺设面积计算工程量。需要注意的是，钢结构维护存在相关收边和收口，对于收边收口件，清单计价中一般把该部分考虑在钢结构屋面或者墙面的综合单价中，不单独计量，定额计价中一般把该部分套取相应定额子目，单独计量计价。因此，在钢结构深化时，除了对钢结构构件本身进行深化设计，对钢结构维护部分，尤其是相关的收边收口等，也进行深化设计，这样在后期的计量计价就会带来便利，避免相关结算争议和风险。

⑬对于中间是型钢结构，四周外包混凝土的柱或者梁构件，在浇筑型钢柱或者型钢梁混凝土支模板时，需要用对拉螺杆与主筋或者型钢焊接固定模板。这样导致对拉螺杆一次性摊销，不能周转使用，同时增加对拉螺杆的现场焊接费用。对于该种情况，应该在施工方案中进行专项描述，在施工过程中根据施工方案及现场实际施工情况，办理相应的收方签证后按实计量计价。

5）砌筑工程

①出屋面的女儿墙工程一般采取实心砖砌筑，实心砖综合单价高于多孔砖和空心砖，如果设计施工图未明确，需要在图纸会审时提出请设计明确，进行单独计量计价。

②空心砖、多孔砖、加砌混凝土砌块等砌筑工程的定额子目，有可能不包含其中的配砖或者底部和顶部斜砌砖，该部分需要单独计量计价。

例如，重庆 2018 定额中说明如下：

3. 页岩空心砖、页岩多孔砖、混凝土空心砌块、轻质空心砌块、加气混凝土砌块等墙体所需的配砖（除底部三匹砖和顶部斜砌砖外）已综合在定额子目内，实际用量不同时不得换算；其底部三匹砖和顶部斜砌砖，执行零星砌砖定额子目。

例如，四川 2015 定额中说明如下：

（十一）硅酸盐砌块、加气混凝土砌块、混凝土空心砌块、烧结空心砖，未包括实心配砖用量，镶嵌砖砌体按实砌体积计算，套用零星砌体项目。

施工过程管理中，建议在施工方案中明确相关配砖和底部三匹砖、顶部斜砌砖的具体设置情况，并编制相应的砌筑工程固化图。

③对于标准砖砌体，也就是俗称的标准红砖，计算厚度一般按照表 2.12 计算。

表 2.12　标准砖砌体计算厚度表

设计厚度（mm）	60	100	120	180	200	240	370
计算厚度（mm）	53	95	115	180	200	240	365

对于其他砖砌体、砌块砌体，例如实心砖墙、多孔砖墙、空心砖墙、砌块墙等，计算厚度一般按照设计图示尺寸计算。

因此，在建模算量过程中，需要根据不同砌体材质，调整其相应的计算厚度，而并非是全部按照设计标注的图示尺寸计算工程量。

④空心砖根据不同的容重，对应的价格不一样，如果设计要求的容重与清单项目特征不一致，需要根据相应容重变更调整清单单价。

例如，某项目设计要求如下：分隔墙体采用烧结页岩空心砖砌体，12 孔以上，不少于 5 排，干容重 1 000 kg /m^3。

清单项目特征描述如下：砖品种，烧结页岩空心砖，容重≤ 900 kg /m^3。

项目所在地烧结页岩空心砖造价信息材料价格如下：烧结页岩空心砖（900 kg /m^3），含税价 260 元 /m^3；烧结页岩空心砖（1 000 kg /m^3），含税价 275 元 /m^3。

因此，该项目可以根据造价信息的价格差调整相应的烧结页岩空心砖清单单价。

⑤在砌体工程中，存在砌体加筋和砌体通长筋，在设计施工图中对于砌体加筋和砌体通长钢筋的做法往往都有描述，但是在软件建模算量时，对于砌体加筋和砌体通长筋，只能选择计算其中一样，两者均计算则导致工程量多算。

⑥对于首层砌体工程墙体，当墙体下部无基础梁或者其他基础构件时，一般需要在该墙体下单独增加设置墙体基础大样。当设计施工图有具体节点大样，则按照设计要求增加计算墙体下部基础工程量，当设计施工图没有明确时，需要在图纸会审时提出设计明确。同时需要注意的是，在计算土石方外运工程量时，要扣减该处墙体下部基础工程量，避免土石方外运工程量多算。

⑦一般情况下，对于砌体填充墙，墙高＞ 4 m 时，设计施工图会要求在墙体中部或者门洞顶部设置与柱或剪力墙连接而且沿墙全长贯通的钢筋混凝土水平系梁或者圈梁，如果

设计施工图对此未注明，可以在图纸会审时提出，避免漏算相应工程量。

例如，某项目设计施工图要求如下：

9.1.3　填充墙的高度超过 4 m，或 90 厚页岩空心砖墙体高度超过 2.8 m，或 100 厚加砌混凝土墙体高度超过 2.4 m 时，应在墙体半高或门窗洞顶处设置与柱、墙连接且沿墙全长贯通的钢筋混凝土水平现浇带，做法详见《西南 15G701》。

⑧一般情况下，设计施工图会要求填充墙布置砌体拉结筋，某项目设计施工图说明如下：

14. 填充墙应沿框架柱全高每隔 500 mm 设置 2 Φ6.5 拉结筋，拉结筋沿墙全长贯通布置。

在实务中，要注意填充墙砌块高度的模数影响，如果填充墙砌块的高度模数为 200 mm，那么实际填充墙拉结筋的布置间距就只能是 400 mm 或者 600 mm，无法达到设计要求的 500 mm 布置间距。因此，当填充墙砌块高度模数与设计要求的拉结筋布置间距不一致时，建议在图纸会审时提请设计明确，规避结算风险。

6）楼地面工程

①当存在间壁墙时，楼地面找平层、整体面层的工程量不扣除间壁墙的面积，这在清单规范和定额文件中均有相应描述。

例如，《房屋建筑与装饰工程工程量计算规范》中对于“整体面积及找平层”的工程量计算规则约定如下：

按设计图示尺寸以面积计算。扣除凸出地面的构筑物、设备基础、室内铁道、地沟等所占面积，但不扣除间壁墙及 ≤ 0.3 m^2 柱、垛、附墙烟囱及孔洞所占面积。门洞、空圈、暖气包槽、壁龛的开口部分不增加面积。

例如，重庆 2018 定额相关说明如下：

整体面层及找平层按设计图示尺寸以面积计算。均应扣除凸出地面的构筑物、设备基础、室内铁道、地沟等所占的面积，但不扣除柱、垛、间壁墙、附墙烟囱及面积 ≤ 0.3 m^2 孔洞所占的面积，而门洞、空圈、暖气包槽、壁龛的开口部分的面积亦不增加。

对于间壁墙的概念，在重庆 2008 定额综合解释中有如下说明：

2.10.2　什么叫间壁墙？

答：指墙厚在 120 mm 以内的起分隔作用的非承重墙。

从具体的施工工艺角度，间壁墙其实就是指在地面找平层或者面层施工完毕后再进行施工的墙体，正是由于间壁墙是后于地面面层施工，因此计算地面面层和找平层时才不扣除间壁墙的面积，这才是其核心原理。

因此，从实务的角度，建议在施工方案中具体明确相关墙体和地面面层的施工顺序，在建模算量时对于间壁墙需要单独命名和具体设置，这样软件在计算地面找平层和面层时就会自动不扣除间壁墙所占部分的面积。

同时，对于地面垫层和找平层面积的计算，需要特别注意，《房屋建筑与装饰工程工程量计算规范》中约定“不扣除间壁墙及≤ 0.3 m^2 柱、垛、附墙烟囱及孔洞所占面积”，也就是对于柱、垛、附墙烟囱，如果其所占面积不超过 0.3 m^2，则不扣除其所占面积，如果其所占面积超过 0.3 m^2，则扣除其所占面积。重庆 2018 定额中约定“不扣除柱、垛、间壁墙、附墙烟囱及面积≤ 0.3 m^2 孔洞所占的面积”，也就是对于柱、垛、附墙烟囱，不管其所占面积是否大于 0.3 m^2，均不扣除其所占面积。例如，某层柱截面尺寸为 600 mm × 600 mm，所占面积为 0.36 m^2，大于 0.3 m^2，根据《房屋建筑与装饰工程工程量计算规范》，计算地面找平层和面层工程量时，需要扣除该柱所占面积 0.36 m^2，根据重庆 2018 定额，计算地面找平层和面层工程量时，不需要扣除该柱所占面积。

②对楼地面找平层计价时，要特别关注找平层是布置在硬基层还是软基层上，如果找平层是布置在软基层例如水泥陶粒上，由于找平层先要填充软基层的空隙，导致软基层上的找平层，相比于硬基层上，人材机耗量均要增加，相应的综合单价也增加。

③对于车库顶板和车库首层，设计施工图经常要求楼地面工程的相关做法需要按照一定的坡度进行找坡，根据坡度计算相关做法层的平均厚度时，对于车库顶板，由于是室外，所以是整体区域找坡计算，对于车库首层，由于是室内，存在相关隔断和墙体，一般是分区域找坡计算。两种找坡方式对在同一坡度的情形下计算出来的做法层平均厚度相差很大，需要特别关注。

④对于楼地面工程中的块料面层工程，例如地面砖工程，施工工艺一般分为基层（楼板）、垫层、找平层、结合层、面层，在面层的定额计价中，一般面层定额子目包含了结合层，结合层不再单独计价。例如，根据重庆 2018 定额如图 2.94 所示，“地面砖楼地面”相关定额子目中，每 10 m^2 地面砖对应的“水泥砂浆 1 ∶ 2（特）”为 0.202 m^3，也就意味着地面砖定额子目中考虑了 20 mm 厚的水泥砂浆结合层。在实际项目的施工中，地面砖的水泥砂浆结合层厚度常常会超出定额考虑的 20 mm 厚度，作为施工企业，尤其是对于 EPC 项目，可以提前预估结合层实际施工的厚度，在设计施工图中提前进行相应的节点标注，其中 20 mm 标注为结合层，超出的厚度标注为找平层，这样对于超出定额厚度部分的水泥砂浆，就可以根据定额文件再单独计取相应的找平层费用。

7）屋面及防水工程

①耐根穿刺型防水卷材材料价格远远高于普通防水卷材，如果设计图有相应说明时，耐根穿刺型防水卷材的上量和上价需要特别关注。

②有时定额说明或者施工合同约定防水附加层需要单独计量，当存在此种情况时，在防水卷材的计量计价时需要额外考虑，不能遗漏。

例如，西藏 2016 定额中说明如下：

（6）屋面、楼地面及墙面、基础底板等，其防水搭接、拼缝、压边、留槎用量已综合考虑，不另行计算，卷材防水附加层按设计铺贴尺寸以面积计算。

A.1.3　地面砖地面(编码:011102003)

工作内容:清理基层、试排弹线、锯板修边、刷素水泥浆、铺贴饰面、清理净面。　　计量单位:10m²

定额编号					LA0008	LA0009	LA0010	LA0011	LA0012
项目名称					地面砖楼地面				
					周长(mm 以内)			周长(mm 以外)	斜拼
					1600	2400	3200		现场
费用	综合单价(元)				735.09	739.75	755.09	772.50	813.51
	其中	人工费(元)			260.00	262.34	271.70	283.92	306.80
		材料费(元)			399.63	401.28	404.55	406.19	417.68
		施工机具使用费(元)			5.20	5.25	5.43	5.68	6.14
		企业管理费(元)			40.59	40.95	42.41	44.32	47.89
		利润(元)			24.99	25.21	26.11	27.28	29.48
		一般风险费(元)			4.68	4.72	4.89	5.11	5.52
	编码	名称	单位	单价(元)	消耗量				
人工	000300120	镶贴综合工	工日	130.00	2.000	2.018	2.090	2.184	2.360
材料	070502000	地面砖	m²	32.48	10.250	10.300	10.400	10.450	10.800
	810201030	水泥砂浆 1:2(特)	m³	256.68	0.202	0.202	0.202	0.202	0.202
	810425010	素水泥浆	m³	479.39	0.010	0.010	0.010	0.010	0.010
	040100120	普通硅酸盐水泥 P.O 32.5	kg	0.30	19.890	19.890	19.890	19.890	19.890
	040100520	白色硅酸盐水泥	kg	0.75	1.030	1.030	1.030	1.030	1.030
	002000010	其他材料费	元	—	3.33	3.35	3.38	3.39	3.51
机械	002000045	其他机械费	元	—	5.20	5.25	5.43	5.68	6.14

图 2.94　地面砖定额子目

有时定额说明防水附加层不单独计量，例如重庆 2018 定额说明如下：

（3）卷材防水、涂料防水屋面的附加层、接缝、收头、基层处理剂工料已包括在定额子目内，不另计算。

对于附加层和接缝的理解以及具体包含范围，在实务中经常会出现争议，例如如图 2.95、图 2.96 所示的防水卷材加强层和接茬，是否属于上述定额说明的定额子目包含范围，就会存在争议。当出现这种情况时，一方面在设计施工图中对防水卷材的做法标注尽量准确，另一方面当无法区分时，可以把设计施工图纸中防水卷材之外的附加层、加强层、接茬、搭接等单独计算一个工程量，与防水卷材本身工程量进行比较，可以计算出相关附加层的损耗率，再根据实际计算的损耗率按实调整防水卷材定额子目中的消耗量。

③地下室车库顶板有覆土时，地下室顶板的防水做法一般需要沿车库顶部墙体上翻，上翻高度至少超过覆土高度。如果设计施工图对地下室顶板防水上翻高度未注明，需要图纸会审时提出设计确认，避免漏算工程量。

④对于楼地面防水工程，需要特别注意设计施工图中对于防水工程做法的上翻高度，是从结构完成面上翻还是从建筑装饰完成面上翻，两者会存在一个工程量差。如果设计施工图对防水工程做法上翻高度的起始点未注明，或者仅仅注明“上翻 ××mm（完成面）”，这种情况下，需要请设计具体明确，避免结算争议。

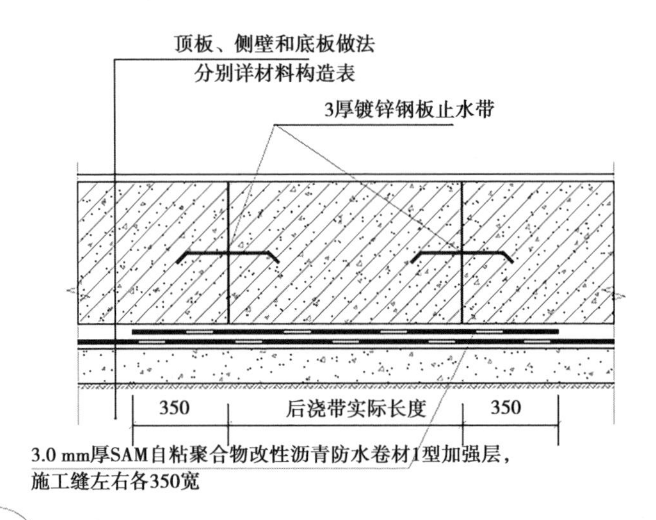

图 2.95　地下室底板后浇带防水构造

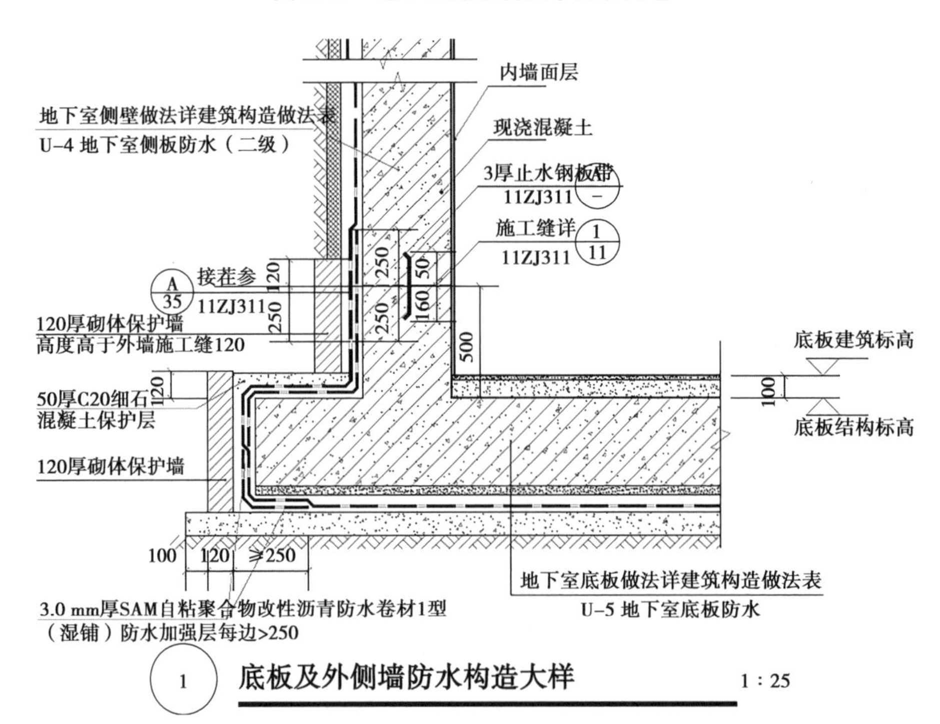

图 2.96　地下室底板及外侧墙防水构造

由于建模算量软件一般不会自动计算独立柱处的防水工程上翻工程量，当设计施工图要求独立柱也需要进行防水上翻时，独立柱处的防水上翻工程量需要单独手算。

同时根据《房屋建筑与装饰工程工程量计算规范》说明，楼地面防水反边高度≤ 300 mm 算作地面防水，反边高度＞ 300 mm 按墙面防水计算，在防水工程量的提量和上量环节需要特别注意。

⑤屋面做法中存在找坡层时，在计算涂膜防水上翻高度时需要额外考虑找坡层等对高度的影响。

例如，某项目屋面做法要求如下：

7. 4 mm 耐根穿刺 SBS 聚酯毡胎体改性沥青卷材，遇构筑物卷起至少高出种植土 500 mm；

8. 刷基层处理剂冷底子油一道；

9. 烧结陶粒混凝土找坡层，最薄处不小于 30 mm，表面收光，转角处做 R ≥ 50 的圆弧处理，坡度按单体设计，具体详建筑图；

10. 1.5 mm 厚聚氨酯防水层，遇构筑物卷起至少高出种植土 500 mm。

针对上述屋面做法，对于聚氨酯防水层的上翻高度工程量计算，就要额外考虑烧结陶粒混凝土找坡层处聚氨酯防水层比 SBS 卷材多增加上翻高度的防水工程量，对于该部分上翻工程量需要额外单独补充手算，避免防水工程量的漏算。

8）门窗工程

①防火门一般存在闭门器，闭门器需要根据设计要求单独计量计价。

②在软件建模算量时，针对飘窗台板处，如果使用带形洞构件建模绘制预留洞口，会导致飘窗台板处带形构件四周装饰（墙面、天棚、楼面）工程量被默认扣除，导致飘窗台处相关装饰工程量少算，需要手算补回相关工程量。

③根据《房屋建筑与装饰工程工程量计算规范》说明，门窗工程按照设计图示洞口尺寸以面积计算，有些项目门窗工程核价单中会注明按照门窗框、扇外围以面积计算，按照门窗框、扇外围尺寸计算的面积少于按照门窗洞口尺寸计算的面积。

9）装饰装修工程

①混凝土雨篷，以及其他与雨水接触的混凝土构件，一般抹灰砂浆需要采取防水砂浆，需要单独计量计价，如设计施工图中未明确说明，则应在图纸会审中提出。例如，某设计施工图要求如下“混凝土雨篷，其他有淋雨可能的混凝土板，采用 20 厚（最薄处）防水砂浆（1∶3 水泥砂浆内掺 5% 防水剂）防水兼找平，1% 坡坡向地漏或滴水。”

②某些项目要求独立柱和独立梁，需要单独抹灰，建模算量时注意不要漏布独立柱和独立梁的抹灰工程。

③计算抹灰钢丝网工程量时，当混凝土柱不与砌体墙齐平，柱宽超出砌体墙厚度时，在实际施工过程中，砌体墙上的钢丝网会在混凝土柱宽上有 150 ~ 200 mm 长的延申搭接长度，具体如图 2.97 所示，该处工程量在建模算量时要单独计算。在实务中，当存在柱宽、梁宽等超出砌体墙厚度时，建议在图纸会审时明确钢丝网的延申搭接长度，并在施工方案中相应明确，避免工程量漏算的同时降低结算审减风险。

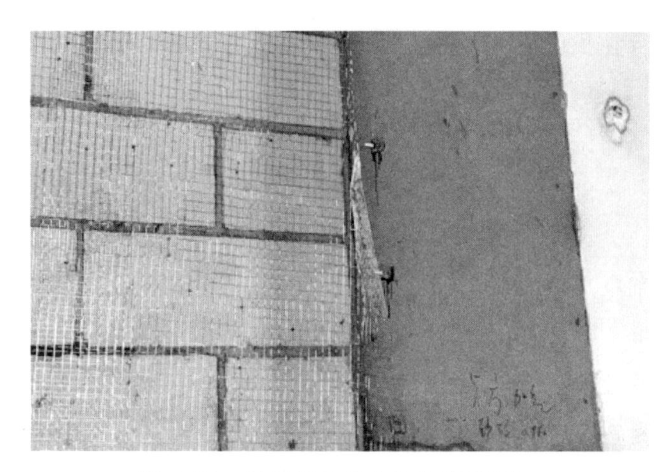

图 2.97　钢丝网柱墙交接处搭接图示

④当混凝土梁和砌体墙平行处于同一面时，为保证墙面的整体齐平，此时梁面的抹灰做法一般与墙体保持一致施工，在建模算量时要避免与墙体齐平的梁面抹灰工程量的漏算。

⑤对于楼梯底面的抹灰工程量，《房屋建筑与装饰工程工程量计算规范》与定额文件中的计算方式一般不一致，前者按照实际抹灰面积计算，后者一般是按照楼梯的水平投影面积计算后乘以固定的扩大系数进行综合考虑。

例如，《房屋建筑与装饰工程工程量计算规范》中对于“天棚抹灰”的工程量计算规则约定如下：

按设计图示尺寸以水平投影面积计算。不扣除间壁墙、垛、柱、附墙烟囱、检查口和管道所占面积，带梁天棚的梁两侧抹灰面积并入天棚面积内，板式楼梯地面抹灰按斜面积计算，锯齿形楼梯底板抹灰按展开面积计算。

例如，重庆 2018 定额中对于“天棚抹灰”的工程量计算规则约定如下：

1. 天棚抹灰的工程量按墙与墙间的净面积以“㎡”计算，不扣除柱、附墙烟囱、垛、管道孔、检查口、单个面积在 0.3 m^2 以内的孔洞及窗帘盒所占的面积。有梁板（含密肋梁板、井字梁板、槽形板等）底的抹灰按展开面积以“㎡”计算，并入天棚抹灰工程量内。

5. 板式楼梯底面抹灰面积（包括踏步、休息平台以及小于 500 mm 宽的楼梯井）按水平投影面积乘以系数 1.3 计算，锯齿楼梯底板抹灰面积（包括踏步、休息平台以及小于 500 mm 宽的楼梯井）按水平投影面积乘以系数 1.5 计算。

⑥根据《建筑抗震设计规范》（GB 5011—2011）的规定：

5. 楼梯间和人流通道的填充墙，尚应采用钢丝网砂浆面层加强。

因此，对于楼梯间和人流通道的填充墙，不管设计施工图中是否注明，都应根据规范计算满挂钢丝网片的工程量。从结算的角度，最好在设计施工图中对此详细注明，没有注明时在图纸会审中提出设计明确，尤其是对于人流通道的填充墙的具体位置，需要详细说明。

⑦根据《住宅排气道》（07J916）的相关说明：

5.6　排气道安装就位后，住宅施工单位应在排气道与楼板预留孔洞之间的缝隙处支撑楼板底模，用 C20 细石混凝土分两次将缝隙密封填实，并做好防水处理；同时在排气道外壁满挂网（增强材料），两边墙体搭接长 200 mm，外抹 M7.5 水泥砂浆。

对于厨房烟道，如果设计施工图要求是参考上述图集时，要注意计算烟道的满挂钢丝网工程量。如果设计施工图未明确参考图集和相应做法时，需要在图纸会审中提出设计明确具体做法，避免漏算工程量。

⑧对于墙面的抹灰工程量，《房屋建筑与装饰工程工程量计算规范》与定额文件中的计算方式一般不一致，需要特别注意。

例如，《房屋建筑与装饰工程工程量计算规范》中对于“墙面抹灰”的工程量计算规则约定如下：

按设计图示尺寸以面积计算。扣除墙裙、门窗洞口及单个＞0.3 m^2 的孔洞面积，不扣除踢脚线、挂镜线和墙与构件交接处的面积，门窗洞口和孔洞的侧壁及顶面不增加面积。附墙柱、梁、垛、烟囱侧壁并入相应的墙面面积内。

1. 外墙抹灰面积按照外墙垂直投影面积计算。

2. 外墙裙抹灰面积按其长度乘以高度计算。

3. 内墙抹灰面积按主墙间的净长度乘以高度计算。

（1）无墙裙的，高度按室内楼地面至天棚底面计算。

（2）有墙裙的，高度按墙裙顶至天棚底面计算。

（3）有吊顶天棚抹灰，高度算至天棚底。

4. 内墙裙抹灰按内墙净长乘以高度计算。

注：……

4　有吊顶天棚的内墙面抹灰，抹灰至吊顶以上部分在综合单价中考虑。

例如，重庆 2018 定额中对于“墙面抹灰”的工程量计算规则约定如下：

1. 内墙面、墙裙抹灰工程量均按设计结构尺寸（有保温、隔热、防潮层者按其外表面尺寸）面积以“m^2”计算。应扣除门窗洞口和单个面积 >0.3 m^2 以上的空圈所占的面积，不扣除踢脚板、挂镜线及单个面积在 0.3 m^2 以内的孔洞和墙与构件交接处的面积，但门窗洞口、空圈、孔洞的侧壁和顶面（底面）面积亦不增加。附墙柱（含附墙烟囱）的侧面抹灰应并入墙面、墙裙抹灰工程量内计算。

2. 内墙面、墙裙的抹灰长度以墙与墙间的图示净长计算。其高度按下列规定计算：

（1）无墙裙的，其高度按室内地面或楼面至天棚底面之间距离计算。

（2）有墙裙的，其高度按墙裙顶至天棚底面之间距离计算。

（3）有吊顶天棚的内墙抹灰，其高度按室内地面或楼面至天棚底面另加 100 mm 计算（有设计要求的除外）。

3. 外墙抹灰工程量按设计结构尺寸（有保温、隔热、防潮层者按其外表面尺寸）面积以“m^2”计算。应扣除门窗洞口、外墙裙（墙面与墙裙抹灰种类相同者应合并计算）和单个面积 >0.3 m^2 以上的孔洞所占面积，不扣除单个面积在 0.3 m^2 以内的孔洞所占面积，门窗洞口及孔洞的侧壁、顶面（底面）面积亦不增加。附墙柱（含附墙烟囱）侧面抹灰面积应并入外墙面抹灰工程量内。

上述两者的工程量计算主要差异如下：

《房屋建筑与装饰工程工程量计算规范》规定外墙抹灰按照垂直投影面积计算，重庆 2018 定额规定外墙抹灰按照设计结构尺寸面积计算。当工程项目外墙面存在造型、斜面和弧型时，如公共建筑中的体育场馆等项目，外墙抹灰按照垂直投影面积计算和按照设计结构尺寸面积计算会存在工程量差异，导致结算争议和结算审减风险。

重庆 2018 定额当墙面有保温、隔热、防潮层时，抹灰按照外表面尺寸计算，也就是抹灰工程量要包含保温、隔热、防潮层断面尺寸对应的面积。

《房屋建筑与装饰工程工程量计算规范》规定有吊顶的抹灰高度算至天棚底面，吊顶以上部分在综合单价总考虑，重庆 2018 定额规定吊顶天棚的内墙抹灰其高度按室内地面或楼面至天棚底面另加 100 mm 计算（有设计要求的除外）。因此根据重庆 2018 定额计价和结算的工程项目，需要在设计施工图中注明墙面抹灰是抹到上层结构梁板的底部，或者是抹到天棚底面上加具体的 × 高度。

⑨抹灰工程中的零星抹灰，一般情况下需要单独计量和计价，要特别关注清单计价和定额计价中对零星抹灰工程的范围界定。

例如，在《房屋建筑与装饰工程工程量计算规范》中，对零星抹灰的说明如下：

2　墙、柱（梁）面≤ 0.5 m^2 的少量分散的抹灰按本表中零星抹灰项目编码列项。

例如，在重庆 2018 定额中，对零星抹灰的说明如下：

4. 抹灰中“零星项目”适用于：各种壁柜、碗柜、池槽、阳台栏板（栏杆）、雨篷线、天沟、扶手、花台、梯帮侧面、遮阳板、飘窗板、空调隔板以及凸出墙面宽度在 500 mm 以内的挑板、展开宽度在 500 mm 以上的线条及单个面积在 0.5 m^2 以内的抹灰。

⑩要注意墙面抹灰前，设计是否要求墙面要进行基层处理，涂刷专用界面处理剂。如果设计有该要求，墙面基层涂刷专用界面剂一般需要单独计量计价，避免漏项。

⑪对于防火分区的墙体工程和抹灰工程，一般均需要采用耐火水泥砂浆，单独计量计价，当设计施工图未注明时，应在图纸会审中提出设计明确。

例如，某项目图纸会审相关说明如下：

2. 建筑设计总说明第 5.1 条“……内墙均采用 M7.5 水泥砂浆砌筑 MU10 烧结页岩空心砖”，防火分区墙有无特殊要求？

回复：防火墙可采用耐火砖或耐火极限不低于 3.0h 的烧结页岩多孔砖，采用耐火水泥砂浆砌筑，耐火水泥砂浆抹面。

⑫当存在室外落水管时，为了保证整体外立面视觉效果，一般落水管也会和外立面保

存一样的做法，喷涂相应的涂料或者真石漆。从施工方的角度，要计取该部分费用，需要提前在图纸会审中请设计明确，或者请建设方单独下发指令，并且在施工过程中单独办理核价单，避免结算争议。从审核方的角度，落水管喷涂相应涂料的厚度或者做法比外墙面要低，但是喷涂的难度增加，材料消耗量增加，需要结合实际情况综合考虑。

10）防腐隔热保温工程

①根据《建筑工程建筑面积计算规范》（GB/T 50353—2013）第3.0.24条的规定，外墙保温层，应按照水平截面积计算建筑面积。

3.0.24 建筑物的外墙外保温层，应按其保温材料的水平截面积计算，并计入自然层建筑面积。

根据住房和城乡建设部标准定额研究所主编的《建筑工程建筑面积计算规范》宣贯辅导教材说明：

外保温层的计算范围仅计算保温材料本身，抹灰层、防水（潮）层、黏结层（空气层）及保护层（墙）等均不计入建筑面积；保温隔热层以保温材料的净厚度乘以外墙结构外边线长度按建筑物的自然层计算建筑面积，其外墙外边线长度不扣除门窗和建筑物外已计算建筑面积的构件（如阳台、室外走廊、门斗、落实橱窗等）所占长度，当建筑物外已计算建筑面积的构件有保温隔热层时，其保温隔热层也不再计算建筑面积；保温材料的水平截面积是针对保温材料垂直放置的状态而言的，是按照保温材料本身厚度计算的，当围护结构不垂直于水平面时，仍应按保温材料本身厚度计算，而不是斜厚度；外保温层计算建筑面积是以沿高度方向满铺为准，如地下室等外保温层铺设高度未达到楼层全部高度时，保温层不计算建筑面积；复合墙体，例如砌体与混凝土墙夹保温板，两侧砌体夹保温板等，不属于外墙外保温层，整体视为外墙结构计算建筑面积。

②在实务中，设计施工图中没有要求突出屋面的女儿墙部分做外墙保温，但是为了保持女儿墙与下部墙体的外立面保持平整一致，实际施工时往往是将下部墙体的外墙保温一直做到女儿墙顶面。当出现这种情况时，需要在图纸会审时明确提出女儿墙是否做外墙保温。如果设计明确女儿墙不做外墙保温，那么针对下部墙体与女儿墙外墙面由于保温导致的外立面不平整，需要设计明确具体采取何种方式进行处理，最后结合图纸会审的具体要求补充计算相关工程量和费用。

11）措施费

（1）大型机械设备进出场费及安拆

大型机械设备进出场，是指机械设备没有自行的行驶能力，需要借助其他运输车辆运输至现场，因此就产生了相应的进出场费。同时，有些大型机械设备，例如塔吊，运输到现场后还需要进行安装，使用完成后需要进行拆除，因此就产生了相应的安拆费。

①有些定额机械场外运输综合考虑了机械施工完毕后回程的台班，有些定额只包含了进场费，出场费需要办理相关签证后单独计算，例如四川2015定额说明如下：

大型机械在施工完毕后，无后续工程使用，必须返回施工单位机械停放场（库）者，经建设单位签字认可，可计算大型机械回程费，但施工机械回（场、站）修理者，不得计算大型机械进、出场费。

②机械场外运输距离定额一般按照一定距离考虑，超过一定距离，尤其是施工现场偏远或者特殊机械设备，例如大型履带吊等，在施工过程中，需要根据设备进出场报验单办理相关签证，对超出距离的运输费用进行单独增加计算。例如重庆2018定额说明如下："机械场外运输是按照运距30 km考虑的。"

③塔吊基础定额一般是按照一定标准进行相关费用编制，实际塔吊施工方案基础做法超过定额标准，需要根据塔吊施工方案并且进行现场收方，按实计算塔吊基础费用。由于新工艺的发展，很多塔吊采用装配式基础，而定额一般是按照固定式基础进行考虑，对于装配式基础，最好通过单独办理现场核价的方式进行确定。在编制清单时，在项目特征中建议具体列明是固定式基础还是装配式基础，便于施工过程中发生变化时进行调整。

在某些项目中，当基础形式为筏板基础时，可以将塔吊基础与筏板基础合二为一，也就是在塔吊安装位置处对应的筏板基础按照塔吊基础进行配筋和结构尺寸调整。这样既可以降低施工成本，又规避了某些项目中施工合同约定措施费包干导致塔吊基础不能按实计算的结算风险。

④塔吊的安拆费定额是按照塔吊的型号进行考虑，但是塔吊安装的高度超过一定限度时，就需要对安拆费进行增加，例如重庆2018定额说明：

自升式塔式起重机是以塔高45 m确定的，如塔高超过45 m，每增高10 m（不足10 m按10 m计算），安拆项目增加20%"。

同时，对于塔高的计算，需要特别关注，重庆2018定额说明：

对于塔吊安装的高度，一般是按照建筑物塔基布置点地面至建筑物结构最高点加6 m计算。

在工程资料中有相关检测机构出具的"塔式起重机检验报告"，该检验报告中有具体的检验安装高度，需要注意检验安装高度要高于定额说明计算高度，如果低于，就会存在相应的结算审减风险。

（2）脚手架工程

①对于首层地面之上的梁板混凝土浇筑时，搭设的满堂支撑架下部，以及外墙脚手架下部，一般会单独浇筑混凝土垫层作为底部受力层，厚度在50 ~ 100 mm，在施工方案中需要描述该做法，在施工过程中要进行相应的签证收方。

例如，在重庆2018定额中具体说明如下：

4. 各项脚手架消耗量中未包括脚手架基础加固。基础加固是指脚手架立杆下端以下或脚手架底座以下的一切做法(如混凝土基础、垫层等),发生时按批准的施工组织设计计算。

从审计的角度，需要重点关注首层满堂支撑架的底部垫层，是否就是首层地坪做法中的垫层混凝土，如果两者是一致，施工方采取永临结合的方式，该处的费用只能计算一次；如果是在满堂支撑架的底部垫层之上，后期又按照设计地坪做法施工相应的垫层混凝土，该处垫层混凝土需要计算两次，但是在计算室内回填土石方工程量时，需要扣除脚手架垫层工程量，避免房心回填土石方工程量多算。

②屋面存在花架时，由于花架不能计算建筑面积，因此在计取综合脚手架费用时，需要对花架部分单独计算面积，增加综合脚手架费用。

部分省份的定额对花架单独计算综合脚手架面积有具体说明，部分省份没有特别说明，在实务中需要留意。

例如，重庆 2018 定额对综合脚手架工程量计算规则说明如下：

综合脚手架面积按建筑面积及附加面积之和以“m^2”计算。建筑面积按《建筑面积计算规则》计算；不能计算建筑面积的屋面架构、封闭空间等的附加面积，按以下规则计算。

1. 屋面现浇混凝土水平构架的综合脚手架面积应按以下规则计算：

建筑装饰造型及其他功能需要在屋面上施工现浇混凝土构架，高度在 2.20 m 以上时，其面积大于或等于整个屋面面积 1/2 者，按其构架外边柱外围水平投影面积的 70% 计算；其面积大于或等于整个屋面面积 1/3 者，按其构架外边柱外围水平投影面积的 50% 计算；其面积小于整个屋面面积 1/3 者，按其构架外边柱外围水平投影面积的 25% 计算。

2. 结构内的封闭空间（含空调间）净高满足 $1.2\ m < h < 2.1\ m$ 时，按 1/2 面积计算；净高 $h > 2.1\ m$ 时按全面积计算。

3. 高层建筑设计室外不加以利用的板或有梁板，按水平投影面积的 1/2 计算。

4. 骑楼、过街楼底层的通道按通道长度乘以宽度，以全面积计算。

例如，四川 2015 定额对综合脚手架工程量计算规则说明如下：

1. 凡能够按“建筑面积计算规则”计算建筑面积的房屋建筑与装饰工程均按综合脚手架定额项目计算脚手架摊销费。

③一般情况下，综合脚手架已综合考虑了砌筑、浇筑、吊装、一般装饰等脚手架费用，凡是能够按照“建筑面积计算规则”计算建筑面积的建筑工程，均按照综合脚手架定额项目计算脚手架摊销费，不再单独计取其他脚手架摊销费，但是在如下情况时需要调整或者单独额外计算单项脚手架费用。

a. 满堂基础、3.6 m 以上的天棚吊顶、幕墙工程、单独二次设计的装饰工程等，单独额外计算单项脚手架。

b. 建筑工程层高超过一定高度时，综合脚手架需要增加调整系数，例如重庆 2018 定额说明如下：

（4）多层建筑综合脚手架按层高 3.6 m 以内进行编制，如层高超过 3.6 m 时，该层综合脚手架按每增加 1.0 m（不足 1 m 按 1 m 计算）增加系数 10% 计算。

c. 按照建筑面积计算规范的有关规定未计入建筑面积，但施工过程中需搭设脚手架的部位，应单独额外计算单项脚手架摊销费。

（3）垂直运输和超高降效

①垂直运输，是指单位工程在合理工期内完成全部工程项目所需要的垂直运输机械台班。对于多高层建筑，定额对于垂直运输机械一般按照普通自升式塔式起重机考虑。但是，当项目为钢结构混凝土组合结构时，钢结构吊装单元的重量远远大于普通混凝土结构，在这种情况下就需要采用动臂式塔式起重机，垂直运输机械台班费用就要远远高于普通的多高层混凝土建筑。因此，针对钢结构混凝土组合结构时，垂直运输费需要根据项目的情况和具体施工方案进行相应调整计算。

②对于钢结构 + 混凝土组合结构建筑物，综合脚手架、垂直运输和超高降效均只能按照规则计算一次费用，不能按照两个专业类别计算二次费用。

③对于超高降效，一般是指建筑物超过一定檐高后增加的超高施工费，例如重庆 2018 定额说明如下：

1. 超高施工增加是指单层建筑物檐高大于 20 m、多层建筑物大于 6 层或檐高大于 20 m 的人工、机械降效、通信联络、高层加压水泵的台班费。

因此，在计算超高降效工程量时，需要特别注意，是只计算超过该檐高部分的面积？还是计算整个建筑物的面积？

例如，重庆 2018 定额说明如下，只计算超过檐高部分的面积。

2. 单层建筑物檐高大于 20 m 时，按综合脚手架面积计算超高施工降效费，执行相应檐高定额子目乘以系数 0.2；多层建筑物大于 6 层或檐高大于 20 m 时，均应按超高部分的脚手架面积计算超高施工降效费，超过 20 m 且超过部分高度不足所在层层高时，按一层计算。

例如，重庆 2008 定额说明如下，计算整个建筑物的面积。

3. 凡建筑物檐口高度超过 20 m 以上者都应计算建筑物超高人工、机械降效费。建筑物垂直运输及超高人工、机械降效的面积按照脚手架工程章节综合脚手架面积执行。

④有的定额文件中，对于超高降效定额子目，人工费按照“项”计取，而不是按照“工日”计取，具体如图 2.98 所示。对于超高降效费用中的人工费，同样需要进行人工费调整。在这种情况下，我们先需要将以“项”计取的人工费换算为“工日”数量，再进行人工费调差。

例如重庆 2008 定额说明如下：

2.12.1　建筑物超高降效人工费、超高降效机械费，是否可调整价差？

答：建筑物超高降效人工费允许调整，超高降效机械费不作调整。

假定某项目檐口高度为 85 m，超高降效执行定额子目 AM0038，其中超高降效人工费每 100 m^2 为 3 062.25 元，该定额中人工基价为 25 元 / 工日，折合人工工日数量为：3 062.25 / 25=122.49 工日，因此该项目每 100 ㎡的超高降效人工调差费用为：（造价信息人工价格 – 25）× 122.49（工日）。

工作内容： 1. 上下楼耗时、上楼工作前休息及自然休息增加时间。
2. 增加垂直运输影响时间。3. 人工影响的机械降效。
4. 高层水加压。

计量单位： 100 m^2

定额编号					AM0038	AM0039	AM0040	AM0041	AM0042	AM0043
项目名称					檐口高度（m 以内）					
					90	100	120	140	160	180
基价（元）					**3516.66**	**3936.79**	**4169.73**	**4619.96**	**5202.26**	**5521.94**
其中	人工费（元）				3062.25	3420.25	3515.50	3760.75	4033.75	4336.25
	材料费（元）									
	机械费（元）				454.41	516.54	654.23	859.21	1168.51	1185.69
编号		名称	单位	单价	消耗量					
人工	00020101	超高降效人工费	元		3062.250	3420.250	3515.500	3760.750	4033.750	4336.250
机械	75020201	超高降效机械费	元		454.410	516.540	654.230	859.210	1168.510	1185.690

图 2.98　重庆 2008 定额超高降效定额子目

（4）其他措施费用

如果设计要求项目设置沉降观测和变形观测点，并定期进行相应观测，对于观测点的实体建设费用，需要按实计算。对于定期进行相应观测增加的费用，需要结合施工合同具体约定考虑。如果施工合同没有具体明确合同价格包含定期观测费用，该部分费用可以按实计取，建议在施工方案中明确并办理过程收方签证。

12）其他费用

①对于现场签证机械台班数量的计算，如果现场签证单上明确的是机械的具体使用时间长度，折算成台班时一般按照连续 8 个小时计为 1 个台班，超过 4 小时但不足 8 小时的计为一个台班，不足 4 小时的按照 0.5 个台班考虑。

在广东省建设工程标准定额站发布的“关于花都凤凰路地块项目施工总承包工程计价争议的复函粤标定复函〔2022〕64 号”具体说明如下：

发承包双方对现场签证不足 4 小时的机械台班数量计算产生争议。发包人认为，《广东建筑与装饰综合定额（2010）》上未明确规定 4 小时内按半个台班计算，故应根据实际发生时间按 8 小时制换算台班，如发生 3 小时则为 3/8 台班。承包人认为，应参照《广东房屋建筑与装饰综合定额（2018）》不足 4 小时按半个台班计算。

我站认为，本工程竞价文件、合同条款均无现场签证机械台班计算方式的相关约定，建议发承包遵循建筑安装工程费费用组成相关规定，对台班数量进行签证确认，按连续工作 8 小时计为一个台班，超过 4 小时但不足 8 小时的计为一个台班，不足 4 小时的则按 0.5

个台班计算。

在2008年重庆市建设工程计价定额综合解释（一）中也有具体说明如下：

1.8　按实签证机械台班数量如何确定？

答：同一工作日签证机械累计工作四小时以内为半个台班，八小时以内为一个台班。

②对于设计施工图或者根据行业要求，需要进行二次深化设计的专项工程，如果施工合同没有明确合同价款已经包含二次深化设计费，那么对于二次深化设计费需要单独计取。

③对于定额文件中的“以内、以下、以外、以上”等，是否包含本身，需要特别关注。

例如，在西藏2016定额中说明如下：

十、本定额中注有“××以内”或“××以下”者均包括××本身，“××以外”或“××以上”者，则不包括××本身。

2. 除定额规定单独列项计算以外，各类钢筋、铁件的制作成型、绑扎、安装、接头、固定所用人工、材料、机械消耗均已综合在相应项目内，设计另有规定者，按设计要求计算，直径25 mm以上的钢筋连接按照机械连接考虑。

根据上述说明，直径25 mm的钢筋不能单独计算机械连接费用。

④对于“档案编制费”，一般定额是按照编制三套竣工档案考虑，如果施工合同中约定的竣工档案编制套数超出定额的规定，可以按照相应定额说明增加档案编制费。例如根据“重庆市城乡建设委员会关于调整建设工程竣工档案编制费计取标准与计算方法的通知”（渝建发〔2014〕26号）相关说明如下：

3. 本表所列费用标准是按施工企业编制完成三套建设工程竣工档案制定的，若建设单位要求增加套数时，每增加一套费用标准上浮10%。

⑤一般造价信息中的商品砼价格只包含商品混凝土的制作、运输、入模（自流、塔吊、电动泵送方式）费用，实际施工采用柴油泵送、车载泵送、臂架泵泵送等，这部分特殊泵送费用需要单独按实计算。因此在施工过程中，对特殊泵送情况最好在施工方案中表述，并办理现场收方签证。例如重庆市建设工程造价管理总站主办的《重庆工程造价信息》2022年第七期中相关说明如下：

1. 商品砼信息价包括商品砼制作、运输、入模（自流、塔吊、电动泵送方式）费用。实际施工采用柴油泵送，另在商品砼含税（不含税）信息价基础上加12.00元/m^3（11.65元/m^3）；采用车载泵送，另在商品砼含税（不含税）信息价基础上加15.00元/m^3（14.56元/m^3）；采用37米臂架泵送，另在商品砼含税（不含税）信息价基础上加20.00元/m^3（19.42元/m^3）；采用46米臂架泵送，另在商品砼含税（不含税）信息价基础上加30.00元/m^3（29.13元/m^3）。

2. 商品砼超高措施费，泵送高度≥120 m，另在商品砼含税（不含税）信息价基础上加30.00元/m^3（29.13元/m^3）；泵送高度＞150 m，另在商品砼含税（不含税）信息价基础上加40.00元/m^3（38.83元/m^3）。

3. 细石砼（石子公称粒径 5 ~ 10 mm）信息价在同等强度等级商品砼信息价基础上提高一个强度等级计；水下砼信息价在同强度等级商品砼信息价基础上提高两个强度等级计。

例如，成都市建设工程造价管理站主办的《工程造价信息》2019 年第 12 期中相关说明如下：

本市场信息价格是材料出厂价。建材价格信息是反映建材市场的价格情况，经过收集、调查、分析整理而成，本价格信息仅作为编制工程概预算、招标控制价等的计价参考，并非“政府定价”或者“政府指导价”。工程计价时，应综合考虑项目特点、品牌档次需求等因素，结合市场实际合理确定相应材料设备的合同价、结算价。

此外，由于建筑材料价格有较大幅度的波动，发承包双方应进一步增强工程承包风险意识，充分考虑风险因素，在合同中明确风险分担条款。在同等级标号的普通混凝土价格基础上：抗渗混凝土按 P6、P8、P10 每立方米分别上调 15 元、20 元、25 元；补充收缩膨胀混凝土每立方米上调 25 元；纤维混凝土（聚丙烯纤维）每立方米上调 20 元；细石混凝土（粒径 5 ~ 10 mm）每立方米上调 20 元；水下混凝土每立方米上调 25 元。

⑥对于住宅工程质量分户验收费用，一般以住宅工程建筑面积作为计算基础计算相关费用，例如重庆 2018 定额对工程质量分户验收费用的计算规定如图 2.99 所示。

（四）住宅工程质量分户验收费

住宅工程质量分户验收费按现行住宅工程质量分户验收费的有关规定执行，调整后的费用标准见下表。

费用名称	计算基础	一般计税法	简易计税法
住宅工程质量分户验收费	住宅单位工程建筑面积	1.32 元 /m^2	1.35 元 /m

图 2.99　住宅工程质量分户验收费计算标准

但是对于计算住宅工程质量分户验收费用的住宅工程建筑面积要特别关注其具体包含的范围，不是整个住宅工程的建筑面积，例如《重庆市城乡建设委员会关于计取住宅工程质量分户验收费用的通知》（渝建〔2013〕19 号）中的相关规定如下：

四、住宅单位工程建筑面积是指进行住宅工程质量分户验收的每户住宅及相关公共部位，不包括商业用房、办公用房、地下室、车库等公共部位建筑面积。

⑦材料检验试验费，包含两种情况，一种是材料检验试验费，一种是特殊检验试验费。例如，在重庆 2008 费用定额中相关说明如下：

材料检验试验费，是指对建筑材料、构件和建筑安装进行一般鉴定、检查所发生的费用，包括自设实验室进行试验所耗用的材料和化学药品等费用。不包括新结构、新材料的试验费和建设单位对具有出厂合格证明的材料进行检验，对构件做破坏性试验及其他特殊要求检验试验的费用。

特殊检验试验费，是指工程施工中对新结构、新材料的检验试验费和建设单位对具有出厂合格证明的材料进行检验，对构件做破坏性试验及其他特殊要求检验试验的费用。内容包含：外墙面砖抗粘接试验、室内有害物质检测、门窗（幕墙）三性检测、石材放射性检测、石膏板阻燃检测、挖孔桩基础抽芯、桩破坏试验、钢筋抗拔和钢筋扫描、挡土墙抗渗试验、保温层隔热检测、桥梁支架预压及桥梁荷载试验、路基弯沉值测试、路面承载力试验、桩基静载试验、超声波测试等特殊检验试验，以及具有合格证的其他材料、成品、半成品发生的多次重复性检验试验均合格的费用。

对于材料检验试验费，有的省份规定将全部材料检验试验费由建设单位单独委托和支付，不纳入施工企业施工合同造价中，例如重庆市城乡建设委员会发布的《关于加强我市建设工程质量检测委托管理的通知》（渝建〔2015〕420号）中相关规定如下：

一、自2016年1月1日起，我市新开工的房屋建筑和市政基础设施工程的质量检测业务，应由工程项目建设单位委托。委托单位不是建设单位的质量检测报告不得作为竣工验收资料。

二、建设单位应选择资质符合要求的检测机构……；在编制建设工程概算时，应单列质量检测费用，不得将其挪作他用；应直接向检测机构支付检测费用，不得由施工单位代为支付。

有的省份定额子目中已经包含材料检验试验费，但是特殊检验试验费需要单独按实计算。

⑧对于总承包服务费和总承包管理费，需要重点关注。

对于总承包服务费，《建设工程工程量清单计价规范》（GB 50500—2013）中第2.0.21条说明如下：

2.0.21　总承包服务费

总承包人为配合协调发包人进行的专业工程发包，对发包人自行采购的材料、工程设备等进行保管以及施工现场管理、竣工资料汇总整理等服务所需的费用。

在重庆2018定额中，对于总承包服务费，相应说明如下，具体计算标准如图2.100所示：

4. 总承包服务费：是指总承包人为配合协调发包人进行专业工程分包，同期施工时提供必要的简易架料、垂直吊运和水电接驳、竣工资料汇总整理等服务所需的费用。

（五）总承包服务费

总承包服务费以分包工程的造价或人工费为计算基础，费用标准见下表。

分包工程	计算基础	一般计税方法	简易计税方法
房屋建筑工程	分包工程造价	2.82%	3%
装饰、安装工程	分包工程人工费	11.32%	12%

图2.100　总承包服务费计算标准

因此，总承包服务费主要是指承包人履行配合义务产生的费用，也称之为工程配合费、总包配合费、总包服务费、施工配合费等。

总包管理费，一般是指根据施工合同约定或者经过发承包双方协商，由总承包人合法分包专业工程，但是由发包人直接与分包人办理结算时，应由发包人另行支付给总承包人对分包人实施管理的费用。根据常设中国建设工程法律论坛第八工作组所著的《中国建设工程施工合同法律全书词条释义与实务指引》中相关阐述，总承包服务费和总承包管理费两者的区别如下：

一种观点认为，工程配合费和总包管理费虽然都是总承包人收取，但针对的是不同的项目参与人。总包管理费是总承包人依据分包合同对分包人行使管理权，收取总包管理费；而工程配合费是总承包人因发包人另行向专业承包人发包而收取的费用，因总承包人与发包人另行发包的专业承包人之间不存在合同关系，故总承包人仅就其提供的配合服务收取配合费。此观点的另一个角度是总承包人依据分包合同收取的费用，必然涵盖总承包人提供的配合费用，所以不再单独产生配合费；而发包人另行发包的专业承包人与总承包之间没有发承包合同，所以才会有单独的配合费。

通常情况下，总承包人如果收取总包管理费的，应该就分包工程质量问题与分包人一起向发包人承担连带责任。但是如果是发包人指定分包的，总承包人承担的是过程责任，也就是总承包人仅根据管理过程中的过错程度承当相应的过程责任，而不是与分包人一起对工程质量问题承担连带责任。总承包人如果收取总承包服务费的，因为总承包人是提供施工条件和现场配合的义务，并无相应的管理责任，因此就分包工程质量问题不承担连带或者过错责任，仅承担未尽配合义务而产生的违约责任。

⑨对于材料调差的工程量计算，如果施工合同有约定按照施工合同的约定执行，如果施工合同没有约定的情况下，材料调差的工程量应该考虑材料损耗，可以参考定额子目中的材料损耗率进行计算。

⑩对于材料的采购及保管费，要重点关注造价信息中的材料信息价说明，或者施工过程中的材料核价说明，是否已经包含材料的采购及保管费，如果材料信息价或者核价单未包含采购及保管费，则该部分费用需要单独计算。

例如，重庆市建设工程造价管理总站主办的《重庆工程造价信息》2022 年第七期中相关说明如下：

1. 材料（除苗木外）信息价包括含税或不含税的材料原价（供应价）、运杂费、运输损耗费，不含采购及保管费，为材料自来源地运至工地仓库或指定堆放地点的工地价格。苗木信息价详见板块备注内容。

对于材料的采购及保管费的具体计算方式，在重庆 2018 定额中说明如下：

（六）采购及保管费

采购及保管费 =（材料原价 + 运杂费）×（1+ 运输损耗率）× 采购及保管费率。

承包人采购材料、设备的采购及保管费率：材料 2%，设备 0.8%，预拌商品混凝土及商品湿拌砂浆、水稳层、沥青混凝土等半成品 0.6%，苗木 0.5%。

发包人提供的预拌商品混凝土及商品湿拌砂浆、水稳层、沥青混凝土等半成品不计取采购及保管费；发包人提供的其他材料到承包人指定地点，承包人计取采购及保管费的 2/3。

⑪对于存在甲供材又按照定额计价的工程项目，对于甲供材的处理方式，一般情况下

是按照定额文件的规定正常完整的计价和取费得出相应的工程造价，然后再采取扣减甲供材金额退还建设单位的方式办理结算，也就是我们所说的先算后减。

如果我们是采取对定额子目中的涉及甲供材的工料机直接调整为零，然后再进行计价和取费得出相应的工程造价，也就是我们所说的先减再算，如果该地区定额文件规定材料基价要参与取费，安全文明施工费的计算基数为税前造价的，这种情况下上述这种先减再算的甲供材处理方式，会导致工程造价的少算和不合理。

对于国标清单和市场清单计价的工程项目，对于甲供材的处理方式，需要根据施工合同的具体约定执行。

第 3 章　将走向何方

3.1　造价 + 法律

3.1.1　司法解释造价解读

1）施工合同无效情形

《关于审理建设工程施工合同纠纷案件适用法律问题的解释（一）》（法释〔2020〕25 号）第一条规定如下：

第一条　建设工程施工合同具有下列情形之一的，应当依据民法典第一百五十三条第一款的规定，认定无效：

（一）承包人未取得建筑业企业资质或者超越资质等级的；

（二）没有资质的实际施工人借用有资质的建筑施工企业名义的；

（三）建设工程必须进行招标而未招标或者中标无效的。

承包人因转包、违法分包建设工程与他人签订的建设工程施工合同，应当依据民法典第一百五十三条第一款及第七百九十一条第二款、第三款的规定，认定无效。

根据《民法典》第一百五十三条：

违反法律、行政法规的强制性规定的民事法律行为无效。但是，该强制性规定不导致该民事法律行为无效的除外。

违背公序良俗的民事法律行为无效。

在实务中，法律、行政法规的强制性规定分为两种类型：一种是管理性强制性规定，一种是效力性强制性规定。违背效力性强制性规定的民事法律行为才是无效。在建设工程领域，施工合同效力性的强制性规定主要分为两种情况：第一种情况是保障建设工程质量和施工安全的规定；第二种情况是维护建筑市场公平竞争秩序的规定。

因此，司法解释第一条中的承包人未取得建筑业企业资质或者超越资质等级的、没有资质的实际施工人借用有资质的建筑施工企业名义的，主要是涉及违反建设工程质量和施工安全的强制性规定；建设工程必须进行招标而未招标或者中标无效的，主要是涉及违反建筑市场公平竞争秩序的强制性规定，故相应的行为导致施工合同无效。

根据《民法典》第七百九十一条：

发包人可以与总承包人订立建设工程合同，也可以分别与勘察人、设计人、施工人订立勘察、设计、施工承包合同。发包人不得将应当由一个承包人完成的建设工程支解成若干部分发包给数个承包人。

总承包人或者勘察、设计、施工承包人经发包人同意，可以将自己承包的部分工作交由第三人完成。第三人就其完成的工作成果与总承包人或者勘察、设计、施工承包人向发包人承担连带责任。承包人不得将其承包的全部建设工程转包给第三人或者将其承包的全部建设工程支解以后以分包的名义分别转包给第三人。

禁止承包人将工程分包给不具备相应资质条件的单位。禁止分包单位将其承包的工程再分包。建设工程主体结构的施工必须由承包人自行完成。

承包人转包和违法分包一方面违反建筑市场公平竞争秩序，一方面导致工程质量缺陷、安全事故等，故民法典第七百九十一条的规定也属于效力性强制性规定，因此司法解释规定承包人转包、违法分包签订的施工合同无效。

根据《建筑工程施工发包与承包违法行为认定查处管理办法》（建市规〔2019〕1号）第七条的规定：

本办法所称转包，是指承包单位承包工程后，不履行合同约定的责任和义务，将其承包的全部工程或者将其承包的全部工程肢解后以分包的名义分别转给其他单位或个人施工的行为。

第八条规定转包的具体情形如下：

存在下列情形之一的，应当认定为转包，但有证据证明属于挂靠或者其他违法行为的除外：

（一）承包单位将其承包的全部工程转给其他单位（包括母公司承接建筑工程后将所承接工程交由具有独立法人资格的子公司施工的情形）或个人施工的；

（二）承包单位将其承包的全部工程肢解以后，以分包的名义分别转给其他单位或个人施工的；

（三）施工总承包单位或专业承包单位未派驻项目负责人、技术负责人、质量管理负责人、安全管理负责人等主要管理人员，或派驻的项目负责人、技术负责人、质量管理负责人、安全管理负责人中一人及以上与施工单位没有订立劳动合同且没有建立劳动工资和社会养老保险关系，或派驻的项目负责人未对该工程的施工活动进行组织管理，又不能进行合理解释并提供相应证明的；

（四）合同约定由承包单位负责采购的主要建筑材料、构配件及工程设备或租赁的施工机械设备，由其他单位或个人采购、租赁，或施工单位不能提供有关采购、租赁合同及发票等证明，又不能进行合理解释并提供相应证明的；

（五）专业作业承包人承包的范围是承包单位承包的全部工程，专业作业承包人计取的是除上缴给承包单位“管理费”之外的全部工程价款的；

（六）承包单位通过采取合作、联营、个人承包等形式或名义，直接或变相将其承包的全部工程转给其他单位或个人施工的；

（七）专业工程的发包单位不是该工程的施工总承包或专业承包单位的，但建设单位依约作为发包单位的除外；

（八）专业作业的发包单位不是该工程承包单位的；

（九）施工合同主体之间没有工程款收付关系，或者承包单位收到款项后又将款项转拨给其他单位和个人，又不能进行合理解释并提供材料证明的。

两个以上的单位组成联合体承包工程，在联合体分工协议中约定或者在项目实际实施过程中，联合体一方不进行施工也未对施工活动进行组织管理的，并且向联合体其他方收取管理费或者其他类似费用的，视为联合体一方将承包的工程转包给联合体其他方。

根据《建筑工程施工发包与承包违法行为认定查处管理办法》（建市规〔2019〕1号）第十一条的规定：

本办法所称违法分包，是指承包单位承包工程后违反法律法规规定，把单位工程或分部分项工程分包给其他单位或个人施工的行为。

第十二条规定违法分包的具体情形如下：

（一）承包单位将其承包的工程分包给个人的；

（二）施工总承包单位或专业承包单位将工程分包给不具备相应资质单位的；

（三）施工总承包单位将施工总承包合同范围内工程主体结构的施工分包给其他单位的，钢结构工程除外；

（四）专业分包单位将其承包的专业工程中非劳务作业部分再分包的；

（五）专业作业承包人将其承包的劳务再分包的；

（六）专业作业承包人除计取劳务作业费用外，还计取主要建筑材料款和大中型施工机械设备、主要周转材料费用的。

同时，根据《民法典》第七百九十一条的规定：“总承包人或者勘察、设计、施工承包人经发包人同意，可以将自己承包的部分工作交由第三人完成。”因为分包的本质是意味着承包人将其对合同的部分权利和义务让与给第三人，所以承包人分包要经得发包人的同意。没有经过发包人同意的分包，也存在违法分包的认定风险。

结合法律规定，分包存在合法分包和违法分包；转包则完全属于违法行为。这是分包和转包的本质区别。违法分包和转包行为，导致的是承包人签订的分包合同或者转包合同无效，而承包人与发包人之间签订的施工合同效力，不受违法分包和转包行为的影响。

2）施工合同实质性条款

《关于审理建设工程施工合同纠纷案件适用法律问题的解释（一）》（法释〔2020〕25号）第二条规定如下：

第二条　招标人和中标人另行签订的建设工程施工合同约定的工程范围、建设工期、工程质量、工程价款等实质性内容，与中标合同不一致，一方当事人请求按照中标合同确定权利义务的，人民法院应予支持。

招标人和中标人在中标合同之外就明显高于市场价格购买承建房产、无偿建设住房配套设施、让利、向建设单位捐赠财物等另行签订合同，变相降低工程价款，一方当事人以该合同背离中标合同实质性内容为由请求确认无效的，人民法院应予支持。

合同实质性内容，是指对合同双方的权利和义务有实质影响的内容。在施工领域，主要可以从如下两个方面去理解：

第一方面，另行签订的施工合同内容是否影响其他投标人的中标。招标投标法规定的招投标程序，是为了保证投标人之间存在一个公开、公正、公平的竞争环境，如果允许另行签订施工合同背离中标合同实质性内容，那么招标投标法规定的相关招投标程序就会成为空中楼阁。因此，凡是中标人和招标人另行签订的施工合同内容，存在排除其他投标人中标的可能性或者提高其他投标人中标条件的内容，都属于合同实质性内容。

第二方面，另行签订的施工合同内容是否较大影响招标人与中标人的权利和义务，如果合同内容较大的改变了双方的权利义务关系，也属于合同实质性内容。

司法解释第二条的规定，列举了施工合同常见的四种实质性内容：工程范围、建设工期、工程质量、工程价款。从造价的角度理解，在实务中主要会存在如下的问题和情形。

对于工程范围，在施工过程中，因设计变更或者规划调整等导致的工程范围增减，不属于背离中标合同的实质性内容。但是，基于某些分部分项或者工程内容的中标综合单价低，中标人施工会产生亏损，由此在施工过程中，中标人提出或者变相提出减少该部分工程范围的行为，是否构成对中标合同实质性内容的背离？如果构成对中标合同实质性内容的背离，站在审计机构的角度，在最终结算审计时，除了按照中标综合单价扣除该部分减少工程范围的工程造价，还可以根据司法解释第二条的规定，提出扣减该部分减少工程范围中标综合单价与正常综合单价之间的差额部分，这样对于中标人来讲，常用的以减少部分亏损工程内容作为项目创效的手段，就会面临一定的法律和结算审计风险。

对于建设工期，建设工期是中标人完成建设工程的时间或者期限。在实务中，经常出现如下的情况：由于各种原因中标人实际施工工期严重超过中标施工合同工期，而中标人在施工过程中又没有及时办理相应的工期顺延签证，为了规避施工合同约定的工期违约责任，中标人与发包人签订补充协议，直接约定施工工期延长，发包人不追究中标人的工期违约责任，中标人也放弃本项目的工期和其他索赔诉求。

如果没有足够的基础资料和理由支撑，不能证明是非中标人的原因导致的工期延长，那么上述关于工期延长的补充协议，就有构成对中标合同实质性内容违背的风险。在后期的结算审计过程中，如果发包人或者审计机构提出按照司法解释第二条规定，以中标合同追究中标人的工期违约责任，那么对中标人来讲，同样会面临一定的法律和结算审计风险。

因此，对于中标人，做好过程资料管理，在出现影响工期的情形时，及时收集、整理相应资料，办理工期顺延签证，对整个项目的履约和风险管理，以及最终结算审计风险的控制，非常重要和关键。

工程质量，是指依照国家现行有效的法律法规、技术规范、施工规范、设计文件和施工合同的约定，对建设工程的安全、适用、经济等综合性的要求。一般情况下，另行签订的施工合同内容约定质量标准低于中标合同的，属于背离中标合同实质性内容；另行签订的施工合同内容约定质量标准高于中标合同的，不属于背离中标合同实质性内容。

工程价款，包含两个方面：一方面是工程价款确定的原则和方式，也就是工程造价的计算方式；另一方面是工程价款支付的程序和方式，也就是工程款的支付。

对于工程造价的计算方式，如果没有特殊情况另行签订的施工合同内容约定的工程造价计算原则与中标合同不一致，就属于背离中标合同实质性内容。对于工程价款的支付，如果存在发包人未按照约定方式履行工程价款支付的义务，而是通过以房屋或者项目抵债或者大幅度延长工程价款的支付期限，则对发包人的义务、对承包人的权利产生了实质性影响，也可以理解为背离中标合同实质性内容。同样的道理，站在审计机构的角度，对施工过程中出现的发包人提高工程进度款的支付比例，如果没有其他相关资料支撑的情况下，是否可以理解为对中标合同实质性内容的背离，在结算审计时要求扣除超额支付进度款部分的资金利息，对中标人来讲，就存在一定的结算审计风险。

站在造价和结算审计的角度，作为施工企业，在施工过程中要加强对过程资料的管理和收集，尤其是涉及影响双方权利义务实质性内容发生变化的情况，即使最终双方会协商达成一致，对于变化的背景理由和过程资料，也要严格按照相关约定和规范流程办理手续和收集相关资料，避免后期的法律风险和结算审计风险。

3）规划审批手续对合同效力的影响以及超越资质合同无效的补救

《关于审理建设工程施工合同纠纷案件适用法律问题的解释（一）》（法释〔2020〕25 号）第三条、第四条规定如下：

第三条　当事人以发包人未取得建设工程规划许可证等规划审批手续为由，请求确认建设工程施工合同无效的，人民法院应予支持，但发包人在起诉前取得建设工程规划许可证等规划审批手续的除外。

发包人能够办理审批手续而未办理，并以未办理审批手续为由请求确认建设工程施工合同无效的，人民法院不予支持。

第四条　承包人超越资质等级许可的业务范围签订建设工程施工合同，在建设工程竣工前取得相应资质等级，当事人请求按照无效合同处理的，人民法院不予支持。

第三条规定的是发包人未取得建设工程规划许可证，签订的施工合同无效，因为未取得建设工程规划许可证的建筑物，属于违法建筑。在实务中存在两种具体情况：未取得建设工程规划许可证，或者是未按照建设工程规划许可证的规定进行建设施工。

在实务中，作为承包人要重点关注如下事项：

①施工合同签订前，该项目是否取得建设工程规划许可证，如果没有取得建设工程规划许可证，该项目就属于违法建筑，承包人的优先受偿权就无从谈起，相关利益最终也就很难得到保障。

②如果发包人没有办理建设工程规划许可证，或者没有按照建设工程规划许可证的规定进行相应建设，承包人第一时间需要向发包人发出相应函件催促或者提示，并保留相关书面证据，降低后期相关损失计算时己方承担的责任。

第四条规定的是超越资质等级签订的施工合同效力可以进行补正，但是对于其他的违反法律、行政法规禁止性规定的无效合同，不存在合同效力补正的可能。

在实务中，承包人需要重点关注，该条规定的是建设工程竣工前取得相应资质，而不是建设工程竣工验收前取得相应资质。在实务中竣工时间≠竣工验收时间。一般情况下，建设工程竣工，是指建设工程施工完毕，竣工验收时间在竣工时间之后。

作为发包人，如果承包人签订施工合同时，超越资质等级，在施工过程中，要注意收集建设工程已经实际竣工的事实。发包人要特别关注两种情况，一种是建设工程已经施工完毕，但是由于发包人没有支付相应工程款，承包人没有将实际完工的工程交给发包人，发包人需要收集承包人已经实际完工的时间和相应支撑资料。一种是建设工程未施工完毕，双方后期解除施工合同的，要注意收集承包人实际停止建设的时间和相应支撑资料，这种情况下一般以停止建设时承包人是否取得相应的资质，作为认定施工合同是否有效的基础。

4）劳务分包合同效力

《关于审理建设工程施工合同纠纷案件适用法律问题的解释（一）》（法释〔2020〕25号）第五条规定如下：

第五条　具有劳务作业法定资质的承包人与总承包人、分包人签订的劳务分包合同，当事人请求确认无效的，人民法院依法不予支持。

劳务分包，是指施工总承包企业或者专业承包企业，将其所承包工作范围中的劳务作业分包给劳务分包企业完成。劳务作业的分包人可以是施工总承包企业，例如某某工程集团有限公司；也可以是专业工程分包人，例如某某钢结构工程有限公司。

根据住房和城乡建设部制定的《建筑业企业资质管理规定》第五条规定：

第五条　建筑业企业资质分为施工总承包资质、专业承包资质、施工劳务资质三个序列。

施工总承包资质、专业承包资质按照工程性质和技术特点分别划分为若干资质类别，各资质类别按照规定的条件划分为若干资质等级。施工劳务资质不分类别与等级。

建筑企业资质分为施工总承包、专业承包和劳务分包三个序列，施工劳务资质不分类别和等级。近些年来随着国家“放管服”改革的不断深化和推进，政府相关主管部门也纷纷制定或者颁发政策文件，劳务分包企业的相关资质要求开始逐渐的淡化。

劳务分包的本质是将建设工程项目中的劳务作业部分交由第三人完成，与转包和分包是两个截然不同的概念。转包是将全部建设工程项目交由第三人完成，属于法律禁止的行为。分包是将建设工程项目的某一部分交由第三人完成，分包在不违背相关法律法规的禁止性规定的前提下是被允许的。

根据本条规定，具有劳务作业法定资质的承包人，签订的劳务分包合同有效。一般情况下，劳务企业在满足一定的条件下，具备劳务作业资质，而专业承包企业和施工总承包企业通常都具备劳务作业资质。所以，类似于某某建工集团有限公司作为劳务作业分包人，与某某建设集团有限公司，签订的劳务分包合同属于有效合同，而不能因为劳务作业分包人是具有施工总承包资质，就认为该劳务分包合同属于转包或者违法分包而无效。

在实务中，并非所有的劳务分包合同都有效，当存在如下三种情况时，劳务分包合同无效。

第一种情况：以个人名义签订的劳务分包合同无效

根据《建筑法》第二节从业资格的相关规定：

第二节　从业资格

第十二条　从事建筑活动的建筑施工企业、勘察单位、设计单位和工程监理单位，应当具备下列条件：

（一）有符合国家规定的注册资本；

（二）有与其从事的建筑活动相适应的具有法定执业资格的专业技术人员；

（三）有从事相关建筑活动所应有的技术装备；

（四）法律、行政法规规定的其他条件。

第十三条　从事建筑活动的建筑施工企业、勘察单位、设计单位和工程监理单位，按照其拥有的注册资本、专业技术人员、技术装备和已完成的建筑工程业绩等资质条件，划分为不同的资质等级，经资质审查合格，取得相应等级的资质证书后，方可在其资质等级许可的范围内从事建筑活动。

第十四条　从事建筑活动的专业技术人员，应当依法取得相应的执业资格证书，并在执业资格证书许可的范围内从事建筑活动。

根据《房屋建筑和市政基础设施工程施工分包管理办法》第八条规定：

第八条　分包工程承包人必须具有相应的资质，并在其资质等级许可的范围内承揽业务。

严禁个人承揽分包工程业务。

综合上述规定，由于劳务分包合同从性质上属于建设工程施工合同的一种，因此劳务作业承包人不能是个人，以个人名义签订的劳务分包合同属于无效合同。

第二种情况：劳务分包承包人再分包，再分包的劳务合同无效

根据《民法典》第七百九十一条第三款的规定：

禁止承包人将工程分包给不具备相应资质条件的单位。禁止分包单位将其承包的工程再分包。建设工程主体结构的施工必须由承包人自行完成。

根据《房屋建筑和市政基础设施工程施工分包管理办法》第九条规定：

第九条　专业工程分包除在施工总承包合同中有约定外，必须经建设单位认可。专业分包工程承包人必须自行完成所承包的工程。

劳务作业分包由劳务作业发包人与劳务作业承包人通过劳务合同约定。劳务作业承包人必须自行完成所承包的任务。

综合上述规定，劳务分包承包人进行再分包，签订的再分包劳务合同无效。

第三种情况：以劳务分包的名义进行转包或者专业分包

根据《民法典》第七百九十一条第二款的规定：

总承包人或者勘察、设计、施工承包人经发包人同意，可以将自己承包的部分工作交由第三人完成。第三人就其完成的工作成果与总承包人或者勘察、设计、施工承包人向发包人承担连带责任。承包人不得将其承包的全部建设工程转包给第三人或者将其承包的全部建设工程支解以后以分包的名义分别转包给第三人。

根据相关规定，总承包人不能将全部建设工程转包或者支解分包。实务中常常出现总承包人与实际施工人签订劳务分包合同，表面形式上符合分包合同的规定，但是实际的施工内容和相关合同条款约定，却是由劳务分包企业完成整个建设工程或者专业分包工程。

根据《民法典》第一百四十六条的规定：

第一百四十六条　行为人与相对人以虚假的意思表示实施的民事法律行为无效。

以虚假的意思表示隐藏的民事法律行为的效力，依照有关法律规定处理。

因此以劳务分包的名义进行转包或者专业分包，属于以虚假的意思表示隐藏的民事法律行为，所签订的劳务分包合同属于无效合同。

5）施工合同无效赔偿损失的计算

关于审理建设工程施工合同纠纷案件适用法律问题的解释（一）（法释〔2020〕25号）第六条规定如下：

第六条　建设工程施工合同无效，一方当事人请求对方赔偿损失的，应当就对方过错、损失大小、过错与损失之间的因果关系承担举证责任。

损失大小无法确定，一方当事人请求参照合同约定的质量标准、建设工期、工程价款

支付时间等内容确定损失大小的，人民法院可以结合双方过错程度、过错与损失之间的因果关系等因素作出裁判。

根据《民法典》第一百五十七条的规定：

第一百五十七条　民事法律行为无效、被撤销或者确定不发生效力后，行为人因该行为取得的财产，应当予以返还；不能返还或者没有必要返还的，应当折价补偿。有过错的一方应当赔偿对方由此所受到的损失；各方都有过错的，应当各自承担相应的责任。法律另有规定的，依照其规定。

根据上述规定，当建设工程施工合同无效后，无过错的一方可以请求过错方承担赔偿损失的责任，这种责任在法律性质上属于缔约过失责任。

根据司法解释第六条的规定，谁主张损失赔偿，就需要由谁来承担举证责任，具体举证证明的内容包含三个方面：

第一方面，证明有实际损失的发生。缔约过失责任一般对应的是信赖利益的损失，不包括预期利益或者尚未实现的利益。

第二方面，证明另外一方存在过错，并且是对方的过错或者对方的主要过错，导致施工合同的无效。

第三方面，导致实际发生损失的原因，是由对方的过错造成，两者之间存在因果关系。

由于建设工程项目的复杂性和现实性，很多情况下施工合同无效对于造成的损失无法确定，这个时候如果双方在施工合同中对损失赔偿有相应约定标准的前提下，可以参照施工合同约定计算赔偿损失的金额；如果没有约定也无法证明实际损失的大小，人民法院可以参考施工合同约定的质量标准、建设工期、工程价款支付时间等内容来综合考虑后确定损失大小。

对于承包人来讲，由于发包人过错导致施工合同无效，可以向发包人主张的损失赔偿范围一般包含两个方面：实际损失、停工和窝工的损失。

实际支出的损失，主要包含承包人参加招投标支出的费用，如标书购买费用、造价咨询费用、差旅费、标书打印装订费、投标保证金的资金利息等；订立合同所支出的费用；履行合同所支出的实际费用，如聘请的第三方咨询公司提供的咨询服务等。

停工和窝工损失，主要是指由于施工合同无效的原因导致现场停工和窝工的损失，如果不是施工合同无效导致的现场停工和窝工损失，那么基于诚信原则，应当由造成该停工窝工损失的过错方承担。因此，在承包人原因导致施工合同无效的情形下，如果现场发生的停工窝工实际损失是由发包人原因导致的，那么发包人也需要承担对应的停工窝工损失赔偿责任。但是在这种情况下，承包人也需要采取积极措施避免损失的扩大或者放任停工状态的持续，否则针对扩大部分的损失，相关损失责任由承包人自行承担。

对于发包人来讲，由于承包人过错导致施工合同无效，可以向承包人主张的损失赔偿范围一般包含两个方面：实际损失、工期损失和工程质量损失。

发包人的实际损失，主要包含办理招投标手续发生的费用、订立合同支出的费用、实际履行合同的费用、重新签订施工合同与无效合同之间的多支付工程款的损失。

发包人的工期损失，施工合同无效导致逾期竣工，基于公平原则和诚信原则，承包人需要对工期延误造成的损失进行赔偿，在实践中如果发包人对工期损失的举证困难又确实发生损失的情况下，可以参照无效施工合同中约定的逾期竣工违约责任条款来确定发包人的工期损失，并结合发包人和承包人对工期延期的过错大小确定相应的损失责任承担比例。

工程质量的损失，施工合同无效，如果是由于承包人的原因导致工程质量不合格，由此导致的工程质量的损失，承包人也需要承担相应的赔偿责任。

综上所述，在实务中，不管施工合同有效还是无效，施工合同当中的相关违约条款和其他条款的约定和表述都需要严谨，施工过程中的相关过程资料都要注意及时收集和整理，这对最终的损失赔偿和责任承担等都具有非常重大的意义和现实的作用。

6）借用资质承担损失连带责任

《关于审理建设工程施工合同纠纷案件适用法律问题的解释（一）》（法释〔2020〕25号）第七条规定如下：

第七条　缺乏资质的单位或者个人借用有资质的建筑施工企业名义签订建设工程施工合同，发包人请求出借方与借用方对建设工程质量不合格等因出借资质造成的损失承担连带赔偿责任的，人民法院应予支持。

根据《建筑法》第六十六条的规定：

第六十六条　建筑施工企业转让、出借资质证书或者以其他方式允许他人以本企业的名义承揽工程的，责令改正，没收违法所得，并处罚款，可以责令停业整顿，降低资质等级；情节严重的，吊销资质证书。对因该项承揽工程不符合规定的质量标准造成的损失，建筑施工企业与使用本企业名义的单位或者个人承担连带赔偿责任。

根据《建筑法》的规定，只要是建筑施工企业出借资质，对因该项承揽工程不符合规定的质量标准造成的损失，建筑施工企业就要承担连带赔偿责任，但是对于其他损失的连带赔偿责任范围没有明确的规定。因此，在法释〔2020〕25号第七条中进一步解释规定，只要是因为建筑施工企业出借资质缘由造成的发包人的损失，发包人都可以请求出借资质的建筑施工企业承担连带赔偿责任。在实务中，发包人请求借用资质的建筑施工企业承担连带赔偿责任，需要证明损失的存在以及挂靠人借用资质的事实存在，如果借用资质的建筑施工企业否认承担连带赔偿责任，就需要证明损失是由其他原因产生，而不是借用资质导致。

上述相关规定，是基于发包人对建筑施工企业出借资质行为不知情，如果发包人明知建筑施工企业出借资质，且在合同签订阶段明知，就要承担相应的合同无效过错责任，但是对于合同履行过程中挂靠人的履行不当造成的损失不承担过错责任；如果是在签订合同后明知挂靠的，针对未主动采取合理措施避免损失扩大部分承担责任。

在实务中，针对挂靠人在施工过程中发生的采购合同、租赁合同等行为，出借资质的建筑施工企业是否承担连带责任要区分不同的情况而定。如果挂靠人是以自己的名义签订的采购合同和租赁合同等，相关责任等由挂靠人自身承担；如果挂靠人是以被挂靠人的名义签订的采购合同和租赁合同等，则要结合签订合同时挂靠人所出示或者提供的相关资料，以及合同相对方是否善意等因素，综合评定挂靠人合同签订是否构成表见代理，如果构成表见代理，则被挂靠人要承担责任，如果不构成表见代理，则由挂靠人自身承担责任。

被挂靠人出借资质承担了相应的工程质量等的连带赔偿责任之后，由于被挂靠人只收取了管理费，被挂靠人对应的也只承担管理费对应范围的责任，对于超出部分的连带赔偿责任，被挂靠人可以向挂靠人追偿相应的损失赔偿。

7）开工日期的确定

《关于审理建设工程施工合同纠纷案件适用法律问题的解释（一）》（法释〔2020〕25 号）第八条规定如下：

第八条　当事人对建设工程开工日期有争议的，人民法院应当分别按照以下情形予以认定：

（一）开工日期为发包人或者监理人发出的开工通知载明的开工日期；开工通知发出后，尚不具备开工条件的，以开工条件具备的时间为开工日期；因承包人原因导致开工时间推迟的，以开工通知载明的时间为开工日期。

（二）承包人经发包人同意已经实际进场施工的，以实际进场施工时间为开工日期。

（三）发包人或者监理人未发出开工通知，亦无相关证据证明实际开工日期的，应当综合考虑开工报告、合同、施工许可证、竣工验收报告或者竣工验收备案表等载明的时间，并结合是否具备开工条件的事实，认定开工日期。

在工程项目管理实务中，开工日期是计算工期的起点，直接影响工期的认定，对承包人是否构成工期违约有着重大影响。根据《建设工程施工合同示范文本》（GF—2017—0201）第 1.1.4.1 条：

开工日期：包括计划开工日期和实际开工日期。计划开工日期是指合同协议书约定的开工日期；实际开工日期是指监理人按照第 7.3.2 项〔开工通知〕约定发出的符合法律规定的开工通知中载明的开工日期。

因此通常情况下是以开工通知中载明的开工日期作为实际工期计算的起点，但是实务中的实际情况往往比较复杂，当甲乙双方对开工日期有争议的时候，根据施工合同司法解释（一）的第八条规定，按照如下方式确定实际开工日期。

①有发包人或者监理人发出的正式开工通知，开工通知上载明了具体的开工日期，而且开工通知发出时，项目也具备开工条件的，则以开工通知中载明的开工日期作为实际开工日期。

开工条件包含两个方面。一方面是发包人需要提供或者完善的，例如行政审批手续的办理、提供施工现场、提供施工条件、提供地勘和施工图纸等基础资料。对于发包人需要提供的开工条件，一般是在通用条款和专用条款中约定，例如《建设工程施工合同示范文本》通用条款“第2.4施工现场、施工条件和基础资料的提供”、专用条款“第2.4施工现场、施工条件和基础资料的提供”。

另一方面是承包人需要提前准备和完善的，例如施工人员、施工设备、施工材料的准备，施工现场和施工条件的勘验等。

因此，上述的具备开工条件，是指发包人需要完善和提供的开工条件具备即可，由于承包人原因导致不具备开工条件的，不影响以开工通知中载明的开工日期作为实际开工日期。

②有发包人或者监理人发出的正式开工通知，开工通知上载明了具体的开工日期，但是由于发包人的原因导致项目不具备开工条件的，则以开工条件具备的时间为实际开工日期。

在实务中如果开工通知发出后，由于外部第三方的原因，例如自然灾害、恶劣气候、流行性疾病以及项目周边群众人员的阻挠或者阻拦等，导致承包人无法按照开工通知载明的开工日期进场施工，则以上述外部第三方原因的影响消失之后，承包人实际进场施工时间为开工日期。

③承包人在开工通知未发出，经过发包人同意已经实际进场施工的，以实际进场施工时间为开工日期。

实际进场施工，一般是指承包人的相关机械设备、人员、材料进场，可以通过现场的监理记录、会议纪要、往来函件、沟通洽商等资料进行确定。但是在实务中需要特别注意，承包人进场是进行开工准备还是正式施工非常关键，如果承包人进场没有按照施工组织设计的要求正式的大规模施工，只是配合发包人进行相关施工准备工作，则应以开工通知载明的时间为开工日期，而不应以承包人实际进场时间作为开工日期。

④如果发包人或者监理人未发出开工通知，也没有其他资料证明承包人实际进场施工的时间，在这个时候就要综合考虑开工报告、施工合同、施工许可证、竣工验收报告或者竣工验收备案表等载明的时间，并结合开工条件具备的时间，进行综合考虑确认实际开工日期。一般情况下，开工报告更能与实际情况相吻合，开工报告上载明的开工日期具有一定程度上优先的说服力。

因此，在工程项目管理实践中，合同签订时在专用条款中要特别注意对开工条件的详细约定和说明；在进场施工时，如果不具备开工条件的，承包人需要及时向发包人提出相应的书面说明和反馈，并及时记录、收集、整理发包人应该完善和准备的开工条件相关的每件事宜，实际达到开工条件的具体时间，以及延迟达到开工条件对承包人造成的相关施工不利、增加施工难度、影响施工进度和安排部署等具体情况和资料。

8）竣工日期的确定

《关于审理建设工程施工合同纠纷案件适用法律问题的解释（一）》（法释〔2020〕25 号）第九条规定如下：

第九条　当事人对建设工程实际竣工日期有争议的，人民法院应当分别按照以下情形予以认定：

（一）建设工程经竣工验收合格的，以竣工验收合格之日为竣工日期；

（二）承包人已经提交竣工验收报告，发包人拖延验收的，以承包人提交验收报告之日为竣工日期；

（三）建设工程未经竣工验收，发包人擅自使用的，以转移占有建设工程之日为竣工日期。

在工程项目管理实务中，竣工日期是计算工期的止点，一方面影响工期的认定，涉及工期是否违约以及违约金的计算，另一方面对于支付工程款及利息的起算时间、工程本身的照管以及风险转移、缺陷责任期的起算等皆有影响。

根据《建设工程施工合同示范文本》第 1.1.4.2 条：

1.1.4.2　竣工日期：包括计划竣工日期和实际竣工日期。计划竣工日期是指合同协议书约定的竣工日期；实际竣工日期按照第 13.2.3 项〔竣工日期〕的约定确定。

根据《建设工程施工合同示范文本》第 13.2.3 条：

13.2.3　竣工日期

工程经竣工验收合格的，以承包人提交竣工验收申请报告之日为实际竣工日期，并在工程接收证书中载明；因发包人原因，未在监理人收到承包人提交的竣工验收申请报告 42 天内完成竣工验收，或完成竣工验收不予签发工程接收证书的，以提交竣工验收申请报告的日期为实际竣工日期；工程未经竣工验收，发包人擅自使用的，以转移占有工程之日为实际竣工日期。

因此，当发包人和承包人采用《建设工程施工合同示范文本》签订施工合同，由于示范文本明确约定：工程经验收合格的，以承包人提交竣工验收申请报告之日为实际竣工日期，按照“有约定从约定”原则，当工程经验收合格，应该以承包人提交竣工验收申请报告之日为实际竣工日期，而不是以竣工验收合格之日为竣工日期，两者之间存在一定的时间差。

当施工合同对竣工日期没有明确的约定，或者约定得不清晰产生了理解歧义，导致承包人和发包人对实际竣工日期有争议的，则根据施工合同司法解释（一）的第九条规定，按照如下方式确定实际开工日期。

①建设工程经竣工验收合格的，以竣工验收合格之日为竣工日期。

建设工程经竣工验收合格，是指建设工程的工程质量既到达国家规定的最低合格标准，符合相关法律法规的规定，同时还要达到施工合同双方约定的特殊标准，才能视为竣工验收合格。

在实务中，施工合同对质量标准常常做如下约定：达到合格标准，同时获得鲁班奖。如果按照上述的施工合同约定，本项目竣工验收合格的标准为两个：一个是国家规定的合格标准，一个是合同双方约定的特殊标准“鲁班奖”。因此，对于承包人，从严格意义上来讲，该项目如果不能获得鲁班奖，那么该项目就无法到达验收合格，竣工日期条件就无法成就，给承包人带来重大的履约风险。

因此，在实务中，在没有特别的情况下，不建议把获得相关奖杯、奖项作为质量标准，而是在相关违约条款中可以做相关的约定，规避上述竣工验收条件无法成就的风险。

根据《建设工程质量管理条例》第十六条的规定，建设工程竣工验收必须具备如下条件：

第十六条　建设单位收到建设工程竣工报告后，应当组织设计、施工、工程监理等有关单位进行竣工验收。

建设工程竣工验收应当具备下列条件：

（一）完成建设工程设计和合同约定的各项内容；

（二）有完整的技术档案和施工管理资料；

（三）有工程使用的主要建筑材料、建筑构配件和设备的进场试验报告；

（四）有勘察、设计、施工、工程监理等单位分别签署的质量合格文件；

（五）有施工单位签署的工程保修书。

设工程经验收合格的，方可交付使用。

②承包人已经提交竣工验收报告，发包人拖延验收或者迟迟不予验收的，以承包人提交验收报告之日为竣工日期。

如果是采用《建设工程施工合同示范文本》签订施工合同，发包人拖延验收或者迟迟不予验收的标准是“因发包人原因，未在监理人收到承包人提交的竣工验收申请报告42天内完成竣工验收”。

如果施工合同对发包人拖延验收或者迟迟验收的具体情形未进行约定，则可以参考原建设部、国家工商行政管理局于1996年联合下发的通知《建筑装饰工程施工合同示范文本》第三十二条：

甲方代表在收到乙方送交的竣工验收报告7天内无正当理由不组织验收，或验收后7天内不予批准且不能提出修改意见，视为竣工验收报告已被批准，即可办理结算手续。竣工日期为乙方送交竣工验收报告的日期，需修改后才能达到竣工要求的，应为乙方修改后提请甲方验收的日期。

③建设工程未经竣工验收，发包人擅自使用的，以转移占有建设工程之日为竣工日期。

根据《民法典》第七百九十九条第二款的规定：

建设工程竣工经验收合格后，方可交付使用；未经验收或者验收不合格的，不得交付使用。

因此，在工程未经验收的情况下，发包人擅自使用，承包人不再承担工程看管和保护义务，建筑物的相关毁损风险由发包人承担，同时以发包人转移占有建设工程之日为竣工日期。

综上所述，对于承包人，一方面在提交竣工验收报告给发包人时要做好相关资料的签收记录，同时在发包人拖延验收或者迟迟不予验收时，要及时采用书面文件联系沟通，当发包人提前使用项目时，对发包人具体使用的时间等资料要注意收集和保存。另一方面，当发包人擅自使用工程时，承包人相关的工程技术资料也要根据施工合同约定及时提交给发包人，避免由于工程技术资料未按时移交等承担违约责任。

9）工期的顺延

《关于审理建设工程施工合同纠纷案件适用法律问题的解释（一）》（法释〔2020〕25 号）第十条规定如下：

第十条　当事人约定顺延工期应当经发包人或者监理人签证等方式确认，承包人虽未取得工期顺延的确认，但能够证明在合同约定的期限内向发包人或者监理人申请过工期顺延且顺延事由符合合同约定，承包人以此为由主张工期顺延的，人民法院应予支持。

当事人约定承包人未在约定期限内提出工期顺延申请视为工期不顺延的，按照约定处理，但发包人在约定期限后同意工期顺延或者承包人提出合理抗辩的除外。

工期的顺延对承包人具有非常现实的经济效益以及相关责任承担的影响，主要体现在如下四个方面：

第一，顺延工期可以避免承担相关工期违约责任。

第二，顺延工期之后，承包人可以获得工期延长导致的相关损失赔偿，例如人材机的停工和窝工损失，例如管理费、规费等间接成本的增加，例如措施费等间接费用的增加等。

除此之外，如果顺延工期之后，发包人要求在原定计划竣工日期完工，就涉及抢工费用的计算与增加。例如，在《建设工程工程量清单计价规范》（GB 50500—2013）第 9.11.2 条规定如下：

9.11.2　发包人要求合同工程提前竣工的，应征得承包人同意后与承包人商定采取加快工程进度的措施，并应修订合同工程进度计划。发包人应承担承包人由此增加的提前竣工（赶工补偿）费用。

第三，顺延工期，是承包人针对相关过程事项办理签证或者索赔的前提条件。例如，如果某不可抗力事件或者不利事件的发生时间，按照合同正常工期计算，该不可抗力事件或者不利事件应该是发生在工程竣工日期之后。因此，如果承包人没有办理顺延工期，就不能计算该不可抗力事件或不利事件导致的相关损失或赔偿。从造价审计的角度，就算针对该不可抗力或者不利事件发承包双方办理了签证，但是如果没有办理工期顺延，该签证费用同样存在结算审减风险。

第四，顺延工期，是承包人在工程合同价款调整当中，按照有利方式或者不利方式调整的关键决定性因素。例如，在《建设工程工程量清单计价规范》合同价款调整的第9.2.1条和9.2.2条关于法律、法规、规章和政策变化引起的价款调整规定：

9.2.1　招标工程以投标截止日前28天、非招标工程以合同签订前28天为基准日，其后因国家的法律、法规、规章和政策发生变化引起工程造价增减变化的，发承包双方应按照省级或者行业建设主管部门或其授权的工程造价管理机构据此发布的规定调整合同价款。

9.2.2　因承包人原因导致工期延误的，按本规范第9.2.1条规定的调整时间，在合同工期原定竣工时间之后，合同价款调增的不予调整，合同价款调减的予以调整。

关于物价变化引起的价款调整规定：

9.8.3　发生合同工期延误的，应按照下列规定确定合同履行期的价格调整：

1. 因非承包人原因导致工期延误的，计划进度日期后续工程的价格，应采用计划进度日期与实际进度日期两者的较高者。

2. 因承包人原因导致工期延误的，计划进度日期后续工程的价格，应采用计划进度日期与实际进度日期两者的较低者。

对于司法解释第十条工期顺延的规定，在实务中要从如下五个角度去理解和应用。

①施工合同约定承包人未在约定时间内提出工期顺延申请，视为工期不顺延的，按照约定处理。

施工合同中要有明确约定，未在约定时间内提出工期顺延视为工期不顺延；如果施工合同没有明确约定，或者只约定承包人在多久时间内必须提出工期顺延，这两种情况不视为承包人丧失了工期顺延的权利。

②施工合同约定承包人未在约定时间内提出工期顺延申请，视为工期不顺延的，承包人在约定时间外提出工期顺延，发包人接受的，视为工期已经顺延。

这种情况属于虽然施工合同有约定，但是在履约过程中，发包人和承包人通过具体的履约行为，变更了原有施工合同的约定，视为双方不再坚持合同约定的工期顺延办理相应的时限约束程序。

③施工合同约定承包人未在约定时间内提出工期顺延申请，视为工期不顺延的，承包人未在约定时间提出工期顺延，但是承包人能提出合理抗辩理由的，不视为承包人丧失主张工期顺延的权利。

例如，某件事情对工期的影响持续发生中，在合同约定时间内无法确定工期顺延的具体时间的；发包人通过明示或者暗示的行为，默许承包人在结算办理时统一主张工期顺延的；承包人未在规定时间内提出工期顺延，系因客观原因造成的，如不可抗力事件的影响导致；承包人未在规定时间内提出工期顺延，但是事后能清晰明确的判断出该事件对工期延误的责任划分和具体影响的。

④承包人在施工过程中在约定期限内向发包人或者承包人提出了工期顺延签证，但是发包人没有确认或者不置可否或者拖延不办理的，只要承包人提交的工期顺延签证符合合

同约定事由的，应该顺延工期。

承包人能够通过资料签收记录、快递记录等证明在约定期限内向发包人提出了工期顺延签证，那么不管发包人是否确定，不视为承包人丧失主张工期顺延的权利，而是应该实事求是根据顺延事由判断是否满足合同约定。若满足，即使发包人未确认工期顺延签证，工期也要顺延。

⑤承包人在施工过程中在约定期限内没有向发包人或者承包人提出工期顺延签证，但是通过其他方式、方法或者形式，向发包人或者监理提出过工期顺延的意思或者主张，而该主张符合合同约定事由的，应该顺延工期。

例如，在约定时间内，承包人通过会议纪要、洽商记录、工作联系单、工作汇报、进度修订计划说明、施工方案修正、现场施工日志、承诺函件、情况说明等工程惯例或者书面文件对延期事件进行描述且表明了承包人对相关权利的主张，均视为承包人没有丧失主张工期顺延的权利，只要该事件符合合同约定工期顺延事由的，都应该顺延工期。

综上所述，由于工程项目履约的复杂性，对于工期顺延总体的处理思路可以归纳为：以事实为依据，以公平为衡量，以约定为原则，以具体为补充。

因此，对于承发包双方，在施工项目的履约过程中梳理、记录、掌握、还原事实，并且进行归纳、整理、提炼、形成支撑该事实的系统资料，是双方需要特别重视的日常工作之一。

10）工程质量鉴定顺延工期

《关于审理建设工程施工合同纠纷案件适用法律问题的解释（一）》（法释〔2020〕25 号）第十一条规定如下：

第十一条　建设工程竣工前，当事人对工程质量发生争议，工程质量经鉴定合格的，鉴定期间为顺延工期期间。

工程质量，是建设工程使用的前提和基础，确保工程质量合格，是承包人的施工合同主义务。工程质量是否合格，从两个方面考虑。

第一个方面是建设工程质量要符合国家法律法规、部门规章、设计施工规范等要求的标准，尤其是对于其中的强制性标准必须要满足。

第二个方面是建设工程质量要符合发包人和承包人在施工合同中约定的特殊质量要求，如果施工合同约的质量标准低于国家规范标准，则以国家规范标准为准，如果施工合同约定的质量标准高于国家规范标准，以施工合同约定的质量标准为准。

如果工程质量没有合格或者没有达到施工合同约定的标准，承包人就需要承担质量违约责任，具体见《民法典》第八百零一条：

第八百零一条　因施工人的原因致使建设工程质量不符合约定的，发包人有权请求施工人在合理期限内无偿修理或者返工、改建。经过修理或者返工、改建后，造成逾期交付的，施工人应当承担违约责任。

因此，对于造价工程师，在进行造价审核时，要把握一个具体的原则，即工程造价计算的前提是工程质量合格。比如，在办理过程进度审核时，需要注意完成部分工程内容是否有材料报验、合格证明、分项过程验收记录等资料；在办理过程结算时，例如基础过程结算，主体过程结算，需要该单位工程或者单项工程验收手续完成；在办理竣工结算时，该项目竣工验收合格。当发包人或者承包人对建设工程存在质量争议或者对部分工程内容存在质量争议时，造价工程师在出具相应的审核报告时要进行单独说明，或者等待工程项目质量鉴定完成之后，再根据相应的工程质量鉴定结果出具造价审核报告。

对于承包人，要特别重视施工过程中，对相关材料的报验、隐蔽资料的制作、过程分部分项的验收等工程资料的完善工作，当承包人能通过程序和资料确保证明已完工程内容的质量合格，如果发包人再提出质量争议时，不管是后期质量的鉴定、造价的确定、损失的赔偿等，承包人就占据了相应的主动权。

在实务中，施工过程中如果对工程质量进行鉴定，双方要对工程质量争议发生的时间，由此导致开始现场停工的时间，协商争议解决的时间，共同委托鉴定的时间，鉴定完成的时间，鉴定完成后复工的准备时间等，进行相应的记录和确认。如果工程质量鉴定合格，上述的时间都可以理解为工程质量鉴定期间可以顺延的时间，而不仅仅是指鉴定机构进行鉴定本身工作需要的时间为可以顺延工期时间。

11）承包人的质量过错责任承担

《关于审理建设工程施工合同纠纷案件适用法律问题的解释（一）》（法释〔2020〕25号）第十二条规定如下：

第十二条　因承包人的原因造成建设工程质量不符合约定，承包人拒绝修理、返工或者改建，发包人请求减少支付工程价款的，人民法院应予支持。

根据《建筑法》第五十八条规定：

第五十八条　建筑施工企业对工程的施工质量负责。

建筑施工企业必须按照工程设计图纸和施工技术标准施工，不得偷工减料。工程设计的修改由原设计单位负责，建筑施工企业不得擅自修改工程设计。

可以从如下三个方面理解上述的规定。

第一方面，承包人在施工过程中要严格按照工程设计图纸和施工技术标准进行施工，没有设计单位的设计变更或者技术洽商等，承包人不能擅自修改设计内容进行施工。根据国家主管部门的有关规定，工程设计图纸要进行审查的，承包人应该按照经过审查后的设计图纸进行施工。

第二方面，当设计图纸的要求出现明显的错误或者没有达到国家规范中要求的强制性标准时，承包人应该向设计单位和发包人提出，如果没有提出由此造成相应的质量问题或者损失等，承包人要承当相应附随义务带来的违约责任。

第三方面，如果没有设计单位的同意或者出具正式的设计变更通知单，建设单位直接通过指令或者要求等，修改设计图纸的，施工单位应该向建设单位提出获得设计单位出具的正式设计变更，在《建筑法》的第五十四条中有相应的规定。

第五十四条　建设单位不得以任何理由，要求建筑设计单位或者建筑施工企业在工程设计或者施工作业中，违反法律、行政法规和建筑工程质量、安全标准，降低工程质量。

建筑设计单位和建筑施工企业对建设单位违反前款规定提出的降低工程质量的要求，应当予以拒绝。

对于承包人的原因造成建设工程质量不符合约定，发包人可以请求减少支付相应的工程价款，或者请求支付相应合理的修复费用，上述的费用主要包含对不合格部分进行拆除和重新施工涉及的全部费用。如果承包人进行修理、返工或者改建后合格的，发包人不能再进行上述的主张。

12）发包人的质量过错责任承担

《关于审理建设工程施工合同纠纷案件适用法律问题的解释（一）》（法释〔2020〕25 号）第十三条规定如下：

第十三条　发包人具有下列情形之一，造成建设工程质量缺陷，应当承担过错责任：

（一）提供的设计有缺陷；

（二）提供或者指定购买的建筑材料、建筑构配件、设备不符合强制性标准；

（三）直接指定分包人分包专业工程。

承包人有过错的，也应当承担相应的过错责任。

对于发包人提供的设计有缺陷，包含发包人提供的勘察结果和设计图纸有缺陷两个范畴。在实务中，在 EPC 工程总承包，由于设计文件是由联合体组成的工程总承包人中的设计人提供，在这种情况下设计缺陷导致的工程质量问题，责任由工程总承包人自身承担，当然联合体中的具体施工人可以向设计人请求承担相应的责任。

对于发包人提供或者购买的建筑材料、建筑构配件、设备不符合强制性标准的，包含发包人自身提供和指定承包人购买两个范畴。对于发包人提供的材料，承包人需要进行检验，不满足要求和强制性标准的，要向发包人提出，不能用于工程项目。同时根据《建筑法》第二十五条的规定：

第二十五条　按照合同约定，建筑材料、建筑构配件和设备由工程承包单位采购的，发包单位不得指定承包单位购入用于工程的建筑材料、建筑构配件和设备或者指定生产厂、供应商。

如果施工合同明确约定材料由承包单位购买，而发包人又指定购买或者指定生产厂家和供应商的，由此造成的工程质量缺陷由发包人承担质量过错责任。

对于发包人指定分包人分包专业工程，包含发包人直接分包专业工程和发包人指定承包人分包某专业工程，上述两种情况下分包人的原因造成工程质量缺陷的，发包人应该承当相应的过错责任。

对于承包人有过错的理解，在实务中主要有如下情形：

①承包人发现或者应该发现设计图纸有差错和缺陷的，没有及时提出。

②承包人对发包人提供的材料或者指定购买的材料，没有及时履行检查检验职责，导致不合格材料使用到工程项目中，或者发包人提供的材料检验不合格仍旧使用的。

③发包人擅自更改图纸和设计文件，降低工程质量标准或者违反相关强制性标准，承包人未及时反馈或拒绝的。

④承包人对指定分包人没有及时履行相应的总承包管理职责和过程监督，由此导致质量缺陷的。

因此，在实务中，作为承包人对工程项目的整体质量负责，就严格按照规范和要求履行相关的管理职责和过程控制手续，避免由于自身的疏忽大意，出现原本是他人的问题造成建设工程质量缺陷，而承包人也要承担相应质量责任的情形。

13）未经竣工验收擅自使用的质量责任承担

《关于审理建设工程施工合同纠纷案件适用法律问题的解释（一）》（法释〔2020〕25号）第十四条规定如下：

第十四条　建设工程未经竣工验收，发包人擅自使用后，又以使用部分质量不符合约定为由主张权利的，人民法院不予支持；但是承包人应当在建设工程的合理使用寿命内对地基基础工程和主体结构质量承担民事责任。

建设工程未经竣工验收，包含未按照规定程序组织竣工验收和按照规定程序组织竣工验收不合格的两种情形。发包人擅自使用，是指只要建设工程未经竣工验收合格发包人使用的，即使是承包人同意或者默许的情况下使用的，均构成擅自使用。

对于发包人承担擅自使用部分的质量责任，可以从二个方面去理解。第一个方面是对于擅自使用部分的范围界定，对于发包人擅自使用建设工程，只有发包人擅自使用部分的质量责任由发包人承担，而不是整个建设工程的质量责任都由发包人承担。例如某新建厂区，发包人只擅自使用了某宿舍楼，那么发包人只对宿舍楼部分承担质量责任，而不是对整个新建厂区承担质量责任。但是对于不可明确进行界定的部分，虽然无法确认发包人是否擅自使用，但是也应该认定为发包人擅自使用该部分，例如发包人实际只擅自使用了某宿舍楼的首层，由于其他楼层与首层无法明确分割，因此视为发包人擅自使用了宿舍楼的整个楼层。第二个方面是对于质量责任的范围，发包人承担的质量责任范围是指除地基基础工程和主体结构质量以外的全部质量问题。例如发包人擅自使用了某宿舍楼，则发包人对该宿舍楼的外墙保温、屋面防水等其他质量问题均应承担。

建设工程的合理使用寿命，也就是设计合理使用年限，有时候也称之为耐久年限，是指从工程竣工验收合格之日起，工程的地基基础、主体结构能保证在正常情况下安全使用的年限。根据《建筑结构可靠性设计统一标准》（GB 50068—2018）第 3.3.3 条的规定：建筑结构的设计使用年限如下：临时性建筑结构，设计使用年限为 5 年；易于替换的结构构件，设计使用年限为 25 年；普通房屋和构筑物，设计使用年限为 50 年；标志性建筑和特别重要的建筑结构，设计使用年限为 100 年。第 C.2.2 条规定：必须定期涂刷的防腐蚀涂层等结构的设计使用年限可为 20 年 ~ 30 年。第 C.2.3 条规定：预计使用时间较短的建筑物，其结构的设计使用年限不宜小于 30 年。

根据《工程结构可靠性设计统一标准》（GB 50153—2008）第 A.2.3 条的规定：铁路桥涵结构的设计使用年限应为 100 年。第 A.3.3 条的规定：公路桥涵结构的设计使用年限，小桥、涵洞的设计使用年限为 30 年，中桥、重要小桥的设计使用年限为 50 年，特大桥、大桥、重要桥梁的设计使用年限为 100 年。第 A.4.3 条的规定：港口工程结构的设计使用年限，临时性港口建筑物的设计使用年限为 5 ~ 10 年，永久性港口建筑物的使用年限为 50 年。

根据《地铁设计规范》（GB 50157—2013）第 1.0.12 条的规定：地铁的主体结构工程，以及因结构损坏或大修对地铁运营安全有严重影响的其他结构工程，设计使用年限不应低于 100 年。

根据《建筑结构可靠性设计统一标准》（GB 50068—2018）第 3.3.2 条的规定：建筑结构设计时，应规定结构的设计使用年限。一般情况下，在设计施工图中会注明相应的设计使用年限，如果发包人在建设该项目时，有超过设计使用年限要求的，可以在施工合同中进行相应的约定。因此，承包人对地基基础工程和主体结构质量承担的年限问题，设计施工图或者施工合同有约定的，按照约定为准，没有约定的按照相关规范要求进行确定。

在实务中，当发包人擅自使用建设工程之后，还存在一个比较典型的问题是承包人是否还应该承担该建设工程相应的质量保修责任的问题，这在《新建设工程施工合同司法解释（一）理解与适用》（最高人民法院民事审判第一庭编著）一书中有相应的说明：

我们认为，出现发包人擅自使用建设工程的情况，承包人对发包人擅自使用部分，不应再承担质量保修责任，因为本条规定的发包人承担的质量责任范围为除地基基础工程和主体结构质量以外的所有质量问题，与前述法律规定的质量保修责任的范围是重叠的，如果承包人对发包人擅自使用的建设工程部分仍应承担保修责任，则本条规定就失去了其意义。

与此不同理解的是，在《中国建设工程施工合同法律全书词条释义与实务指引》（常设中国建设工程法律论坛第八工作组著）一书中有不同的看法：

保修责任是在工程竣工验收合格后，施工方因对保修期内出现的建筑物质量瑕疵未履行保修义务而应承担的法律责任。《建设工程质量管理条例》第三十九条第一款、第四十条第二款对于工程质量保修进行了明确的规定，但《建设工程司法解释》第十四条第三项的规定是对未经竣工验收擅自使用工程行为即视为竣工的法律拟制。司法实践中的主流观点认为，发包人未经竣工验收擅自使用工程是放弃了竣工验收权利、丧失了追究承包人质量违约责任的权利以及拒付工程款的抗辩权利，但并未因此丧失要求承包人履行保修义务的权利。

因此，在实务中，作为承包人，当发包人未经竣工验收擅自使用建设工程时，一方面要向发包人告知相应的责任后果，另一方面要办理好相应的移交手续，对发包人擅自使用的部分进行及时记录和相关资料保存。作为发包人，当出现承包人原因致使工程拖延竣工的情况下，发包人为防止损失扩大提前使用该工程时，需要及时与承包人做好相应的沟通协商记录，形成书面文件，明确相应事项和责任。

14）建设工程质量纠纷诉讼主体地位

《关于审理建设工程施工合同纠纷案件适用法律问题的解释（一）》（法释〔2020〕25 号）第十五条规定如下：

第十五条　因建设工程质量发生争议的，发包人可以以总承包人、分包人和实际施工人为共同被告提起诉讼。

总承包人，是指施工总承包合同中的承包人。分包人，是指合法的专业工程分包人和劳务作业的分包人。实际施工人，是指非法转包和违法分包的承包人、没有资质借用资质与他人签订施工合同的承包人等。

因建设工程质量发生争议，发包人可以突破施工合同的相对性，直接起诉与发包人没有直接合同关系的分包人和实际施工人，发包人既可以只选择起诉总承包人，也可以向分包人和实际施工人主张权利，也就是针对建设工程质量问题，总承包人、分包人和实际施工人需要承担连带责任。这在《建筑法》第二十九条和第六十七条中也有明确的规定。

第二十九条　建筑工程总承包单位可以将承包工程中的部分工程发包给具有相应资质条件的分包单位；但是，除总承包合同中约定的分包外，必须经建设单位认可。施工总承包的，建筑工程主体结构的施工必须由总承包单位自行完成。

建筑工程总承包单位按照总承包合同的约定对建设单位负责；分包单位按照分包合同的约定对总承包单位负责。总承包单位和分包单位就分包工程对建设单位承担连带责任。

禁止总承包单位将工程分包给不具备相应资质条件的单位。禁止分包单位将其承包的工程再分包。

第六十七条　承包单位将承包的工程转包的，或者违反本法规定进行分包的，责令改正，没收违法所得，并处罚款，可以责令停业整顿，降低资质等级；情节严重的，吊销资质证书。

承包单位有前款规定的违法行为的，对因转包工程或者违法分包的工程不符合规定的质量标准造成的损失，与接受转包或者分包的单位承担连带赔偿责任。

因此，作为分包人和实际施工人，不论是否直接和发包人签订合同，不论是否是违法分包、非法转包或者借用资质施工，不论施工合同是否有效还是无效，只要是自己负责实际施工的范围，均要有高度的质量责任意识，确保所施工范围的工程内容质量合格，避免由于质量不合格承担相应的责任。

15）发包人以建设工程质量为由的反诉实务

《关于审理建设工程施工合同纠纷案件适用法律问题的解释（一）》（法释〔2020〕25号）第十六条规定如下：

第十六条　发包人在承包人提起的建设工程施工合同纠纷案件中，以建设工程质量不符合合同约定或者法律规定为由，就承包人支付违约金或者赔偿修理、返工、改建的合理费用等损失提出反诉的，人民法院可以合并审理。

在建设工程施工合同纠纷案件中，当承包人向发包人提出诉讼请求时，发包人可以采取抗辩或者反诉的方式进行应对。其中抗辩是指在诉讼过程中被告用来对抗原告请求或者使原告的请求权延期发生效力的主张，是一种防御性的诉讼手段和方法，可以分为诉讼程序的抗辩和诉求请求的抗辩。反诉是指本诉的被告通过法院向本诉的原告提出的有明确诉讼标的的诉讼请求，其核心目的是抵消原告的诉讼请求或者使原告的诉讼请求失去意义，是一种积极进攻型的诉讼手段和技巧。

在实务中，当承包人向发包人诉讼主张工程价款的支付时，发包人经常会提出承包人施工质量问题为由而要求减少或者不支付工程价款，对于发包人的这种主张到底是属于抗辩还是反诉有重大的现实影响。如果是反诉，根据《诉讼费用缴纳办法》第十八条的规定：

第十八条　被告提起反诉、有独立请求权的第三人提出与本案有关的诉讼请求，人民法院决定合并审理的，分别减半交纳案件受理费。

发包人可以减半交纳反诉案件受理费，同时人民法院必须依法对反诉的请求做出明确的裁判。

如果是抗辩，发包人不需要单独再交纳案件受理费，人民法院也不需要针对抗辩进行单独的裁判。

对于抗辩和反诉的判断，主要是看被告提出的主张是否超出了原告诉讼请求的范围，同时看被告是否具有独立的请求给付内容。

在实务中，对于承包人的主张工程价款支付的诉讼请求，发包人常见的主张抗辩的情形有：以承包人的施工质量不符合合同约定或者法律规定等问题主张减少工程价款，以承包人在项目施工过程中存在以次充好、未按照指令和设计图纸要求施工、偷工减料等情形主张减少工程价款，以承包人未完成部分工程内容或者需要承包人维修的部分没有进行修复等情形主张减少工程价款。发包人常见的反诉的情形有：以承包人的施工质量不符合合同约定或者法律规定等要求支付违约金或者赔偿相应损失，以承包人工期延期为由要求承担工期违约责任，以施工过程中工程价款超付为由主张承包人返还超付的工程价款等。

作为造价工程师，站在发包人的视角，如何协助律师有效地进行相应的抗辩或者反诉呢？在实务中可以从如下几个方面进行协助和支持。

第一方面，在施工合同签订时，提前在施工合同中进行明确约定，将工程质量违约和工期延期违约的相关违约金或者赔偿金，可以从应付工程价款中进行扣减。当承包人诉讼请求主张工程价款支付时，发包人可以据此为由直接提出减少工程价款的抗辩，无须再提起反诉。

第二方面，当项目未办理完成结算，承包人起诉提出工程价款支付请求时，造价工程师可以结合项目资料按照最不利承包人的视角进行结算金额测算。如果最不利的结算金额测算结果低于发包人已经支付给承包人的工程价款总金额，这个时候发包人可以提出反诉主张承包人退还超额支付的工程价款。如果发包人不提出反诉，仅仅只是进行抗辩说明已经足额支付工程价款，当诉讼过程中进行工程造价鉴定，而工程造价鉴定的结果低于发包人已经支付给承包人的工程价款总金额时，这个时候发包人再来重新提相应的主张和诉求，就要多费周折了。

第三方面，当事人双方没有签订书面合同，也没有办理完成结算，这个时候的一方当事人主要是实际施工人和挂靠人。当实际施工人和挂靠人诉讼提出工程价款支付请求时，造价工程师要提前进行两个数据的测算，根据施工过程履约资料可以推导出双方计价方式得出的最不利结算金额，根据项目所在地定额计价规则得出的最不利结算金额，将上述的测算结果反馈给律师后，协助律师在诉讼过程中决策是采取抗辩还是反诉的方式进行应对。

在实务中值得我们注意的是，司法解释上述第十六条中规定的承包人，是指有权向发包人主张工程价款同时又要对发包人承担建设工程质量责任的人，既包含直接与发包人签订施工合同的承包人，也包含转包和违法分包的实际施工人、借用资质也就是挂靠的单位和个人等。对于“……提出反诉的，人民法院可以合并审理”的理解，根据“最高人民法院关于适用《中华人民共和国民事诉讼法》的解释”第二百三十二条的规定：

第二百三十二条　在案件受理后，法庭辩论结束前，原告增加诉讼请求，被告提出反诉，第三人提出与本案有关的诉讼请求，可以合并审理的，人民法院应当合并审理。

一般情况下，承包人诉讼请求支付工程价款，发包人提出反诉并且符合受理条件的，人民法院应当与本诉合并处理，而不能让发包人另行起诉。对发包人来讲，如果人民法院要求另行起诉，那么就要根据诉讼标的全额交纳案件受理费，而不是反诉的减半缴纳案件受理费。

16）工程质量保证金的返还期限

《关于审理建设工程施工合同纠纷案件适用法律问题的解释（一）》（法释〔2020〕25 号）第十七条规定如下：

第十七条　有下列情形之一，承包人请求发包人返还工程质量保证金的，人民法院应予支持：

（一）当事人约定的工程质量保证金返还期限届满；

（二）当事人未约定工程质量保证金返还期限的，自建设工程通过竣工验收之日起满二年；

（三）因发包人原因建设工程未按约定期限进行竣工验收的，自承包人提交工程竣工验收报告九十日后当事人约定的工程质量保证金返还期限届满；当事人未约定工程质量保证金返还期限的，自承包人提交工程竣工验收报告九十日后起满二年。

发包人返还工程质量保证金后，不影响承包人根据合同约定或者法律规定履行工程保修义务。

在 2017 年 6 月 20 日，住房和城乡建设部和财政部联合发布了《建设工程质量保证金管理办法》（建质〔2017〕138 号），其中第二条明确规定如下：

第二条　本办法所称建设工程质量保证金（以下简称保证金）是指发包人与承包人在建设工程承包合同中约定，从应付的工程款中预留，用以保证承包人在缺陷责任期内对建设工程出现的缺陷进行维修的资金。

缺陷是指建设工程质量不符合工程建设强制性标准、设计文件，以及承包合同的约定。

缺陷责任期一般为 1 年，最长不超过 2 年，由发、承包双方在合同中约定。

因此，工程质量保证金对应的是缺陷责任期，工程质量保证金与保修期无关，发包人不能以工程保修期未满而拒绝向承包人返还工程质量保证金。在实务中，有时候经常出现工程保修金、质量保修金的说法，其实质也是工程质量保证金。

在实际项目中，根据司法解释的上述规定，对于工程质量保证金的返还，分为四种情形处理。

第一种情形是施工合同对工程质量保证金返还期限有明确约定，而且约定符合《建设工程质量保证金管理办法》的，按照约定期限届满之后发包人进行返还。

第二种情形是施工合同未约定工程质量保证金返还期限的，自建设工程通过竣工验收之日起满二年返还。

其中对于“未约定工程质量保证金返还期限的”的具体理解方式，《新建设工程施工合同司法解释（一）理解与适用》（最高人民法院民事审判第一庭编著）一书中有相应的说明：

通常情况下，当事人对返还工程质量保证金没有约定包括如下情形：（1）当事人对返还工程质量保证金没有形成任何书面协议或者其他形式的协议。如当事人未采用《建设工程施工合同（示范文本）》的情况下，发包人预留了工程质量保证金，但双方对于返还期限没有约定，则此种情况下应适用本条的规定。（2）当事人对返还工程质量保证金期限虽然有约定，但是约定全部或者部分违反了《建设工程质量保证金管理办法》的相关规定，如当事人约定工程质量保证金自工程通过竣工验收之日起满3年后返还，则当事人该约定违反了《建设工程质量保证金管理办法》缺陷责任期最长不超过2年的规定，超过2年的期限不能认定为缺陷责任期；或者当事人约定主体工程质量保证金竣工3年后返还，其他部分工程质量保证金竣工1年后返还，则因关于主体工程缺陷责任期的约定超过2年，超过2年的期限不能认定为缺陷责任期；（3）如当事人虽然对返还工程质量保证金有相关的约定，但是约定不明且根据合同相关条款及相关证据又无法确定返还期限的，亦应视为当事人没有约定，适用本条确定工程质量保证金的返还期限。

与此不同理解的是，在《中国建设工程施工合同法律全书词条释义与实务指引》（常设中国建设工程法律论坛第八工作组著）一书中有不同的看法和理解：

虽然部门规章和行政文件规定质量保证金的预留比例不得超过3%、预留期限不得超过二年，但如果施工合同明确约定超出上述比例和期限，该种约定并不违反法律行政法规的强制性规定，当事人仍应当依约履行。

同时，对于“工程通过竣工验收之日”的理解，即为司法解释第九条中规定的关于竣工日期的认定，需要特别注意的是，根据司法解释第九条第三款的规定：

（三）建设工程未经竣工验收，发包人擅自使用的，以转移占有建设工程之日为竣工日期。

当发包人擅自使用未经验收的建设工程，承包人可以向发包人主张工程质量保证金的返还期限以建设工程转移占有之日起开始计算。

第三种情形是因发包人原因建设工程未按约定期限进行竣工验收的，且发包人与承包人对建设工程质量保证金返还期限有明确约定的，自承包人提交工程竣工验收报告九十日后按照双方约定的返还期限届满之后返还。

第四种情形是因发包人原因建设工程未按约定期限进行竣工验收的，且发包人与承包人对建设工程质量保证金返还期限没有明确约定的，自承包人提交工程竣工验收报告九十日后起满两年之后返还。

其中对于第三种和第四种情形中的发包人原因，主要是指发包人没有正当理由拖延而且不进行相关的配合和组织，导致建设工程不能按照正常的约定时间进行竣工验收。如果是项目施工过程中，出现了重大的设计变更、规划调整、手续办理、工期延期、不可抗力等原因，导致建设工程未按约定期限进行竣工验收的，则不属于上述规定的情形。

根据《建设工程质量保证金管理办法》第七条的规定：

第七条　发包人应按照合同约定方式预留保证金，保证金总预留比例不得高于工程价款结算总额的3%。合同约定由承包人以银行保函替代预留保证金的，保函金额不得高于工程价款结算总额的 3%。

工程质量保证金不得超过工程价款结算总额的 3%，在实务中会存在工程结算审核报告中只包含工程造价部分，有可能不包含违约金和工程索赔等非工程造价部分的情形。对于该部分金额发包人是否要预留工程质量保证金，建议可以在施工合同中对此进行相应具体明确约定，或者在办理工程结算审核报告时，进行相应的说明或者处理。

根据《建设工程质量保证金管理办法》第十一条的规定：

第十一条　发包人在接到承包人返还保证金申请后，应于 14 天内会同承包人按照合同约定的内容进行核实。如无异议，发包人应当按照约定将保证金返还给承包人。对返还期限没有约定或者约定不明确的，发包人应当在核实后 14 天内将保证金返还承包人，逾期未返还的，依法承担违约责任。发包人在接到承包人返还保证金申请后 14 天内不予答复，经催告后 14 天内仍不予答复，视同认可承包人的返还保证金申请。

对于承包人提出的工程质量保证金返还申请，发包人要进行核实后及时进行答复，提出异议或者返还，如果逾期不答复则存在视同认可的风险，而且还需要承当逾期返还工程质量保证金的违约责任。

同时，在实务中，如果建设工程施工合同被认定无效，则施工合同中约定的保证金返还期限和相关逾期返还的利息约定条款等均无效，发包人应该按照相关规定返还工程质量保证金。

17）保修责任的承担

《关于审理建设工程施工合同纠纷案件适用法律问题的解释（一）》（法释〔2020〕25 号）第十八条规定如下：

第十八条　因保修人未及时履行保修义务，导致建筑物毁损或者造成人身损害、财产损失的，保修人应当承担赔偿责任。

保修人与建筑物所有人或者发包人对建筑物毁损均有过错的，各自承担相应的责任。

根据《建设工程质量管理条例》第三十九条和第四十一条的规定：

第三十九条　建设工程实行质量保修制度。

建设工程承包单位在向建设单位提交工程竣工验收报告时，应当向建设单位出具质量保修书。质量保修书中应当明确建设工程的保修范围、保修期限和保修责任等。

第四十一条　建设工程在保修范围和保修期限内发生质量问题的，施工单位应当履行保修义务，并对造成的损失承担赔偿责任。

根据上述规定，施工单位对建设工程应当承担和及时履行保修义务，如果未及时履行保修义务，则需要承担相应的赔偿责任，这种责任可以是基于施工合同约定违约责任，也可以是基于对他人人身和财产造成损害发生的侵权责任。

但是，如果是设计原因、建设单位材料采购等其他非施工单位原因造成的质量缺陷，在保修期内通知施工单位修复的，施工单位应当负责返修，只是施工单位负责返修后，应该由相关单位承担相应的责任。发生涉及结构安全或者影响使用功能的紧急情况时，不管是否是施工单位的原因，均应及时进行维修，如果由于施工单位的原因未及时返修，导致损失的扩大，对于扩大损失的部分，施工单位也要承当相应的责任。

因此，在实务中，施工单位要严格按照法律法规和施工合同的约定，履行相应的保修义务，同时分清相关责任范围，并做好相应的记录，对质量问题的原因不能确定的，可以请有关质量鉴定机构进行鉴定，分析质量问题的原因，并制定相应的保修方案后再进行具体的返修。

对于保修人未及时保修而受到损失的受害人，如果受害人是发包人，发包人可以根据施工合同的约定，要求施工单位承担相应的违约责任，也可以要求施工单位承担侵权责任。如果受害人是其他的第三人，可以根据《民法典》第一千二百五十二条的规定：

第一千二百五十二条　建筑物、构筑物或者其他设施倒塌、塌陷造成他人损害的，由建设单位与施工单位承担连带责任，但是建设单位与施工单位能够证明不存在质量缺陷的除外。建设单位、施工单位赔偿后，有其他责任人的，有权向其他责任人追偿。

因所有人、管理人、使用人或者第三人的原因，建筑物、构筑物或者其他设施倒塌、塌陷造成他人损害的，由所有人、管理人、使用人或者第三人承担侵权责任。

第三人受害人可以向建设单位、施工单位、所有人、管理人、使用人和其他第三人，主张要求承担侵权责任，根据《民法典》第一千二百五十三条的规定：

第一千二百五十三条　建筑物、构筑物或者其他设施及其搁置物、悬挂物发生脱落、坠落造成他人损害，所有人、管理人或者使用人不能证明自己没有过错的，应当承担侵权责任。所有人、管理人或者使用人赔偿后，有其他责任人的，有权向其他责任人追偿。

其中对于所有人、管理人和使用人，只要没有证据证明自己没有过错的，就应当先向受害人承担侵权责任，但是承当责任后可以再向其他责任人进行追偿。

18）工程价款的结算方法和标准

关于审理建设工程施工合同纠纷案件适用法律问题的解释（一）（法释〔2020〕25号）第十九条规定如下：

第十九条　当事人对建设工程的计价标准或者计价方法有约定的，按照约定结算工程价款。

因设计变更导致建设工程的工程量或者质量标准发生变化，当事人对该部分工程价款不能协商一致的，可以参照签订建设工程施工合同时当地建设行政主管部门发布的计价方法或者计价标准结算工程价款。

建设工程施工合同有效，但建设工程经竣工验收不合格的，依照民法典第五百七十七条规定处理。

对于建设工程的计价标准或者计价方法，也就是我们常说的结算方式，在造价实务中可以从三个方面去理解。

第一个方面，有约定从约定，只要施工合同双方对建设工程的结算方式有具体的约定，而且该约定不违反法律法规的效力性强制性规定，就应该认为该约定有效，应该按照约定办理结算。

例如，某施工合同约定该项目工程质量检测费用包含在综合单价之中，由承包人承担相应费用，在结算时不再单独计算工程质量检测费用，而该项目所在地的建设主管部门在相关政策文件中规定如下：

工程质量检测费用应由建设单位直接支付，建设单位、检测机构应留存资金支付凭证备查。严禁出现工程质量检测合同由建设单位签订，检测费用由施工单位支付的行为。

虽然施工合同中约定工程质量费用包含在综合单价之中，由承包人承当，违反了相关规定，但不是违反的法律法规的效力性强制性规定，在结算时仍旧认为该约定有效。在结算时不能计算工程质量检测费用，如果实际履约过程中是建设单位支付的工程质量检测费用，应该在结算造价中扣除该部分工程质量检测费用。

第二个方面，对于履约过程中发生设计变更，导致工程量和质量标准发生变化的，对于工程价款的结算方式可以进行调整，具体的调整方式如下：

首先，由双方协商，如果能协商一致的，按照双方协商的结果调整设计变更部分的结算方式。

其次，如果双方不能协商一致，通过仲裁或者诉讼方式进行解决的，从如下几个维度进行考虑。

如果设计变更导致工程量的增加或者减少，工程量的增减幅度对该施工合同签订的基础没有实质性的影响时，设计变更仍旧按照施工合同约定的结算方式执行。

如果设计变更导致工程量的增加或者减少，工程量增减幅度巨大，对施工合同有实质性影响时，可以参照当地建设行政主管部门发布的计价方法或者计价标准主张计算该部分结算工程价款。

如果设计变更导致了建设工程的质量标准发生变化，在这种情况下设计变更不应该参照施工合同结算方式，可以参照当地建设行政主管部门发布的计价方法或者计价标准主张计算该部分结算工程价款。

需要注意的是，司法解释中对于设计变更导致工程量或者质量标准发生变化的结算方式，规定可以参照当地建设行政主管部门发布的计价方法或者计价标准结算工程价款，而不是必须要参照，具体参照与否由人民法院结合项目的实际情况进行考虑；如果人民法院决定应该参照，造价工程师在进行具体造价计算时，应该参照的是工程项目所在地的主管部门发布的计价标准，而且是施工合同签订的时候以及之前主管部门发布的正在实施和有效的计价标准以及配套文件，对于施工合同签订之后主管部门发布的计价标准和配套文件，不应作为参照执行的内容，同时参照的范围是设计变更的部分，对于没有发生设计变更的部分，则不应参照而应该按照施工合同的约定执行。

第三个方面，对于建设施工合同有效，但是竣工验收不合格的，根据《民法典》第五百七十七条的规定：

第五百七十七条　当事人一方不履行合同义务或者履行合同义务不符合约定的，应当承担继续履行、采取补救措施或者赔偿损失等违约责任。

如果是承包人的原因导致建设工程竣工验收不合格，也就是承包人未履行合同主要义务，发包人可以要求承包人继续履行和采取补救措施，直至建设工程竣工验收合格，并且要求承包人自行承当相应的修复费用和由此导致的工程延期应该承当的损失赔偿和违约责任。如果承包人不继续履行或者采取补救措施，发包人可以委托其他有资质的单位进行相应工作，相关费用和损失等仍旧由承包人承担。如果建设工程无法通过修复达到竣工验收合格的，则发包人可以向承包人主张工程项目的拆除费用、重建费用以及其他相关损失等。

第四个方面，对于建设工程施工合同无效，根据验收合格与不合格两种情形，根据《民法典》第七百九十三条的规定进行相应的工程价款结算：

第七百九十三条　建设工程施工合同无效，但是建设工程经验收合格的，可以参照合同关于工程价款的约定折价补偿承包人。

建设工程施工合同无效，且建设工程经验收不合格的，按照以下情形处理：

（一）修复后的建设工程经验收合格的，发包人可以请求承包人承担修复费用；

（二）修复后的建设工程经验收不合格的，承包人无权请求参照合同关于工程价款的约定折价补偿。

发包人对因建设工程不合格造成的损失有过错的，应当承担相应的责任。

19）争议工程量的计算依据和原则

《关于审理建设工程施工合同纠纷案件适用法律问题的解释（一）》（法释〔2020〕25号）第二十条规定如下：

第二十条　当事人对工程量有争议的，按照施工过程中形成的签证等书面文件确认。承包人能够证明发包人同意其施工，但未能提供签证文件证明工程量发生的，可以按照当事人提供的其他证据确认实际发生的工程量。

在建设工程的结算办理过程中，发包人和承包人经常对工程量的计算发生争议，工程量的争议主要涉及两个部分，一个是工程量应不应该计算，另外一个是工程量该计算多少。

对于工程量的计算争议，根据上述的规定分为三个步骤进行解决。

第一步，按照施工过程中形成的签证等书面文件资料载明的内容进行计算。签证的性质为发包人和承包人之间达成的补充协议，具有优先的效力，与此相关的技术洽商单、设计变更、会议纪要、往来函件等，也可以作为相应确认工程量的书面文件。

第二步，在施工过程中没有形成签证等书面文件，而实际承包人又进行了施工的，承包人需要举证证明发包人同意或者指示其进行该部分范围的施工。这在《建设工程工程量清单计价规范》（GB 50500—2013）中也有相应的说明：

9.14.4　合同工程发生现场签证事项，未经发包人签证确认，承包人便擅自施工的，除非征得发包人书面同意，否则发生的费用应由承包人承担。

如果是施工合同约定的承包范围以及设计图纸当中明确的内容，承包人按照合同和图纸施工的不需要进行举证证明。但是，如果是合同范围外的工作内容，以及没有通过甲方确认签发的设计变更或者变更指令，如果承包人无法证明是发包人要求和同意其施工，则该部分工程量存在无法进入工程结算的风险。

因此，在施工合同履约过程中，作为承包人要特别注意对发包人要求和同意其进行合同外和设计变更内容施工的指令或者证据资料的收集整理。在实务中，承包人通过编制各种专项方案和施工方案报送监理和发包人审批进行确认，这样一方面可以作为后期工程量计算的依据，另一方面可以作为发包人同意施工的重要证明资料。

第三步，承包人进行了实际施工，同时举证证明发包人同意其施工，而且又提供了其他证据资料能确认实际发生的工程量，则该部分工程量应该计算给承包人。对于其他证据，可以是工程建设过程中形成的各种各样的资料，例如工程资料、影像资料、施工记录以及参建各方的三方资料等。

在实务中，当发包人对现场发生的工程量不愿意进行签证确认时，而该工程量对应的工程造价又不低的情况下，承包人可以通过委托公证处对现场工程量进行公证收方确认，最后把相应的公证收方结果送达给发包人。这样形成的工程量确认资料，在后期的结算办理和诉讼争议解决中，承包人就占据了主动权。

20）发包人逾期不办理结算的法律后果

《关于审理建设工程施工合同纠纷案件适用法律问题的解释（一）》（法释〔2020〕25号）第二十一条规定如下：

第二十一条　当事人约定，发包人收到竣工结算文件后，在约定期限内不予答复，视为认可竣工结算文件的，按照约定处理。承包人请求按照竣工结算文件结算工程价款的，人民法院应予支持。

对于“当事人约定”的理解，一般是指发包人和承包人在建设工程施工合同中特别的约定，发包人在收到承包人提交的竣工结算文件之后，在明确的答复期限内不予答复或者提出异议，则按照承包人提交的结算文件作为结算工程价款的依据。

根据最高人民法院〔2005〕民一他字第23号《关于发包人收到承包人竣工结算文件后，在约定期限内不予答复，是否视为认可竣工结算文件的复函》：

你院渝高法〔2005〕154号《关于如何理解和适用最高人民法院〈关于审理建设工程

施工合同纠纷案件适用法律问题的解释〉第二十条的请示》收悉。经研究，答复如下：

同意你院审委会的第二种意见，即：适用该司法解释第二十条的前提条件是当事人之间约定了发包人收到竣工结算文件后，在约定期限内不予答复，则视为认可竣工结算文件。承包人提交的竣工结算文件可以作为工程款结算的依据。建设部制定的建设工程施工合同格式文本中的通用条款第33条第3款的规定，不能简单地推论出，双方当事人具有发包人收到竣工结算文件一定期限内不予答复，则视为认可承包人提交的竣工结算文件的一致意思表示，承包人提交的竣工结算文件不能作为工程款结算的依据。

在实务中，发包人和承包人根据《建设工程施工合同示范文本》签订施工合同，虽然在通用条款中存在关于发包人逾期不答复结算文件的约定，具体约定如下：

14.2　竣工结算审核

（1）除专用合同条款另有约定外，监理人应在收到竣工结算申请单后14天内完成核查并报送发包人。发包人应在收到监理人提交的经审核的竣工结算申请单后14天内完成审批，并由监理人向承包人签发经发包人签认的竣工付款证书。监理人或发包人对竣工结算申请单有异议的，有权要求承包人进行修正和提供补充资料，承包人应提交修正后的竣工结算申请单。

发包人在收到承包人提交竣工结算申请书后28天内未完成审批且未提出异议的，视为发包人认可承包人提交的竣工结算申请单，并自发包人收到承包人提交的竣工结算申请单后第29天起视为已签发竣工付款证书。

如果发包人和承包人未在专用条款中对发包人逾期不答复结算文件视为认可做出特别约定，仅仅在通用条款中存在上述约定，根据最高人民法院的上述复函，对于承包人基于通用条款的约定主张发包人逾期未答复视为认可竣工结算文件的，则存在一定的风险性。对此，在《新建设工程施工合同司法解释（一）理解与适用》（最高人民法院民事审判第一庭编著）一书中有相应的说明：

住房和城乡建设部上述示范文本规定了发包人逾期未对承包人提交的竣工结算申请书完成审批并未提出异议时所应承担的法律后果，但格式文本不能完全替代双方当事人直接作出自主意思表示。换言之，该项责任是由发包人、承包人双方约定而产生，不是法律或者行业规范强加给发包人的，本条的作用仅在于将实践中可能存在的操作确定下来。如果双方当事人就此并未特别约定的，承包人不得依据格式文本条款主张应将其提交的结算文件作为结算依据。

但是，如果是公开招投标项目，招标文件中对于合同文本的选择是由招标人单方面提前确定，承包人据此进行投标和签订合同，在格式合同文本是发包人提供的情况下是否仍旧需要在专用条款中进行明确的特别约定，承包人才能进行相应的主张，上述的规定和看法就有待商榷。

作为发包人，对于承包人递交的结算文件，要在约定的期限内进行答复或者提出异议，只要发包人在约定期限做出了答复，即使答复或者提出的异议是不合理的，也可以避免承担逾期不答复视为认可的不利法律后果。

作为承包人，在施工合同签订时最好在专用条款对此进行明确的约定，如果不能明确地约定，可以退而求此次在专用条款的相应位置间接地注明按照通用条款约定执行，或者是在合同签订时将通用条款中相关逾期不答复视为认可的相关条款全部加粗标记醒目提示。同时，承包人提交给发包人的结算文件要完整，保留相应的有效送达证据。

21）施工合同与招投标文件不一致的结算原则

《关于审理建设工程施工合同纠纷案件适用法律问题的解释（一）》（法释〔2020〕25号）第二十二条规定如下：

第二十二条　当事人签订的建设工程施工合同与招标文件、投标文件、中标通知书载明的工程范围、建设工期、工程质量、工程价款不一致，一方当事人请求将招标文件、投标文件、中标通知书作为结算工程价款的依据的，人民法院应予支持。

从造价实务的角度，对于施工合同与招标文件、投标文件、中标通知书不一致时的理解，主要分为如下三个方面。

第一个方面，施工合同与招投标文件不一致时，按照招投标文件结算工程价款的前提，是招标投标过程和结果合法有效，如果存在招投标过程违法，那么就不能以违法形成的招投标文件作为结算工程价款的依据。

第二个方面，只有针对工程范围、建设工程、工程质量和工程价款这四个方面的实质性条款，在施工合同与招投标文件不一致时，才可以参照招投标文件中上述四个方面的约定进行工程价款结算。除此之外的其他内容，如果存在施工合同约定与招投标文件不一致时，以谁为准进行工程价款结算，则要根据施工合同具体约定的合同文件解释顺序进行评判。例如在《建设工程施工合同示范文本》通用条款第1.5条中约定如下：

1.5　合同文件的优先顺序

组成合同的各项文件应互相解释，互为说明。除专用合同条款另有约定外，解释合同文件的优先顺序如下：

（1）合同协议书；

（2）中标通知书（如果有）；

（3）投标函及其附录（如果有）；

（4）专用合同条款及其附件；

（5）通用合同条款；

（6）技术标准和要求；

（7）图纸；

（8）已标价工程量清单或预算书；

（9）其他合同文件。

上述各项合同文件包括合同当事人就该项合同文件所作出的补充和修改，属于同一类内容的文件，应以最新签署的为准。

在合同订立及履行过程中形成的与合同有关的文件均构成合同文件组成部分，并根据其性质确定优先解释顺序。

第三个方面，对于本条款“一方当事人请求”的具体理解，当施工合同与招投标文件不一致时，如果当事人不请求按照招投标文件进行工程价款结算，而是直接按照施工合同约定执行是否合理？作为工程造价结算审核人员，对此要结合工程项目的实际情况进行相应处理。

如果是政府和国有资金投资项目，发包人和承包人均同意按照施工合同约定进行结算，工程造价结算审核人员需要分别按照施工合同约定和招标文件约定进行计算。如果按照招投标文件约定结算金额低于施工合同约定结算金额，应该坚持按照司法解释的上述条款参照招投标文件办理结算审核，如果按照招投标文件约定结算金额高于施工合同约定结算金额，应该按照发包人和承包人一致同意的施工合同约定办理结算审核。

如果是民营投资项目，发包人和承包人均同意按照施工合同约定进行结算，工程造价结算审核人员应该遵循发包人和承包人的意思自治原则，根据施工合同约定办理结算审核。

22）依法不需要招标的进行招标后，实质性条款变化后的结算原则

《关于审理建设工程施工合同纠纷案件适用法律问题的解释（一）》（法释〔2020〕25号）第二十三条规定如下：

第二十三条　发包人将依法不属于必须招标的建设工程进行招标后，与承包人另行订立的建设工程施工合同背离中标合同的实质性内容，当事人请求以中标合同作为结算建设工程价款依据的，人民法院应予支持，但发包人与承包人因客观情况发生了在招标投标时难以预见的变化而另行订立建设工程施工合同的除外。

对于必须招标的项目，主要参考如下两个文件的规定《必须招标的工程项目规定》（国家发展和改革委员会2018年3月27日发布），《必须招标的基础设施和公用事业项目范围规定》（国家发展和改革委员会2018年6月6日发布），除了上述两个文件中规定的必须招标项目之外，一般都属于非必须招标项目。

根据司法解释的上述规定，只要发包人将建设工程在相关建设工程交易市场或公共交易平台进行了公开招标，不论该项目是否属于必须招标项目，招投标活动都需要按照《招标投标法》和《招标投标法实施条例》的相关规定执行。根据《招标投标法》第四十六条的规定：

第四十六条　招标人和中标人应当自中标通知书发出之日起三十日内，按照招标文件

和中标人的投标文件订立书面合同。招标人和中标人不得再行订立背离合同实质性内容的其他协议。

招标文件要求中标人提交履约保证金的，中标人应当提交。

正是基于《招标投标法》的上述规定，才有了司法解释对发包人将非必须招标项目进行招标后，实际签订的施工合同违背中标合同的实质性内容，以中标合同作为结算工程价款的依据。对于实质性内容的理解，可以参见施工合同司法解释第二条的具体规定，主要是指工程范围、建设工期、工程质量、工程价款等内容。

对于“发包人与承包人因客观情况发生了在招标投标时难以预见的变化”的理解，主要分为两个维度。第一个维度是客观情况变化，指施工过程中客观发生的而不是主观原因导致的变化；第二个维度是难以预见的变化，而且是在招标投标时发包人和承包人都难以遇见的变化。在实务中，上述客观和难以预见的变化，主要有人材机价格等涨跌的幅度超过了正常的情况，工程项目的规划发生了调整和变化，出现了重大的设计变更等，对于重大设计变更一般有相关的政策文件规定，例如《重庆市房屋建筑和市政基础设施工程勘察设计变更管理办法》第八条规定如下：

第八条　工程建设项目设计变更分为重大设计变更和一般设计变更。涉及下列内容的属重大涉及变更；除重大设计变更以外的其他设计变更为一般设计变更。

（1）《重庆市房屋建筑和市政基础设施工程重大设计变更分类表》所列变更内容；

（2）其他涉及工程建设标准强制性条文、公共利益、公众安全的变更内容；

（3）法律、法规、规章规定的其他重大设计变更内容。

在实务中，有些发包人对于不属于必须招标的项目进行招标活动，但不是在建设工程交易市场或者公共交易平台进行，而是采取自行招标或者内部招标的方式，在这种情况下发包人通过内部招标或者自行招标，签订的施工合同背离中标合同的实质性内容，是否仍旧执行司法解释上述的规定，按照中标合同作为结算工程价款的依据？对此，在《新建设工程施工合同司法解释（一）理解与适用》（最高人民法院民事审判第一庭编著）一书中有相应的解读：

我们倾向性认为，所谓内部招标在多数情况下并非限于企业内部，有一定的公开性，投标人也具有一定的不特定性，只是招标人自认为其招标行为属于内部行为、不应受到《招标投标法》以及监管部门约束。由于内部招标并不是严谨的法律术语，实践中无论内部招标冠以何种名称，都要严格审查其是否属于《招标投标法》规定的招投标活动，在符合《招标投标法》规定的情况下，内部招标中的自主招标、场外招标等活动属于《招标投标法》规范的招投标活动，发生相关争议时应适用《招标投标法》及本解释的规定。但是，对于招投标活动完全局限于企业或单位内部，不涉及企业之外第三人信赖利益，未扰乱基本的招投标市场秩序，一般不适用本条款的规定。

23）多份合同无效后的结算原则

《关于审理建设工程施工合同纠纷案件适用法律问题的解释（一）》（法释〔2020〕25号）第二十四条规定如下：

第二十四条　当事人就同一建设工程订立的数份建设工程施工合同均无效，但建设工程质量合格，一方当事人请求参照实际履行的合同关于工程价款的约定折价补偿承包人的，人民法院应予支持。

实际履行的合同难以确定，当事人请求参照最后签订的合同关于工程价款的约定折价补偿承包人的，人民法院应予支持。

上述规定的“当事人”，既包含发包人与承包人，也包含发包人与实际施工人、承包人和违法分包人或转包人，其中多份施工合同无效，参照实际履行的合同折价补偿的前提时建设工程质量合格，如果建设工程质量不合格，则不能折价补偿。

对于实际履行的合同，要根据项目实际履约过程中发生的往来文件、签证收方、会议纪要、工程进度审批、工程款支付凭证的各种资料，进行综合评价，探究当事人双方的真实合意。当实际履行合同无法确定时，才按照最后签订的合同约定折价补偿。

作为承包人的造价人员，在项目管理过程中结合上述的规定，要重点关注如下事项：

施工过程中及时敦促现场技术人员，完善相关分部分项验收资料，对施工完成的工程内容通过工程资料及时确认。尤其是对于钢结构工程，存在加工制作和现场安装环节，在加工制作时及时编制和完善相应资料，提交监理和甲方代表进行审批和确认。

对于施工过程中的履约资料，工程、技术、财务、现场等各个口径形成和发生的资料，造价人员要有风险意识，尤其是在存在多份施工合同，而且可能存在施工合同被认定为无效的情形下，对与实际履行合同不一致的履约资料描述和表达，及时进行修正或者调整，确保己方的结算利益。

对于施工合同签订时的日期，要引起重视，避免由于人为失误或者程序审批的原因，造成施工合同上的签订日期与实际签约的日期不一致而导致相应的结算风险。

作为工程项目的造价审核执业人员，尤其是作为政府和国有投资项目的造价审核执业人员，除了具有精湛的专业知识之外，还要知晓相关法律知识，具备相应的法律风险意识。如果通过审核分析发现该项目可能存在施工合同无效的情形，但是作为造价审核人员不能去认定施工合同无效，只有人民法院等司法机构才有权认定或者判定某施工合同无效。这时造价审核执业人员会面临无效施工合同，仍旧只能先视该施工合同有效进行结算审核的困境。对此，建议造价审核执业人员在出具相应的结算审核报告时，注明结算审核报告是基于建设工程施工合同有效为前提，规避相应的执业风险。

24）垫资约定的效力及处理原则

《关于审理建设工程施工合同纠纷案件适用法律问题的解释（一）》（法释〔2020〕

25 号）第二十五条规定如下：

第二十五条　当事人对垫资和垫资利息有约定，承包人请求按照约定返还垫资及其利息的，人民法院应予支持，但是约定的利息计算标准高于垫资时的同类贷款利率或者同期贷款市场报价利率的部分除外。

当事人对垫资没有约定的，按照工程欠款处理。

当事人对垫资利息没有约定，承包人请求支付利息的，人民法院不予支持。

工程领域的垫资，是指承包人和发包人签订施工合同后，承包人利用自有的资金先进行施工，等到建设工程施工到一定进度或者竣工验收合格之后，发包人再进行支付相应工程款的行为。在实务中，承包人垫资分为全额垫资和进度垫资，全额垫资是建设工程修建完成之后，发包人才支付相应工程款项，也就是我们常见的 BT 建设方式，进度垫资是每施工到一定进度，发包人审核和支付工程进度款的一定比例。

对于工程领域的垫资和垫资利息的约定，应该按照约定计算，但是不得高于垫资时的同类贷款利率或者同期贷款市场报价利率。在实务中，全额垫资项目在施工合同中会约定在结算时计算投资回报率，或者按照定额上浮一定比例进行结算作为垫资回报。根据司法解释的上述规定，上述施工合同中约定的投资回报率或者定额上浮比例，超出了同类贷款利率或者同期贷款市场报价利率，结算时是应该按照施工合同约定计算还是按照同类贷款利率或者同期贷款市场报价利率计算，存在一定的结算审计风险。

所以，作为承包人在签订全额垫资或者类似情形的施工合同时，对于资金利息、投资回报率的约定建议不要高于垫资时的同类贷款利率或者同期贷款市场报价利率。对于实际垫资成本超出同类贷款利率或者同期贷款市场报价利率的部分，可以通过在工程造价结算条款中直接调增一定比例的综合单价或者按照定额计价上浮一定比例的方式进行约定，间接规避相应风险，同时还可以把部分实际垫资成本计入工程价款而因此享受到建设工程价款的优先受偿权。

对于垫资行为，如果施工合同没有约定垫资利息的，承包人不能要求支付相应的垫资利息，在实务中要引起重视。

25）欠付工程款利息的计算标准

《关于审理建设工程施工合同纠纷案件适用法律问题的解释（一）》（法释〔2020〕25 号）第二十六条规定如下：

第二十六条　当事人对欠付工程价款利息计付标准有约定的，按照约定处理。没有约定的，按照同期同类贷款利率或者同期贷款市场报价利率计息。

工程欠款利息，属于法定孳息，支付欠款利息，属于发包人的义务范畴，因此不论施工合同是否约定工程欠款利息，承包人都可以向发包人主张工程欠款利息。而工程垫资则完全不同，垫资的本质是承包人先代替发包人垫付和承担工程款项，类似于发包人赊购建设工程产品，对于赊购行为如果事先双方没有约定，赊购一方不应该为此承当相应的费用，这也就是如果施工合同没有事先约定垫资利息，承包人不能主张相应垫资利息的原因。因此，垫资是事前约定的自愿行为，没有事先约定不能计算垫资利息；支付工程欠款利息是事后的法定行为，没有事先约定也必须支付工程欠款利息。

因此，对于工程欠款利息的支付标准，施工合同双方有具体约定的，按照约定处理，但是约定的利息计算标准超出了国家保护范围之外的部分无效，例如在《最高人民法院关于审理民间借贷案件适用法律若干问题的规定》的第二十五条规定如下：

第二十五条　出借人请求借款人按照合同约定利率支付利息的，人民法院应予支持，但是双方约定的利率超过合同成立时一年期贷款市场报价利率四倍的除外。

前款所称“一年期贷款市场报价利率”，是指中国人民银行授权全国银行间同业拆借中心自 2019 年 8 月 20 日起每月发布的一年期贷款市场报价利率。

在实务中，作为承包人的造价人员，要及时按照施工合同的约定，申报进度产值，并完整的收集和整理相关进度审批和工程款实际支付资料，提前进行统计和梳理，便于后期承包人向发包人主张相应欠付工程价款利息时，有理有据而且又能确保欠付工程价款利息计算的最大化。

26）欠付工程款利息的起算时间

《关于审理建设工程施工合同纠纷案件适用法律问题的解释（一）》（法释〔2020〕25 号）第二十七条规定如下：

第二十七条　利息从应付工程价款之日开始计付。当事人对付款时间没有约定或者约定不明的，下列时间视为应付款时间：

（一）建设工程已实际交付的，为交付之日；

（二）建设工程没有交付的，为提交竣工结算文件之日；

（三）建设工程未交付，工程价款也未结算的，为当事人起诉之日。

对于欠付工程款利息的起算时间，一般是从工程价款的应付时间开始计算利息。所以，当施工合同中对工程价款的付款时间有明确约定时，按照约定时间计算欠付工程款利息的起算时间。

只有在施工合同中没有约定工程价款支付时间，或者约定支付时间不明的情况下，才能按照司法解释的上述规定依次分别相应具体考虑。对于约定支付时间不明，常见的情形是在施工合同中对于付款时间的约定只表述了付款事实，没有表述具体时间，典型的情形如下述约定：

工程项目竣工验收合格后 60 日内，承包人递交完整的结算资料，发包人结算审核完成后支付至结算价款的 97%，留 3% 质保金在缺陷责任期届满之后无息支付。

上述的付款约定，只表述了发包人结算审核完成后支付到结算价款的 97%，没有明确结算审核完成后支付的具体时间节点，属于当事人对付款时间约定不明的情形。

当施工合同对于工程价款付款时间没有约定或者约定不明时，应该依次按照如下情形进行考虑。

首先，如果建设工程已经交付的，例如发包人和承包人办理了建设工程交接手续，或者发包人已经投入使用的，以交接日期和使用日期作为应付款时间。

其次，如果建设工程没有交付，但是建设工程竣工验收合格，而且承包人也在规定的时间内向发包人提交了完整的结算文件，发包人没有在约定的期限内进行答复或者提出异议，则以承包人提交结算文件的时间为应付款时间。因此，作为承包人，要高度重视结算文件的编制和报送工作。

最后，如果建设工程没有交付，也没有办理结算的，以原告起诉的立案登记时间作为应付款时间。

在实务中，经常会出现承包人按照施工合同申报进度，发包人审批进度后每次付款时没有足额支付，导致工程价款的欠付金额、应付时间、实际支付款项等处于不断的交叉变化中，导致欠付工程价款的利息计算异常复杂。因此，建议发包人在支付工程款项时备注该款项对应的申报进度款批次，或者在施工合同中提前进行相应的具体约定，避免后期风险的发生。在具体计算欠付工程价款利息的实务中，除了参考司法解释的上述规定外，还需要结合《民法典》第五百六十条的规定，根据项目具体实际情况进行详细分类计算。

第五百六十条　债务人对同一债权人负担的数项债务种类相同，债务人的给付不足以清偿全部债务的，除当事人另有约定外，由债务人在清偿时指定其履行的债务。

债务人未作指定的，应当优先履行已经到期的债务；数项债务均到期的，优先履行对债权人缺乏担保或者担保最少的债务；均无担保或者担保相等的，优先履行债务人负担较重的债务；负担相同的，按照债务到期的先后顺序履行；到期时间相同的，按照债务比例履行。

27）固定价款合同工程造价鉴定的处理原则

《关于审理建设工程施工合同纠纷案件适用法律问题的解释（一）》（法释〔2020〕25 号）第二十八条规定如下：

第二十八条　当事人约定按照固定价结算工程价款，一方当事人请求对建设工程造价进行鉴定的，人民法院不予支持。

根据《建设工程施工合同示范文本》通用条款的相关规定，施工合同的价格形式分为三种，分别是单价合同、总价合同、其他价格形式合同。其中，单价合同是指当事人约定以工程量清单及其综合单价进行合同价格计算、调整和确认的建设工程施工合同，在约定的范围内合同单价不作调整。总价合同是指当事人约定以施工图、已标价工程量清单或预算书及有关条件进行合同价格计算、调整和确认的建设工程施工合同，在约定的范围内合同总价不作调整。

因此，对于司法解释上述规定的“固定价结算工程价款”，一般是指“总价合同”的价格形式，对于“总价合同”，在实务中又包含两种形式。

第一种形式是指固定总价包干，有的是在施工合同中直接约定本项目固定总价包干金额，有的是在施工合同中约定以经过评审的施工图预算包干，在施工过程中，发包人或者有关主管部门对项目施工图预算进行核对或者评审，以评审报告或者单独签订施工图预算包干补充协议的方式，作为施工合同的总价包干金额。

第二种形式是指固定单价包干，在施工合同中约定该项目按照建筑面积或某种面积计算方式，以一定的固定单价按照面积包干，其中固定包干单价结算时不作调整，只是对于具体的面积根据施工合同约定的方式按实计算。

所以，如果施工合同约定是固定总价包干，一方当事人请求对建设工程造价进行鉴定的，人民法院不予支持。如果施工合同约定是固定单价包干，该项目对于面积的计算明确，双方当事人可以准确无争议的计算出相应面积的，这种情况下一方当事人请求对建设工程造价进行鉴定的，人民法院不予支持；但是如果对于面积的计算比较复杂，存在争议的，一方当事人请求对建设工程造价进行鉴定，人民法院可以结合具体情况决定是否支持鉴定。

在实务中，如果施工过程中发生了工程变更，一方当事人请求对建设工程造价进行鉴定的，一般情况下对于施工合同约定固定包干的范围不应进行鉴定，只针对工程变更或者施工变化等导致工程价款变化的部分进行鉴定。如果双方当事人都请求，或者一方当事人请求另一方当事人也同意对固定总价进行工程造价鉴定的，在《新建设工程施工合同司法解释（一）理解与适用》（最高人民法院民事审判第一庭编著）一书中有相关的解读：

如果发生双方当事人均同意鉴定的情形，考虑到当事人约定的固定价结算工程款，属于合同的权利义务条款，对双方都具有法律约束力，在没有证据和事实推翻合同约定的情况下，应当按照合同约定执行，即使双方当事人同意通过鉴定的方式确定工程款，也不应予以支持。

结合上述规定和解读，在实务中有可能会存在施工合同约定为总价包干，而施工合同签订时相关资料例如设计施工图不完善，或者在施工过程中发生了重大设计变更和做法调整变化，导致施工合同价款结算异常复杂或情况特殊时，也可以结合实际的情况对固定总价包干合同进行工程造价鉴定。但是，在这种情况下对固定总价包干合同进行造价鉴定需要有一个前提，不能影响或者损害第三人或者国家的利益，如果是双方当事人故意通过对固定总价包干合同进行鉴定，以此来突破施工合同对于工程价款结算的限制，导致施工合同结算价款高于或者低于原有施工合同的约定，在这种情况下不应予以支持。这也就是我们常说的，以事实为依据，以法律为准绳，在造价实务工作中的具体体现和应用。

28）诉讼前工程价款结算协议效力的处理原则

《关于审理建设工程施工合同纠纷案件适用法律问题的解释（一）》（法释〔2020〕25号）第二十九条规定如下：

第二十九条　当事人在诉讼前已经对建设工程价款结算达成协议，诉讼中一方当事人申请对工程造价进行鉴定的，人民法院不予准许。

对于工程造价鉴定的启动，一般情况要满足下面两个条件。

第一个条件是待证的事实是需要认定的专门性问题，如果是一般性的事实问题，属于人民法院和仲裁机构依法裁判的职权，不属于鉴定的范围。

第二个条件是需要符合必要性的要求，对于鉴定所要解决的专门性问题，通过其他方式不能查明事实，只能通过鉴定才能查明的情况下，才具备鉴定的必要性。

对于工程造价鉴定的启动主体，《民事诉讼法》第七十九条规定：

第七十九条　当事人可以就查明事实的专门性问题向人民法院申请鉴定。当事人申请鉴定的，由双方当事人协商确定具备资格的鉴定人；协商不成的，由人民法院指定。

当事人未申请鉴定，人民法院对专门性问题认为需要鉴定的，应当委托具备资格的鉴定人进行鉴定。

《仲裁法》第四十四条规定：

第四十四条　仲裁庭对专门性问题认为需要鉴定的，可以交由当事人约定的鉴定部门鉴定，也可以由仲裁庭指定的鉴定部门鉴定。

根据当事人的请求或者仲裁庭的要求，鉴定部门应当派鉴定人参加开庭。当事人经仲裁庭许可，可以向鉴定人提问。

根据上述的规定，工程造价鉴定可以由当事人申请启动，也可以由人民法院和仲裁机构依职权启动，通常情况下以当事人申请鉴定为主，法院和仲裁机构依职权委托鉴定为辅。

对于人民法院依职权委托鉴定的具体情形，《最高人民法院关于民事诉讼证据的若干规定》第三十条规定：

第三十条　人民法院在审理案件过程中认为待证事实需要通过鉴定意见证明的，应当向当事人释明，并指定提出鉴定申请的期间。

符合《最高人民法院关于适用〈中华人民共和国民事诉讼法〉的解释》第九十六条第一款规定情形的，人民法院应当依职权委托鉴定。

人民法院认为需要进行鉴定的，应该向当事人释明，由当事人提出鉴定。如果释明后当事人不提出鉴定的，就由当事人承担举证不能的不利后果。只有在出现符合《最高人民法院关于适用〈中华人民共和国民事诉讼法〉的解释》第九十六条第一款规定情形的，也就是待证事实涉及可能损害国家利益、社会公共利益的，人民法院可以直接依职权委托鉴定。

正是基于上述的规定，如果当事人在诉讼前已经对建设工程价款结算达成了协议，也就是双方对该项目的工程造价达成了一致意见，工程造价不存在待证的事实，没有鉴定的必要性，这种情况下一方当事人再申请对工程造价进行鉴定的，人民法院不予准许。但是，如果是双方当事人在诉讼中共同申请对工程造价进行鉴定，这个时候意味着双方都不认可诉讼前达成的建设工程价款结算协议，没有对该项目的工程造价达成合意，在不损害其他第三人合法权益的情形下，允许进行工程造价鉴定。

在实务中，如果工程价款结算协议中没有特别注明，关于项目工程质量、工期违约、工程索赔等工程价款之外的其他事项是否达成合意，虽然双方签订了工程价款结算协议，但是一方当事人仍旧可以针对该项目关于工程质量、工期违约、工程索赔等事项提出诉求并要求进行相应的鉴定。因此，作为造价工程师，在拟定工程价款结算协议时，对于相关协议条款的表述需要重视和严谨。

29）一方不认可工程造价审核报告的处理原则

《关于审理建设工程施工合同纠纷案件适用法律问题的解释（一）》（法释〔2020〕25号）第三十条规定如下：

第三十条　当事人在诉讼前共同委托有关机构、人员对建设工程造价出具咨询意见，诉讼中一方当事人不认可该咨询意见申请鉴定的，人民法院应予准许，但双方当事人明确表示受该咨询意见约束的除外。

对于当事人的“共同委托”，在实务中存在三种情形。

第一种情形，是在施工合同中明确约定发包人委托第三方机构对该项目工程造价进行审核，有的施工合同中注明了第三方机构的具体名称，有的施工合同则未注明。

第二种情形，是发包人和承包人共同作为一方与第三方机构签订委托审核合同。

第三种情形，是发包人或者承包人单独作为一方与第三方机构签订委托合同，另一方以行为或者其他意思表示予以追认或者同意。

对于当事人共同委托第三方机构出具的工程造价审核报告，不属于《民事诉讼法》中规定的鉴定意见，因此也就不属于书证范畴，只能称之为咨询意见，作为当事人陈述的一种特殊情形，其证明力不及鉴定意见。

所以，对于工程造价审核报告，除非双方当事人明确表示以工程造价审核报告为准或者受该审核报告约束，一般情况下，一方当事人不认可第三方机构出具的工程造价审核报告时，可以向人民法院提出工程造价鉴定申请，人民法院应予准许。因此，在工程造价实务中，发包人或者承包人在签署工程造价审核定案表时要慎重。如果对第三方机构出具的工程造价审核报告存在不同意见时，既不能置之不理也不能只在定案表上简单的签字盖章，一定要把自己一方对于审核报告的不同意见详细罗列在定案表中并签署注明，避免相关风险。

在实务中，存在一方当事人单独委托第三方机构进行审核，而另外一方当事人不同意或者也不认同的情况。根据《最高人民法院关于民事诉讼证据的若干规定》第四十一条的规定：

第四十一条　对于一方当事人就专门性问题自行委托有关机构或者人员出具的意见，另一方当事人有证据或者理由足以反驳并申请鉴定的，人民法院应予准许。

在这种情况下，作为单独委托的一方，要确定委托机构的资质、委托的程序、委托人员的资质、委托的资料等合法合规；作为另外一方当事人，也不应该对此置之不理或者听之任之，需要高度重视或者采取其他相应的应对措施。

在实务中，如果施工合同中明确约定以政府审计结果作为结算依据的，在存在政府审计结果的前提下，一方当事人提起诉讼申请工程造价鉴定的，一般情况下不应再进行工程造价鉴定，应该以双方约定的政府审计结果为准，但是在政府审计长期没有结果或者审计结果与实际情况不符，或者违背施工合同约定，或者存在缺项漏项少算的情况，当事人可以申请造价鉴定。对此，在《新建设工程施工合同司法解释（一）理解与适用》（最高人民法院民事审判第一庭编著）一书中有相关的解读：

笔者认为，在审核审计长期没有结果的情形下，应当区分情况，如果查明政府部门确实无法进行审核审计的，应当允许通过司法鉴定的方式确定工程造价，解决当事人的纠纷。在审核审计结果与工程实际情况或者合同约定不符的情况下，比如，审计结果存在漏项或者采用了与合同约定不符的计价依据的，应当允许当事人就不符部分另行通过司法鉴定确定造价，但申请鉴定的一方当事人应当举证证明不符情形的存在。

30）部分事实有争议的工程造价鉴定原则

《关于审理建设工程施工合同纠纷案件适用法律问题的解释（一）》（法释〔2020〕25号）第三十一条规定如下：

第三十一条　当事人对部分案件事实有争议的，仅对有争议的事实进行鉴定，但争议事实范围不能确定，或者双方当事人请求对全部事实鉴定的除外。

在实务中，可以从三个方面来理解上述规定。

第一方面，当事人对部分案件事实有争议的，仅对有争议的事实进行鉴定。作为承包人，争取在前期通过沟通、交流和协商，先固定无争议的事实达成合意，对于争议事实进行单独注明，这样既能提升后期诉讼解决问题的效率，也能降低成本。

第二方面，对于争议事实范围不能确定的，不能只对争议事实进行鉴定，而应当对全部事实进行鉴定。回到工程造价角度，在结算办理的过程中，要对相关结算核对结果和事项及时形成会议纪要和书面文件，避免相关争议事实的不确定，导致进入诉讼程序解决结算争议时，又需要从头开始，耗时又费力。

第三方面，如果诉讼时双方当事人都请求对全部事实进行鉴定的，在不损害他人合法权益的情况下，应当对全部事实进行鉴定。因此，在诉讼时，作为造价工程师要从造价的角度配合当事人进行专业分析，是部分鉴定对当事人有利还是全部鉴定对当事人有利，当事人根据造价工程师的专业分析再结合诉讼技巧，决定是请求全部鉴定还是部分鉴定。这就是我们所说的“法业融合”在具体实务中的应用。

31）应鉴定未申请鉴定的法律后果承担原则

《关于审理建设工程施工合同纠纷案件适用法律问题的解释（一）》（法释〔2020〕25号）第三十二条规定如下：

第三十二条　当事人对工程造价、质量、修复费用等专门性问题有争议，人民法院认为需要鉴定的，应当向负有举证责任的当事人释明。当事人经释明未申请鉴定，虽申请鉴定但未支付鉴定费用或者拒不提供相关材料的，应当承担举证不能的法律后果。

一审诉讼中负有举证责任的当事人未申请鉴定，虽申请鉴定但未支付鉴定费用或者拒不提供相关材料，二审诉讼中申请鉴定，人民法院认为确有必要的，应当依照民事诉讼法第一百七十条第一款第三项的规定处理。

释明，是指人民法院告知当事人鉴定的必要性，以及当事人不申请鉴定的法律后果，并询问当事人是否申请鉴定。释明的对象，是负有举证责任的当事人。对于举证责任的划分，一般采取谁主张谁举证的原则，需要结合具体的案件、具体的争议和当事人的具体诉求和抗辩等进行确定。

对于建设工程施工合同，涉及需要鉴定的专门性问题，主要包含工程造价鉴定、工程质量鉴定、工期鉴定、修复方案和费用鉴定等四大类。对于上述专门性问题，不是一定需要进行鉴定，而是只有人民法院认为需要鉴定的，人民法院才会向当事人进行释明。

在人民法院向当事人释明后，如果当事人未申请鉴定，或者没有支付鉴定费用，或者不提供相关资料导致无法进行鉴定的，需要承担举证不能的法律后果，也就是当事人针对鉴定相关的待证事实的主张不能成立，由此导致相应诉求得不到认定或者只能得到部分的认定。例如承包人向发包人诉请主张该项目工程结算价款为1 000万元，由于承包人经释明后未提出工程造价鉴定申请，导致该项目结算价款无法确定，则承包人向发包人主张该项目工程结算价款为1 000万元的事实不成立，但是如果发包人在抗辩过程中，自认该项目工程结算价款为800万元，可以按照发包人自认的800万元作为该项目的结算价款，也就是承包人的诉求由于举证不能而只能得到部分认定的后果。

在实务中，需要我们注意的是对于鉴定材料的提供，属于双方当事人的义务，如果一方当事人不配合提供属于自己掌握的相关资料导致某一争议的事实无法鉴定的，则由不配合提供相关材料的一方当事人承担不利的后果，在《最高人民法院关于民事诉讼证据的若干规定》第九十五条中规定如下：

第九十五条　一方当事人控制证据无正当理由拒不提交，对待证事实负有举证责任的当事人主张该证据的内容不利于控制人的，人民法院可以认定该主张成立。

当事人如果在一审诉讼程序中未申请鉴定，在二审程序中申请鉴定的，只有在人民法院认为确有必要时才能允许进行鉴定。确有必要是指鉴定对于查清案件相关的事实确有必要，同时鉴定对于案件的办理也确有必要。如果当事人在一审和二审程序中没有申请鉴定，根据《最高人民法院关于适用 <中华人民共和国民事诉讼法> 的解释》第三百九十九条的相关规定，审判监督程序中当事人提出申请鉴定的，人民法院不予准许。

第三百九十九条　审查再审申请期间，再审申请人申请人民法院委托鉴定、勘验的，人民法院不予准许。

32）鉴定的委托事项及鉴定材料的质证

《关于审理建设工程施工合同纠纷案件适用法律问题的解释（一）》（法释〔2020〕25 号）第三十三条规定如下：

第三十三条　人民法院准许当事人的鉴定申请后，应当根据当事人申请及查明案件事实的需要，确定委托鉴定的事项、范围、鉴定期限等，并组织当事人对争议的鉴定材料进行质证。

《建设工程造价鉴定规范》（GB/T 51262—2017）第 3.2.2 条规定：

委托人向鉴定机构出具鉴定委托书，应载明委托的鉴定机构名称、委托鉴定的目的、范围、事项和鉴定要求、委托人的名称等。

对于鉴定的范围，是指具体对哪些事项鉴定要明确，鉴定机构对于鉴定范围有疑问的，应该及时与委托人即人民法院进行沟通，避免擅自扩大或者缩小鉴定的范围。

对于鉴定的期限，在《建设工程造价鉴定规范》（GB/T 51262—2017）第 3.7.1 条中规定如下：

3.7.1　鉴定期限由鉴定机构与委托人根据鉴定项目争议标的涉及的工程造价金额、复杂程度等因素在表 3.1 规定的期限内确定。

表 3.1　鉴定期限表

争议标的涉及工程造价 / 万元	期限（工作日）
1 000 万元以下（含 1 000 万元）	40
1 000 万元以上 3000 万元以下（含 3 000 万元）	60
3 000 万元以上 10 000 万元以下（含 10 000 万元）	80
10 000 万元以上（含 10 000 万元）	100

鉴定机构与委托人对完成鉴定的期限另有约定的，从其约定。

对于鉴定的材料，应该具有真实性、合法性与关联性，因此，对于鉴定的所有材料，应该由当事人交给人民法院，人民法院组织当事人进行证据交换和质证后，确认了鉴定材料的真实性和合法性，再由人民法院把鉴定材料提供给鉴定机构。鉴定机构再根据鉴定材料的关联性，根据专业分析和判断，确定作为鉴定依据的材料，并由此计算造价、评判质量情况等。作为鉴定机构，不能从当事人处接收资料。

在存在多种鉴定依据，或者当事人对鉴定依据存在争议的情形下，例如对于固定总价合同工程量增减部分的计价依据，是参照约定标准还是参照定额标准？对于固定总价合同中只完成部分工程的计价依据，是对已完工程部分按照定额计算，还是采用固定总价减去未完工部分按照定额计算金额，还是采用对已完工部分和未完工部分分别套取定额后采用比例折算的方式？对于劳务合同未约定结算方式的计价依据，是参照市场劳务合同价格计算还是执行定额标准计算……鉴定机构要向人民法院提出，由人民法院确定具体的计价标准后，鉴定机构再根据确定的计价标准进行相应鉴定。

鉴定机构在鉴定过程中，如果发现当事人对施工合同的效力、相关举证责任的安排、各种奖励和惩罚约定等涉及法律理解的相关问题存在争议时，应该提请人民法院对相关争议做出认定后，鉴定机构再依据认定情况进行鉴定，如果争议没有获得相关认定，鉴定机构需要在鉴定意见书中做出相应的具体说明和不同理解对应的相应结果。

33）未经质证鉴定材料的补充质证及法律后果

《关于审理建设工程施工合同纠纷案件适用法律问题的解释（一）》（法释〔2020〕25号）第三十四条规定如下：

第三十四条　人民法院应当组织当事人对鉴定意见进行质证。鉴定人将当事人有争议且未经质证的材料作为鉴定依据的，人民法院应当组织当事人就该部分材料进行质证。经质证认为不能作为鉴定依据的，根据该材料作出的鉴定意见不得作为认定案件事实的依据。

质证，指当事人双方，对证据的真实性、合法性以及与待证事实的关联性，对于证据是否有相应的证明力以及证明力的大小等，进行辩论的过程。质证是民事诉讼中非常重要的环节，《最高人民法院关于适用〈中华人民共和国民事诉讼法〉的解释》第一百零三条规定：

第一百零三条　证据应当在法庭上出示，由当事人互相质证。未经当事人质证的证据，不得作为认定案件事实的根据。

当事人在审理前的准备阶段认可的证据，经审判人员在庭审中说明后，视为质证过的证据。

涉及国家秘密、商业秘密、个人隐私或者法律规定应当保密的证据，不得公开质证。

鉴定意见作为法定证据的一种形式，同样要经过当事人的质证才能作为认定案件事实的根据。《民事诉讼法》第八十一条规定：

第八十一条　当事人对鉴定意见有异议或者人民法院认为鉴定人有必要出庭的，鉴定人应当出庭作证。经人民法院通知，鉴定人拒不出庭作证的，鉴定意见不得作为认定事实的根据；支付鉴定费用的当事人可以要求返还鉴定费用。

根据上述规定，如果当事人对鉴定意见有异议的，鉴定人必须出庭参与质证，如果人民法院要求鉴定人有必要出庭的，鉴定人也必须出庭参与质证。如果鉴定人经通知不参与质证，鉴定意见不得采纳，并且当事人还可以要求鉴定人返还鉴定费用。

对于鉴定意见的质证，当事人可以委托“专家辅助人”从专业角度，协助当事人对鉴定人进行相应的质证，在《最高人民法院关于适用〈中华人民共和国民事诉讼法〉的解释》第一百二十二条中有相关的规定：

第一百二十二条　当事人可以依照民事诉讼法第八十二条的规定，在举证期限届满前申请一至二名具有专门知识的人出庭，代表当事人对鉴定意见进行质证，或者对案件事实所涉及的专业问题提出意见。

具有专门知识的人在法庭上就专业问题提出的意见，视为当事人的陈述。

人民法院准许当事人申请的，相关费用由提出申请的当事人负担。

如果鉴定人把当事人有争议而且没有经过质证的材料作为了鉴定依据，这种情况下鉴定意见并不能作为认定事实的根据，而是要结合人民法院组织对该部分材料进行质证后的评判结果进行相应确定。如果经过质证后该部分材料可以作为鉴定依据，则整个鉴定意见可以作为认定事实的根据。如果经过质证后该部分材料不可以作为鉴定依据，则要结合鉴定意见是否可以按照该部分材料进行区分：如果可以区分，除该部分材料对应鉴定意见之外的其他鉴定意见部分，可以作为认定相应事实的根据；如果不可以区分，则整个鉴定意见不可以作为认定相应事实的根据。

34）享有工程价款优先受偿权的主体

《关于审理建设工程施工合同纠纷案件适用法律问题的解释（一）》（法释〔2020〕25 号）第三十五条规定如下：

第三十五条　与发包人订立建设工程施工合同的承包人，依据民法典第八百零七条的规定请求其承建工程的价款就工程折价或者拍卖的价款优先受偿的，人民法院应予支持。

为了保护建筑工人的合法权益，《民法典》第八百零七条规定了工程价款的优先受偿权，具体规定如下：

第八百零七条　发包人未按照约定支付价款的，承包人可以催告发包人在合理期限内支付价款。发包人逾期不支付的，除根据建设工程的性质不宜折价、拍卖外，承包人可以与发包人协议将该工程折价，也可以请求人民法院将该工程依法拍卖。建设工程的价款就该工程折价或者拍卖的价款优先受偿。

司法解释的上述规定，进一步明确了与发包人订立建设工程施工合同的承包人享有工程价款优先受偿权。根据《民法典》的相关规定，建设工程合同包括工程勘察合同、设计合同和施工合同，司法解释上述规定明确的是与发包人订立建设工程施工合同的承包人享有优先受偿权，对于勘察人和设计人虽然也与发包人签订了相应的建设工程合同，但是不享有优先受偿权。

对于承包人，在具体实务中存在总承包人、分包人、转包人、挂靠人、内部承包人等多种表现形式，其中分包人又分为合法分包人和违法分包人。司法解释规定的是与发包人直接订立建设工程施工合同的承包人才享有优先受偿权，因此，对于分包人、转包人、挂靠人、内部承包人等不享有工程价款优先受偿权。

但是，在实务中也存在不同的理解，例如陈昌彬律师在《借用资质的实际施工人与发包人形成事实上的建设工程施工合同关系且工程验收合格的，享有工程价款请求权和优先受偿权》一文中解读如下：

没有资质的实际施工人借用有资质的建筑施工企业名义与发包人签订建设工程施工合同，在发包人知道或者应当知道系借用资质的实际施工人进行施工的情况下，发包人与借用资质的实际施工人之间形成事实上的建设工程施工合同关系。发包人与借用资质的实际施工人和出借资质的施工企业之间的法律关系如下：

发包人与出借资质的施工企业之间签订的书面建设工程施工合同，因虚假意思表示违反《中华人民共和国民法典》第146条“行为人与相对人以虚假的意思表示实施的民事法律行为无效”及没有资质的实际施工人借用有资质的建筑施工企业名义，违反《最高人民法院关于审理建设工程施工合同纠纷案件适用法律问题的解释（一）》（法释〔2020〕25号）第1条“（二）没有资质的实际施工人借用有资质的建筑施工企业名义的”的规定，该建设工程施工合同无效。

借用资质的实际施工人和出借资质的施工企业之间签订的内部承包合同或管理协议，因建筑施工企业允许其他单位或者个人使用本企业的资质证书、营业执照，并以本企业的名义承揽工程，违反了《中华人民共和国建筑法》第26条“禁止建筑施工企业以任何形式允许其他单位或者个人使用本企业的资质证书、营业执照，以本企业的名义承揽工程”和《中华人民共和国民法典》第153条“违反法律、行政法规的强制性规定的民事法律行为无效”的规定，该内部承包合同或管理协议无效。

发包人与借用资质的实际施工人虽未签订书面建设工程施工合同，但双方通过实际履行行为，形成事实上建设工程施工合同关系。根据《中华人民共和国民法典》第490条“法律、行政法规规定或者当事人约定合同应当采用书面形式订立，当事人未采用书面形式但是一方已经履行主要义务，对方接受时，该合同成立”的规定，发包人与借用资质的实际施工人之间的建设工程施工合同成立。虽然该事实上的建设工程施工合同成立，但因违反《最高人民法院关于审理建设工程施工合同纠纷案件适用法律问题的解释（一）》（法释〔2020〕25号）第1条“（二）没有资质的实际施工人借用有资质的建筑施工企业名义的”的规定，该建设工程施工合同无效。

据此，借用资质的实际施工人和出借资质的建筑施工企业谁是承包人，谁就享有建设工程价款请求权和优先受偿权。那么，在发包人知道或者应当知道系借用资质的实际施工人进行施工的情况下，建设工程是否按照合同约定的标准和时间完成并交付，才是发包人核心利益之所在，至于承包人到底是借用资质的实际施工人还是出借资质的建筑施工企业，于发包人而言均须对价支付工程价款；但是否享有建设工程价款请求权和优先受偿权，于承包人而言则直接关系到当事人的实际利益。此时，借用资质的实际施工人和出借资质的建筑施工企业谁是建设工程施工合同的相对方且实际履行该合同的，谁就应当享有建设工程价款请求权和优先受偿权。

当我们回归到建设工程施工合同的履行过程中，不难发现出借资质的建筑施工企业并未实际组织施工，其参与建设工程管理的目的是为了从借用资质的实际施工人处收取了相应费用，实际履行建设工程施工合同承包人义务的是借用资质的实际施工人。因此，借用资质的实际施工人比出借资质的建筑施工企业更符合法律关于承包人的规定，比出借资质的建筑施工企业更应当享有工程价款请求权和优先受偿权。依法认定借用资质的实际施工人享有建设工程价款请求权和优先受偿权，更符合法律保护建设工程价款请求权和设立优先受偿权的目的。

35）工程价款优先受偿权与其他权利的顺位关系

《关于审理建设工程施工合同纠纷案件适用法律问题的解释（一）》（法释〔2020〕25号）第三十六条规定如下：

第三十六条　承包人根据民法典第八百零七条规定享有的建设工程价款优先受偿权优于抵押权和其他债权。

优先权，是指按照法律规定某一债权人对债务人的财产享有的优先于其他债权人受偿的权利。优先权分为一般优先权和特殊优先权，其中一般优先权是法律规定的债权人对债务人的全部财产享有优先受偿的权利，特殊优先受偿权是法律规定的债权人对债务人特定的财产享有优先受偿的权利。建设工程价款优先受偿权属于特殊优先受偿权。

根据司法解释的规定，工程价款优先受偿权优于抵押权，也优于其他一般的债权。但是《最高人民法院关于建设工程价款优先受偿权问题的批复》（法释〔2002〕16号）第二条规定：

二、消费者交付购买商品房的全部或者大部分款项后，承包人就该商品房享有的工程价款优先受偿权不得对抗买受人。

因此，工程价款优先受偿权要低于商品房买受人的相关权利。

36）装饰装修工程的工程价款优先受偿权

《关于审理建设工程施工合同纠纷案件适用法律问题的解释（一）》（法释〔2020〕

25号）第三十七条规定如下：

第三十七条　装饰装修工程具备折价或者拍卖条件，装饰装修工程的承包人请求工程价款就该装饰装修工程折价或者拍卖的价款优先受偿的，人民法院应予支持。

装饰装修一般分为家庭住宅装饰装修和工商业装饰装修。家庭住宅装饰装修主要是针对个人和家庭，对承包人没有资质范畴，不属于《建筑法》的调整范围，也不属于建设工程施工合同，而是属于承揽合同的要求。因此，上述司法解释的规定不适用于家庭住宅装饰装修工程，而是适用于工商业装饰装修等属于建设工程施工合同范围的工程。

装饰装修工程优先价款受偿权的规定，最先来源于2004年12月8日最高人民法院《关于装修装饰工程款是否享有合同法第二百八十六条规定的优先受偿权的函复》：

"装修装饰工程属于建设工程，可以适用《中华人民共和国合同法》第二百八十六条关于优先受偿权的规定，但装修装饰工程的发包人不是该建筑物的所有权人或者承包人与该建筑物的所有权人之间没有合同关系的除外。享有优先权的承包人只能在建筑物因装修装饰而增加价值的范围内优先受偿。"

因此，在理解装饰装修工程优先受偿权的规定时，要注意如下几个方面：

第一方面，装饰装修工程优先受偿权的前提是该装饰装修工程具备折价或者拍卖的条件。如果不具备该前提条件，承包人就无法获得装饰装修工程优先受偿权。装饰装修工程要具备折价或者拍卖条件，首先发包人是该建筑物的所有权人，或者承包人与该建筑物的所有权人之间有合同关系或者其他法律关系，能够导致建筑物被折价或者被拍卖。其次是建筑物整体能折价或者拍卖，而且建筑物整体变价时其中包含的装饰装修工程的价值能够单独计算。

第二方面，装饰装修工程价款优先受偿权的范围是因为装饰装修而使建筑物增加的价值范围，而不只是装饰装修工程施工合同约定的工程价款，也不是整个建筑物的价值。一般情况下，因装饰装修使建筑物增加的价值范围要高于装饰装修工程施工合同约定的工程价款。

第三方面，对于工商业装饰装修工程中经常存在的承租人租赁建筑物后进行的装饰装修，对于未形成附合的装饰装修物，承租人享有所有权，该部分可以进行折价或者拍卖，装饰装修工程的承包人享有优先受偿权。如果装饰装修物与租赁建筑物产生附合，这种情况下不能单独对该装饰装修物进行折价或者拍卖，该装饰装修工程的承包人不享有优先受偿权，只有当租赁建筑物整体被折价或者拍卖时，该装饰装修工程的承包人可以要求建筑物所有权人对形成附合的装饰装修物的价值予以适当补偿。

37）工程质量与工程价款优先受偿权的关系

《关于审理建设工程施工合同纠纷案件适用法律问题的解释（一）》（法释〔2020〕25号）第三十八条规定如下：

第三十八条　建设工程质量合格，承包人请求其承建工程的价款就工程折价或者拍卖的价款优先受偿的，人民法院应予支持。

对于承包人的工程价款优先受偿权，应该以建设工程质量合格为前提，如果建设工程质量不合格，则承包人无权请求支付工程价款，更无法享有建立在工程价款支付基础之上的工程价款优先权。

对于上述司法解释规定的建设工程质量合格，应该限缩解释，是指满足国家有关工程质量合格的法定标准即可。如果发包人和承包人在施工合同中约定的建设工程质量标准高于国家规定的法定标准，而实际建设工程的质量经过验收后达到了国家法定标准，而没有到达施工合同约定的较高质量标准。这种情况下，承包人应该享有工程价款优先受偿权，但是由于施工合同约定的工程价款对应的是以建设工程达到施工合同约定的较高质量标准，建设工程只达到了国家法定标准，因此优先受偿权对应的工程价款应相应减少，低于施工合同约定的工程价款。与此同时，由于工程质量没有达到施工合同约定的标准，承包人应该向发包人承担相应的违约责任。

在实务中，有如下几种情形时承包人无法获得工程价款优先受偿权。

第一种情形，建筑工程为违章建筑，是违反国家法律和行政法规等相关规定修建的各种建筑物及其附属设施，承包人无法享有工程价款优先受偿权。

第二种情形，工程质量经验收不合格，经过修复后仍旧不合格，或者无法修复合格的建筑物，承包人无法享有工程价款优先受偿权。

第三种情形，《民法典》第三百九十九条对不得抵押的财产进行了具体规定，对于不能抵押的财产，同样不适合通过折价、拍卖的方式进行处理，因此该类财产承包人也无法享有工程价款优先受偿权。在实务中需要注意的是，学校、幼儿园、医疗机构的公益部分不能抵押，例如教学楼、门诊大楼等，但是对于非公益的部分，例如学校开办的企业办公楼、医院开办的研发基地等非公益部分的建设工程，承包人可以享有工程价款优先受偿权。

第三百九十九条　下列财产不得抵押：

（一）土地所有权；

（二）宅基地、自留地、自留山等集体所有土地的使用权，但是法律规定可以抵押的除外；

（三）学校、幼儿园、医疗机构等为公益目的成立的非营利法人的教育设施、医疗卫生设施和其他公益设施；

（四）所有权、使用权不明或者有争议的财产；

（五）依法被查封、扣押、监管的财产；

（六）法律、行政法规规定不得抵押的其他财产。

对于施工合同的效力是否影响承包人建设工程优先受偿权，要根据具体的情况区别对待。如果是发包人未取得相关规划许可证导致施工合同无效，此时修建的建筑为违章建筑，承包人当然无法享有建设工程价款优先受偿权，但是如果在建设过程中发包人完善了相关建设规划审批手续，则承包人仍旧享有建设工程价款优先受偿权。如果是承包人资质原因或者违背招标投标法等相关法律规定导致的施工合同无效，承包人享有建设工程价款优先受偿权。

38）未竣工项目的工程价款优先受偿权

《关于审理建设工程施工合同纠纷案件适用法律问题的解释（一）》（法释〔2020〕25号）第三十九条规定如下：

第三十九条　未竣工的建设工程质量合格，承包人请求其承建工程的价款就其承建工程部分折价或者拍卖的价款优先受偿的，人民法院应予支持。

未竣工的建设工程，在实务中有两种情形，一种情形是建设工程已经完工，但是未能通过国家相关主管部门的验收合格，一种情形是建设工程未完工。

对于已经完工的建设工程，如果是发包人擅自使用已完工工程的，视为发包人已经认可建设工程质量合格，承包人可以主张工程价款优先受偿权。如果发包人未擅自使用，则可以通过采取建设工程质量司法鉴定的方式确认建设工程质量是否合格。

对于未完工的建设工程，需要根据剩余工程是否续建进行区分。如果剩余工程发包人没有委托他人续建，如果承包人提供了已完工工程的分部分项等验收资料，可以认为该部分质量合格；承包人不能提供已完工工程的相应验收资料，应当由承包人申请质量鉴定来确认已完工工程是否质量合格。如果剩余工程发包人委托他人续建，最终该工程验收合格的，视为承包人已完工工程部分质量合格；如果该工程未竣工验收前承包人主张已完工的工程价款优先受偿权，此时评判已完工工程质量是否合格存在一定的困难，如果发包人在委托第三人续建前没有对承包人已完工工程质量进行评定或者提出异议，则已完工质量不合格的举证责任需要发包人承担，当发包人无法提供相应证据时，通常情况下会推定认为续建前承包人已完工工程质量合格。

对于未完工工程，不论是发包人原因还是承包人原因，导致建设工程未完工，均不影响承包人享有已完工工程价款的优先受偿权。如果是发包人违约导致工程未完工，对于未完工部分的预期利润，不能作为工程价款优先受偿权的范围。

39）工程价款优先受偿权的范围

《关于审理建设工程施工合同纠纷案件适用法律问题的解释（一）》（法释〔2020〕25号）第四十条规定如下：

第四十条　承包人建设工程价款优先受偿的范围依照国务院有关行政主管部门关于建设工程价款范围的规定确定。

承包人就逾期支付建设工程价款的利息、违约金、损害赔偿金等主张优先受偿的，人民法院不予支持。

根据住房城乡建设部和财政部关于印发的《建筑安装工程费用项目组成》（建标〔2013〕44 号），建筑安装工程费用项目按费用构成要素组成划分为人工费、材料费、施工机具使用费、企业管理费、利润、规费和税金；建筑安装工程费用按工程造价形成顺序划分为分部分项工程费、措施项目费、其他项目费、规费和税金。根据上述规定并结合司法解释的规定，承包人对于全部的建设工程价款均享有优先受偿权，包含利润部分。

对于工程价款之外的利息、违约金、损害赔偿等，不属于工程价款优先受偿的范围。

在实务中，发包人和承包人在结算办理时委托第三方机构进行结算造价审核，而结算造价中往往会对履约过程中的罚款、工期延期处罚、相关奖励等一并处理，因此结算造价审核金额不一定与承包人建设工程价款优先受偿的范围完全对应。所以造价工程师在进行工程造价司法鉴定时，对于工程价款优先受偿范围之外的费用计算要尽可能单独列项和体现出对应的金额，如果不能单独列项也要做出相应的说明，便于人民法院在进行司法判决时对相应数值的调取和选用。

作为承包人的造价人员，在建设工程的商务管理过程中，对于优先受偿范围外的费用，如何通过造价专业方式在过程中转化为优先受偿范围内的建设工程价款范畴，是值得探讨和实践的。例如，由于发包人原因导致的工程索赔，如果通过签证的方式，按照建设安装工程费用的构成要素办理相应费用，就能直接进入结算造价，成为建设工程价款的一部分而享有优先受偿权。

除此之外，对于建设工程质量保证金和履约保证金，也属于工程价款优先受偿权范围，但是承包人为了实现工程价款优先受偿权而发生的相关费用，不属于工程价款优先受偿权的范围，属于一般债权。对于工程总承包项目，合同约定是概算包干或者包含了建设安装工程费用之外的其他费用，需要结合项目的具体情况区分建设工程价款优先受偿权的具体范围。

40）工程价款优先受偿权的行使期限

《关于审理建设工程施工合同纠纷案件适用法律问题的解释（一）》（法释〔2020〕25 号）第四十条规定如下：

第四十一条　承包人应当在合理期限内行使建设工程价款优先受偿权，但最长不得超过十八个月，自发包人应当给付建设工程价款之日起算。

建设工程价款优先受偿权自发包人应当给付工程价款之日起算，对于应当给付建设工程价款之日的认定，可以分为如下三种情形具体考虑。

第一种情形，当施工合同对付款有明确约定。

①如果建设工程施工合同对付款时间及方式有明确约定，且施工合同已经履行完毕的，合同约定的工程款的支付时间即为应付工程款之日。

如果存在多份施工合同对付款时间和方式约定不一致的，以时间最后的有效的合同约定的工程款支付时间作为应付工程款之日。

如果竣工验收之后，发包人与承包人对工程款的付款时间另外达成了结算协议或者付款协议的，以合法有效的补充协议中约定的付款之日作为应付工程款之日，但是如果发包人与承包人通过补充协议损害其他人利益的情况除外，在《新建设工程施工合同司法解释（一）理解与适用》（最高人民法院民事审判第一庭编著）一书中有相应的说明：

承、发包人在施工合同之外另行签订的关于付款时间的协议，实际上系对施工合同的工程款数额及付款时间进行了变更，除了属于《民法典》规定的合同无效的情形外，应当认定为有效，应付款之日即以另行约定的日期为准。但是为了避免发包人与承包人恶意串通，导致损害银行等其他债权人利益，人民法院应主动审查、发包人的主观意愿及是否存在损害第三人利益的情形，如果确系一方原因，导致付款条件不能成就，双方协商一致另行确定了付款时间，不存在恶意损害第三人利益的情形，应认定对付款时间的约定有效，优先受偿权行使的起算时间以协议确定的付款时间为准。反之，承、发包人恶意串通，目的是拖延银行抵押权的行使或损害第三人利益，则仍应以原合同约定的付款日期作为应付款之日，即行使建设工程价款优先受偿权的起算时间。

②如果建设工程施工合同对付款时间及方式有明确约定，但是发包人和承包人解除合同或者终止履行合同的，合同解除之日或者终止履行之日即为应付工程款之日。

③如果建设工程施工合同对付款时间及方式有明确约定，承包人向发包人报送结算文件，双方当事人没有达成结算协议的，如果发包人收到承包人报送的竣工结算文件且未在约定时间内提出异议，以承包人提交竣工结算文件之日为应付工程款之日；如果发包人收到承包人报送的结算文件后提出异议，但事后双方达成结算协议的，结算协议约定的付款之日为应付工程款之日。

④建设工程施工合同专用条款有明确约定，承包人报送结算文件后，发包人在约定时间不审核且未提出异议的，逾期视为认可承包人报送的结算文件作为工程结算价款的，以承包人提交竣工结算文件之日为应付工程款之日。

第二种情形，当施工合同没有约定或者约定不明的，参考司法解释第二十七条的规定执行。

①建设工程已经交付的，以交付之日作为应付工程款之日。

②建设工程未交付，建设工程价款也未结算的，以提出诉讼之日或者提起仲裁之日作为应付工程款之日。

③建设工程施工合同解除或者终止履行的，如果发包人和承包人对工程的后续处理以及已完工程款的结算或者支付达成协议的，协议中约定的付款时间即为应付工程款之日；如果发包人和承包人仅仅达成解除合同协议，而未对工程款支付达成协议的，则合同解除之日即为应付工程款之日。

第三种情形，发包人破产的。

①法院裁定受理发包人破产，工程未竣工，如果破产管理人继续履行施工合同，按照

原有合同约定执行；如果破产管理人决定解除合同或者终止履行的，破产管理人解除合同通知到达承包人之日即为应付工程款之日；如果破产管理人自破产申请受理之日起二个月未通知承包人，或者自收到承包人催告之日起三十日内未答复的，视为解除合同之日即为应付工程款之日。

②法院裁定受理发包人破产时，工程已竣工或已就未完工工程达成结算协议，但应付工程款条件尚不成就的，法院裁定受理发包人破产之日为应付工程款之日。

41）约定放弃工程价款优先受偿权的处理方式

《关于审理建设工程施工合同纠纷案件适用法律问题的解释（一）》（法释〔2020〕25 号）第四十条规定如下：

第四十二条　发包人与承包人约定放弃或者限制建设工程价款优先受偿权，损害建筑工人利益，发包人根据该约定主张承包人不享有建设工程价款优先受偿权的，人民法院不予支持。

如果承包人与发包人约定放弃建设工程价款优先受偿权的，则承包人的建设工程价款债权变成与一般的普通债权相同；如果承包人与发包人约定限制建设工程价款优先受偿权的，则根据具体的约定确定建设工程价款债权与其他债权的优先顺序。正是基于建设工程价款优先受偿权对承包人的重要性，如果承包人与发包人约定放弃或者限制工程价款优先受偿权，损害了建筑工人利益的，该约定无效。

对于损害建筑工人利益的评判，应该从承包人整体的情况考虑，只有承包人放弃或者限制建设工程价款优先受偿权影响到承包人整体的资产负债情况，导致整体现金流和财务状况紧张并影响到建筑工人的工资支付时，才能认定承包人的放弃或者限制建设工程价款优先受偿权的约定无效。

对于承包人放弃或者限制建设工程价款优先受偿权的方式，既可以在施工合同中进行约定，也可以通过补充协议的形式约定，或者承包人单方面做出书面意思表示等。

42）实际施工人主张建设工程价款的处理原则

《关于审理建设工程施工合同纠纷案件适用法律问题的解释（一）》（法释〔2020〕25 号）第四十三条规定如下：

第四十三条　实际施工人以转包人、违法分包人为被告起诉的，人民法院应当依法受理。

实际施工人以发包人为被告主张权利的，人民法院应当追加转包人或者违法分包人为本案第三人，在查明发包人欠付转包人或者违法分包人建设工程价款的数额后，判决发包人在欠付建设工程价款范围内对实际施工人承担责任。

实际施工人在实务中包含三种情形，分别是转包合同的承包人、违法分包合同的承包人、缺乏相应资质而借用资质与他人签订施工合同的单位或者个人。上述司法解释规定中的实际施工人适用于转包合同、违法分包合同的承包人，不适用于借用资质与他人签订施工合同的单位或个人。

上述司法解释规定中的发包人，是特指建设工程的建设单位或者业主，不包含总承包人、转包人和违法分包人作为发包人的情形。实际施工人如果向发包人主张权利的，发包人承担责任的范围是欠付建设工程价款范围，不包含利息、违约金、损失和各种赔偿等。同样地，实际施工人突破合同相对性向发包人主张权利的范围也仅限于转包人和违法分包人欠付实际施工人工程价款的范围，不包含利息、损失和各种赔偿等。

对于借用资质的实际施工人，不能依据上述司法解释的规定向发包人主张权利，但是由于借用资质的实际施工人与发包人之间存在两层法律关系，第一个法律关系是借用资质的实际施工人与发包人签订的施工合同无效，第二个法律关系是借用资质的实际施工人与发包人形成了事实上实质性的合同关系，在建设工程质量合格的前提下，实际施工人可以根据与发包人形成的事实上实质性的合同关系，向发包人请求主张参照施工合同的约定支付工程价款。

43）实际施工人的代位诉讼权

《关于审理建设工程施工合同纠纷案件适用法律问题的解释（一）》（法释〔2020〕25号）第四十四条规定如下：

第四十四条　实际施工人依据民法典第五百三十五条规定，以转包人或者违法分包人怠于向发包人行使到期债权或者与该债权有关的从权利，影响其到期债权实现，提起代位权诉讼的，人民法院应予支持。

代位权，是指因债务人怠于行使其债权或者与该债权有关的从权利，影响债权人的到期债权实现的，债权人可以向人民法院请求以自己的名义代位行使债务人对相对人的权利，但是该权利专属于债务人自身的除外。

一般情况下，实际施工人如果向发包人行使代位诉讼权，应该具备如下条件：实际施工人对转包人或者违法分包人的债权已经到期，转包人或者违法分包人对发包人的债权也已经到期；转包人或者违法分包人怠于向发包人行使相应的债权，怠于行使主要体现为债权到期后转包人或者违法分包人不以诉讼或者仲裁的方式向发包人主张已经到期的债权。

转包人和违法分包人对发包人的建设工程价款优先受偿权，实际施工人不能代位行使。实际施工人向发包人主张代位权，发包人可以向实际施工人履行相应的清偿义务，在履行的范围之内，实际施工人与转包人或者违法分包人之间，转包人或者违法分包人与发包人之间相应的债权债务关系相应消灭。

3.1.2　专家辅助诉讼实务

1）能让事实形成逻辑闭环的资料就是“有效”的证据

某建设工程施工合同纠纷案件，大概案情如下（注：为了阐述重点和便于理解，案情简介在实际案件的基础上对相关案情和数据进行了简化处理和调整。如有雷同，纯属巧合）：

××年××月，总承包施工企业 A 与劳务分包公司 B 签订劳务分包合同，合同金额约××万元。

××年××月，B 向 A 快递了过程进度结算书，载明金额约 2 500 万元。施工过程中 A 支付 B 进度款约 600 万元。

××年××月，B 与 A 签订退场协议，退场协议约定该项目退场结算 A 需要支付金额为 1 800 万元，第一阶段退场协议签订后××日支付 1 500 万元，第二阶段其他约定事项××完成后支付剩余费用。任何一方违约支付违约金 500 万元。

××年××月，A 支付 B：900 万元。

××年××月，B 起诉 A，要求支付剩余工程款：（600 万元 + 1 800 万元）− 900 万元 = 1 500 万元，违约金 500 万元，其余资金利息等损失 200 万元，合计 2 200 万元。

××年××月，A 反诉 B，认为已经按照退场协议第一阶段履行完付款义务（1 500 万元 − 600 万元 =900 万元），要求 B 支付违约金 500 万元，其他损失 200 万元，扣除剩余未支付的 300 万元（1 800 万元 − 600 万元 − 900 万元 =300 万元）工程款，主张 B 支付违约金和其他损失共计 400 万元（500 万元 + 200 万元 − 300 万元 = 400 万元）。

××年××月，一审法院判决支持 B 的主张，A 支付 B 剩余工程款 1500 万元及同期银行贷款利息，同时违约金进行了酌情考虑××万元。

此案争议焦点，是退场协议约定该项目退场结算 A 需要支付的 1 800 万元，该 1 800 万元是否包含了 A 支付的进度款 600 万元？

施工企业 A 主张该 1 800 万元包含了进度款已经支付的 600 万元。主要支撑依据是第一阶段退场协议约定支付 1 500 万元，实际支付时扣除了进度款 600 万元后支付的 900 万元，当时劳务分包公司 B 也并未就此提出异议。

劳务分包公司 B 主张该 1 800 万元未包含已经支付的 600 万元进度款。主要支撑依据是退场协议约定退场需要支付结算金额为 1 800 万元，约定的是“支付”而不是本项目的结算金额为 1 800 万元。同时，B 向 A 快递的过程进度结算书显示劳务结算金额为 2 500 万元，远远高于退场协议约定的支付金额 1 800 万元，同时也高于包含进度款 600 万元之后的 2 400 万元结算金额，这与退场支付 1 800 万元不包含已经支付的 600 万元进度款的事实是相吻合的。

该建设工程施工合同纠纷案件总承包施工企业 A 的完败，原因还是来自其对过程资料管理的忽视。

首先，在签订退场协议时，总承包施工企业 A 与劳务分包公司 B 未办理现场书面交接和清点手续，对劳务分包公司 B 已经完成的工作内容未进行记录和描述。

其次，在签订退场协议时，退场协议条款的拟定没有经过专业造价人员或者法务人员审核把关，也没有在退场协议中编制附件明确退场结算金额 1 800 万元的具体组成明细。

再次，总承包施工企业 A 在收到劳务分包公司 B 的进度结算书后，还是按照传统的方式，对进度结算书不回复不签收不表态也不提出异议，置之不理。

最后，一审的过程中，在双方存在如此重大理解差异的情况下，总承包施工企业 A 没有对该项目的劳务造价主动提出鉴定。

在建设工程实务中，很多项目管理人员尤其是造价人员，对有效结算资料的理解是一定要经过双方的同意，并且有完整的双方签字盖章的资料，才是有效的资料，注重的是形式上的有效。而站在法律的角度，对有效证据资料的理解，是这份资料能印证某个事实，形成逻辑闭环，能达到让人信服的高度盖然性或者相对盖然性，这才是一份最终可能被采纳认定事实的有效证据资料，注重的是实质上的有效。

所以，作为造价人员和项目管理人员，在施工过程管理中，我们制作、收集、整理、保存过程资料的基本原则是，能让事实形成逻辑闭环的资料都要积极去管理和应对，而不是相对方不认可不配合的资料就束之高阁不闻不问。

2）专注的背后，是细节的不断锤炼

经过一个星期对某建设工程施工合同争议案件沉浸式的梳理，我们完成了对该项目鉴定意见书的反馈，形成了数十页的咨询意见。我们先在办公室打印机上打印了一份，并进行逐页检查后，提交给长期合作的图文制作公司进行装订。

当咨询意见装订完成，我们再次逐份逐页检查和复核时，发现了两个以前从来没有注意的小细节。

第一个小细节，是封面的标题排版，实际装订图示与我们编制电子版原稿图示，有了一定的变化。因为该项目的抬头名称是“× × 工程工程造价鉴定意见书”、“× × 工程”和“工程造价鉴定意见书”，两者之间有一个“工程”连续重合，所以我们在封面排版时，把抬头编制为了两行，第一行是“× × 工程”，另起一行后第二行才是“工程造价鉴定意见书”。这样不仅视觉效果上舒适，同时对于阅读者也自然而然根据分行而断句，不会由于两个“工程”连在一起时，导致理解差异和逻辑障碍。但是图文制作公司装订的正式文件，显示的却是第一行“× × 工程工程”，第二行“造价鉴定意见书”，虽然内容没有变化，但是两个“工程”连在一起，产生了视觉上的不佳和阅读上的不顺畅。

经过我们追根溯源的内部分析，终于发现了导致这个差异之处的原因。我们团队使用 Office 办公软件编制的 WORD 文档封面，而图文制作公司使用 WPS 进行打开和打印时，排版格式发生了一些变化，导致打印装订出来的与我们想要的结果出现了偏差。

在工作中，虽然我们团队内部由于长期的磨合和彼此配合，相关软件使用和工作方式会保持一致，但是外部和他人可能会存在和我们不一致的风格。在这种情况下，对外文件的传送，最好是采用 PDF 版本，如果某种情况下需要传送原稿文件时，要单独编制一个说明提示：该文档使用的是什么程序或者哪个版本的软件编制，有哪些打开和使用的注意事项等。尽可能的避免由于一些非人为的原因，导致一些不经意的差异或者状况出现。

第二个小细节，是内容的显示效果。仔细阅读每份咨询意见的正文内容发现，有的文字显示效果要清晰些，有的文字显示效果相对模糊些，每份咨询意见之间存在一定的打印效果色差，还有纸张的触摸感觉差。

经过细细思考，造成这个差异的主要原因，一方面是我们先打印的一份，而我们使用的纸张与图文制作公司使用的纸张不一致，产生纸张触摸感觉差异。另一方面我们打印机的打印质量和效果与图文制作公司的专业设备有差异，导致打印效果的差异。最后，图文制作公司是使用我们打印的文稿进行的统一复印，复印后再装订，这就相当于图文制作公司使用的是“传来证据”，而不是“原始证据”，由此又导致装订效果的差异发生。

因此，对于咨询意见和其他正式文稿的打印装订，最好的方式是把各种电子版文档，先转换为 PDF 文档，再通过 PDF 编辑软件，把单个 PDF 文档合并为一个完整的文档。图文制作公司使用该完整的PDF文档采用一样的纸张同一个设备，进行集中统一打印和装订。这样文稿的打印装订效果就比较稳定和整齐美观，避免了由于设备、纸张等因素导致不利情形的发生。

这虽然只是一次咨询意见打印装订的小事情，但是对这件小事情背后的细节观察和不断的研究分析，不断地思考本源和校正迭代，其实这就是我们很多人所说的专注。

这个专注的过程，也是一个不断向外发现差异发现差距，一个不断向内自我求索自我校核的过程。我们所说的极致的专注，极致的专业，也就是在这个不断的细节发现和细节锤炼的过程中，慢慢地自我升华迭代而成。

3）“诉讼可视化”诉讼技术在造价工作中的理解与应用

蒋勇律师在《诉讼可视化》一书中开宗明义地说道：法律工作的本质是信息的传递和处理。

就如我们小时候喜欢向池塘中丢石子，石子在水中创造的涟漪也是随着水面传递之后不断的减弱，消失，直至水面恢复原有的平静。

同样的，律师在办案过程中，通过对案件事实和信息的收集和处理，再凭借法律专业知识，最终通过文字、语言等方式有效地传递给当事人、法官、对手乃至第三人，尽量避免由于专业的差异、背景的差距、空间的距离等因素，导致信息传递过程中不断被衰减，这就是一门非常关键的诉讼实务技巧。

正是基于此，蒋勇律师等人在天同律师事务所成立之初，开始推行两张图工作法，也就是每个案件要绘制两张图，一张案件事实图和一张法律关系图，通过实践形成工作方法“用图表说话”。最后在大量实践的基础上于 2012 年正式形成一门系统的诉讼技术，归纳总结为“诉讼可视化”，成为天同律师事务所的三大诉讼法宝之一。（另外两大诉讼法宝是案例大数据和模拟法庭。）

诉讼可视化的基本逻辑，是在信息处理和传递过程中更多地使用图表，帮助我们提高信息处理效率，减少信息传递的差异。具体的实务落实，其实就是四步曲。

第一步是明确对象。分析不同的对象，决定是否要使用图表，使用何种图表，用图标表达哪些内容。

第二步是选择合适的图表，或是时间要素图表，或是关系要素图表，或是数据要素图表等。

第三步是确定内容。先是全面罗列，再是逻辑整合，最后精简内容，去繁就简。

第四步是更好表达。从设计和人文角度，进行相应的色彩设计，构图设计和观点表达设计等。

回到造价行业，某种程度上，造价工作的本质是规则的制定和执行，而规则的制定和执行背后，其实就是信息的传递和处理。因此，诉讼可视化诉讼技术的基本逻辑理念和实务经验，同样可以在造价工作中进行借鉴和使用。

首先，从工作思维逻辑上，对于信息和资料的处理原则，一定是基于他人快速地理解，而信息快速让他人理解的基本要求是结构化、条理化、直观化。

结构化，就是我们在思考一件事情时，自己要有框架思维；条理化，就是我们在处理一件事情，先后顺序和逻辑关系等要清晰；直观化，就是最终呈现的方式或者结果，简洁直观通俗易懂。

比如我们常见的造价工作中的工程项目档案资料管理，首先要用结构化的思路对档案资料的编号、编码、分类等进行前端设计，考虑当下纸质归档的同时，还要预留后期数字化建设和归档的接口以及可行性。其次，我们把工程项目档案资料按照对应的顺序或者逻辑关系，进行相应档案立卷归档保存。最后为了便于他人查阅或者增补资料，档案上的相应文字说明和标注等，需要简洁、直观、易懂。

其次，从工作开展细节上，对于一件事情或者一项工作，需要的是先繁后简。万丈高楼平地起，没有扎实的繁琐的基础工作，很难形成最终的简洁有效可视化成果。就如诉讼可视化最终呈现的是一张图表，但是这张图表背后，是众多基础事项的整理核对，是众多逻辑关系和法律关系的提炼和梳理。

比如常见的结算办理工作，我们可以借鉴诉讼可视化的方式，采用表格的形式，对整个项目的资料情况和建设过程分别进行系统全面的整理和梳理，形成资料梳理一览表和项目建设大事记。有了这两个建立在前期扎实繁琐工作上的初步可视化成果，能让结算办理各方有一个简洁明了的可视化统一交流沟通频道和方式，大大提升结算办理后期的工作效率甚至会影响整个结算办理的最终结果。

他山之石，可以攻玉。所以，立足行业工作本身，还敢于跳出行业思维的限制，去接受和学习他人更好的思路和方法，并在本职工作中不断应用、尝试、反馈和调整，是专业技术人员快速成长的方式之一。

4）大事必作于细，难事必作于易——建工案件庭审准备工作实务浅析

建工诉讼案件在业内以案件复杂、标的金额大、审判程序长而著称。“台上一分钟，台下十年功”，相对于整个诉讼案件办理的期间，建工诉讼案件庭审过程就是那关键的台上一分钟，庭审前后繁琐的、细致的、专业的准备工作非常关键。

一般情况下，当事人收到人民法院的传票到开庭审理，会存在一个时间段。在这个时间段里，建工专业律师除了进行正常的法律专业工作之外，在开庭前还有几个细节的工作值得提前准备。

第一个工作是和当事人提前沟通参加庭审的人员组成。对于疑难和复杂的建工案件，有当事人参加并且有效地参与庭审，会对案件审理结果带来一定的正向促进作用。一方面当事人积极参加，会让法官和他人觉得当事人重视，会在法官心目当中留下一定的心证效果；另一方面当事人可以在庭审过程中，对于某些事项或者问题，进行一些有效的补充说明，弥补诉讼代理人的盲区，提升庭审的效率或者效果。

一般情况下，如果当事人是企业，建议其参加庭审的人员由以下组成：前期协助收集和整理证据的人员、熟悉该项目商务情况的造价人员（包括当事人聘请的工程造价专家辅助人）、至少一名熟悉该项目施工情况的管理人员。

第二个工作是和当事人参加庭审的人员提前沟通交流庭审过程中的相关注意事项、每个人的任务分工、每个人需要准备的资料和对须提前落实的事项等进行梳理。因为很多当事人不熟悉诉讼流程，也不知晓庭审过程中的一些发言或者参与等会带来什么样的法律后果。工程项目施工过程中的技术交底很重要，庭审前的庭审内部交底也需要引起我们足够的重视。

第三个工作是提前了解法院的相关管理要求。有的法院要求非律师参加庭审时，不能携带手机、电脑等设备，只能携带纸质物品。如果是这种情况，需要当事人参加庭审人员提前把相关电子文档等进行打印准备。一般情况下，法院不能停车，而且法院附近交通管制也比较严格，可以提前熟悉了解法院附近的停车场，避免到时候漫无目的的寻找停车位置耽误庭审时间和影响庭审心情。

在正式开庭审理的时候，作为建工专业律师，除了进行一般常用的资料和设备准备工作之外，有几个小事项值得提前用心准备。

第一个小事项，是准备 U 盘或者光盘读取和刻录的设备。一方面是为了便于庭审过程中及时快捷的用 U 盘拷贝资料给书记员或者对方当事人；另一方面是有时候书记员或者

法官的电脑等不能使用U盘拷贝传输，现场光盘刻录和读取等传统的文件传输方式就非常实用。

第二个小事项，对于证据材料，可以多准备一套完整的，并对其中庭审过程中我方需要阐述或者引用的页进行折叠或者标签注明。如果在某种情况下法官面前没有完整齐全的证据资料时，可以把该套完整的证据资料现场提供给法官，我方在进行举证和质证时，方便法官阅读。

第三个小事项，对于当事人用于现场质证核对的证据材料原件，需要编制一张目录清单，对于某些案件证据材料是厚厚的财务凭证时，对凭证中作为原件的具体页要进行提前标识和折叠。这样一方面避免现场质证后由于某种原因导致证据资料原件的丢失，另一方面也便于对方当事人或者诉讼代理人快速地完成证据原件的核对工作。

除了上述情况之外，某些复杂案件的庭审过程中，对于某些基本事实的核实，有可能会出现法官要求诉讼代理人给当事人当庭拨打电话，进行相关事项的电话核实，该当庭的电话核实内容也会进入到庭审笔录。而当事人这个时候是处于一个突发的情况下进行回复，没有准备也不知晓该回复可能会带来的后果，因此也就没有注意相应的回复技巧。因此，在庭审前，对于类似事项需要建工专业律师给当事人或者相关人员进行沟通，避免这种突发情形出现后带来不利后果。

在庭审完成之后，作为建工专业律师的一个重要细节工作是复盘和计划。

复盘，就是对整个庭审过程进行复盘，把庭审基本情况、双方的争议焦点等进行整理，同时对庭审过程中出现的新问题，需要补充完善的资料和下一步工作开展的计划进行梳理，形成详细的文字性汇报材料，或是以工作联系函的方式，或是以当面汇报的方式，向当事人或者委托方的决策人进行反馈、沟通，以便推动下一步工作快速有效和针对性地开展。

建工案件的庭审过程，就如两军交战的主战场，庭审质量和效果直接关系到诉讼案件的走向，而庭审的质量和效果，其实又是由一件又一件细小和看似微不足道的一些事项和工作所组成，正如老子在《道德经》中所说的，“天下难事，必作于易；天下大事，必作于细”。

5）建工诉讼案件证据材料的装订技巧

在专业律师指导和协助当事人完成建设工程诉讼案件证据材料的全面收集和整理之后，接下来有一个看似普通但是其实又不普通的工作，这就是案件证据材料的统一装订。

一般情况下，建设工程诉讼案件都比较复杂，涉及案件事实繁多、法律关系复杂、标的金额偏高，因此相应的证据材料犹如汗牛充栋。如土木工程专业人员需要用行李箱装满专业书籍去参加注册结构师考试一样，建工专业律师在案件开庭时，经常也是随身拖着几个行李箱，其中装满建工案件的证据材料。

当资料繁杂时，资料管理本身就是一门能创造价值的技术，对于建工诉讼案件证据材料的的装订同样如此。基于此，我们对证据材料装订的出发点和想要到达的目的有两个。

其一：通过证据材料的精心装订，能够创设或加深法官对我方证据材料的外在信服感知；通过外在信服感知再来间接影响法官的内在心证，继而获得对我方有利的结果。

其二：通过对证据材料的框架体系装订，能够在庭审时方便我方快速寻找和定位某份证据或者某个事实，能够方便法官在最短的时间获取到有效的信息。

在实务中，建工案件证据材料的装订可以分为如下几个步骤开展。

第一步，把证据材料按照不同的证明对象进行分组分类整理，同时编写相应的证据目录，一般情况下采用WORD文档编辑证据目录，美观而且便于后期的排版调整和打印装订。对于完成分组以及分类的证据材料，需要在证据目录中进行统一编号设计，编号设计的原则是方便定位以及后期随时添加或删减证据材料。

第二步，把分组分类整理完成的书面证据材料逐份逐页扫描转换为PDF文档，扫描推荐使用付费版专业扫描软件或者高拍仪，这样不会在PDF文档上产生水印。证据材料扫描成PDF文档的原则是能清晰打印出与原件复印一样的效果。

对于每份扫描转化为PDF文档的证据材料要精简和准确地进行文档命名，文档的命名规则可以参考重庆大学出版社出版的《工程项目利润创造与造价风险控制》一书3.3.2小节相关内容的阐述。

第三步，把分组分类的单个PDF文档进行统一合并为一个完整的PDF文档，同时在完整版PDF文档中设置电子目录，方便后期在证据材料的电子阅读时快速定位和查询。如果第二步的文档扫描和命名是系统的，则使用“Adobe Acrobat Pro DC”软件直接合并可以自动生产标准规范的电子目录。如果前期不是拆分扫描、命名和统一合并，也可以使用“Adobe Acrobat Pro DC”软件直接打开PDF证据文档材料，逐个添加书签即可。

第四步，在专业律师团队对完整版证据PDF文档内部校核无误，以及经过当事人审核确定后，可以对PDF文档进行统一打印装订。采用PDF文档统一打印，而不使用证据原件直接复印，一方面是因为证据原件直接复印容易出错或者少页漏页，同时多次复印出来的效果可能不一致；另一方面是因为PDF文档方便统一添加页码打印，而证据原件复印后的材料装订时二次编排页码非常不方便。

第五步，根据证据材料的数量、厚度和分组分类情况，确定装订的册数。每册的厚度尽量均衡，不宜某一册很厚，另外一册又很薄。装订一般采取胶装的方式，装订的封面建议采用白色的铜版纸张，不建议使用波纹纸装订，铜版纸装订出来的文件质感、手感、观感等均略胜一筹。胶装完成的证据材料，要统一切边，保证统一的平整度，切边时要注意避免裁剪掉正文内容，这也提醒我们前期在证据材料成扫描PDF文档时要在正文四周预留出足够的空白区域。

对于证据材料装订的封面设计，要简洁大方，当证据材料有多册时，要注明“第 × 册　共 × 册”；同时在每册证据材料的前面均需要设置证据目录，避免出现只有第一册证据材料有目录，后续证据材料没有目录的情形。

为了方便法官快速阅读证据材料，我们可以参考学生时代在字典侧面增设彩色醒目页签的方式，按照证据材料分组分类情况，在侧面设置彩色页签。

最后，对于建工诉讼案件证据材料装订的整体把握，我们可以借鉴严复提出的“信达雅”翻译三原则，某种程度上证据材料的装订属于建工律师通过外在形象对书面证据材料的二次翻译，需要忠于证据、整齐大方、重点突出。

通过上述证据材料的五步装订曲，最终形成一份完整齐全目录齐备的 PDF 证据材料电子文档，数份装订美观大方整齐划一的证据材料纸质文档，这些将成为专业律师在建工诉讼案件中运筹帷幄，为当事人争取最大利益的扎实基础。

6）《建设工程质量检测管理办法》的造价理解和实务

2022 年 12 月 29 日住房和城乡建设部第 57 号令《建设工程质量检测管理办法》（以下简称“管理办法”）发布，自 2023 年 3 月 1 日起开始正式施行。建设部制定的部门规章，会对工程项目的造价管理和实务带来相应的变化和影响，需要引起工程项目各参与主体的重视并提前进行对应的商务筹划和风险规避。管理办法第二条规定：

本办法所称建设工程质量检测，是指在新建、扩建、改建房屋建筑和市政基础设施工程活动中，建设工程质量检测机构（以下简称检测机构）接受委托，依据国家有关法律、法规和标准，对建设工程涉及结构安全、主要使用功能的检测项目，进入施工现场的建筑材料、建筑构配件、设备，以及工程实体质量等进行的检测。

根据上述规定，明确了建设工程质量检测分为三种类型：第一大类为涉及结构安全、主要使用功能的检测项目，第二大类为进入施工现场的建筑材料、建筑构配件、设备的检测，第三大类为工程实体质量的检测。

在造价实务中，由于造价管理部门定额制定和更新相对滞后，很多省份目前正在实施的定额文件中，包含了检验试验费。例如在四川 2020 定额中，定额文件的企业管理费中包含了检验试验费，相应说明如下：

检验试验费：是指施工企业按照有关标准规定，对建筑以及材料、构件和建筑安装物进行一般鉴定、检查所发生的费用，包括自设试验室进行试验所耗用的材料等费用。不包括新结构、新材料的试验费，对构件做破坏性试验及其他特殊要求检验试验的费用和建设单位委托检测机构进行检测的费用，对此类检测发生的费用，由建设单位在工程建设其他费用中列支。但对施工企业提供的具有合格证明的材料进行检测，结果不合格的，该检测费用由施工企业支付。

但是，上述描述并未清晰说明：哪些检测项目属于一般鉴定和检查所发生的费用包含在定额文件的企业管理费中？哪些属于新结构、新材料试验以及破坏性和其他特殊要求检验试验和建设单位委托检测机构进行检测费用，不包含在定额文件的企业管理费中，需要单独按实计算，例如防火涂料涂层厚度检测、植筋抗拔试验、门窗四性检测、焊缝探伤检测等是属于一般鉴定检查，还是不属于一般鉴定检查需要单独按实计算费用？在造价实务中经常因此发生争议。

如果结合管理办法第二条关于质量检测的分类来理解，一般定额文件中规定的包含一般鉴定和检查费用，主要是指第二大类为进入施工现场的建筑材料、建筑构配件、设备的检测，针对的是材料和构配件、设备本身的材料性能或者力学性能或者相关指标等的检测。而对于第一大类涉及结构安全、主要使用功能的检测项目，第三大类工程实体质量的检测，应该属于定额文件中未考虑费用需要按实计算的其他特殊检验试验费或者专项检验试验费的范畴。

广东省建设工程标准定额站在2020年11月7日出具的《关于清远市清城区文化中心大楼工程计价争议的复函》中，也有同样的表述：

三、关于施工过程中承包人垫付的植筋抗拔、焊缝探伤、防火涂层厚度等检测费用结算的争议

施工中为使该工程顺利推进，由承包人先行垫付了植筋抗拔、焊缝探伤、防火涂层厚度等检测的费用，发、承包双方对该垫付检测费用的结算方式发生争议。发包人认为该费用未在项目立项预算中考虑，暂不作为建安工程费进行结算支付。承包人认为投标价中的材料检验试验费不包括植筋抗拔、焊缝探伤、防火涂层厚度等检测费用，该费用应该在结算中一并计算并支付。

我站认为，本项目的植筋抗拔、焊缝探伤、防火涂层厚度等检测费用属于专项检测的费用，合同并未约定投标报价需要考虑此部分费用，则应属于列入建设工程其他费用中由发包人支付的检测费用，因此该部分检测费用由发包人另行支付。

因此，在造价实务中，如果是PPP项目或者EPC项目，施工合同约定计价方式为执行项目所在地定额文件，如果该地定额文件中包含了检验试验费，这种情况下建议由检测单位先编制该项目的检测实施方案，在检测实施方案中注明哪些属于一般常规检测，哪些属于专项检测，哪些属于项目评优创优需要的检测项目，哪些属于业主和相关管理单位的额外特殊要求检测项目等，提前进行明确和约定，避免后期结算争议的发生。

管理办法第十五条规定：

检测机构与所检测建设工程相关的建设、施工、监理单位，以及建筑材料、建筑构配件和设备供应单位不得有隶属关系或者其他利害关系。

根据上述规定，作为咨询公司在进行结算审核计取相关检测试验费时，要核实检测单位和建设、施工、监理单位是否有隶属关系或者利害关系，如果有，则需要在结算审核报告中进行相应的注释和说明，避免后期的审计风险。

管理办法第十七条规定：

建设单位应当在编制工程概预算时合理核算建设工程质量检测费用，单独列支并按照

合同约定及时支付。

根据上述规定，就算定额文件中包含了一般检验试验费，咨询公司在编制概算或者招标清单或者预算时，还是应该按照管理办法的规定，把质量检测费用单独列项，在施工合同中进行单独约定。质量检测费用的核算要全面，不能只计算一般检验试验费，而对其他的专项检测费和特殊检测费不计算。同时，如果定额文件包含了一般检验试验费，在对质量检测费用单独列项的同时，要扣减原有定额文件或者定额子目中包含的一般检验试验费，避免重复计算费用。

管理办法第二十一条规定：

非建设单位委托的检测机构出具的检测报告不得作为工程质量验收资料。

根据上述规定，建设工程检测必须由建设单位委托，不能由其他单位委托，否则无法进行工程项目验收，带来重大的项目风险，在实务中要高度重视。

例如，PPP 项目，检测机构的委托单位是政府和投资方等成立的项目公司，还是政府委托参与管理的平台公司等，在项目开始实施时要提前和质量验收监督主管部门等进行核实和确认，避免后期验收和造价计算等各种潜在风险的发生。

例如，虽然检测机构由建设单位委托，检测报告也是由检测机构出具给建设单位，由于项目在最终结算时，结算审核单位会重点关注施工单位结算资料和检测报告之间的闭合性和逻辑性，如果出现非施工单位的原因，导致检测报告与其他结算资料描述不一致引发结算审减，会在后期引发争议增加处理结算事宜的难度。

如某项目基础工程为直径 800 mm 旋挖桩，施工过程中，为了确保后期的检测质量，设计单位和建设单位明确该项目直径 800 mm 旋挖桩埋设 3 根声测管，而根据相应的桩基检测规范，直径 800 mm 旋挖桩埋设至少 2 根声测管进行检测即可。最终施工单位按照要求埋设 3 根声测管并进行收方，而建设单位委托的检测单位出具的检测报告中显示声测管为 2 根，由此导致结算审核单位提出质疑。

因此，作为施工单位，在施工管理过程中收到检测报告后，第一时间要进行复核是否与现场实际情况相吻合。如果不吻合或者有偏差的地方，及时向建设单位提出，进行修改或者说明，避免后期结算风险的发生。

例如，有的项目由建设单位、施工单位、检测机构签订三方协议，明确建设单位为检测委托方，施工单位负责支付检测费用，检测机构向建设单位出具检测报告。这样的处理，会导致检测费用的后期结算办理、发票上的四流合一、税金上的相互交叉等一系列风险。如果要采取这种方式，需要前期从结算审核、财务管理、税金计取等多个维度进行综合考虑，并在三方协议中进行详细约定。

管理办法第二十四条规定：

检测机构在检测过程中发现建设、施工、监理单位存在违反有关法律法规规定和工程建设强制性标准等行为，以及检测项目涉及结构安全、主要使用功能检测结果不合格的，应当及时报告建设工程所在地县级以上地方人民政府住房和城乡建设主管部门。

因此，在项目实施过程中，如果存在违背强制性标准的事项，作为施工单位一定要及时提出，否则后期也会因此承担相应的风险。

7）做好造价专家辅助人，创造法业融合新市场——某市律协建工专委会业务交流与探讨分享稿

各位领导、各位朋友：

很荣幸能有这样的一个机会，以造价专家辅助人之名，在这里和新老朋友们一起交流探讨关于法业融合创新服务的一些实践总结与心得体会。因此，这次我给朋友们分享的主题是《做好造价专家辅助人，创造法业融合新市场》。

为了更好地交流，请容许我先向各位简单做一个自我介绍。我来自一家非典型的造价咨询企业——重庆知行达工程咨询有限公司，作为一个非主流的造价人员和一名非职业的法务人士，尝试着在做一些非传统的事情，从“造价 + 法律”的法业融合视角，为工程项目提供增值创效咨询服务，争取让项目多效益，让风险更可控，让客户更成功。

山水者同行，抛砖者引玉。希望我这浅薄的经历和实践心得，能得到在座各位同行前辈们的指导和指正，下面进入本次分享的主题。

不久前重庆市司法局、市律师协会官方发布了 2022 年度律师行业大数据报告，全市共有律师 16 069 人，律师事务所 910 家。对比我们所在的工程造价咨询领域，造价咨询企业资质取消后，2022 年重庆城乡建委造价总站公布首次参与工程造价咨询行业信用评价的造价咨询企业共计 591 家，如果算上应该参与信用评价而未参与的造价咨询企业，以及其他可以从事造价咨询业务或者实际从事造价咨询业务但是以不同团队组织和不同方式开展咨询服务的，造价咨询企业大概也有上千家之多。

这充分说明法律服务行业和造价咨询行业有着共同的特点，那就是市场竞争特别激烈。如何在各自行业整体红海的大背景下，寻找或者创造局部的蓝海，成为了从业人员必须深度思考的一个命题。

对市场的敏锐观察和机遇的创造把握上，律师们有着更好的前瞻性和预判性。律师领域很早之前就意识到了建设工程这个细分领域的蓝海市场，提出了“法律 + 工程”、“法律 + 造价”、专家辅助人、工程索赔等一系列具有独特价值和市场竞争力的服务方式。造价咨询领域也渐渐地开始领悟过来，以造价鉴定和造价争议解决作为切入口，尝试着寻找差异化的造价法律咨询服务。

所以，正是基于上述的行业和市场背景，我选择了三个方面来谈从法业融合的角度寻找市场局部蓝海的一些探索和尝试。

第一个方面是关于造价专家辅助人的理解。通过管中窥豹的实践总结，来思考和诠释法业融合的市场需求和必然性。

第二个方面是关于法业融合的实践场景分享。从市场中来到市场中去，谈谈我们在当下从“造价＋法律”角度可以为市场主体提供的独特价值和开展的具体业务模式。

第三个方面是关于法业融合的路径理念畅想。方法论只能让我们做好当下，认识论才能让我们走得更远，因此我们可以基于实践经验，从造价＋法律融合的理念和路径上进行一些发散性思考和反思。

（1）造价专家辅助人

古人告诉我们：“河有两岸，事有两面。”任何一件事情都是具有两面性的。因此，对于一件事情，我们需要从不同的维度辩证地看待，这样我们才能准确地去理解，有效地去应用。

所以，对于造价专家辅助人，我们也应该从两个不同角度去理解，分别是狭义的角度和广义的角度。

狭义的角度，其实也就是从专家辅助人这个制度规定本身去理解。专家辅助人这个概念和制度设计，来源于民事诉讼法的规定。

《中华人民共和国民事诉讼法》（2021 年 12 月 24 日第四次修正）第八十二条规定：

第八十二条　当事人可以申请人民法院通知有专门知识的人出庭，就鉴定人作出的鉴定意见或者专业问题提出意见。

《最高人民法院关于适用中华人民共和国民事诉讼法》（2022 年 3 月 22 日第二次修正）的解释：

第一百二十二条　当事人可以依照民事诉讼法第八十二条的规定，在举证期限届满前申请一至二名具有专门知识的人出庭，代表当事人对鉴定意见进行质证，或者对案件事实所涉及的专业问题提出意见。

具有专门知识的人在法庭上就专业问题提出的意见，视为当事人的陈述。

人民法院准许当事人申请的，相关费用由提出申请的当事人负担。

上述规定中的“具有专门知识的人”就是我们所说的“专家辅助人”，针对建工领域涉及工程价款相关争议的诉讼案件，对应的就是“造价专家辅助人”。

从狭义的角度去理解，专家辅助人是对鉴定人的意见或者专业问题提出意见，实践中常见的是造价专家辅助人针对工程造价鉴定机构出具的造价鉴定征求意见稿和造价鉴定意见书发表意见。这时候的专家辅助人是具体的某个人，或者某个专业个体，核心实质是针对既成事实或者既定意见，事后发表专业看法或者专业意见。

广义的角度，也就是从建设工程诉讼案件实践的视角出发，去理解专家辅助人背后的真正内涵和市场核心需求。

四川志恒工程管理咨询有限公司的刘江先生，在其所编著的《工程造价鉴定十大要点与案例分析》一书中，从实践和市场需求的角度，对专家辅助人进行了相应的解读：

当事人在准备诉讼或仲裁前就应委托好造价专家辅助人，造价专家辅助人参与诉讼或仲裁的准备、策划，证据的收集、整理，以及庭审阶段的发言，在实施诉讼或仲裁的全过程中提供辅助服务，但是其出庭时对造价鉴定意见进行质证或向造价鉴定人员提问，应得到人民法院或仲裁机构的同意或批准。

从实践的角度，专家辅助人需要全过程参与诉讼案件才能发挥真正的作用和价值。如果仅仅是事后发表专业看法或者专业意见，专家辅助人发挥专业作用的空间和价值等都会受到很大的限制。

全过程参与诉讼案件，意味着专家辅助人的工作就分为三个类别。第一类为造价基础性工作，就是建模、算量、计价等；第二类为造价复合性工作，就是理解规则、解读合同、根据经验评判分析等；第三类为造价融合性工作，就是法律解读、文字表述、语言表达等。

从广义的角度，造价专家辅助人不再是指具体的某个人，其核心内涵是某个造价专业团队或者造价专业组织或者造价咨询企业。它需要有完整的组织来做好相应扎实的造价基础工作，同时也需要组织中有一定行业影响力和专业综合能力的个体，通过其复合经验等进行对内组织、对外沟通、对第三人传递有价值的综合信息，最大化地促成对委托当事人有利事实和意见，并对部分既成不利事实和不利鉴定意见等，以组织 + 个体的名义，出具有理有据、逻辑严谨、数据闭环的专家辅助人意见。

所以，通过造价专家辅助人的实践之后，我们会发现，专家辅助人的本质，其实是法业融合的市场需求和发展趋势。表面上是法律规定针对鉴定意见当事人可以请专家辅助人发表质证意见，实质上是法律规定在提示我们，法律要和对应行业的具体专业人员和组织相结合，才能最有效地为当事人解决问题，带来核心价值。

黄志春律师在中国施工企业管理协会主办的《施工企业管理》期刊第 409 期中发表了一篇关于施工领域法业融合深度思考的实践总结，文章名是《施工企业对外盈利短板的观察与思考》。这篇文章提出：

施工企业没有充分发挥法务人员作用：施工企业内部法务人员多数处于“应诉防守”状态，主要处理施工企业与分包商、供应商、工人之间的矛盾，较少地对建设单位采取“自卫反击”措施。法务人员与造价人员之间存在“专业屏障”，法务管理与造价管理工作没有“融合”，对外造价结算工作缺少法务工作支撑及护航，造价人员对外攻坚力量不足。

施工企业领导者还要促进内部造价人员与法务人员“合作”，扎实做好“证据（计价依据）”积累工作。诉讼打得赢，谈判过程才有底气谈得赢，对外没有战斗力时，难以获得建设单位尊重，也难以获得理想战果（利润），丰厚利润不是靠祈求得来的。

黄志春律师从法律实践的角度，把造价专家辅助人的内涵和外延从诉讼层面又扩大延伸到施工项目过程管理阶段，这才是市场角度对造价专家辅助人的核心需求。从另外一个层面理解，这也是造价咨询企业和律师们可以一起开拓和创造的造价法律服务新市场、新领域、新方向。

（2）法业融合的实践

实践是检验真理的唯一标准，实践也是让我们不断突破固有思维限制和创造新事物的基础。我们通过为工程项目提供“造价 + 法律”增值创效咨询服务，在建设工程领域的法业融合中，探索出如下五种实践场景。

实践场景一　中标文件增值创效分析

1. 服务背景

随着工程总承包模式的快速发展，以及项目独立核算和效益考核的日渐普及，以终为始，项目管理团队从开始阶段对整个项目有一个整体的正确认识、评估分析和工作方向成为一个现实的需求。

2. 服务内容

从造价 + 审计 + 法律三视角，从项目过程控制、结算办理创效、争议风险规避等角度出发，系统梳理分析招标文件、投标文件、施工合同、中标清单的创效点、风险点以及过程管理注意事项等。

3. 服务价值

谋定而后动，从项目开始阶段就统一和明确整个项目的创效思路和管理注意事项，让项目的创效具有可控性、可行性、可实施性和全面性。

4. 服务成果

编制中标文件增值创效分析咨询报告，并给项目管理团队交底。

实践场景二　全过程法律 + 造价顾问咨询

1. 服务背景

传统的法律顾问以公司为关注中心，无法有效深入到项目。如果深入到了具体的项目，仅仅只谈法律无法有效落实指导实务工作，如果只谈造价则无法整体全面规避风险和解决问题。

2. 服务内容

从法律风险控制 + 结算审计造价管理的双视角，对工程项目施工现场的过程资料、现场管理、造价工作等进行现场专业指导顾问咨询服务。

3. 服务价值

通过集中检查和顾问指导，提前发现问题，提前规避风险，确保项目效益可控和可预期。

4. 服务成果

专业问题咨询、解答 + 阶段性项目现场评估分析和工作建议。

实践场景三　索赔评估 + 索赔办理

1. 服务背景

随着项目管理的日益规范和国家法治化发展进程，项目各方主体对工程索赔的理解日趋中性化和可接受化，工程索赔逐渐成为工程项目创效或者扭亏为赢的方式与途径。

2. 服务内容

从造价 + 法律双视角，对工程项目索赔事项进行系统评估；索赔文件编制、洽商、谈判等。

3. 服务价值

组建造价师 + 律师专业团队，双维度进行专业索赔咨询，索赔过程和结果更具有可执行性和可期待性。

4. 服务成果

索赔评估分析报告、索赔办理、索赔转诉讼。

实践场景四　过程造价争议解决

1. 服务背景

工程项目体量越来越大，建设模式多样，计价模式和合同约定复杂，导致造价争议频繁，而且争议金额大，对当事人影响大。

2. 服务内容

提供解决问题思路，协助洽商谈判；同时未雨绸缪，为后期通过仲裁或者诉讼解决打下了基础。

3. 服务价值

协助协商解决的同时未雨绸缪，从仲裁或者诉讼解决进行思路设计和资料完善。

4. 服务成果

争议解决顾问、争议解决指导、争议转仲裁或诉讼

实践场景五　结算 + 索赔 / 结算 + 诉讼

1. 服务背景

结算结果是工程项目效益的直接体现，保证结算效益最大化是每一个当事人关注的核心重点。

2. 服务内容

组建造价师 + 律师专业团队，代为办理重大疑难复杂项目、停工项目、中途退场项目、解除合同项目等结算事宜，并对办理过程中涉及的索赔，或者由于某一方不配合办理结算，以及结算办理完成不及时支付工程款项而转为诉讼的事宜等一并处理。

3. 服务价值

造价师和律师相互配合，以诉讼打得赢的视角来办理结算，有效保证当事人结算效益最大化。

4. 服务成果

结算办理、结算指导、结算复核、结算转仲裁或诉讼

（3）法业融合的畅想

从实践中不断地总结经验，形成具有通用道理的认识，再用这个共同的认识去指导我们的实践，这样能让我们的实践创新之路走得更长远。

所以，对于“造价＋法律”的法业融合畅想，从融合理念上思考，有四个方面，分别是实践出真知、在项目中融合、在融合中理解、在理解中创新。

首先，只有律师和造价师双方共同去做具体的事情，才能有真正的体会和感受。其次，对于“造价＋法律”融合，尽量从小处着手。在具体的项目融合中，面对具体的业务细节和业务动作，才能进行思维碰撞和冲击，才能让彼此更深层次地理解对方一些具体行为和动作背后的底层逻辑和出发点。在彼此理解的基础之上双方才能真正形成合力，发挥1+1＞2的合作价值，进一步创新地去推进和发挥更大的价值。

对于“造价＋法律”的法业融合畅想，从融合路径上思考，整体的定位是取长补短，优势互补，各自发挥专业优势和特长去最大化地提高当事人的效益。所以，律师考取造价工程师职业资格证书并不是为了从事造价师的工作，造价师考取律师职业资格证书也并不是为了从事律师工作，而是为了彼此更好地了解对方、理解对方，知道在各种情况下对方需要什么，知道我们如何去更好地配合对方。

除此之外，对于律师和造价师，双方还可以进行一些法业融合上的创新。从市场和影响力塑造的角度，可以一起研发和实施针对企业的专项实训课题或者专项课程；从团队合作和配合的角度，可以互派人员去对方团队参与具体工作和学习，提高彼此之间的专业理解度和合作默契度。

（4）结语

鲁迅先生有一句话：“世上本没有路，走的人多了，也便成了路。”

如何在没有路或者方向不明的情况下走出属于自己的道路，我们要做的其实就是两步。第一步是做到，就是先迈出自己的脚步；第二步是做到极致，就是接下来的每一步都尽自己最大的能力去走好，走稳，走深。

最后，以我朋友圈最近所发的一段话赠送给在座的各位新老朋友们：

一件事情，如果我们要去做到极致，就是先把原有的自我打破，再一块一块拼起来的过程。所以，很多事物，先是不破则不立，再是不立则不破。

再次感谢各位朋友们的倾听，期待未来在“造价＋法律”这条宽广而又充满希望的道路上，我们能携手同行，给这条独特的法业融合之路贡献每个人不一样的价值，塑造不一样的光彩。

2023年5月

3.2　创业＋传承

3.2.1　人生没有白走的路，走的每一步都算数

——重庆知行达工程咨询有限公司成立一周年记

（1）前言

2020年12月3日，知行达咨询正式注册成立。成立的当天晚上，也就是2020年12月3日21时32分，我在书房用印象笔记写下了作为知行达人的第1篇造价笔记，作为个人的第668篇造价笔记。

造价笔记668

对于从零开始的我们，接地气往往是最大的竞争力。

上周，由于朋友的信任，我们获得了公司成立后的第一场企业培训的讲课机会，委托方是中交某局，对象是来自全国各个项目部的管理团队。

昨日，我的朋友单独给我说，这次中交某局企业培训的数个讲师中，我的学员培训调研反馈效果排第一。我听到这个消息的时候，内心无比温暖，自我感叹这是这个寒冷天气里面的一个让人特别温馨的冬日暖阳。

没有无缘无故的爱，也没有无缘无故的恨，这是从学生时代，延续到初入职场，直到现在以及将来，我一直秉承的理念和价值观。

正是由于认识到自己的渺小、卑微和一无所有，所以我对经历的每一件事情，无论是微小的还是艰巨的，漫长的还是艰辛的……都认真地去对待，尽自己的全部能力去处理。

尽人事，听天命，这是一种人生哲学，更是一种做事的方式与方法。

当我接到这个培训课题的时候，从课程设计的角度，我感知到这个题目有点空和大，所以我设置了一个调研与需求反馈，这帮助我明确了课程设计的真正方向。

在课程开始讲解的第一天，我认认真真地坐在台下，听了其他讲师的讲解，观察了学员听课的状态和反应。于是我又花了半天的时间，对讲课课件进行了全面的优化和调整。

从开始到结束，我全程站了接近七个小时进行讲解。虽然课程讲解完毕，腿和腰感觉已经不属于自己了，但是我晚上仍旧回到办公室后与搭档一起复盘了整个讲解过程，提炼了课程讲解的短板之处和需要改进的地方，碰撞了后期课程开发的思路和灵感。

……

身居高位往往看到的都是浮华春梦，而身处卑微常常才能看到世态真相。

我们是从零开始的追梦人，从零开始的前行者，没有储备，没有资源，没有依靠，没有向导。

但是我们有最大的优势或者风格，那就是接地气。

我们能站在实务的角度，把一件事情扎扎实实地推进和落实；我们能站在客户的角度，把一些微小但是却能真真切切带来价值的服务提供和落实。

就像今天，重庆大学出版社建筑分社的林社长，把我十数年工作经验浓缩成的《工程项目利润创造与造价风险控制》一书的数个版式设计方案发给了我。我和林社长不约而同地都选择了第一种设计方案，用阳春白雪的话来讲它最为简洁，用我们下里巴人的话来说它最接地气。

脚步已经迈出，路已经开始行走。未来之路，君子终日乾乾，夕惕若厉，无咎。

2021年12月3日，知行达咨询成立一周年的那天，我在工作日记中写道：《反脆弱》的作者纳西姆·塔勒布说，“风会熄灭蜡烛，也会使火越烧越旺。对随机性、不确定性也是一样，你要利用它们而不是躲避它们。你要成为风，渴望得到风的吹拂。”

对于建筑行业，对于造价行业，当下各种大环境的大风，各种小层面的飓风，让我们由于行业的不确定性，风声鹤唳，彷徨不已。正如纳西姆·塔勒布所说，对于风，重要的不是躲避它，而是提升自我，改造自我，认识它，接纳它。

一周年，365天，岁月不语时间语，抬头不言脚在言。所以，回顾是另外一种方式的前行，记录是另外一种价值的传递，总结是另外一种更好的反思。

（2）为什么出发

人，总是在不经意之间走得很远；人，也总是在见识到更好之后寻求前进。

2014，我作为造价人，很荣幸读到了高云写的关于法律人成长的书籍。

2019年，我作为造价人，很荣幸现场参加高云举办的合同改写实训班，第一次真切和实在地感知，把一件事情做到极致，把一种追求做到极美，给人带来的震撼和冲击，给人带来的价值。2019年7月27日在培训现场，我写下了第403篇造价笔记，是知行达人出发的注脚。

造价笔记403

时间，才是梦的承载

2014年，重庆，夏日。那时候的我，自由，散漫，充满着对未来无限的遐想。这个夏日的每个周末，我和家住南坪的××同学，穿越整个山城，从西往东，赶赴远在渝北的西南政法大学，作为一个社会人去参加学习。

犹记得，在课间的时候，××同学给我们推荐了一本书，说值得我去看看，能开拓我们的视野和思路，这本书叫做《思维的笔迹》。

于是在中午休息的时候，我去西南政法大学的图书馆，买了这套《思维的笔迹》，上下两册。

说句实在话，我在整个学生时代，没有随大流追过星。但是当我打开《思维的笔迹》的时候，我却深深地陷入了这本书的思维当中，同时也深深地被这本书的作者所折服。我开始去思考，一个理念竟然可以这么去思考，一个观点竟然可以这么去看待，一件事情竟然可以这么去理解。

在那一年，我去了川西，千里走单骑。也是在那一年，我完成了从一个岗位到另外一个岗位的跨越，从零开始。

2019年，广州，夏日。这时候的我，严谨，但是仍旧散漫，在南方之城，炎炎夏日之际，终于面对面坐在高云律师的前面。有机会聆听我所折服的思考者，站在近在咫尺的台前，给我们分享他的专业、他的理解、他的人生、他的价值、他的诠释、他的世界、他的故事、他的憧憬……

这一刻，确实有一种梦一般的感觉，时间在我身上流淌，故事在我身上发生，然后，梦，也在我眼前实现。

谁创造了这个故事和传奇，谁创造了这个记忆和感受，谁创造了我们的理解和想象，谁创造了我们的生活和梦想……我想应该是时间。

5年前的那个夏日，《思维的笔迹》点燃了我对这个世界的另外一种憧憬和想象：5年后的这个夏日，高云的现场诠释引燃了我对这个世界的另外一种看法和理解：执着而又坚强，前行而不停歇。

《三体》告诉我们：给岁月以文明，而非给文明以岁月。《思维的笔迹》告诉我们：给工作以梦想，而非给梦想以工作。面对面的高云告诉我们：给时间以梦想，而非给梦想以时间。

这，或许就是这么多年，支撑着我走过很多朋友们无法理解的这段过往时光的根源，这，或许也是未来，我会去尝试走过很多没有办法言述的路的起点。

感谢在那个迷茫的时期，我读到了《思维的笔迹》，感谢在这个前行的季节，我听到了不一样的心声！

所以，为什么出发？因为没有比人更高的山，人，不是攀登，那就是在攀登的路上；因为没有比脚更长的路，脚，不是在行走，就是在行走的道上。山高路远，不论激越，还是宁静，那是岁月和时光无声的召唤。

也正是如此，通过一年的思考、通过一年的锤炼、通过一年的成长，知行达人做出了自己的选择，选择了属于自己的路途和方向，开始向前出发：

我们的愿景：成为工程领域有价值的精品咨询服务专业机构；

我们的使命：让项目多效益、让客户更成功、让自己有价值；

我们的价值追求：知道、行动、达到、持续；

我们的工作理念：做己所说、说己所做、大道至简、知行合一。

（3）行走在路上

实践是最好的战略，行动是最好的执行。

我们不知道什么样的努力和付出才能让自己称得上是有价值的精品咨询服务机构，但是，还处在蹒跚学步阶段的我们，把每一项工作做到当下自我能力范围内的极致，这是一种态度，更是一种责任。

这一年，我们做了传统的投标预算项目，其中 × 个项目委托方成功中标，成功率 ×%。

这一年，我们做了传统的招标控制价项目，由于我们踏实的工作风格，实事求是的工作态度，委托方也决定将最终的结算审计委托给我们实施。

这一年，我们做了传统的结算办理项目，其中有石油行业项目结算，也有四川定额项目结算，这既坚定了跨行业跨省份结算项目办理的信心，又拓宽了我们的视野和思维方式。

这一年，我们开展了复核创效项目，总结提炼了复核创效的工作思路和开展流程。

这一年，我们尝试了 EPC 项目顾问式咨询服务，开始从专业工程的视角，去尝试不驻现场的全过程咨询服务模式。

这一年，我们探索了索赔咨询服务，把索赔评估和索赔顾问，正式从设想落实为收费的咨询服务模式。

这一年，我们参与了建工诉讼案件的协助办理，涉及工程款优先受偿权和退场结算纠纷，从造价的角度，与法律的结合，给委托方带来全新的模式，不一样的服务和看得见的可视化的有效价值。

这一年，我们进行了企业实训的实施，以实际项目经验为总结，以客户实际需要为关注，不断地总结提炼素材，不断地跨越造价视野，去尝试去挑战去落实。

这一年，我们还形成了 ×× 个标准化执业文件，分别是……在开始攀登时，虽然我们还处在山脚起步阶段，虽然我们还很渺小和微不足道，但是我们却能怀揣着从山顶俯瞰当下自我的心，去落实，去执行，去推进，这既是一种自我责任，更是一种对自我价值的追求。

所以，行走在路上的，既有我们的脚步，也有我们留下的一个个足印。唯有如此，我们才会心生不负光阴不负卿的感慨。

（4）那人那事那情

给岁月以时间，不如给时间以岁月。

过去的一年时间，我们做了什么很重要，但是这一年，融入我们岁月中的那些人那些故事那些情感更重要。

过去的一年时间，感触自己的成长很重要，但是这一年，记住我们岁月中的那些相遇相识同心同行更重要。

所以，这一年，× 月 × 日，×× 从天津来到重庆，跨越千山万水，以实习的身份相遇，直至毕业的答辩与正式入职，这里面有关注和关心，更重要的是相互信任与相惜。

这一年，× 月 × 日，×× 来到团队，从同事，到朋友，再到同事。十多年的时光，十多年的岁月，我们相互见证，相互信任，相互关心，再次携手前行。这里面，有我们对造价共同事业的发展和向往，更是我们相互之间真诚的信任。

这一年，× 月 × 日，×× 加入团队，从同事，到师徒，再到同事；从重庆，到成都，再到重庆；从成家，到立业，再到为人父；几年的时光，岁月打磨了 ××，岁月也见证了成长，岁月更是塑造了责任，雕琢了才华。这里面，有我们共同相似成长经历的共情，有我们皆为从零起步的责任与远虑，有我们同样高度家庭责任的担当和情怀。

这一年，×× 律师，从一见如故，相知相识，到共同前行；从工作理念的碰撞，到相互搭档的配合；从当下工作的探讨，到未来发展的憧憬。这里面有我们相互的勉励，更有我们为了心中共同目标和远方的追求。

……

正是有了你们，过去的这一年的时间，不再是时光，而是有了岁月的味道。相遇的我们，成为一个团队，成为一个组织，为了共同的梦想，为了共同的目标，携手一致前行。

这一年，老东家的 A 总和 F 总，在我们蹒跚起步时，给予了我们宝贵的创业经验分享，更是给予了业务上、经济上的关心与关怀，让我们的组织能安全跨过起步阶段的各种荆棘陷阱，这是我们的有幸，也是我们的有运。

这一年，ZH 软件的 H 总，在开始的阶段就耳提面命地教导我们：文化建设、组织建设、人才培养，是一个组织从一开始就必须重视和长期坚持的事项；知人善用和守正出奇，是一个组织能冲破竞争冲出重围长久发展的两大法宝。H 总的教导，深刻地让自己认识到，个体与组织的区别，当下与长期的远见，是多么的重要。

这一年，DJ 建设的 Y 总，通过两次的交流，给我们提出了两个全新的视角。对于定位，大而全和小而美，某个时候是冲突的，某个时候是相容的，要结合实际情况因势利导，而不是一味地固执己见。对于咨询，跳出当下，远眺未来，管理咨询，极致专业与管理理念的结合，未尝不能迸发出不一样的光芒和生机。

这一年，XC 咨询的 Y 总，从底层原理到实务万象，从行业过往到未来趋势，系统地给我们传授工程项目全过程审计控制的内功；毫无保留地给我们提供尝试和发挥的舞台，让我们能在 XC 咨询的同行前分享自己的有效知识管理与高效工作经验，把五年的零碎的想法和理念，终于形成了一套有价值的体系和可以落实的专业课程。

这一年，DX 建设的 L 总，充分地信任，让初出茅庐的我们，介入 ×× 项目的复核创效咨询服务，有了具体的场景和机会，才能有我们专业能力发挥的可能和空间。也正是基于此，我们团队提炼和总结形成的经验，才能在 ×× 项目得以淋漓尽致地发挥，才能在 ××EPC 项目赢得客户毫无保留的信任，甚至四处主动帮我们引荐。

……

给时间以岁月，不如给岁月以生命。

当我们能在自己的内心，真真切切地去记住这些人，感谢这些事，感激这份情，那么我们所有的岁月，就会有了生命的味道。因为，生命在于延续和将来，延续和将来在于传承和过往。所以，对过去，我们不会觉得理所当然，时间让我们遇到的人和事，那是岁月给我们的恩情；对未来，我们不会觉得茫然无从，只要我们保持着这份初心和惦记，这些人、这些事、这些情，会一直都在。

（5）未来怎么走

理想是感性的，现实是理性的。

所以，从市场的角度，从客户的视角，市场和客户不关心我们曾经做过什么样的成绩，市场和客户关心的是未来我们能够持续给他们创造什么样的价值。

所以，对于来年，对于未来，我们知行达咨询团队的关键词是四个字：持续价值。

对于持续价值，分为如下三个层面。

第一个层面，持续地扎扎实实地把基础服务、基础工作做好，这是我们后续所有事项的根基。所以，持续培养严谨的工作习惯、框架体系的闭环思维、言行一致的工作态度，持续进行团队工作细节和工作事项的模块化、标准化建设，是具体的两个方面和着力点。

第二个层面，持续的自我学习和主动的自我成长。一方面是造价管理市场化趋势加快，市场化趋势的言外之意要求我们知识面要广，合同、法律、财经、技术、税务、生产、市场、管理等均要了解，才能在市场化的浪潮下给我们发言的机会。另一方面是工程总承包越来越普及和扩大，工程总承包背后实质是定额、计划、管理等传统与创新相结合的知识，这就要求我们不能人云亦云，在紧跟潮流的同时，持续加强各省定额、过程审计、财评管理等内容的总结和提炼。既有重点，又有策略，既有方式方法，又不随波逐流，才能让我们真正地能学为所用，用为所长，长为持续，持续才有价值。

第三个层面，持续地对每次咨询每次服务每个事项每个工作，在原有的基础上改进一点点，进步一点点。我们不去做一步登天的改变，也不要有一下完美的念想，眼界要高，落手要低。越是在他人不起眼不经意，越是在同行不在乎不关注，越是在很平常很普通很通俗的地方，我们去实践，去观察，去体验，去总结，去尝试，去改变，去提升，不断地螺旋式迭代和进步。

狄更斯在《双城记》中写道：

这是一个最好的时代，也是一个最坏的时代；
这是一个智慧的年代，这是一个愚蠢的年代；
这是一个信任的时期，这是一个怀疑的时期；
这是一个光明的季节，这是一个黑暗的季节；
这是希望之春，这是失望之冬；
人们面前应有尽有，人们面前一无所有；
人们正踏上天堂之路，人们正走向地狱之门。

在十年前，我就把这段话作为自己的鞭策之词，不断地警醒自己；十年后的今天，乃至未来的很长一段时间，这段话可能仍旧不会过时。所以，用我的母校重庆大学建管学院竹老师曾经教导过的一句话，作为我们未来工作的注脚和指引："越是充分竞争的行业，越是竞争激烈的行业，也越是对后来者们充满机会的行业，因为当大家都在为充分竞争而降低服务标准或者放松自我要求或者随波逐流的时候，我们只需要做得比别人好那么一点点，就可以脱颖而出，赢得机会。"

2021 年 12 月 3 日

3.2.2 种一棵树最好的时间是十年前，其次是当下

——重庆知行达工程咨询有限公司 2022 年终总结

（1）我们种下了什么

还记得在 2019 年的时候，网络上流行这样的一句话：2019 年可能是过去十年里最差的一年，但却是未来十年最好的一年。

转眼间三年时间过去了，到了 2022 年，可能我们身处这个时代中的人，或许仍旧会发出 2019 年这样类似的感叹。

因为这过去的 2022 年，不管是宏观还是微观，不管是组织还是个体，都会觉得这一年是如此的艰难，如此的令人难以忘怀。

作为一个才起步的创新型的团队，作为一个朝着“造价 + 法律”这个方向探索前行的组织，在过去的 2022 年，我们同样感受到了时代的冲击和挑战，但是与此同时，通过我们团队每一个人的辛苦和付出，我们也做出了一些属于我们知行达团队特有的成绩，种下了我们知行达团队独特的种子。

这一年，我们做了 ×× 个项目的预算，有厂房也有框架结构，有重庆本地的项目，也有外省的项目。

这一年，我们做了 ×× 个复核创效的项目，由于我们做事的专业与细致赢得了客户的认可，复核创效项目最终又转化为结算办理项目。

这一年，我们做了 ×× 个结算办理的项目，分别是 ×× 学校项目和 ×× 处理厂项目，经历了完整的结算项目办理流程。

这一年，我们做了 ×× 个造价 + 法律结合的项目，分别是 ×× 项目与律师一起推动工程项目鉴定及争议解决、×× 项目与代理律师一起进行造价鉴定意见反馈和专家辅助人出庭咨询、×× 土石方项目提供鉴定复核和专家辅助人咨询、×× 项目与律师团队一起提供索赔咨询 + 诉讼案件咨询服务。

这一年，我们做了 ×× 次企业培训，分别是……

这一年，我们做了 ×× 次中标项目的现场管理前期指导咨询，为重庆 ×EPC 项目管理团队，在项目开工建设进场前从造价 + 管理的角度提供了咨询服务。

这一年，我们也签订了一个工程项目结算审核合同，这是 ×× 新建厂区项目结算审核。基于现场施工进度的缘故，该项目的具体结算审核工作推迟到 2023 年进行。

这一年，虽然我们团队做的项目不是很多，但是我们的付出和努力却一点也不少。这些时间背后我们的付出和努力，其实就是我们在过去的时间种下的种子。在未来的某个时间段，它一定会开花结果，让我们每个人迎来胜利的果实与收获的喜悦。

（2）我们收获了什么

在过去的这一年，虽然我们团队的完成产值和实收产值，都有点不尽如人意，与业内优秀的团队优秀的企业相差很大，但是通过我们的付出和努力，我们也收获了很多行业内同行和其他组织可能想象不到或者意识不到的价值之处。

在业务模式上，对于造价 + 法律这一理念与设想，在 2022 年我们有了质的突破和实践的落实，将结算复核这一理念在建工诉讼案件中进行推广和实践，通过鉴定初稿复核 + 专家辅助人这一独特的方式，给客户和市场提供具有独特吸引力的咨询服务。

在发展创新上，对于工程索赔，我们通过和律师事务所合作，配合提供前期的索赔咨询以及后期的索赔转诉讼案件咨询，在具体实施方式和收费模式上，也有了新的突破和落实。

在对外合作上，通过这两年的沉淀与付出，我们与行业内有名的律师事务所建立了长期稳定的合作关系，例如……

在团队成长上，×× 顺利通过二级造价师，多年好友一级造价师 ×× 加入我们团队，团队已经具备 ×× 个一级造价师 ×× 个二级造价师，可以顺利开展结算审核相关工作。

在品牌建设上，通过我们润物细无声的积累，在 2022 年也有了质的飞跃。×× 被聘请为重庆 ×× 大学专业硕士生校外导师，在校企合作方面开始有一定的尝试。公司顺利加入 ×× 法院的工程造价司法鉴定专业机构名册，同时也通过了重庆市城乡建设委员会组织的工程造价咨询企业信用评价，参与信用评价企业共 ×× 家，公司排名第 ×× 名，从此我们有了一个正规化、长期化、标准化、团队化、品牌化前进的初步开端。

在宣传推广上，通过参与造价协会造价工程师继续教育课程的录播，以及公司微信公众号“知行达造价法务创效圈”系列专业实务文章的持续分享，在业内甚至是省外的造价同行中，能够让更多的人知道我们的企业，知道我们的团队，了解我们的专业，了解我们的执着。

在产品研发上，我们研发了一门全新的企业实训课程 ××，在“造价 + 法律”的培训课程上有了新的尝试。

在标准建设上，通过团队的实践和理论相结合，形成了《项目文件电子归档标准作业》《工程项目结算办理操作手册》以及《重庆知行达工程咨询有限公司薪酬制度（试行）》标准化文件，这些标准文件来自团队的项目沉淀和积累，来自团队的管理创新和突破，更来自我们对长期主义的坚持和向往。

对于他人，这些收获可能是微不足道的，但是对于我们团队，这些差异化的独特收获，就有如星星之火，而且是属于我们团队所蕴含的、他人很难模仿和短时间内借鉴突破的星星之火。

正是这些一点一滴积累的收获和突破，是未来我们成长发展的基础，是未来我们扬帆起航的保障，更是未来我们组织和我们每个人，在这个行业在这个日趋竞争激烈的环境下，立足谋生和过上美好生活的坚实保障。

（3）我们启发了什么

“九层之台，起于垒土；千里之行，始于足下。”

越是竞争激烈的时代，越是发展困难的环境，越需要我们重视做事情的细致度，做工作的专注度，做事业的长远度。

对于我们还属于前期积累和探索阶段的新型组织来说，心怀远方，立足当下，把当下的每一件事情做好，把当下的每一个工作做出彩，更是关键当中的关键。

只是，我们在做事情的同时，也要跳出事情本身看事情，我们要去思考，通过当下的事情，我们要沉淀什么、我们要收获什么、我们未来要达到什么、我们将来要创造什么。

基于团队实践和沉淀总结，启发我们在 2023 年和未来的一段时间，我们重点开展和探索实践的咨询服务产品（见表 3.2）。

表 3.2　“造价 + 法律”增值创效咨询服务产品简介

序号	服务阶段	服务产品	服务内容	服务价值	服务成果
1	项目前期创效	1.1 中标文件创效分析	对项目中标文件进行系统和全面的创效分析：1. 从项目过程控制和结算创效角度出发，系统梳理分析招标文件、投标文件、中标清单的创效点、风险点以及过程管理注意事项。2. 从造价 + 法律双视角，对施工合同进行专业审核分析	谋定而后动，从项目开始阶段就统一和明确整个项目的创效思路和管理注意事项，让项目的创效具有可控性、可行性和可实施性。	编制中标文件创效分析咨询报告并交底
2	预算结算创效	2.1 复核创效咨询	对施工企业编制的预 / 结算成果文件进行全面、系统、独立的第三方专业复核：1. 挖掘预（结）算文件少算、错算、漏算、漏项以及其他可以争取的利润空间。2. 识别预（结）算资料的不完善不闭合不规范之处，以及明显的大额多算项目，提前规避审减风险	从审计和专业的视角进行项目复核，挖掘额外利润，规避审减风险，让项目利润最大化。有效和快速提升施工企业项目预（结）算团队从专业到技术，从思路到技巧，从新手到熟手等专业能力	编制复核创效咨询报告并交底
		2.2 预算结算办理	从造价 + 法律 + 审计三视角，系统全面梳理相关资料，进行预（结）算编制，预（结）算对审，预（结）算争议解决	全面、系统的办理预（结）算，确保项目利润最大化	编制预(结）算成果文件并完成核对
		2.3 预算结算审核	从造价 + 法律 + 审计三视角，系统全面梳理相关资料，进行预（结）算审核	高效、有效的办理预（结）算审核，确保委托方的效益最大化	预（结）算审核报告
3	争议解决创效	3.1 工程造价鉴定	根据委托进行工程造价鉴定	专业、独立的视角进行工程造价鉴定	工程造价鉴定意见书
		3.2 专家辅助人	针对建设工程诉讼案件中的工程造价鉴定意见书，出具专业质证意见，同时作为专家辅助人参与庭审质证	协助律师和当事人办理案件	工程造价鉴定意见书反馈意见
		3.3 诉讼案件咨询	造价师 + 律师组成专业复合团队，为当事人解决建设工程施工合同纠纷	造价师 + 律师共同办理诉讼案件，提升案件胜诉率	按双方约定
		3.4 工程索赔咨询	从造价 + 法律双视角，对工程项目索赔事项进行系统评估；索赔文件编制、洽商、谈判等	造价师 + 律师双维度进行专业索赔咨询，索赔过程和结果更具有可执行性和可期待性	工程索赔文件编制

续表

序号	服务阶段	服务产品	服务内容	服务价值	服务成果
4	顾问服务创效	4.1 造价法律顾问	工程造价和法律专业问题咨询、解答	通过造价 + 法律融合的顾问咨询，带来多重价值和收益保障	顾问服务
		4.2 现场造价指导	从结算审计和法律的双视角，对工程项目施工现场的过程资料、现场管理、造价工作等进行现场专业指导服务	通过提前集中检查和指导，提前发现问题，提前规避风险	按双方约定
5	人才培养创效	5.1 企业培训	"标准课程：《工程项目利润创造与造价风险控制》《有效知识管理与高效工作实务技巧》《施工合同司法解释的造价理解与应用实务》定制课程：根据企业和项目具体情况进行专业课程定制实施"	快速、有效地提升员工的专业技术能力，整体提升团队的创效实务水平	集中实施企业实训课程讲解

因此，在新的一年，我们团队将围绕上述的咨询服务产品，进行相应的重点探索和实践。一边实践，一边总结，一边沉淀，不断去寻找和打造与我们团队相匹配的咨询服务产品和专业咨询团队。

每个时代都有每个时代的特点，每个时代都有每个时代的困难，这几年的发展，让我们意识到我们将无可避免地进入一个比以往要困难得多的时代。但是，困难的时代对于我们后发者来说，某种程度上，这虽然是不利的事情，但是或许更是有利的因素。

因为，一件事情没有困难，就不会有机会和需求，因为人人可以做的事情，就轮不到我们去做，而当我们具备了他人不能做的能力和实力，具备了差异化的竞争力，我们也就获得了时代的青睐和走向了自己的春天。

2023 年 1 月 12 日

3.2.3 让我们在职场经久不衰的，是传承而不仅仅是技术

古人有句俗语“长江后浪推前浪，浮事新人换旧人。”（刘斧）这句俗语讲的是事物是不断发展的，新人新事会不断地代替旧人旧事。

从宏观的角度，这是一个必然的趋势。但是，从个体的角度，尤其是作为一个现代分工日益精细化大背景下的职场人士，如何保证在自我有限的职场生涯中不被后浪覆盖，不被趋势替代，是个体不得不面对的一个问题，尤其是最近数年职场中年危机甚嚣尘上，更是引人深思。

作为一名工程造价执业技术人员，随着信息化、智能化的发展，随着市场化、装配化的趋势，随着资质的淡化、执业的严管，工程造价技术人员如何保障自身能在职场中持续稳定地工作和发展，同样值得提前思考。

事物都有其内在的逻辑，工程造价人员属于工程技术人员的一个分类。作为技术人员，在一个企业或者一个组织或者一个团队，能持续地发展，关键取决于两个方面。

第一个方面是技术本身。技术是技术人员的立身之本，脱离了技术就会如无本之源无根之木。在现代职场，技术本身又是日新月异，不断地变化和发展。因此我们所说的技术人员的技术，核心是指技术人员面对新事物快速学习掌握的能力，而不是指技术人员具体当下的对某个具体技术掌握熟练程度和运用的本身。因为当下具体存在的熟练的技术，可能转眼就成为明日黄花，不再是社会所需要的技术，那么这种技术本身也就不再是技术，例如曾经的手绘施工蓝图技术、当下的高速路出入口收费岗位技术。

我们如何来评价或者提升一个技术人员的技术能力，也就是技术人员的快速学习掌握能力呢？在实务中，我们一般通过 532 原则来衡量。

532 原则，就是面对一个新的事物新的技术，技术人员能够通过视觉，也就是看书本身，理解该技术的基础部分 50%；技术人员能通过听觉，也就是听别人讲解，掌握和领会该技术的高阶部分 30%；技术人员能通过触觉，也就是通过参与该技术的实际应用，感触他人对该技术的具体使用，深刻领悟和触类旁通该技术的关键部分 20%。

当我们理解和掌握了这个技术人员技术能力评价或者提升的基本原则时，我们在工作中面临的很多新技术新事物，就有了从容应对的方法。例如对于即将实施的新版工程量清单计价规范这一新事物，运用 532 原则，先通过系统阅读规范本身和宣贯辅导教材，理解 50% 基础知识；再通过参加相关专项培训，听取专家学者和业内大家的解读，去理解 30% 高阶知识；最后，通过参与一个实际项目的应用和实施，去领悟提炼总结 20% 的应用关键。这几个步骤来，我们会很快系统全面地掌握该新事物，成为新的环境下新的格局下一名熟练的技术人员。

第二个方面是传承。个人能力再强，毕竟只是一个个体。在现代社会，个体的力量和持久性是很难与组织或者团队抗衡的。那么这时，如何将个体的能力或者技能持续不断地在组织或者团队当中传承，就非常重要。只要有传承，对于被传承的技术人员本身，不管环境如何风云变幻，不管事物如何日新月异，技术人员都会一直保留在团队中。有自己的一席之地，就不会被后浪完全覆盖。

如何理解技术人员的传承呢？传承也分为三个方面。

第一个方面，是技术本身与其他部门其他岗位的传承，也可以理解为配合和支持。例如，技术与营销的传承，技术与财务的传承，技术与生产的传承，技术与运营的传承……这需要我们技术人员在从事当下具体技术工作的同时，不断地去观察去理解去提炼，其他部门与当下我们技术工作的重合点、配合处；在实施我们具体技术工作的同时，去嫁接和穿插其他部门的刚性需求，提升其他部门的效益。当我们的技术能成为其他部门的需要，能持续为其他部门带来价值，能润物细无声地被需要时，那么也就是我们技术本身与其他岗位其他部门产生传承，带来持续性和持久性的时候。

第二个方面，是技术人才的传承，也就是技术团队的持续培养和打造。一个优秀的技术人员，会不断地提炼总结技术背后的方法论和工作思路技巧，不断地将技术教给团队新人、团队成员。虽然古人说教会徒弟，饿死师傅，但是到了现代社会刚好相反：只有不断地教会徒弟，教会团队，才能让自身有更高的、持续的发展。因为在古代，一个个体掌握一门技术，就可以完整地实施一件事情；但是在现代，任何再细小的事情，往往都需要一个团队，或大或小的组织去完成，一个个体掌握的某一点或者某一个面的技术，是没有办法去实施或者落实一件完整的事情的，更不要说去市场化的浪潮中参与个体化竞争。

第三个方面，是技术理念的传承，也就是通过大量的重复的普通的技术工作本身，去形成自我技术工作的一些言简意赅的技术理念，并且把这些技术理念持续的用于各种不同的技术工作。一旦我们在不同的技术工作中形成了共性的通用的技术理念，就相当于我们深刻领悟和掌握了独孤九剑的无招胜有招，面对任何新事物，新环境，都有了提纲挈领的思路，有了百变不离其宗的抓手，那么我们技术人员的技术能力，也就真正地达到了成熟，真正让我们能在职场中经久不衰。

所以，时代和趋势的发展虽然无尽头，但是对于我们技术人员当下的某个具体技术工作本身，一定是会有尽头的，只不过是时间早晚的问题。

个人或个体的提升有尽头，但是我们技术人员对于技术工作本身的传承传递，却是绵绵不断没有尽头的。

就如庄子所说的：“吾生也有涯，而知也无涯。以有涯随无涯，殆已！已而为知者，殆而已矣！”这就是我们技术人员在技术工作中可以怀揣的自我理念和自我认知。

2022 年 2 月 6 日

3.2.4　那些经历了的人和事，才是我们的真故事

山城重庆的四月，是一个非常梦幻的季节。既有春日的芳菲，也有夏日的炎热，间或有秋日的凉意，偶尔有冬日的寒冷。

所以，最是难忘山城四月天，我们在感叹这四季变化的同时，也在感怀夹杂在四季变化中的人和事。

（1）A 君

月初，我们进了一趟城，从长江头来到了长江尾，没有思君却见君，一起共饮长江水。我从西部到东部，A 君从北方到南方，在长江入海之处相遇，一切源于一个电话。

那是某个晚上七点，正在小区健身走的我，接到 A 君的电话，说他两天之后的某场培训出了点小状况，向某君求助，某君告诉 A 君说找我即可。

与 A 君电话结束，我晚上八点赶回了办公室，十一点完成了课程 PPT 提交给 A 君，第二天上午委托人确认通过，第三天我与 A 君在千里之外的城市相遇。从两个彼此不认识的陌生人，成为创业路上惺惺相惜的同路人。

A 君的创业之路比我早很多，当我从学校走入社会，还在工地上青涩地“搬砖”，晚上寂寥地仰望星空怀疑自己的人生选择和道路时，比我年长不了多少的 A 君，已经义无反顾地投身市场，俯仰沉浮。A 君在给我分享创业经验的同时，我们也在一家街边餐馆大快朵颐东北菜，闲聊各自人生事。

末了，A 君和我说，我们应该很快会在这个初识之城再次相遇。果不其然，A 君组织的这次培训，委托方反应还不错，集团公司准备月底再举办一场。于是，如 A 君所说，我们很快会在此再相遇。

（2）B 君

不知不觉间，认识 B 君快三年了。

B 君属于施工企业心态超级开放的管理者。B 君曾经有一次和我提过这样一个想法：邀请独立的第三方组织或者咨询机构，对某已经完成的项目，从造价管理、成本控制、财务管理、税务筹划、组织管理等多维度进行一个全面评估总结复盘，让组织去直面真实问题的同时，为企业后续项目的管理和运行提供最直接的宝贵经验总结。同时 B 君一直也有一个职业理想追求，想采用数字化的方式，把企业各个项目的数据、成本、资料等有效地管控和联动起来。

相识之后，B 君偶尔会给我打电话，问问近况或者闲聊几句。上旬的某天，我来到 B 君所在城市和某个项目交流“造价 + 法律”的事宜，交流完毕我看时间还早，就跟 B 君联系了。

恰好 B 君当天未出差，恰好 B 君当天也有空，于是我来到了 B 君办公室，双方闲聊了接近一个下午。

B 君很开心地告诉我，他曾经畅想的数字化管理系统，通过几年的努力和摸索，应该在今年下半年就会落地实施了。从最先开始的设想，到说服公司管理层和基层，到与软件开发人员的理念对接和具体实施……在 B 君的轻描淡写之中，我感受得到作为传统行业为拥抱新兴事物所作出的努力和改变，是艰辛的，是充满挑战的，但是，也是充满希望的。

就如昨日，我和某位友人一起聊天结束时彼此的互勉：相遇是缘，相信我们都会在各自的方向和道路上走得越来越好；目标是星辰大海的人，当下的高山和流水，终将成为未来我们从星空回望大地时最好的风景。

（3）C 君

C 君是一名律师。但是，C 君不仅仅只是一名律师，他是让我真正意义上再次感受和定义了“勤奋”这两个字的内涵和外延的人。

C 君法学硕士毕业不久就成为某大型律所的合伙人，尔后又跨行就读金融学博士，后面准备专注于建工领域，自费去造价培训机构系统参加造价专业学习的同时，一年一次性通过一级造价工程师职业资格考试，一次性通过咨询工程师（投资）职业资格考试。在成为身边很多人传说一样存在的同时，C君略带遗憾地告诉我，曾经他也去参加过注册会计师考试，由于考试前几天，恰逢爱人预产期将至，精力略有分散，某科以一分之差败北。

只有当我们真正意义上地去见识了更好的存在，只有当我们去真切地感受了比我们更优秀朋友们更勤奋的付出、努力和前行，我们才会深刻地去剖析和反思自己当下的工作，是否我们已经足够努力？是否我们已经足够勤奋？是否我们已经足够坚持？是否我们已经足够向上？……

越是传说的存在，就越是会有一般人难有的开放心态，就越是会在思路和方法上有自我的体系、构思或者创新。C君邀请我作为他们团队的特别造价顾问成员，参与了某企业的常年法律顾问述标活动，让我真正意义上见识了，其实“法律＋造价”，还有其他的风景和韵味，只是以前处在一个小视野小范围当中的我，未曾去见识，也还未曾去经历。

不管当下如何，不管外在种种，保持向往更加美好的事物，保持一如既往随时归零的谦卑心态，保持坚定的人生美好向善的追求，这就是C君带给我们的启发。

结语

这个月，相识接近十年的友人D君正式加入了我们的团队。

在合适的时候，合适的地点，以合适的方式，秉承着共同的方向和追求，怀揣着一样的价值观和做事理念，终于一起携手同行。

人与人之间，往往是相识于缘、相交于品、相敬于德、相行于义，而这些所有，都需要靠长远的时间和岁月去熟悉、去磨合和去检验。

作为专业技术人员，作为专业咨询机构，是需要靠时间的累积和岁月的沉淀，才能真正地成长和蜕变。就如曾国藩所说，“为天下之至真能胜天下之至伪，为天下之至拙能胜天下之至巧”，对于专业人员，结硬寨，打呆仗，看似最笨拙的道路，到了最后灯火阑珊处回望时，会发现自己走的这段蜿蜒曲折的道路，也还刚刚好。

所以，多去经历，多去沉淀，在这个过程中我们遇到的人，经历的事，终将融入我们的内心，成为我们的一部分，这才是属于我们的真故事，属于我们的真生命。

2023年4月21日

3.2.5 现实的生活充满了深刻，但我们有时不是仅仅为了深刻

我们有一个群，寥寥数人，群里是毕业这么多年后兜兜转转，仍旧坚持在工程造价这个领域做点事情的师兄师姐们。

这个群得以建立，而且生生不息，大部分属于A君的功劳。A君属于工作狂人和事业达人的类型，毕业不久就进入某知名地产公司。A君曾经告诉过我，在他过往的职业生涯中，工作到深夜和最后一个下班，为了工作精益求精是常态。所以，很多人毕业之后还在怀念

学校的青葱岁月以及停留在对职业的懵懂时，A 君已经能够站在一个全局的层面，去统筹着各种人和事，把一些我们看来很宏大的事情去规划、拆分、落实和做成。

A 君组建了这个群，并且把散落在重庆造价领域的我们汇合到了一起。这一次，又是 A 君在群里叨叨念念，终于时隔半年之后，我们又一次聚在嘉陵江边，迎面缓缓而过的江水，穿梭而过的轻轨，从晚霞开始，到夜景来临，再到深夜时光，才散落而去。

有时候，全神贯注地工作和聚焦某件事情，会让我们感受到价值和成就。但是，有时候，漫无目的和天南地北地闲谈，也会让我们真正感受到生活。

职业的高光时刻，A 君华丽转身开始第一次创业，再到他人认为环境艰难的时候二次创业，划出了一道别人惊讶和很难理解的职业路线。就如 B 君经常调侃 A 君的，“人生不要把自己折腾的这么累”。但是 A 君每次都是听了之后，一笑而过，尔后依旧，谈笑风生。

B 君是一个坚守和专注的人，毕业之后进入造价领域，从此一直在造价咨询领域深耕细作，不像我，是在其他领域和岗位兜兜转转折腾之后，才最终回归到造价咨询。夜幕降临华灯初上时，有人背着吉他提着音箱在追求着自己的理想或是谋取着生活，路过隔壁邻座时有人点了两首歌。旋律和歌声响起，B 君微微笑着说，如果他去唱，估计这人会失业。我们怂恿着 B 君来几首，B 君挥挥手说：把过去的留给岁月，把当下的留给他人，把曾经年少时候的内敛和害羞永远地留给自己，留给内心吧。真诚和含蓄，既是对他人的尊重与信任，更是对自我的修炼与和解。

就如 C 君所说的，我们要带着一些情怀去做一些事情，哪怕这些事情看着不明朗，哪怕这些事情看着挺费劲，坚持去做，保持初心去做，把结果留给时间和他人，把过程和沉浮留给自己和经历，如此足矣。

我和 C 君探讨过关于真正专业咨询的理解，也探讨过关于专业的最终归宿与价值。具体的技术和技能是一个人得以生存的职业基础，但是未来社会能让我们不被淘汰和紧跟时代发展前行的，一定是建立在专业基础上的对事物的认知，也就是思路和思维方式。从专业技能到方法论，从方法论到认识论，这是造价专业咨询发展的一条可能存在一定想象空间的路径。

路径总是在实践中让我们感触很深，也总是在实践中一步一步让我们感受到身上的责任和重担，这在 D 君身上展现得淋漓尽致。

我们评价一个人对某件事情的喜欢可以分为普通玩家、爱好者、发烧友等多个层次，如果我们评价 D 君曾经对技术的追求和热爱，那绝对应该是属于发烧友级别的。在学生时代就能够把专业技术进行理论和实践相结合，并且在毕业之前就能在企业和市场上提前实现那个学生时代的我们看来的财富自由，这就说明 D 君是一个传奇一样的存在，以技术为底色的那种传奇存在。

后来，D 君创业，自立品牌，团队跟随，从技术转管理到经营，从曾经的玉树临风潇洒自如，再到一个人肩负着数十个家庭的期望与责任，这其中的种种，D 君曾经云淡风地和我说了一句话，“如果我们选择了一条人生路，那就不能再去回看过往的风和日丽，未来的山高水长才是自己的笑看人生”。

对于市场竞争的激烈，团队管理的挑战，企业经营的压力，E君有自己深刻的现实体会。没有伞的小孩，只有在雨中用尽力量比别人更努力地去奔跑。就如E君经常自嘲的，当别人还在凡尔赛应收账款无法收回时，我们还在为有应收账款而努力着。笑看市场压力的同时，深刻地感受整个行业所面临市场竞争和生存竞争的同时，依然保持着乐观的心态和对现实的理解，这既是生活对我们的打磨，也是我们对生活的回馈。

一如淡定的F君，如此种种，我们终将会回归到生活的平静与对事物理解的淡定。我很好奇地问了F君一个问题，为什么你们一个年级出来创业并且成功的会有这么多人呢？F君淡定地告诉我，因为他们毕业那一年恰逢金融危机，找不到工作，所以被迫自谋生路，如此而已。

现实的生活，尤其是当下大环境下现实的生活，充满了艰辛的深刻，也充满了深刻的未知。但是回首过往，无论哪个时代哪个场景之下，都有那个时代的艰辛和荆棘，有那个时代的改变和无奈。

所以，我们在感受生活的深刻，在经历生活的深刻时，不仅仅只是为了深刻，为了生活，更多的时候我们还要为了深刻背后一些简单的、朴素的、自我的事情去坚守、去探索、去执着。就如不久前我去拜访Y总，聆听Y总对工作生活的指导时，Y总告诉我：其实，保持自我的单纯和简单朴素，未尝不是人生的一种小确幸。

2023年5月18日

3.3 返璞+归真

3.3.1 学习之道，工作之能

成长

在森林里，如果有一棵苍天大树，那么这棵大树之下，往往就长不出其他的树了。即使能长出其他的树，这些树也很难达到那棵大树的高度。

同样地，作为基层员工，当我们面临困难或从未从事过的任务、工作时，如果我们永远寄希望于他人，寄希望于领导，给予我们具体的解决路径或者具体的工作选项，那么同样地，我们自己的职业发展高度，往往也就很难达到领导的高度。

所以，在成长的道路上，既要寻找苍天大树，引领和激励自我，也要擅长寻找和制造属于自己的那片天地。这样才能有“海阔凭鱼跃，天高任鸟飞”的广阔和高远。

规则

没有规矩，不成方圆。

做成一件事情，只要是团队，就涉及规则。规则的完善与否不重要，有无清晰的规则才是核心。

完善的规则比不完善的规则当然要好，但是不完善的规则也比没有规则要好。

对于团队，对于合作，做事之前先明确规则，这是事情推进的基础。

对于个人、对于自我，抬头有神明，自我有约束，这是修身的基本。

就如康德所说的："这个世界唯有两样东西能让我们的心灵感到深深的震撼，一样是我们头顶上的灿烂星空，一样是我们内心崇高的道德法则。"

星空遵循万有引力的规则，道德遵循自我内心的约束。所以，时刻让自我铭记规则，遵守规则。

闭环

在工作上，把一件事情从开始到结束有始有终地完成，形成闭环，这是一种能力，也是一种良好的工作习惯。

在思维上，把一个事理从原因到逻辑有理有据地分析，形成体系，这是一种认知，也是一种的学习方式。

在工作上，我们把每一件事情养成闭环的习惯，会迭代式地提升自己的实践能力；而在思维上，如果我们过早地站在自己的视角，把每一个事理形成一套自我认为逻辑严谨，严丝合缝的闭环，却会让自己故步自封，难以前行。

因为，在思维上过早地闭环，容易让自己陷入自我的小世界沾沾自喜，自动屏蔽外在的新思想、新思路、新理念，很容易成为井底之蛙，在自己低纬度的思维闭环徘徊，止步不前。

所以，在战术执行的工作层面，要时刻保持闭环的工作习惯；在战略布局的思维层面，时刻保持开放的逻辑，在坚持自我底层逻辑框架的同时，预留各种思维和逻辑的接口，随着时代的发展和身边环境的变化，不断地吸收和接纳新的理念、新的思维。

理解

合同，分为有效合同、无效合同、效力待定合同、可撤销合同。参加过造价师考试的造价人，都很容易理解，因为这些考试教材中都有阐述，我们不断地背诵和记忆，熟记在心。

签证，分为有效签证、无效签证、效力待定签证、可撤销签证。作为一名中规中矩的专业造价技术人员，如果没有经历过各种严苛的国家审计项目、司法诉讼项目，可能就不太好理解这些概念。

很多时候，我们都是用自己能够理解的角度来理解这个世界。而我们能理解的角度，更多的是来自我们自己的经历或者身处的环境，当我们的经历和处境过于简单，那么，我们往往就很难理解别人的很多行为、外在的很多事物。

读万卷书不如行万里路，行万里路不如阅人无数，就是这样的道理。

能力

如果说成为一名武林大侠，练就绝世武功需要打通任督二脉；那么作为一名现代企业的职场人士想要鱼跃龙门，也需要打通四个维度的理念。

第一个维度的理念是“高”。高一方面是指要有长期的目标感，整个一生要达到什么目标？三十年后要达到什么目标？十年后要达到什么目标？从高的维度反推到今天、明天、一年后，我该做什么事情。高的另一方面是越阶沟通的勇气，要敢于和比自己年龄高、经验高、成就高、能力高的人进行交流。

第二个维度的理念是“低”。低就是需要我们接地气，能扫得了大街，也上得了讲台；能阳春白雪，也能下里巴人；能谈得了思路理念，也能具体落地干活。

第三个维度的理念是“外”。外就是我们不仅仅需要有理想主义的出世，还要有现实主义的入世。

第四个维度的理念是“内”。内就是我们在世俗随大流的同时，要秉持自己内心的准则，就像古时候的铜钱，外圆内方，外面顺应社会和潮流，内心自我规矩约束。

互信

在工作和任务的落实推进上，我们很大一部分精力用在了解决双方的互相信任上，接下来才是具体工作和实施问题。

如何建立双方的互信呢？互信建立的前提是双方要有具体的行动，而不是停留在客客气气，和和睦睦的漂亮话和仪式层面。

越客套，往往双方越不信任；越是行动，再微小的落实的行动，都很容易引起对方信任的关注。

例如，对方的消息，小事快速回复，大事积极反馈，遇到问题不推脱，不逃避，积极推进和协助解决问题，哪怕当下看似是无用功，是无解的……但是这些具体的行动和细节将成为双方建立持久互信的基石。

目标

人们在什么时候最幸福？是在有目标，而且目标明确，又不断被实现的时候。例如，小时候喜欢吃零食，手握辣条的时候；长大了想买房，终于拿到房子钥匙的时候。

因此，要保持工作和生活当中的幸福感，就要学会不断地去设立小目标、大目标、短期目标、长期目标。

在日常工作中，尽量设置一些比自己能力稍稍高一点的目标；在年度规划当中，尽量设置一些自己跳一跳能够得到的目标；在五年规划中，尽量设置一些给他人给行业带来价值和意义的目标。

不想当将军的士兵不是好士兵。会设置目标的人，也会把工作做得很细致，把事情做得很优美。

约束

《大话西游》中，至尊宝最终戴上了紧箍咒，与唐僧一道到西天取经，修成正果。

其实，这背后告诉我们，决定人和人之间差别的，是我们在一段时间里给自己设置了哪些约束，给自己戴上了何种的紧箍咒。

这些自我约束和紧箍咒，有关于工作习惯的，例如不给他人添麻烦；有关于工作风格的，例如做事情有始有终；有关于工作理念的，例如各为其主，各尽其责，各司其职；有关于工作态度的，例如给他人提供可持续的价值，他人收获和成长是自我存在的基础……

而这所有的自我约束当中，就如某大型施工企业对于商务线条所倡导的理念：人才是商务线条的根本资源，而职业道德是商务线条的最基本素养。

换种说法，在工程领域的施工企业，工程商务人才控成本、创收益、谋合约、懂技术、会管理、能谈判、知法务、通财税、会协调……是项目管理和实施过程当中的至尊宝，最终能否修炼成各自组织和团队的孙悟空，就在于能否在日常繁琐平凡而又充满诱惑的商务工作中，给自己戴上一道又一道的紧箍咒，而这紧箍咒当中的金箍咒，就是我们所说的：职业道德。

安静

学生时代写作文，喜欢用“针掉到地上都能听得见声音”来形容安静的环境。

职业职场做事情，习惯用手指敲打键盘留下文字，来感受工作的进展。

当我们屏声静气的时候，才能感知到自己砰砰心跳；当我们静坐独处的时候，才能有三省吾身的鞭策与警醒；当我们真正能安静下来的时候，才能感知到时间和生命。

正如经典科幻作品《沙丘》一书所诠释的：“人类每次正视自己的渺小，都是自身的一次巨大进步。”

对于职业人，能开始接受每一次安静的时光，能愿意去坚持没有人关注的工作，能主动去投身静谧无声而又带有点点星光、平凡普通而又浩瀚无垠的日常工作的星空……

这是一种改变，更是一种蜕变。这种改变发生的时候，我们有些人把它叫做中年危机，我们有些人把它称呼为佛系躺平，我们有时候把它描述为老骥伏枥，我们有时候也把它总结为厚积薄发。

所以，安静地做事、安静地工作、安静地感受、安静地前行……既是一种高效的工作方式，也是一种有效的工作理念，更是一种积极的生活方式。

抱怨

在成长过程中，我们会遇到各种各样的问题。遇到问题，我们经常会心生抱怨。

到了工作职场，到了商业市场，偶尔静下心来去思考，我们会发现，其实无论是自己还是他人、团队、组织、环境造成的问题，恰巧是我们的机遇。

当我们自己抱怨自己时，自我就有了目标和成长的空间，而不断的成长和提升又是自我满足感和意义感的来源。

在被他人抱怨的时候，我们只要稍微比他人多用心一点，去推动和解决他人抱怨的问题，这样差异化和对比的优势就一下子显现出来了，一枝独秀就是这样对比而来。

在被团队和组织抱怨的时候，我们只需要沉下心去尝试解决问题。成功了，这就是力挽狂澜，功不可没；没有成功，也是敢于探索，勇气可嘉。

个人、团队、组织靠什么在维系？其实靠的是目标。而很大一部分目标其实就是来自于我们的抱怨。

所以，换种角度看抱怨，退出画面看画面，有时看到的是冬天，有时看到的会是春天。

迭代

爱因斯坦曾经说过，“复利是这个世界上的第八大奇迹”。

其实，变化一下场景和话语，对应到我们的工作上，复利对应的含义就是“迭代”。

就如《射雕英雄传》中，洪七公初见郭靖和黄蓉时，洪七公觉得只有黄蓉才是一个武学好苗子，但是事实上洪七公最终选择的却是郭靖。因为在郭靖的身上，洪七公看到了不断迭代的努力，不断升级的成长。也正是由于郭靖的这种自我迭代的理念，从江南七怪起步，与哲别学剑，向马钰道长求学内功，洪七公九阴真经，一灯大师全真剑阵，老顽童左右互搏，欧阳锋剑走偏锋，铁木真万夫当关……

如果说人和人之间的差异体现在于认知的不同，那么对于认知的打造和升级，是靠不断的自我经历和自我迭代完成的。

所以，在当下所处的环境和平台，基于现实场景，我们应该从简单的事情开始，从身边的工作开始，不断地迭代，不断地查漏补缺，不断地循环朝前。在时间复利的叠加下，愚公终将移山，蚍蜉也能撼树。

表达

在工作过程中，我们需要在各种场合，进行着各种表达。

比如对内工作任务的分配和讨论，对外工作成果的交底和汇报，都需要我们用语言、文字或者图片等载体进行表达。

那么，什么是最好的表达呢？是文字的精美和严谨？是语言的流畅和优美？这些既或许是，又或许不是。

最好的表达不是诉说，而是倾听；不是载体，而是对象。

在表达之前，先去倾听表达对象的关注点，这种倾听可以是有形的，也可以是无声的倾听。根据倾听再来组织自己表达的方式、内容。意思还是原来的那个意思，目的还是原来的那个目的，但是最终的效果可能截然不同。

技术

学生时代，有过一句激励我们学习的名言：“学好数理化，走遍天下都不怕。”

什么是数理化呢？其实就是技术的代名词，只要我们掌握了一门技术，那么无论走到何处，都有我们的生存之地。

进入职场，从团队和组织角度，如何理解技术呢？

其实，技术是一种资源。能解决组织问题和达到团队前行目标的各种资源，都是技术，例如管理、信息化、标准化、专业技能、组织文化……

与技术资源观相对应的，就是技术情节。技术情节，从某种程度上来讲，是一种约束，将自我的视野局限和聚焦在某一个点，让创新的思维无法产生，让解决问题的思路无法展开。

所以，作为个体，我们要有技术情节，但是除了情节之外，我们还需要具备技术资源观。两者结合，才是真正有效的技术。

需求

自我职业成长的道路上，我们经常会对自己说，要提升自己的能力，比如合同管理能力、建模算量能力、定额计价能力等。但是，很多时候我们忘记去思考：从何种途径去提升技能才是有效的？

从市场化的角度，作为专业技术人员，提升自己技能核心源泉其实在于需求，在于客户的需求。

第一种需求，是客户自己想要的需求，例如当下造价行业想要的自动算量、自动组价、自动测算成本的需求。这种需求一般是属于现实意义和具体动作层面的。

第二种需求，是客户被创造的需求，例如过去的智能手机以及当下的元宇宙。这种需求一般是属于理想层面和组织管理层面的。

只要市场和客户有需求，那么这就是未来我们自己技能提升和成长的方向。作为专业人员，先通过第一种现实意义层面的需求，进行具体动作的小规模实践、总结、打样、推广，接着从理想和组织层面进行发散、思考、提炼，并引导客户自我发现和创造需求，跟随着马斯洛需求层次理论，从生理需求到自我实现需求，再进行更深更广的探索实践。这样就对自己专业技能提升，形成了一个一个小闭环，在小闭环基础上再进行螺旋迭代式成长。

选择

在工作中，在成长的道路上，我们会面临很多的选择。

而选择通常又分为两种：一种是追求想象力范围内的选择，代表着预期、确定、控制、稳定；一种是追求想象力范围外的选择，意味着挑战、风险、摆脱、远方。

当事物的评价标准比较单一时，我们采取追求想象力范围内的选择是稳妥的，比如学生时代，评价标准就是成绩。我们选择考取一个自己能力范围之内好的成绩好的学校，这是想象力范围内的最佳选择。

当事物的评价标准复杂多元时，我们采取追求想象力范围外的选择，比如工作职场，评价标准各不相同。我们适当尝试和挑战想象力范围外的一些选择，在这个不确定和快速发展的时代，从长远的角度，可能当下看似不稳定的表面，却是未来紧跟时代变化而前行的最有效的稳定。

因此，作为个体，很多时候不应该过多地对环境抱有期待，而是更多地对自己有所要求。

环境变和不变，一直在那里；而自己选择和不选择，要求和不要求，经历时间洗礼后，就迥然不同。

效率

在工作中，多快好省地工作开展，高效高速地工作开展，是我们追求的重要目标之一。

那么如何提高工作效率呢？实务中有两种常见的方式。

第一种方式是减少步骤或者工序，步骤或工序的减少，工作速度当然直接提升。

第二种方式是尽量缩短在每一个步骤花费的时间，每一步的时间缩短，整体工作效率也必然加快。

但是，这两种提升工作效率方式背后的思维逻辑却是截然不同的。

第一种方式需要的是创造性思维和颠覆性思路，因为减少工序是对原有结构的本质性变化和调整，而同时又要保证与之前一样的质量。

第二种方式需要的是细节性思维和逻辑性思维，因为缩短每一步骤的时间，本质上是对原有的流程和步骤进行优化，细节提升，是对原有体系的二次加工和实践升华。

更深一个层次，第一种方式关键是环形思维，无始无终；第二种方式核心是线性思维，有始有终。有时候，我们需要有始有终；但是有时候，我们又需要无始无终。

常态

随着市场经济的发展和法治建设的推进，建设领域的工程索赔逐渐成为一种新常态的事物。

常态的事物之所以能成为常态，往往是因为其内在运行的基本逻辑，例如春夏秋冬、二十四节气。通过外在的实践寻找常态事物的发展规律，既是我们常用的一种工作方法，也是一种工作技巧。

对于工程索赔，能最终顺利推进或者有所结果，关键之处有三点：

第一是定调，就像唱歌第一个音符的高低轻重，决定了整篇乐章的跌宕起伏。对索赔事项的定调不同，或是合同定调，或是法律定调，或是补偿定调……不同的定调，对应是不同的方法，不同的流程，不同的结果。

第二是事实，以事实为依据，以法律为准绳，事实是颠扑不破的关键存在。谁充分、全面、细致地掌握了事实，谁就掌握了事物推进和发展的主动权。对于索赔，梳理事实、还原事实、整理事实、留痕事实，同样至关重要。

第三是责任，就如权利和义务是对等的存在，索赔的最终落实必然涉及责任的划分和承担，只不过这种责任可以分为显性的责任和隐性的责任，无法推却的责任和可以转移的责任，如何划分责任、分担责任、规范责任，这是索赔最后的关卡：情和理的结合，人和事的结合。

概念

在工作中，对于他人的表述或者话语，从理解的角度，经常出现两种情况。

第一种情况是发散，我们感觉听了很多，接收到很多信息，但是在自己的脑海里却是发散的，感觉对方说了很多，但是又感觉对方什么也没有说。

第二种情况是聚焦，虽然对方表述了很多，但是我们可以像放大镜一样将散漫的光线聚焦到一点，对方虽然说了很多，其实对方想真正表达的也很少。

导致这两种情况差异的背后，其实是我们对很多基本概念的认知和理解还不足。人们的表述和话语，不管复杂和高深，就如微积分是建立在类似 1+1=2 基本的数学概念之上，话语体系也是建立在我们工作和生活中的各种基本概念之上。

所以，不断地加强和夯实自己对基本概念的理解和领悟，也是不断地在精进和提升自己的专业技能。

做事

工作中，当我们和领导一起去聚餐或者应酬时，有的时候等候许久，菜迟迟未上。这个时候，领导会吩咐我们说，“你去看下，催一下”。在这种情况下，不同的人就出现了不同的做事方式。

第一种方式，迅速地响应领导的工作安排，与服务员沟通，催促快点上菜，甚至跑到后厨，催促厨师。最后回到包间给领导回话说，已经催促了，服务员说正在抓紧时间炒菜，尽快上菜。

第二种方式，积极地领会领导的安排意图，先与服务员沟通，前面点的菜目前在什么进度，多少分钟能上菜，上菜顺序是什么。接着，询问服务员，如果要立刻上菜，有哪些菜品可以供选择或者替换。最后回到包间给领导回复，多少分钟内能上什么菜，如果要提前或者加快上菜进度，有哪些菜品可以更换选择。

同样是做事，第一种方式是就事情本身去做事，第二种方式是跳出事情局限来做事。不同的方式，最终的效果就千差万别。

所以，从简单的做事中去发现规律、领悟道理、总结方法，不管是对事情本身的完成，还是自身的成长，都是意义非凡的。

未来

在职场中，不管工作繁杂还是平淡，从时间价值的维度，工作大都可以分为两个类别。

第一类是当下的工作。这类工作做了当下就能产生价值，或者带来收获，对工作者来说，利益是可见的、确定的，满足感是当下兑现的。例如，完成项目的施工图预算编制或者结算办理工作，这类工作基本上就是岗位职责规定、上级领导要求、团队同事配合等。

第二类是未来的工作。这类工作做了当下不能产生价值，未来也不一定会带来收获，对工作者来说，利益是不可见的，是不确定的，满足感是延迟甚至是没有的。例如，自我不断的项目工作总结和复盘、不断地跨行学习与乐于助人，这类工作是岗位职责没有规定的，他人也没有要求的，纯属自己内心的要求。

就如经典的二八定律所言，在职场工作中，个人要取得长远的发展，一个重要的方法就是用 80% 的精力做 20% 最重要的事情，用 80% 的时间来处理会影响到未来的事情。

所以，在满足要求和效果的前提下，如何尽量提升自己完成当下工作的效率，减少完成当下工作所花费的时间，尽量多地腾出时间和精力来处理未来的事情，把眼光和视角尽量地朝向未来，并且心甘情愿地接受为了未来不确定的目标而承担当下的损失或者额外付出。这既是一种有效的工作方法论，也是一种职场弯道超车的认识论。

瓶颈

在我们职业成长的道路上，有两个潜藏的瓶颈。

第一个瓶颈，是升维思考。也就是我们做一件事情时，不管事情简单或者复杂，微小与重大……都要自我增加一个或数个维度来看待问题、开展讨论和自我要求。也就是我们常说的，做基层员工时，要站在主管的角度来自我要求工作质量；做主管时，要站在部门负责人的维度来自我延伸工作；做部门负责人时，要站在企业的维度来自我规划工作。

第二个瓶颈，是降维思考。当我们专业上成长了，职业上发展了，或者说是成为某个行业、某个领域、某个企业的精英或是举足轻重的人员了，这个时候当我们开展工作时，就需要自我降低一个维度或者数个维度来规划、开展和落实工作。也就是我们常说的，当我们成长了之后，就需要常怀同理心，要站在基层的视角，去落实工作。

升维思考，基于的是个人、理想、价值；降维思考，基于的是团队、现实、落实。

生活中有句俗语，由俭入奢易，由奢入俭难。职业蝶变的道路上，由俭入奢的升维思考瓶颈突破或许还只是时间早晚的问题，但是由奢入俭的降维思考瓶颈突破，那可能是需要我们用尽自己的整个职业生涯去求索。

定位

一件工作高效的完成，有时不取决于工作的难易程度，关键在于这件工作的定位是否清晰。

而一件工作的定位，至少包含领导心中的期望、管理层的理解、执行层的接收等三个维度。如果三个维度的定位一致，这件工作往往就会最终落实执行得圆满而且高效。

而只要存在某一方的不一致，这件工作就会出现这样那样的问题。即使工作当下暂时看似完成不出现问题，在最终的某个时候也会暴露出来，而且一不小心还会成为大问题。

工作的开展如此，对于一个人的职业成长，也是同样如此。

一个清晰地知道自己未来发展定位的所谓的学渣，相比一个没有自我未来发展明确定位而仅仅是跟随大流的所谓的学霸，往往前者在职场或者个人事业的发展中更加领先和占据优势。

这其实就是古人在《大学》里所说的：“知止而后有定；定而后能静；静而后能安；安而后能虑；虑而后能得。”

所以，干工作，做事情，寻道路，谋发展，时时刻刻都要提醒和反思：这件工作的关键定位是什么？这件事情的核心需求是什么？自我前行的道路在哪里分叉？自我发展的方向在何处聚焦？

稳定

伟人邓小平曾经所说的“稳定压倒一切”和“发展才是硬道理”深刻地道出了稳定和发展之间的底层逻辑关系。

宏观角度如此，对于个体视角，同样如此。

作为个体，在职业生涯中，要保持持久的发展，关键是要保持稳定的自我思维意识，而这个思维意识，是目标、专注、忍耐组成的三位一体的稳定三角形。

目标，即自我的目标感，亦是根植于自我内心的引航灯。目标是专注和忍耐的前提和基础，没有自我目标感，是很难做到数十年职业生涯中持续的专注和忍耐的。

专注，即自我的专注力，亦是一种自我习惯的工作方式。专注能把个人兴趣和目标感进行有效地结合，能让自我从一件普通的工作中寻找到意义和价值。

忍耐，即自我的忍耐心。理想很丰满，现实是骨感，支撑发展的背后是枯燥的螺丝钉工作，日复一日重复性的工作，忍耐是一种自我的考验，一种持久的考验。

从进入到职场的那一刻起，培养目标感，形成专注力，考验忍耐心，这种自我的稳定态形成的越早，职业生涯发展的前景就越宽广。

速度

重庆到成都每天多趟的高铁往返，某种程度上实现了成渝两地出行坐高铁就像坐地铁或乘公交一样的方便。

如果深入细节我们会发现一个有趣的现象，同样是来往成渝两地的复兴号高铁，有的班次只要 1 个多小时，有的班次却要接近 2 个小时。同样的技术，同样速度，同样的里程，时间上却有不小的差异。

当我们来思考导致其中差异的原因时，发现造成区别的，关键不是速度的高低，而是中间停靠的站点。时间短的班次，一般是直达，中间没有或者仅有一个停靠站点。时间长的班次，一般中间要停留多个站点，不断地启动、加速、制动、停靠之后，又启动、加速、制动、停靠……这样局部运行速度虽然很快的高铁但是整体运行速度却慢了很多。

所以，对于事物本身，本质都同属于自然界的碳水化合物，从宇宙的视角都是没有区别的。但是不同分子排列组合方式，不同的文明路径进化方式，让事物截然不同。

因此，回到技术人员的职业成长道路，在相同的条件和同等的资质下，如果一个人的目标性非常强，他就能够紧紧地抓住问题的本质，站在更广阔的时间和空间去看待当下的旅途，而不为中途各色各样琳琅满目的站台所干扰，始终朝着远处的站台匀速前行。最后我们回过头来看，这样的职业发展虽然不是跨越式的，但是肯定不会是最慢的。

确定

在工程项目的管理过程中，资料管理是非常重要的一环。由于资料管理不善导致结算利益丢失的情况，在实务中也是层出不穷。这就是我们常说的：由于工程资料本身的繁杂和经手人的多变，导致工程项目资料管理的不确定性，由此引发系统性风险。

那么如何去解决工程项目资料管理的风险呢？其实一个简单的思路，就是去发现工程资料管理不确定性当中的确定性。

例如，对于常见的办公室档案资料管理，精通于施工企业成本控制和体系建设的W总分享给我的思路：先从01、02……按照自然数对档案资料进行大的分类，如01代表合同类，02代表制度类，在每一个大类下再按照年份或者项目等不同的因素进行细分，例如01-1，01-2等，这样能让办公室资料管理整齐划一而又逻辑清晰。其中细分类就是该类资料管理的不确定性，自然数整体分类就是该类资料管理的确定性。

例如，对于常见的资料台账管理，专注于全过程造价咨询和审计的L总分享给我的思路：先项目后功能搭建模板，再通过云盘设置不同权限共享编辑。这样有什么好处呢？能让造价咨询团队不同项目的成员，不论工作经验和专业能力水平的高低，乃至是造价新手和刚毕业的学生，都能基于各自的工作进行有效的资料台账数据填报和整理。项目不同人员水平不同是该类资料管理的不确定性，而确保不同水平层次和不同项目的人员能参与和有效输出成果是该类资料管理的确定性。

所以，对于工程资料的管理实质，我们要去发现和控制工程资料不确定性当中的确定性，而不能完全地控制和消灭工程资料的不确定性。一旦没有了不确定性的工程资料管理，也就是意味着没有了落实性和执行性，目标就成为花瓶或摆设。

学习

小时候，我们学过达·芬奇画鸡蛋的故事。它告诉了我们一个道理：哪怕简单如鸡蛋，在一千个鸡蛋中，也没有两个形状是完全相同的。表面是画鸡蛋，其实背后告诉我们的是一种学习的方法。

对于学习，从学习力的视角，可以分为三个阶段。

第一个阶段是勤奋，这是学习的基础。任何学习和成长脱离了“勤奋”二字，再好的天赋，最终都会是如王安石在《伤仲永》中所感叹的：泯然众人。

第二个阶段是肯学，这是学习的动力。当下所处的每一个普通的环境或者岗位之中，都有值得自己去学习的地方，只要是发自内心的想学习，只要是发自内心地自我接受，学习的内容和路径就会宽广起来。

第三个阶段是自律，这是学习的保障。如果轻易就受到外在环境、形式、处境的不利影响，如果轻易就因为当下所学而满足就停滞不前，自我学习和成长就无法有效和持久。

迈过了学习的上述三个阶段之后，学习力最终考验和需要的就是自己的悟性了。有万物的地方就有学习，有学习的地方就有万物。所以，更多的时候其实是我们在发现学习，而不是学习在塑造我们。

问题

在造价执业的工作过程中，我们经常会遇到复杂项目在建模算量和计价时很难处理的问题。面临这种情形，我们有的时候会埋怨：为什么设计要考虑这么复杂的构造和连接节点？为什么建模软件不智能化一点，让所有复杂的建筑和构件都能直接导入并准确生成结果？为什么定额编制不考虑周全一点，让所有的工作内容都能直接简单快捷地套取定额生成相应的造价？

作为专业技术人员，我们的这个想法是好的，我们的这个提议也是未来行业将要发展的方向。但是，如果我们换个思路来思考这个问题，或许我们当下所抱怨或者吐槽的，恰好是我们这个职业存在的基础。

如果软件真的能完全准确高效地识别和计算所有复杂项目的工程量，如果定额编制真的细化到各种实际工序都能完美诠释，如果真的到了每一个项目不同的人员计算出来的工程造价都能一致……作为造价专业人员的我们，也就到了面临职业生涯的存亡时刻。

因为，问题才是岗位，需求才是前提。没有问题，没有需求，也就没有了岗位，没有了对应职业的存在。

这是一个很简单的道理，但是也是我们很多专业技术人员在职业发展的道路上，很难突破的一个心理障碍和认知瓶颈，这也就是我们常说的：很复杂的问题其实掰开来看很简单，很简单的事情细细思考却又包罗万象。

跑步

在中学时代，学校每年的校运会都会有一个必备的项目，就是长跑 3 500 米和 5 000 米。

记得有一年，我去参加了一次 3 500 米的长跑，获得了第二名，当时自己都很诧异。事后总结了一下，发现了其中的道理：长跑的核心，在于呼吸和跑步的协调。当我们能把重心放在呼吸与跑步的动作形成节奏和习惯，而不是去追求某一时段的跑步速度，往往最终的成绩都不会太差。

而短跑则恰恰相反，需要的是我们在某个瞬间集中爆发力量，发挥自己的潜能到极致，这样才能获得相对的优势。

在职业的发展道路上也是同样的道理。有时候我们需要采用长跑的方式，放平心态，做好一些基础而又长期的、琐碎而又持久的动作，把这些动作逐渐提炼融入自己的习惯，把那种很多人觉得是需要很纠结很努力很难去坚持的事情，修炼成为自身像呼吸一样自然的习惯，同时保持自身的节奏去在职业道路上长跑，多年后再回头看职业长跑之路，或多或少都会有一些自我的收获。

但是有时候在某些重要时刻和关键节点，我们又需要适当地采取短跑的方式，通过超常规的努力和额外付出，激发自己的潜力和突破自身的瓶颈，去促成一些里程碑事件的达成。

所以，技术人员的职业成长之路就如跑步，我们总会在不断前行的道路上发现和寻找到适合自己的赛道和跑步的方式。

角色

在历史小说或者演义中，当讲到一些关于战争的重要事件时，通常会从三个维度或者从三个角色去描写，分别是士兵、军师、将军。这其实也就间接地告诉我们，决定一场战役最终结果的，是士兵、军师和将军这个三位一体的团队。

士兵的关键在于执行，能够勇敢坚决和整齐划一地去执行指令与任务；军师的重心在于谋划，能够站在团队本身以及团队之外第三人的视角，对事件进行分析、谋划并提出建设性意见；将军的核心在于统筹，能够把士兵的勇敢和军师的谋划进行有机的融合，让团队能沿着合适方向寻找到合适的机会去发挥最大化的作用，直至取得最终的胜利。

回到工作当中，也是同样的道理。一个团队或者组织，在刚开始成立时，可能士兵、军师和将军这三个角色没有明确分工，是集中于团队某一关键人物。虽然没有分工，但是团队在面对具体的事情和任务时，需要有这三个角色层面的思考和实践动作，这是团队和个人之间的区别。这就是团队的建立虽然是起源于某个人和某几人，但最终团队的发展又能超越这些人本身的关键所在。

同样，对于个人职业的发展，需要在每个阶段或者每个事项中，清晰地意识到自己的角色定位是什么，认识到自己的角色分工是什么。能在每个阶段意识到自己的角色定位，就会让自己的思路有远见，不会好高骛远或者局限于当下的琐碎；能认识到自己在每个事项当中的角色分工，就会让自己的工作有重点和抓手，不会妄自菲薄或超越界限，更容易把事情做好和做出特点。

有无

在职业发展的道路上，有两种不同的思维方式或者路径。

第一种思维方式，核心关注的是多和少。也就是刚开始进入职场或者选择某个职位时，关注的是当下的职位好不好，待遇高不高。如果达不到自己心中的预期，就宁愿放弃也不愿意付出参与和等待的时间成本。

第二种思维方式，核心关注的是有和无。也就是一切围绕当下的岗位或者职位，能否对自己未来最终的定位有帮助或者促进作用。如果有，先进行积极的参与和沉淀；如果没有，就果断地选择放弃，哪怕看似职位很好，待遇很高。

就如人类从古猿到人关键转变的那一步：古猿先从树上走下来，至于下来后走路的姿势是否像在树上攀爬那样背影优美，走下来后双腿是否能直立行走，到底能走多远和多久，其实已经不重要。只要有了从树上下来直立行走的这个动作，无论走多远走多久，终究会有收获。

在工程项目管理当中也是同样的道理。我们要通过管理让一个项目获得效益，不能一开始只关注这个项目利润率的多少，而是要先去了解，要达到这个利润率，是否合适的管理团队已组建完成？是否合适的商务管理体系有架构？是否每一份施工方案已考虑得合理，是否每一份函件编写得严谨细致，是否每一项签证收方资料都办理完成，是否每一份工程资料做到与技术商务闭合……

其实，当我们真正把项目管理当中与项目效益的相关事情做到了，最终项目的效益也就会水到渠成，而不会存在严重亏损的问题。对于多和少，如果我们不断地通过实践去总结和归纳，在解决有和无的基础上，不断聚焦和提升“有”的质量，最终的多和少，只会是越来越“多”，而不会是越来越“少”。

对于专业技术人员的发展，也是一样的路径。如果要成为一名专业综合性的造价工程师，就应该先关注当下的自己：每一个项目的工程量是否计算准确，每一份计价文件是否考虑周全，编写的每一个文案是否严谨合理，自己办公工位的资料摆放、清洁卫生是否做到整齐干净？自己移交给同事的每一份过程成果文件是否做到逻辑清晰、通俗易懂、完整齐全……

所以，不好高骛远，不妄自菲薄。各种事情、各种选择、各种行动、各种工作，作为茫茫人海中毫不起眼的个体，我们应当先拼尽全力，去解决有和无的问题，再通过不断的实践、迭代，去提升“有”的质量、成果、体系、方法、技巧等，最后我们会发现自己面临的就会是让人开心愉悦多和少的选择题，而不是我们刚开始出发作答时的让人苦闷发愁有和无的判断题了。

3.3.2　明事之理，知人之情

经历

二十四史洋洋洒洒数千万字，其中最精彩的是《史记》。《史记》的精彩之处不在于其记载的历史本身，而是作者司马迁对历史的解读，而解读又来自司马迁个人的经历。

历史和时间本身是没有感情的，但是对历史解读的这个人，让历史和时间有了价值，有了意义，然后有了文明，有了传承。

同样的，法律条文本身是枯燥的，是没有情感的，但是不同的律师，以他自己的经历和解读，给法律条文带来了温暖、情怀，也带来了崇高。

一样的，造价算量规则和计价条款，是单调的，是无趣的，但是不同的造价工程师，以他自己的理解和沉淀，给规则本身带来了故事、人性、穿透和温度。

正因为如此，大部分行业和岗位都存在二八法则。二八法则背后，不是行业本身，而是行业背后的那个具体的人。

高估

世间最公平的，或许是时间，但是最不公平的，可能也是时间。

同样数十年，有的人总是一直都在，有的人感觉从来就没有来过。

很多时候，我们高估了十年能做到的事情；但是更多的时候，我们却低估了数十年，或者说是一生能做到的事情。

所以，每一个当下自我行动的开始，都是对过往最好的迷途知返。

花盆

2006 年诺贝尔奖获得者尤努斯，说过一句话：“最好的树种，长在森林里就是大树，种到花盆里就高不过一米，成为盆景。这不是种子的错，是盆容量大小的问题。这个花盆，就是我们的社会。”

这句话充分说明了平台的优势，也充分阐述了平台的责任。个体，只能依赖优秀的平台，才能充分展现个体的才能和才华，把能力发挥到极致。

但是，历史和现实告诉我们，千里马常有，而伯乐不常有；好的平台，好的森林，永远是稀缺的，永远是需要漫长的时间和岁月去沉淀的。

而每个个体的时间又是有限的，才华也是有时效性的，以有限去追赶无限，以有涯去追求无涯，最终幸存者廖廖。

所以，在认识平台重要性的同时，更应该珍惜当下自己所处的环境，在当下的处境下把事情做到极致。就算身处花盆，也尽量让自己长得高一点，更高一点。哪怕楼层顶就是我们的天花板，我们也要争取触碰到楼板。而不是去抱怨自己没有长在森林，没有获得机会……

程度

很多时候，很多事物，我们首先考虑的不是非此即彼的评价问题，而是程度问题。

比如，一望无际的洞庭湖旁边，长了很多摇曳多姿的水草，我们会觉得这些水草和广袤的洞庭湖交相辉映，相得益彰。但是，如果在乡下一口养鱼的小池塘边长满了茂密的杂草，影响到了水质影响到了鱼儿的生长环境，哪怕这些杂草是稀有的，我们也会觉得它们是多余的、不可接受的。

就如我们在工作中，在企业里经常会听说要进行标准化建设、流程化管理，对于不同的场景，同样也存在程度的问题。

小而专的企业，适度的标准化建设和流程化管理，既能提升品牌度和工作效率，也不会影响创新精神、开拓理念、冒险尝试、容错包容。标准化就是小企业发展过程中的助推剂。

大而全的集团，只有很大程度上的标准化建设和流程化管理，才能确保集团航行得稳健。过多的自由和随意，反而会把巨大的航空母舰带入暴风骤雨的深渊。

正如公平和效率，从来就是天平上的两个点。任何一方占据了绝对优势，天平都会失去平衡，就不再有公平，也不再有效率。鱼和熊掌，两者皆失。

落实

在工作中，我们喜欢追求创新或者改革。但是，其实最大的创新和改革是对很多原有理念和事物的具体落实。就如明代万历年间一代名相张居正施行的改革新政，在历史上留下了浓墨重彩的一笔，究其核心是将前人固有的制度和理念去繁就简，从实务的角度进行了落实和推广。“一条鞭法”的赋税制度，就是最典型的代表。

将复杂的事件简单化，将繁琐的理念落实。一件事情如果能被一个组织一个团队的大部分人接受，并得到具体的落实，这就是组织和团队的自我变革与创新。例如，有的施工企业通过一张简单的会议卡制度，把企业各种繁杂的会议组织安排和事后行动进行有效的落实和跟进；有的施工企业通过简单的内部预结算评审制度，对项目预结算成果质量进行了实实在在的把控。

把复杂的战略和理念，用简单明了的战术动作去执行和落实，这是隐藏在重复工作背后的巨大魅力。

磨合

黑格尔有过一句名言："凡是现实的都是符合理性的，凡是合乎理性的都是现实的。"这就是我们常说的存在即合理。

其实这句话，用在我们具体的工作场景去理解，就是我们常说的"磨合"二字。

我们在工作场景所形成的办事风格、做事理念、团队文化、组织流程等，呈现在表面能让我们所看到的，能最终存在和被外在他人感知到的，一定是经过磨合了的。这种磨合是人和岗位，人和环境，团队之间，组织之间……

只是这其中最关键的，也最容易被我们忽略的：这个磨合的工作，到底由谁来完成？而推动和完成这个磨合工作的人往往就会成为一个组织、一个团队中的灵魂人物。

所以，面对复杂的事物，面对不可理解的状况，要先去反思：自己是愿意成为一个积极推动事物磨合的中坚者，还是愿意成为接受磨合的执行者？出发点不一样，工作开展的理念和方式就截然不同。

预期

现在人们出行，一般很少站在路边等出租车，哪怕这个位置经常有出租车出没，都是习惯性在网上约车，按照提示的时间再到路边去等网约车。有时，即使现场打车比网上约车等待时间更短，人们也宁愿牺牲这种可能性，花费更多的时间去等待网约车。

其中，一个代表的是不确定性、随机性、偶然性；一个代表的是确定性、必然性、可预期性。从得失的角度，人们习惯性把不确定意味着失去，把确定性理解为获得。获得的再少，都有一种心理优势和满足；失去的再少，都有一种心理落差和惆怅。

所以，制造确定性，或者树立确定性预期，是一种工作方式，也是一种工作技巧，既能大幅度地降低沟通成本和信任成本，又能显著地提升工作的可视化价值。

也正因为如此，我们汇报工作时，要先结果，后过程；我们开展工作时，要先路径，后程序；我们执行工作时，要先清单，后细节。

输赢

慕容复在少室山与乔峰大战之前，以武功博学、擅长"以彼之道、还施彼身"绝技而著称于世。他出身于姑苏慕容世家，风度翩翩，文武双全，潇洒雅致，与人对战，一路开挂，从无败绩。直至少室山一战，孤注一掷，威名扫地，从此心灰意冷，一蹶不振。

当一个人的成长经历过于顺利的时候，自我关注和聚焦，或者是自我评价和价值认定，会潜移默化地唯一化，同时不经意间地形成单一的竞争思维模式：赢得他人，取得成功。

固化的思维方式，就很难看到输赢之外的其他世界、意义和价值，很容易由于某件事情的顺心或者不如意，而被全面肯定或否定，从一个极端走向另外一个极端。

现实世界的输赢与我们理解的输赢，是有距离的。现实的世界，赢了，不一定就该得到；努力了，不一定要有收获。

所以，人有时候会赢，有时候会输，有时候输了比赢了得到的还多，有时候赢了却比输了失去得更多。

红利

每个时代有每个时代的特点，这些不同的特点，往往就成为时代的红利。这些时代的红利，在当时特定的时代背景里或许是推动力，但是，在离开那个特定的时代背景后可能就是重负。

每个团队有每个团队的气质，这些不同的气质，往往成为团队的核心竞争力。这些竞争力，在团队成长的某个阶段，或许是屡试不爽的利器，但是，当团队日益壮大时，这些气质就可能成为团队前进最大的障碍。

每个个体有每个个体的擅长，这些不同的优势往往成为个体突破的关键。这些优势在个体最初的道路上，或许是催化剂，但是，随着个体越走越远，这些优势就可能成为个体最需要突破的瓶颈。

古人说的“分久必合，合久必分”，其实就是从另外一个视角告诉我们，随着时间的推移，要去不断地接受、吸收、调整、改变。就如建筑行业风生水起数十年，时代的红利造就了建筑业，建筑业的红利造就了我们从业者，那些曾经支撑我们的资质、证书、经验、房产……过往是红利，未来是什么，或许，这取决于每个个体的未雨绸缪。

阶段

学生时代写作文时，我们喜欢背诵一些好词好句，朗朗上口的同时让我们感受到优美。

经历过时间，经历过成长，回过头来重温学生时代，曾经我们认为的好词好句，真的不仅仅只是好词好句，更是工作生活的具体指引。我们曾经那么喜欢说的春花秋月、夏日冬雪，表面上是浪漫主义，其实背后是告诉我们：无论是工作还是成长，都要学会在每个阶段做应该做的事情，而不是无所顾忌，任性而为。

例如，作为造价人员，刚开始进入职业，首先需要学会和考虑的是职业素养的建立、思维逻辑的培养、工作习惯的锻造，而不是一来就要超高层综合体建模算量计价，合同管理，商务创效，全过程咨询，EPC 管控，全过程成本控制……

例如，作为团队，一开始组织和团队的核心领导要求十八般武艺，样样精通，要求事事亲历亲为，鞠躬尽瘁；但是，团队和组织发展到一定阶段，如果核心领导仍旧是认为只有自己才能做得最好，方方面面都要去指导甚至亲自上手，那么最开始的核心领导往往最终就会成为组织和团队发展的最大阻碍。

春种，夏播，秋收，冬藏，每个阶段有每个阶段的事情，每个阶段有每个阶段的角色，每个阶段有每个阶段的定位。

自我，他人，组织，每个过程有每个过程的重点，每个过程有每个过程的关注，每个过程有每个过程的价值。

视野

如果我们的能力，专业能力或者认知能力或者综合能力，在当下的基础之上能提升十倍，那么很多当下困惑我们的问题，就会自然而然地消失。

以此作为引子，我们遇到的人，我们经历的事，我们对事情的看法，我们对工作的付出，我们对问题的视角，也就会因此而截然不同。

所以，很多事情其实既复杂又简单。除去纷杂的外表和表象，脱离相关的情绪与感性，对于我们个体，很多问题解决的办法和突破口，就是持续地在现有的基础上，想尽一切办法提升自我的能力。

而如何提升自我能力的办法，是没有标准答案的，只有我们在行走的过程中去自我寻找答案。

共识

1927年毛主席在三湾改编时首次提出支部建在连上。后来，毛主席在《井冈山的斗争》说：红军之所以艰难奋战而不溃散，“支部建在连上”是一个重要原因。

对于一个组织，一个团队，其最为宝贵的财富和支撑其不断前行的核心，是共识。有了共识，组织才有共同的目标，才能集中优势兵力去解决和突破发展道路上的一个又一个难关。

所以，作为创业型组织的领导，一方面对外要做好指战员的工作，能带领团队冲锋陷阵，获得团队生存所需要的基本物质条件。正如《三体》里所说的，“生存才是宇宙的第一法则”。另一方面对内要做好政委的工作，把统一共识的工作建立在每一个基层员工日常工作中，组织运行管理的每一个细节中。当共识能逐渐融入组织每一个成员的工作理念行为习惯中的时候，团队和组织才真正地组建完成，才能迎接市场的洗礼和自我的迭代发展。

做到

马斯洛把人的需求分为五个层次，分别是生理的需求、安全的需求、爱和归属的需求、尊重的需求、自我实现的需求。

作为职场人，当我们经历了一段时间的工作，有了相应的经济收入和工作经验之后，都期望在物质收入之上，在工作或者来往中，或多或少地获得团队、客户、同行、他人的尊重和认可。

例如，我们希望同事之间的工作对接温暖如春、和风细雨，领导安排工作充分理解和征求我们的意见，客户对我们和蔼近人、赞许认可，同行对我们愉快交流、相敬如宾……

理想是美好的，但是现实往往却是骨感的。

作为现代社会里的一分子，想要赢得他人的信服和尊重，其实并没有我们想象中的那么难，就是两个字：做到。把自己本职工作岗位上的事情做到专注，做到极致；把自己配合他人的工作，做到留心，有心，用心；把与他人交往中的每一个承诺，牢记在心，去推进去实现；把自己计划安排中的每一件事情每一个想法，做到最终可视化地呈现，做到有始有终有结果地落实。

因为，他人尊重我们的缘故，从某种意义上来讲，是来自于我们对自我某种权利的让渡，或者是让渡自我当下的舒适，或者是让渡自我各种的利益，或者是让渡自我的某种自由。

所以，我们最终会发现一切又回归到了事物的原点：没有付出，怎么有收获？生命中的一切美好，其实都是标注了相应的价格和筹码的。

成就

古人有句话，严师出高徒；今人也常说，青出于蓝而胜于蓝。

这两句话都体现了一个共同的道理：从长远的角度，人和人之间最为持久有效的相处，其实是彼此的相互成就。

严师成就了高徒，高徒反过来同样成就严师；青来源于蓝，蓝同样受益于青。

所以，回到一个组织一个团队，也是同样的道理。

组织和团队的最终目的和价值取向，是成就客户、成就团队成员，同样的客户和团队成员也会成就组织和团队。

因此，就如单相思很难修成正果，组织和客户以及团队成员之间，一味地单方面付出，一味地单方面委曲求全，一味地某一方获得绝对利益，一味地某一方占据绝对强势地位，短时间看好像是和谐共处，长时间看往往是随时分崩离析。

于是，对于个人，不管身处哪个岗位，工作开展或者与人相处，抱着彼此成就的心态去开展工作。很多事情，很多时候，就如墨菲定律一样，出发的时候是彼此成就，那么最终真的会彼此成就，而最大的受益者，往往就是自己。

方法

在工作开展时，在管理实践中，在学习成长上，有很多种值得我们借鉴的方法。

这些方法，或是教科书上的经典总结，或是他人的积累沉淀，或是业内的耳濡目染……但是从某种程度上来讲，一些看似很好的方法，他人应用的得心应手的方法，却不一定是对自己有效和实用的方法。

真正对自己有用的方法，一定是在不断的自我实践中，自我碰壁中，自我挫折中，自我总结中，自我反思中，不断地去改良、探索、领悟出来的。

这就是人们常说的俗语：“鞋子合不合脚，只有自己穿了才知道”；换句伟人们曾经说过的：“实践是检验真理的唯一标准”。

其实，很多大道理和很多生活常识，融会贯通去领会了，殊途同归，最终都是讲的同一个道理。而融汇贯通的方法，就是认知、经历和思索。

区别

在开展具体的工作中，很多时候这件工作是很难天时地利人和的，存在这样那样的现实制约、条件不足或者资源不足的情况。

这个时候，作为一线的基层员工，可能会经常提出意见或者抱怨，例如图纸不齐、合同约定不明、相对方不配合、工作环境不融洽……对于一线人员的抱怨或者意见，很多时候大家都会以包容、接纳的态度去倾听、去安抚。

作为团队的管理层，如果跟随一线员工进行抱怨，这时对于团队其他的成员、领导、客户，会出现截然不同的情境。相关方更多的是持疑问、否定或者抵触的心理。

作为管理层，其核心职责和价值不是具体的一线操作动作，而是如何在目标和工作既定的情况下，协调各种资源，发挥主观能动性，尽可能地去推动和完成工作。

基层对应的是客观维度，是客观肯定就会存在各种条件不足，存在各种抱怨，所以才有我们所说的论迹不论心。

管理对应的是主观维度，是主观其核心就是发挥自我能动性，尽量地去推动工作的开展和问题的解决，所以才有我们所说的论心不论迹。

思维

在我们的工作生活中，有两种常见的思维方式：单向思维和双向思维。

单向思维，也就是以自我和结果为中心，不考虑他人的感受和情况。这种思维也是我们所说的聚焦式思维，看问题聚焦于目标和本质，落实行动注重结果和目的，心无旁骛，不随波逐流。

双向思维，也就是以对象和他人为出发点，考虑他人的现状、感受和具体情况。这种思维也是我们所说的发散式思维，关注具体的对象具体的情况，重视目标和具体参与人员的匹配和吻合，相互配合，最大程度的帕累托最优。

思维方式没有高低之分，而是有不同的适用场景。

对于单向思维，更多的是应用在个体，比如个人的职业发展、职业选择、成长路径等，就需要采用单向思维，以自我的需求和明确的目的为中心，单向思考，不要过多地去考虑他人的各种繁芜的情形，也不要过多地游离于各种当下的选择和路径中，更不要猴子掰玉米，最终一无所获。

对于双向思维，更多的是应用在团队，比如团队的管理、团队的发展、团队的合作等，就需要采用双向思维，以团队的具体情况为出发点，目标的制定、工作的安排，要基于团队成员的特点，要照顾团队成员的感受和心情，通过设身处地的双向思维，激发团队成员的创造力和战斗力，小团队最终也能干出大事业。

趋势

很多事物的产生，其实往往是多年以前的趋势发展到当下的具体体现而已。

例如当下建筑领域施工企业大商务体系的流行，表面上是全行业在学习中建系统的优秀经验，实质上是国家层面提出的全面依法治国这个大目标在当下微观领域的体现。

正如 HL 咨询 C 总说的，所谓大商务，其实就是把法律思维、法律意识、法律技巧、法律方法等，与工程专业技术相结合，运用到具体的造价管理工作当中，让工程项目做到有理有据、合法合规基础上的效益最大化。

例如，法律思维方面的，以事实为依据，需要造价人员善于通过各种资料的收集，整理和管理，记录事实，还原事实，使用事实，规范事实。

例如，法律意识层面的，失之毫厘，谬以千里，事无大小，均要以严谨、严格、细心、细致地对待，需要造价人员在项目过程管理中，对相关的资料、流程、管理、细节、事项等，要以高度的责任心和自律意识去对待。

例如，法律技巧角度的证据资料的三性：真实性、关联性、合法性，需要造价人员在过程技术资料和经济资料等支撑结算的资料管理中，从证据的三性出发，去编制、收集和整理。

例如，法律方法视野的体系化思维。对一件事情，既要有逻辑上的闭环，又要有情理上的信服，需要造价人员通过过程管理，和各个部门、岗位联动融合，对资料和事项形成闭环，同时重视情理上的通顺，对外各个单位和人员的沟通与协调。

快慢

在我们攀登高楼时，坐电梯能让我们很快地到达顶楼，而一步一步地走楼梯会慢很多。

所以，更多的时候我们都选择坐电梯，而不愿意走楼梯。

但是，如果电梯出现故障或者意外，我们也很容易一下子从顶楼掉回一楼，重回起点。如果我们一步一步地走楼梯，即使故障或者意外让我们停下来，我们也不至于跌落，至少不会一下子跌落到底楼。

生活中如此，工作中同样如此。

当外部环境整体形势一切向上，顺风顺水时，作为个体，抓住了机遇进入到了时代或者行业的电梯，我们会发现上升得非常迅速，一路坦途。

当外部环境出现巨大变化或者转折时，作为个体，如果仍旧是乘坐电梯之中，把电梯当作理所当然的工具、手段、方法，而不及时走出电梯进入到看似陡峭的楼梯，重新抬起自己的脚步，真正挥洒自己的汗水一步一步地攀爬，有可能某个外部微小的变化，就会让上升的电梯突然宕机，甚至下坠，重回原点。

所以，拉高一个维度去看待事物和时间，有时最快的或许是最慢的，最慢的可能最终是最快的。

现实

在工作中，若我们进入一个新的领域，或者一个自己还不熟悉的行业；或者加入一个新的团队，来到一个新的组织，有时候，新的领域、新的行业、新的团队、新的组织的一些理念、做法、风格等经常会冲击我们固有的自认为是正确甚至坚持作为常识的自我认知。

于是，有时意气风发使然，我们会在没有真真切切地去了解行业，了解事物的核心之前，就贸贸然地提出自认为正确的观点或者做法，结果大概率会让自己陷入某种困境，先入为主导致一叶障目，而无法真正地理解环境、现实和他人的困境。

古人说成王败寇。固然这是一种带有强烈褒贬色彩的说法，但是放到职场工作中，其实这也是一种工作方法论。它告诉我们在进入新环境、新领域、新团队，在自我还没有获得成绩的时候，我们不应该先去点评，而应该先去做事，通过做事先取得成绩。在做事的过程中，我们自然而然的就会去理解他人，理解环境，理解做法。

只有在理解的基础之上，在做事的沉淀之上，在成绩的衬托之上，我们才会真正地去理解曾经认为不正确的事物，才会在理解他人的基础之上，提出那么一点真正有效的建议。

在这个基础之上，我们终将明白这样一句话：小时候我们总认为任何事物都有一个标准、正确的答案，就如考试评分一样；长大了我们才会幡然领悟，标准和答案都是因人而异，因时而异，因情境而不同，因际遇而不同。

分享

初入职场时，负责带我们的师傅讲了这样一句话："对于专业技术人员的职业成长，最好的途径是学会毫无保留地分享。"

开始时我们不明白其中的深意。经过时间的洗礼，我们才逐渐领悟其中的道理。

一方面，分享可以暴露自己知识的盲区，通过他人的反馈不断修正自己的专业认知体系。罗马城不是某个人一天能建成的，但肯定是一群人一点点一起努力修建起来的。

另一方面，对于具有成长潜力的新人来说，今天某个他不会的专业知识点，只要他努力，必定有一天可以会掌握，只不过时间长短而已。所以，我们当下主动分享去帮助他人成长一臂之力，赠人玫瑰，手有余香，何乐而不为呢？很多我们成长道路上相互交心和相互促进的朋友，就是这样相识、相知和携手同行的。

所以，什么是专业技术呢？某种程度上理解，专业技术其实不是指具体的某项技术，而是人本身。只要人合适了，技术就会通过以人为载体，发挥相应的作用；没有合适的人，没有合适的传承，再好的技术也会在某一天如唐朝诗人刘禹锡在《乌衣巷》中感慨道："朱雀桥边野草花，乌衣巷口夕阳斜。旧时王谢堂前燕，飞入寻常百姓家。"

因此，对于组织和团队之间的竞争，表面上比的是某项专业技术或者综合实力，其背后面比拼的一定是人才——对人才的挖掘、培养、推出和传承。

看待

在职场上，我们如何看待一件事情，往往就决定了我们如何去实施的具体工作方式，最终会影响事情的进程和结果，甚至是自己的职业发展。

那么，站在个人的视角，如何准确地去看待一件事情呢？一个简单而又有效的方法，就是自己先去做其中的一点，当自己每做到事情中的一点，每完成事情的一部分，我们看待这件事情的视角和态度就会随之发生变化。同时随着事情的不断推进，我们看待事情本身以及相关事物也会跟着发生变化。

在这种潜在的逐步的变化中，通过不断地修正和调整看待事情的角度，我们会不断地看到真正的自己。这个时候的我们，才会慢慢地学会对于事物的理解，先不自己去下定义，也不以一个不真实的自我去评判整个世界，这是如此的重要，也如此的微妙。

这也就是我们在职业发展道路上追求的“明心见性，不矜不伐”，知人所能，知己所不能。

知识

有一段时间，网络上流行这样的一句话：我们明白了很多道理，却依然过不好这一生。

表面上，这是网络上人们的一种自嘲和对时间的感伤，实质上，这句话的背后是关于知识和技能之间的关系。

在学生时代，是我们知识最高光的时刻：上知天文下知地理，通古晓今，落霞与孤鹜齐飞、秋水共长天一色朗朗上口，立体几何、三角函数、能量守恒信手拈来……

我们学了这些知识，但是我们真正获得了这些知识吗？其实并没有，我们只是把前人的知识进行了记忆，进行了一个收纳集合。

而真正让我们获得知识，得到属于自己的知识的，古往今来不变的途径是什么呢？是实践和经历。

我们通过实践和历练，把曾经的知识转换为在某个领域或者某个范围内的技能，能够让自己谋生能够给他人带来价值，这个时候我们才真正掌握了属于自己的知识。

没有对前人知识的熟悉，我们的实践就像盲人摸象，再多的实践和经历也往往是随波逐流，很难建立属于自己的核心技能体系。

没有长期深入的实践和经历，我们学富五车，满腹经纶，也往往是空中楼阁、镜花水月，很难对前人知识真正地理解掌握。

就如陆游所说的：“古人学问无遗力，少壮工夫老始成。纸上得来终觉浅，绝知此事要躬行。”

所以，人到中年，是躺平的时候，或许更是知识归零，重塑技能，真正开始获得知识的时候。

距离

当我们遇到工作的压力或者生活的烦恼时，如果去一个偏远的地方或者攀登一座山峰，站在山顶一览远方，这个时候我们的心境就会好很多，甚至还会意外地收获一些解决问题的思路和方法。

距离能产生美。同样的，在工作中适当地提高一个维度，或者站得更远一点来看待自己当下的工作，会让我们把工作做得更出色而且游刃有余。

就如我们在工作中经常遇到的项目工作日记：站在当下和事情本身，我们会觉得这很枯燥，很繁琐，这是一种硬性的管理要求，让自己很不舒适，很有压力甚至抗拒。

但是，把时光的距离拉长一点，站在未来的视角来回首往事，自己再来看曾经认为枯燥和反感的工作日记时，一定是满心欢喜。因为曾经的自己没有碌碌无为，也没有无所事事，而是在点点滴滴的记录和前行中，塞满了自己的行动和付出，沉淀了时光的同时也充满了意义。

所以，做事情有时要沉浸其中而忘记自我存在般的执着与纯粹，有时也要适当地以一定的距离和时间来看待当下。

前者是守成，后者是创新。没有持续稳定的守成作为基础，就很难有不断的自我创新和突破。没有不断的创新与突破，就很难做到自我守成的长期稳定与持续。

3.3.3　心有所向，行有所往

质量

质量这个要求，其实是一个既矛盾又统一的组合体。

质代表着明天，代表着远方和未来。

量意味着现在，意味着收割和所得。

如果只重视明天的质，可能我们会倒在黎明前的路口，成为烈士。如果我们只顾及当下的量，可能我们会饮鸩止渴，今天的狂欢成为明日的纪念。

但是，人之为人，是因为有理想有情怀有追求。所以，质量质量，质在前量在后。虽然最先跳下树干下地直立行走的古猿很痛苦，但是，正是由于这些古猿对质的追求，所以古猿成为了人类，欣欣向荣；而猩猩仍旧还是猩猩，还在树上。

梦想

天地之间，有很多东西，是我们需要闭上眼睛才能看到的，比如说梦，或者梦想。

工作之间，有很多事物，是我们需要俯身下去才能获得的，比如专业技术，或者良好习惯。

所以，当我们仰望星空过久的时候，可以适当的闭上眼睛，看看自己的内心。当我们执着于远方的时候，可以适当地放下脚步，感受一下身边的小草和拂过脸的微风。有时，停下是更好的前进，放慢是最快的奔跑，无为是最好的有为。

环境

古往今来，人们都喜欢仰望星空，因为当我们把视野置于茫茫宇宙时，会有一种宏大、深邃的感觉，当我们回过头来再面对身边的人和事时，看问题的视角，包容事物的心态，就会更加宽广和平和。

这或许也是很多人，喜欢科幻小说、科幻电影的缘故，以个体有限的时间，去感受和体会一个文明的变更、一个星系的成长、一个宇宙的变幻……就如《三体》中的地球、三体和歌者，《沙丘》中弗雷曼文明、星际帝国文明。

所以，在平凡的工作中，哪怕处于再逼仄的环境中，处于再琐碎的当下，都要心怀一种对未知、对遥远、对广袤的憧憬，对时间、对空间、对文明的敬畏，这样的心态，就如罗曼·罗兰所说，在认清生活的真相之后依然热爱生活。

或许在当下，我们都是在各自行业这个职场小罐子中的蛐蛐，为了生存拼搏着。但是有一天，当我们能跳出当下的小罐子来到广袤田地，当各奔远方时，我们会发现，以前的种种其实都不是事儿；以前的磕碰，都不过尔尔。

就如《沙丘》中所说的，人类每一次认识到自己的渺小，都是一次伟大的进步。同样地，对于个体，每一次在渺小中憧憬和感知广袤，都是一次巨大的成长。

评价

学生时，我们考取了一个好的分数，就会被评价为一个好学生；工作时，我们获得了一份好的收入，就会评价它为一个好工作。这些评价都有一个共同的特点，那就是建立在他人认可的基础之上，而非自我评价的基础之上。

建立在他人评价和认可基础上的事物，会存在一个现实的问题，他人会随着环境、时间、现实等情形，不断地变化观点、想法、价值，而他人的这种对认可的不断的变化又来影响我们，我们就需要不断地迎合他人，需要不断地去赢得他人的认可，需要不断地背负越来越大的压力。

这也就是为什么有时学霸的心理压力更大，很多高收入职场人士更多身不由己的缘故。

所以，建立自我的认可评价体系，建立自我的价值体系，虽然不一定能让自己有一份好收入、一个好工作、一段好事业，但是能让自己时刻保持稳定的预期、稳定的状态，而稳定的背后，就如帆船的压舱石一样，是穿越海洋和经历大风大浪的基础。

脚印

小时候，冬天下雪时，在上学的路上，我们穿着筒靴喜欢挑雪厚的地方走，边走边回头，看着一路留下的深浅不一、弯弯绕绕的脚印，心里感觉特别舒服。因为，在我们的内心中，这厚厚的白雪上留下了我们小小的印记。

进入到职场，随着阅历的增加，见识的增长，慢慢的就分化出了两种心态。

第一种，是做最容易的工作，最轻松的工作，最有回报的工作；走最快捷的路径，走最明朗的大道，走最有期待的坦途。

第二种，是做最困难的事情，最微不足道的的事情，最没有收获的事情；向蜗牛一样前行，像愚公一样固执，像精卫一样衔土。

慢慢地，多年过后我们会发现，我们确实收获了价值，收获了利益，收获了种种，但是不经意间回头看时，却发现收获路上尽是金黄灿烂的果实，却没有我们的脚印，就如一副姹紫千红花团锦簇的美丽画卷，而我们却总感觉缺少点什么。

这时，我们也才会突然发现，只有在泥泞的路上才能留下深深的脚印，而这深深的脚印，才是经历时间之后最能让我们心安和温暖的。

所以，人生百路不如自己路，自己选择的走过的最艰难的最荆棘的路，或许才是能真正属于自己的路。

在意

学生时代学写作文时，或是参考范文，或是背诵好词好句，或是熟记作文格式，例如：议论文的总分总结构，叙事文的时间、地点、人物、起因、经过、结果六要素，散文的事件、感触、延申三套路。

刚进入职场或者某个领域，我们亦步亦趋地依葫芦画瓢，总结具体的操作技能、实务技巧以及工作方法。这就是我们所说的，个人成长的第一个阶段：在招不在意。

当我们有了一定的经验，当我们跳出专业岗位，接触更大的世界更广阔的天地，我们会突然发现，好像原来的招数和经验不管用，或者不灵验了。这个时候，就到了个人成长突破的第二个阶段：在意不在招。

事情背后的道理，在不同的事情上我们应该因地制宜地分解为具体的招数、具体的技巧。看似有招，其实无招，看似无招，其实亦有招。

纯粹

从价值的角度，我们的工作可以归为两大类。

第一大类是得失的工作，也就是我们做了这类工作，可以获得相应的报酬，或者是没有获得对应的收益甚至还得不偿失。大部分工作我们往往都是从得失的角度去评价，去抉择，去规划自己的职业发展，影响自我的喜怒哀乐。

第二大类是纯粹的工作，也就是我们沉迷于某类工作。这类工作会长期的消耗我们的时间，没有收益或者没有办法用收益来衡量，但是自我却能从其中找到快乐和满足感。

如果我们只关注得失的工作，我们慢慢地会发现：再高的收益都会有一个临界值或者临界点，过了这个临界点，再高的收益都很难在心中掀起满足感或者成就感的涟漪。

如果我们只沉迷纯粹的工作，我们同样会逐渐感受，纯粹很难持久，没有稳定和持久收益支撑的工作，最终也会由于自我想象力、创造力、放松感、释然感的逐渐消逝，导致满足感不复存在。

所以，从长远持久的角度，对于工作我们要注重得失，但是也要关注纯粹；我们专注于纯粹，但是也不能全然忽略得失。

习惯

在同样的平台、团队，做同样的事情，经历一段时间后，人们之间的职业成长就会出现差异化。有的已经攀登到半山腰，有的还在原地踏步；有的已经跨过当下的小山峰朝着远处更高的山峰前行，有的还在探讨和纠结当下的这座小山峰值不值得付出汗水去攀爬。

其实回过头来，大家都经历过高考独木桥千军万马中拼出来进入到职场。人和人之间在智力上是不存在鸿沟的，但是导致职业发展鸿沟的往往却是学习习惯上的区别。

有的人，进入职场仍旧延续学生时代的学习习惯，以自我为中心，认为整个组织、整个团队、同事、领导等，要像学校的老师一样，精心对我们进行培育、指导、传授，哄着、惯着、提醒着我们进行职业学习和成长。自我职业学习和成长稍不如意，就是组织、团队或者他人的培养不力或者给与自己的机会和平台不够。

有的人，进入到职场马上跟随市场化和社会化的运行本质调整自己的学习习惯，以给他人带来价值为中心，认为自我的职业学习和进步，是要建立在给组织、给团队、给同事、给他人带来价值的基础之上。学习和思考问题的基本出发点和习惯是我这么做先能让相对方获得或者得到什么，接着才是自我能学习和收获什么。

这样，我们不会把组织、团队、他人给我们传授专业知识或者指导我们成长当作是理所当然的事情，而是会认为这是额外消耗了他人的时间和精力而让自我感到心有愧疚。所以我们要想方设法地降低他人教我们的成本，提前把相关基础的、琐碎的准备工作做好，例如提前主动研究、系统思考、深度调研、自我反思，并且在他人教我们之后，自我积极地去实践，去总结，一方面形成实践方法论反馈给组织和他人作为占用他人时间的补偿，另一方面用自我持续可见的成长，作为对组织对他人指导的积极价值反馈。

所以，职业成长看似很宏观，但是就如格隆先生在《博弈的精髓：结硬寨，打呆仗》一文的结尾所说的：争即是不争，不争即是争。一生只需选对一个伴侣，只需选对一个企业，只需富一次，便已足够！

同样的道理，对于个人自我职业的成长：只需养成一个给他人带来价值的学习和思考习惯，便已足够。

满足

经历过高中生活，当我们多年以后再回忆时，不管当时的我们是多么早地起床早操和晨读，多么频繁地考试和做题，多么晚地自习和就寝，事后回忆往往都是略带美好、充实、温暖、满足的感觉。

为什么呢？虽然这个时候很艰苦，但是我们能感受得到每天大量学习和做题后自己的进步，我们能体会得到自己是在往高考的这座山峰一点一点向上攀登。攀登的每一天，都有自己一步一步走过的印记。

所以，这种能让自己感受得到不断进步、不断成长，感受得到目标的生活，对于身处其中的人是满足的、是充实的、是积极的，哪怕这只是日复一日看似重复的教室、食堂、寝室三点一线的枯燥时光。

到了工作中，其实也是同样的道理。当我们在职业岗位上，能每天感知到自己的进步，感受到自己的价值，接收到付出后的收获，我们对自己工作和岗位一般也就是满足的，或者是充满希望的。但是，一旦我们感受不到自己的成长和价值，往往就会陷入职业的倦怠期，各种不满或者焦虑也就由此而生。

因此，我们应该把自己职业成长的路径或者路途拉长，不去做一步登天的事情，不去怀揣朝为田舍郎、暮登天子堂的捷径之想，在每进入到一个职业舒适圈的时候，不断地尝试去走到舒适圈外适度的边缘，去创造或者感知自己可以进步和成长的空间。

只要有进步，就意味着有希望；只要有希望，就可以去感知和触摸时间的价值和意义。平凡的时间和生活只要有了意义，很多事情就有了持久的动力，有了自我突破和光照耀进来的缝隙。

看见

作为消费者或者客户，我们一般是为自己看得见价值的商品或者服务去买单。但是我们事先无法感受到价值，哪怕这个商品或服务对自己价值很大，可能也会选择放弃，这就是在市场的角度“酒好也怕巷子深”的道理。

但是，作为职场专业技术人员，对一些工作、一些事情，如果我们也采取需要有看得见的收获、有可以当下感受得到的成长才去积极工作、用心付出，也就是很多人常说的“不见兔子不撒鹰”，在当下各个行业各个岗位竞争越来越激烈的情形下，可能我们翘首以盼很久，大好时光消逝过后蓦然回首发现等了个寂寞，而我们所期待的兔子全无踪影。

因为看见而相信：作为上帝的客户和消费者，因为选择机会很广，所以坚持先看见后相信，这是成本最优收益最大的决策。

因为相信而看见：作为职场专业人员，每个人的职业黄金发展时间是有限的，每个人所处的平台发展机遇是不多的，每个人所处的时代与自己的职业选择完美匹配是很难的。因为有限，所以我们只能选择先去相信，在相信的基础上去努力和成长，在相信的基础上去看见属于自己的价值。

价值

中学时代学习政治科目时，有一句我们耳熟能详的话：价格围绕价值上下波动，价格是价值的体现。这就是我们学生时代经常考试的价值规律的浓缩，它简洁而又深刻地阐述了价格与价值之间的关系。

当我们把某一个事物或者关系称之为规律时，那么它应用的范围就不仅仅是某个点或局部，而应该是一个面或者整体。就如价格规律不仅适用于市场经济，也适用于个人的职业发展、职业规划和职业选择。

对于个人来讲，自我的职业能力是价值本身，自我的职业待遇是价格体现，虽然在某个时候，职业待遇或者高于或者低于当下自我的职业能力本身，但是，当把视野和时间稍微拉长远一点，一个人的职业待遇通常是与职业能力相匹配的。

我们很多人想要的职业发展的稳定性，表面上看是职业待遇和职业保障的稳定性，其实深层次是自我职业能力的稳定性，而自我职业能力的体现，又取决于多少市场主体愿意为之付费，我们又能解决多少市场主体的多大需求。

因此，外部环境和市场一直在变，由此会直接影响职业待遇围绕职业能力上下波动。当外部环境很好时，职业待遇超过甚至远远超出自我的职业能力水平，这个时候我们不要沾沾自喜，洋洋得意，更不要把这一切归功于自己的价值本身；当外部环境变差时，导致职业待遇低于自我的职业能力水平，这个时候我们不要妄自菲薄，垂头丧气。当我们紧紧盯住自我价值本身时，不久的将来，价值规律一定会将价格回归到价值本身。

理念

在工作中，我们提倡重视细节，因为细节决定成败。但是，在实务中细节往往只是一种表现形式，重要的是细节背后所传递的理念，这才是细节背后的关键。

就如王晓雨律师分享的他们曾经对一份工作联系函的精雕细琢：

第一次表述为“贵司后续可选择两种救济路径”。这种表述的关键词是“贵司……可……”，背后传递的理念是“强势”和“控制”，给人一种家长式和刚性十足的感觉。

第二次表述为“贵司后续有两种救济路径以供选择”。这种表述的关键词是“贵司……有……”，背后传递的理念是“建议”和“距离”，给人一种工作式和柔中带刚的感觉。

第三次表述为“有两种救济路径可供贵司斟选”。这种表述的关键词是“有……可供贵司“，背后传递的理念是“尊重”和“同行”，给人一种亲人式和温暖体贴而又信心坚定的感觉。就如同军中参谋给将军进行运筹帷幄之后，只待将军最终决策和一声令下，全体将士一起冲锋攻下山头，获得胜利。

同样一段文字，看似只是略微调整了文字的先后顺序，但是背后体现的却是编写工作联系函件这个人内心翻天覆地的思想斗争和理念变化。从自我、有我到无我、忘我，看似细节上迈出的一小步，却是理念上突破的一大步。

意义

从进入职场的那一刻起，从承接的第一个项目开始，作为专业技术人员，我们的整个职业生涯注定是从项目中来，最终到项目中去。

但是，当我们回首过往的项目经历时，我们只是把一个项目做了数十遍，还是真的做了数十个项目，这背后的意义是不一样的。

前者是我们始终坐在出发的原点，用一个不变的眼光来看待这些终而复始的项目：建模、算量、计价、争议、定案、归档；建模、算量、计价、争议、定案、归档……

后者是我们不断变换起跑的身影，用始终朝前的视角来欣赏这些从中穿过的项目：房建、公路、市政、场馆；策划、履约、索赔、诉讼；合约、成本、技术、商务……

杨慎写道：“滚滚长江东逝水，浪花淘尽英雄。”这句话的重点是什么呢？是长江，而不是英雄。因为长江才是代表着未来的趋势，而英雄只是当下推动长江东去的浪花。

“青山依旧在，几度夕阳红。”这句话的重点又是什么呢？是青山，而不是夕阳。因为任何时候开始重新出发都不会晚。

美好

小时候，到了植树的季节，我们喜欢到山上去挖一棵果树苗，或是李子树，或是杨梅树，或是桃子树，种在自家屋前屋后。从栽下的那一天开始，每天去看果树是否长高，每年等待果树是否开花结果……我们觉得这个过程中的每一天都很美好，因为有期待，有目标。

所以，人很有意思，越是贫瘠、匮乏的时候，越是善于去挖掘生活中的美好，却常常在富足、自由的时候，在花团锦簇中迷失自我。

什么是美好？美好来源于发自自己真正内心的期待和目标。

如果我们的目标是把一个项目做好，那么我们会觉得每天数百字的项目工作笔记是一次美好的复盘和回顾。如果我们的目标是让自己赏心悦目，那么我们会觉得每天坚持把项目资料单独分门别类地整理、归档、存放是一件美好的事情。

生活很快，工作很忙，春天却很短。如果我们一直要等到瓜果飘香或者功成名就时才觉得美好，当这一刻果真如愿以偿地来临时，那个时候的美好可能就不再是最初我们想象当中的美好。因此，尝试着从我们想做的事情当中寻找和发现美好，再去我们被迫必须做的事情当中寻找意义和价值，这样平凡的工作，会增添很多色彩和动力。

职业

登山有登山的山路，开车有开车的公路。同样地，职业有职业发展的路径，而专心、专门、专业，就是我们专业技术人员职业发展的标准路径之一。

专心，也就是自我内心世界对一件事情的认知和感受。就如王阳明所说的：“你未看此花时，此花与汝同归于寂；你来看此花时，则此花颜色一时明白起来，便知此花不在你心外。”外在的花只有伴随着自己内心的认同才能有真正的色彩。就如我们在办理诉讼案件提交证据编制证据目录时，我们可以只中规中矩梳理证据目录清单，也可以按照不同的证明对象和证明意图先进行证据分组，接着再根据证据名称、证据时间、证据来源、内容摘要、证明内容、重点标记、格式排版等进行细化梳理。当我们专心地去看待证据目录的编制时，证据目录本身也就在我们的面前生动和鲜活起来。

专门，也就是我们要投入大量的时间成本进行钻研、刻意训练。格拉德威尔在《异类》一书中提出了一万小时定律：“人们眼中的天才之所以卓越非凡，并非天资超人一等，而是付出了持续不断的努力。一万小时的锤炼是任何人从平凡变成世界级大师的必要条件。”就如我们在提供造价咨询服务的过程中，如果我们能坚持对每一个自己经手的咨询项目，从开始的第一天到项目结束完成，每天编制工作日志，这样用不了几个项目，我们就会发现自己曾经想要的标准化操作手册、专业化方法实务理论体系等就会在不经意间建立起来。

专业，也就是我们要对某一个行业或者岗位保持统一性的同时具有自身差异化的地方，就如孔子在《论语》中所表述的“君子和而不同”。从技术人员职业的角度，首先要保持行业的统一性，例如作为工程造价人员，需要具有职业的敏感性，对一切会影响造价的因素具有根植于心的敏感。如在工程项目中采取开挖出来的石方进行场内回填，计取回填费用时要额外考虑对开挖出来的石方进行解小的措施费。其次在具备行业统一性的同时，要有自身差异化的地方，例如作为工程造价人员的差异化发展，可以是造价 + 成本控制，可以是造价 + 财税管理，可以是造价 + 大商务体系，可以是造价 + 三元融合，可以是造价 + 设计优化，或者造价 + 法律……

所以，当我们用心看待，专门钻研，积累锤炼自己的职业时，终究我们会在自我的眼里发现自身职业的精彩，领会和感受卞之琳在《断章》中的那句经典之语："你站在桥上看风景，看风景的人在楼上看你，明月装饰了你的窗子，你装饰了别人的梦。"

年龄

随着年龄的增长，我们在职业发展的道路上也在不断地成长。成长的过程中，我们会感受到三个对自己非常重要的时候，分别是体验的时候、坚守的时候、创造的时候。

体验的时候，是我们接触一个事物的最初阶段。纳兰性德所说的"人生若只如初见，何事秋分悲画扇"大抵就是这样的道理。刚进入职业岗位时，从理论来到实际，我们对职业的一切事物都是憧憬的，满怀好奇的，哪怕是去现场参与浇筑混凝土，复印一份文件资料，都是一种充满新奇的体验。

坚守的时候，是我们开始融入成为事物的一部分。辛弃疾所感叹的"欲说还休，却道天凉好个秋"也就是如此的感觉。日复一日，年复一年，在自己熟悉的岗位，做着熟悉的事情时，外表虽然波澜不惊，但是内心总是时不时翻起波涛汹涌的浪花，想去冲破当下的藩篱，寻找未知的新大陆。

创造的时候，我们开始超脱事物的本身，给自己带来新的事物，也是辛弃疾所感慨的"众里寻他千百度，蓦然回首，那人却在，灯火阑珊处"。当我们真正理解了自己的工作，真正领悟了自己的价值，我们会在曾经熟悉的动作和事物中，发现和创造出属于自己的价值。

所以，对于职业的成长，年龄的增长，它给我们带来的，并不仅仅是在于某一项专业技能的提升或者精进，更是在于对我们自己所从事这项职业综合实力的不断扩展和水滴石穿的积累。正如人们所说的，有相同的志向才叫同志，同样的道理，有年华的凝结才是年龄。

风格

人们常说，武侠是成年人的童话。我们在看武侠小说时，会发现有两种明显的小说风格。

一种是金庸式的，开场很平淡，事件很渺小，经常是在某个小地方，某些小人物的相遇，发生了一些不起眼的小事件。接着事件不断发展延伸，小人物不断经历成长和蜕变，故事越来越宏大，视角越来越广阔，最终成为一条宽广的长江，汇入江海消失于无形。

一种是古龙式的，场景开局即是壮阔，人物出场就是巅峰。在五光十色和缤纷绚丽的场景交错下，主人公万花丛中过，片叶不沾身，从开始到结束，始终坚守和践行着自己独特的追求和个性。就如李白在《将进酒》中所描述的，开始时是"黄河之水天上来，奔流到海不复回"的壮阔，结束时仍旧是"呼儿将出换美酒，与尔同销万古愁"的豪迈。

所以，做同样的一件事，不同人的条件，不同人的追求，风格是不同。但是，不管是什么样的风格，就如宋代诗人释道昌在《颂古五十七首》中所写的："高高山顶立，深深海底行。新松趁岭种，芳草绕池生。"

不管是开始时资质愚钝的小人物，还是出生就天资聪颖的大人物，不管是主动的还是被迫的，都要有高高矗立于自己内心之巅的目标或者追求，然后根据自身的情况和条件，在岁月中深深沉入实践的海底，与此同时结合自身的风格，去发现属于新松成长的山岭，适合芳草绽放的瑶池，寻找到属于自己的归宿和价值的所在。

书写

中学时代，有一句话一直让我们记忆深刻，那就是“学好数理化，走遍天下都不怕”。当我们进入职场之后再来反观这句话时，我们会发现这句话还需要增加一个前提，那就是扎实的语文基本功。

为什么呢？其实回头仔细思考，专业知识的起源和表达都是文字，而文字的根基又在于语文。我们会发现，在工作中虽然很多专业技术工作需要应用到数理化知识，但是更多的工作场合中需要运用语文的基本功。

就如工程造价岗位，合同编写、往来函件、沟通洽商、审核报告、经济技术资料等无一不涉及语文基本功中的书写。但很多时候，造价工程师们更愿意做的是建模算量的专业技术工作，对涉及书写的工作常常是望而却步。

其实，当我们领悟透了，书写也就是分为基本的三步：感受、看见、表达。

感受，是需要我们置身于具体的场景，去感受需要书写的事物。在具体的操作技巧上，可以使用大事记梳理的方法，对整个事物从前到后进行各个维度各个角度的梳理，在梳理的过程中去不断地感受。

看见，是需要我们在前期感受的基础之上，敏感地分析和提炼出关键的信息，看见有用的和关键的事项。在具体的操作技巧上，可以使用事件六要素法，通过事件的人物、时间、地点、起因、经过、结果，去看见有用和关键之处。

表达，是需要我们把自己的感受和看见，用相应的文字编排后，针对性系统性地呈现出来。表达的核心是逻辑清晰，通俗易懂，有所取舍，又有所针对。

书写的本质就是跳出眼前的任务和画面，去看到它背后的全貌和故事，因为前者是身体具象，后者是内在灵魂。我们的灵魂能够触及的地方，远比我们的身体更加广阔。

时间

小时候，我们会觉得时间很漫长，总感觉时间过得很缓慢，想着早一点快快长大。

长大后，我们又会觉得时间很短暂，总感觉时间犹如白驹过隙，一晃而过，想着抓住时光的尾巴，多点成长的旅程。

为什么会有这样的感觉差异呢？

因为小时候的我们，有无限多选择的可能性，以及只需要对自己负责的简单，也就是所谓的自由。而长大了的我们，大部分是在自己选择的看得见的有限赛道上前行，同时需要对赛道未来的方向和一起同行的人负责，也就是所谓的责任。

自由的尽头是单调，单调的远处是虚无和漫长；责任的远方是归宿，归宿的终途是价值和意义。时间，就是自由和责任连接与转换的路径和媒介。所以，当我们能深刻地感受到时间的飞速流逝，能体会到时不我待，我们或许才是真正地长大。

因此，人生有两种选择：一种是在追求自由之中迷失自由，一种是在寻求责任之后感受自由。前者，是我们一直停留在小时侯，岁月静好与洒脱，就如东晋书法家王徽之大雪纷飞夜来到友人家门口后又返回，兴之所至，尽兴而归。后者，是我们慢慢主动地长大，负重前行与担当，就如毛主席在红军二万五千里长征过娄山关时，写下的“雄关漫道真如铁，而今迈步从头越”。

目的

对于专业技术人员的职业成长，要想成长得快，做事情就要有很强的目标性。

所谓目标性，是指我们做每一件事情之前，自己先要想好这件事情的目标。围绕目标开展工作，我们就不会浪费宝贵的时间，也就能在同样的时间之内，比他人学习得更多，成长得更快。

对于专业技术人员的职业发展，要想走得更远，那么就恰好相反：做事情要无目的性。

所谓无目的性，其背后的出发点是没有太强或者过多的功利性，不管在什么样的条件或者环境下，我们都会选择努力前行，不需要任何理由。因为理由很多时候是制约一个人想象力、创造力、行动力的最大障碍。就如小朋友会没有任何理由地一个人在一个地方玩沙子或玩具一整天；而成年人没有理由就很难持久地干一件事情，哪怕这件事情关系到自己的职业高度和前景。

在我们能够没有目的性地自我驱动开展工作时，用不了多长的时间，我们会发现自己像小朋友一样收获一个非常难得的习惯或者优势，这就是专注。

所以，有时我们需要目标，但是有时我们又不能太在意目标，有时我们要思考目的，但是有时我们又要忽略目的。

耐心

在南方丘陵地带的农村，很多房屋附近种有竹子，村庄的山上成片种植着竹林。

对于“80 后”的我们来说，到了夏天和秋天，这些竹林是一起奔跑玩耍的地方，到了春天和冬天这些竹林又是我们挖春笋和冬笋的地方。可以这么说，在“80 后”的童年时光中，或多或少都有关于竹林的记忆或者故事。尤其是在那个物质匮乏的年代，因为春笋和冬笋是一道美味，我们对挖竹笋特别地兴奋和记忆深刻。

挖竹笋有两种不同的方式：第一种方式是我们先选定竹子，找出附近的竹鞭，再顺着竹鞭一点一点耐心地往外挖；第二种方式是我们扛着锄头边走边观察地面，看到地面有裂缝或者某处土壤突然高出一点的地方，就停下来直接在此处挖开确认地下是否有竹笋。

一般情况下，如果我们采取第一种方式，每次到竹林中都会挖到一些竹笋，但是不会一下子挖到很多；如果我们采取第二种方式，有时候运气好，一会儿就会挖到很大一堆竹笋，有时候看走眼了，半天都挖不到一根竹笋。

慢慢地，我们就发现一个规律：如果是挖冬笋，因为冬笋埋得比较深而且个头比较小，很少长出或者突出地面，所以我们采取顺着竹鞭往外挖开的方式比较容易获得收获。如果是挖春笋，因为春笋长得很快，很快就冒出地面而且个头比较大，我们采取在行走中寻找裂缝和突出土壤之处，能既快又准地获得收获。

换种方式总结：我们挖冬笋时要讲究耐心，而我们挖春笋要讲究细心。

长大后，我们进入职场，再来回顾竹林中的挖竹笋时光，也就有了更多的感慨。做工作就犹如挖竹笋，如果我们从事的是类似咨询类或者服务类的工作，更多的是要像挖冬笋一样讲究耐心，在选好方向和目标后，就要耐心地去耕耘。而如果我们从事的是类似产品类或者技术类的工作，更多的时候就要像挖春笋一样细心，能够在一片宽广、不确定的范围中细心敏感地找到关键之处，精准定位之后快速地启动或者推动事项，这时候也就是我们所说的“天下武功，唯快不破”。

换种方式表达，对于需要时间的积累和沉淀的工作，我们可以按部就班扎扎实实地耐心前行，对于可以批量进行或者借助辅助工具和先进方法快速迭代和跨越发展的，我们需要胆大心细创新突破地快速前行。

而对于建筑行业的工程造价咨询及项目创效的工作，其内涵其实就是上述两种工作的结合体。一方面，我们要按照工程项目建设的内在基本规律有耐心地组织和开展工程造价咨询服务工作；另一方面，我们也要跳出工程造价咨询本身，细心地去寻找和发现行业的趋势，创新突破地开展工作，比如“造价 + 法律”“造价 + 管理”“造价 + 财税”等全过程造价风险控制及创效模式的选择与突破等。

换句话说，对于工程造价咨询工作，耐心能让项目获得最终的成功，细心能让项目获得更多的效益，两者结合，才能相得益彰。

参考文献 CANKAO WENXIAN

[1] 最高人民法院民事审判第一庭 . 最高人民法院新建设工程施工合同司法解释（一）理解与适用 [M] . 北京：人民法院出版社，2021.

[2] 天同律师事务所编委会 . 天同办案手记 [M] . 北京：中国法治出版社，2021.

[3] 中华人民共和国住房和城乡建设部 . 房屋建筑与装饰工程工程量计算规范：GB 50854—2013 [S] . 北京：中国计划出版社，2013.

[4] 建设工程工程量清单计价规范 . 建设工程工程量清单计价规范：GB 50500—2013 [S] . 北京：中国计划出版社，2013.

[5] 高云 . 思维的笔迹：法律人成长之道（上）[M] . 北京：法律出版社，2013.

[6] 高云 . 思维的笔迹：实战案例训练（下）[M] . 北京：法律出版社，2013.

[7] 常设中国建设工程法律论坛第八工作组 . 中国建设工程施工合同法律全书：词条释义与实务指引 [M] . 北京：法律出版社，2019.

[8] 广东省工程造价协会 . 工程造价改革实践——广东省数字造价管理成果：2021 年 [M] . 北京：中国建筑工业出版社，2022.

[9] 刘江 . 工程造价鉴定十大要点与案例分析 [M] . 北京：中国建筑工业出版社，2023.

[10] 重庆市建设工程造价管理总站 . 重庆市建设工程费用定额：CQFYDE—2018 [S] . 重庆：重庆大学出版社，2018.

[11] 重庆市建设工程造价管理总站 . 重庆市房屋建筑与装饰工程计价定额 第一册 建筑工程：CQJZZSDE—2018 [S] . 重庆：重庆大学出版社，2018.

[12] 重庆市房屋建筑与装饰工程计价定额 第二册 装饰工程：CQJZZSDE—2018 [S] . 重庆：重庆大学出版社，2018.

[13] 林久时 . 建筑企业财税处理与合同涉税管理 [M] . 北京：中国铁道出版社，2020.

一直在路上

如果没有记错的话，应该是在 2014 年一个星期六的上午，当时我正在西南政法大学上“合同法”这一课程。坐我旁边的 X 同学看我听得津津有味，给我推荐了一本《思维的笔迹》，说我肯定会感兴趣。

中午休息时，X 同学带我去西南政法大学图书馆旁边的书店，在醒目的位置我看到了高云所著的这本书。我抱着试一试的心态买了下来。当我翻开书后，从前言开始，我越看越感兴趣。虽然这是一本讲述法律人成长之道的法律行业书籍，而当时的我从事的是工程造价这一职业，对法学只是一知半解，更多的是基于个人爱好才来参加非脱产的周末学习，但是书中作者对思维方式的阐述，对做事方法的剖析，对职业素养的提升，对工作生活的热爱……让当时的我犹如醍醐灌顶，如饮甘露。

当一个人对自我认识有了领悟和突破后，再回到实践工作当中就会有长足的发展。我把《思维的笔迹》中的一些理念和方法在工程造价工作当中去实践，很快就取得了效果，让自己快速成长为一名具有很强自我特色和个人标签的造价工程师。

随着自己在工程造价领域走得越来越远、越来越深，我慢慢地感受到这样一个现象：同样是付出重重努力考试通过的国家注册执业证书，同样是拥有众多从业人员的专业技术岗位，同样是对项目建设的成败和委托方利益有重大影响的第三方服务工作，造价工程师在市场主体中的印象和受尊重的程度，远远不及律师、会计师，甚至不及同属建筑行业的建造师。

临渊羡鱼，不如退而结网；扬汤止沸，不如去火抽薪。当我不断地跨行业与律师、与会计师等交流和向他们学习时，我才逐渐领悟和感受到了相互之间的那种为客户解决问题，为市场主体提供价值上的综合素养、综合思维、综合能力上的差异。更为底层的是，法律行业的律师们，把律师这一职业涉及的专业知识、行业技能进行了不断总结、提炼、书写、传承、发扬和影响。基于技术思维的造价工程师们，更多的精力和关注都投入了工程造价的计与算以及市场业务激烈竞争本身，而对专业的沉淀、专业的总结、专业的创新、执业的思维、执业的理念、执业的技巧、行业的塑造、行业的传承、行业的价值等一些形而上的思考，却无暇顾及。

这些看不见、摸不着的形而上之间的差异，让市场主体对造价工程师们的认识和认知产生了重大的影响和偏差。我们做一行，爱一行，更要为了行业的发展做出更多的付出和努力，这样的工作才更有价值和意义。正是基于此，我一边进行造价咨询工作的实践，一边将自己过往和当下的工作生活领悟和体会，以造价工程专业技术为基础，但是又跳出专业技术本身，以造价笔记的形式，不断地进行记录、反思、提炼、归纳、总结，最终沉淀和浓缩为这本书的内容。

就如高云在《思维的笔迹》序言中所说的："在漫长的人生当中，什么才是我们最应该关注和把握的？时光匆匆如流水，无论是在觥筹交错的酒宴上，雾气腾腾的桑拿澡堂之中，或者在法庭上的唇枪舌剑，摩天大楼里的谈判桌上，它都在无声中过去。我们无法留住它，唯一可以做的，是在岁月的转角，停下匆忙的脚步，张开心灵的慧眼，全身心地投入，感受生命成长带给我们的喜悦和满足，这才是最重要的。"

所以，通过自己微不足道的努力，全力给他人带来价值，不断让自我感受成长，由此带来的对行业的敬畏、对执业的执着、对专业的坚持，会是自发的、向上的、创新的；由此带来的喜悦和满足，会是满怀的、持久的、充实的。

感谢高云的《思维的笔迹》，感谢缘分，感谢时间，更感谢形成本书内容背后实践中遇到的人、经历的事，是你们成就了这本书，而我只是一名行业知识的搬运工而已。在知识的搬运过程中，由于笔者个人能力有限，经验见识有限，本书难免会出现不当、遗漏或者有失偏颇之处，还希望读者朋友们批判性地看待。三人行必有我师，你们一直是我职业成长路上的导师。

同时，我还要郑重感谢虽素未谋面，但是这些年天天在微信公众号上见面的"风叔"。风叔每天进行两篇微信公众号文章分享，以工作之余的个人之力，给我们诠释了极致的自律、极致的追求和极致的思考。也正是受到风叔数年如一日坚持背后的力量，思考背后的启迪，我从 2017 年开始跟随着进行每日一篇造价笔记的自我总结。从最先开始的每日小短文感悟，到后来的每日千字反思，再到后来的每周专业总结、每个项目完成后的方法论提炼……从最先开始的思考模仿，到后来的工作借鉴，再到后来的自我实践创新……风叔日复一日的示范让我感受到了榜样的力量，我愚公移山似的行动让我收获了时间的礼物。罗曼·罗兰在《米开朗琪罗》中说道："世界上只有一种真正的英雄主义，那就是在认清生活的真相后依然热爱生活。"感谢风叔执着的力量，能让我一个平凡人学着在领悟生活真相的背后，去追寻属于自己的英雄主义。最后，再次感谢出版社的编辑们，在专业要求与风格保留上，一直进行着细致入微的雕琢与兼容。

相信相信的力量，看见看见的价值。衷心祝愿通过咱们造价工程师们的一起努力、坚持和传承，让造价行业越来越好，让造价工程师这一职业越来越受到市场的尊敬和尊重。

李红波

2023 年 5 月